计算机基础与实训教材系列

中文版 CorelDRAW X6平面设计实用教程

丁宁　刘艳丽　编著

清华大学出版社
北　京

内 容 简 介

本书由浅入深、循序渐进地介绍了由Corel公司推出的CorelDRAW X6的基本功能和使用技巧。全书共10章，分别介绍了CorelDRAW X6基础操作，绘制线条和形状，编辑图形对象，编辑对象轮廓线和填充，对象基本操作，应用文本，特殊效果，图层、样式和模板，编辑位图，处理表格等内容。

本书内容丰富、结构清晰、语言简练、图文并茂，具有很强的实用性和可操作性，是一本适合于大中专院校、职业学校及各类社会培训学校的优秀教材，也可作为广大初、中级电脑用户的自学参考书。

本书对应的电子教案、实例源文件和习题答案可以到http://www.tupwk.com.cn/edu网站下载。

图书在版编目(CIP)数据

中文版CorelDRAW X6平面设计实用教程 / 丁宁，刘艳丽编著. —北京：清华大学出版社，2014

(计算机基础与实训教材系列)

ISBN 978-7-302-37348-3

Ⅰ.①中…　Ⅱ.①丁…　②刘…　Ⅲ.①平面设计—图形软件—教材　Ⅳ.①TP391.41

中国版本图书馆CIP数据核字(2014)第153681号

责任编辑：胡辰浩　马玉萍
装帧设计：牛艳敏
责任校对：成凤进
责任印制：李红英

出版发行：清华大学出版社
网　　址：http://www.tup.com.cn，http://www.wqbook.com
地　　址：北京清华大学学研大厦A座　　邮　　编：100084
社 总 机：010-62770175　　邮　　购：010-62786544
投稿与读者服务：010-62776969，c-service@tup.tsinghua.edu.cn
质 量 反 馈：010-62772015，zhiliang@tup.tsinghua.edu.cn
课 件 下 载：http://www.tup.com.cn，010-62796045
印 装 者：清华大学印刷厂
经　　销：全国新华书店
开　　本：190mm×260mm　　印　　张：19.25　　字　　数：505千字
版　　次：2014年8月第1版　　印　　次：2014年8月第1次印刷
印　　数：1～3500
定　　价：36.00元

产品编号：049091-01

编审委员会

计算机基础与实训教材系列

丛书序

计算机已经广泛应用于现代社会的各个领域，熟练使用计算机已经成为人们必备的技能之一。因此，如何快速地掌握计算机知识和使用技术，并应用于现实生活和实际工作中，已成为新世纪人才迫切需要解决的问题。

为适应这种需求，各类高等院校、高职高专、中职中专、培训学校都开设了计算机专业的课程，同时也将非计算机专业学生的计算机知识和技能教育纳入教学计划，并陆续出台了相应的教学大纲。基于以上因素，清华大学出版社组织一线教学精英编写了这套“计算机基础与实训教材系列”丛书，以满足大中专院校、职业院校及各类社会培训学校的教学需要。

一、丛书书目

本套教材涵盖了计算机各个应用领域，包括计算机硬件知识、操作系统、数据库、编程语言、文字录入和排版、办公软件、计算机网络、图形图像、三维动画、网页制作以及多媒体制作等。众多的图书品种可以满足各类院校相关课程设置的需要。

⊙ 已出版的图书书目

《计算机基础实用教程(第二版)》	《中文版 Office 2007 实用教程》
《计算机基础实用教程(Windows 7+Office 2010 版)》	《中文版 Word 2007 文档处理实用教程》
《电脑入门实用教程(第二版)》	《中文版 Excel 2007 电子表格实用教程》
《电脑入门实用教程(Windows 7+Office 2010)》	《Excel 财务会计实战应用（第二版）》
《电脑办公自动化实用教程（第二版）》	《中文版 PowerPoint 2007 幻灯片制作实用教程》
《计算机组装与维护实用教程（第二版）》	《中文版 Access 2007 数据库应用实例教程》
《中文版 Word 2003 文档处理实用教程》	《中文版 Project 2007 实用教程》
《中文版 PowerPoint 2003 幻灯片制作实用教程》	《中文版 Office 2010 实用教程》
《中文版 Excel 2003 电子表格实用教程》	《中文版 Word 2010 文档处理实用教程》
《中文版 Access 2003 数据库应用实用教程》	《中文版 Excel 2010 电子表格实用教程》
《中文版 Project 2003 实用教程》	《中文版 PowerPoint 2010 幻灯片制作实用教程》
《中文版 Office 2003 实用教程》	《Access 2010 数据库应用基础教程》
《中文版 Word 2010 文档处理实用教程》	《中文版 Access 2010 数据库应用实例教程》
《中文版 Excel 2010 电子表格实用教程》	《中文版 Project 2010 实用教程》
《计算机网络技术实用教程》	《Word+Excel+PowerPoint 2010 实用教程》
《中文版 AutoCAD 2012 实用教程》	《中文版 AutoCAD 2013 实用教程》

(续表)

《AutoCAD 2014 中文版基础教程》	《中文版 AutoCAD 2014 实用教程》
《中文版 Photoshop CS5 图像处理实用教程》	《中文版 Photoshop CS6 图像处理实用教程》
《中文版 Dreamweaver CS5 网页制作实用教程》	《中文版 Dreamweaver CS6 网页制作实用教程》
《中文版 Flash CS5 动画制作实用教程》	《中文版 Flash CS6 动画制作实用教程》
《中文版 Illustrator CS5 平面设计实用教程》	《中文版 Illustrator CS6 平面设计实用教程》
《中文版 InDesign CS5 实用教程》	《中文版 InDesign CS6 实用教程》
《中文版 CorelDRAW X5 平面设计实用教程》	《中文版 CorelDRAW X6 平面设计实用教程》
《网页设计与制作(Dreamweaver+Flash+Photoshop)》	《Mastercam X5 实用教程》
《ASP.NET 3.5 动态网站开发实用教程》	《Mastercam X6 实用教程》
《ASP.NET 4.0 动态网站开发实用教程》	《多媒体技术及应用》
《Java 程序设计实用教程》	《中文版 Premiere Pro CS4 多媒体制作实用教程》
《C＃程序设计实用教程》	《中文版 Premiere Pro CS5 多媒体制作实用教程 》
《SQL Server 2008 数据库应用实用教程》	《Windows 8 实用教程》
《Excel 财务会计实战应用（第三版）》	

二、丛书特色

1. 选题新颖，策划周全——为计算机教学量身打造

本套丛书注重理论知识与实践操作的紧密结合，同时突出上机操作环节。丛书作者均为各大院校的教学专家和业界精英，他们熟悉教学内容的编排，深谙学生的需求和接受能力，并将这种教学理念充分融入本套教材的编写中。

本套丛书全面贯彻“理论→实例→上机→习题”4 阶段教学模式，在内容选择、结构安排上更加符合读者的认知习惯，从而达到老师易教、学生易学的目的。

2. 教学结构科学合理，循序渐进——完全掌握“教学”与“自学”两种模式

本套丛书完全以大中专院校、职业院校及各类社会培训学校的教学需要为出发点，紧密结合学科的教学特点，由浅入深地安排章节内容，循序渐进地完成各种复杂知识的讲解，使学生能够一学就会、即学即用。

对教师而言，本套丛书根据实际教学情况安排好课时，提前组织好课前备课内容，使课堂教学过程更加条理化，同时方便学生学习，让学生在学习完后有例可学、有题可练；对自学者而言，可以按照本书的章节安排逐步学习。

3. 内容丰富、学习目标明确——全面提升“知识”与“能力”

本套丛书内容丰富，信息量大，章节结构完全按照教学大纲的要求来安排，并细化了每一章内容，符合教学需要和计算机用户的学习习惯。在每章的开始，列出了学习目标和本章重点，便于教师和学生提纲挈领地掌握本章知识点，每章的最后还附带有上机练习和习题两部分内容，教师可以参照上机练习，实时指导学生进行上机操作，使学生及时巩固所学的知识。自学者也可以按照上机练习内容进行自我训练，快速掌握相关知识。

4. 实例精彩实用，讲解细致透彻——全方位解决实际遇到的问题

本套丛书精心安排了大量实例讲解，每个实例解决一个问题或是介绍一项技巧，以便读者在最短的时间内掌握计算机应用的操作方法，从而能够顺利解决实践工作中的问题。

范例讲解语言通俗易懂，通过添加大量的“提示”和“知识点”的方式突出重要知识点，以便加深读者对关键技术和理论知识的印象，使读者轻松领悟每一个范例的精髓所在，提高读者的思考能力和分析能力，同时也加强了读者的综合应用能力。

5. 版式简洁大方，排版紧凑，标注清晰明确——打造一个轻松阅读的环境

本套丛书的版式简洁、大方，合理安排图与文字的占用空间，对于标题、正文、提示和知识点等都设计了醒目的字体符号，读者阅读起来会感到轻松愉快。

三、读者定位

本丛书为所有从事计算机教学的老师和自学人员而编写，是一套适合于大中专院校、职业院校及各类社会培训学校的优秀教材，也可作为计算机初、中级用户和计算机爱好者学习计算机知识的自学参考书。

四、周到体贴的售后服务

为了方便教学，本套丛书提供精心制作的 PowerPoint 教学课件(即电子教案)、素材、源文件、习题答案等相关内容，可在网站上免费下载，也可发送电子邮件至 wkservice@vip.163.com 索取。

此外，如果读者在使用本系列图书的过程中遇到疑惑或困难，可以在丛书支持网站(http://www.tupwk.com.cn/edu)的互动论坛上留言，本丛书的作者或技术编辑会及时提供相应的技术支持。咨询电话：010-62796045。

前言

中文版 CorelDRAW 是目前流行的图形图像制作软件，它以简单直观的操作深受广大图形图像设计者的喜爱。它集图形图像设计、印刷排版、文字编辑处理和高品质图形输出于一体，广泛应用于专业绘图、产品包装、工业造型设计、文字效果创意、网页设计和 CI 企业形象识别设计等领域。

本书从教学实际需求出发，合理安排知识结构，从零开始、由浅入深、循序渐进地讲解 CorelDRAW X6 的基本知识和使用方法，全书共 10 章，主要内容如下。

第 1 章介绍了 CorelDRAW X6 的基本操作，包括工作区设置、文件管理、绘图页面和版面工具操作方法及技巧等内容。

第 2 章介绍了 CorelDRAW X6 中各种线条和形状的绘制方法及技巧。

第 3 章介绍了 CorelDRAW X6 中对象编辑的操作方法及技巧。

第 4 章介绍了 CorelDRAW X6 中对象轮廓线和填充设置的操作方法及技巧。

第 5 章介绍了 CorelDRAW X6 中对象的基本操作方法及技巧。

第 6 章介绍了 CorelDRAW X6 中添加、编辑、应用文本的操作方法及技巧。

第 7 章介绍了 CorelDRAW X6 中各种特殊效果的创建、编辑操作方法及技巧。

第 8 章介绍了 CorelDRAW X6 中图层、样式和模板的创建、编辑操作方法及技巧。

第 9 章介绍了 CorelDRAW X6 中位图的使用、编辑操作方法及各种图像效果的设置方法。

第 10 章介绍了 CorelDRAW X6 中处理表格的操作方法及技巧。

本书图文并茂、条理清晰、通俗易懂、内容丰富，在讲解每个知识点时都配有相应的实例，方便读者上机实践。同时在难于理解和掌握的部分内容上给出相关提示，让读者能够快速地提高操作技能。此外，本书配有大量综合实例和练习，让读者在不断的实际操作中更加牢固地掌握书中讲解的内容。

除封面署名的作者外，参加本书编写的人员还有陈笑、曹小震、高娟妮、李亮辉、洪妍、孔祥亮、陈跃华、杜思明、熊晓磊、曹汉鸣、陶晓云、王通、方峻、李小凤、曹晓松、蒋晓冬、邱培强等人。由于作者水平所限，本书难免有不足之处，欢迎广大读者批评指正。我们的邮箱是 huchenhao@263.net，电话是 010-62796045。

作　者

2014 年 3 月

推荐课时安排

章　名	重点掌握内容	教学课时
第 1 章　CorelDRAW X6 基础操作	1. CorelDRAW X6 工作区 2. 自定义 CorelDRAW X6 3. 管理文件 4. 使用绘图页和版面工具 5. 设置视图显示	4 学时
第 2 章　绘制线条和形状	1. 绘制线条 2. 绘制形状	4 学时
第 3 章　编辑图形对象	1. 编辑曲线对象 2. 分割图形 3. 修饰图形 4. 修整图形	5 学时
第 4 章　编辑对象轮廓线和填充	1. 使用颜色 2. 填充对象 3. 颜色泊坞窗 4. 使用【网状填充】工具 5. 编辑轮廓线 6. 使用【对象属性】泊坞窗	6 学时
第 5 章　对象基本操作	1. 选择对象 2. 复制对象 3. 变换对象 4. 控制对象 5. 对齐与分布对象 6. 图框精确裁剪对象	5 学时
第 6 章　应用文本	1. 添加文本 2. 选择文本对象 3. 设置文本格式 4. 文本的链接 5. 编辑和转换文本 6. 图文混排	5 学时

(续表)

章　名	重点掌握内容	教学课时
第 7 章 特殊效果	1. 调和效果 2. 轮廓图效果 3. 变形效果 4. 阴影效果 5. 封套效果 6. 透明效果 7. 立体化效果	5 学时
第 8 章 图层、样式和模板	1. 使用图层控制对象 2. 图形和文本样式 3. 颜色样式 4. 模板	3 学时
第 9 章 编辑位图	1. 使用位图 2. 调整位图 3. 更改位图的颜色模式 4. 描摹位图 5. 三维效果 6. 艺术笔触 7. 创造性 8. 扭曲	5 学时
第 10 章 处理表格	1. 添加表格 2. 编辑表格 3. 文本与表格的转换 4. 向表格添加图形、图像	3 学时

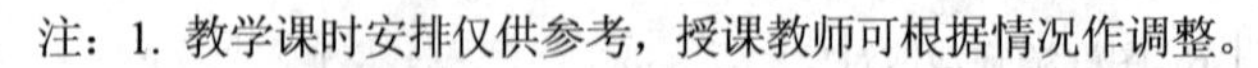
注：1. 教学课时安排仅供参考，授课教师可根据情况作调整。

2. 建议每章安排与教学课时相同时间的上机练习。

目 

CONTENTS

计算机基础与实训教材系列

计算机基础与实训教材系列

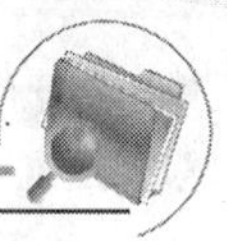

第1章 CorelDRAW X6 基础操作

学习目标

CorelDRAW X6 是由 Corel 公司推出的一款矢量绘图软件，可以用于绘制图形、处理图像和编排版面等，因此被广泛应用于平面设计、图形设计以及电子出版物设计等领域。本章主要介绍 CorelDRAW X6 的工作界面、文件管理、视图显示等基础知识。

本章重点

- CorelDRAW X6 工作区
- 自定义 CorelDRAW X6
- 管理文件
- 使用绘图页和版面工具
- 设置视图显示

1.1 CorelDRAW X6 概述

CorelDRAW X6 是由 Corel 公司推出的一款著名的图形图像制作软件，广泛应用于商标设计、标志制作、模型绘制、插图描画、排版及分色输出等领域。

最新版 CorelDRAW X6 继承了先前版本直观、便捷的界面设计，功能设计细致入微。它为设计者提供了一整套绘图工具，可以绘制各种基本对象或者创建效果更加丰富的图形，还提供了特殊笔刷效果，以便于多样性设计。同时，它还支持绝大部分图像格式的输入与输出，可以很好地与其他软件自由交换共享文件。

CorelDRAW X6 还提供了多种模式的调色方案以及专色、渐变、图纹、材质、网格填充等操作方式，而 CorelDRAW X6 的颜色匹配管理可以让显示、打印和印刷的颜色达到一致。

除此之外，CorelDRAW X6 的文字处理与图像的输出输入的排版功能也非常优秀。CorelDRAW X6 提供了对不同文本对象进行精确控制的文字处理功能。

1.2 CorelDRAW X6 工作区

完成 CorelDRAW X6 应用程序安装后，选择【开始】|【所有程序】| CorelDRAW Graphics Suite X6 | CorelDRAW X6 命令，即可启动应用程序。启动程序后，在屏幕中会出现如图 1-1 所示的欢迎屏幕窗口。CorelDRAW X6 的欢迎屏幕窗口按不同的功能类别，以书签的形式展现给用户，以便于其查找和浏览。

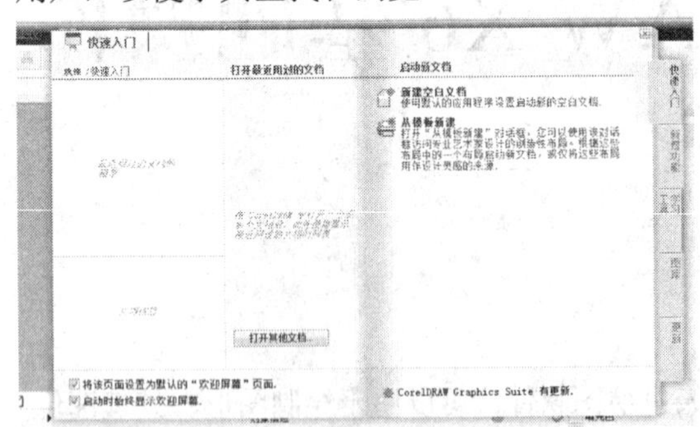

图 1-1 欢迎屏幕窗口

知识点

默认状态下，欢迎屏幕窗口显示【快速入门】标签内容。如果要将其他标签内容设置为启动 CorelDRAW 时的默认欢迎界面显示内容，可以在切换到其他标签后，选中【将该页面设置为默认的“欢迎屏幕”页面】复选框。如果在启动 CorelDRAW X6 时不需要显示欢迎屏幕窗口，可以在欢迎屏幕窗口中取消选中【启动时始终显示欢迎屏幕】复选框，在下次启动 CorelDRAW X6 时就不会显示欢迎屏幕窗口。

通过欢迎屏幕进入 CorelDRAW X6 的工作界面。该工作界面包括标题栏、菜单栏、标准工具栏、属性栏、工具箱、绘图页面等内容，如图 1-2 所示。

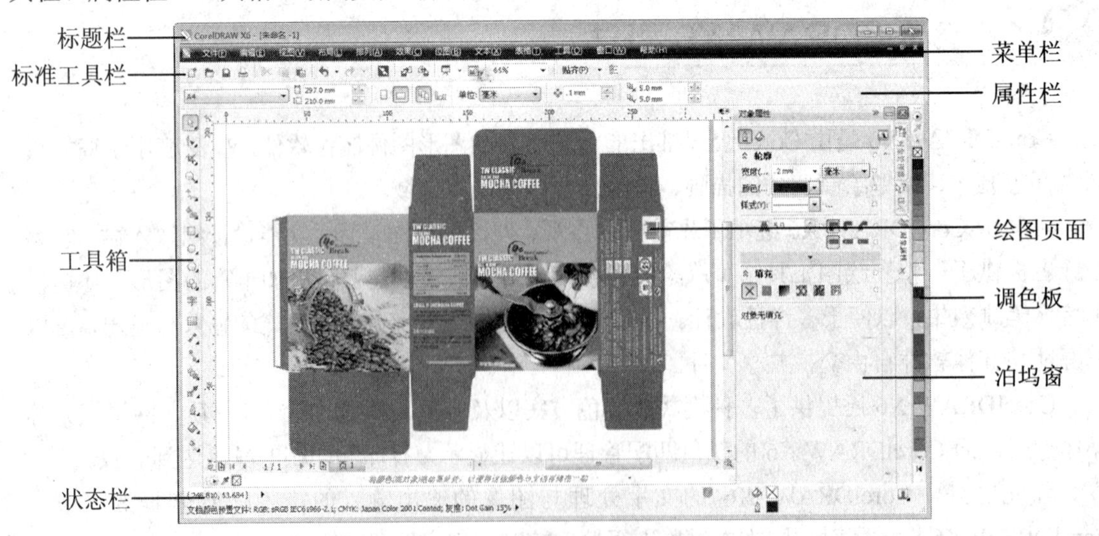

图 1-2 CorelDRAW X6 工作界面

1.2.1　标题栏

标题栏位于应用程序窗口的最上方，用于显示当前打开文件的路径和名称。标题栏中的左边为 CorelDRAW 的图标、版本名称和当前文件名，单击该图标可以打开窗口控制菜单，使用该菜单中的命令，可以移动、关闭、放大和缩小窗口；标题栏右边为与 Windows 应用程序风格一致的【最小化】、【最大化/还原】和【关闭】按钮，如图 1-3 所示。

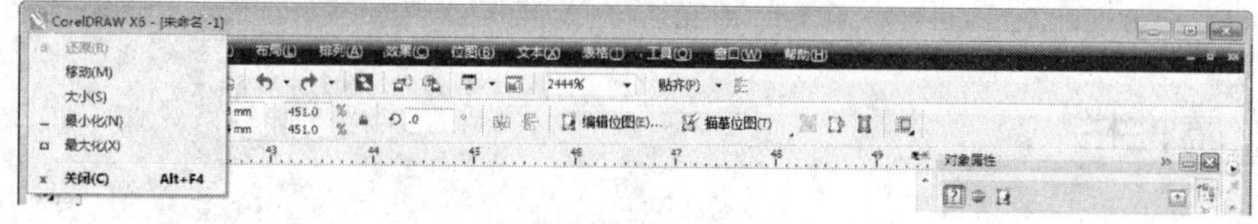

图 1-3　标题栏

1.2.2　菜单栏

菜单栏包含了 CorelDRAW X6 中常用的 12 组菜单命令。它们分别是【文件】、【编辑】、【视图】、【布局】、【排列】、【效果】、【位图】、【文本】、【表格】、【工具】、【窗口】和【帮助】，如图 1-4 所示。各菜单命令又包括应用程序中的各项功能命令。

文件(F)　编辑(E)　视图(V)　布局(L)　排列(A)　效果(C)　位图(B)　文本(X)　表格(T)　工具(O)　窗口(W)　帮助(H)

图 1-4　菜单栏

单击相应的菜单名称，即可打开该菜单。如果在菜单项右侧显示一个三角符号“▸”，表示此菜单项有子菜单，只要将鼠标移至此菜单项，即可打开其子菜单，如图 1-5 所示。如果在菜单项右侧显示“…”，则执行此菜单项时将会弹出与之相关的对话框，如图 1-6 所示。

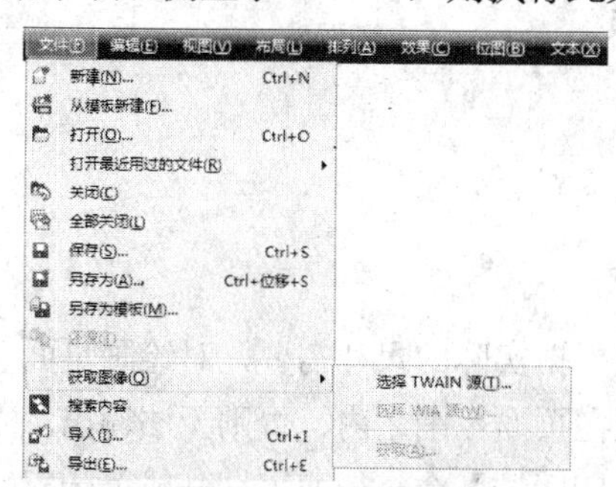

图 1-5　菜单栏

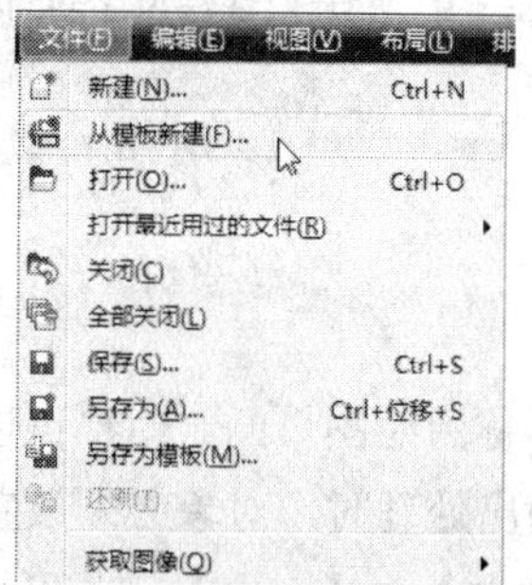

图 1-6　使用菜单栏

1.2.3　标准工具栏

标准工具栏中包含了一些常用的命令按钮。每个图标按钮代表相应的菜单命令，如图 1-7

所示。用户只需单击某图标按钮，即可对当前选择的对象执行该命令效果。标准工具栏为用户节省了从菜单中选择命令的操作步骤。

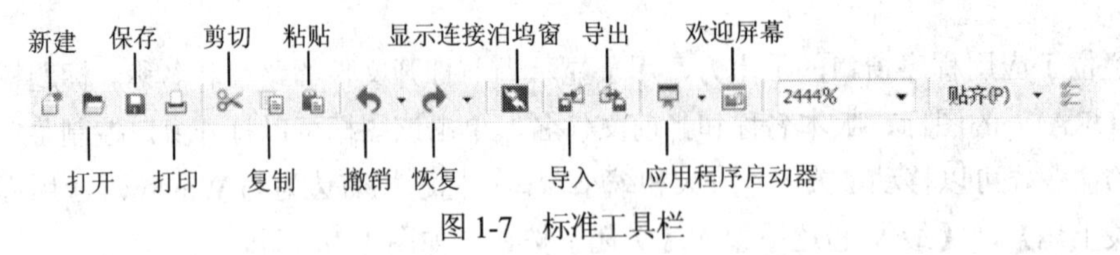

图 1-7　标准工具栏

1.2.4　属性栏

属性栏用于查看、修改与选择对象相关参数选项。用户在工作界面中未选择工具或对象时，工具属性栏会显示为当前页面的参数选项。选择工具后，属性栏会显示当前工具的参数选项，如图 1-8 所示。

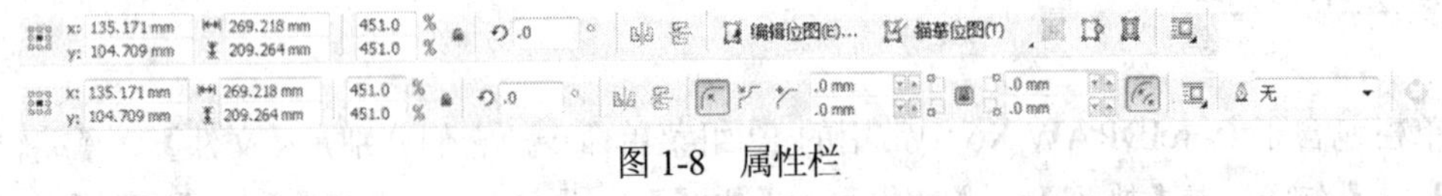

图 1-8　属性栏

取消【窗口】|【工具栏】|【锁定工具栏】命令的选取状态后，在属性栏上按住鼠标左键并将其向工具区中拖动，使其成为如图 1-9 所示的浮动面板，可以将属性栏放置到工作区中的任意位置。双击其标题栏或单击右上角的【关闭】按钮，或使用鼠标将其拖动回原位置，都可以恢复属性栏的默认状态。

图 1-9　展开属性栏为浮动面板

1.2.5　绘图页面

工作界面中带有阴影的矩形，称为绘图页面。用户可以根据实际的尺寸需要，对绘画页面的大小进行调整。在进行图形的输出处理时，对象必须放置在页面范围之内，否则无法输出。通过选择【视图】|【显示】|【页边框】、【出血】或【可打印区域】命令，即可打开或关闭页面边框、出血标记或可打印区域。

1.2.6　调色板

调色板中放置了 CorelDRAW X6 中默认的各种颜色色标。它被默认置于工作界面的右侧，

默认的颜色模式为 CMYK 模式。选择【工具】|【调色板编辑器】命令，打开【调色板编辑器】对话框，在该对话框中可以对调色板属性进行设置。可设置的内容包括修改默认色彩模式、编辑颜色、添加颜色、删除颜色、将颜色排序和重置调色板等。

1.2.7　工具箱

CorelDRAW X6 的工具箱位于工作区的左侧，其中提供了绘图操作时常用的基本工具，如图 1-10 所示。在工具按钮下显示有黑色小三角标记的工具，表示该工具是一个工具组，在该工具按钮上按下鼠标左键不放，可展开隐藏的工具栏并选取需要的工具，如图 1-11 所示。

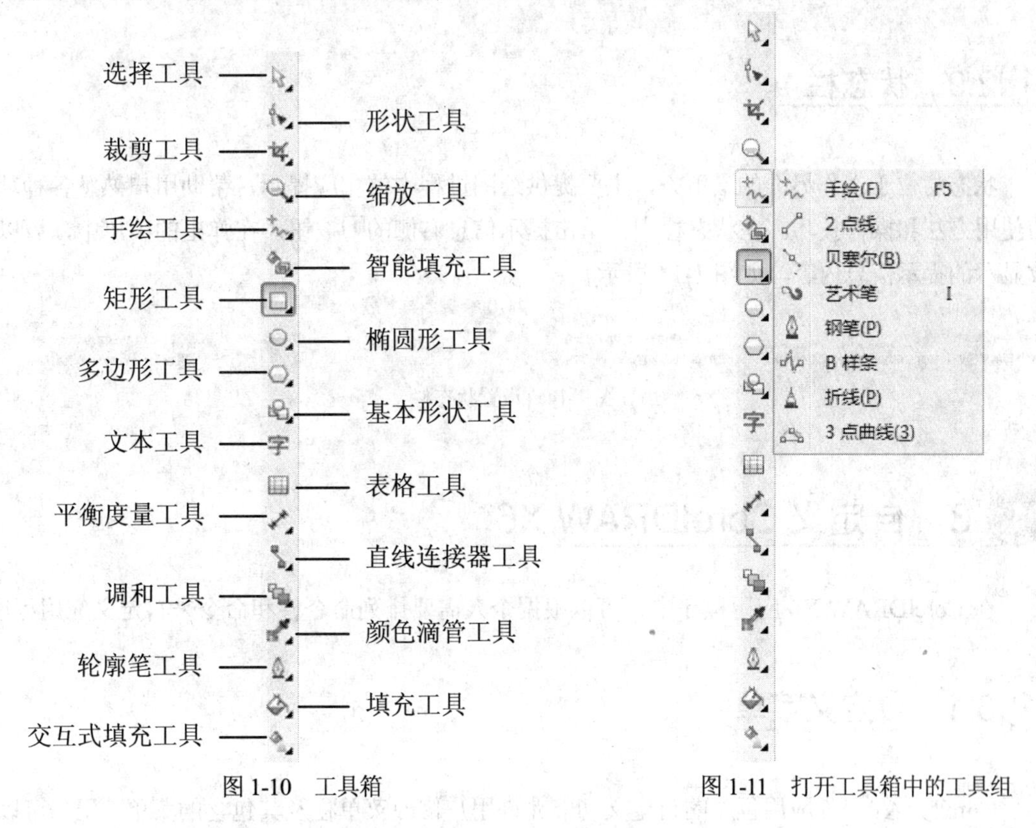

图 1-10　工具箱　　　图 1-11　打开工具箱中的工具组

1.2.8　泊坞窗

泊坞窗是放置 CorelDRAW X6 的各种管理器和编辑命令的工作面板。默认设置下，显示在工作区的右侧。单击泊坞窗左上角的双箭头按钮»，可使泊坞窗最小化，如图 1-12 所示。选择【窗口】|【泊坞窗】命令，然后选择各种管理器和命令选项，即可将其激活并显示在页面上，如图 1-13 所示。

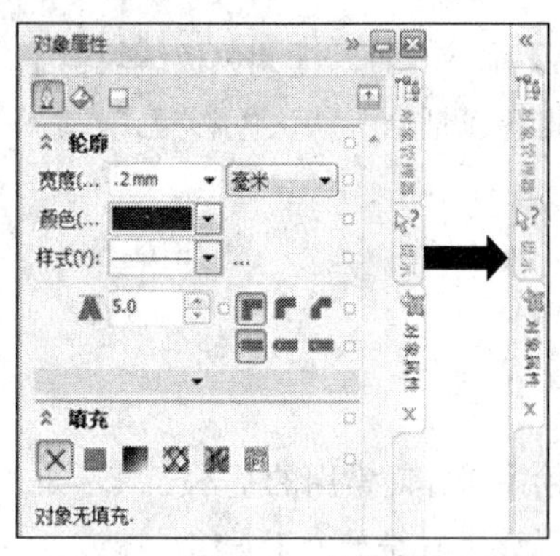

图 1-12　泊坞窗

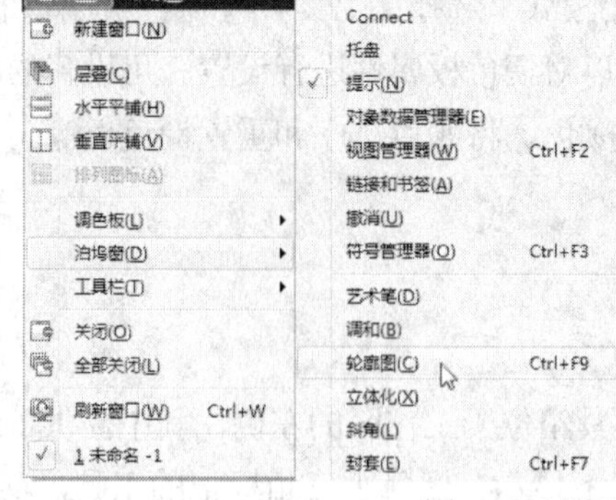

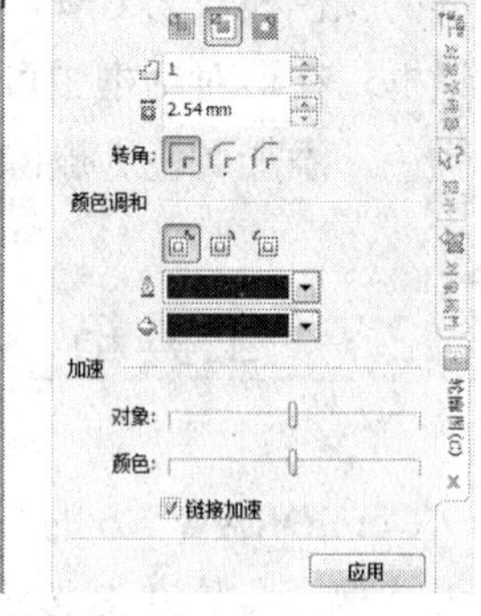

图 1-13　打开泊坞窗

1.2.9　状态栏

状态栏位于工作界面的最下方，主要提供绘图过程中的相应提示，帮助用户熟悉各种功能的使用方法和操作技巧。在状态栏中，单击提示信息右侧的▶按钮，在弹出的菜单中，可以更改显示的提示信息内容，如图 1-14 所示。

图 1-14　设置状态栏

1.3　自定义 CorelDRAW X6

在 CorelDRAW X6 应用程序中，可以根据个人需要排列命令栏和命令来自定义应用程序。

1.3.1　自定义菜单

CorelDRAW X6 应用程序的自定义功能允许用户修改菜单栏及其包含的菜单。用户可以改变菜单和菜单命令的顺序；添加、移除和重命名菜单和菜单命令；以及添加和移除菜单命令分隔符。如果用户不能确定菜单位置，可以使用搜索菜单命令，还可以将菜单重置为默认设置。自定义选项既适用于菜单栏菜单，也适用于通过右击弹出的快捷键菜单。

【例 1-1】在 CorelDRAW X6 应用程序中，自定义菜单及菜单命令。

(1) 在 CorelDRAW X6 应用程序中，选择菜单栏中的【工具】|【自定义】命令，打开【选项】对话框。在对话框左侧的【自定义】类别列表中，单击【命令】选项，如图 1-15 所示。

(2) 在应用程序窗口的【视图】菜单命令上按下鼠标左键，并向右拖动菜单，至【窗口】菜单前释放鼠标，如图 1-16 所示，更改菜单命令排列顺序。

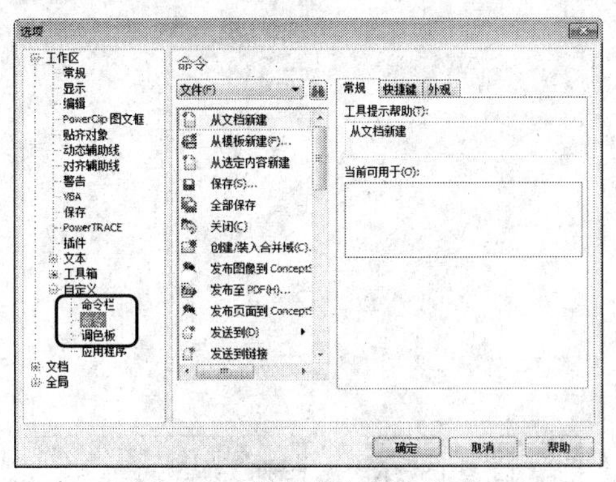

图 1-15　单击【命令】选项

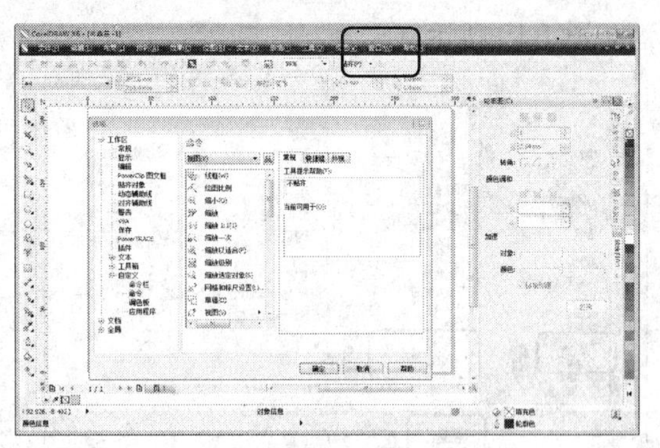

图 1-16　更改菜单命令排列

(3) 单击菜单栏【文件】命令，接着选择【选项】对话框中【文件】命令列表中的【从文档新建】命令，再单击右侧的【外观】标签，在【标题】文本框中输入“新建文档”，然后单击【确定】按钮，即可应用自定义菜单命令名称，如图 1-17 所示。

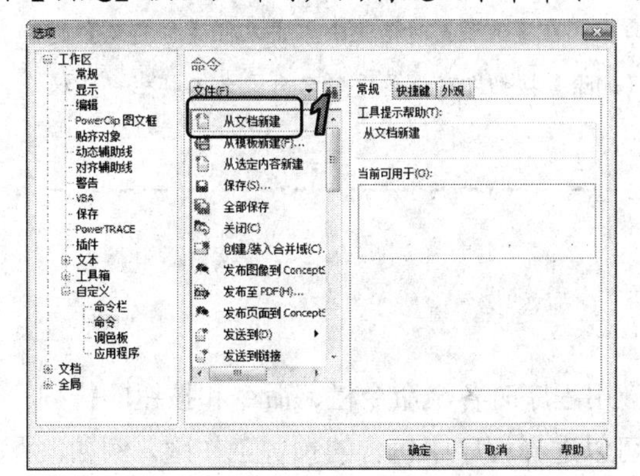

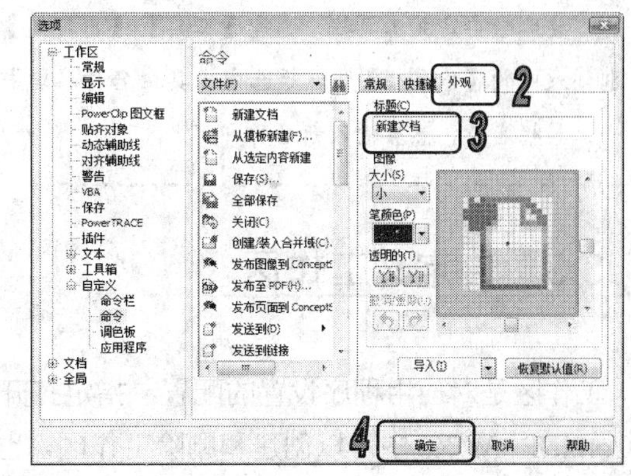

图 1-17　重命名菜单命令

1.3.2　自定义工具栏

在 CorelDRAW X6 应用程序中，可以自定义工具栏的位置和显示。工具栏可以附加到应用程序窗口的边缘，也可以移出工具栏将其拖离应用程序窗口的边缘，使其处于浮动状态，便于随处移动。用户可以创建、删除和重命名自定义工具栏，也可以通过添加、移除以及排列工具栏项目来自定义工具栏；还可以通过调整按钮大小、工具栏边框，以及显示图像、标题或同时显示图像与标题来调整工具栏外观，也可以编辑工具栏按钮图像。

【例 1-2】在 CorelDRAW X6 应用程序中，添加自定义工具栏。

(1) 在 CorelDRAW X6 中，选择菜单栏中的【工具】|【自定义】命令，打开【选项】对话框。在对话框左侧的【自定义】类别列表中，单击【命令栏】选项，再单击【新建】按钮，然后在【命令栏】列表中输入名称“我的工具栏”，最后单击【确定】按钮，如图 1-18 所示。

(2) 按下 Ctrl+Alt 组合键，然后将应用程序窗口中的工具或命令按钮拖动到新建的工具栏中，如图 1-19 所示。

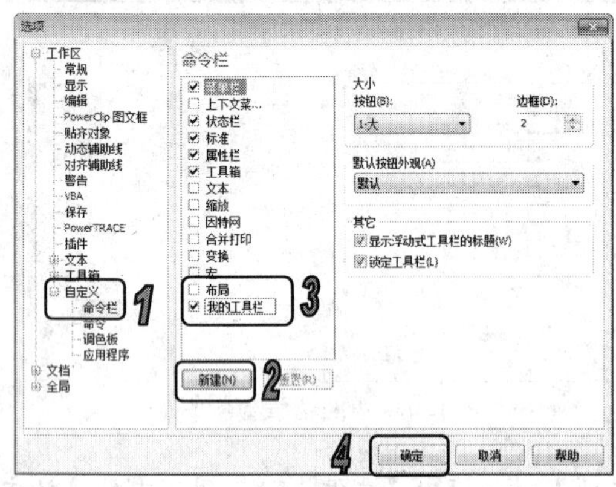

图 1-18　新建命令栏

图 1-19　添加工具

提示

要删除自定义工具栏，选择【工具】|【自定义】命令，在【选项】对话框中单击左侧【自定义】类别列表中的【命令栏】，然后选中工具栏名称，单击【删除】按钮即可。要重命名自定义工具栏，可双击工具栏名称，然后输入新名称即可。

1.3.3　自定义工作区

工作区是对应用程序设置的配置，指定打开应用程序时各个命令栏、命令和按钮的排列。在 CorelDRAW X6 中可以创建和删除工作区，也可以选择程序中包含的预置工作区。例如，用户可以选择具有 Adobe Illustrator 外观效果的工作区，还可以将当前工作区重置为默认设置，也可以将工作区导出、导入到使用相同应用程序的其他计算机中。

【例 1-3】在 CorelDRAW X6 应用程序中新建工作区。

(1) 在 CorelDRAW X6 应用程序中，选择菜单栏中的【工具】|【自定义】命令，打开【选项】对话框。在类别列表中单击【工作区】选项，单击【新建】按钮，如图 1-20 所示。

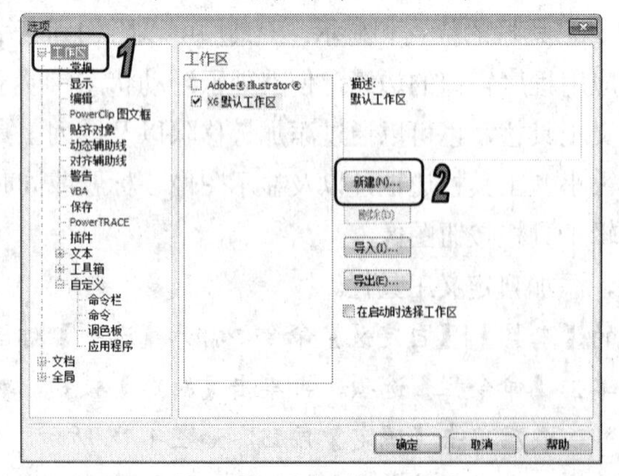

图 1-20　【选项】对话框

提示

在【选项】对话框中，选中【在启动时选择工作区】复选框，则在每次启动 CorelDRAW 应用程序时，会弹出如图 1-21 所示的对话框，供用户选择工作区。

(2) 打开【新工作区】对话框，在对话框的【新工作区的名字】文本框中输入工作区的名称“我的工作区”。从【基新工作区于】列表框中，选择【X6 默认工作区】作为新工作区的基础，然后单击【确定】按钮，如图 1-22 所示，完成新工作区的创建。

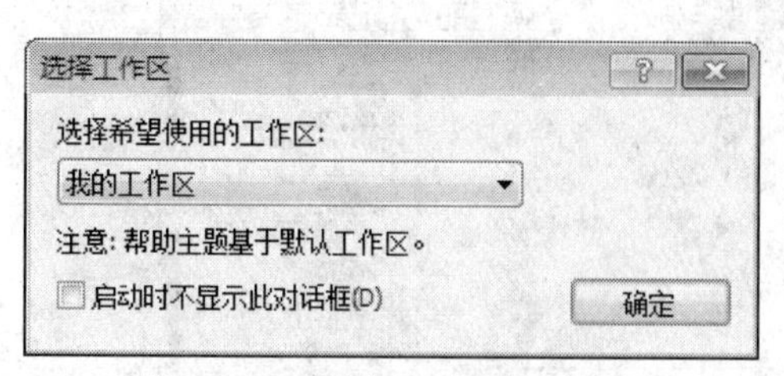

图 1-21 【选择工作区】对话框

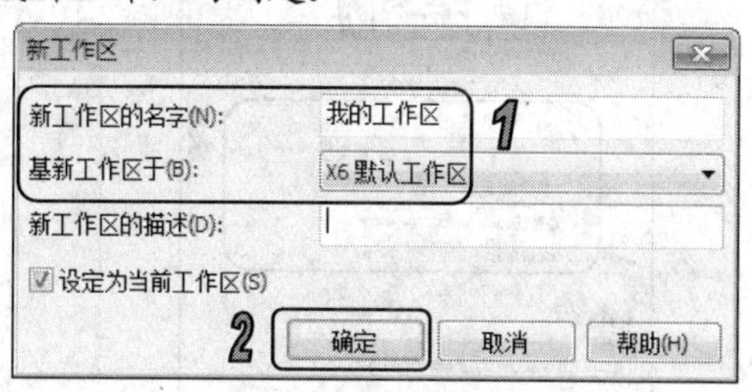

图 1-22 创建新工作区

1.4 管理文件

如果要在 CorelDRAW X6 应用程序中进行设计工作，首先必须熟悉创建、打开、保存、关闭等基本的文件操作。

1.4.1 新建和打开文件

在 CorelDRAW X6 中进行绘图设计之前，首先应新建文件。新建文件时，设计者可以根据设计要求、目标用途，对页面进行相应的设置，以满足实际应用需求。启动 CorelDRAW X6 应用程序后，可以在欢迎屏幕界面中单击【新建空白文档】选项，或选择【文件】|【新建】命令，或单击工具栏中的【新建】按钮，或直接按 Ctrl+N 快捷键，可以打开【创建新文档】对话框，通过设置可以创建用户所需大小的图形文件。

【例 1-4】在 CorelDRAW X6 应用程序中新建图像文件。

(1) 启动 CorelDRAW X6，在打开的欢迎屏幕窗口中，单击【新建空白文档】选项，打开【创建新文档】对话框，如图 1-23 所示。

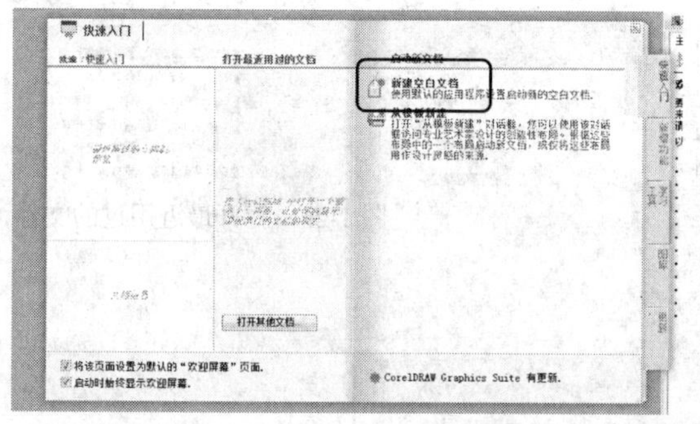

图 1-23 使用欢迎屏幕窗口

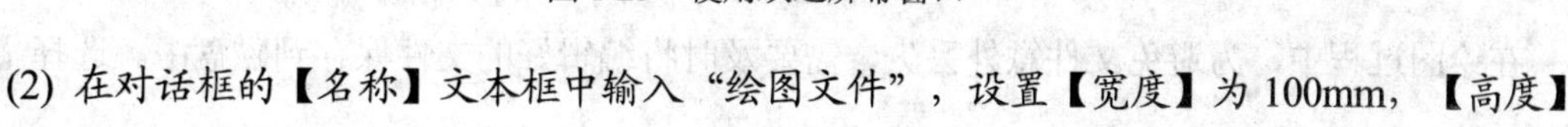

(2) 在对话框的【名称】文本框中输入“绘图文件”，设置【宽度】为 100mm，【高度】

为 50mm，单击【横向】按钮，设置【渲染分辨率】为 300dpi，然后单击【确定】按钮，即可创建新文档，如图 1-24 所示。

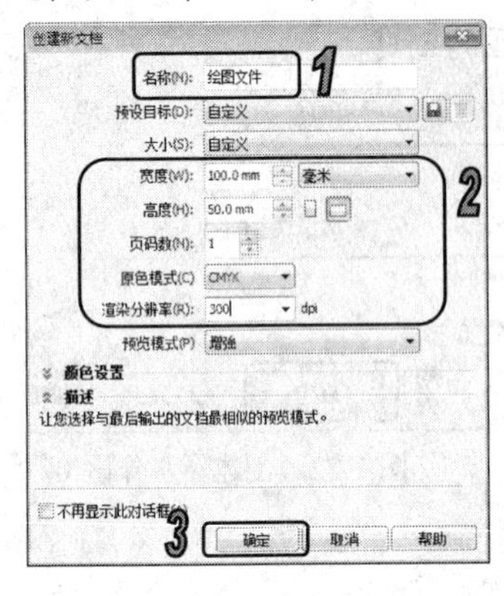

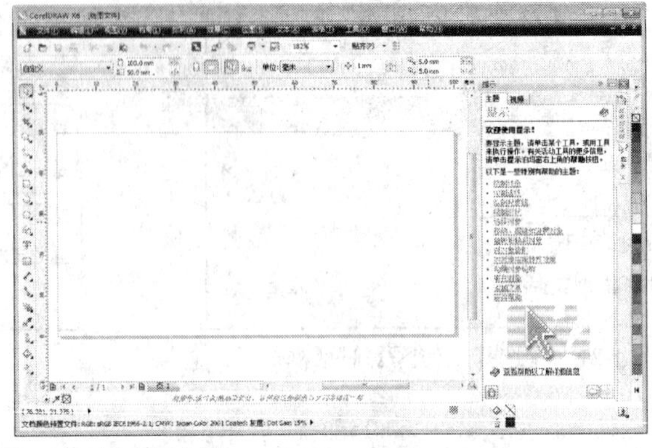

图 1-24　创建新文档

当用户需要修改或编辑已有的文件时，选择【文件】|【打开】命令，或按下 Ctrl+O 快捷键，或在工具栏中单击【打开】按钮，打开如图 1-25 所示的【打开绘图】对话框，从中选择需要打开的文件类型、文件的路径、文件名后，单击【打开】按钮即可。

知识点

如果需要同时打开多个文件，在【打开绘图】对话框的文件列表框中，按住 Shift 键选择连续排列的多个文件，或按住 Ctrl 键选择不连续排列的多个文件，然后单击【打开】按钮，即可按照文件排列的先后顺序将选取的所有文件打开。

另外，CorelDRAW X6 有保存最近使用文档记录的功能，在【文件】|【打开最近用过的文件】子菜单下选择相应的文件即可打开所需文件，如图 1-26 所示。

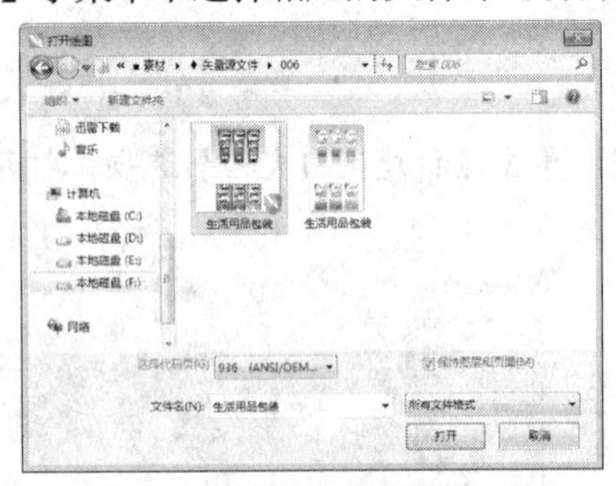

图 1-25　【打开绘图】对话框

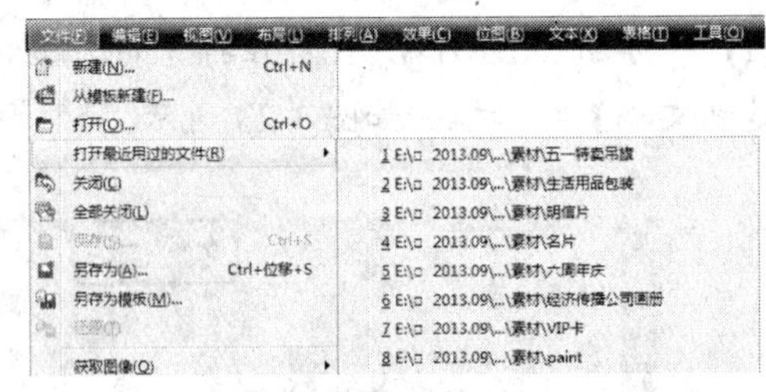

图 1-26　打开最近用过的文件

1.4.2　保存和关闭文件

在绘图过程中，为避免文件意外丢失，需要及时将编辑好的文件保存到磁盘中。选择【文

件】|【保存】命令，或按下 Ctrl+S 快捷键，或在工具栏中单击【保存】按钮，打开【保存绘图】对话框，选择保存文件的类型、路径和名称，然后单击【保存】按钮即可将文件及时保存。

如果当前文件是在一个已有的文件基础上进行修改，那么在保存文件时，选择【保存】命令，将使用新保存的文件数据覆盖原有的文件，而原文件将消失。如果要在保存文件时保留原文件，可选择【文件】|【另存为】命令，打开如图 1-27 所示的【保存绘图】对话框，在其中设置保存的文件名、类型、路径，然后单击【保存】按钮，即可将当前文件存储为一个新的文件。

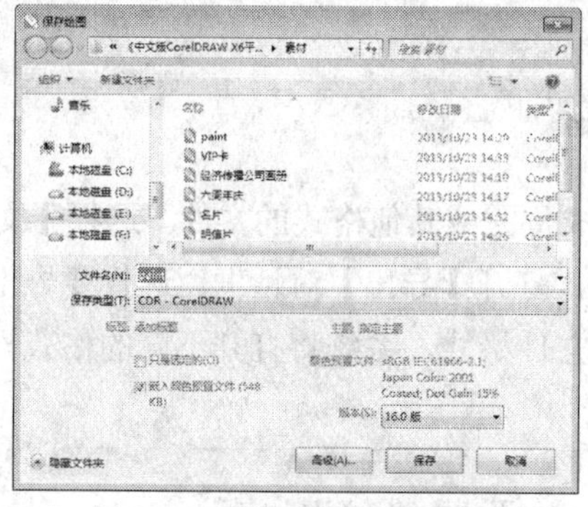

图 1-27　【保存绘图】对话框

提示

在 CorelDRAW 中，用户还可以对文件设置自动保存。选择【工具】|【选项】命令，在打开的【选项】对话框中单击【工作区】|【保存】选项，然后在右侧的选项区域中进行设置，如图 1-28 所示。

当用户需要退出当前正在编辑的文档时，选择【文件】|【关闭】命令，或单击菜单栏右侧的【关闭】按钮，即可关闭当前文件。如果当前编辑的文件没有进行最后的保存，则系统将弹出如图 1-29 所示提示对话框，询问用户是否对修改的文件进行保存。选择【文件】|【全部关闭】命令，即可关闭打开的所有图形文件。

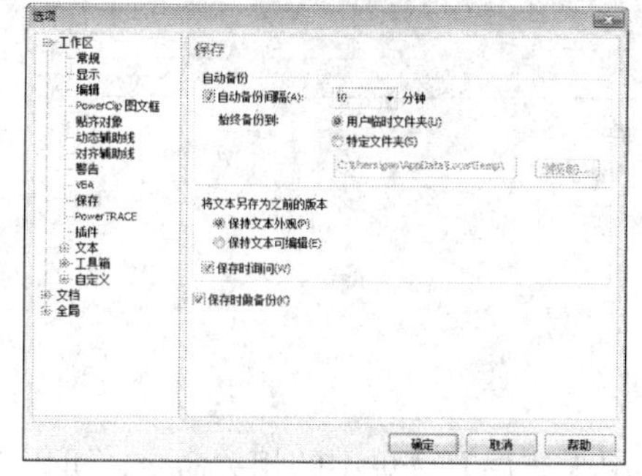

图 1-28　设置自动保存

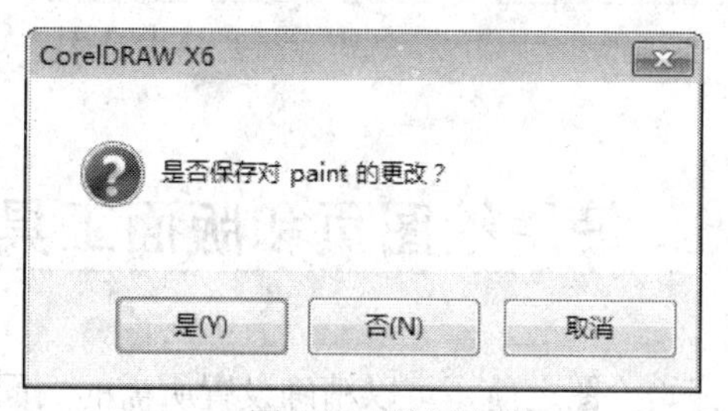

图 1-29　关闭文档

1.4.3　导入和导出文件

导入和导出命令是 CorelDRAW 和其他应用程序之间进行联系的桥梁。通过导入命令可以将其他应用软件生成的文件输入至 CorelDRAW 中，包括位图和文本文件等。

需要导入文件时，选择【文件】|【导入】命令，打开【导入】对话框。用户选择所需导入的文件后，单击【确定】按钮即可，如图 1-30 所示。打开 CorelDRAW 工作区后，在标准工具栏中单击【导入】按钮或按 Ctrl+I 键也可以打开【导入】对话框，选择所需图像或文件。

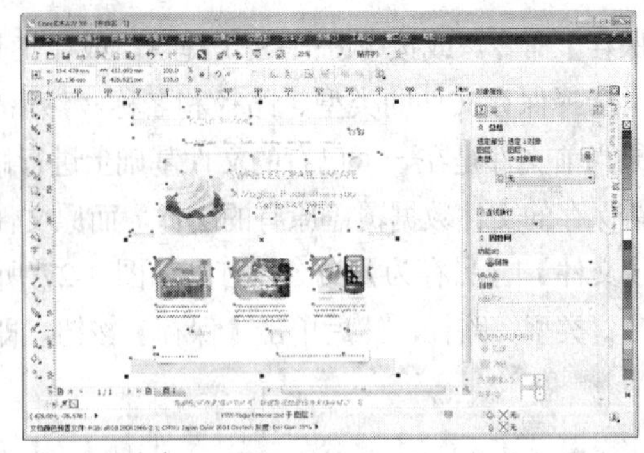

图 1-30　导入文件

导出功能可以将 CorelDRAW 绘制好的图形输出成位图或其他格式的文件。选择【文件】|【导出】命令或单击标准工具栏中的【导出】按钮，打开【导出】对话框。选择要导出的文件格式后，单击【导出】按钮即可。选择不同的导出文件格式，系统将打开不同的格式设置对话框，如图 1-31 所示。

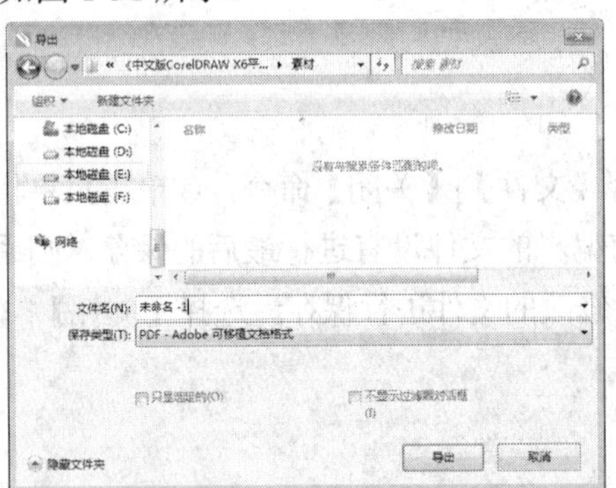

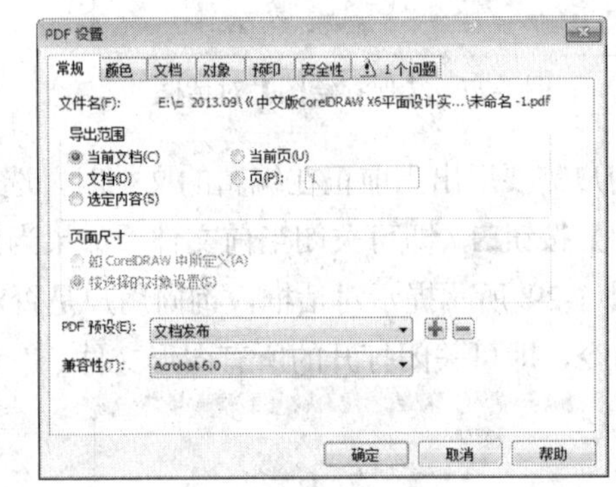

图 1-31　导出文件

1.5　使用绘图页和版面工具

在开始绘图之前，可以精确设置所需的页面。使用【布局】菜单中的相关命令，可以调整绘图的参数值，包括页面尺寸、方向以及版面，并且可以为页面选择一个背景。

1.5.1　指定页面版面

在实际绘图工作中，所编辑的绘图文件常常具有不同的尺寸要求，这时就需要进行自定义页面设置。在 CorelDRAW X6 应用程序中，提供了多种设置页面大小、方向的操作方法。

- 在绘图文件中没有选中任何对象的情况下，可以在属性栏中对页面大小进行调整，如图 1-32 所示。

图 1-32　属性栏设置页面

⊙ 在工作区中的绘图页面阴影上双击，或选择【布局】|【页面设置】命令，打开如图 1-33 所示的【选项】对话框，在其中可以对当前页面的方向、尺寸大小、分辨率、出血范围等属性进行设置。设置完成后单击【确定】按钮，即可对当前文件中的页面进行调整。

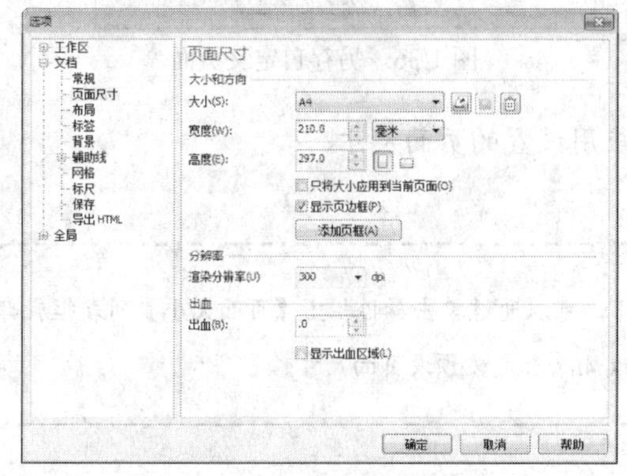

图 1-33　【选项】对话框

提示

如果当前文件中存在多个页面，选中【只将大小应用到当前页面】复选框，则只对当前页面进行调整。

【例 1-5】在 CorelDRAW X6 应用程序中，设置页面尺寸。

(1) 启动 CorelDRAW X6 应用程序，在欢迎屏幕窗口中单击【新建空白文档】选项，打开【创建新文档】对话框。在对话框的【名称】文本框中输入“绘图文件”，设置【宽度】为 50mm、【高度】为 50mm，设置【渲染分辨率】为 300 dpi，然后单击【确定】按钮，即可创建新文件，如图 1-34 所示。

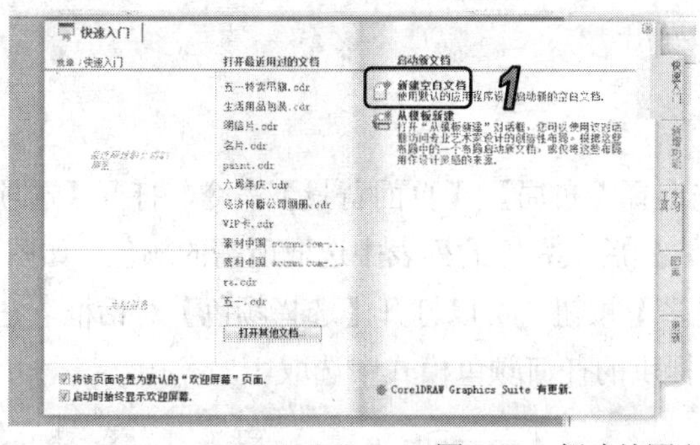

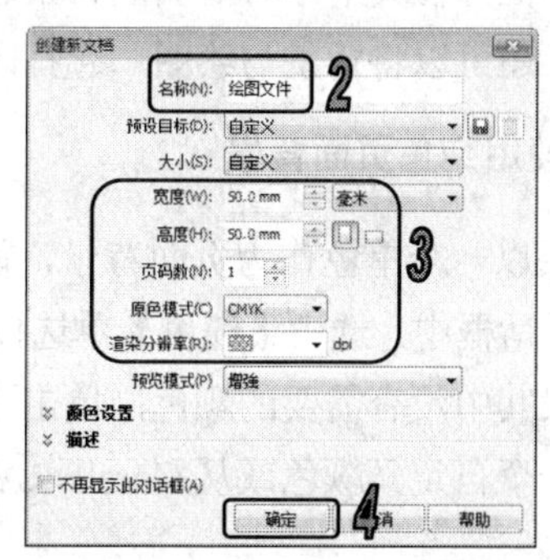

图 1-34　新建绘图文件

(2) 选择菜单栏中的【布局】|【页面设置】命令，打开【选项】对话框。设置【宽度】数值为 100，选中【横向】单选按钮，设置【出血】数值为 3，并选中【显示出血区域】复选框，如图 1-35 所示。

(3) 单击【保存】按钮，打开【自定义页面类型】对话框。在【另存自定义页面类型为】文本框中输入“横向卡片”，然后单击【确定】按钮添加自定义预设页面尺寸，如图 1-36 所示。

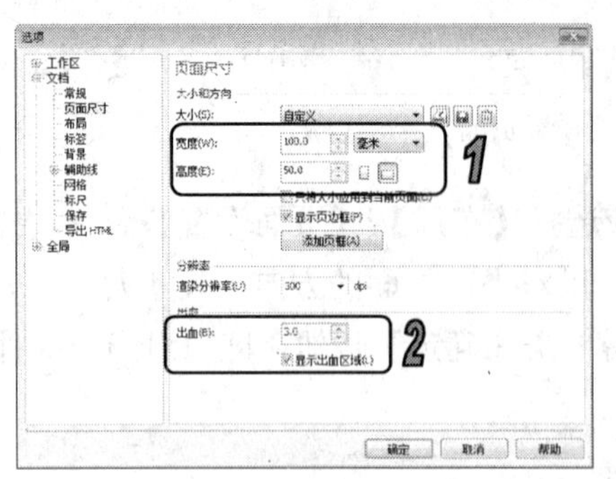

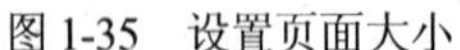

图 1-35 设置页面大小

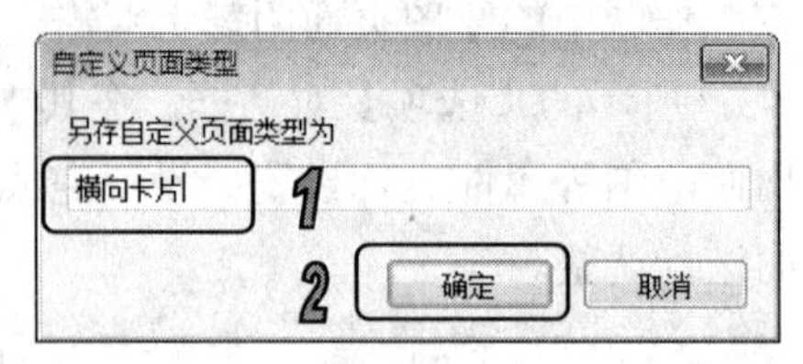

图 1-36 另存自定义页面

(4) 单击【选项】对话框中的【确定】按钮应用设置的页面尺寸。

知识点

在选中【选择】工具且并未选中任何对象的情况下，可以通过单击属性栏上【页面大小】列表框底部的【编辑该列表】选项，打开【选项】对话框来添加或删除自定义预设页面尺寸。

1.5.2 选择页面背景

页面背景是指添加到页面中的背景颜色或图像。在 CorelDRAW X6 中，页面背景可以设置为纯色，也可以是位图图像，在添加页面背景后，不会影响图形绘制的操作。通常，新建文档的页面背景默认为“无背景”。要设置页面背景，选择【布局】|【页面背景】命令，打开【选项】对话框，在其中即可对页面背景进行设置。选中【选项】对话框中的【打印和导出背景】复选框，还可以将背景与绘图一起打印和导出。

1. 使用纯色页面背景

如果以一个单色作为页面背景，首先选择【布局】|【页面背景】命令，打开【选项】对话框。在对话框中，选中【纯色】单选按钮，然后从右侧的列表中选取所需的颜色，如图 1-37 所示。如果其中没有需要的颜色，单击【更多】按钮，可以打开【选择颜色】对话框，它允许用户创建一个自定义颜色或从 CorelDRAW 提供的任何颜色模式中选取。

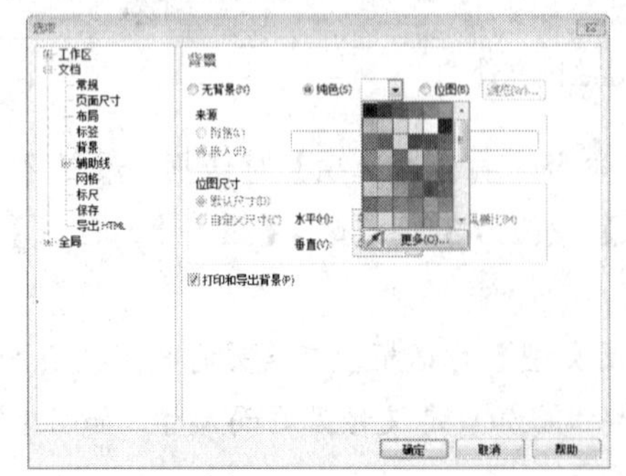

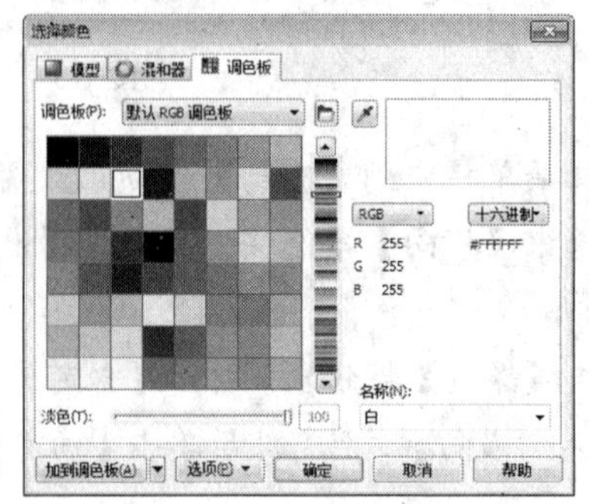

图 1-37 使用纯色背景

2. 使用位图页面背景

如果要使用位图作为背景，选择【布局】|【页面背景】命令，打开【选项】对话框。在对话框中，选中【位图】单选按钮，然后单击右侧的【浏览】按钮。在打开的【导入】对话框中选取要导入的位图文件后，单击【导入】按钮，如图 1-38 所示。

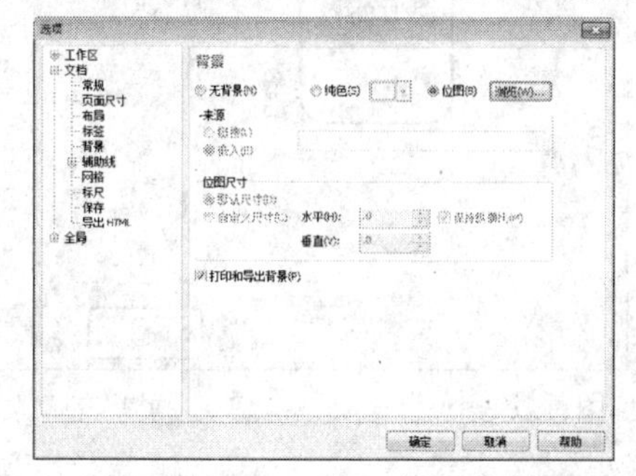

图 1-38 使用位图背景

使用位图创建背景时，可以指定位图的尺寸并将图形链接或嵌入到文件中。将图形链接到文件中时，对源图形所做的任何修改都将自动在文件中反映出来，而嵌入的对象则保持不变。在将文件发送给其他人时必须包括链接的图形。如果需要链接或嵌入位图背景，在【来源】选项区域中，选中【链接】单选按钮可以从外部链接位图；选中【嵌入】单选按钮，可以直接将位图添加到文档中。选中【自定义尺寸】单选按钮，可以改变位图背景的大小。选中【保持纵横比】复选框，可以保持位图的水平和垂直比例；禁用该项时，可以指定不成比例的高度和宽度值，在【水平】和【垂直】数值框中输入具体的值以指定背景的宽度。

【例 1-6】在 CorelDRAW X6 应用程序中，使用位图页面背景。

(1) 在 CorelDRAW X6 应用程序中，选择【文件】|【打开】命令，打开【打开绘图】对话框，打开一幅绘图文件，如图 1-39 所示。

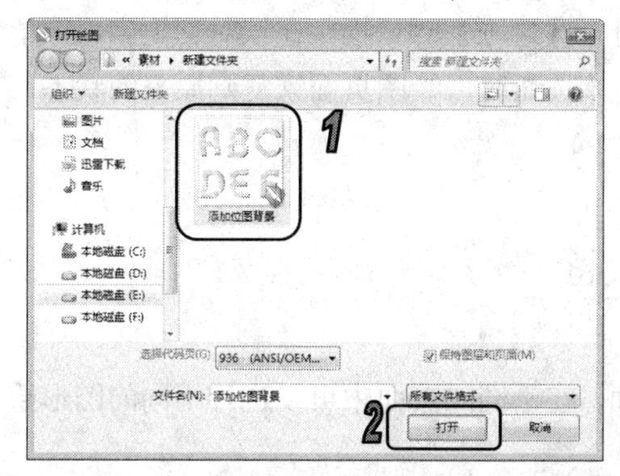

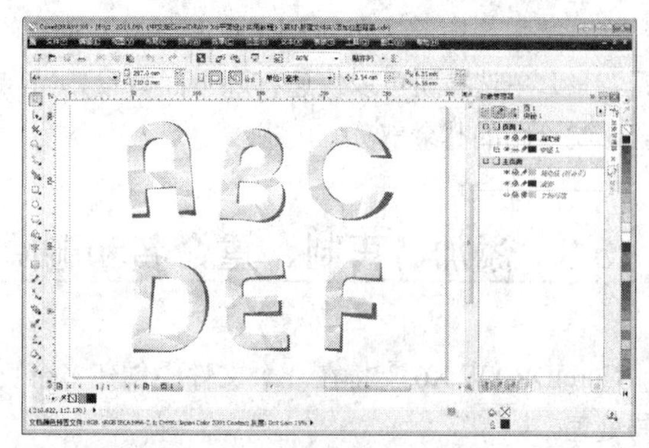

图 1-39 打开绘图文件

(2) 选择【布局】|【页面背景】命令，打开【选项】对话框。在对话框中，选中【位图】单选按钮，然后单击【浏览】按钮。在打开的【导入】对话框中，选择需要作为背景的位图文件，单击【导入】按钮，如图 1-40 所示。

(3) 在【选项】对话框中，选中【自定义尺寸】单选按钮，取消选中【保持纵横比】复选框，

设置【水平】数值为 210，【垂直】数值为 297，单击【选项】对话框中的【确定】按钮应用位图背景，如图 1-41 所示。

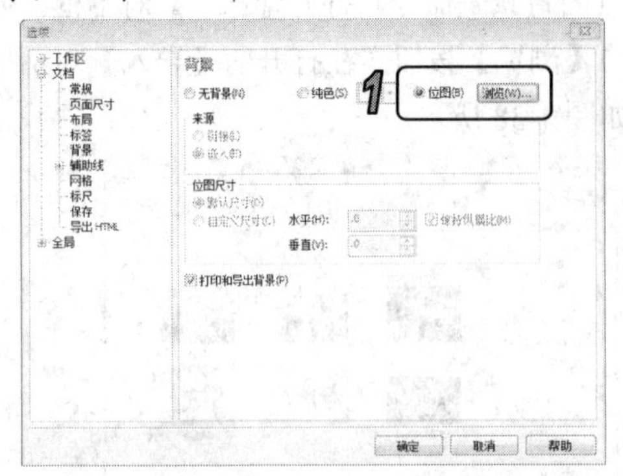

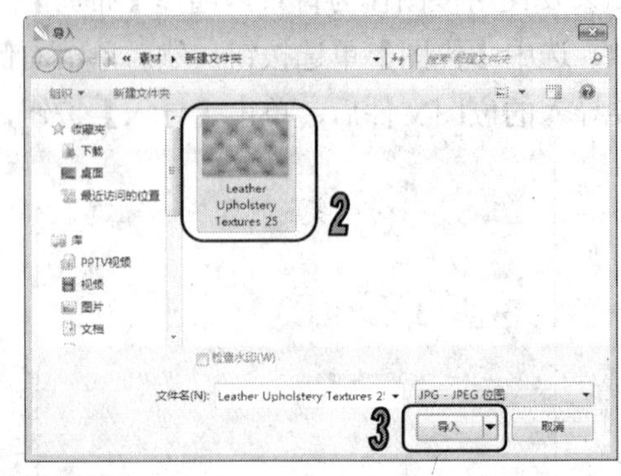

图 1-40　启用位图背景

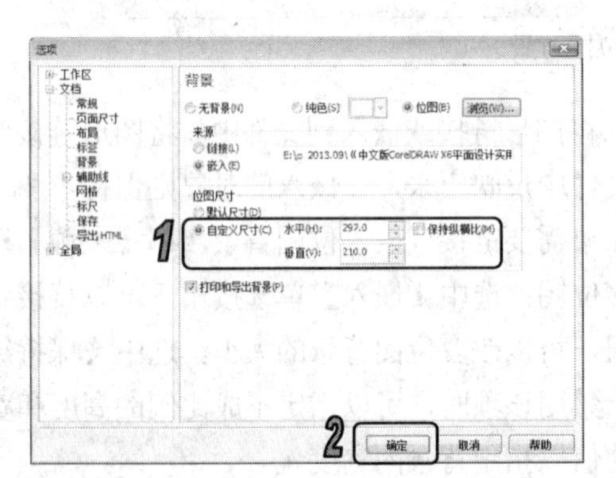

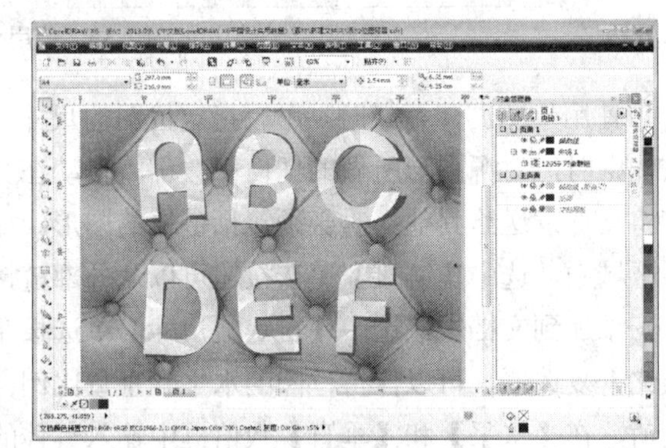

图 1-41　设置位图背景

3. 删除页面背景

选择菜单栏中的【布局】|【页面背景】命令，打开【选项】对话框。在该对话框中，选中【无背景】单选按钮可以快速移除页面背景。当启用该按钮时，绘图页面恢复到原来的状态，不会影响绘图的其余部分。

1.5.3　添加、再制、重命名和删除页面

CorelDRAW X6 支持在一个文件中创建多个页面，在不同的页面中可以进行不同的图形绘制与处理。

1. 添加页面

默认状态下，新建的文件中只有一个页面，通过插入页面，可以在当前文件中插入一个或多个新页面。要插入页面，可以通过以下操作方法实现：

◉　选择【布局】|【插入页面】命令，在打开的【插入页面】对话框中，可以对需要插入

的页面数量、插入位置、版面方向以及页面大小等参数进行设置。设置好后，单击【确定】按钮即可。

- 在页面左下方的标签栏上，单击页面信息左边的按钮，可在当前页面之前插入一个新的页面；单击右边的按钮，可在当前页面之后插入一个新的页面。如图 1-42 所示。插入的页面具有和当前页面相同的页面设置。

图 1-42　插入页面

- 在页面标签栏的页面名称上单击，在弹出的菜单中选择【在后面插入页面】或【在前面插入页面】命令，同样也可以在当前页面之后或之前插入新的页面，如图 1-43 所示。

【例 1-7】在打开的绘图文件中，根据需要插入页面。

(1) 在 CorelDRAW X6 中，选择【文件】|【打开】命令，打开绘图文档，如图 1-44 所示。

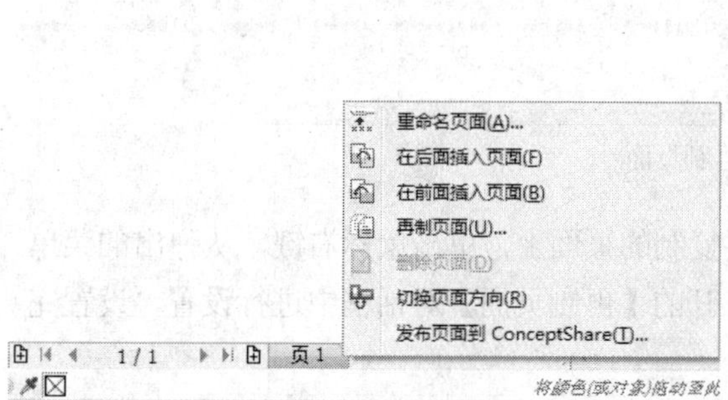

图 1-43　插入页面命令

图 1-44　打开绘图文档

(2) 选择【布局】|【插入页面】命令，打开【插入页面】对话框。设置【页码数】为 2，【宽度】为 50mm，然后单击【确定】按钮，即可在原有页面后添加两页，如图 1-45 所示。

(3) 选择【视图】|【页面排序器视图】命令，打开页面排序器视图以查看绘图文件中的各页面，如图 1-46 所示。

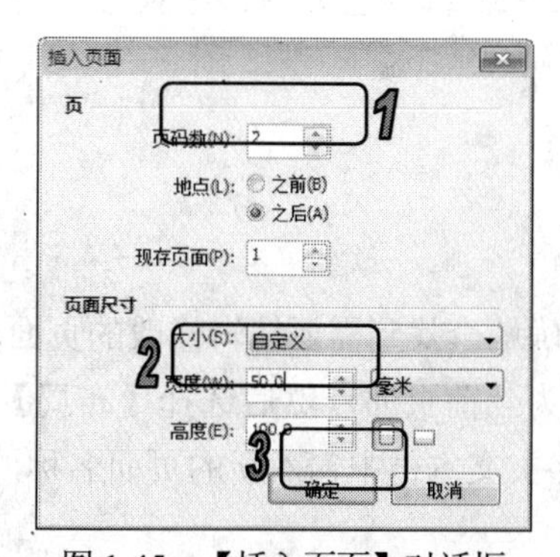

图 1-45　【插入页面】对话框

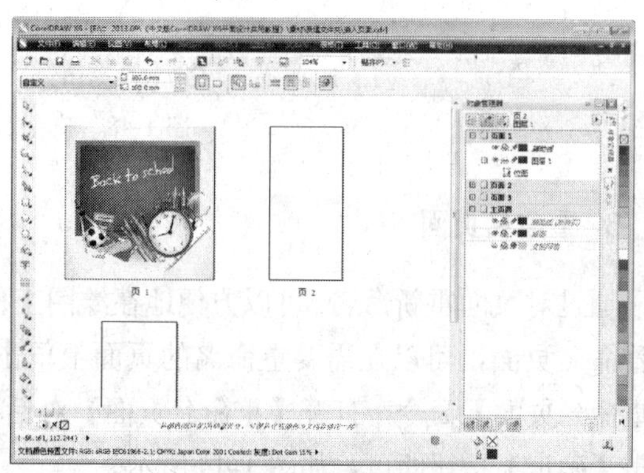

图 1-46　页面排序器视图

2. 再制页面

通过再制页面，可以对当前页进行复制，得到一个相同页面设置或相同页面内容的新页面。在【对象管理器】泊坞窗中单击要再制的页面的名称后，选择【布局】|【再制页面】命令，打开如图 1-47 所示的【再制页面】对话框。在对话框中可以选择复制得到的新页面是插入在当前页面之前还是之后；选中【仅复制图层】单选按钮，则在新页面中将只保留原页面中的图层属性(包括图层数量和图层名称)；选中【复制图层及其内容】单选按钮，则可以得到一个和原页面内容完全相同的新页面。在对话框中选择相应选项，然后单击【确定】按钮即可再制页面。

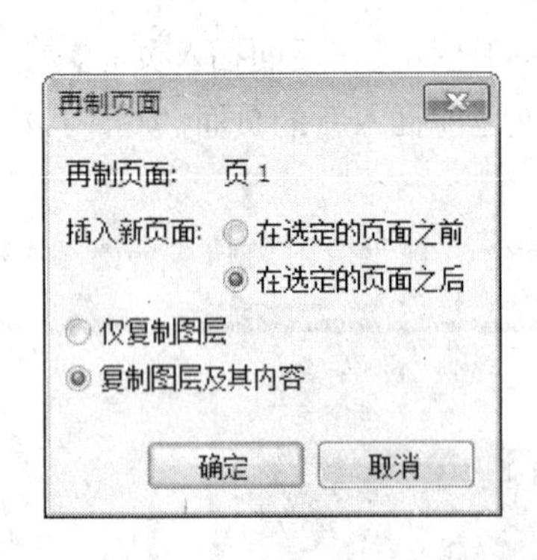

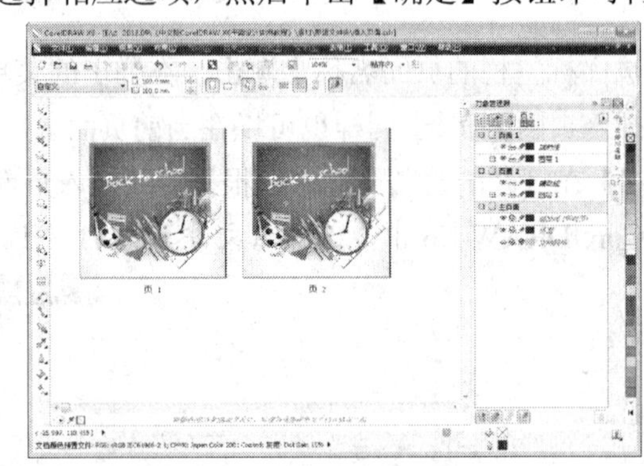

图 1-47　再制页面

用户也可以将鼠标光标放置到标签栏中需要复制的页面上，单击鼠标右键，从弹出的菜单中选择【再制页面】命令，如图 1-48 所示。在打开的【再制页面】对话框中进行设置，设置完成后，单击【确定】按钮即可。

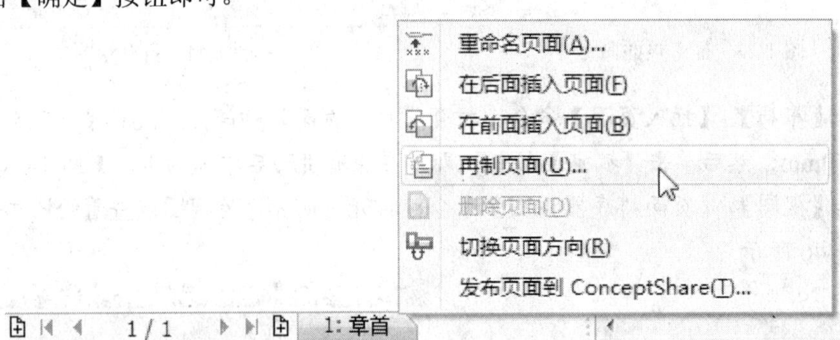

图 1-48　执行右键菜单命令

3. 重命名页面

通过对页面重新命名，可以方便地在绘图工作中快速、准确地查找到需要编辑修改的页面。要重命名页面，可以在需要重命名的页面上单击，将其设置为当前页面，然后选择【布局】|【重命名页面】命令，打开【重命名页面】对话框，在【页名】文本框中输入新的页面名称，单击【确定】按钮即可，如图 1-49 所示。

用户也可以将光标移动到页面标签栏中需要重命名的页面上，右击，在弹出的菜单中选择【重命名页面】对话框，然后进行下一步操作。

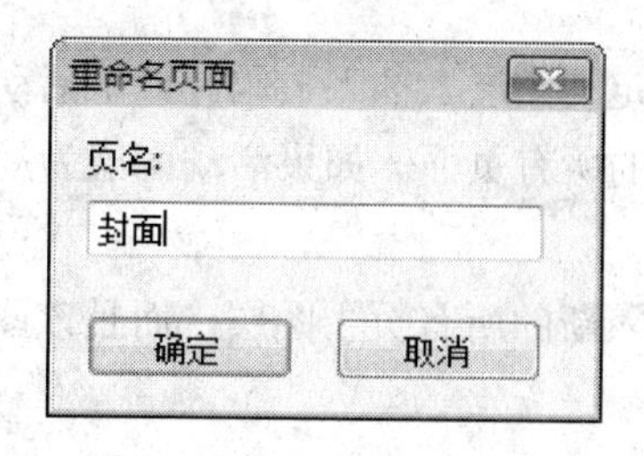

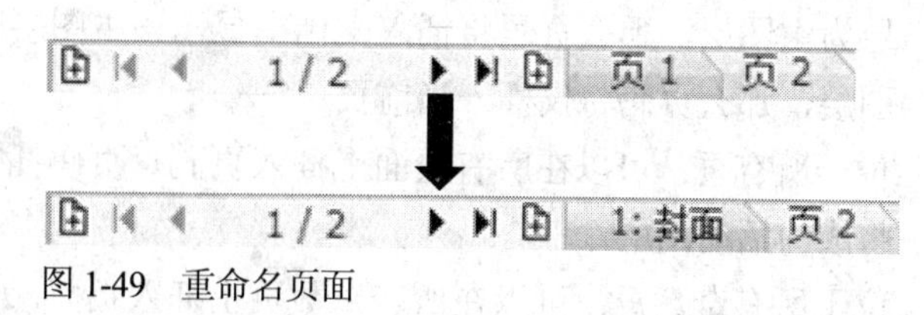

图 1-49　重命名页面

4. 删除页面

在 CorelDRAW X6 中进行绘图编辑时，如果需要将多余的页面删除，可以选择【布局】|【删除页面】命令，打开如图 1-50 所示的【删除页面】对话框。在对话框的【删除页面】数值框中输入所要删除的页面序号，然后单击【确定】按钮即可。

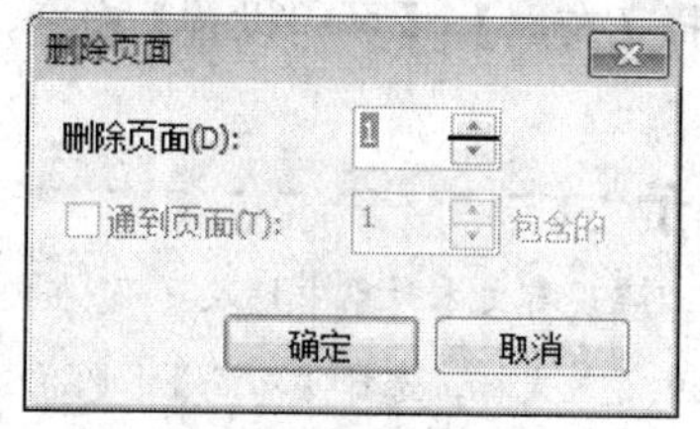

图 1-50　【删除页面】对话框

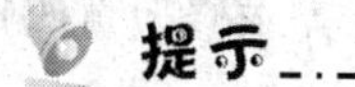

在【删除页面】对话框中，选中【通到页面】复选框，并在其后的数值框中输入页面序号，可以删除多个连续的页面。

在标签栏中需要删除的页面上右击，在弹出的菜单中选择【删除页面】命令，即可直接将该页面删除。

1.5.4　插入页码

可以在当前页面、所有页面、所有奇数页面或所有偶数页面上插入页码，页码在页面底端居中放置。在多个页面上插入页码时，系统将自动创建主图层并在该图层上放置页码。主图层可以是所有页图层、奇数页主图层或偶数页主图层。当在文档中添加或删除页面时，页码将自动更新。

1. 插入页码

选择【布局】|【插入页码】命令子菜单中的相应命令，即可插入页码，如图 1-51 所示。

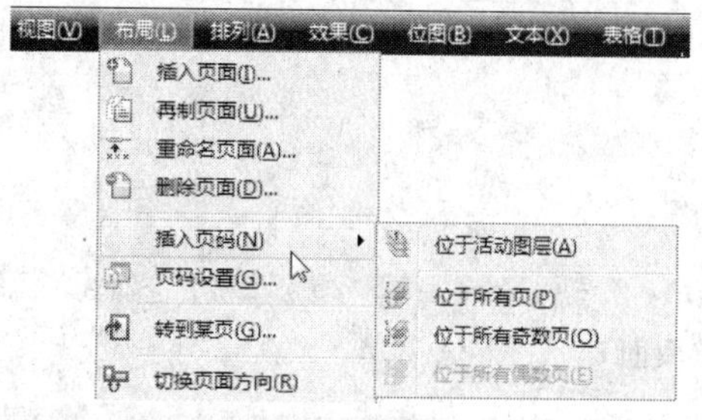

图 1-51　插入页码

提示

只有在当前页面为奇数页时，可以在奇数页上插入页码，且只有在当前页面为偶数页时，才可以在偶数页上插入页码。

- ⊙ 位于活动图层：可以在当前对象管理器泊坞窗中选定的图层上插入页码。如果活动图层为主图层，那么页码将插入文档中显示该主图层的所有页面。如果活动图层为局部图层，那么页码将仅插入当前页。
- ⊙ 位于所有页：可以在所有页面上插入页码。页码插入新的所有页主图层，而且该图层将成为活动图层。
- ⊙ 位于所有奇数页：可以在所有奇数页上插入页码。页码插入新的奇数页主图层，而且该图层将成为活动图层。
- ⊙ 位于所有偶数页：可以在所有偶数页上插入页码。页码插入新的偶数页主图层，而且该图层将成为活动图层。

2. 修改页码设置

在插入页码后，还可以根据设计需求修改页码设置。选择【布局】|【页码设置】命令，打开如图 1-52 所示的【页码设置】对话框。

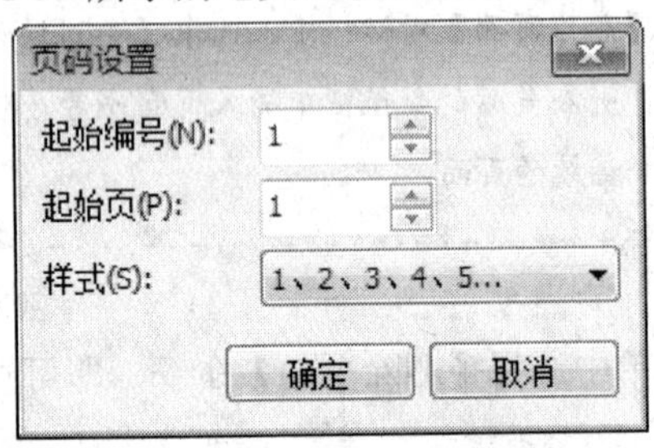

图 1-52 【页码设置】对话框

提示

可以在现有文本对象中插入页码。在文本对象中置入光标，选择【布局】|【插入页码】|【在活动图层上】命令。页码将作为现有文本的一部分添加，且不会作为单独的对象显示在对象管理器泊坞窗中。

- ⊙ 起始编号：可以从一个特定数字开始页面页数。
- ⊙ 起始页：可以选择页码开始的页面。
- ⊙ 样式：可以选择常用页码样式。

1.5.5 调整页面

在进行多页面设计工作时，常常需要选择页面，调整页面之间的前后顺序。将需要编辑的页面切换为当前页面，可选择【布局】|【转到某页】命令，打开【转到某页】对话框。在【转到某页】数值框中输入需要选择的页面序号，单击【确定】按钮即可，如图 1-53 所示。

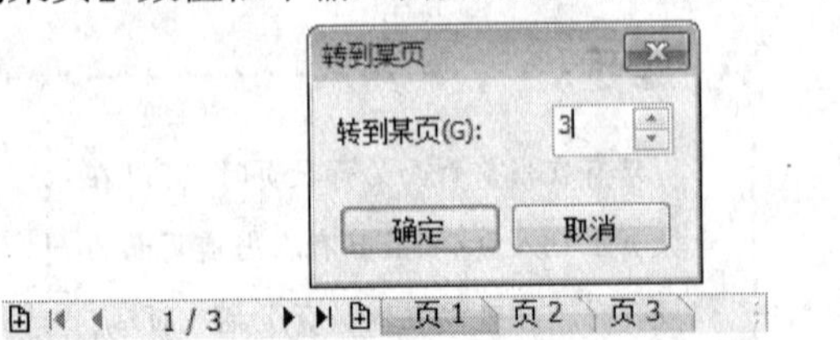

图 1-53 转换页面

要调整页面之间的前后顺序，在页面标签栏中需要调整顺序的页面名称上按下鼠标左键不

放，然后将光标拖动到指定的位置后，释放鼠标即可，如图 1-54 所示。

1: 首页　2: 正文　3: 尾页　　　1: 正文　2: 首页　3: 尾页

图 1-54　调整页面顺序

用户还可以选择菜单栏中的【视图】|【页面排序器视图】命令，这时所创建的文档都将被排列出来，只要单击并拖动一个页面，将它放置在一个新位置即可，如图 1-55 所示。

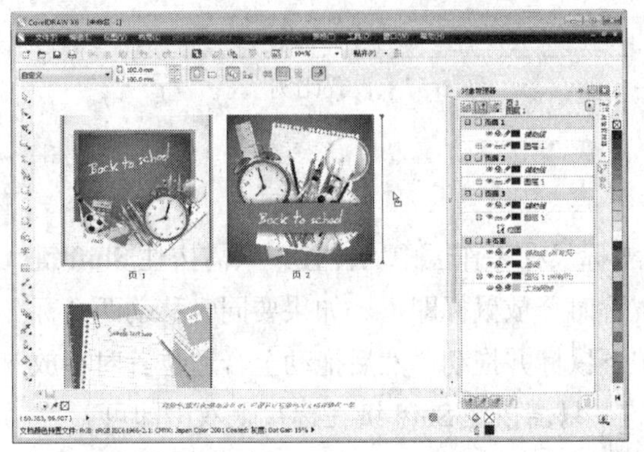

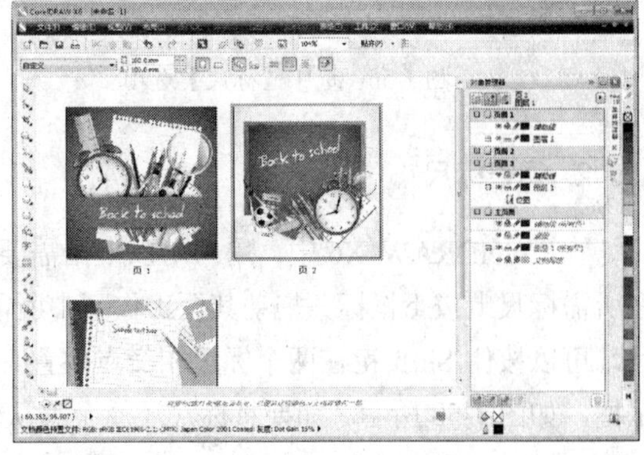

图 1-55　页面排序

1.5.6　使用标尺

标尺是放置在页面上用来测量对象大小、位置等属性的测量工具。使用标尺工具，可以帮助用户准确地绘制、缩放和对齐对象。在默认状态下，标尺处于显示状态。为方便操作，用户可以设置是否显示标尺。选择【视图】|【标尺】命令，菜单中的【标尺】命令前显示复选标记☑，表示标尺已显示在工作界面中，反之标尺被隐藏。

1. 标尺的设置

用户还可以根据绘图的需要，对标尺的单位、原点、刻度记号等进行设置。选择【工具】|【选项】命令或双击标尺，在弹出的【选项】对话框中选中【文档】|【标尺】选项，如图 1-56 所示。

- 【单位】选项：在下拉列表中可选一种测量单位，默认的单位是【英寸】。
- 【原始】选项：在【水平】和【垂直】数值框中输入精确的数值，以自定义坐标原点的位置。
- 【记号划分】选项：在数值框中输入数值来修改标尺的刻度记号。输入的数值决定每一段数值之间刻度记号的数量。CorelDRAW X6 中的刻度记号数量最多为 20，最少为 2。
- 【编辑缩放比例】按钮：单击该按钮，弹出【绘图比例】对话框，在该对话框的【典型比例】下拉列表中，可选择不同的刻度比例，如图 1-57 所示。

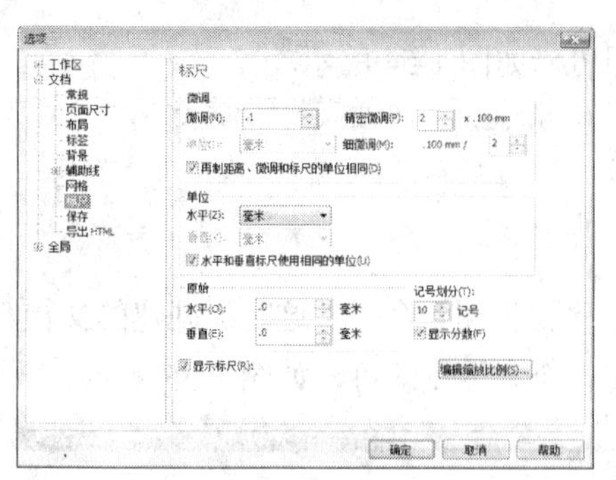

图 1-56　选中【标尺】选项

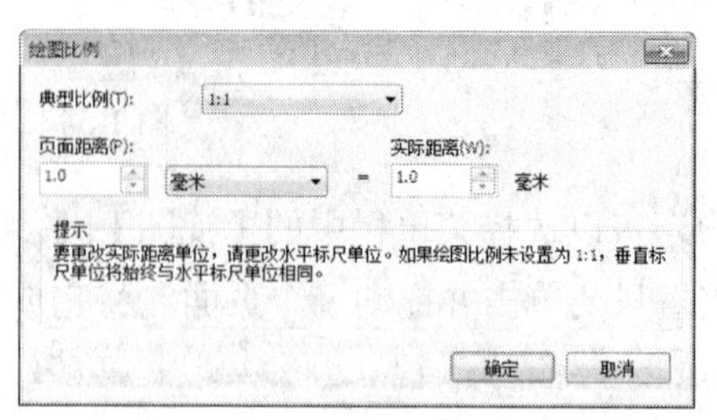

图 1-57　设置比例

2. 调整标尺

在 CorelDRAW X6 中，用户可以根据需要调整标尺在工作区中的位置。只需按住 Shift 键在所需标尺上按下鼠标并拖动其至工作区中所需位置时释放鼠标即可。如果要同时移动两个标尺，可以按住 Shift 键在两个标尺相交点位置 按下鼠标并拖动，然后拖动至合适位置时释放鼠标，如图 1-58 所示。如要将标尺还原至默认位置，只需按住 Shift 键在标尺上双击即可。

图 1-58　拖动标尺

为了方便对图形进行测量，可以将标尺的原点调整到所需要的位置。将光标移至水平与垂直标尺的 按钮上，按住鼠标左键不放，将原点拖至绘图窗口中，这时会出现两条垂直相交的虚线，拖动原点到需要的位置后释放鼠标，此时该位置被设置为原点。双击标尺原点 按钮，可以恢复标尺原点默认状态。

1.5.7　设置网格

网格是由均匀分布的水平和垂直线组成的，使用网格可以在绘图窗口中精确地对齐和定位对象。通过指定频率或间隔，可以设置网格线或点之间的距离，从而使定位更加精确。

1. 显示和隐藏网格

默认状态下，网格处于隐藏状态，用户可以显示网格，还可以根据绘图需要自定义网格的频率和间隔。

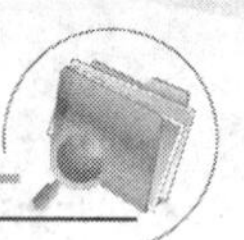

【例 1-8】在绘图文档中显示与设置网格。

(1) 在工作区中的页面边缘的阴影上双击鼠标左键，打开【选项】对话框，选择【文档】|【网格】选项，如图 1-59 所示。

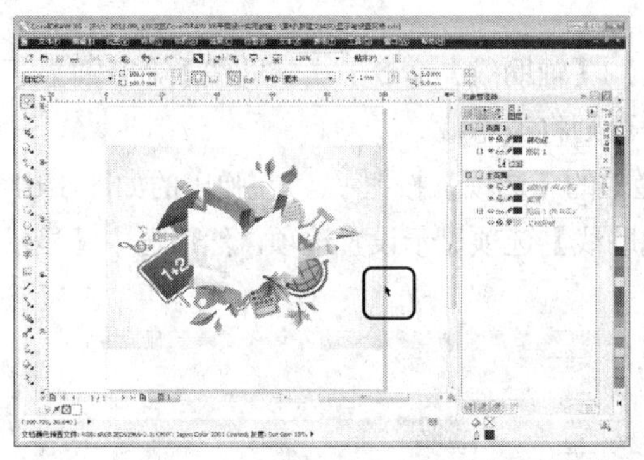

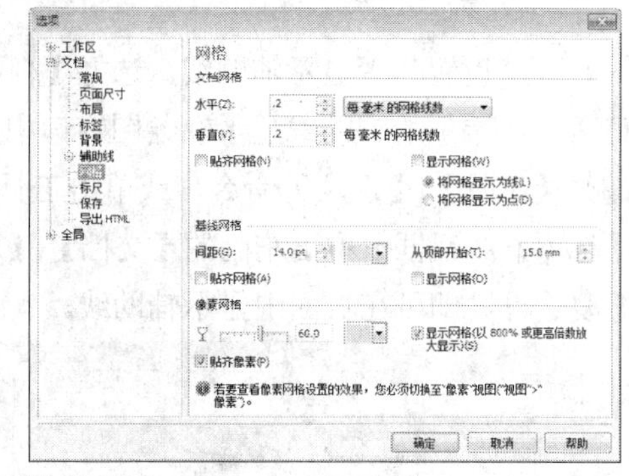

图 1-59　选中【网格】选项

(2) 默认状态下，【显示网格】复选框处于未选取状态，此时在工作区中不显示网格。如果要显示网格，只需选中该复选框即可。在【文档网格】选项区域右侧的下拉列表中选择【毫米间距】，在【水平】和【垂直】数值框中均输入数值 10，设置完成后，单击【确定】按钮即可，如图 1-60 所示。

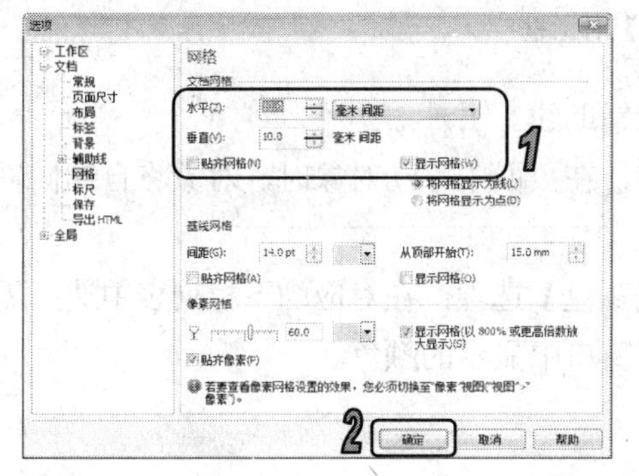

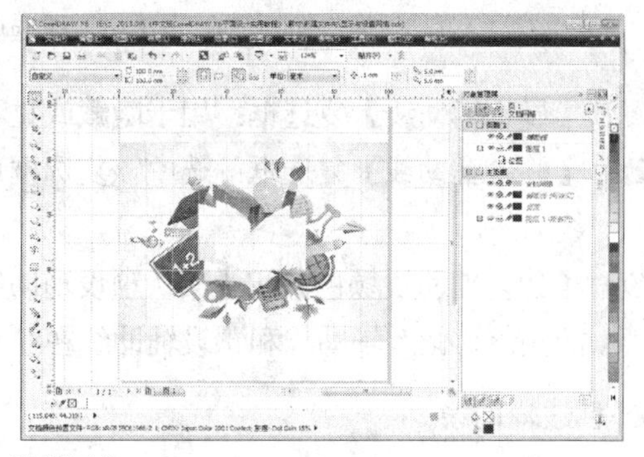

图 1-60　设置网格

2. 贴齐网格

要设置对齐网格功能，单击标准工具栏中的【贴齐】按钮，从弹出的下拉列表中选择【贴齐网格】命令，或选择【视图】|【贴齐网格】命令，使【贴齐网格】命令前出现勾选标记即可。打开对齐网格功能后，移动选定的图形对象时，系统自动将对象中的节点按网格点对齐。

1.5.8　设置辅助线

辅助线是设置在页面上用来帮助用户准确定位对象的虚线。它可以帮助用户快捷、准确地调整对象的位置以及对齐对象等。辅助线可以放置在绘图窗口的任何位置，用户可以设置水平、垂直和倾斜 3 种形式的辅助线。在输出文件时，辅助线不会同文件一起被打印出来，但会同文件一起保存。

1. 显示和隐藏辅助线

用户可以设置是否显示辅助线。选择【视图】|【辅助线】命令，【辅助线】命令前显示复选标记✓，即添加的辅助线显示在绘图窗口中，否则将被隐藏。

选择【工具】|【选项】命令，或单击工具栏中的【选项】按钮，在弹出的如图 1-61 所示的【选项】对话框中单击左侧的【文档】|【辅助线】选项显示设置选项，然后选中【显示辅助线】复选框，即可在页面中显示辅助线。

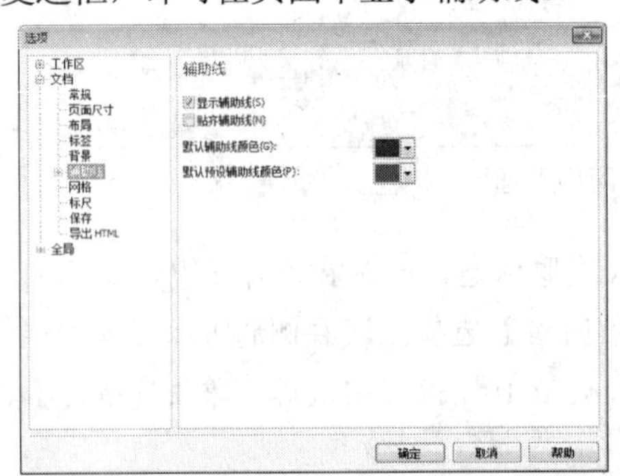

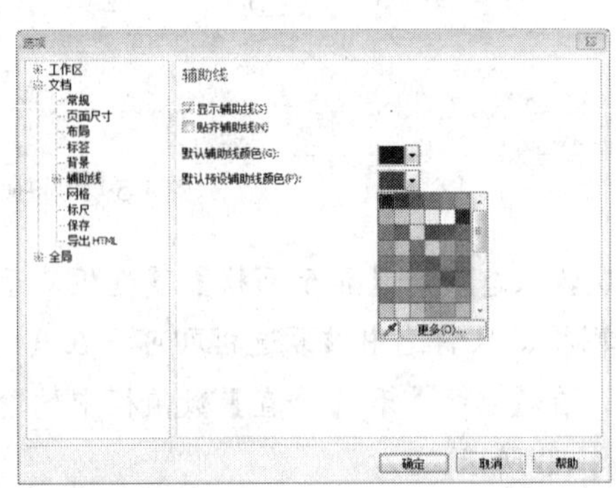

图 1-61　【选项】对话框

- 【显示辅助线】复选框：用于隐藏或显示辅助线。
- 【贴齐辅助线】复选框：选中该复选框后，在页面中移动对象时，对象将自动向辅助线靠齐。
- 【默认辅助线颜色】和【默认预设辅助线颜色】选项：在对应的下拉列表中选择需要的颜色，修改辅助线和预设辅助线在绘图窗口中显示的颜色。

2. 创建辅助线

用户可以设置水平、垂直和倾斜的辅助线，也可以在页面中对其按顺时针或逆时针方向旋转、锁定和删除等操作。将光标移动到水平或垂直标尺上，按下鼠标左键并向绘图工作区中拖动，即可创建辅助线，将辅助线拖动到需要的位置后释放鼠标，即可完成定位，如图 1-62 所示。另外，通过【选项】对话框，还可以精确地添加辅助线以及对对齐属性进行设置。

图 1-62　创建辅助线

【例 1-9】在 CorelDRAW X6 应用程序中，精确添加辅助线。

(1) 选择【工具】|【选项】命令，在【选项】对话框中，选择【辅助线】|【水平】选项，在【水平】下方的数值框中，输入需要添加的水平辅助线的标尺刻度值。单击【添加】按钮，将数值添加到下面的数值框中，如图 1-63 所示。

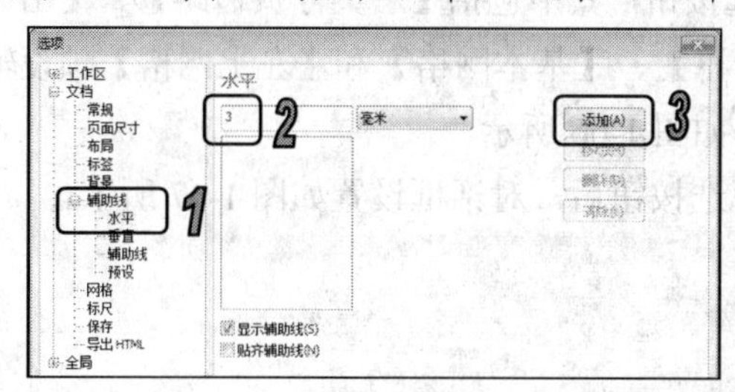

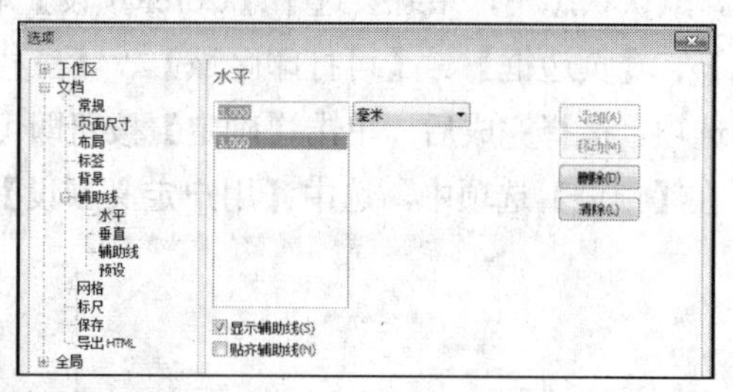

图 1-63　添加辅助线设置 1

(2) 选择【辅助线】|【垂直】选项，在【垂直】下方的数值框中，输入需要添加的垂直辅助线的标尺刻度值，然后单击【添加】按钮，将数值添加到下面的数值框中，如图 1-64 所示。

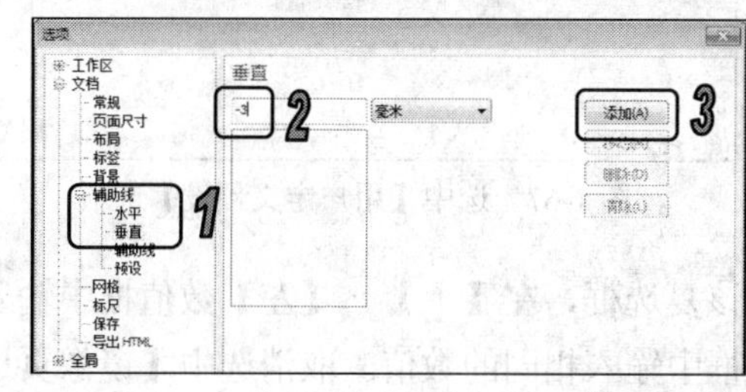

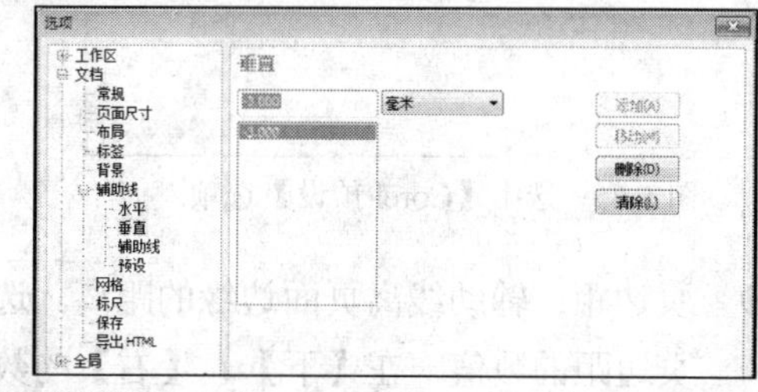

图 1-64　添加辅助线设置 2

(3) 选择【辅助线】|【辅助线】选项，在【指定】下拉列表中选择【角度和 1 点】选项，在 X、Y 的数值框中输入该点坐标，在【角度】数值框中输入指定的角度 45°，然后单击【添加】按钮，如图 1-65 所示。设置好所有选项后，单击【选项】对话框中的【确定】按钮，即可完成辅助线的添加。

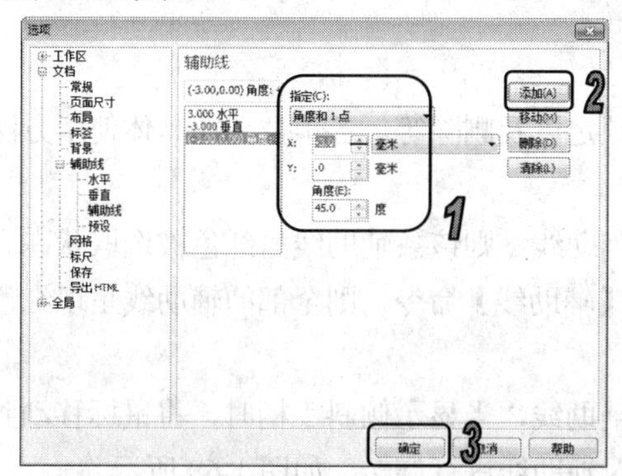

图 1-65　添加辅助线设置 3

提示

【指定】下拉列表中【2 点】选项是指要连成一条辅助线的两个点。选择该选项后，在对话框中分别输入两点的坐标数值。【角度和 1 点】选项是指可以指定的某个点和角度，辅助线以指定的角度穿过该点。

3. 预设辅助线

预设辅助线是 CorelDRAW X6 应用程序为用户提供的一些辅助线设置样式，其中包括【Corel 预设】和【用户定义预设】两个选项。在【选项】对话框中选择【辅助线】|【预设】选项，默认状态下，系统会选中【Corel 预设】单选按钮，其中包括【一英寸页边距】、【出血区域】、【页边框】、【可打印区域】、【三栏通讯】、【基本网格】和【左上网格】预设辅助线选项。选择完成后，单击【确定】按钮即可，如图 1-66 所示。

在【预设】选项中，选中【用户定义预设】单选按钮后，对话框设置如图 1-67 所示。

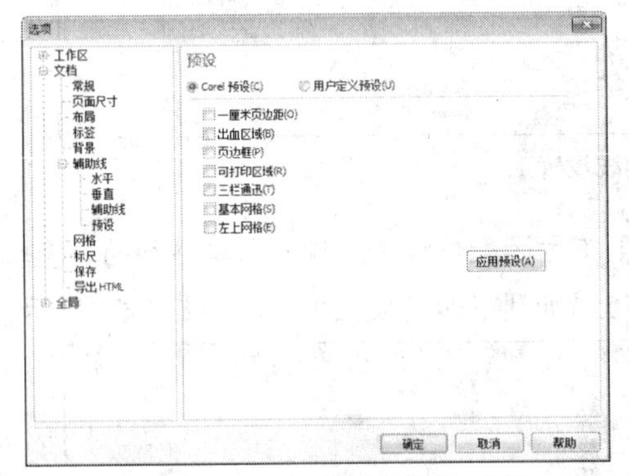

图 1-66　选中【Corel 预设】选项

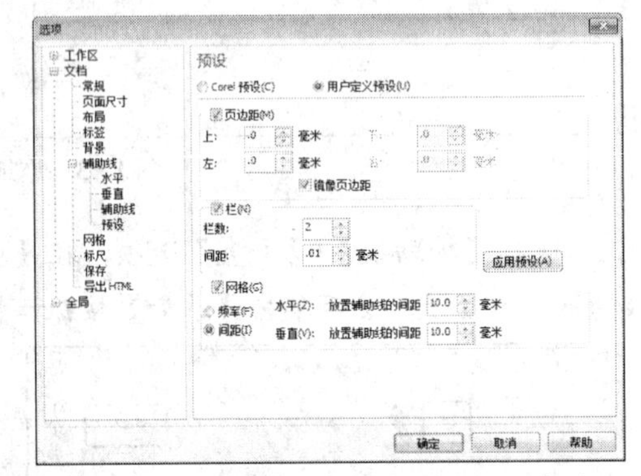

图 1-67　选中【用户定义预设】选项

- 页边距：辅助线离页面边缘的距离。选中该复选框，在【上】、【左】数值框中输入页边距的数值，在【下】、【右】的数值框中输入相同的数值。取消选中【镜像页边距】复选框，可以输入不同的页边距数值。
- 栏：指将页面垂直分栏。【栏数】是指页面被划分成栏的数量；【间距】是指每两栏之间的距离。
- 网格：在页面中，将水平和垂直辅助线相交后形成网格的形式。可通过【频率】和【间隔】来修改网格设置。

4. 辅助线的使用

辅助线的使用技巧包括辅助线的选择、旋转、锁定以及删除等。各项技巧的具体使用方法如下。

- 选择单条辅助线：使用【选择】工具单击辅助线，则该条辅助线呈红色被选取状态。
- 选择所有辅助线：选择【编辑】|【全选】|【辅助线】命令，则全部的辅助线呈现红色被选取状态。
- 旋转辅助线：使用【选择】工具单击两次辅助线，当显示倾斜手柄时，将鼠标移动到倾斜手柄上按下左键不放，拖动鼠标即可对辅助线进行旋转，如图 1-68 所示。
- 贴齐辅助线：为了在绘图过程中对图形进行更加精准的操作，可以选择【视图】|【对齐辅助线】命令，或单击标准工具栏中的【贴齐】按钮，从弹出的下拉列表中选择【贴齐辅助线】命令来开启对齐辅助线功能。打开对齐辅助线功能后，移动选定的对象时，图形对象中的节点将向距离最近的辅助线及其交叉点靠拢对齐。

图 1-68　旋转辅助线

- 锁定辅助线：选取辅助线后，选择【排列】|【锁定对象】命令，该辅助线即被锁定，这时将不能对它进行移动、删除等操作。
- 解锁辅助线：将光标对准锁定的辅助线，右击，在弹出的菜单中选择【解除锁定对象】命令即可。
- 删除辅助线：选择辅助线，然后按下 Delete 键即可。
- 删除预设辅助线：选择【视图】|【辅助线设置】命令，在类别列表中选择【预设】选项，取消预设辅助线旁边的复选框的选中状态即可。

1.6　设置视图显示

在 CorelDRAW X6 应用程序中，用户可以根据需要进行选择文档的显示模式，预览文档、缩放和平移画面等操作。

1.6.1　视图的显示模式

CorelDRAW X6 为用户提供了多种视图显示模式，用户可以在绘图过程中根据实际情况进行选择。这些视图显示模式包括【简单线框】、【线框】、【草稿】、【正常】、【增强】和【像素】模式。单击【视图】菜单，即可在其中查看和选择视图的显示模式。

- 【简单线框】模式：该模式只显示矢量图形的外框线，不显示绘图中的填充、立体化、调和等操作效果，位图显示为灰度图。
- 【线框】模式：与【简单线框】显示模式类似，只是对所有变形对象(渐变、立体化、轮廓效果)显示中间生成图形的轮廓，如图 1-69 所示。
- 【草稿】模式：该模式以低分辨率显示所有图形对象，并可以显示标准的填充。其中，渐变填充以单色显示；花纹填充、材质填充及 PostScript 图案填充等均以一种基本图案显示；滤镜效果以普通色块显示，如图 1-70 所示。
- 【正常】模式：该模式可以显示除 PostScript 以外的所有填充，以及高分辨率位图。它是最常用的显示模式，既能保证图形的显示质量，又不影响计算机显示和刷新图形的速度，如图 1-71 所示。

- 【增强】模式：该模式以高分辨率显示所有图形对象，并使图形平滑。该模式对设备性能要求很高，也是能显示 PostScript 图案填充的唯一视图，只适用于运行在高色彩画面上，是一个显示速度慢但质量最好的视图。
- 【像素】模式：显示了基于像素的绘图，允许用户放大对象的某个区域来更准确地确定对象的位置和大小。此视图允许用户查看导出为位图文件格式的绘图。

图 1-69 【线框】模式

图 1-70 【草稿】模式

图 1-71 【正常】模式

1.6.2 使用【缩放】工具

【缩放】工具可以用来放大或缩小视图的显示比例，便于用户对图形的局部进行浏览和编辑。使用【缩放】工具的操作方法有以下两种：

- 单击工具箱中的【缩放】工具按钮，当光标变为形状时，在页面上连续单击，即可将页面逐级放大。
- 选中【缩放】工具，在页面上按下鼠标左键，拖动鼠标框选出需要放大显示的范围，释放鼠标后即可将框选范围内的视图放大显示，并最大范围地显示在整个工作区中，如图 1-72 所示。选择【缩放】工具后，在属性栏中会显示出该工具的相关选项。

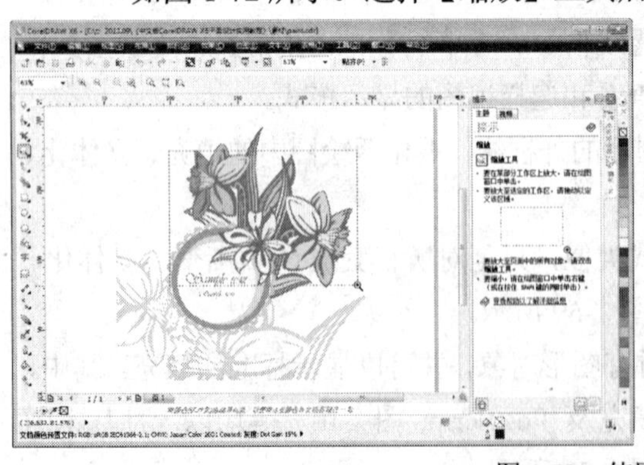

图 1-72 使用【缩放】工具

- 单击【放大】按钮，或按快捷键 F2，使视图放大两倍显示，按下鼠标右键会缩小为原来的 50%显示。

◉ 单击【缩小】按钮，或按快捷键 F3，使视图缩小为原来的 50%显示。

◉ 单击【缩放选定对象】按钮，或按快捷键 Shift+F2，会在页面上将选定的对象最大化显示。

◉ 单击【缩放全部对象】按钮，或按快捷键 F4，会将对象全部缩放到页面上，按下鼠标右键会缩小为原来的 50%显示。

◉ 单击【显示页面】按钮，或按快捷键 Shift+F4，会将页面的宽和高最大化全部显示出来。

◉ 单击【按页宽显示】按钮，会最大化地按页面宽度显示，按下鼠标右键会将页面缩小为原来的 50%显示。

◉ 单击【按页高显示】按钮，会最大化地按页面高度显示，按下鼠标右键会将页面缩小为原来的 50%显示。

当页面显示超出当前工作区时，可以选择工具箱中的【平移】工具查看页面中的其他部分。选择该工具后，在页面上单击并拖动即可移动页面，如图 1-73 所示。

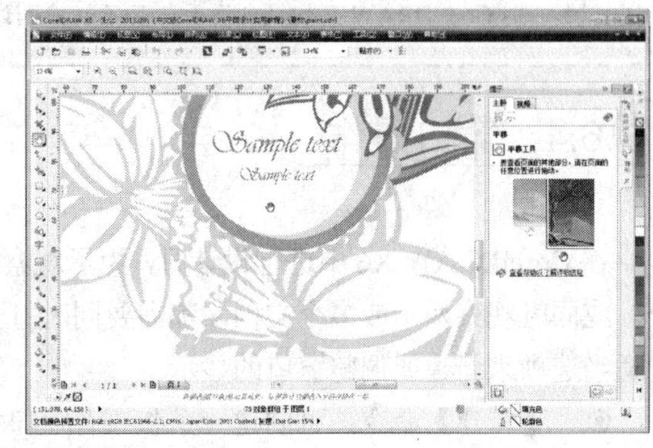

图 1-73　移动页面

1.6.3　使用【视图管理器】泊坞窗

用户可以选择菜单栏中的【视图】|【视图管理器】命令，打开【视图管理器】泊坞窗，选择【窗口】|【泊坞窗】|【视图管理器】命令，或按 Ctrl+F2 快捷键也可以打开该泊坞窗，如图 1-74 所示。

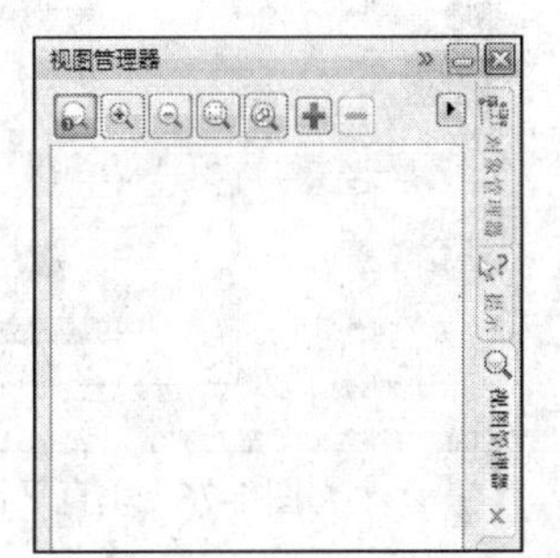

图 1-74　【视图管理器】泊坞窗

- 【缩放一次】按钮：单击该按钮或按 F2 键，鼠标即可转换为状态，此时单击可放大图像；相反，右击可以缩小图像。
- 【放大】按钮和【缩小】按钮：单击这两个按钮，可以分别为对象执行放大或缩小显示操作。
- 【缩放选定对象】按钮：在选取对象后，单击该按钮或按下 Shift+F2 键，即可对选定对象进行缩放。
- 【缩放全部对象】按钮：单击该按钮或按下 F4 键，即可将全部对象缩放。
- 【添加当前视图】按钮：单击该按钮，即可将当前视图保存。
- 【删除当前视图】按钮：选中保存的视图后，单击该按钮，即可将其删除。

提示

在【视图管理器】泊坞窗中，单击已保存的视图左边的页面图标，使其成为灰色状态显示后，表示禁用。用户切换到该视图时，CorelDRAW 只切换到缩放级别，而不切换到页面。同样，如果禁用放大镜图标，则 CorelDRAW 只切换到页面，而不切换到该缩放级别。

1.6.4 窗口操作

在 CorelDRAW X6 中进行设计时，为了观察一个文档的不同页面，或同一页面中的不同部分，或同时观察两个或多个文档，都需要同时打开多个窗口。此时，可选择【窗口】菜单命令的适当选项来新建或调整窗口的显示。

- 【新建】命令：可创建一个和原有窗口相同的窗口。
- 【层叠】命令：可将多个绘图窗口按顺序层叠在一起，这样有利于用户从中选择需要使用的绘图窗口。通过单击窗口标题栏，即可将选中的窗口设置为当前窗口。如图 1-75 所示。
- 【水平平铺】和【垂直平铺】命令：可以在工作区中同时显示两个或多个窗口。如图 1-76 所示为垂直平铺显示多个窗口。

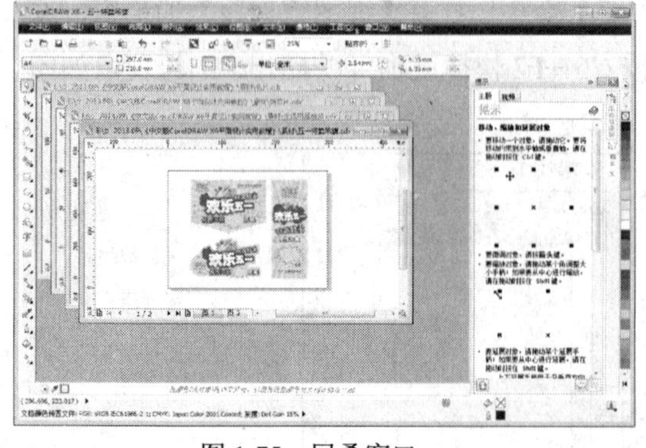

图 1-75　层叠窗口

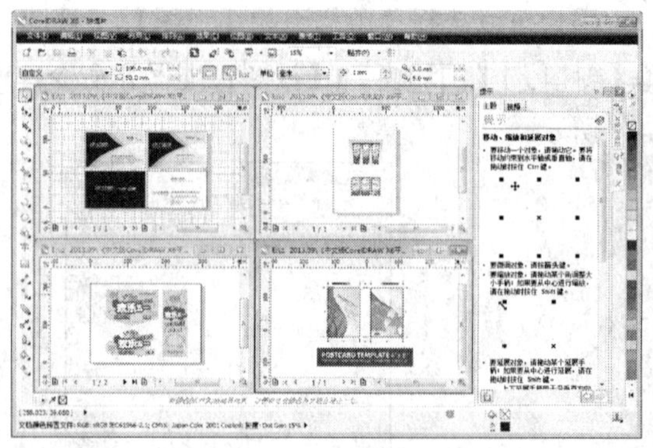

图 1-76　垂直平铺

⊙ 【排列图标】命令：可以将调节后的窗口图标按照一定的顺序进行重新排列。使用该命令，必须将窗口最小化。

1.7 上机练习

本章的上机练习通过新建文档，使用户更好地掌握新建文档、设置版面、页码以及辅助线等基本操作方法和技巧。

(1) 启动 CorelDRAW X6，选择【文件】|【新建】命令，打开【创建新文档】对话框。在对话框的【名称】文本框中输入“新建版式”，设置【宽度】和【高度】均为 100 毫米，在【原色模式】下拉列表中选择 RGB，然后单击【确定】按钮，如图 1-77 所示。

(2) 选择【布局】|【页面背景】命令，打开【选项】对话框。在对话框中，单击【位图】单选按钮，再单击【浏览】按钮，打开【导入】对话框。在【导入】对话框中选中需要置入的背景图，然后单击【导入】按钮。如图 1-78 所示。

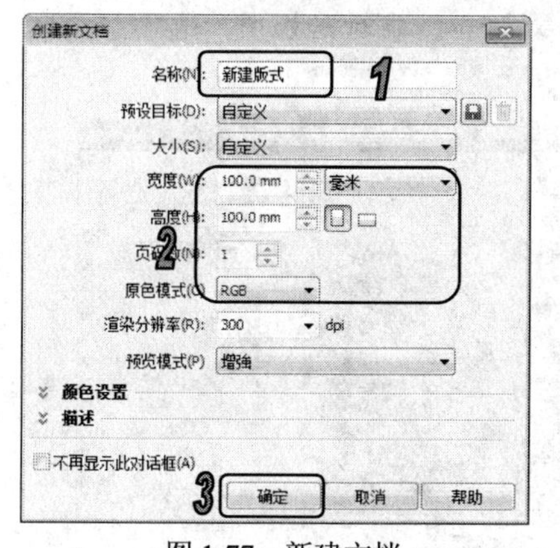

图 1-77　新建文档

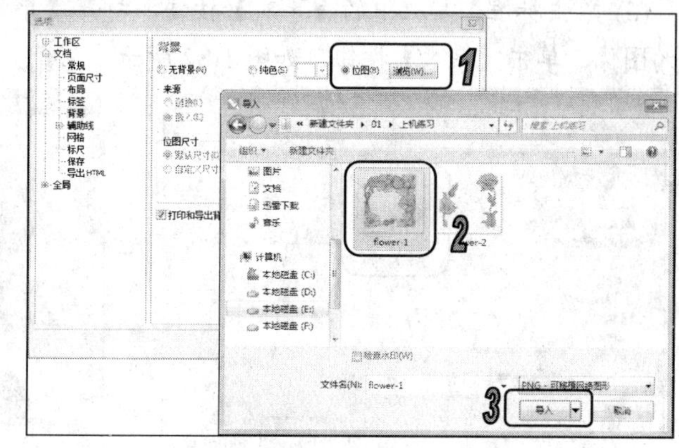

图 1-78　设置页面背景

(3) 在【选项】对话框中，单击【自定义尺寸】单选按钮，取消选中【保持纵横比】复选框，然后设置【水平】和【垂直】数值为 100，然后单击【确定】按钮，如图 1-79 所示。

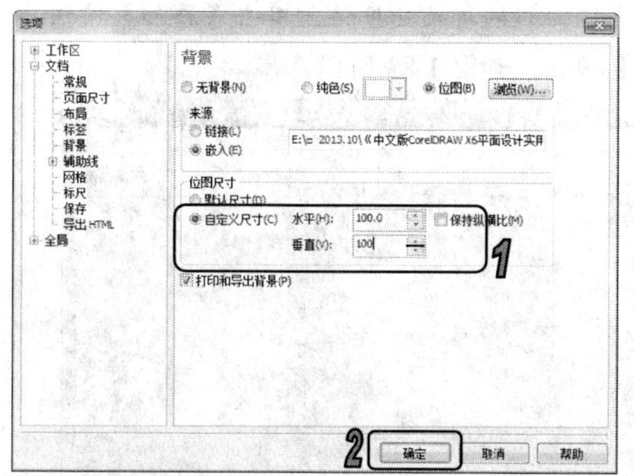

图 1-79　导入图像

(4) 选择【布局】|【再制页面】命令，打开【再制页面】对话框。在对话框中，分别选中【在选定的页面之后】和【复制图层及其内容】单选按钮，然后单击【确定】按钮生成页 2，如图 1-80 所示。

(5) 选择【布局】|【再制页面】命令，打开【再制页面】对话框。在对话框中，分别选中【在选定的页面之前】和【仅复制图层】单选按钮，然后单击【确定】按钮，如图 1-81 所示。

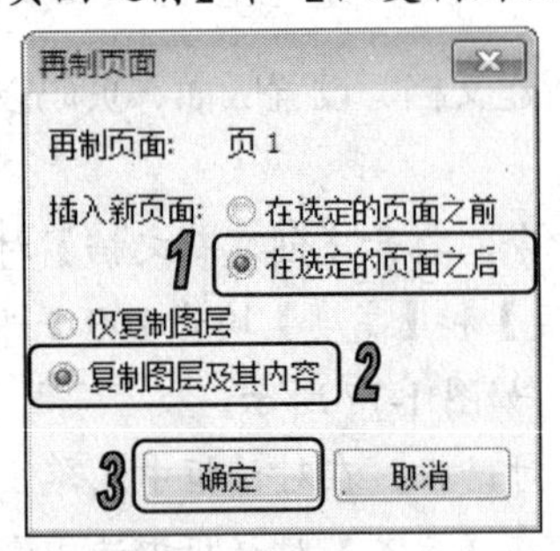

图 1-80 再制页面

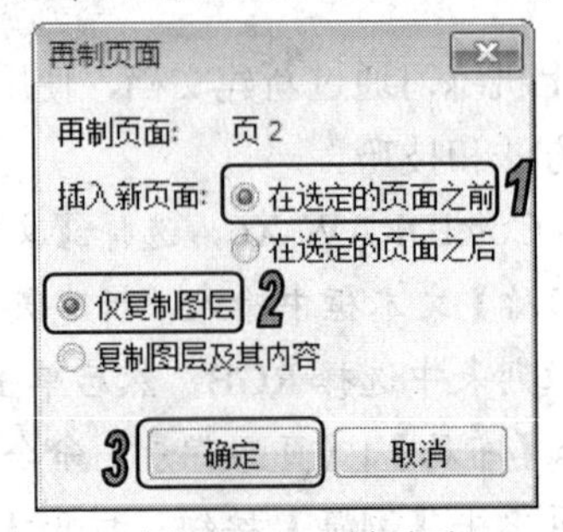

图 1-81 再制页面

(6) 单击标准工具栏中的【导入】按钮，打开【导入】对话框。在对话框中，选中需要导入的图像，单击【导入】按钮，如图 1-82 所示。

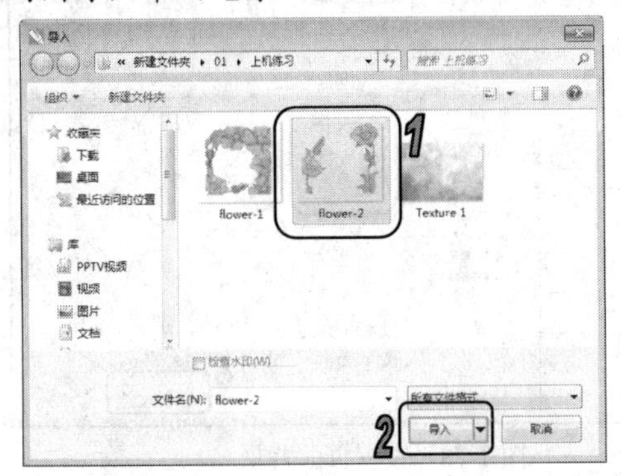

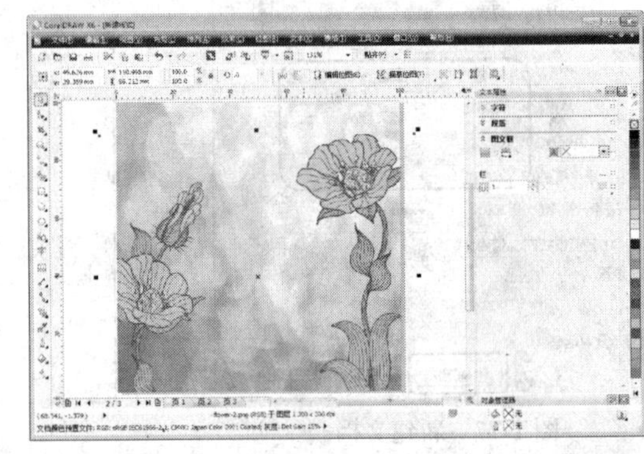

图 1-82 导入图像

(7) 选择【工具】|【选项】命令，在【选项】对话框中，选择【辅助线】|【水平】选项，在【水平】下方的数值框中，输入需要添加的水平辅助线的标尺刻度值。单击【添加】按钮，将数值添加到下面的数值框中，然后单击【确定】按钮，如图 1-83 所示。

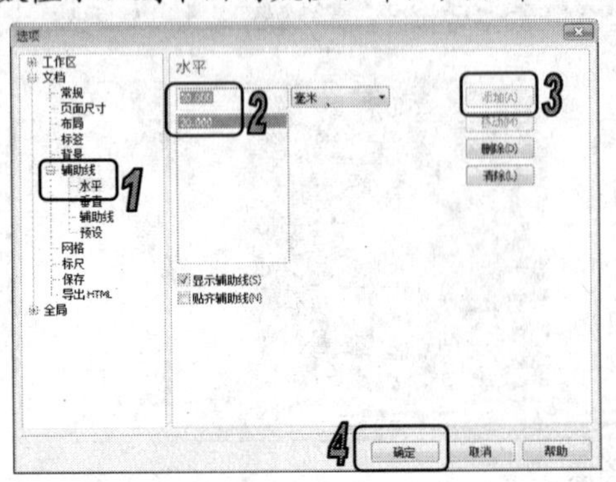

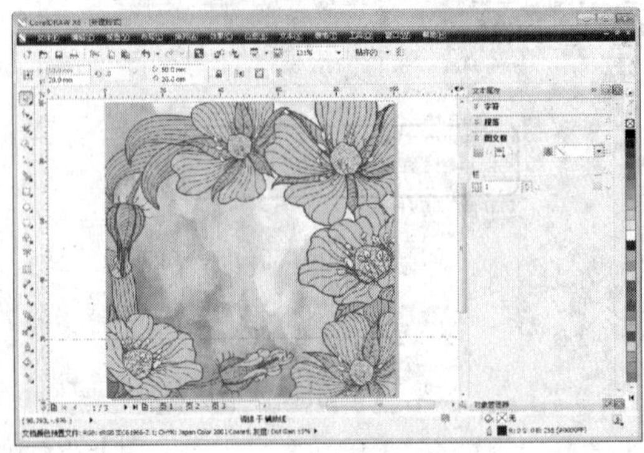

图 1-83 添加辅助线

(8) 选择【插入页码】|【位于所有奇数页】命令，插入页码。使用【选择】工具依据辅助线调整页码位置。然后使用【文本】工具修改页码内容，在属性栏中设置字体样式，在调色板中设置页码颜色，如图1-84所示。

(9) 选中页2，选择【布局】|【再制页面】命令，打开【再制页面】对话框。在对话框中，分别选中【在选定的页面之后】和【复制图层及其内容】单选按钮，然后单击【确定】按钮生成页2，如图1-85所示。

图1-84 插入页码

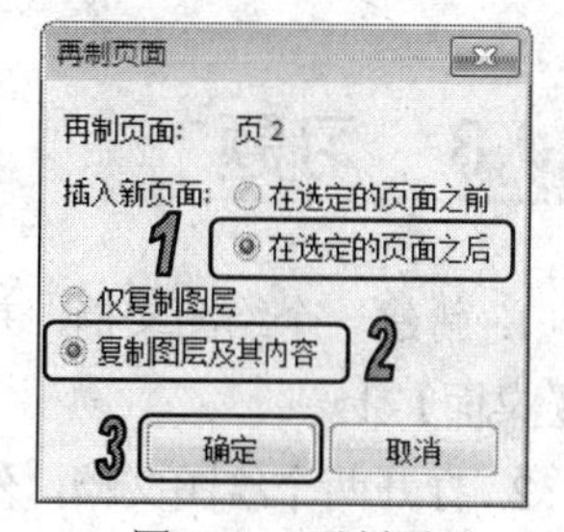

图1-85 再制页面

(10) 选择【视图】|【页面排序器视图】命令，打开页面排序器视图。单击并拖动页4，将其置于页2后，如图1-86所示。

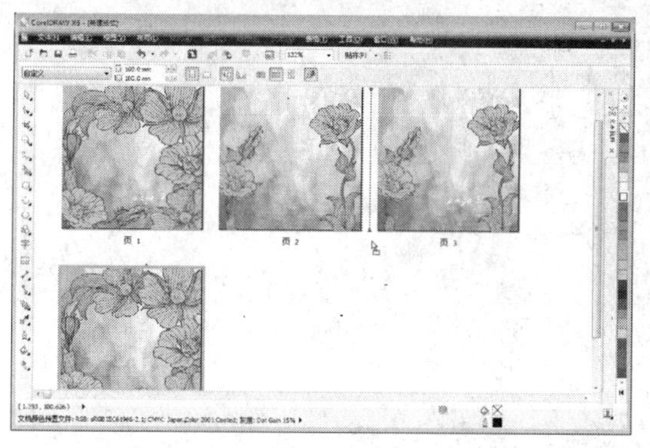

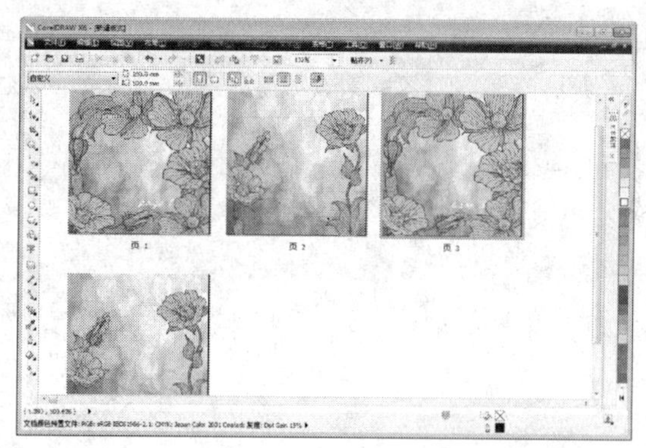

图1-86 页面排序

知识点

使用【选择】工具将页码移动至页面上任意位置。如果将页码移动至绘图页面外，该页面将变为普通的数字符号#。如果将页码拖动至其他页面上，该页码将显示当前页面的页码。

(11) 单击属性栏中【页面排序器视图】按钮，返回默认页面视图。选择【文件】|【保存】命令，打开【保存绘图】对话框。在对话框中选择文件保存路径，在【文件名】文本框中输入文件名称，然后单击【保存】按钮，如图1-87所示。

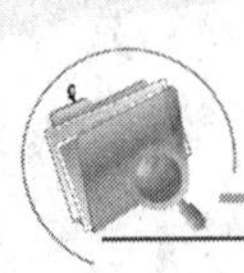

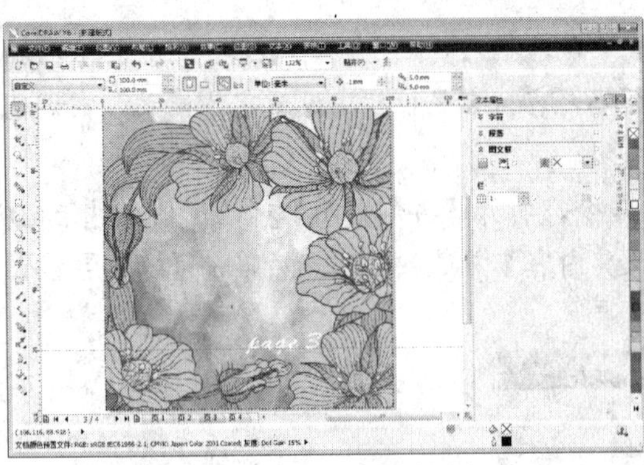

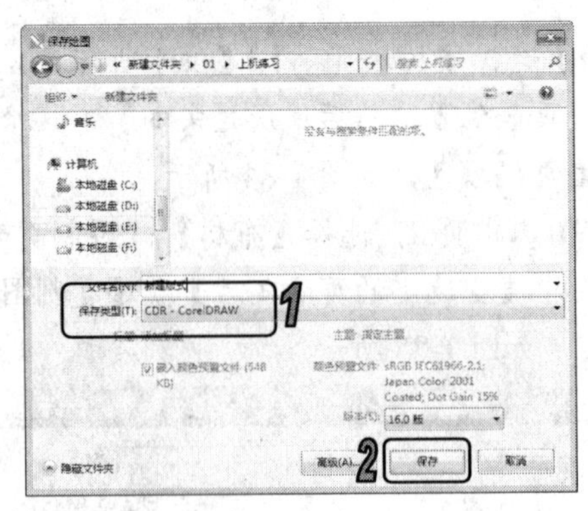

图 1-87　保存文档

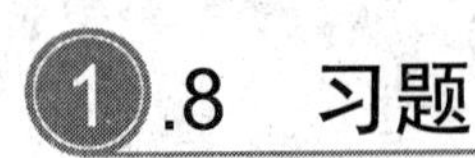

1.8　习题

1. 新建一个绘图文档，并将文件页面背景设置为黄色，然后以“新图形”为文件名称保存在【桌面】上。

2. 打开两个绘图文档，然后在工作区中使用平铺的方法观察图形文档。

绘制线条和形状

学习目标

在 CorelDRAW X6 中可以使用绘图工具直接绘制规则图形和不规则图形。它们是使用 CorelDRAW 绘制图形中最基础的部分，熟练掌握这些图形的绘制方法，可以为绘制更加复杂的图形打下坚实的基础。

本章重点

- 绘制线条
- 使用【贝塞尔】工具
- 使用【艺术笔】工具
- 使用【钢笔】工具
- 绘制形状

2.1 绘制线条

线段是两个点之间的路径。线段可以是曲线也可以是直线。线段通过节点连接，节点以小方块表示。通过使用 CorelDRAW 提供的多种绘图工具可以绘制曲线和直线，以及同时包含曲线段和直线段的线条。

2.1.1 使用【手绘】工具

使用【手绘】工具可以自由地绘制直线、曲线和折线，还可以配合属性栏绘制出不同粗细、线型，并可以添加箭头图形。使用【手绘】工具绘制直线、曲线和折线时，操作方法有所不同，具体操作方法如下。

- 绘制直线：在要开始线条的位置单击，然后在要结束线条的位置单击。绘制时，按住

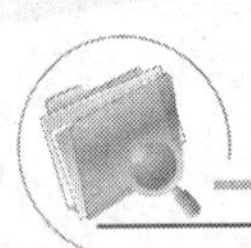

Ctrl 键可以按照预定义的角度创建直线。

- 绘制曲线：在要开始曲线的位置单击并进行拖动。在属性栏的【手绘平滑】框中输入一个数值可以控制曲线的平滑度。数值越大，产生的曲线越平滑。
- 绘制折线：单击鼠标以确定直线的折线的起始点，然后在每个转折处双击，直到终点处再次单击鼠标，即可完成折线的绘制。
- 使用【手绘】工具还可以绘制封闭图形，当线段的终点回到起点位置时，光标变为形状时单击，即可绘制出封闭图形，如图 2-1 所示。

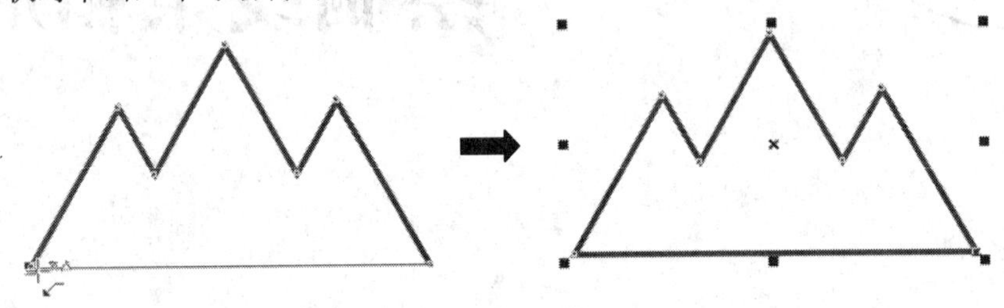

图 2-1　绘制封闭曲线

【例 2-1】在绘图文件中，使用【手绘】工具绘制曲线。

(1) 选择工具箱中的【手绘】工具，光标显示为形状时即可开始绘制线条。单击并拖动鼠标，沿鼠标的移动轨迹，完成线条的绘制，如图 2-2 所示。

(2) 在属性栏中，设置【轮廓宽度】数值为 0.5，然后在【终止箭头】下拉列表中选择【箭头 79】样式，在【线条样式】下拉列表中选择所需线条类型，如图 2-2 所示。

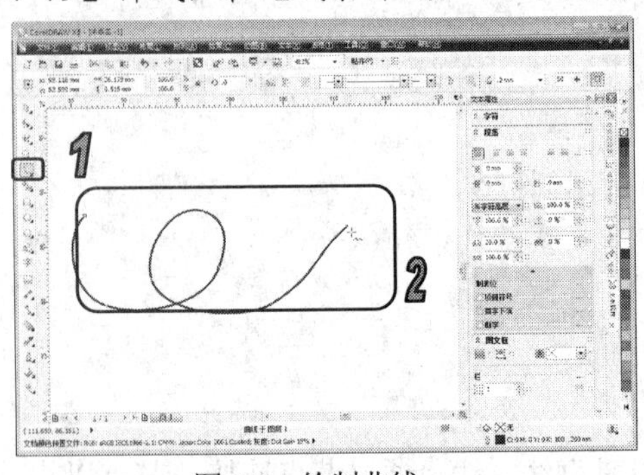

图 2-2　绘制曲线

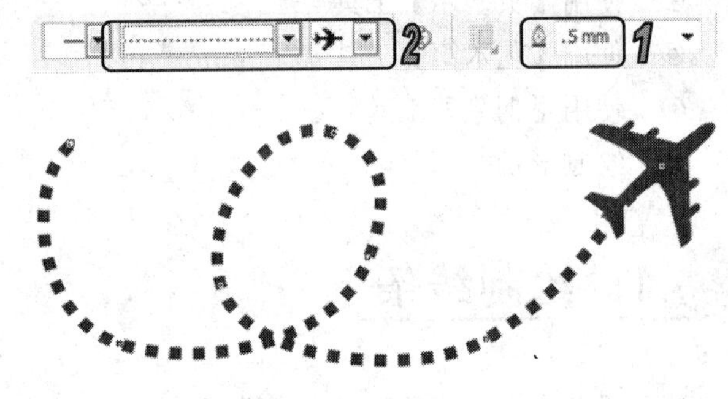

图 2-3　设置曲线样式

2.1.2　使用【贝塞尔】工具

【贝塞尔】工具可以绘制包含曲线和直线的复杂线条，并可以通过改变节点和控制点的位置控制曲线的弯曲度。

- 绘制曲线段：在要放置第一个节点的位置单击，并按住鼠标拖动调整控制手柄；释放鼠标，将光标移动至下一节点位置单击，然后拖动控制手柄以创建曲线。
- 绘制直线段：在要开始该线段的位置单击，然后在要结束该线段的位置单击。

【例 2-2】在绘图文件中，使用【贝塞尔】工具绘制图形。

(1) 选择【贝塞尔】工具，然后在绘图窗口中按下鼠标左键并拖动，确定起始节点。此时节点两边将出现两个控制点，连接控制点的是一条蓝色的控制线，如图 2-4 所示。

(2) 将光标移到适当的位置按下鼠标左键并拖动，这时第 2 个节点的控制线长度和角度都将随光标的移动而改变，同时曲线的弯曲度也发生变化。调整好曲线形态以后，释放鼠标即可，如图 2-5 所示。

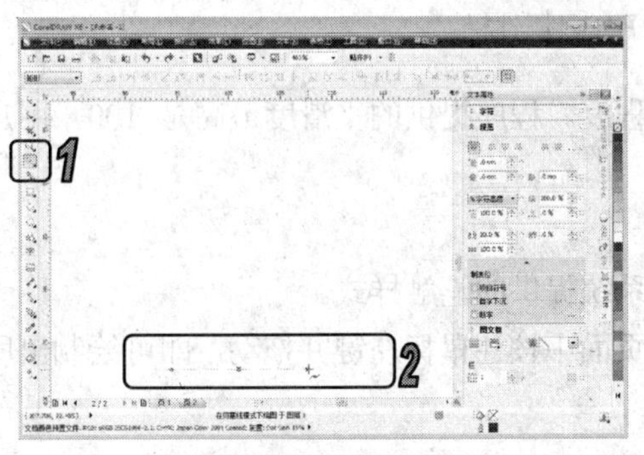

图 2-4　确定起始点

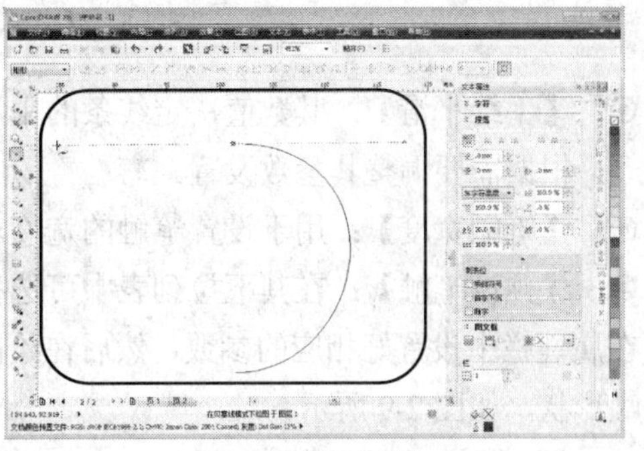

图 2-5　拖动曲线

(3) 将光标移至起始节点的位置，当光标显示为 时，单击鼠标左键封闭图形，如图 2-6 所示。

(4) 选择工具箱中的【形状】工具，选中第 2 个节点，单击属性栏中的【尖突节点】按钮，然后使用【形状】工具调整控制点位置以改变图形形状，如图 2-7 所示。

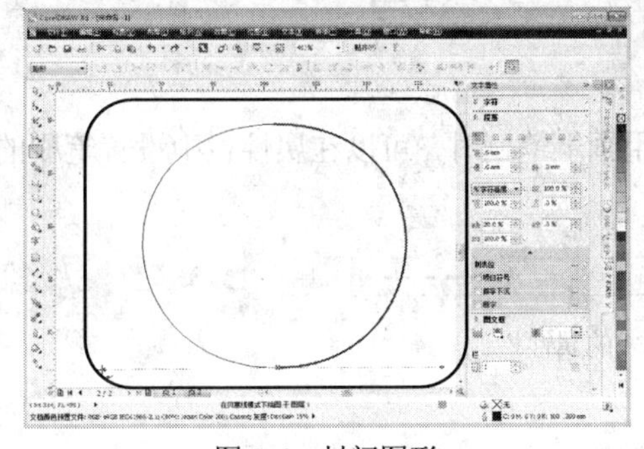

图 2-6　封闭图形

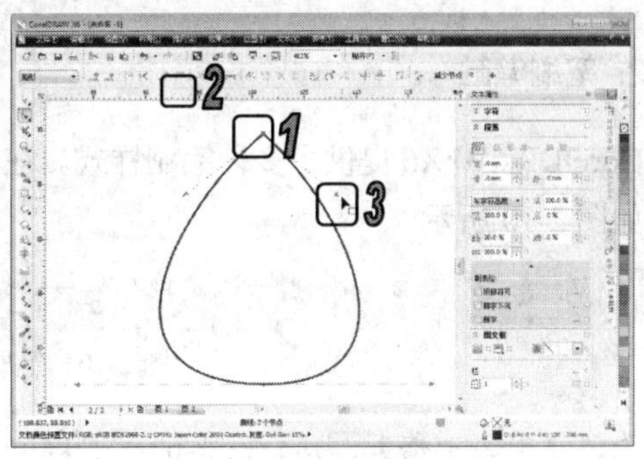

图 2-7　调整图形

2.1.3　使用【艺术笔】工具

使用【艺术笔】工具可以绘制出各种艺术线条。【艺术笔】工具在属性栏中分为【预设】、【笔刷】、【喷涂】、【书法】和【压力】5 种笔刷模式。要选择不同的笔触，用户只需在【艺术笔】工具属性栏上单击相应的模式按钮即可。选择所需的笔触时，其工具栏属性也将随之改变。

1. 预设笔触

【艺术笔】工具的【预设】笔触有许多类型笔触，其默认状态下所绘制的是一种轮廓比较圆滑的笔触，用户也可以在工具属性栏的【预设笔触列表】中选择所需笔触样式。选择【艺术笔】工具后，属性栏中会默认选择【预设】按钮，如图 2-8 所示。

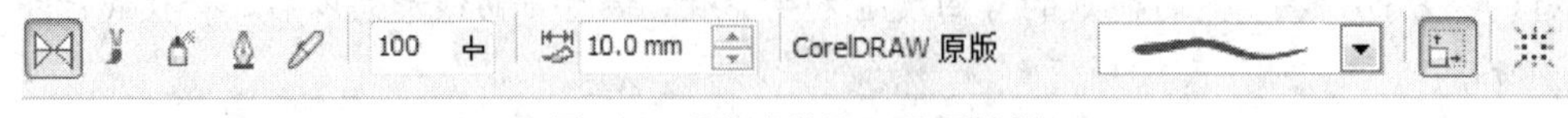

图 2-8　【艺术笔】工具属性栏

- 【手绘平滑】：其数值决定线条的平滑程度。程序提供的平滑度最高是 100，用户可根据需要调整其参数设置。
- 【笔触宽度】：用于设置笔触的宽度。
- 【预设笔触】：在其下拉列表中可选择系统提供的笔触样式。

在属性栏中设置好相应的参数，然后在绘图页面中按住鼠标左键并拖动，即可绘制出所选的笔触形状，如图 2-9 所示。

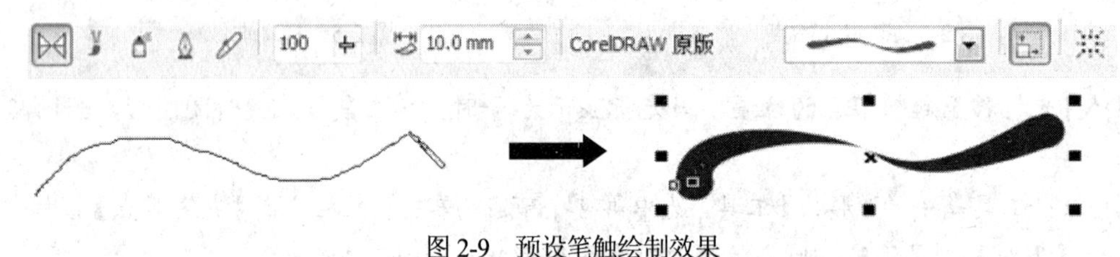

图 2-9　预设笔触绘制效果

2. 笔刷笔触

CorelDRAW X6 提供了多种笔刷样式。在使用画笔笔刷时，可以在属性栏中设置笔刷的属性，如图 2-10 所示。

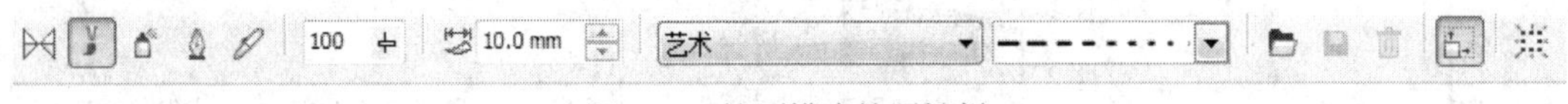

图 2-10　笔刷模式的属性栏

- 【手绘平滑】：决定线条的平滑程度。
- 【笔触宽度】：在其数值框中输入数值来决定笔触的宽度。
- 【浏览】：可浏览磁盘中的文件夹。
- 【笔刷笔触】：在其下拉列表中可选择系统提供的笔触样式。
- 【保存艺术笔触】：自定义笔触后，将其保存到笔触列表。

【例 2-3】在 CorelDRAW X6 中，使用对象自定义画笔笔触，创建自定义画笔笔触，并将其保存为预设。

(1) 选择工具箱中的【选择】工具，选择要保存为画笔笔触的图形对象，如图 2-11 所示。

(2) 选择【艺术笔】工具属性栏中的【笔刷】按钮，然后单击属性栏中的【保存艺术笔触】按钮，如图 2-12 所示。

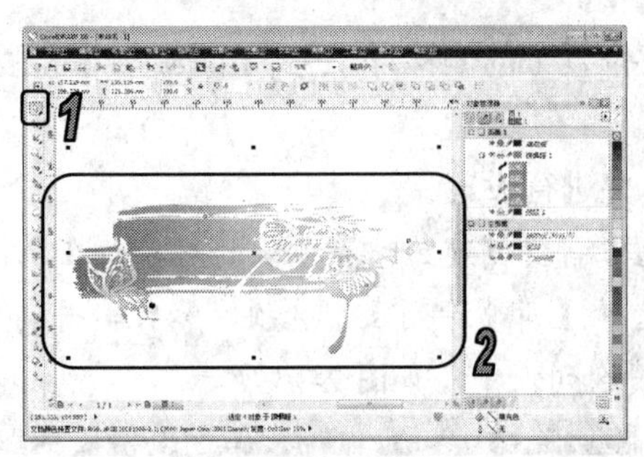

图 2-11　选择对象

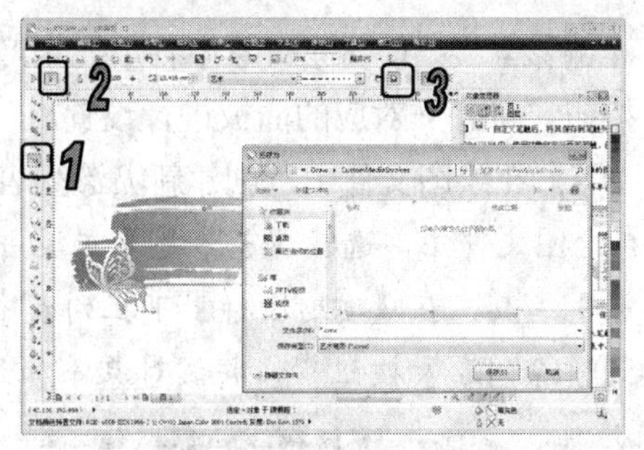

图 2-12　保存艺术笔触

(3) 在打开的【另存为】对话框的【文件名】文本框中输入笔触名称“水墨蝴蝶”，然后单击【保存】按钮，即可将所选的图形保存在【类别】下拉列表中，如图 2-13 所示。

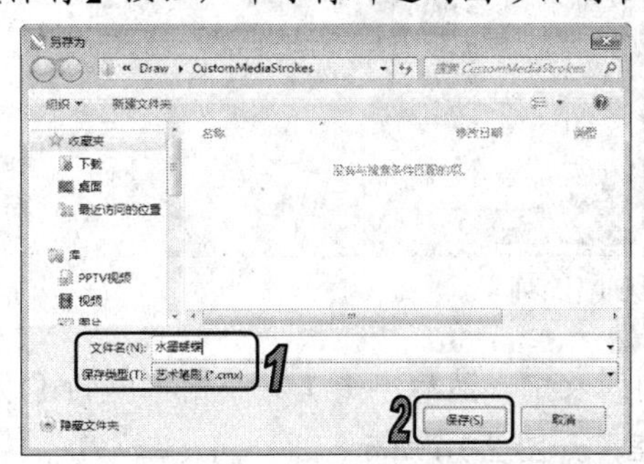

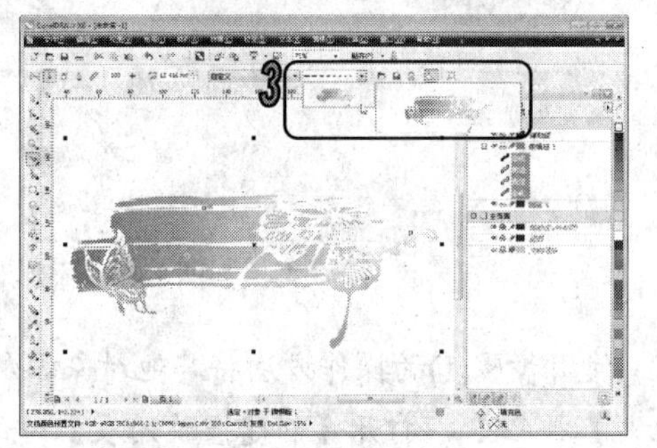

图 2-13　保存艺术笔触

3. 喷涂笔触

CorelDRAW X6 允许在线条上喷涂一系列对象。除图形和文本对象外，还可导入位图和符号来沿线条喷涂。

用户通过如图 2-14 所示的喷涂模式属性栏，可以调整对象之间的间距；可以控制喷涂线条的显示方式，使它们相互之间距离更近或更远；也可以改变线条上对象的顺序。CorelDRAW 还允许改变对象在喷涂线条中的位置，方法是沿路径旋转对象，或使用替换、左、随机和右 4 种不同的选项之一来偏移对象。另外，用户还可以使用自己的对象来创建新喷涂列表。

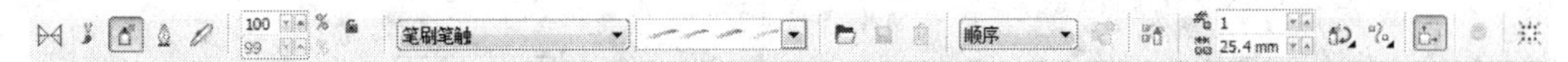

图 2-14　喷涂模式的属性栏

- 【喷涂对象大小】：用于设置喷涂对象的缩放比例。
- 【喷射图样】：在其下拉列表中可选择系统提供的笔触样式。
- 【喷涂顺序】：在其下拉列表中提供有【随机】、【顺序】和【按方向】3 个选项，可选择其中一种喷涂顺序进行应用。
- 【喷涂列表选项】：用于设置喷涂对象的顺序和设置喷涂对象。
- 【每个色块中的图像数和图像间距】：上方文字框中输入的数值，可设置每个喷涂色块中的图像数。下方文字框中输入的数值，可调整喷涂笔触中各个色块之间的距离。
- 【旋转】：使喷涂对象按一定角度旋转。

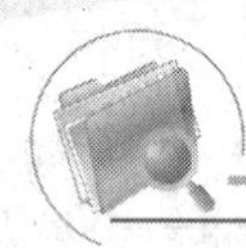

⊙ 【偏移】：使喷涂对象中各个元素产生位置上的偏移。分别单击【旋转】和【偏移】按钮，可打开对应的面板进行设置。

【例 2-4】在绘图文件中，创建新喷涂列表，并进行设置。

(1) 在绘图文件中，选择【艺术笔】工具并选中需要创建为喷涂预设的对象，在属性栏中单击【喷涂】工具，在【喷射图样】下拉列表中选择【新喷涂列表】选项，然后单击属性栏中的【添加到喷涂列表】按钮，将该对象添加到喷涂列表中，如图 2-15 所示。

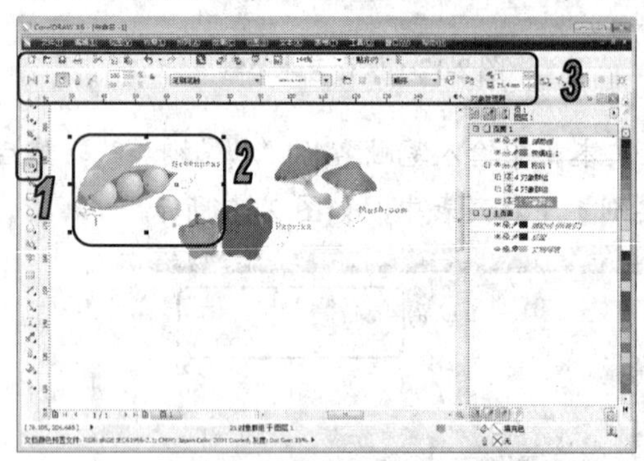

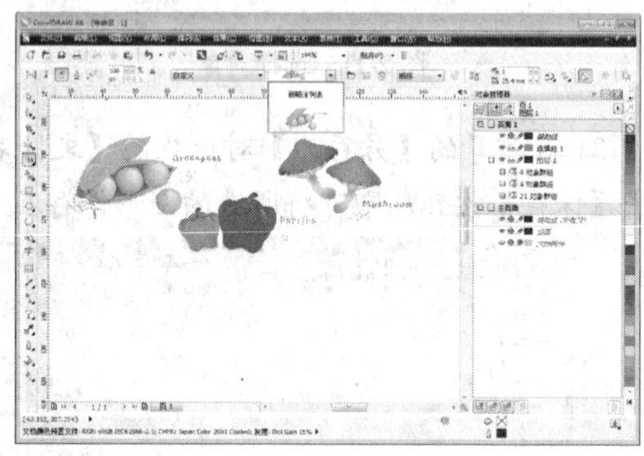

图 2-15　添加对象到喷涂列表

(2) 使用步骤(1)的操作方法将其他对象添加到列表中，然后单击工具属性栏中的【喷涂列表对话框】按钮，打开【创建播放列表】对话框，如图 2-16 所示。

(3) 在打开的【创建播放列表】对话框的【播放列表】中选择【图像 3】，单击【上移】按钮，然后单击【确定】按钮，如图 2-17 所示。

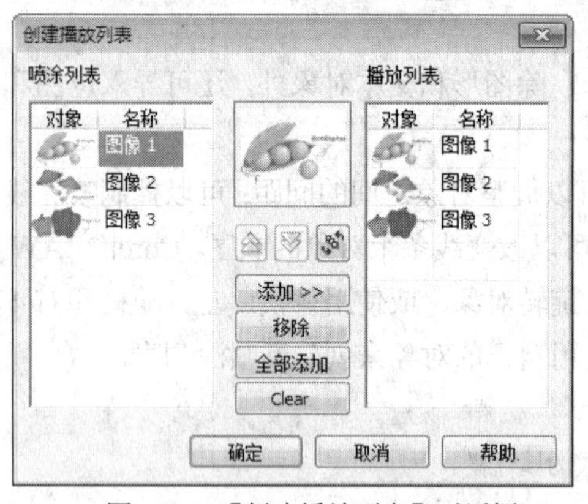

图 2-16　【创建播放列表】对话框

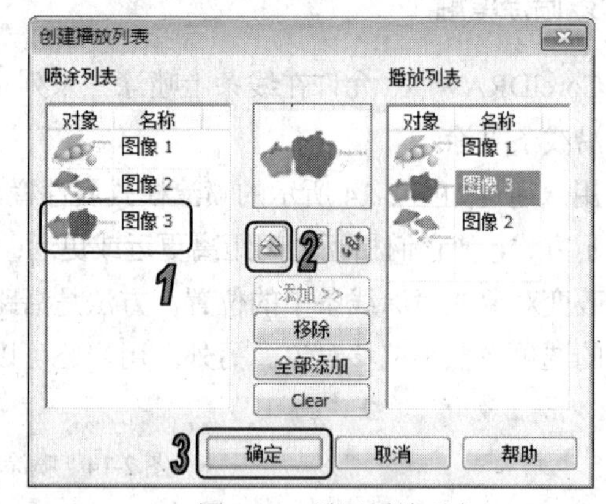

图 2-17　设置播放列表

提示

利用【创建播放列表】对话框中的【添加】按钮可以将喷涂列表中的图像添加到播放列表中；【移除】按钮可以删除播放列表中选择的图像；【全部添加】按钮可以将喷涂列表中的所有图像添加到播放列表；Clear 按钮可以删除播放列表中的所有图像。

(4) 在【喷涂】工具属性栏中的【每个色块中图像数和图像间距】选项的下方数值框中输入 25.4mm；单击属性栏中的【偏移】按钮，在弹出的下拉面板中选中【使用偏移】复选框，设置【偏移】数值为 6.35mm，并在【方向】下拉列表中选择【替换】选项。然后使用【艺术笔】工具在页面中绘制如图 2-18 所示的线条。

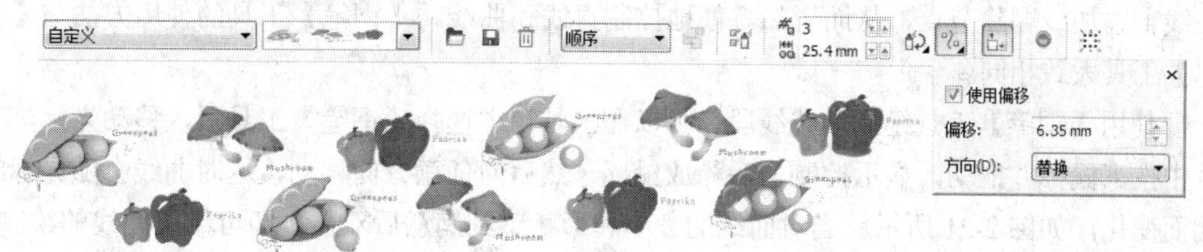

图 2-18　设置喷涂效果

4. 书法笔触

CorelDRAW 允许在绘制线条时模拟书法钢笔的效果。书法线条的粗细会随着线条的方向和笔头的角度而改变，如图 2-19 所示。默认情况下，书法线条显示为铅笔绘制的闭合形状。通过改变相对于所选书法角度绘制的线条的角度，可以控制书法线条的粗细。

图 2-19　书法线条

知识点

调节【书法角度】参数值，可设置图形笔触的倾斜角度。用户设置的宽度是线条的最大宽度，线条的实际宽度由所绘线条与书法角度之间的角度决定。用户还可以选择【效果】|【艺术笔】菜单命令，然后在【艺术笔】泊坞窗中根据需要对书法线条进行设置。

5. 压力笔触

压力笔触主要用于配合数码绘画笔进行手绘编辑。在【艺术笔】工具属性栏中单击【压力】按钮，其属性栏设置如图 2-20 所示。

在使用鼠标进行绘制时，压力笔触不能表现出压力效果，绘制的图形效果和简单的笔刷相同。如果电脑连接并安装了绘图板，在单击属性栏中的【压力】按钮后，使用绘图笔在绘图板上进行绘画时，所绘制的笔触宽度会根据用笔压力的大小变化而变化。在绘图时用笔的压力越大，绘制的笔触宽度就越宽，反之则越窄。

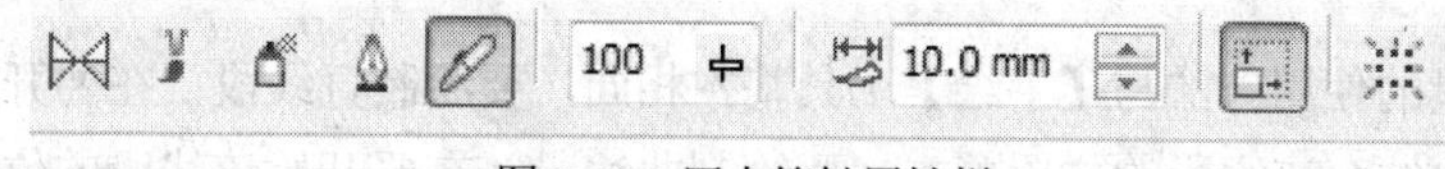

图 2-20　压力笔触属性栏

计算机　基础与实训教材系列

2.1.4 使用【钢笔】工具

在 CorelDRAW 中，使用【钢笔】工具不但可以绘制直线和曲线，还可以在绘制完的直线和曲线上添加或删除节点，从而更加方便地控制直线和曲线。【钢笔】工具的使用方法与【贝塞尔】工具大致相同。

要使用【钢笔】工具绘制曲线线段，可以在工具箱中选择【钢笔】工具后，移动光标至工作区中按下鼠标并拖动，显示控制柄后释放鼠标，然后向任意方向移动，这时曲线会随光标的移动而变化，如图 2-21 所示。当对曲线的大小和形状感到满意后双击，即可结束曲线的绘制。如果要继续绘制曲线，则在工作区所需位置单击并按下鼠标拖动一段距离后释放鼠标，即可创建出另一条曲线，如图 2-22 所示。

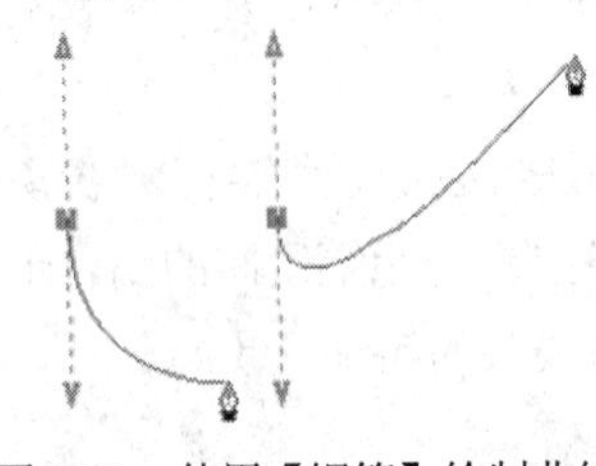

图 2-21 使用【钢笔】绘制曲线

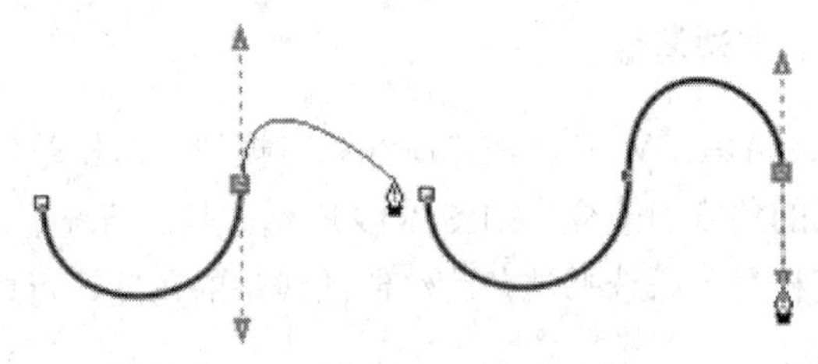

图 2-22 绘制连续曲线

2.1.5 使用【B 样条】工具

使用【B 样条】工具可以绘制圆滑的曲线。要使用【B 样条】工具绘制，先单击开始绘制的位置，然后单击设定绘制线条所需的控制点数。要结束线条绘制时，双击该线条即可。如图 2-23 所示。要使用控制点更改线条形状，先使用【形状】工具选定线条，然后重新确定控制点位置来更改线条形状，如图 2-24 所示。要增加控制点，先用【形状】工具选择线条，然后沿控制线条双击鼠标。要删除控制点，先用【形状】工具选择线条，然后双击要删除的控制点。

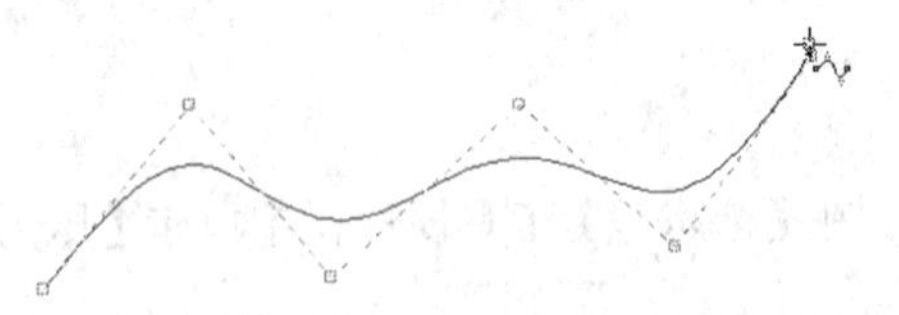

图 2-23 使用【B 样条】工具绘制

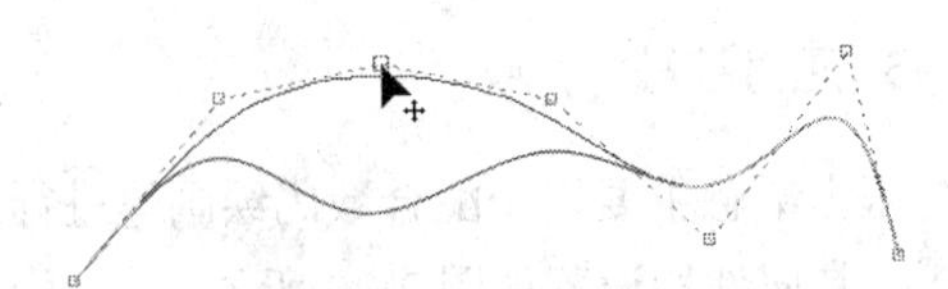

图 2-24 调整控制点

2.1.6 使用【折线】工具

【折线】工具的使用方法与【手绘】工具基本相同，要绘制直线段，在要开始该线段的位置单击，然后在要结束该线段的位置单击。要绘制曲线段，在要开始该线段的位置单击，并在

绘图页面中进行拖动。可以根据需要添加任意多条线段，并在曲线段与直线段之间进行交替，最后双击鼠标即可结束操作。

2.1.7　使用【2 点线】和【3 点曲线】工具

使用【2 点线】工具可以绘制直线，还可以创建与对象垂直或相切的直线，如图 2-25 所示。

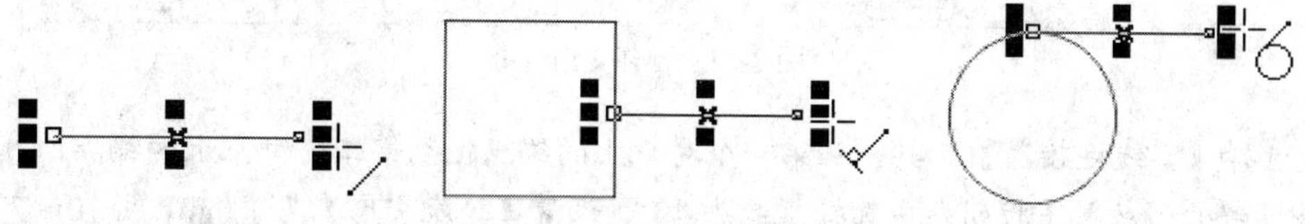

图 2-25　使用【2 点线】工具

使用【3 点曲线】工具，可以通过指定曲线的宽度和高度来绘制简单曲线。使用该工具，可以快速创建弧形，而无须控制节点。选择工具箱中的【3 点曲线】工具后，移动光标至工作区中按下鼠标设置曲线起始点，再拖动光标至终点位置释放鼠标，即可确定曲线的两个节点；然后再向其他方向拖动鼠标，这时曲线的弧度会随光标的拖动而变化；对曲线的大小和弧度满意后单击，即可完成曲线的绘制，如图 2-26 所示。

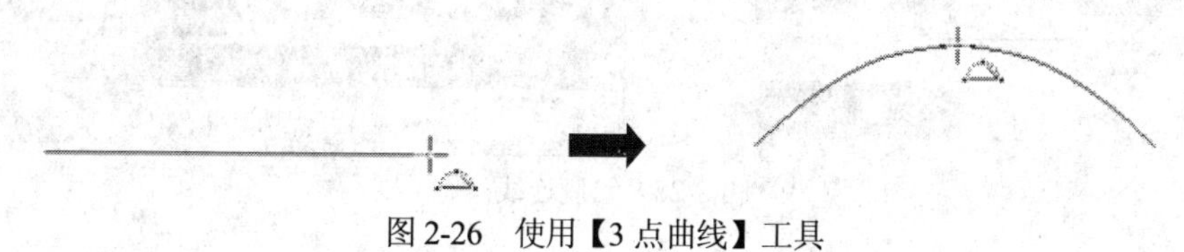

图 2-26　使用【3 点曲线】工具

2.1.8　绘制连线和标注线

使用连线工具和标注线可以绘制丰富多彩的流程图，为图形对象添加说明性标注。

1. 绘制连线

用户可以在流程图及组织图中绘制流程线，将图形连接起来。当移动其中一个或两个连接的对象时，这些线条可以使对象保持连接状态。CorelDRAW X6 提供了【直线连接器】、【直角连接器】和【直角圆形连接器】3 种连线工具。

- 【直线连接器】工具：用于以任意角度创建直线连线。
- 【直角连接器】工具：用于创建包含直角垂直和水平线段的连线。
- 【直角圆形连接器】工具：用于创建包含圆形直角垂直和水平元素的连线。

【例 2-5】在绘图文件中，使用连线工具绘制流程图。

(1) 选择【文件】|【打开】命令，打开【打开绘图】对话框。在对话框中，选中绘图文件，然后单击【打开】按钮，如图 2-27 所示。

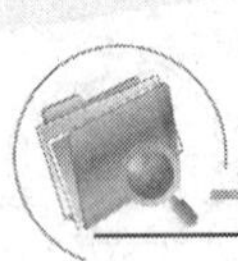

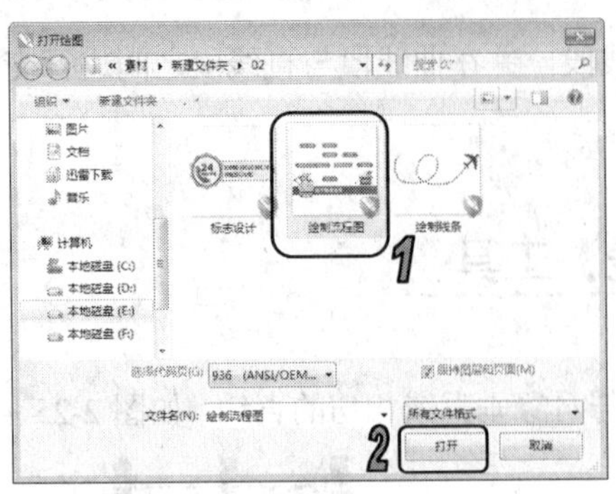

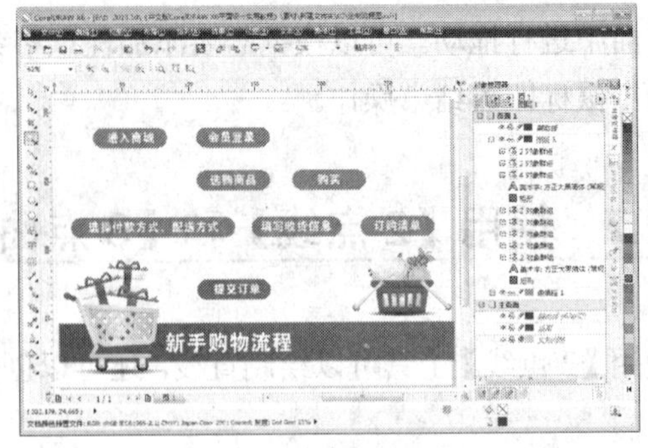

图 2-27　打开文档

(2) 选择【直线连接器】工具，从第一个对象上的锚点拖至第二个对象上的锚点，然后在属性栏中【终止箭头】下拉列表中选择【箭头 4】，设置【轮廓宽度】为 1 mm，并在调色板中将轮廓色设置为红色，如图 2-28 所示。

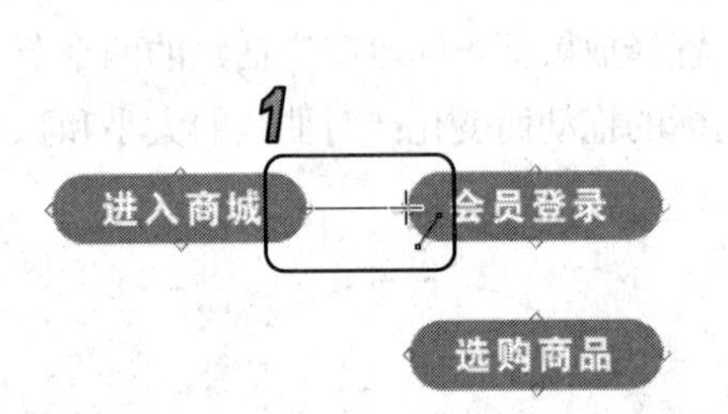

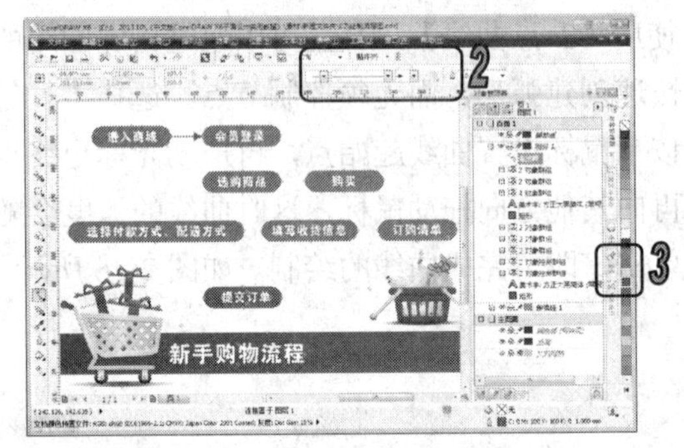

图 2-28　绘制连线

(3) 继续使用【直线连接器】工具，按照步骤(2)的方法，在绘图页面中绘制其他按钮之间的直线连接线，如图 2-29 所示。

(4) 选择【直角连接器】工具，从第一个对象上的锚点拖至第二个对象上的锚点。在属性栏中选择一种线条样式，在【终止箭头】下拉列表中选择【箭头 4】，设置【轮廓宽度】为 1 mm，并在调色板中将轮廓色设置为红色，如图 2-30 所示。

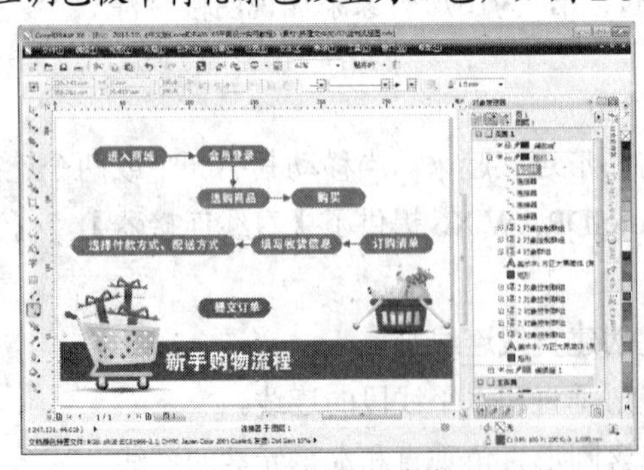

图 2-29　绘制连线

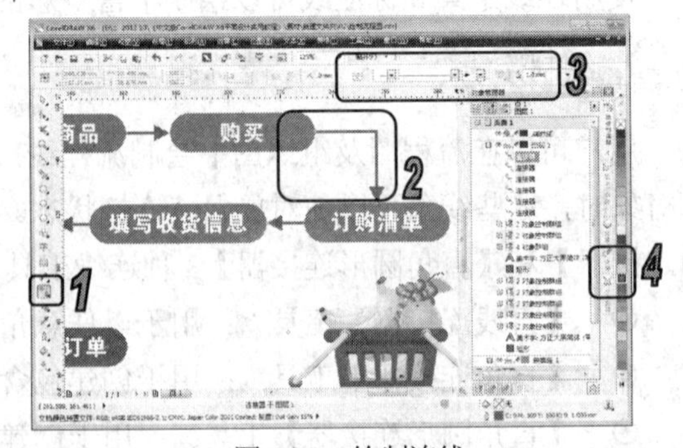

图 2-30　绘制连线

(5) 继续使用【直线连接器】工具，按照步骤(4)的方法，在绘图页面中绘制其他按钮之间的直线连接线，如图 2-31 所示。

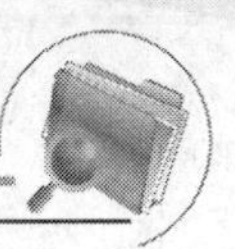

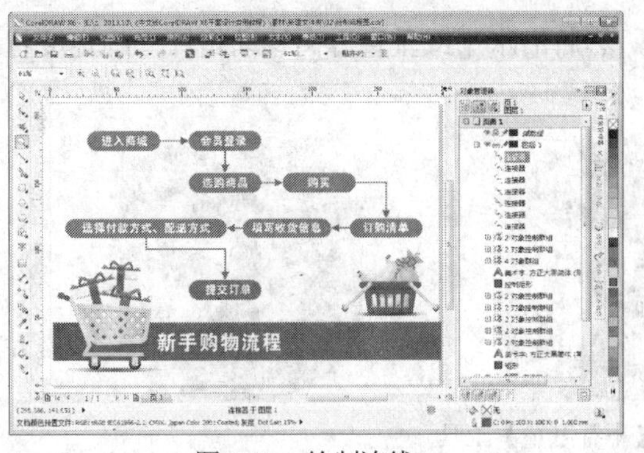

图 2-31 绘制连线

> **提示**
>
> 默认情况下，当对象在绘图中移动时，添加至对象的锚点不可用作连线的贴齐点。要将锚点用作贴齐点，需要使用【编辑锚点】工具将其选中，然后单击属性栏上的【自动锚点】按钮，如图 2-32 所示。

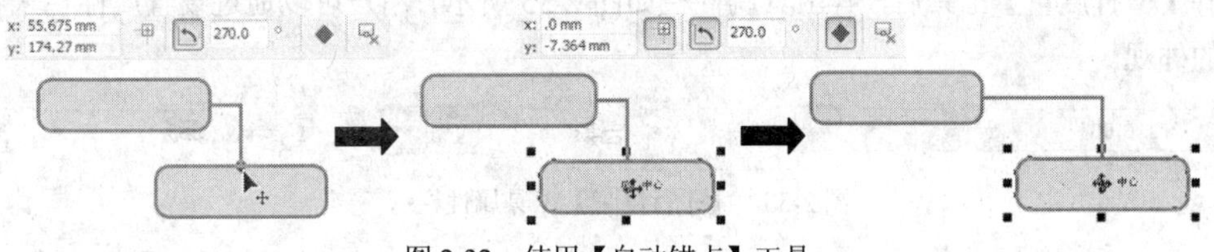

图 2-32 使用【自动锚点】工具

2. 绘制标注线

使用【3 点标注】工具可以快捷地为对象添加文字性的标注说明。要绘制标注线，首先单击要放置箭头的位置；然后将光标移动至要结束第一条线段的位置，释放鼠标；最后单击结束第二条线段，输入标注文字即可，如图 2-33 所示。

图 2-33 使用【3 点标注】工具

2.1.9 绘制尺度线

使用度量工具可以方便、快捷地测量出对象的水平、垂直距离和倾斜角度等。在【平行度量】工具上按下鼠标左键不放，即可展开工具组，其中包括【平行度量】、【水平或垂直度量】、【角度量】以及【线段度量】4 种度量工具。

1. 【平行度量】工具

【平行度量】工具用于为对象添加倾斜距离的标注。要绘制一条平行度量线，单击开始线

条的点，然后拖动至度量线的终点；释放鼠标，然后沿水平或垂直方向移动指针来确定度量线的位置，如图 2-34 所示。

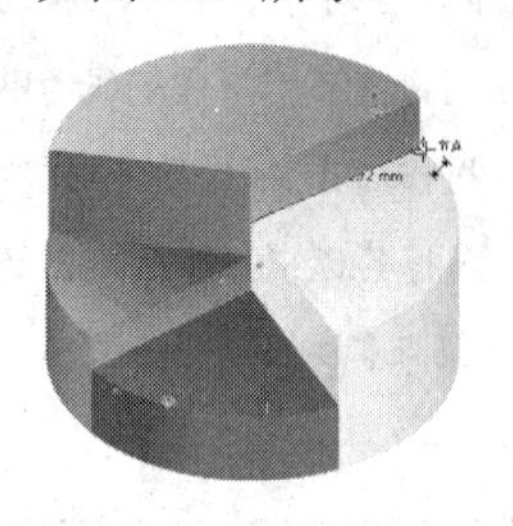
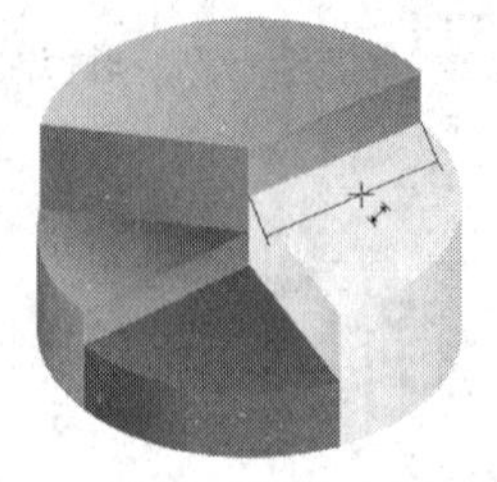
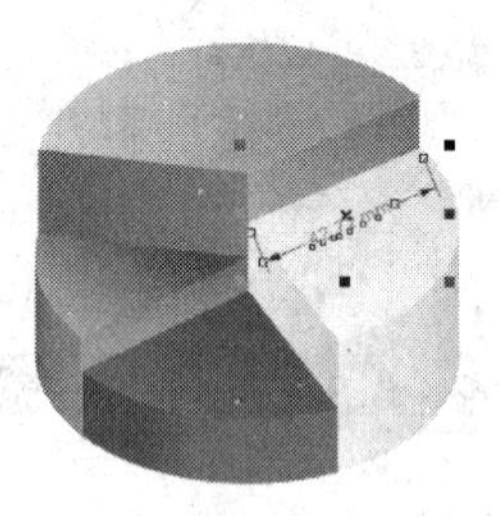

图 2-34　使用【平行度量】工具

选择【平行度量】工具后，其工具属性栏如图 2-35 所示，用户可以通过设置属性栏来设置度量线的外观。

图 2-35　【平行度量】工具属性栏

【例 2-6】在打开的绘图文件中，使用【平行度量】工具测量对象。

(1) 在 CorelDRAW X6 中，打开绘图文件。在工具箱中选择【平行度量】工具，在对象边缘的端点上单击，移动光标至边缘的另一端点单击，出现尺寸线后，在尺寸线的水平方向上拖动尺寸线，调整好尺寸线与对象之间的距离后，单击鼠标，系统将自动添加尺寸线，如图 2-36 所示。

(2) 继续使用【平行度量】工具，在对象边缘的端点上单击，移动光标至边缘的另一端点单击，出现尺寸线后，在尺寸线的垂直方向上拖动尺寸线，调整好尺寸线与对象之间的距离，单击后，系统将自动添加尺寸线，如图 2-37 所示。

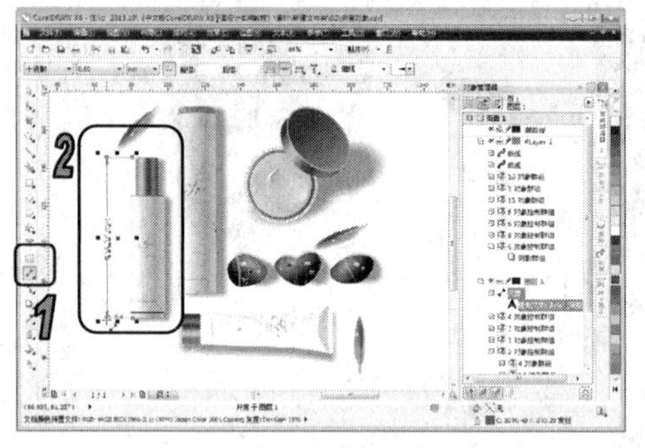

图 2-36　添加尺寸线 1

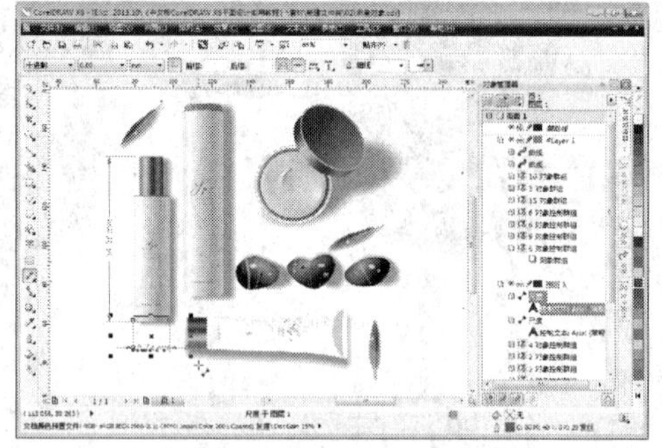

图 2-37　添加尺寸线 2

知识点

在【平行度量】工具的属性栏中，单击【文本位置】按钮，在弹出的下拉列表中可依据度量线定位度量标注文本；单击【延伸线选项】按钮，在弹出的下拉面板中可以自定义延伸线样式。

(3) 在工具属性栏的【度量精度】下拉列表中选择 0，在【度量单位】下拉列表中选择【英寸】选项，在【前缀】文本框中输入“尺寸：”，调整尺寸线，如图 2-38 所示。

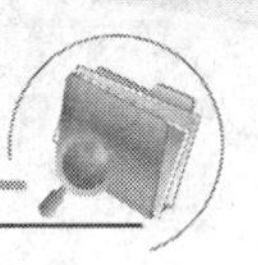

(4) 选择【选择】工具，按住 Shift 键选中尺寸线上的文字标注，并在属性栏中设置标注文字的字体为【方正大黑简体】，字体大小为 9 pt，如图 2-39 所示。

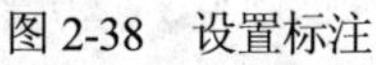

图 2-38　设置标注　　　　图 2-39　设置标注字体

2. 【水平度量】、【垂直度量】工具

使用【水平度量】、【垂直度量】工具可以标注出对象的垂直距离和水平距离。其使用方法与【平行度量】工具相同，如图 2-40 所示。在使用该工具时按 Ctrl 键，可按在 15° 的整数倍方向上移动标注线。在属性栏的尺寸单位下拉列表中可设置数值的单位，在文本位置下拉列表中可自行选择需要的标注样式。

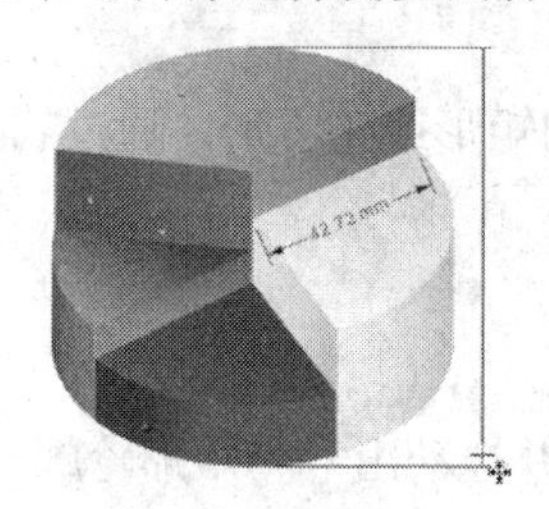

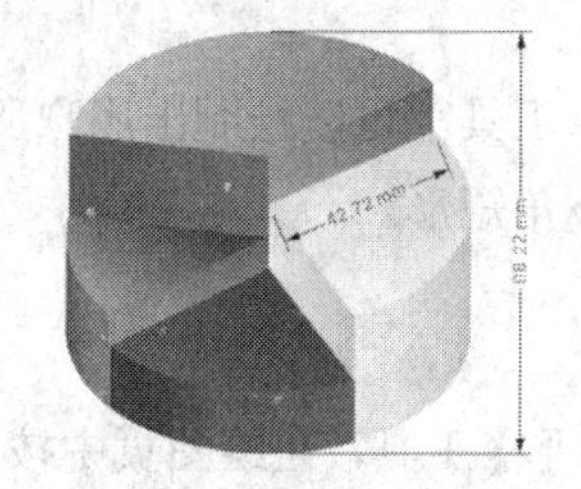

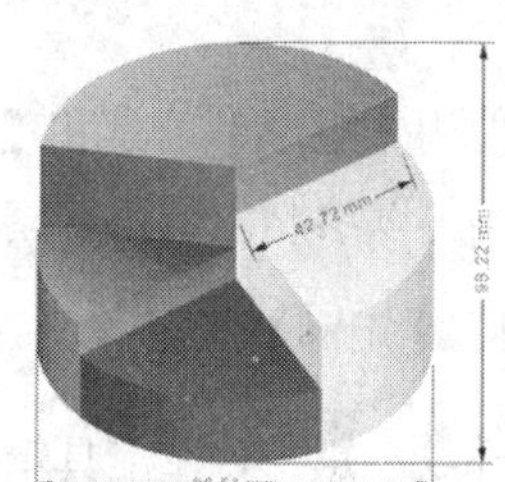

图 2-40　使用【水平或垂直度量】工具

3. 【角度量】工具

使用【角度量】工具可以准确地测量出所定位的角度。要绘制角度量线，先在要测量角度的两条线相交的位置单击，然后拖动至要结束第一条线的位置；释放鼠标，将光标移动至要结束第二条线的位置；达到正确角度后双击鼠标即可，如图 2-41 所示。

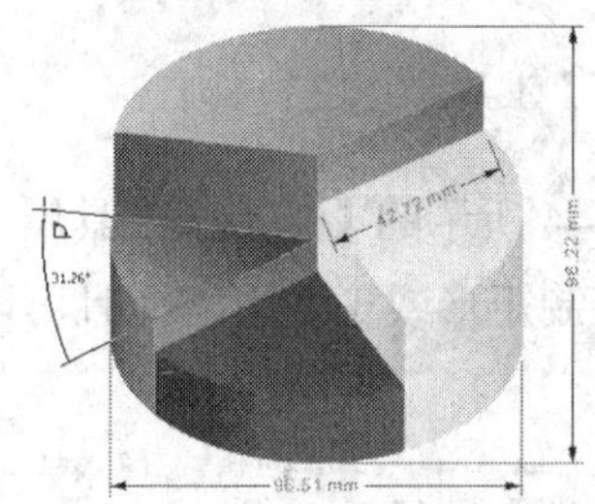

图 2-41　使用【角度量】工具

4. 【线段度量】工具

利用【线段度量】工具可以绘制一条线段度量线。首先，使用【线段度量】工具在要测量的线段上任意位置单击；然后将光标移动至要放置度量线的位置，在要放置尺寸文本的位置单击即可度量线段，如图 2-42 所示。

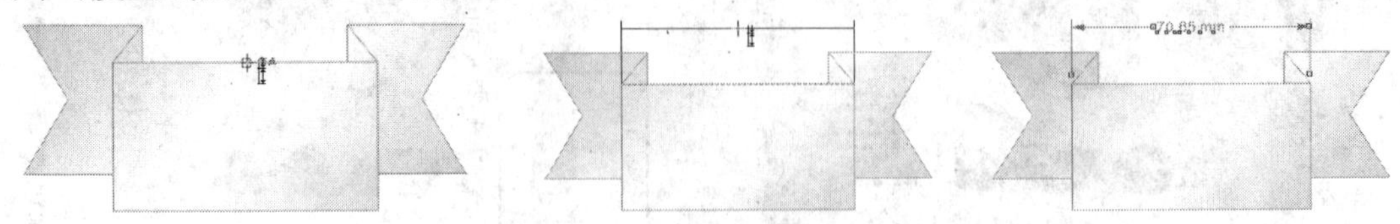

图 2-42　使用【线段度量】工具

2.2　绘制形状

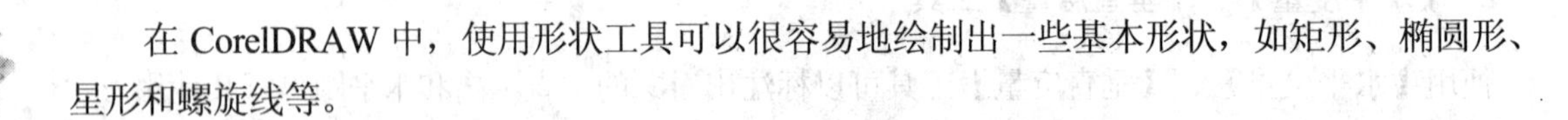

在 CorelDRAW 中，使用形状工具可以很容易地绘制出一些基本形状，如矩形、椭圆形、星形和螺旋线等。

2.2.1　绘制矩形、正方形

使用【矩形】工具和【3 点矩形】工具都可以绘制出用户所需要的矩形或正方形，通过属性栏还可以绘制出圆角、扇形角和倒棱角矩形。

1. 【矩形】工具

要绘制矩形，在工具箱中选择【矩形】工具，在绘图页中按下鼠标并拖动出一个矩形轮廓，拖动矩形轮廓范围至合适大小时释放鼠标，即可创建矩形。在绘制矩形时，按住 Ctrl 键并按下鼠标拖动，可以绘制正方形，如图 2-43 所示。

图 2-43　使用【矩形】工具

选择【矩形】工具时，工具属性栏显示为如图 2-44 所示的【矩形】工具属性栏。在该工具属性栏中通过设置参数选项，用户不仅可以精确地绘制矩形或正方形，而且可以绘制出不同角度的矩形或正方形。

图 2-44　【矩形】工具属性栏

【例 2-7】在绘图文件中，使用【矩形】工具绘制图形。

(1) 在工具箱中选择【矩形】工具。将光标移动到绘图窗口中，按下鼠标左键并向另一方向拖动，释放鼠标后，即可在页面上绘制出矩形，如图 2-45 所示。

(2) 在属性栏中，单击【同时编辑所有角】按钮，然后在矩形边角圆滑度数值框中输入需要的数值；在【轮廓宽度】下拉列表中选择 2.0 mm，可以更改矩形对象的轮廓宽度，如图 2-46 所示。

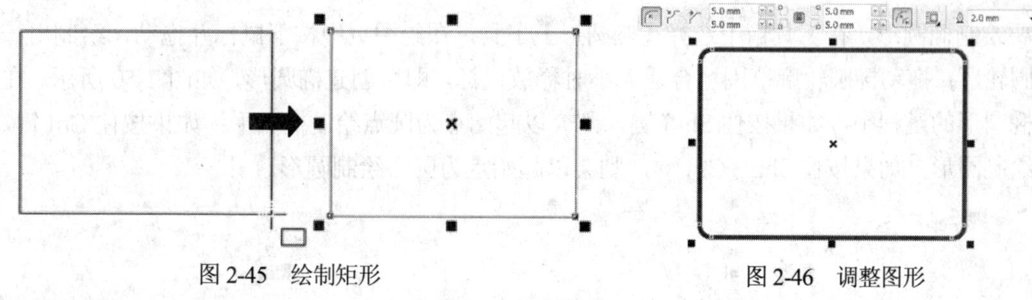

图 2-45　绘制矩形　　　图 2-46　调整图形

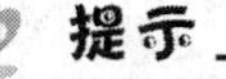

提示

完成矩形绘制后，选择【形状】工具，将光标移至所选矩形的节点上，拖动其中任意一个节点，均可得到圆角矩形，如图 2-47 所示。另外，属性栏中除了【圆角】按钮，还提供了【扇形角】按钮和【倒棱角】按钮，单击不同按钮可变换角效果，如图 2-48 所示。

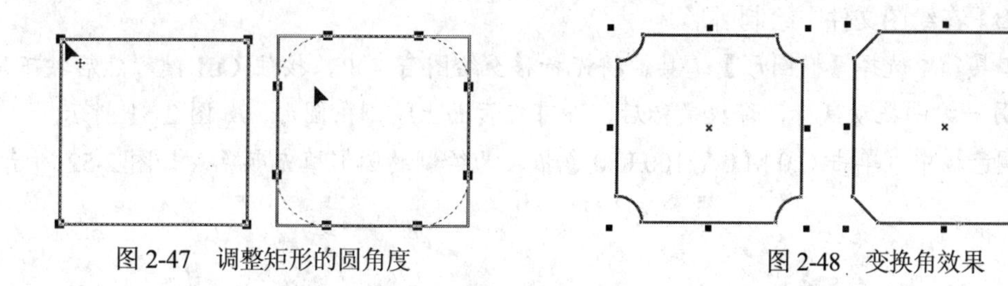

图 2-47　调整矩形的圆角度　　　图 2-48　变换角效果

2. 【3 点矩形】工具

在 CorelDRAW X6 应用程序中，用户还可以使用工具箱中的【3 点矩形】工具绘制矩形。单击工具箱中的【矩形】工具图标右下角的黑色小三角按钮，在打开的工具组中选择【3 点矩形】工具；然后在工具区中按下鼠标并拖动，至合适位置时释放鼠标，创建出矩形图形的一边；再移动光标设置矩形图形另外一边的长度范围，在合适位置单击【确定】按钮即可绘制矩形，如图 2-49 所示。

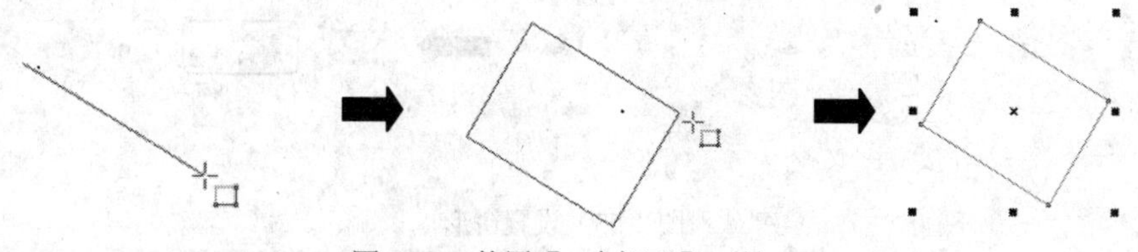

图 2-49　使用【3 点矩形】工具

2.2.2 绘制椭圆形、圆形、弧形和饼形

使用工具箱中的【椭圆形】工具和【3 点椭圆形】工具，可以绘制椭圆形和圆形。另外，通过设置【椭圆形】工具属性栏还可以绘制饼形和弧形。

1. 【椭圆形】工具

要绘制椭圆形，在工具箱中选择【椭圆形】工具，在绘图页中按下鼠标并拖动，绘制出一个椭圆轮廓；拖动椭圆轮廓范围至合适大小时释放鼠标，即可创建椭圆形，如图 2-50 所示。在绘制椭圆形的过程中，如果按住 Shift 键，则会以起始点为圆点绘制椭圆形；如果按住 Ctrl 键，则会绘制圆形；如果按住 Shift+Ctrl 键，则会以起始点为圆心绘制圆形。

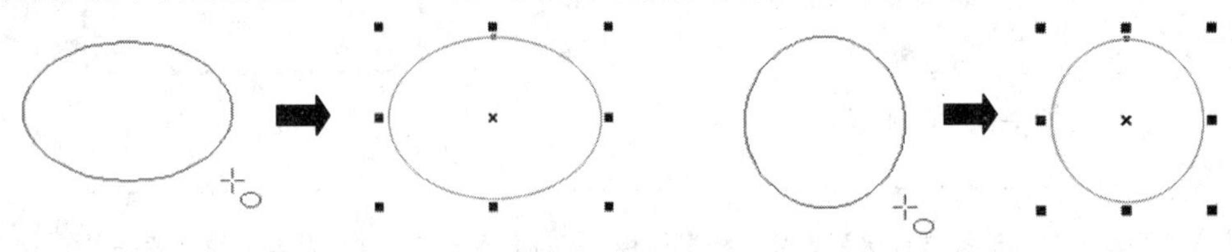

图 2-50　使用【椭圆形】工具

完成椭圆形绘制后，单击工具属性栏中的【饼图】按钮，可以改变椭圆形为饼形；单击工具属性栏中的【弧】按钮，可以改变椭圆形为弧形。

【例 2-8】在绘图文件中绘制饼形。

(1) 在工具箱中选择【椭圆形】工具。将光标移至绘图窗口中，按住 Ctrl 键，然后按下鼠标左键并向另一方向拖动鼠标，释放鼠标后，即可在页面上绘制出圆形，如图 2-51 所示。

(2) 在调色板中，单击 C:0 M:0 Y:100 K:0 色板，为绘制的圆形填充颜色，如图 2-52 所示。

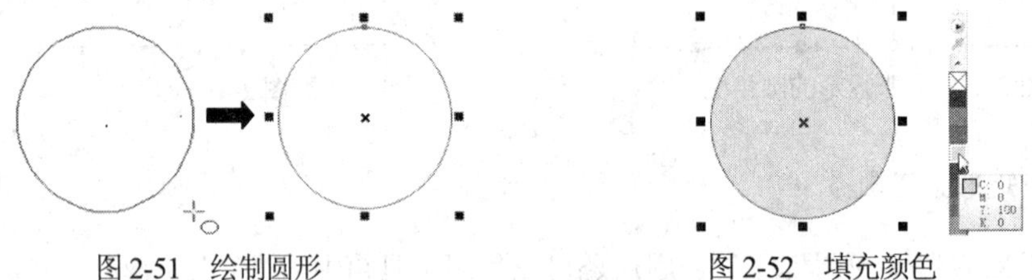

图 2-51　绘制圆形　　图 2-52　填充颜色

(3) 单击属性栏中的【饼形】按钮，并在【轮廓宽度】下拉列表中选择【无】选项，在属性栏中设置起始和结束角度分别为 30° 和 340°，如图 2-53 所示。

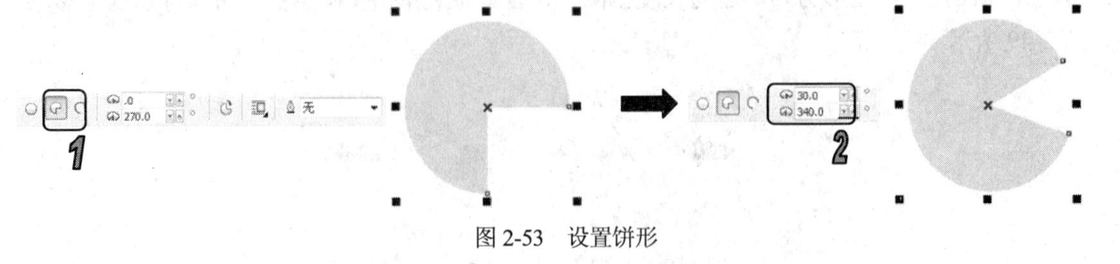

图 2-53　设置饼形

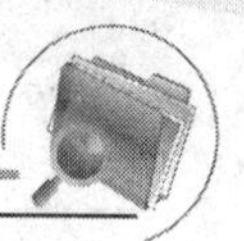

2. 【3 点椭圆形】工具

在 CorelDRAW X6 应用程序中，用户还可以使用工具箱中的【3 点椭圆形】工具绘制椭圆形。单击工具箱中的【椭圆形】工具图标右下角的黑色小三角按钮，在打开的工具组中选择【3 点椭圆形】工具。使用【3 点椭圆形】工具绘制椭圆形时，用户可以在确定椭圆的直径后，沿该直径的垂直方向拖动鼠标，在合适的位置释放鼠标后，即可绘制出带有角度的椭圆形，如图 2-54 所示。

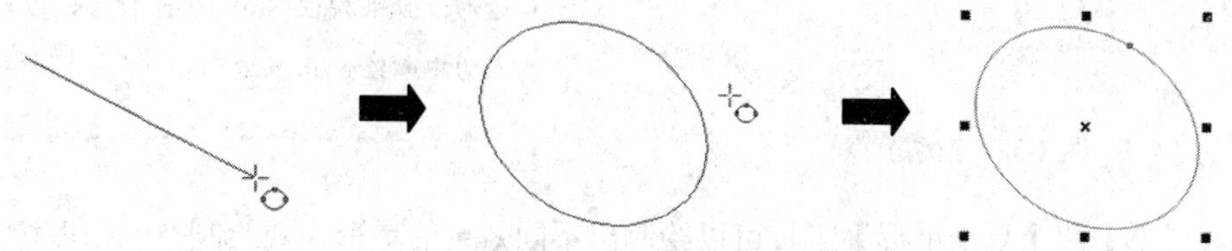

图 2-54　使用【3 点椭圆形】工具

2.2.3　绘制多边形、星形

多边形是由多个边线组成的规则图形。用户可以使用【多边形】工具自定义多边形的边数，多边形的边数最少可设置 3 条边，即三角形。设置的边数越大，多边形越接近圆形。

在工具箱中选择【多边形】工具，移动光标至绘图页中，按下鼠标并向斜角方向拖动出一个多边形轮廓，拖动至合适大小时释放鼠标，即可绘制出一个多边形，如图 2-55 所示。

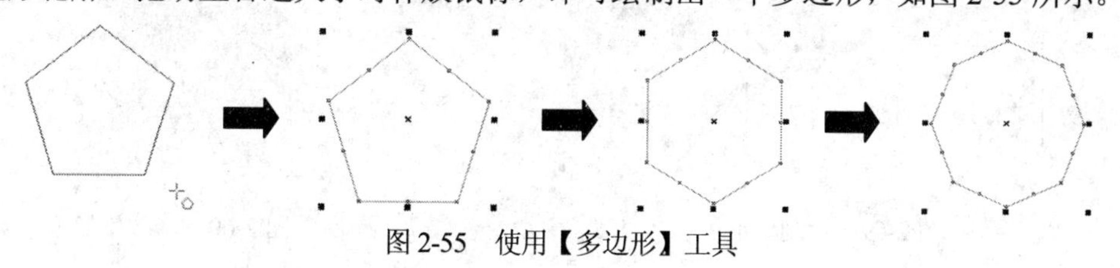

图 2-55　使用【多边形】工具

【例 2-9】在绘图文件中，使用【多边形】工具绘制复杂图形。

(1) 在工具箱中选择【多边形】工具，按下鼠标左键，拖动鼠标到适当的位置后释放鼠标，即可绘制出指定边数的多边形，如图 2-56 所示。

(2) 在属性栏的【点数或边数】数值框中设置多边形的边数为 8，设置【轮廓宽度】数值为 1mm，并在调色板中右击 C:0 M:60 Y:100 K:0 色板设置轮廓颜色，如图 2-57 所示。

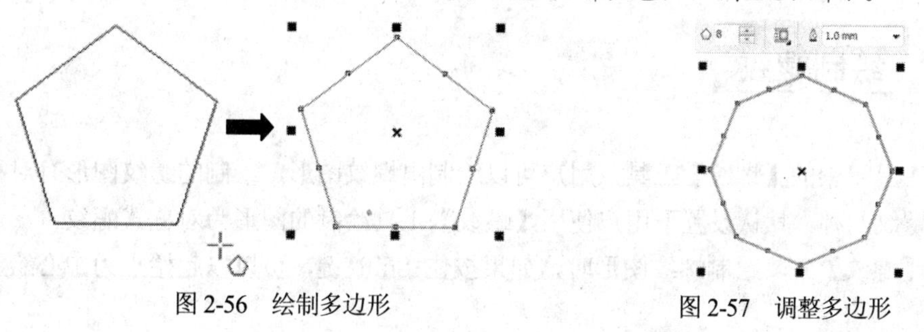

图 2-56　绘制多边形

图 2-57　调整多边形

(3) 选择【形状】工具拖动任一边上的节点，其余各边的节点也会发生相应的变化，如图 2-58 所示。

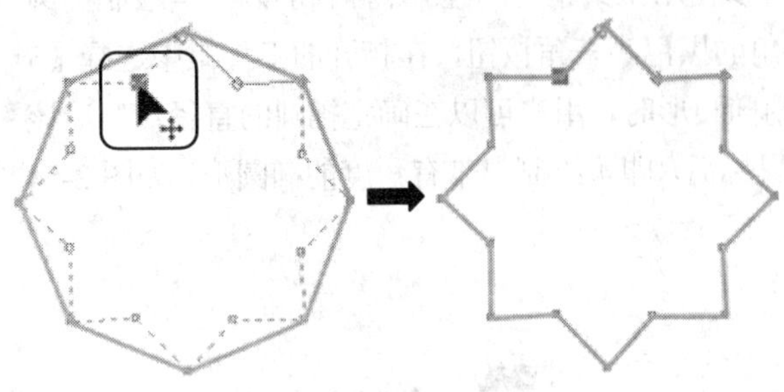

图 2-58　拖动节点

知识点

使用【多边形】工具绘制多边形时，如果按住 Shift 键，会以起始点为中心绘制多边形；如果按住 Ctrl 键可以绘制正多边形；如果按住 Shift+Ctrl 键可以以起始点为中心绘制正多边形。

使用【星形】和【复杂星形】工具可以绘制出不同效果的星形。其绘制方法与多边形的绘制基本相同，同时还可以在工具属性栏中更改星形的锐度。

【例 2-10】在绘图文件中，使用【复杂星形】工具绘制星形。

(1) 选择工具箱中的【复杂星形】工具，按下鼠标左键，拖动鼠标到适当的位置后释放鼠标，绘制复杂星形，如图 2-59 所示。

(2) 在属性栏的【点数或边数】数值框中设置多边形的边数为 15，在【锐度】数值框中输入 4，在调色板中设置复杂星形的填充为粉色、轮廓为红色，如图 2-60 所示。

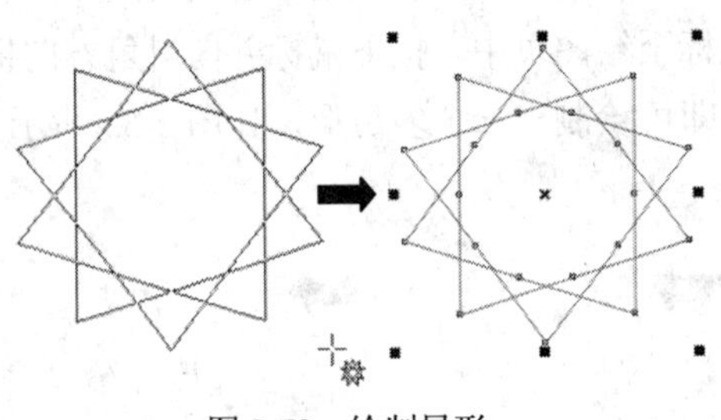

图 2-59　绘制星形

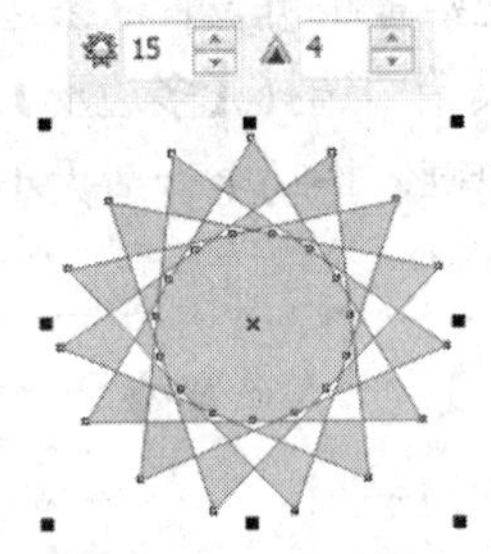

图 2-60　修改星形

提示

属性栏中的【星形和复杂星形锐度】是指星形边角的尖锐程度。设置不同的边数后，复杂星形的尖锐度也不相同。当复杂星形的端点数低于 7 时，不能设置锐度。通常情况下，复杂星形的点数越多，边角的尖锐度越高。

2.2.4　绘制螺纹

使用工具箱中的【螺纹】工具，用户可以绘制出螺纹图形，绘制的螺纹图形有对称式螺纹和对数式螺纹两种。默认设置下用户使用【螺纹】工具绘制的图形为对称式螺纹。

使用【螺纹】工具绘制螺纹图形时，如果按住 Shift 键，可以以起始点为中心绘制螺纹图

形；如果按住 Ctrl 键，可以绘制圆螺纹图形；如果按住 Shift+Ctrl 键，可以以起始点为中心绘制圆螺纹图形。

- 对称式螺纹：指螺纹均匀扩展，具有相等的螺纹间距，如图 2-61 所示。
- 对数式螺纹：指螺纹中心不断向外扩展的螺旋方式，螺纹间的距离从内向外不断扩大，如图 2-62 所示。

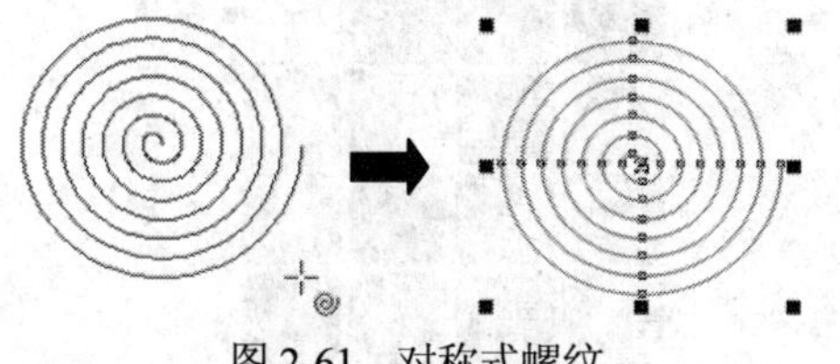

图 2-61　对称式螺纹

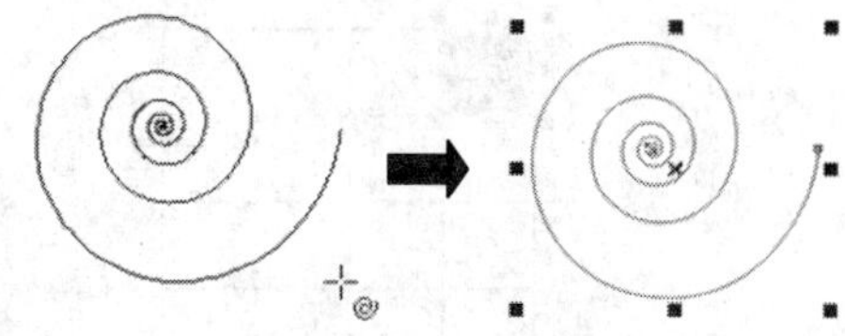

图 2-62　对数式螺纹

2.2.5　绘制网格

使用【图纸】工具，可以绘制不同行数和列数的网格图形，使用该工具绘制出的网格是由一组矩形或正方形群组组成的。用户也可以取消群组，使其成为独立的矩形或正方形。

在工具箱中选择【图纸】工具，在工具属性栏的【图纸行和列数】数值框中输入数值指定行数和列数，然后在绘图页中按下鼠标并拖动创建网格。如果从中心向外绘制网格，可在拖动鼠标时按住 Shift 键；如果绘制方形单元格的网格，可在拖动鼠标时按住 Ctrl 键。

【例 2-11】在绘图文件中，使用【图纸】工具绘制网格。

(1) 选择工具箱中的【图纸】工具，在属性栏中设置图纸行列数均为 4，然后在绘图页中，按下鼠标左键，随意拖动鼠标到适当的位置后释放鼠标，绘制出的网格如图 2-63 所示。

(2) 按 Ctrl+U 键取消群组，选择【选择】工具选中一个网格，然后在调色板中选择红色，填充选中的网格，如图 2-64 所示。

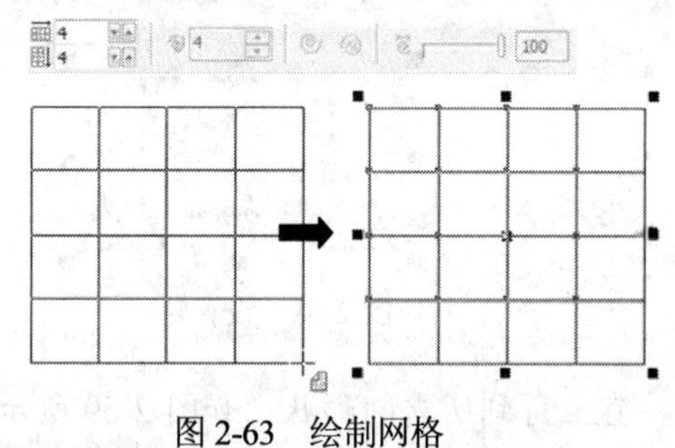

图 2-63　绘制网格

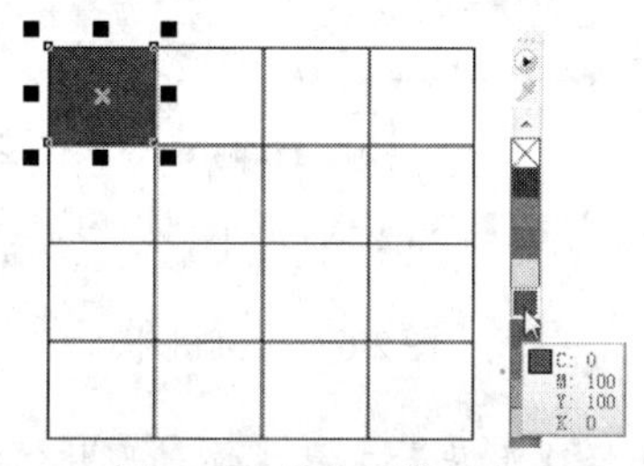

图 2-64　填充网格

知识点

如果要拆分网格，先使用【选择】工具选择一个网格图形，然后单击【排列】|【取消群组】命令，或单击工具属性栏中的【取消群组】按钮即可。

(3) 在属性栏中，单击【锁定比率】按钮，设置【缩放因子】数值为 90%，设置【圆角半径】为 3 mm，效果如图 2-65 所示。

(4) 使用步骤(2)至步骤(3)的操作方法，选择其他网格，然后在调色板中单击选择颜色，填充选中的网格，最终效果如图 2-66 所示。

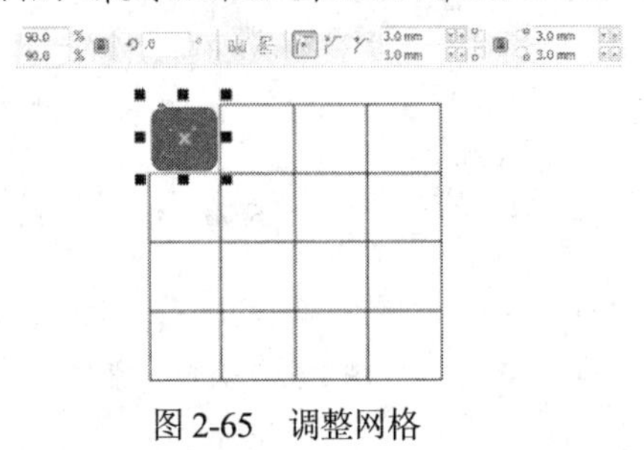

图 2-65　调整网格

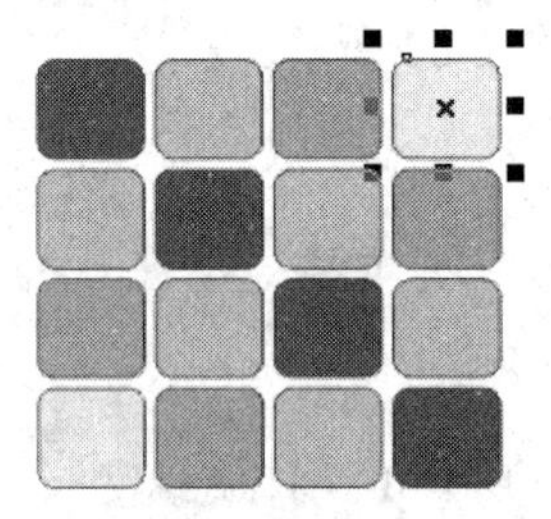

图 2-66　填充网格

2.2.6　绘制预定形状

【基本形状】工具组为用户提供了基本形状、箭头形状、流程图形状、标题形状和标注形状 5 组基本形状样式，在【基本形状】工具上按下鼠标左键，即可展开工具组。每个基本形状工具都包含有多个基本形状扩展图形。

【例 2-12】在绘图文件中，绘制预定义形状。

(1) 选择工具箱中的【标题形状】工具，在属性栏中单击，打开【完美形状】挑选器选择形状。在绘图页中，使用【标题形状】工具，按住鼠标并拖动绘制形状，如图 2-67 所示。

(2) 在属性栏中，设置【轮廓宽度】为 0.75mm，并在调色板中单击 C:20 M:0 Y:0 K:20 色板填充，如图 2-68 所示。

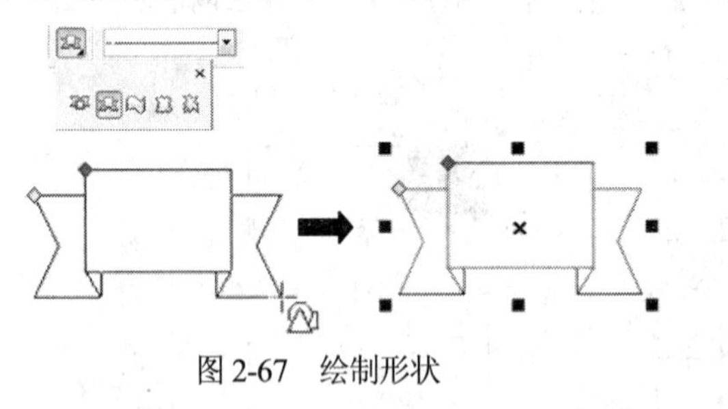

图 2-67　绘制形状

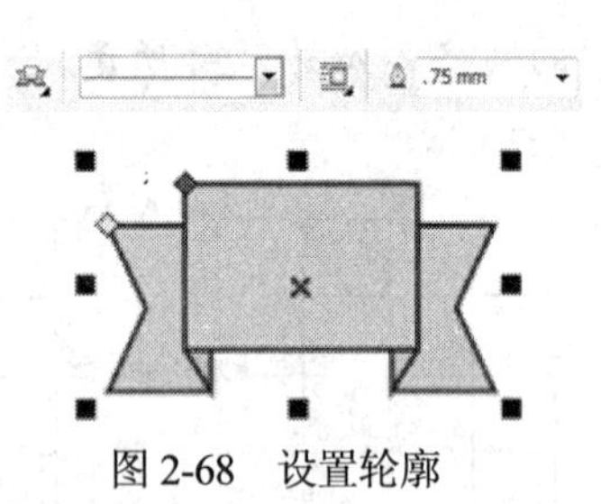

图 2-68　设置轮廓

(3) 选择【形状】工具，拖动形状轮廓沟槽，直至得到所需的形状，如图 2-69 所示。

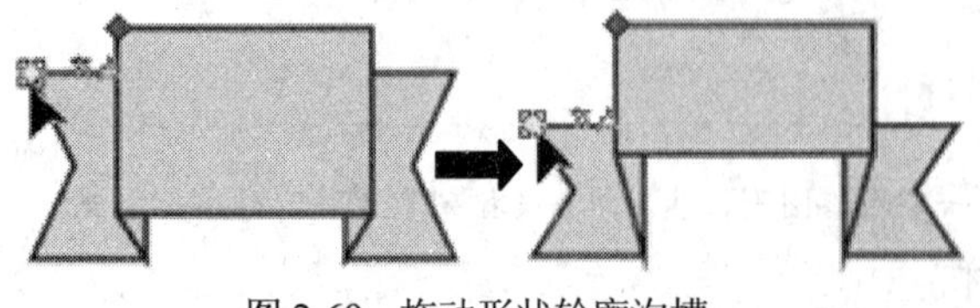

图 2-69　拖动形状轮廓沟槽

提示

在预定义形状中，直角形、心形、闪电形状、爆炸形状和流程图形状均不包含轮廓沟槽。

2.2.7　使用【智能绘图】工具

使用【智能绘图】工具绘制手绘笔触，可对手绘笔触进行识别，并转换为基本形状，如图 2-70 所示。

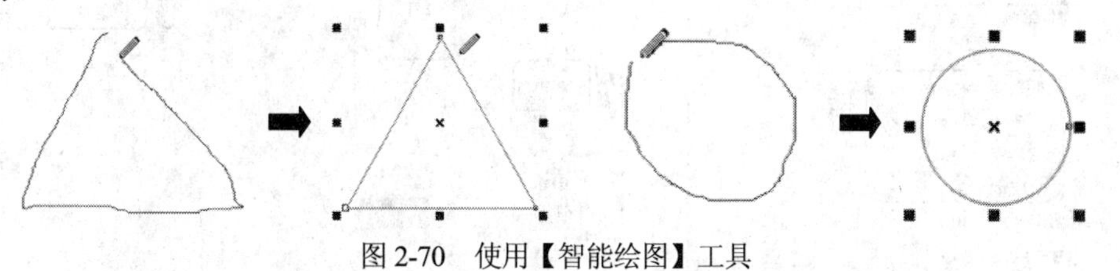

图 2-70　使用【智能绘图】工具

矩形和椭圆将被转换为 CorelDRAW 对象；梯形和平行四边形将被转换为【完美形状】对象；而线条、三角形、方形、菱形、圆形和箭头将被转换为曲线对象。如果某个对象未被转换为基本形状，则可以对其进行平滑处理。用形状识别所绘制的对象和曲线都是可编辑的，而且还可以设置 CorelDRAW 识别形状并将其转换为对象的等级，指定对曲线应用的平滑量。在工具属性栏中，可以对【形状识别等级】和【智能平滑等级】进行设置，如图 2-71 所示。

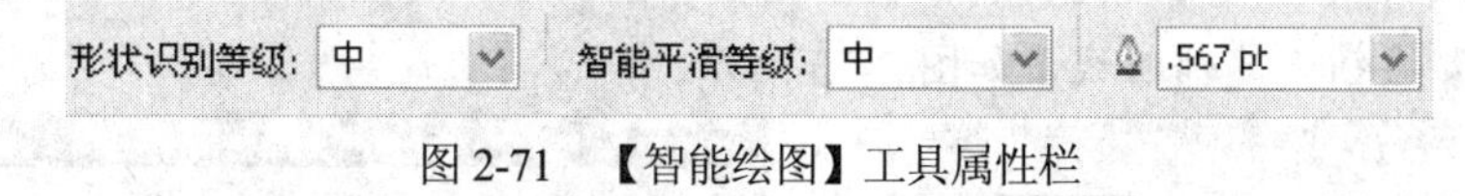

图 2-71　【智能绘图】工具属性栏

- 【形状识别等级】选项：用于选择系统对形状的识别程度。
- 【智能平滑等级】选项：用于选择系统对形状的平滑程度。

提示

用户还可以设置从创建笔触到实现形状识别所需的时间。选择【工具】|【自定义】命令，打开【选项】对话框。在对话框的左侧列表中选择【工具箱】|【智能绘图工具】选项，然后在右侧拖动【绘图协助延迟】滑块，如图 2-72 所示。最短延迟为 10 毫秒，最长延迟为 2 秒。

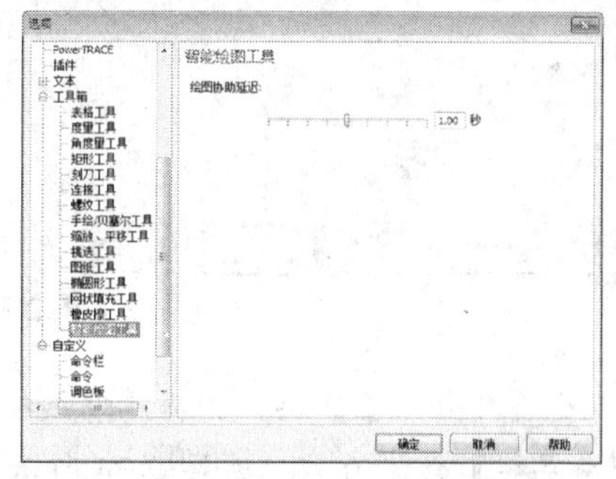

图 2-72　设置绘图协助延迟

2.3　上机练习

本章的上机练习为制作标志，使用户更好地掌握图形绘制、编辑的基本操作方法和技巧。

(1) 启动 CorelDRAW X6，选择【文件】|【新建】命令，打开【创建新文档】对话框。在对话框的【名称】文本框中输入文档名称“标志设计”，设置【宽度】为 100mm，【高度】为 80mm，【原色模式】下拉列表中选择 RGB 选项，然后单击【确定】按钮，如图 2-73 所示。

(2) 选择【工具】|【选项】命令，打开【选项】对话框。在对话框的左侧列表中选择【辅助线】|【水平】选项，在右侧显示的设置区中，输入需要添加的水平辅助线的标尺刻度值，然后单击【添加】按钮，将数值添加到下面的数值框中，如图 2-74 所示。

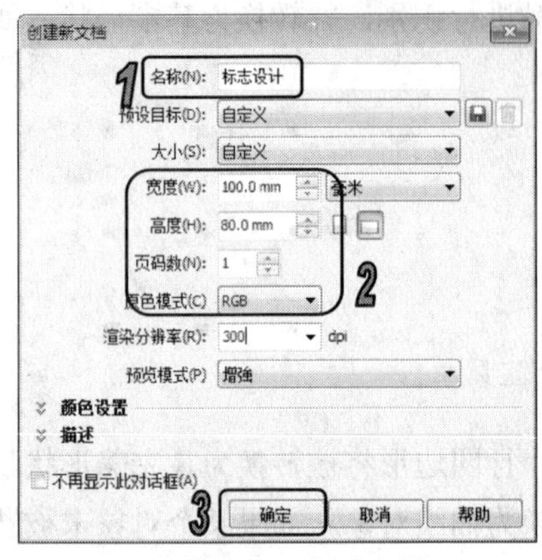

图 2-73 新建文档

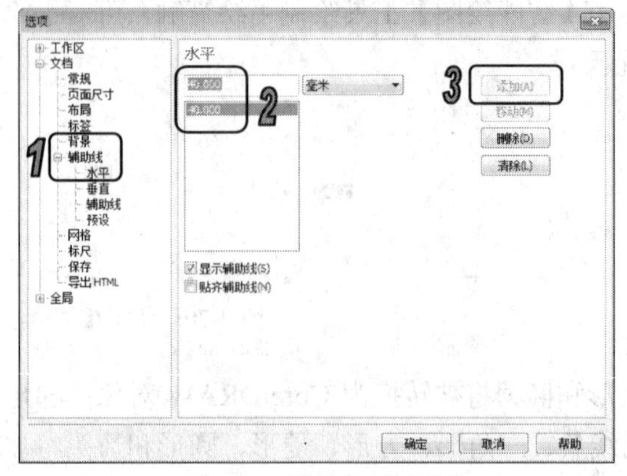

图 2-74 添加水平辅助线

(3) 在对话框中左侧列表中选择【辅助线】|【垂直】选项，在右侧显示的设置区中，输入需要添加的垂直辅助线的标尺刻度值，再单击【添加】按钮，将数值添加到下面的数值框中，然后单击【确定】按钮创建辅助线，如图 2-75 所示。

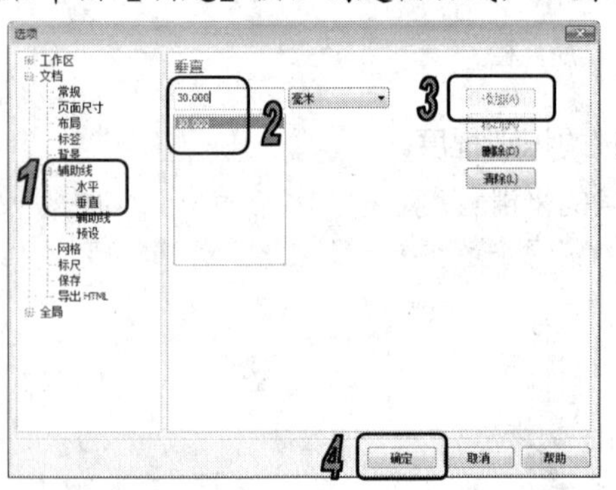

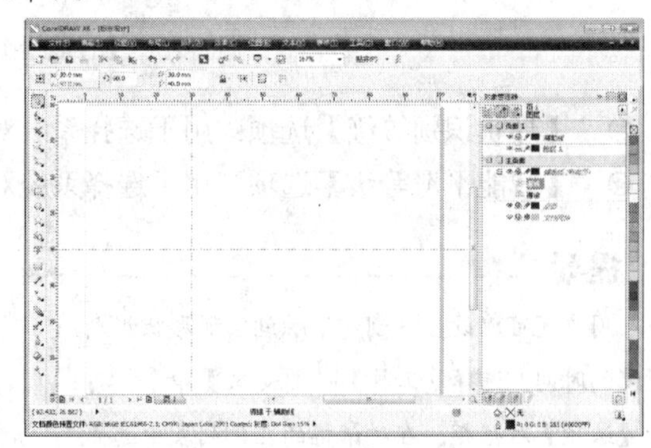

图 2-75 添加辅助线

(4) 选择【矩形】工具，依据辅助线拖动绘制矩形，并在属性栏中单击【圆角】按钮，设置【圆角半径】数值为 10，如图 2-76 所示。

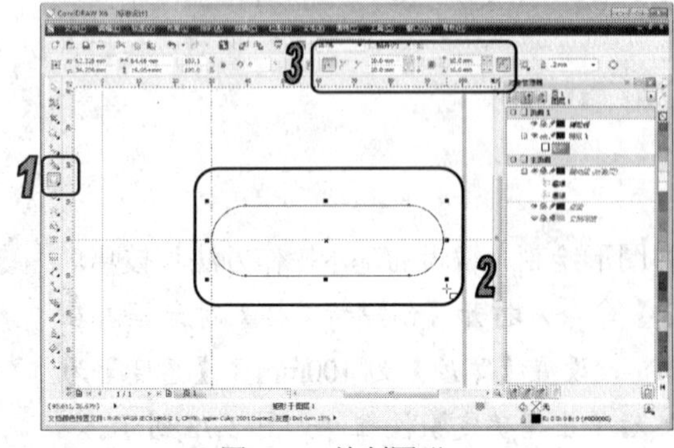

图 2-76 绘制图形

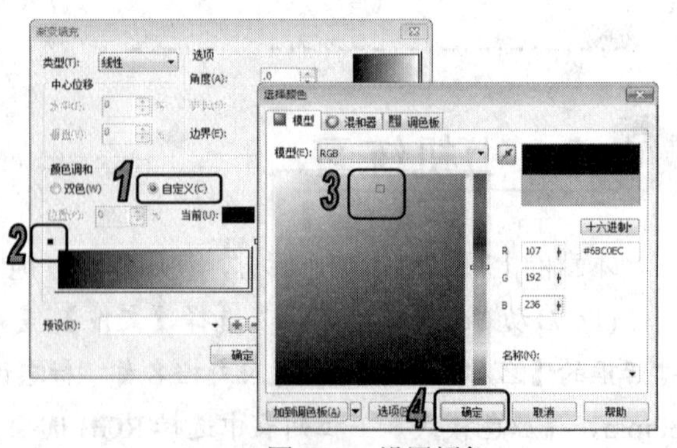

图 2-77 设置颜色

(5) 在调色板中右击【无】色板，取消轮廓色。按F11键打开【渐变填充】对话框。在对话框中，选中【自定义】单选按钮，然后选中左侧起始点，单击【其他】按钮打开【选择颜色】对话框，设置渐变起始色，然后单击【确定】按钮关闭【选择颜色】对话框，如图2-77所示。

(6) 在渐变色条上双击，添加一个色标。单击【其他】按钮打开【选择颜色】对话框，设置渐变色，然后单击【确定】按钮关闭【选择颜色】对话框，如图2-78所示。

(7) 使用步骤(5)至步骤(6)的操作方法添加其他渐变色，然后单击【确定】按钮填充渐变色，如图2-79所示。

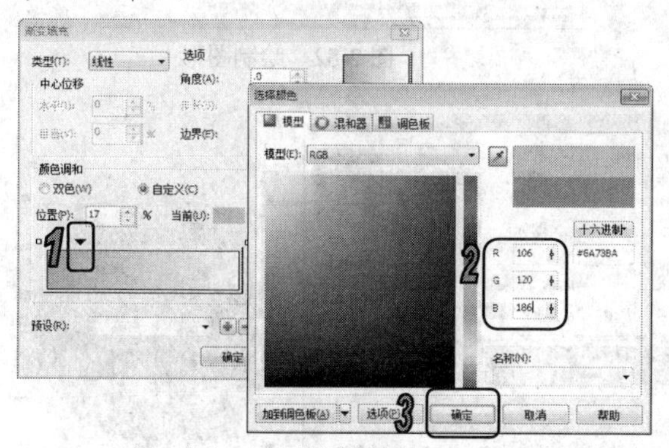

图2-78　设置颜色

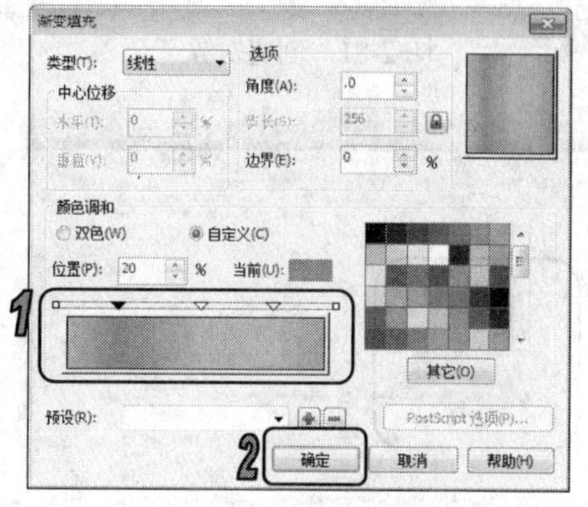

图2-79　填充渐变色

(8) 选择【窗口】|【泊坞窗】|【变换】|【大小】命令，打开【变换】泊坞窗。在泊坞窗中，取消选中【按比例】复选框，将x、y数值均减少2mm，设置【副本】数值为1，然后单击【应用】按钮，然后在调色板中单击白色色板填充复制的图形，如图2-80所示。

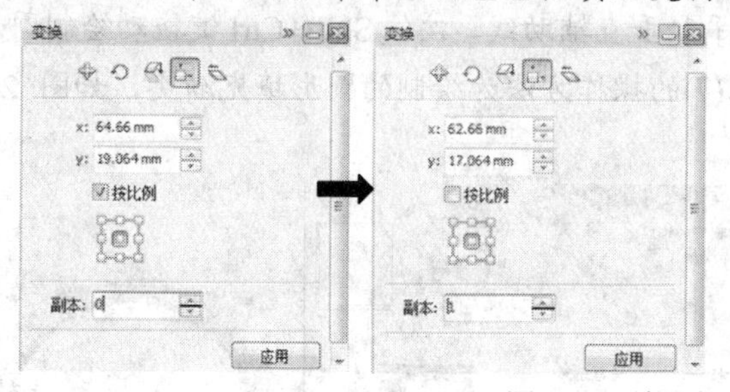

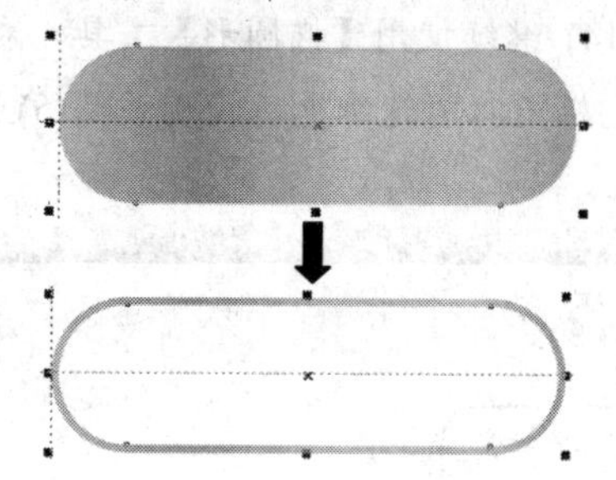

图2-80　缩小复制图形

(9) 继续在【变换】泊坞窗中，将x、y数值均减少1mm，然后单击【应用】按钮，再在调色板中单击设置填充色，如图2-81所示。

(10) 选择【星形】工具，在属性栏中设置【点数或边数】数值为10，【锐度】数值为6，然后依据水平和垂直辅助线，按住Shift+Ctrl键拖动绘制对象，如图2-82所示。

(11) 选择【属性滴管】工具，在步骤(4)中创建的对象上单击，当光标变为填充工具时，在刚创建的星形上单击填充，如图2-83所示。

(12) 选择【椭圆形】工具，依据水平和垂直辅助线，按住Shift+Ctrl键拖动绘制圆形。在调色板中，右击【无】色板，取消轮廓色。使用步骤(5)至步骤(7)的操作方法为绘制的圆形填充渐变，如图2-84所示。

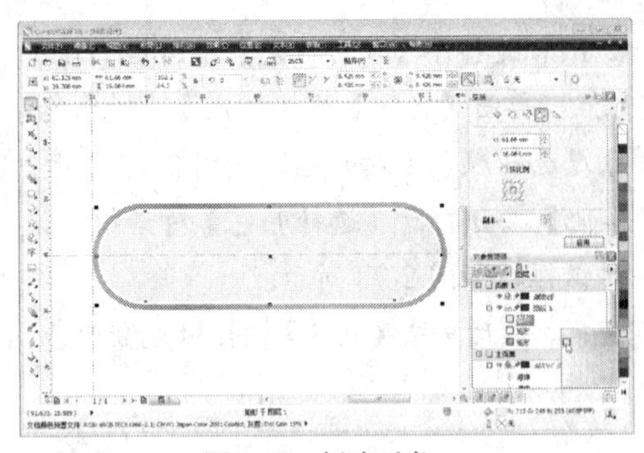

图 2-81　创建对象

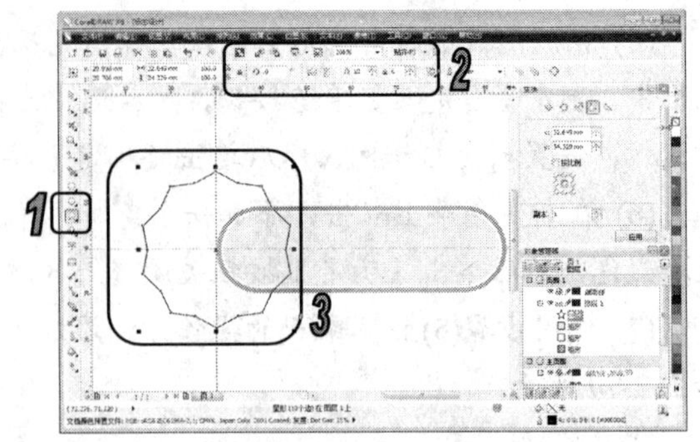

图 2-82　绘制图形

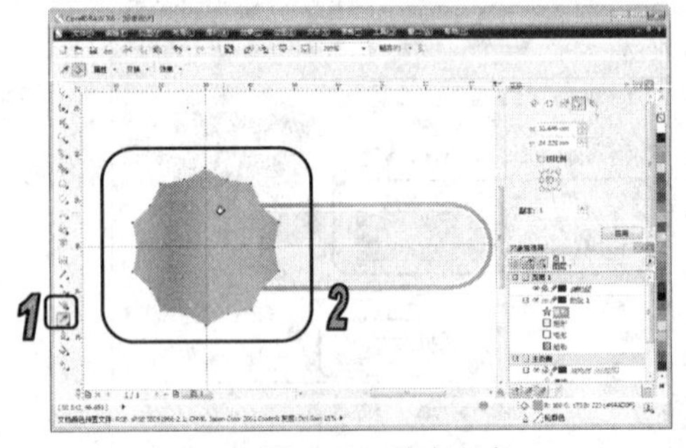

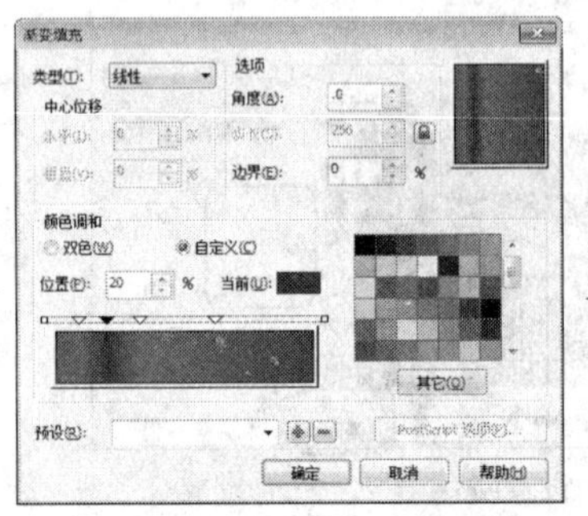

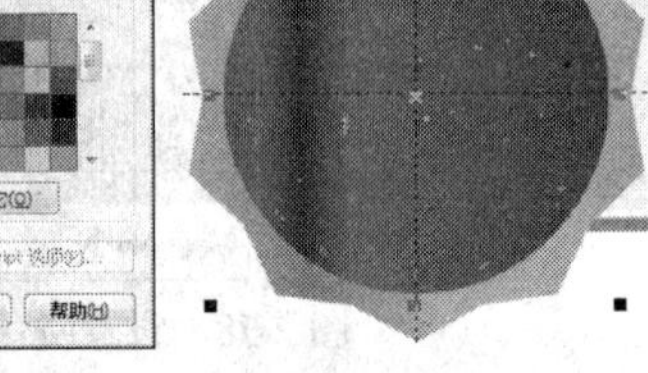

图 2-83　填充对象

图 2-84　创建对象

(13) 选择【椭圆形】工具，依据水平和垂直辅助线，按住 Shift+Ctrl 键拖动绘制圆形。在调色板中取消轮廓色，填充白色，如图 2-85 所示。

(14) 继续使用【椭圆形】工具，依据水平和垂直辅助线，按住 Shift+Ctrl 键拖动绘制圆形。在调色板中取消轮廓色，使用步骤(5)至步骤(7)的操作方法为绘制的圆形填充渐变，如图 2-86 所示。

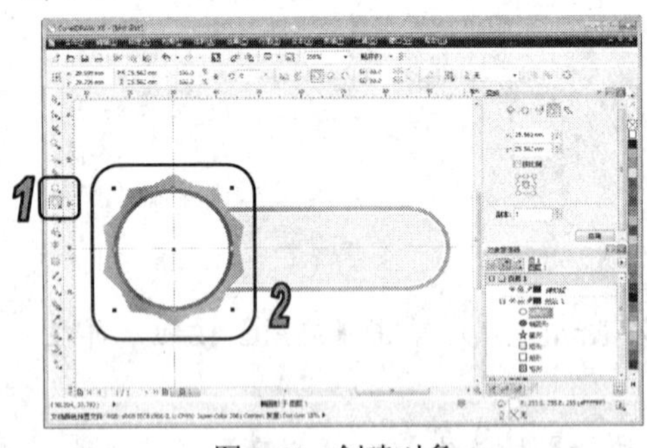

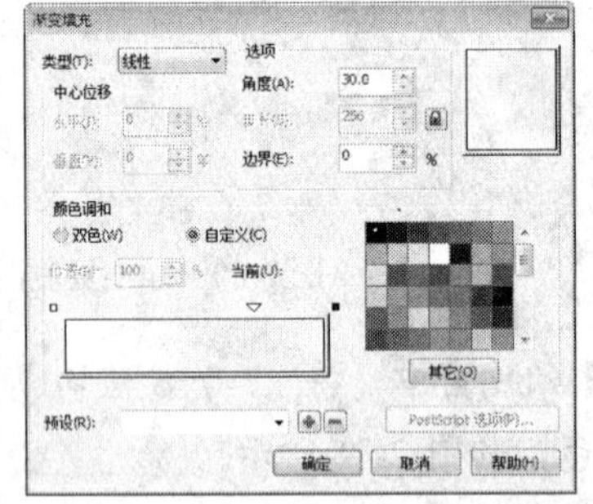

图 2-85　创建对象

图 2-86　创建对象

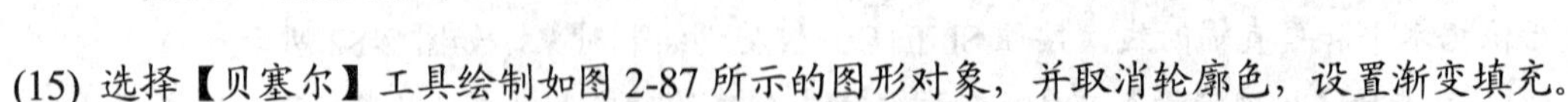

(15) 选择【贝塞尔】工具绘制如图 2-87 所示的图形对象，并取消轮廓色，设置渐变填充。

(16) 选择【贝塞尔】工具绘制如图 2-88 所示的图形对象，并取消轮廓色，填充白色。

(17) 选择【文本】工具在绘图页面中输入文字内容，在属性栏中的【字体列表】中选择 Arial Black 选项，在【字体大小】文本框中输入 28pt，双击状态栏中的填充属性，打开【均匀填充】对话框，在对话框中设置 R：33 G：35 B：88，然后单击【确定】按钮，如图 2-89 所示。

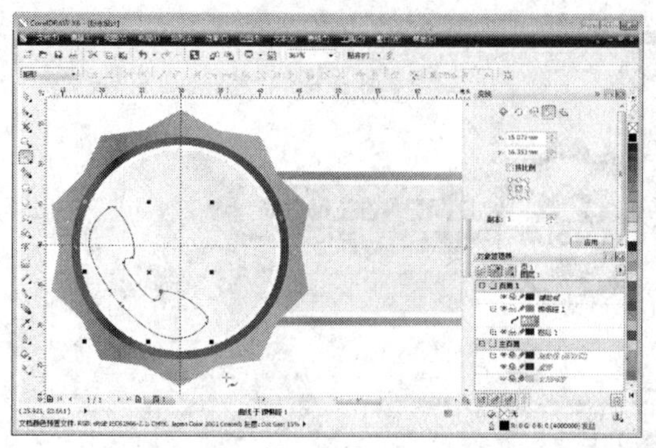

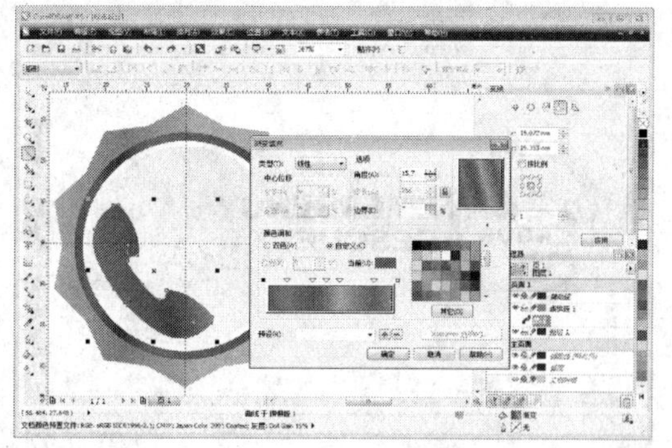

图 2-87　创建对象

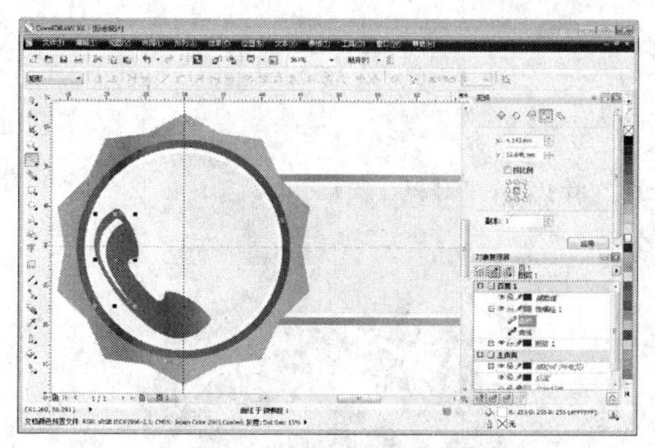

图 2-88　创建对象

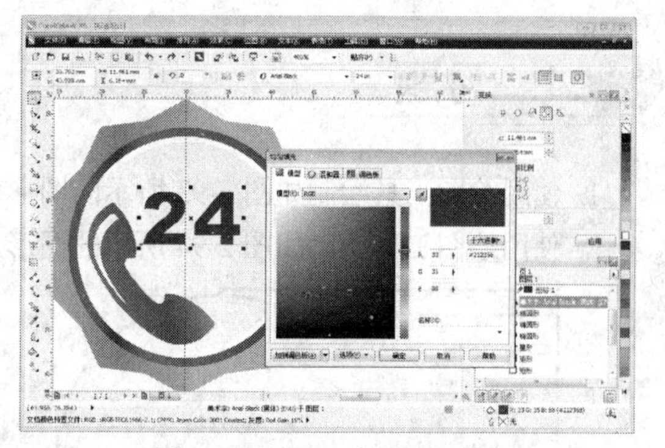

图 2-89　输入文字并进行填充

(18) 继续使用【文本】工具在绘图页面中输入文字内容，在属性栏中的【字体列表】中选择 Arial Black 选项，在【字体大小】文本框中输入 12pt，双击状态栏中的填充属性，打开【均匀填充】对话框，在对话框中设置 R：33 G：35 B：88，然后单击【确定】按钮，如图 2-90 所示。

(19) 继续使用【文本】工具在绘图页面中输入文字内容，在属性栏中的【字体列表】中选择 Arial Black 选项，在【字体大小】文本框中输入 18pt，如图 2-91 所示。

图 2-90　输入文字并填充

图 2-91　输入文字并填充

(20) 选择【形状】工具调整文字的间距和行距，然后选择【属性滴管】工具在步骤(12)中创建的圆形对象上单击，当光标变为填充工具时，在刚输入的文字上单击填充，效果如图 2-92 所示。

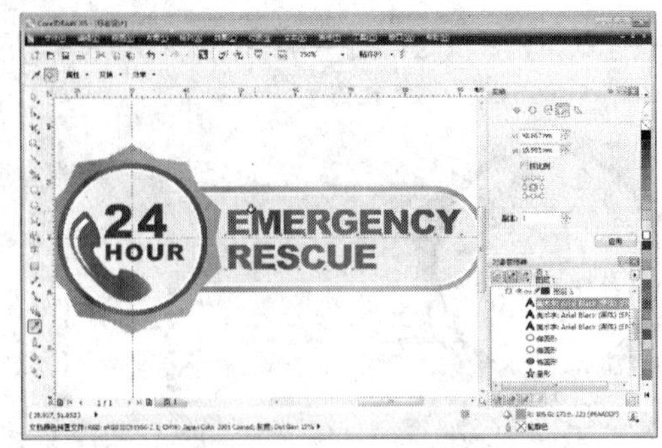

图 2-92　调整文字

2.4　习题

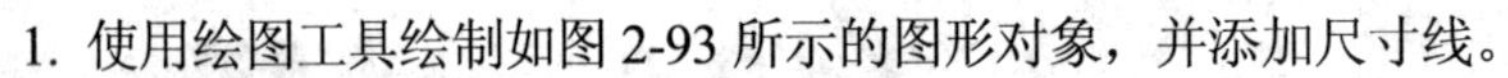
1. 使用绘图工具绘制如图 2-93 所示的图形对象，并添加尺寸线。

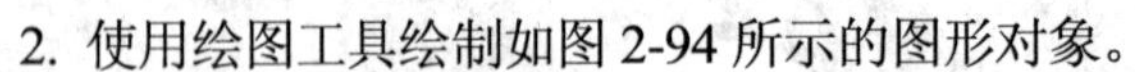
2. 使用绘图工具绘制如图 2-94 所示的图形对象。

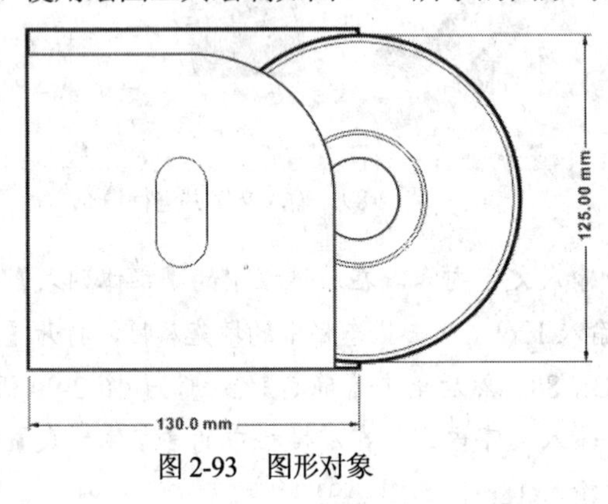

图 2-93　图形对象

图 2-94　图形对象

编辑图形对象

学习目标

在 CorelDRAW X6 中使用绘图工具创建图形后，用户还可以使用工具或命令编辑和修饰绘制的图形形状。本章主要介绍曲线对象的编辑操作方法，以及图形形状的修饰、修整的基本编辑方法。

本章重点

- 编辑曲线对象
- 分割图形
- 修饰图形
- 修整图形

3.1 编辑曲线对象

在通常情况下，曲线绘制完成后还需要对其进行精确的调整，以达到用户需要的造型效果。

3.1.1 选择、移动节点

使用【形状】工具将节点框选在矩形选框中，或将它们框选在形状不规则的选框中，可以选择单个、多个或所有对象节点，为对象的不同部分造型。在曲线线段上选择节点时，将显示控制手柄。通过移动节点和控制手柄，可以调整曲线线段的形状。使用工具箱中的【形状】工具，选中一个曲线对象，然后可以使用以下方法选择节点。

- 框选多个节点：在工具属性栏上，从【选取范围模式】列表框中选择【矩形】，然后围绕要选择的节点进行拖动即可，如图 3-1 左图所示。

◉ 手绘圈选多个节点：在工具属性栏上，从【选取范围模式】列表框中选择【手绘】，然后围绕要选择的节点进行拖动即可，如图 3-1 右图所示。

◉ 挑选多个节点：按住 Shift 键，同时单击每个节点。按住 Shift 键，再次单击选中的节点可以取消选中。

图 3-1　选取节点

提示

用户还可以通过使用【选择】、【手绘】、【贝塞尔】或【折线】工具来选择节点。先选择【工具】|【选项】命令，在打开的【选项】对话框左侧列表中选择【工作区】|【显示】命令，然后选中【启用节点勾画】复选框。单击曲线对象，将指针移动到节点上，直到工具的形状状态光标出现，然后单击节点。

如果要移动节点改变图形，可以在使用【形状】工具选中节点后，按下鼠标并拖动节点至合适位置后释放鼠标，或按键盘上的方向键，即可改变图形的曲线形状，如图 3-2 所示。要改变线段造型，也可以调整控制手柄的角度及其距节点的距离。

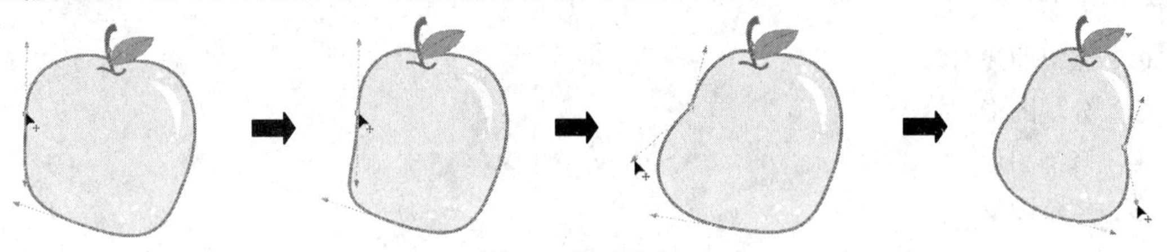

图 3-2　移动节点

3.1.2　添加、删除节点

在 CorelDRAW X6 中，可以通过添加节点，将曲线形状调整得更加精确；也可以通过删除多余的节点，使曲线更加平滑。增加节点时，将增加对象线段的数量，从而增加了对象形状的控制量。删除选定节点则可以简化对象形状。

使用【形状】工具在曲线对象需要增加节点的位置双击，即可增加节点；在需要删除的节点上双击，即可删除节点，如图 3-3 所示。

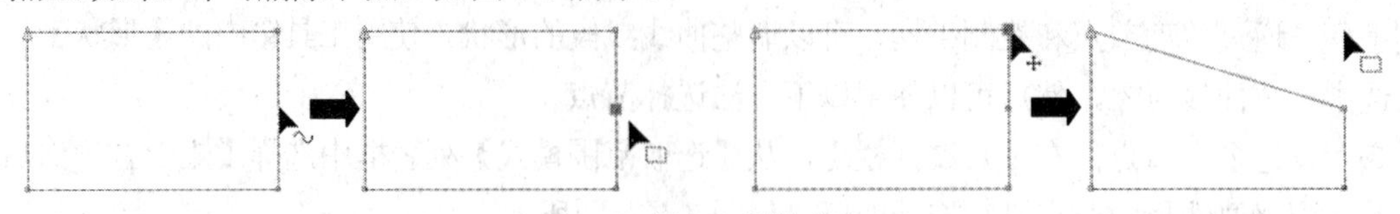

图 3-3　添加、删除节点

计算机 基础与实训教材系列

要添加、删除曲线对象上的节点，也可以通过单击工具属性栏中的【添加节点】按钮和【删除节点】按钮完成。使用【形状】工具在曲线上需要添加节点的位置单击，然后单击【添加节点】按钮即可添加节点。选中节点后，单击【删除节点】按钮即可删除节点。

提示

用户也可以在使用【形状】工具选取节点后，右击，在弹出的命令菜单中选择相应的命令来添加或删除节点，如图 3-4 所示。

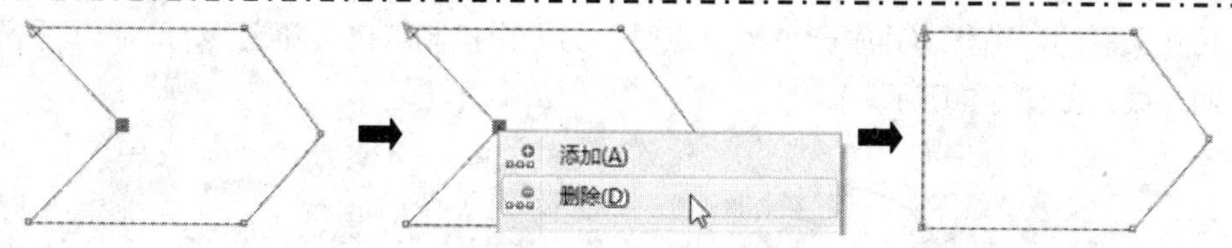

图 3-4　使用菜单命令

当曲线对象包含许多个节点时，对它们进行编辑并输出将非常困难。在选中曲线对象后，使用属性栏中的【减少节点】功能可以使曲线对象中的节点数自动减少。减少节点数时，将移除重叠的节点并可以平滑曲线对象。该功能对于减少从其他应用程序中导入的对象中的节点数非常适用。

【例 3-1】减少曲线对象中的节点数。

(1) 选择【形状】工具，单击选中曲线对象，并单击属性栏中的【选择所有节点】按钮，如图 3-5 所示。

(2) 在工具属性栏中单击【减少节点】按钮，然后拖动【曲线平滑度】滑块控制要删除的节点数，如图 3-6 所示。

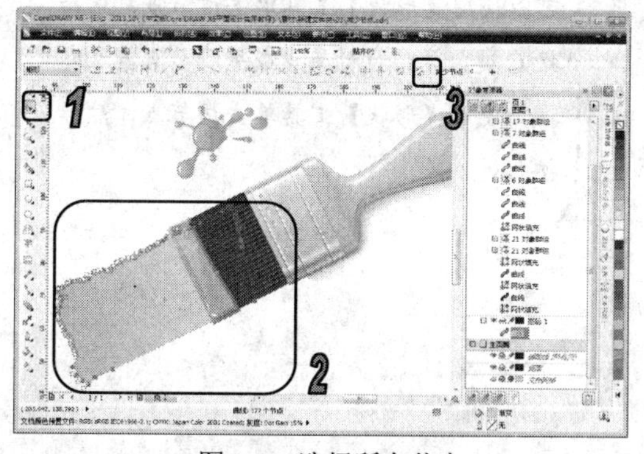

图 3-5　选择所有节点

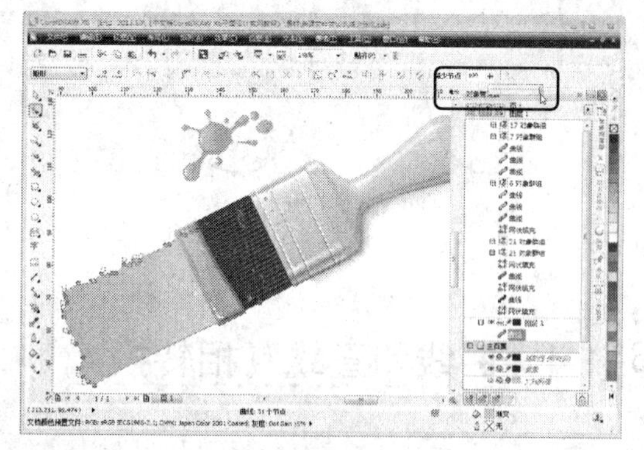

图 3-6　减少节点

3.1.3　更改节点的属性

CorelDRAW 中的节点分为尖突节点、平滑节点和对称节点 3 种类型。在编辑曲线的过程中，需要转换节点的属性，以调整曲线造型。

要更改节点属性，用户可以使用【形状】工具配合【形状】工具属性栏，方便、快捷地对曲线节点进行类型转换操作。用户只需选择【形状】工具后，单击图形曲线上的节点，然后在【形状】工具属性栏中单击选择相应的节点类型，即可在曲线上进行相关的节点属性更改操作。

- 【尖突节点】按钮：单击该按钮可以将曲线上的节点转换为尖突节点。将节点转换为尖突节点后，尖突节点两端的控制手柄成为相对独立的状态。当移动其中一个控制手柄的位置时，不会影响另一个控制手柄，如图 3-7 所示。
- 【平滑节点】按钮：单击该按钮可以使尖突节点变得平滑。平滑节点两边的控制点是相互关联的，当移动其中一个控制点时，另一个控制点也会随之移动，产生平滑过渡的曲线，如图 3-8 所示。

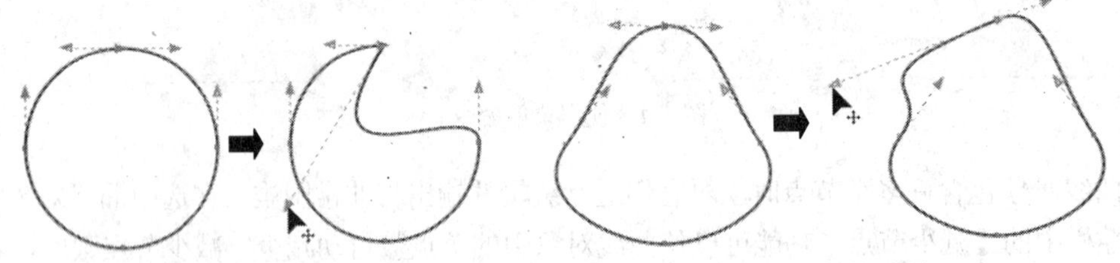

图 3-7　尖突节点　　图 3-8　平滑节点

- 【对称节点】按钮：单击该按钮可以产生两个对称的控制柄，无论怎样编辑，这两个控制柄始终保持对称。该类型节点与平滑类型节点相似，但对称节点两侧的控制柄长短始终保持等距，如图 3-9 所示。

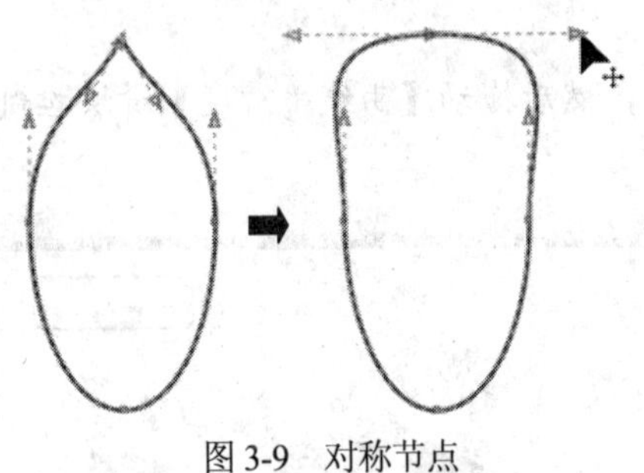

图 3-9　对称节点

提示

要将平滑节点和尖突节点互相转换，可以使用【形状】工具单击该节点，然后按 C 键。要将对称节点或平滑节点互相转换，使用【形状】工具单击该节点，然后按 S 键。

3.1.4　曲线和直线互相转换

使用【形状】工具属性栏中的【转换为线条】按钮，可以将曲线段转换为直线段。使用【转换为曲线】按钮，可以将直线段转换为曲线段。

用户使用【形状】工具单击曲线上的内部节点或终点后，【形状】工具属性栏中的【转换为线条】按钮将呈现可用状态，单击此按钮，该节点与上一个节点之间的曲线即可变为直线段，如图 3-10 所示。该操作对于不同的曲线将会产生不同的结果，如果原曲线上只有两个端点而没有其他节点，选择其终止点后单击此按钮，整条曲线将变为直线段；如果原有曲线有内部节点，则单击此按钮可以将所选节点区域的曲线改变为直线段。

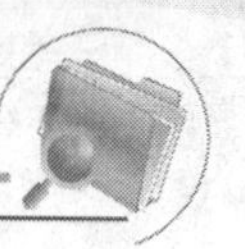

【转换为曲线】按钮是将直线段转换成曲线段。同样【转换为曲线】按钮也不能用于曲线的起始点，而只能应用于曲线内的节点与终止点。

用户使用【形状】工具单击曲线上的内部节点或终止点后，【形状】工具属性栏中的【转换为曲线】按钮将呈现可用状态，单击此按钮，这时节点上将显示控制柄，表示该段直线已经变为曲线，然后通过操纵控制柄将线段改变，如图 3-11 所示。

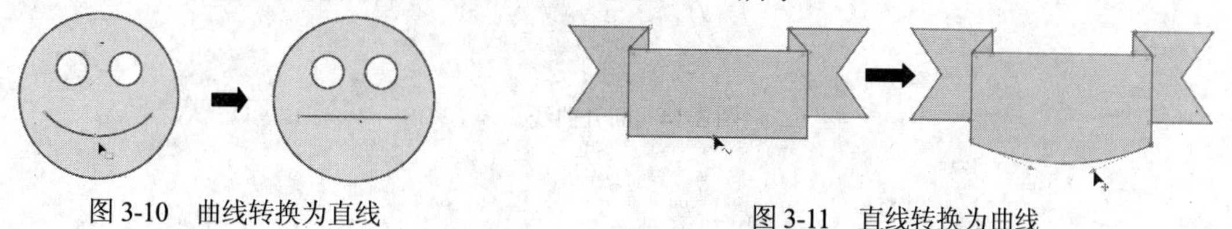

图 3-10　曲线转换为直线　　　　图 3-11　直线转换为曲线

3.1.5　闭合曲线

通过连接两端节点可封闭一个开放路径，但无法连接两个独立的路径对象。

- 使用【形状】工具选定要连接的节点后，单击属性栏中的【连接两个节点】按钮，可以将同一个对象上断开的两个相邻节点连接成一个节点，从而使图形封闭，如图 3-12 所示。
- 使用【形状】工具选取节点后，单击属性栏上的【延长曲线使之闭合】按钮，可以使用线条连接两个节点，如图 3-13 所示。
- 使用【形状】工具选取路径后，单击属性栏上的【闭合曲线】按钮，可以将绘制的开放曲线的起始节点和终止节点自动闭合，形成闭合曲线。

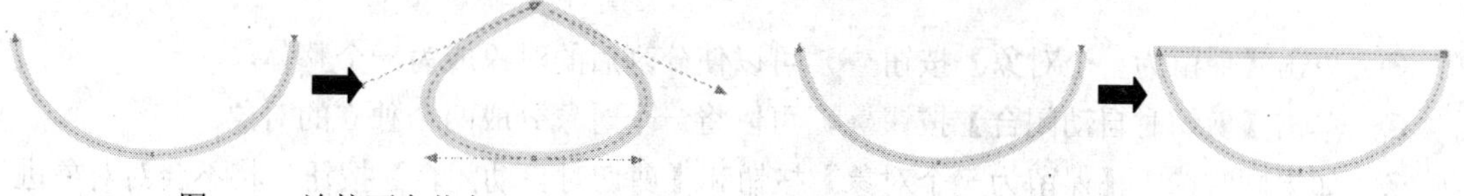

图 3-12　连接两个节点　　　　图 3-13　延长曲线使之闭合

3.1.6　断开曲线

通过断开曲线功能，可以将曲线上的一个节点在原来的位置分离为两个节点，从而断开曲线的连接，使图形转变为不封闭状态；此外，还可以将由多个节点连接成的曲线分离成多条独立的线段。

需要断开曲线时，使用【形状】工具选取曲线对象，并且单击想要断开路径的位置。如果选择多个节点，可在几个不同的位置断开路径，然后单击属性栏上的【断开曲线】按钮。在每个断开的位置上会出现两个重叠的节点，移动其中一个节点，可以看到原节点已经分割为两个独立的节点，如图 3-14 所示。

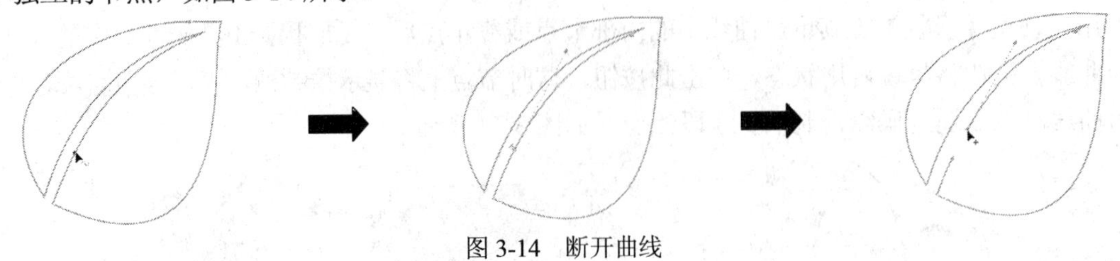

图 3-14　断开曲线

3.2　分割图形

CorelDRAW X6 应用程序还提供了【刻刀】工具、【橡皮擦】工具和【删除虚拟线段】工具，使用它们可以对图形对象进行拆分、擦除等编辑操作。

3.2.1　使用【刻刀】工具

使用【刻刀】工具可以把一个对象分成几个部分。在工具箱中选择【刻刀】工具，其工具属性栏如图 3-15 所示。

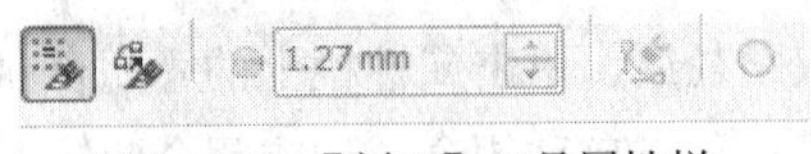

图 3-15　【刻刀】工具属性栏

- 单击【保留为一个对象】按钮，可以使分割后的对象成为一个整体。
- 单击【剪切时自动闭合】按钮，可以将一个对象分成两个独立的对象。
- 如果同时选中【保留为一个对象】按钮和【剪切时自动闭合】按钮，将不会对对象进行分割，而是将对象连接成一个整体。

知识点

用户也可以使用【刻刀】工具，在对象上按住鼠标左键拖动，释放鼠标后，即可按光标移动的轨迹切割对象。

【例 3-2】使用【刻刀】工具切割图形。

(1) 选择【文件】|【打开】命令，打开一幅绘图文档，并使用【选择】工具选中图形对象，如图 3-16 所示。

(2) 选择【刻刀】工具，并在属性栏中单击【剪切时自动闭合】按钮，将光标指向需要切割的对象，当光标变为状态时单击对象，然后将光标移动到适当位置再次单击对象，按 Tab 键一次或两次，直到选中要保留的部分，然后单击鼠标，如图 3-17 所示。

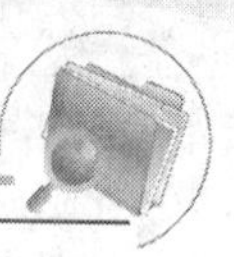

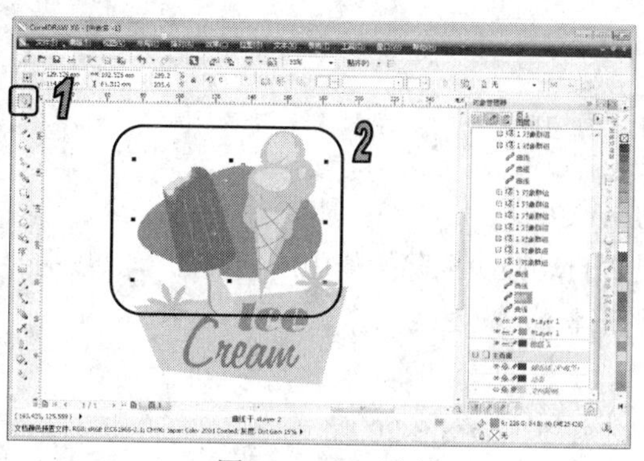

图3-16 打开文档

图3-17 使用【刻刀】工具

(3) 按下空格键切换到【选择】工具，调整切割后的对象位置，如图3-18所示。

图3-18 调整切割后的对象

3.2.2 使用【橡皮擦】工具

【橡皮擦】工具的主要功能是擦除曲线中不需要的部分，并且在擦除后会将曲线分割成数段。与使用【形状】工具属性栏中的【断开曲线】按钮和【刻刀】工具对曲线进行分割的方法不同的是，使用这两种方法分割曲线后，曲线的总长度并未变化，而使用【橡皮擦】工具擦除曲线后，光标所经之处的曲线将会被擦除，原曲线的总长度将发生变化。

由于曲线的类型不同，使用【橡皮擦】工具擦除曲线会有以下3种不同的结果。

- 对于开放式曲线，使用【橡皮擦】工具在曲线上单击拖动，光标所经过之处的曲线就会消失。操作完成后原曲线将会被切断为多段开放曲线。
- 对于闭合式曲线，如果只在曲线的一边单击并拖动鼠标进行擦除操作，则光标经过位置的曲线将会向内凹，并且曲线依旧保持闭合。
- 对于闭合式曲线，如果在曲线上单击并拖动鼠标穿过曲线，那么光标经过位置的曲线将会消失，原曲线会被分割成多条闭合曲线。

当用户选择工具箱中的【橡皮擦】工具后，工具属性栏转换为【橡皮擦】工具属性栏，如图3-19所示。

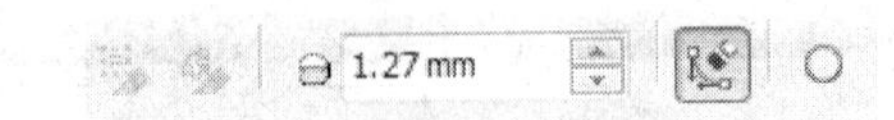

图 3-19 【橡皮擦】工具属性栏

- 【橡皮擦厚度】选项：用于设置橡皮擦的直径大小。
- 【擦除时自动减少】按钮：用于设置是否自动减少擦除操作中所创建的节点数量。
- 【图形/方形】按钮：用于设置橡皮擦的形状。

【例 3-3】在绘图文件中，使用【橡皮擦】工具。

(1) 选择【文件】|【打开】命令，打开一幅绘图文档，如图 3-20 所示。

(2) 选中文档中圆角矩形，选择【橡皮擦】工具，在属性栏中设置【橡皮擦厚度】为 0.3mm 在圆角矩形上单击，然后拖动鼠标，再单击即可擦除图形，如图 3-21 所示。

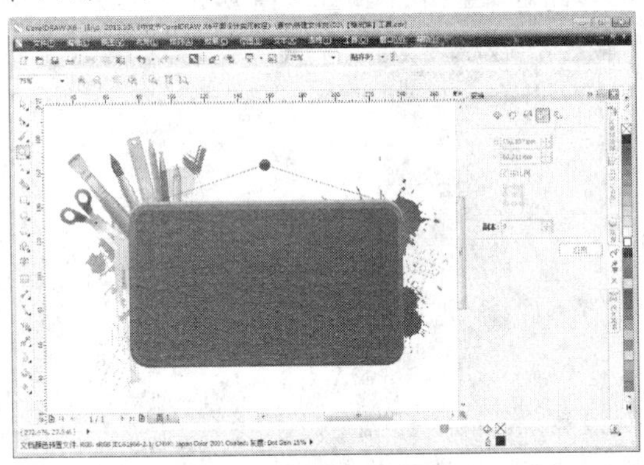

图 3-20 绘制圆角矩形

图 3-21 擦除图形之一

(3) 使用步骤(2)的操作方法，在属性栏中根据需要设置【橡皮擦厚度】的数值，在圆角矩形中如图 3-22 所示进行擦除。

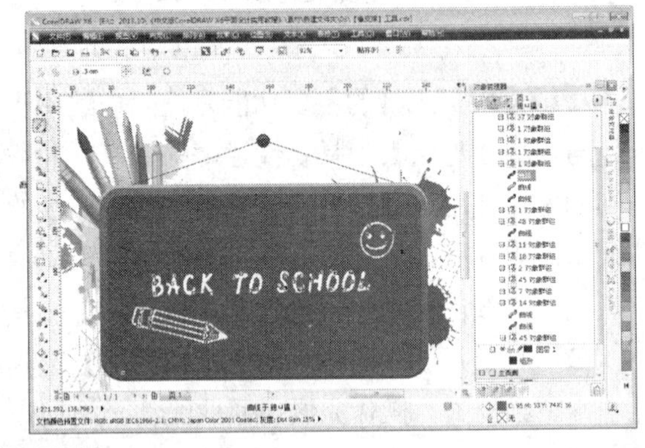

图 3-22 擦除图形之二

3.2.3 使用【删除虚拟线段】工具

使用工具箱中的【删除虚拟线段】工具，用户可以删除图形中曲线相交点之间的线段。

要删除图形中曲线相交点之间的线段，在工具箱中单击【裁剪】工具，在展开的工具组中选择【删除虚拟线段】工具，此时光标将变为刀片形状，将光标移至图形内准备删除的线段上单击，该线段即可被删除，如图 3-23 所示。

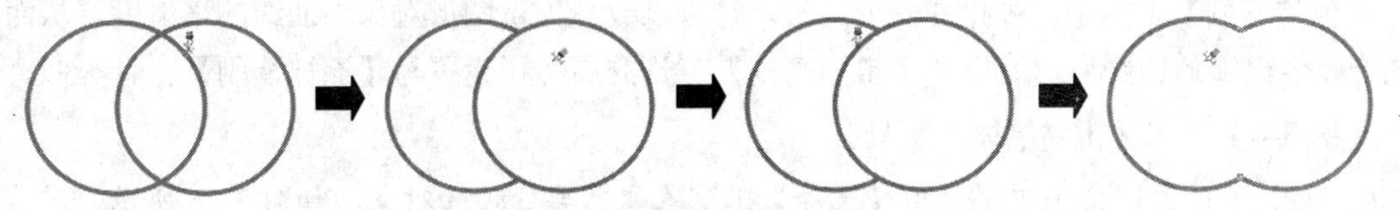

图 3-23　使用【删除虚拟线段】工具

3.3　修饰图形

在编辑图形时，除了可以使用【形状】工具编辑图形形状和使用【刻刀】工具切割图形，还可以使用【涂抹笔刷】、【粗糙笔刷】和【自由变换】工具对图形进行修饰，以满足不同的图形编辑需要。

3.3.1　使用【涂抹笔刷】工具

使用【涂抹笔刷】工具，可以通过拖动曲线轮廓创建更为复杂的曲线图形，如图 3-24 所示。【涂抹笔刷】可以在图形对象的边缘或内部任意涂抹，以达到变形对象的目的。

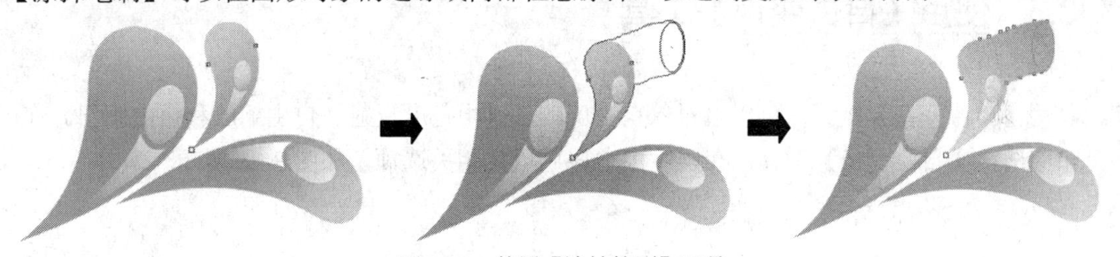

图 3-24　使用【涂抹笔刷】工具

用户使用【涂抹笔刷】工具时，可以在【涂抹笔刷】工具属性栏中进行设置，如图 3-25 所示。

图 3-25　【涂抹笔刷】工具属性栏

- 【笔尖大小】数值框：用于设置涂抹笔刷的宽度。
- 【水分浓度】数值框：用于设置涂抹笔刷的力度。
- 【斜移】数值框：用于设置涂抹笔刷、模拟压感笔的倾斜角度。
- 【方位】数值框：用于设置涂抹笔刷、模拟压感笔的笔尖形状的角度。

3.3.2 使用【粗糙笔刷】工具

【粗糙笔刷】工具是一种扭曲变形工具，它可以改变矢量图形对象中曲线的平滑度，从而使图像产生粗糙的边缘变形效果。【粗糙笔刷】工具的属性栏设置与【涂抹笔刷】工具类似。

【例 3-4】使用【粗糙笔刷】工具。

(1) 在打开的绘图文档中，使用【选择】工具选取需要处理的对象，如图 3-26 所示。

(2) 选择【粗糙笔刷】工具，在属性栏中设置【笔尖大小】为 10.0 mm，【水分浓度】为 5，然后单击鼠标左键并在对象边缘拖动鼠标，即可使对象产生粗糙的边缘效果，如图 3-27 所示。

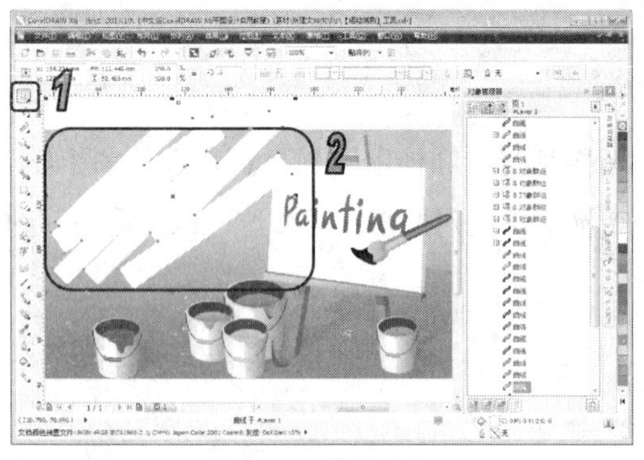

图 3-26　选择对象

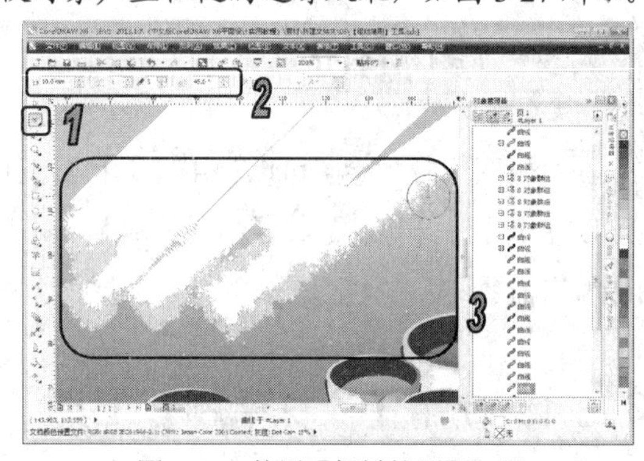

图 3-27　使用【粗糙笔刷】工具

3.3.3 使用【自由变换】工具

使用【自由变换】工具，可以将对象自由旋转、自由角度反射、自由缩放和自由倾斜。在工具箱中选择【自由变换】工具，在属性栏中将显示其相关选项，如图 3-28 所示。

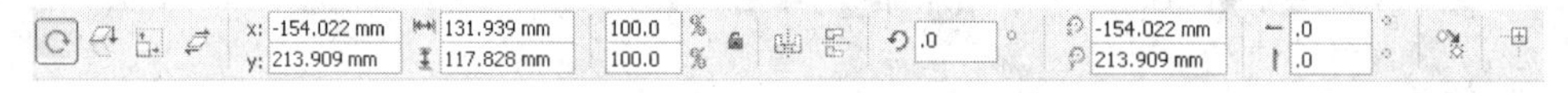

图 3-28　【自由变换】工具属性栏

- 【自由旋转】按钮：单击该按钮，可以将对象按自由角度旋转。
- 【自由角度反射】按钮：单击该按钮，可以将对象按自由角度镜像。
- 【自由缩放】按钮：单击该按钮，可以将对象任意缩放。
- 【自由倾斜】按钮：单击该按钮，可以将对象自由倾斜。
- 【应用到再制】按钮：单击该按钮，可在自由变换对象的同时再制对象。
- 【相对于对象】按钮：单击该按钮，在【对象位置】数值框中输入需要的参数，然后按下 Enter 键，可以将对象移动到指定的位置。

【例 3-5】使用【自由变换】工具调整图形对象。

(1) 在打开的绘图文档中，选择【选择】工具选中图形对象，如图 3-29 所示。

(2) 选择【自由变换】工具，在属性栏中单击【自由旋转】按钮，然后单击【应用到再

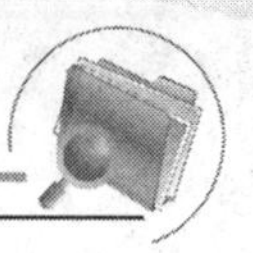

制】按钮，在对象上按住鼠标左键进行拖动，调整至合适的角度后释放鼠标，对象即被自由旋转，如图3-30所示。

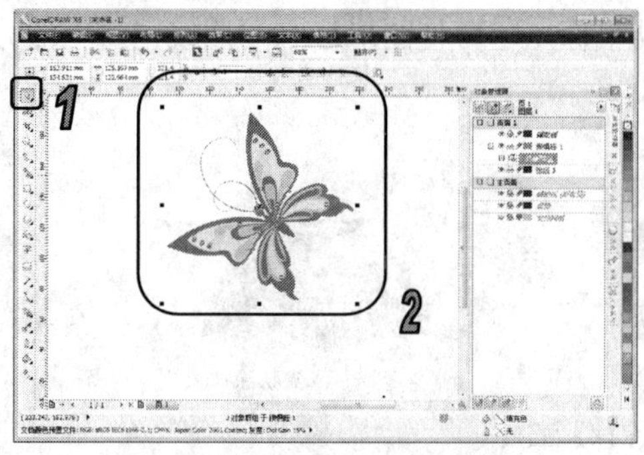

图3-29 选取图形对象

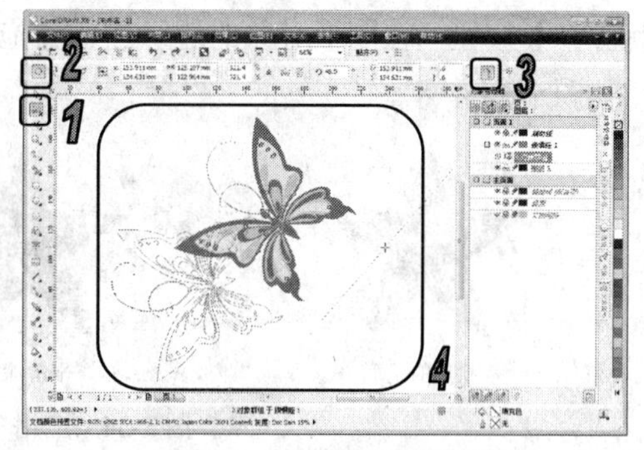

图3-30 旋转和再制图形对象

(3) 在属性栏中单击【自由缩放】按钮，单击【锁定比率】按钮，设置【缩放因子】数值为150%，如图3-31所示。

(4) 在属性栏中单击【自由角度反射】按钮，在对象上按住鼠标左键进行拖动，镜像对象，如图3-32所示。

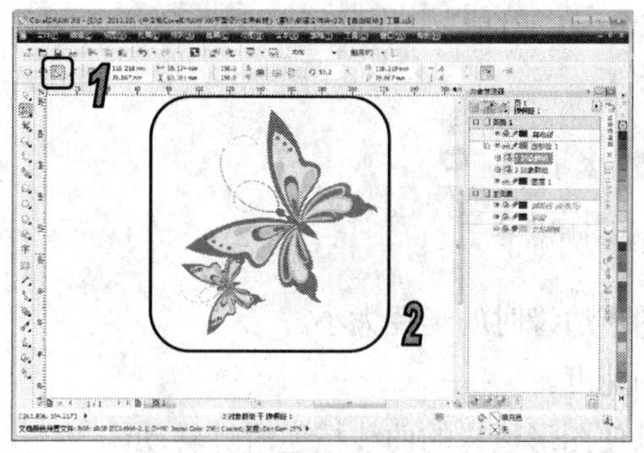

图3-31 缩放对象

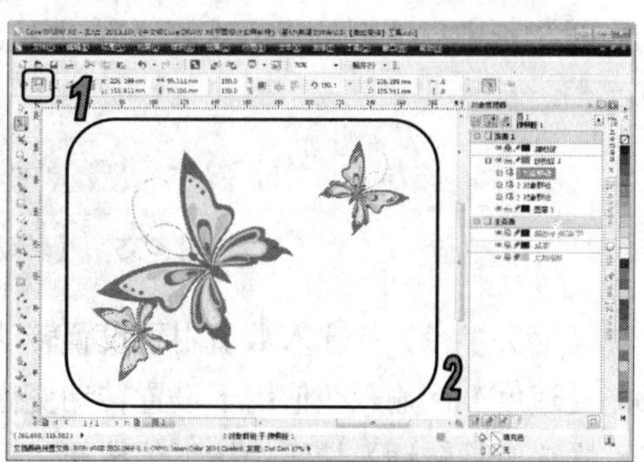

图3-32 镜像对象

3.3.4 使用【涂抹】工具

使用【涂抹】工具涂抹图形对象的边缘，可以改变对象边缘的曲线路径，对图形进行造型编辑。选择【涂抹】工具，在属性栏中会显示相关选项，如图3-33所示。

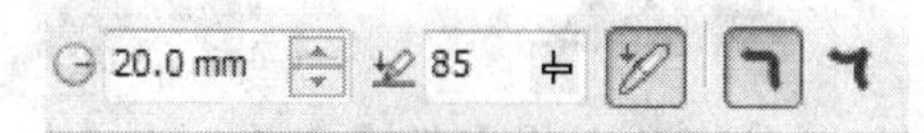

图3-33 【涂抹】工具属性栏

- 【笔尖半径】：输入数值用于设置涂抹笔刷的半径大小。
- 【压力】：输入数值用于设置对图形边缘的涂抹力度。
- 【笔压】：在连接了数字笔或绘图板时，按下该按钮，可以应用绘画时的压力效果。
- 【平滑涂抹】按钮：按下该按钮，可以通过涂抹得到平滑的曲线。

计算机 基础与实训教材系列

⊙ 【尖状涂抹】按钮：按下该按钮，可以通过涂抹得到有尖角的曲线。

选取【涂抹】工具后，在属性栏中设置需要的笔尖半径和压力，然后单击【平滑涂抹】或【尖状涂抹】按钮，在图形对象的边缘按住并拖动鼠标，即可使图形边缘的曲线向对应的方向改变，如图 3-34 所示。

绘制的星形

平滑涂抹

尖状涂抹

图 3-34 应用【涂抹】工具

3.3.5 使用【转动】工具

使用【转动】工具在图形对象的边缘按住鼠标左键，即可按指定方向对图形边缘的曲线进行转动，对图形进行造型编辑。选择【转动】工具，在属性栏中将显示相关选项，如图 3-35 所示。

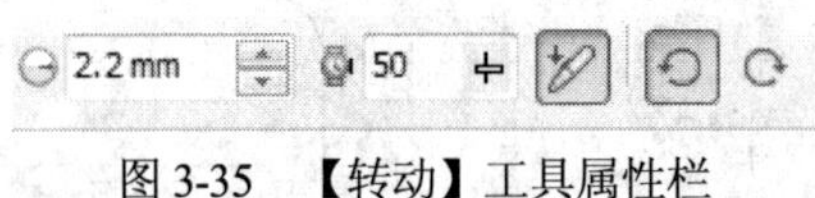

图 3-35 【转动】工具属性栏

- ⊙ 【笔尖半径】：输入数值用于设置转动图形边缘时的半径大小。
- ⊙ 【速度】：输入数值用于设置转动变化的速度。
- ⊙ 【逆时针转动】按钮：按下该按钮，可以使图形边缘的曲线按逆时针转动。
- ⊙ 【顺时针转动】按钮：按下该按钮，可以使图形边缘的曲线按顺时针转动。

选取【转动】工具后，在属性栏中设置需要的笔尖半径和速度，然后按下【逆时针转动】或【顺时针转动】按钮，在图形对象的边缘按住鼠标或在转动发生后拖动鼠标，即可使图形边缘的曲线向对应的方向转动，如图 3-36 所示。

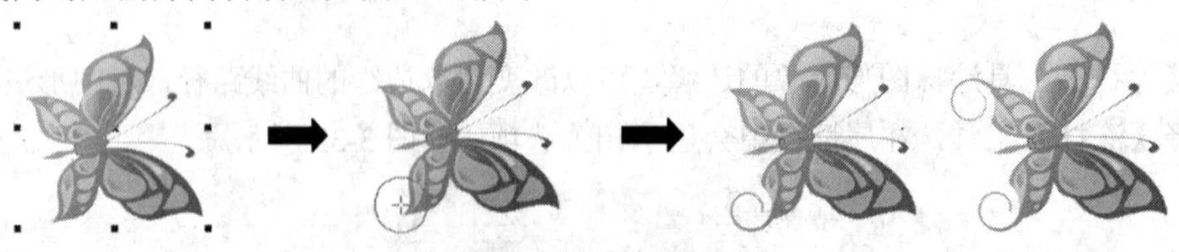

图 3-36 应用【转动】工具

3.3.6 【吸引】与【排斥】工具

【吸引】工具和【排斥】工具在对图形对象边缘的变化效果上是相反的，【吸引】工具可

以将笔触范围内的节点吸引在一起，而【排斥】工具则是将笔触范围内的相邻的节点分离开，分别产生不同的造型效果。

选取【吸引】工具后，在属性栏中设置需要的笔尖半径和速度，然后在图形对象的边缘按住鼠标或在变化发生后拖动鼠标，即可使图形边缘的节点吸引聚集到一起，如图 3-37 所示。【排斥】工具的应用效果如图 3-38 所示。

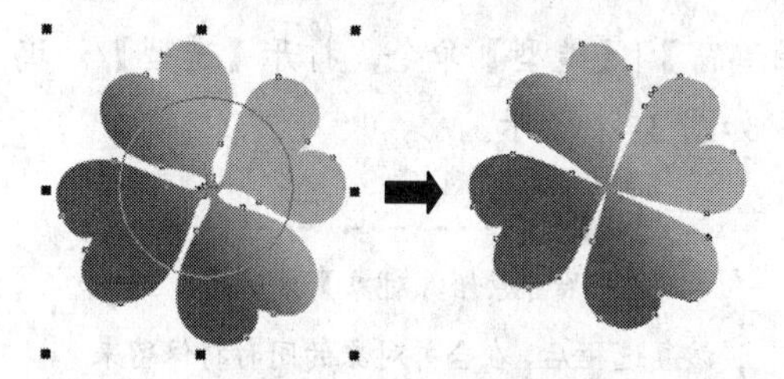

图 3-37　应用【吸引】工具

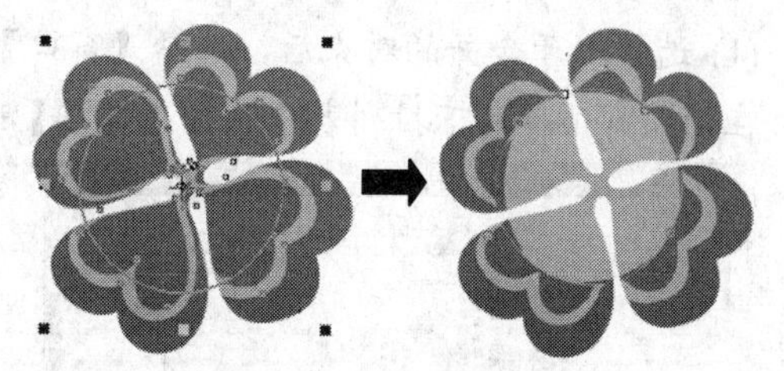

图 3-38　应用【排斥】工具

3.4　修整图形

在【排列】|【造型】子菜单中，为用户提供了一些改变对象形状的功能命令。同时，在选择两个或两个以上对象后，属性栏中将提供与【造型】命令相对应的功能按钮，以便更快捷地使用这些命令，如图 3-39 所示。

图 3-39　【造型】命令相对应的功能按钮

3.4.1　合并图形

应用【合并】命令可以合并多个单一对象或组合的多个图形对象，也可以合并单独的线条，但不能合并段落文本和位图图像。它可以将多个对象结合在一起，创建具有单一轮廓的独立对象。新对象将沿用目标对象的填充和轮廓属性，所有对象之间的重叠线条将全部删除。

使用框选对象的方法全选需要合并的图形，然后选择【排列】|【造型】|【合并】命令，或单击属性栏中的【合并】按钮即可合并图像，如图 3-40 所示。除了可以使用【造型】命令修整对象外，还可以通过【造型】泊坞窗完成对象的合并操作。

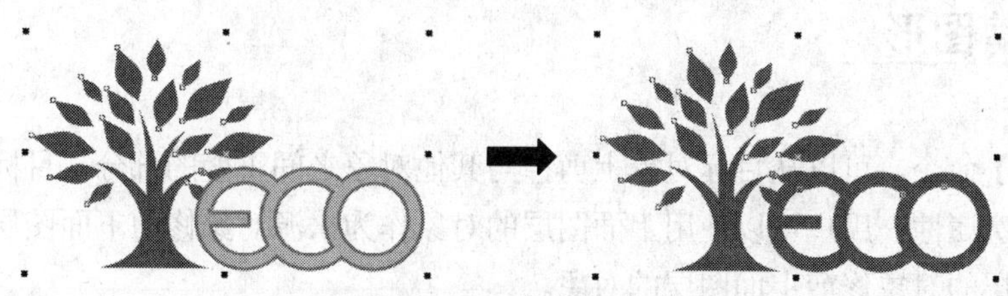

图 3-40　合并图形

提示

使用框选方式选择对象进行合并时，合并后的对象属性与所选对象中位于最下层的对象保持一致。如果使用【选择】工具并按 Shift 键选择多个对象，那么合并后的对象属性与最后选取的对象保持一致。

【例 3-6】通过【造形】泊坞窗修整图形形状。

(1) 选择用于合并的对象后，选择【窗口】|【泊坞窗】|【造型】命令，打开【造型】泊坞窗，在泊坞窗顶部的下拉列表中选择【焊接】选项，如图 3-41 所示。

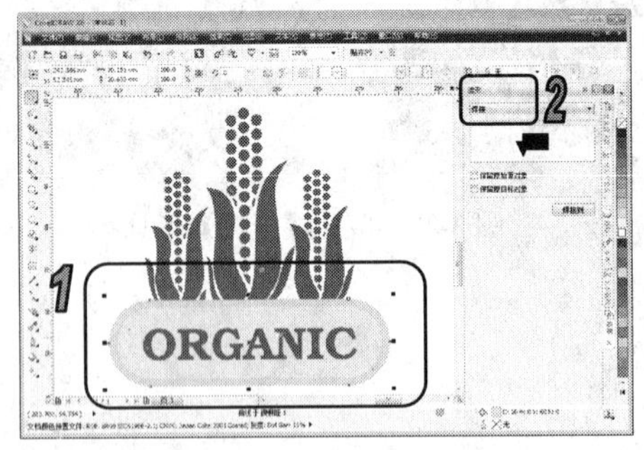

图 3-41　选择【焊接】选项

知识点

【保留原始源对象】复选框：选中该复选框后，在合并对象的同时将保留来源对象。【保留原目标对象】复选框：选中该复选框后，在合并对象的同时将保留目标对象。

(2) 分别选中【保留原始源对象】和【保留原目标对象】复选框，然后单击【焊接到】按钮，再单击目标对象，即可将对象焊接，如图 3-42 所示。

图 3-42　焊接对象

提示

在【造形】泊坞窗中，还可以选择【修剪】、【相交】、【简化】、【移除后面对象】、【移除前面对象】和【边界】选项，其操作方法与【焊接】选项的操作类似。

3.4.2　修剪图形

应用【修剪】命令，可以从目标对象上剪掉与其他对象之间重叠的部分，目标对象仍保留原有的填充和轮廓属性。用户可以使用上面图层的对象作为来源对象修剪下面图层的对象，也可以使用下面图层的对象修剪上面图层的对象。

使用框选对象的方法选择需要修剪的图形，选择【排列】|【造型】|【修剪】命令，或单击属性栏中的【修剪】按钮即可，如图 3-43 所示。

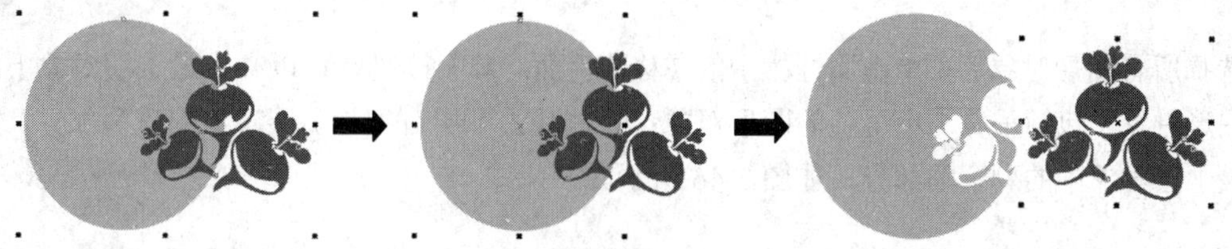

图 3-43　修剪后的图形

与【合并】功能相似，修改后的图形效果与选择对象的方式有关。在选择【修剪】命令时，根据选择对象的先后顺序不同，应用【修剪】命令后的效果也不同。

3.4.3　相交图形

应用【相交】命令，可以得到两个或多个对象重叠的交集部分。选择需要相交的图形对象，然后选择【排列】|【造型】|【相交】命令，或单击属性栏中的【相交】按钮，即可在两个图形对象的交叠处创建一个新的对象，新对象以目标对象的填充和轮廓属性为准，如图 3-44 所示。

图 3-44　相交后的图形

3.4.4　简化图形

应用【简化】命令，可以减去两个或多个重叠对象的交集部分，并保留原始对象。选择需要简化的对象后，单击属性栏中的【简化】按钮即可，简化前后的图形效果如图 3-45 所示。

图 3-45　简化后的图形

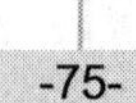

3.4.5 移除对象

选择所有图形对象后，单击属性栏中的【移除后面对象】按钮可以减去最上层对象下的所有图形对象，包括重叠与不重叠的图形对象；还能减去下层对象与上层对象的重叠部分，只保留最上层对象中的剩余的部分，如图 3-46 所示。

图 3-46　移除后面对象

【移除前面对象】命令和【移除后面对象】命令作用相反。选择所有图形对象后，单击【移除前面对象】按钮可以减去最上面图层中所有的图形对象以及上层对象与下层对象的重叠部分，而只保留最下层对象中剩余的部分，如图 3-47 所示。

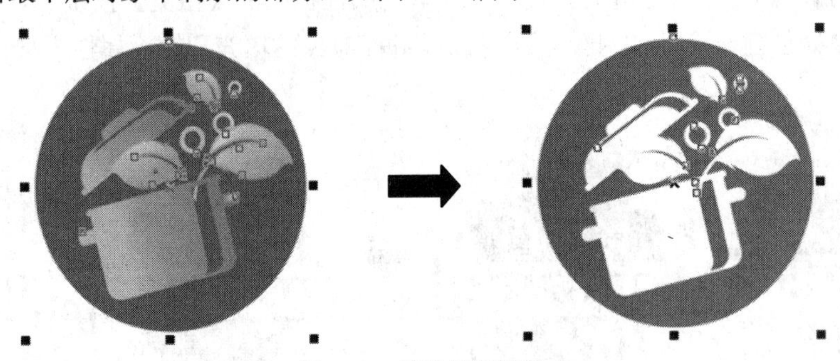

图 3-47　移除前面对象

3.4.6 创建边界

应用【边界】命令，可以沿所选的多个对象的重叠轮廓创建新对象。选择所有图形对象后，单击属性栏中的【创建边界】按钮，即可沿所选对象的重叠轮廓创建新对象，如图 3-48 所示。

图 3-48　创建边界

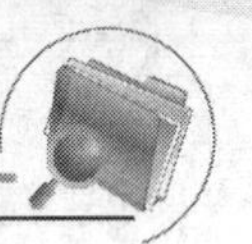

3.5　上机练习

本章的上机练习通过制作名片设计效果，使用户更好地掌握图形绘制、编辑修整的基本操作方法和技巧。

(1) 选择【文件】|【新建】命令，打开【创建新文档】对话框。在对话框的【名称】文本框中输入“名片设计”，设置【宽度】为 90mm，【高度】为 55mm，在【原色模式】下拉列表中选择 CMYK 选项，然后单击【确定】按钮，如图 3-49 所示。

(2) 选择【矩形】工具在绘图页面中拖动绘制如图 3-50 所示的矩形，并按 Ctrl+Q 键将其转换为曲线。

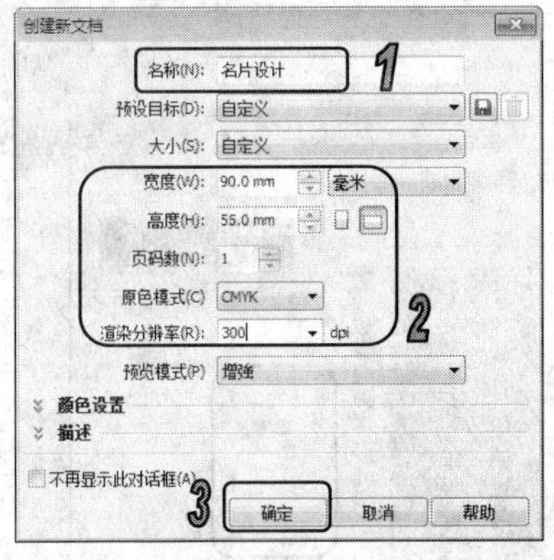

图 3-49　新建文档

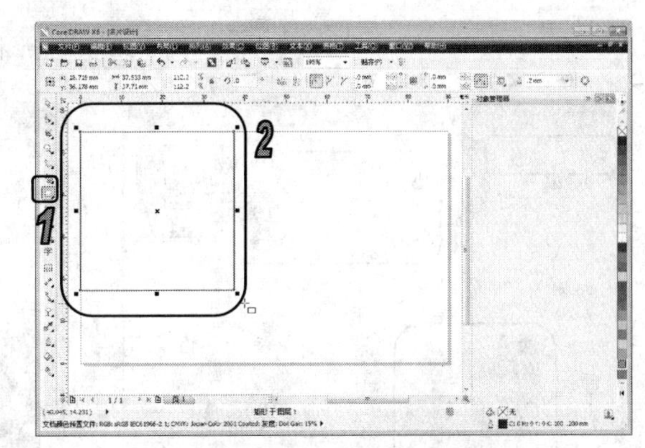

图 3-50　创建对象

(3) 选择【形状】工具选中图形右下角的节点，并单击属性栏中的【删除节点】按钮删除节点，如图 3-51 所示。

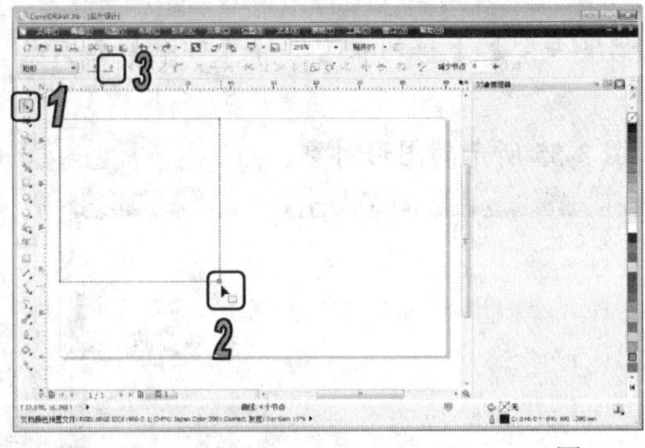

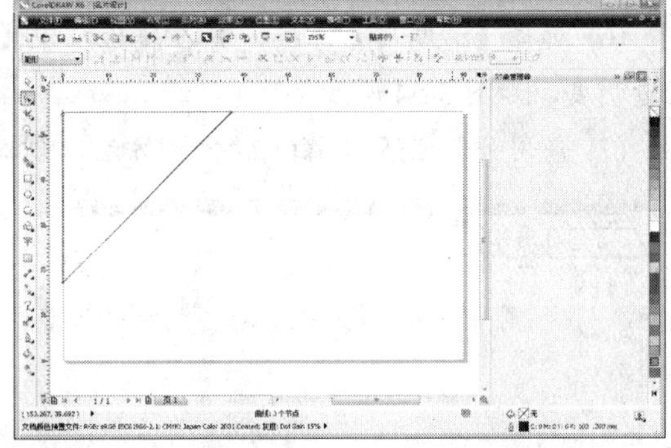

图 3-51　删除节点

(4) 使用【形状】工具选中下方的节点，单击属性栏中的【转换为曲线】按钮，然后调整控制柄改变对象形状，如图 3-52 所示。

(5) 在调色板中将刚创建的对象轮廓色设置为【无】，按 F11 键打开【渐变填充】对话框。在对话框中的【类型】下拉列表中选择【线性】选项，设置【角度】数值为 125，【边界】数值为 5%。单击【从】选项旁的颜色块，在弹出的下拉面板中选择【更多】选项，打开【选择

颜色】对话框，设置颜色为 C:42 M:22 Y:16 K:0，然后单击【确定】按钮关闭【选择颜色】对话框，再单击【渐变填充】对话框中的【确定】按钮填充对象，如图 3-53 所示。

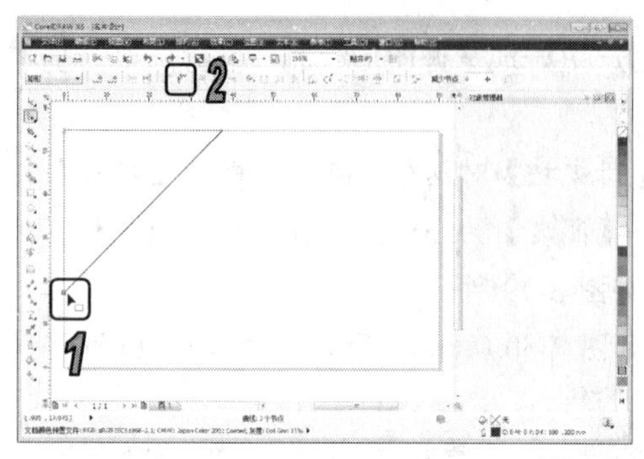

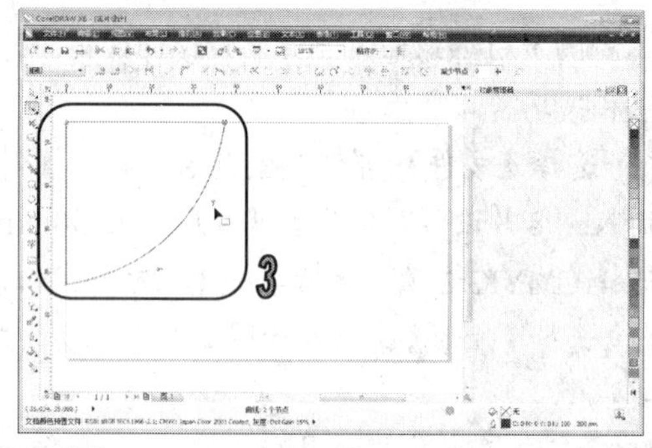

图 3-52　调整形状

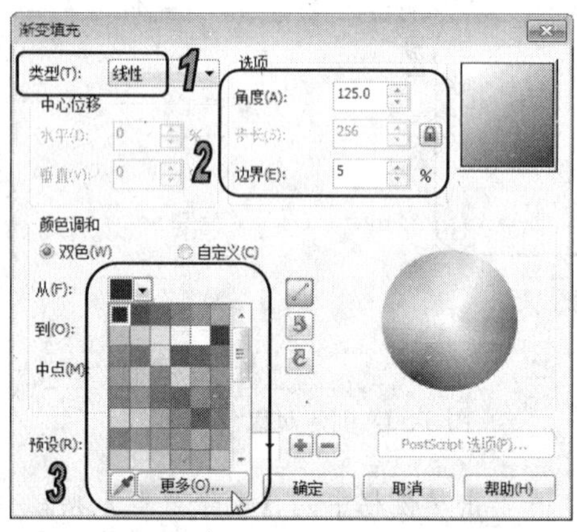

图 3-53　填充颜色

计算机　基础与实训教材系列

(6) 选择【透明度】工具，并在属性栏中【透明度类型】下拉列表中选择【标准】选项设置透明度，如图 3-54 所示。

(7) 使用步骤(2)至步骤(4)的操作方法，创建如图 3-55 所示的图形对象。

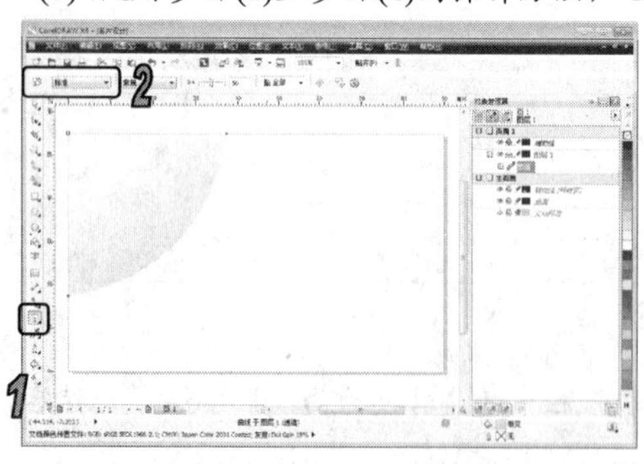

图 3-54　设置透明度

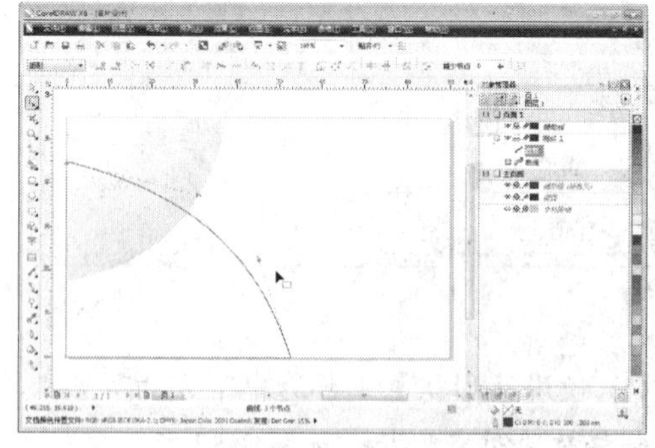

图 3-55　创建对象

(8) 选择【属性滴管】工具，单击步骤(6)中完成的图形对象，当光标变为填充工具时单击刚创建的对象，如图 3-56 所示。

(9) 选择【选择】工具，双击状态栏中的填充属性，打开【渐变填充】对话框。在对话框

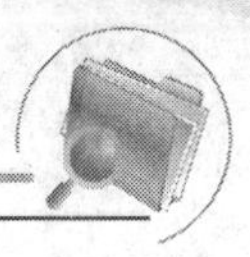

中，设置【角度】数值为-157，【边界】数值为 2%，然后单击【确定】按钮，如图 3-57 所示。

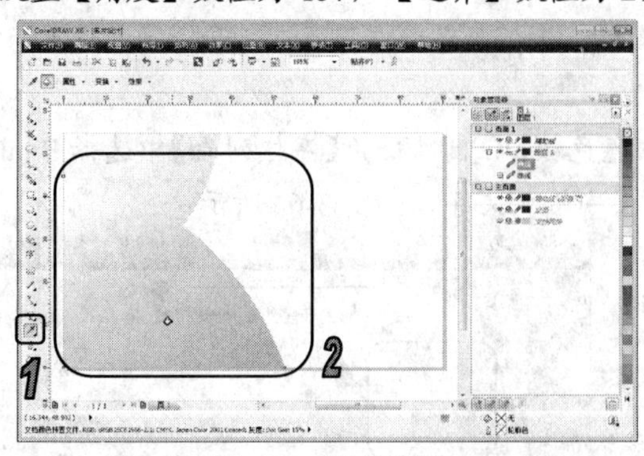

图 3-56　填充对象

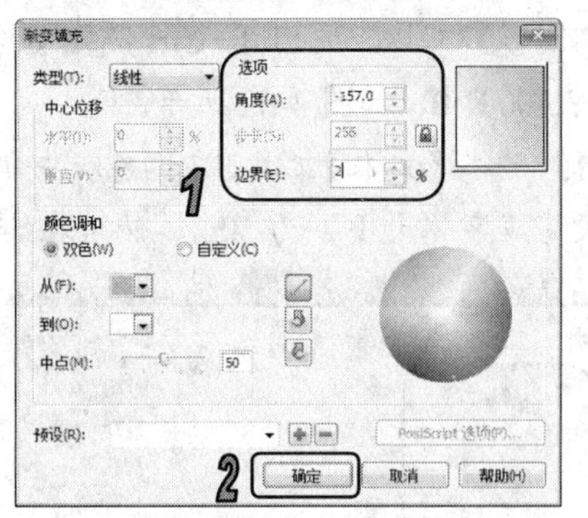

图 3-57　设置颜色

(10) 选择【透明度】工具，并在属性栏的【透明度类型】下拉列表中选择【标准】选项，如图 3-58 所示。

(11) 使用步骤(7)至步骤(8)的操作方法，创建如图 3-59 所示的图形对象。

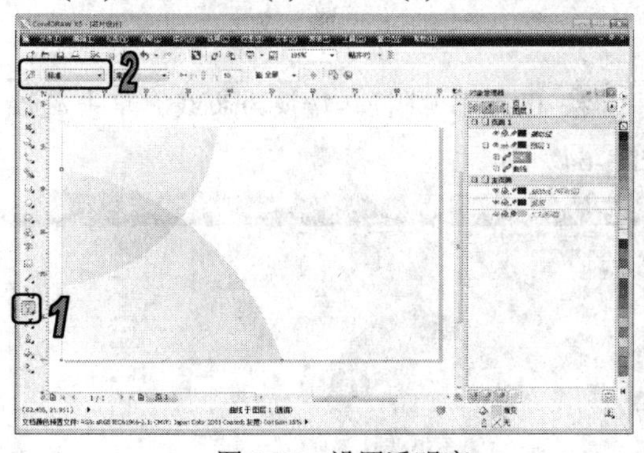

图 3-58　设置透明度

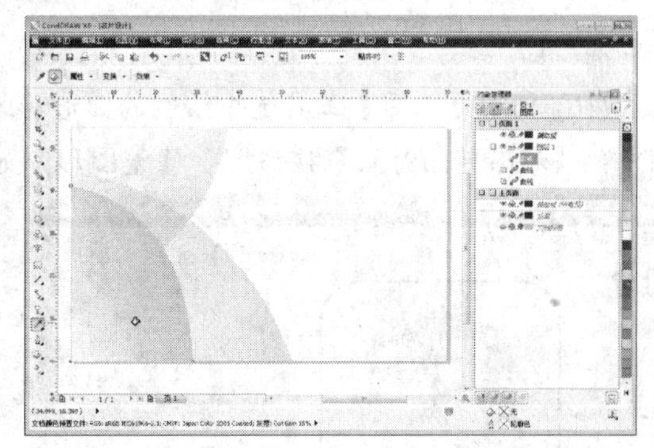

图 3-59　创建图形对象

(12) 选择【选择】工具，双击状态栏中的填充属性，打开【渐变填充】对话框。设置【角度】数值为-132，【边界】数值为 4%，然后单击【确定】按钮，如图 3-60 所示。

(13) 选择【透明度】工具，并在属性栏中【透明度类型】下拉列表中选择【标准】选项，如图 3-61 所示。

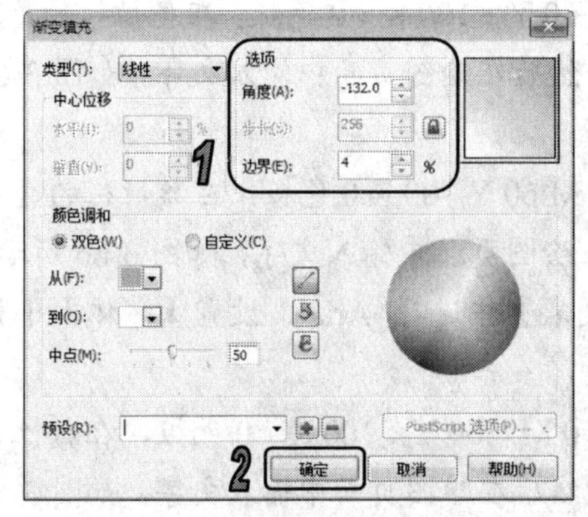

图 3-60　设置填充

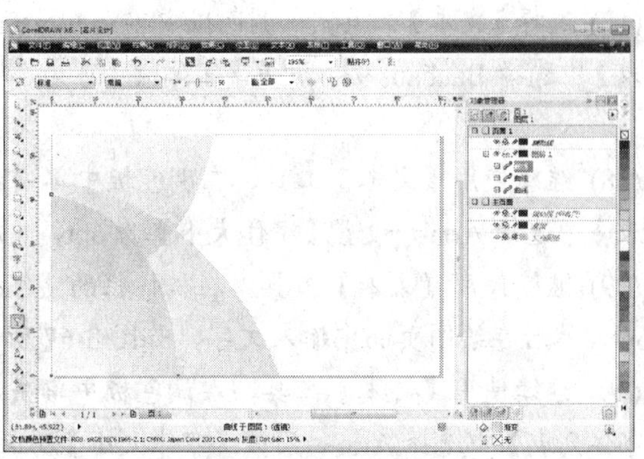

图 3-61　设置透明度

(14) 使用【选择】工具选中刚创建的所有图形对象，选择【排列】|【锁定对象】命令。选择【椭圆形】工具，按 Shift+Ctrl 键拖动绘制圆形，并在调色板中将填充色和轮廓色设置为 C:0 M:60 Y:100 K:0，如图 3-62 所示。

(15) 选择【文本】工具，在调色板中单击白色色板，在属性栏的【字体列表】中选择 Bauhaus 93，设置【字体大小】为 50pt，然后在绘图页面中输入文字，如图 3-63 所示。

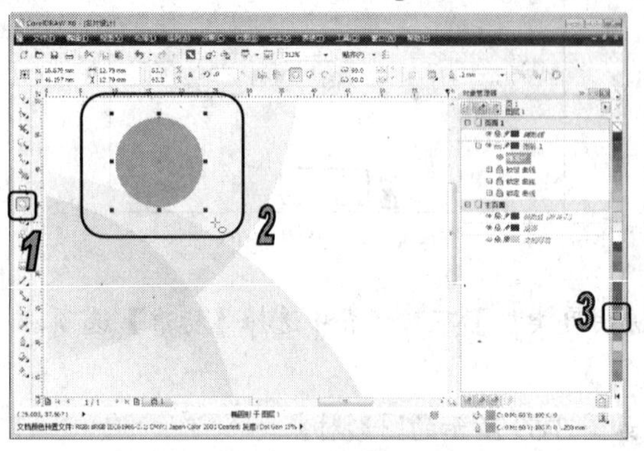

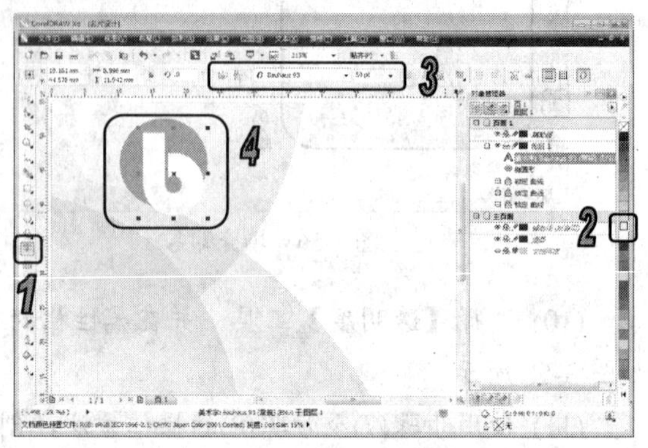

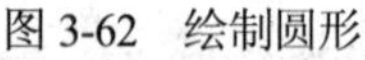
图 3-62　绘制圆形　　　　图 3-63　输入文字

(16) 使用【选择】工具选中绘制的圆形和文字，按 Ctrl+Q 键将其转换为曲线。单击属性栏中的【移除前面对象】按钮，修整图形，如图 3-64 所示。

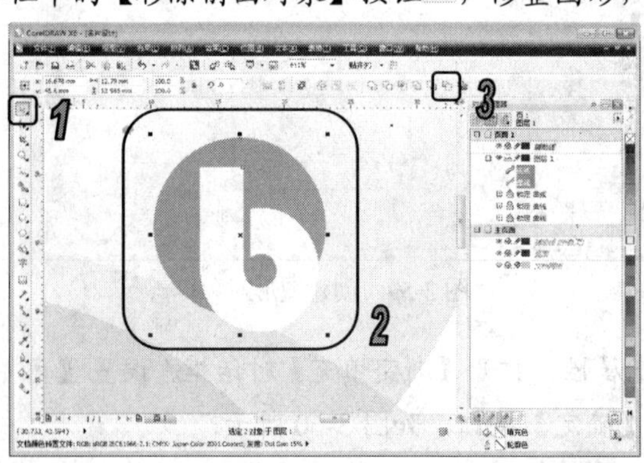

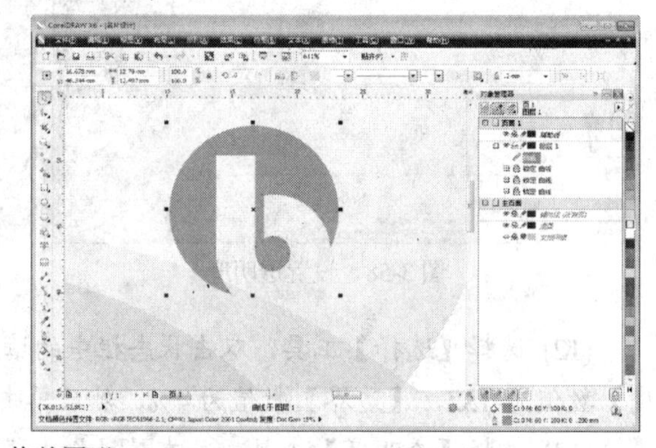

图 3-64　修整图形

(17) 选择【文本】工具，在调色板中单击 C：0 M：60 Y：100 K：0 色板，在属性栏的【字体列表】中选择 Bauhaus 93，设置【字体大小】为 24pt，然后在绘图页面中输入文字，如图 3-65 所示。

(18) 继续使用【文本】工具，在调色板中单击 C:0 M:60 Y:100 K:0 色板，在属性栏的【字体列表】中选择 Arial，设置【字体大小】为 6pt，然后在绘图页面中输入文字，如图 3-66 所示。

(19) 继续使用【文本】工具，在属性栏的【字体列表】中选择 Arial，设置【字体大小】为 16pt，然后在绘图页面中输入文字，如图 3-67 所示。

(20) 继续使用【文本】工具，在调色板中单击 C：0 M：60 Y：100 K：0 色板，在属性栏的【字体列表】中选择 Arial，设置【字体大小】为 8pt，然后在绘图页面中输入文字，如图 3-68 所示。

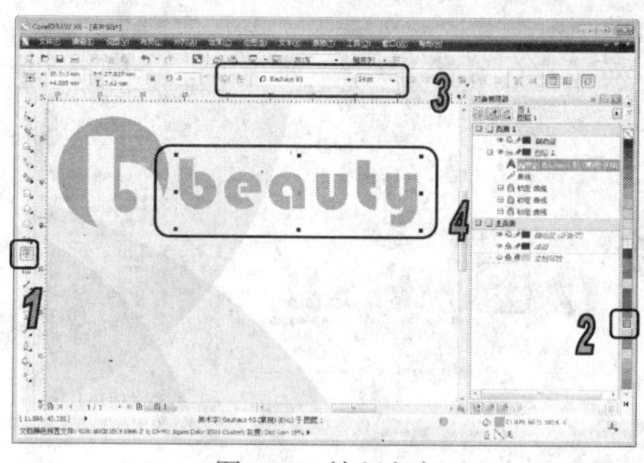

图 3-65　输入文字

图 3-66　输入文字

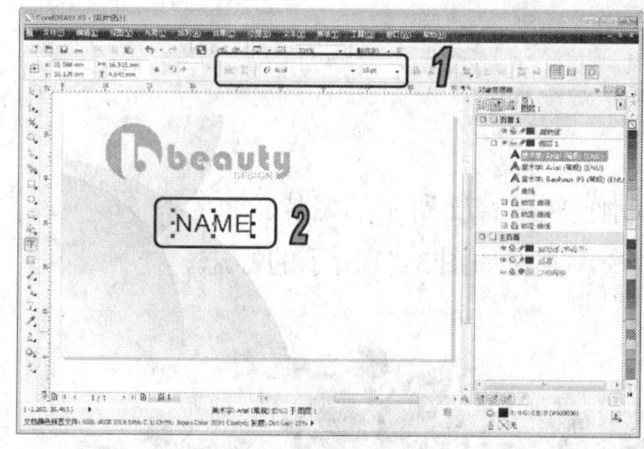

图 3-67　输入文字

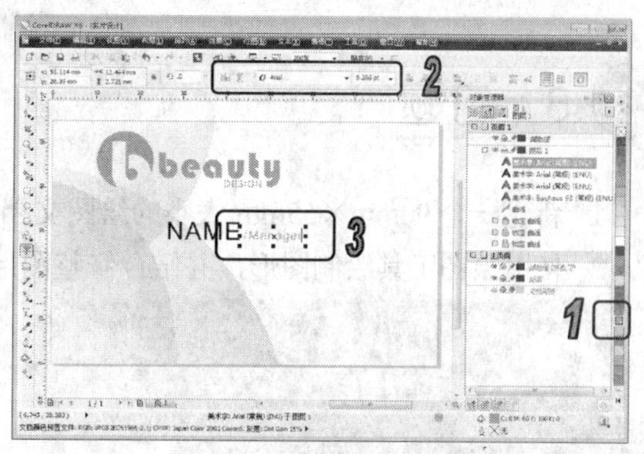

图 3-68　输入文字

(21) 选择【矩形】工具在绘图页面中拖动绘制矩形条，在调色板中将轮廓色设置为【无】，并单击【填充】工具，在展开的工具栏中单击【均匀填充】选项，打开【均匀填充】对话框，设置颜色 C：42 M：22 Y：16 K：0，然后单击【确定】按钮，完成矩形的绘制。如图 3-69 所示。

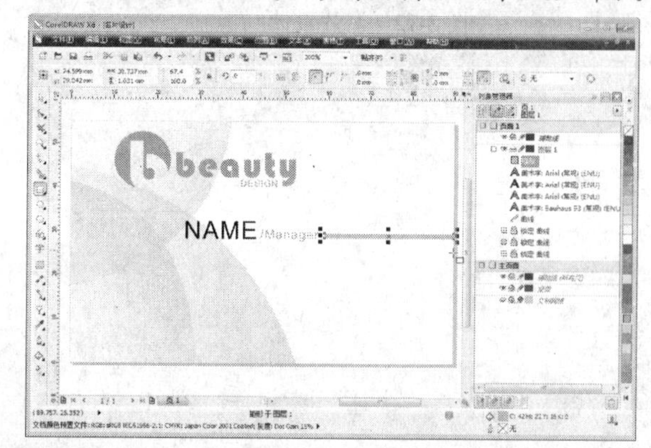

图 3-69　绘制矩形

(22) 选择【文本】工具，在调色板中单击 C:0 M:60 Y:100 K:0 色板，在属性栏的【字体列表】中选择 Arial，设置【字体大小】为 9pt，然后在绘图页面中输入文字，如图 3-70 所示。

(23) 选择【矩形】工具，按 Shift+Ctrl 键在绘图页面中拖动绘制矩形，在调色板中单击 C:0 M:60 Y:100 K:0 色板填充，并将轮廓色设置为【无】，如图 3-71 所示。

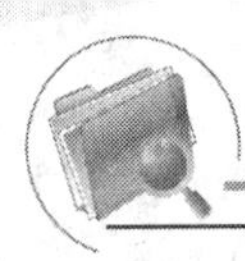

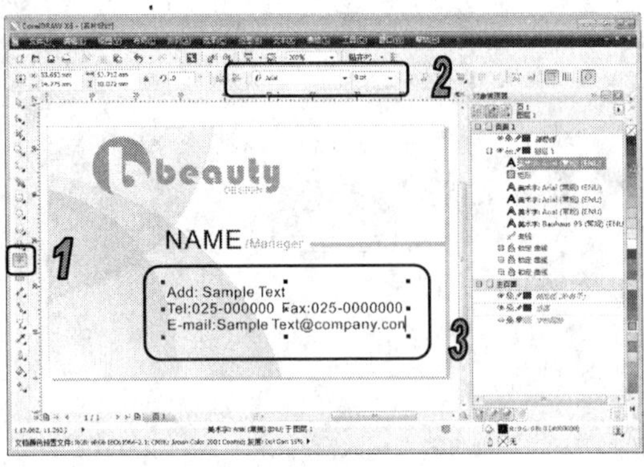

图 3-70　输入文字

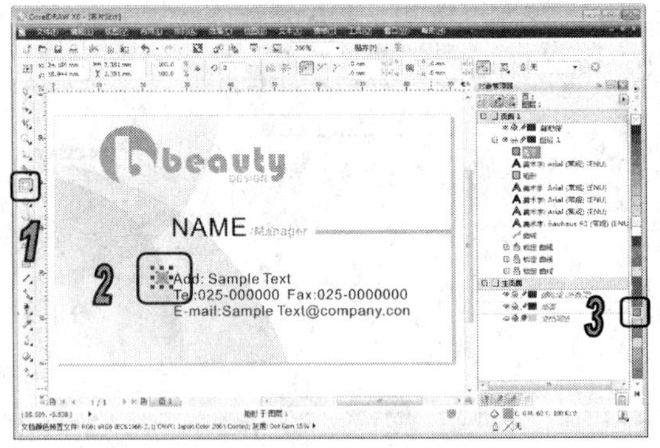

图 3-71　绘制矩形

3.6　习题

1. 新建一个 90mm×55mm 大小的绘图文档，制作如图 3-72 所示的名片。
2. 使用绘图工具绘制图形，并结合修整图形命令，制作如图 3-73 所示的标志。

图 3-72　名片设计

图 3-73　标志设计

编辑对象轮廓线和填充

学习目标

CorelDRAW X6 的对象填充功能非常强大，用户不仅可以对各种封闭的图形或文本填充所需颜色、渐变、纹理、图案填充等，还可以对轮廓的颜色、宽度以及样式等属性进行编辑。

本章重点

- 使用颜色
- 填充对象
- 使用【交互式填充】工具
- 使用【网状填充】工具
- 编辑轮廓线

4.1 使用颜色

在 CorelDRAW X6 中，选择颜色最快捷的方法是使用工作区右侧的调色板。在选择一个对象后，可以通过选择工作区中的默认调色板设置对象的填充色和轮廓色。单击默认调色板中的色样，可以为选定的对象选择填充颜色。右击默认调色板中的一个色样，可以为选定的对象选择轮廓颜色，如图 4-1 所示。

图 4-1　填充颜色

在默认调色板中单击色样并按住鼠标，屏幕上将显示弹出式颜色挑选器，用户可以从一种颜色的不同灰度中单击选择颜色色样，如图 4-2 所示。如果要查看默认调色板中的更多颜色，单击调色板顶部和底部的滚动箭头即可。用户也可以单击调色板顶部的 按钮，在弹出菜单中选择【行】子菜单中的命令来更改调色板的显示，如图 4-3 所示。

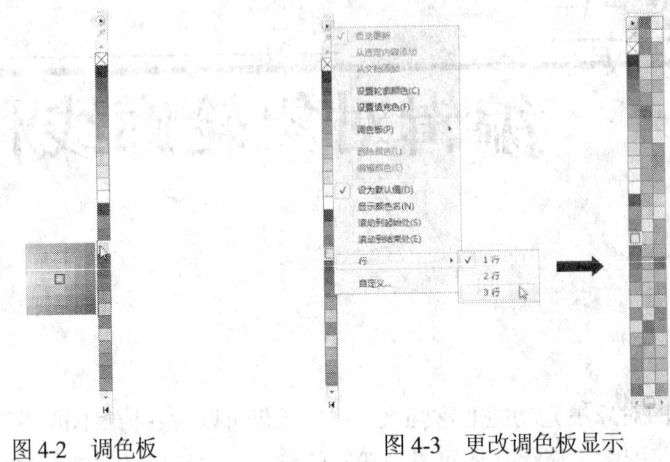

图 4-2 调色板　　图 4-3 更改调色板显示

4.1.1 选择调色板

选择【窗口】|【调色板】命令，将打开如图 4-4 左图所示的菜单命令，该菜单为用户提供了多种不同的调色板。当选择一个调色板后，该调色板前会显示 图标，并且所选调色板显示在工作区中，如图 4-4 右图所示。在工作区中，可以同时打开多个调色板，从而可以更方便地选择颜色。

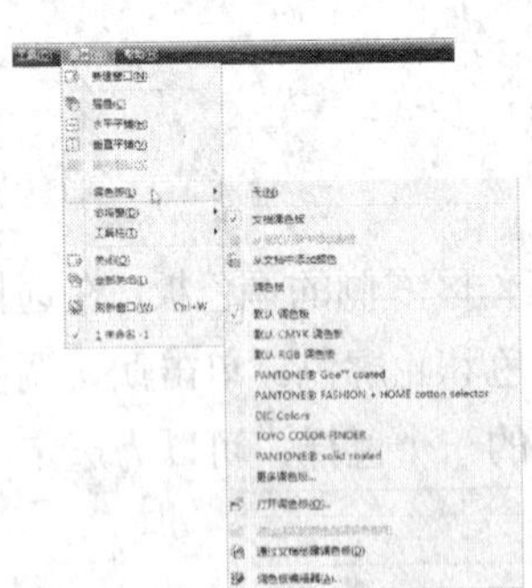

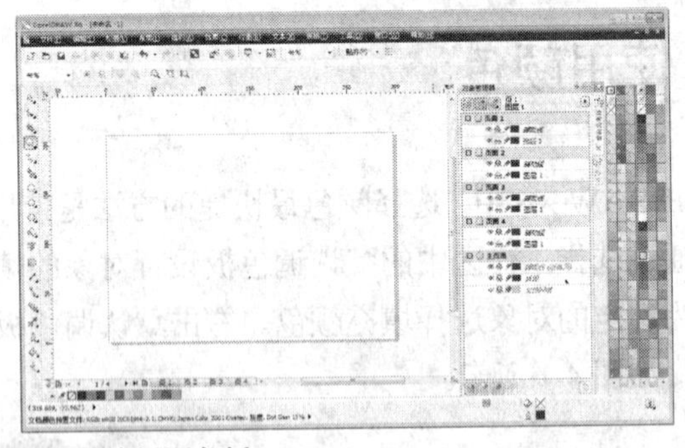

图 4-4 选择调色板

4.1.2 使用【调色板管理器】泊坞窗

选择【窗口】|【调色板】|【更多调色板】命令，打开如图 4-5 所示的【调色板管理器】泊

坞窗。使用该泊坞窗可以打开、新建并编辑调色板。

1. 打开调色板

在【调色板管理器】泊坞窗中，系统提供了多种调色板供用户使用。用户单击所需调色板名称前的图标，当该图标显示为状态时，该调色板即显示在工作区中。用户也可以单击泊坞窗中的【打开调色板】按钮，在如图 4-6 所示的【打开调色板】对话框中将所需的调色板打开。

图 4-5 【调色板管理器】泊坞窗

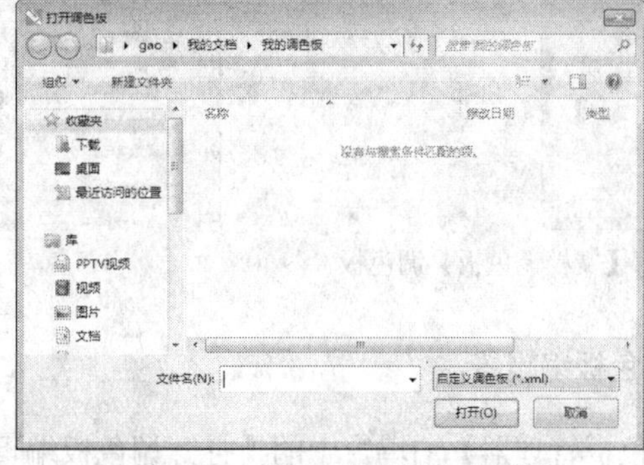

图 4-6 【打开调色板】对话框

2. 新建调色板

在【调色板管理器】泊坞窗中，可以创建新调色板。单击泊坞窗中的【创建一个新的空白调色板】按钮，将打开如图 4-7 左图所示的【另存为】对话框。在该对话框的【文件名】文本框中输入所要创建的调色板名称，在【描述】文本框中可输入相关说明信息的文字，然后单击【保存】按钮即可创建一个空白调色板，如图 4-7 右图所示。

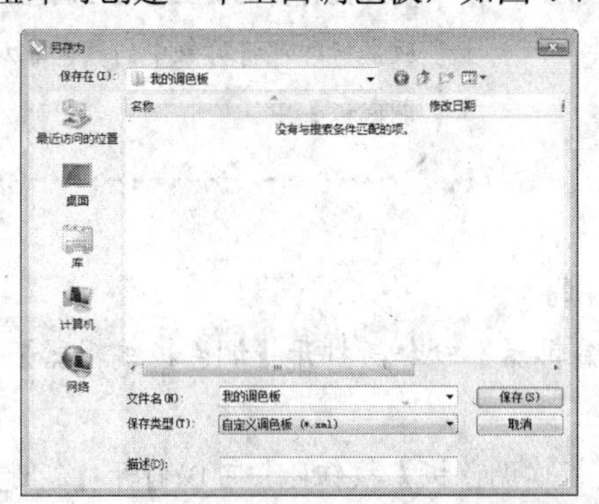

图 4-7 新建调色板

如果要在选取对象范围内新建调色板，只需在选择一个或多个对象后，单击【调色板管理器】泊坞窗中的【使用选定的对象创建一个新调色板】按钮，在打开的【另存为】对话框中，指定新建调色板的文件名，然后单击【保存】按钮即可。单击【调色板管理器】泊坞窗中的【使用文档创建一个新调色板】按钮，可以从打开的文档范围内新建调色板。单击该按钮后，在打开的【另存为】对话框中，指定新建调色板的文件名，然后单击【保存】按钮即可。

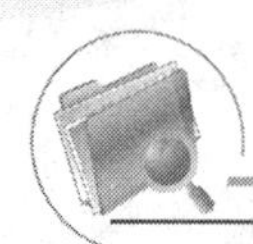

选择【窗口】|【调色板】|【文档调色板】命令，可以在默认工作区的调色板左侧显示空白调色板。用户也可以将其拖动至任意位置以便使用，如图 4-8 所示。单击【文档调色板】中的▸按钮，在弹出的如图 4-9 所示的菜单中默认选中【自动更新】选项，当用户为图形对象填充颜色时，该颜色会自动添加到文档调色板中。当选择【从选定内容添加】选项时，可在选取对象范围内新建调色板；当选择【从文档添加】选项时，可从打开的文档范围内新建调色板。

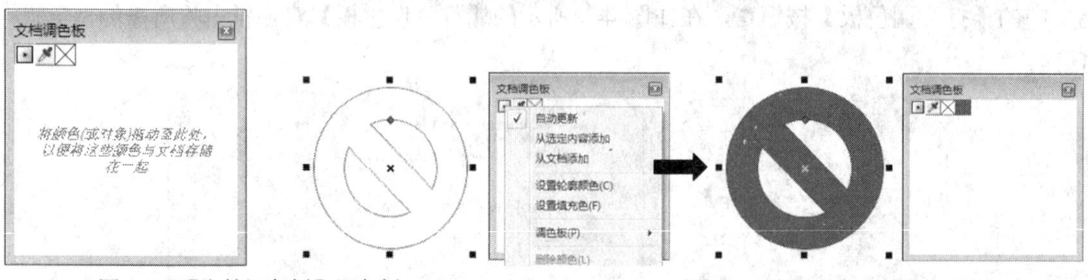

图 4-8 【文档调色板】调色板　　　　图 4-9 选择【自动更新】选项

3. 使用调色板编辑器

单击【调色板管理器】泊坞窗中的【打开调色板编辑器】按钮，或在【文档调色板】中双击颜色，将打开如图 4-10 所示的【调色板编辑器】对话框，使用该对话框可以新建调色板，并为新建的调色板添加颜色。

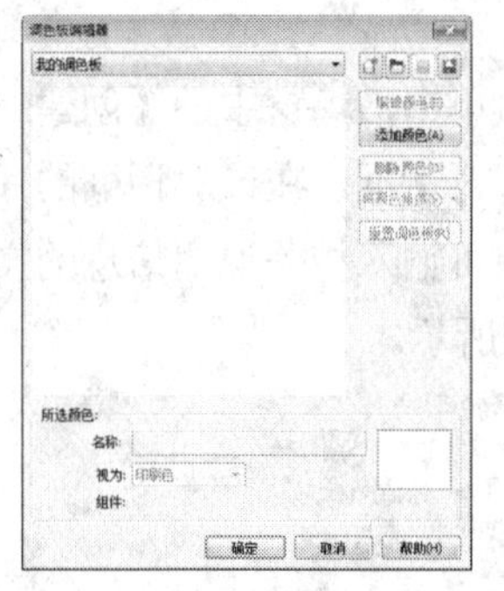

图 4-10 【调色板编辑器】对话框

提示

如果要在【文档调色板】中添加颜色，还可以直接在绘图中选定对象后，按住鼠标左键将其拖动至【文档调色板】中，释放鼠标即可将对象中的颜色添加到【文档调色板】中。

【例 4-1】使用【调色板编辑器】对话框。

(1) 选择【窗口】|【调色板】|【调色板编辑器】命令，打开【调色板编辑器】对话框，如图 4-11 所示。

(2) 单击【调色板编辑器】对话框中的【新建调色板】按钮，可以打开【新建调色板】对话框。在该对话框的【文件名】文本框中输入新建调色板的名称，然后单击【保存】按钮，如图 4-12 所示。

(3) 单击【调色板编辑器】对话框中的【添加颜色】按钮，在打开的【选择颜色】对话框中调节所需颜色，然后单击【加到调色板】按钮，即可将调节好的颜色添加到调色板中，添加完成后，单击【确定】按钮关闭【选择颜色】对话框即可完成颜色添加，如图 4-13 所示。

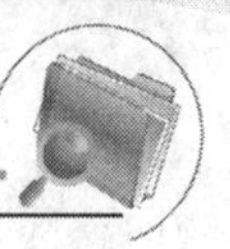

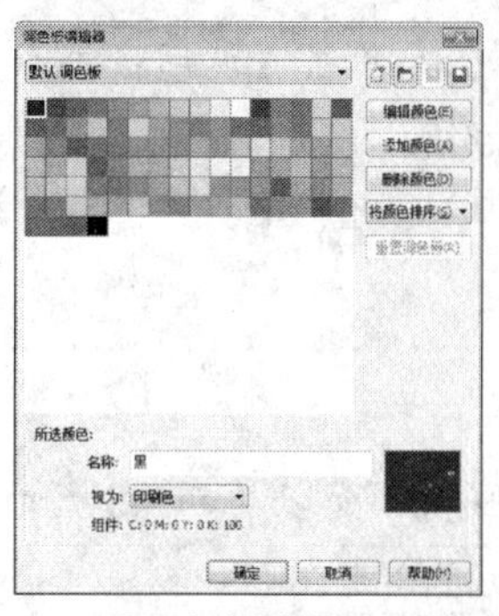

图 4-11　【调色板编辑器】对话框

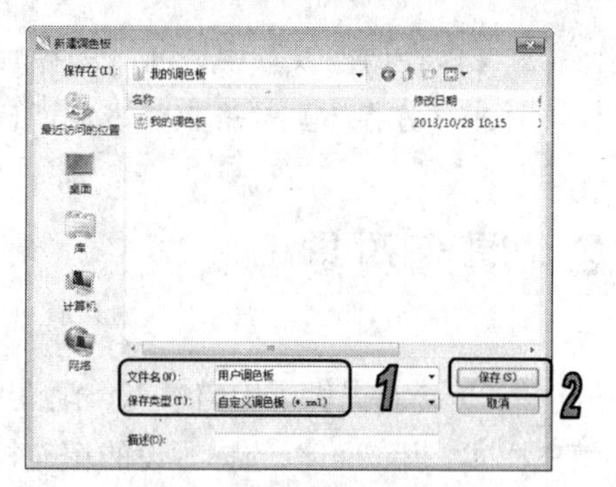

图 4-12　新建调色板

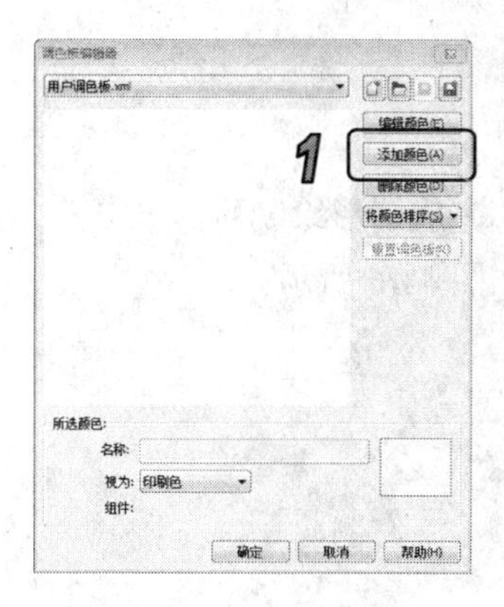

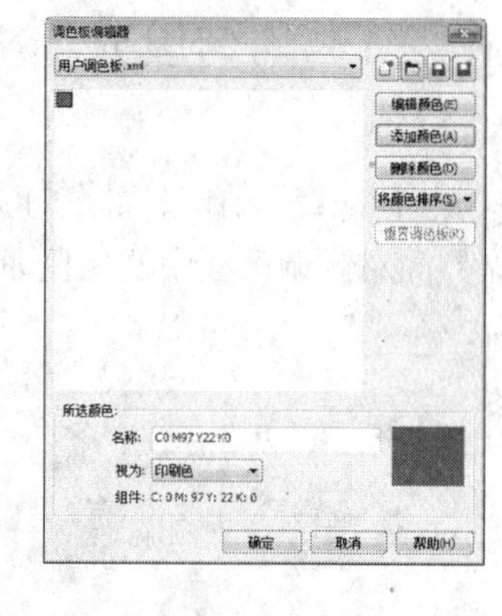

图 4-13　添加颜色

(4) 使用步骤(3)的操作方法，添加其他颜色，如图 4-14 所示。

(5) 单击【调色板编辑器】对话框中的【将颜色排序】按钮，在弹出的菜单中选择调色板中颜色排序的方式，如图 4-15 所示。

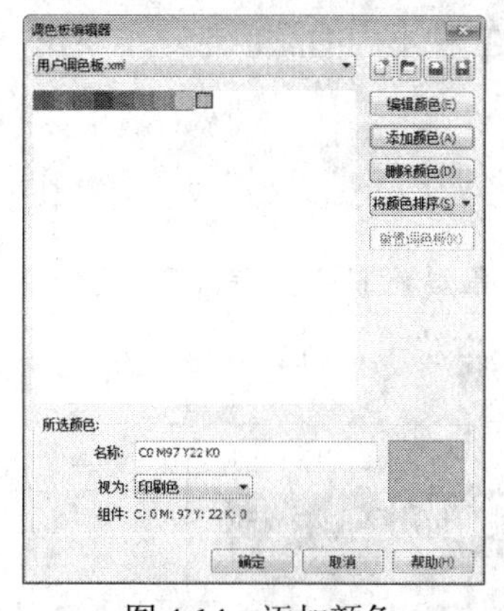

图 4-14　添加颜色

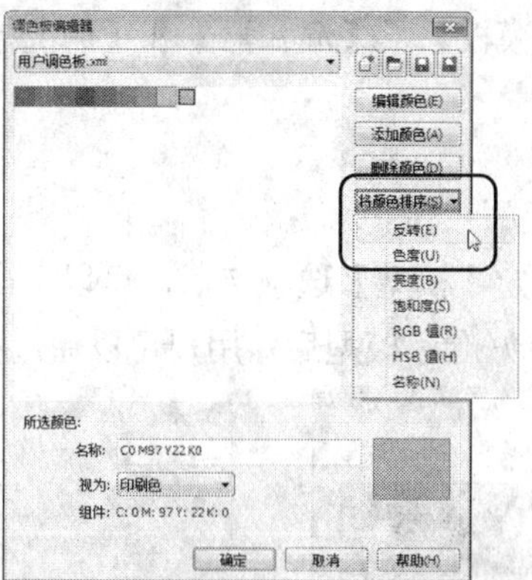

图 4-15　颜色排序

提示

单击【编辑颜色】按钮，可以再次打开【选择颜色】对话框，在该对话框中可编辑当前所选颜色。编辑完成后，单击【确定】按钮即可。如果要删除某个颜色，单击【删除颜色】按钮即可将所选的颜色删除。单击【重置调色板】按钮，可以恢复系统的默认值。

(6) 单击【保存调色板】按钮，保存新建调色板的设置。如果单击【调色板另存为】按钮，即可打开【另存为】对话框将当前调色板设置进行另存操作。

4.2 填充对象

CorelDRAW X6 提供了均匀填充、渐变填充、图样填充、底纹填充以及 PostScript 底纹填充 5 种填充样式。用户可以选择预设的填充样式，也可以自己创建样式。

4.2.1 均匀填充

均匀填充是在封闭路径的对象内填充单一的颜色。一般情况下，完成图形绘制后，单击工作界面右侧调色板中的颜色即可为绘制的图形填充所需要的颜色，如图 4-16 所示。

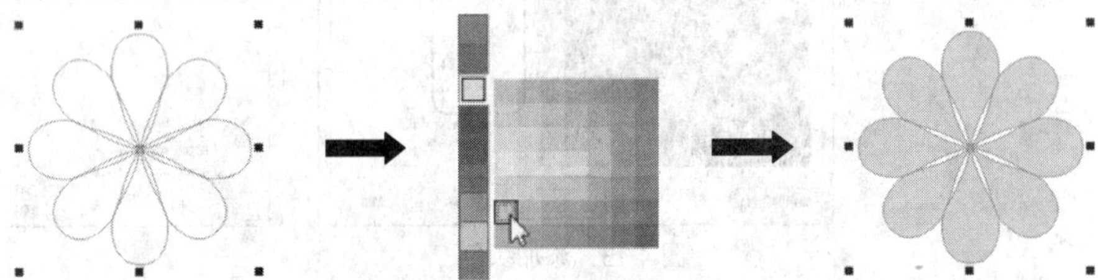

图 4-16　均匀填充

如果调色板中没有所需颜色，用户可以自定义颜色。单击工具箱中的【填充】工具，在展开的工具条中选择【均匀填充】选项，可打开【均匀填充】对话框为选定的对象进行均匀填充操作。在该对话框中，提供了【模板】、【混和器】和【调色板】3 种不同的颜色选项卡供用户使用。

1. 使用【模型】选项卡

在【均匀填充】对话框中选定【模型】选项卡后，可以单击【模型】下拉列表选择一种颜色模式，如图 4-17 所示。当选择好颜色模型后，用户可以通过多种方法来设置填充颜色。

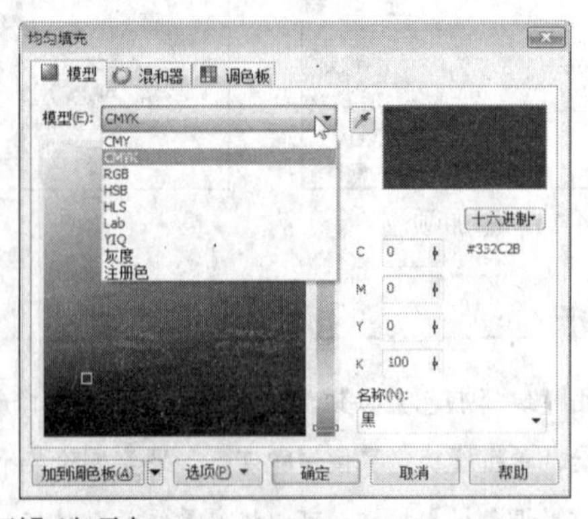

图 4-17　【模型】选项卡

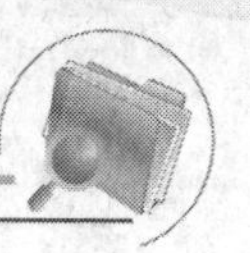

◉ 可用鼠标直接拖动色轴上的控制点来显示各种颜色，然后在颜色预览区域中单击选定颜色。

◉ 可在【组件】选项区域中对显示的颜色参数进行设置得到所需的颜色，如图 4-18 所示。

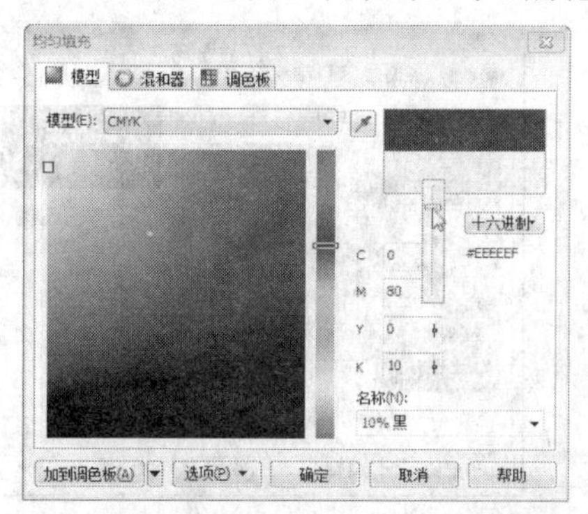

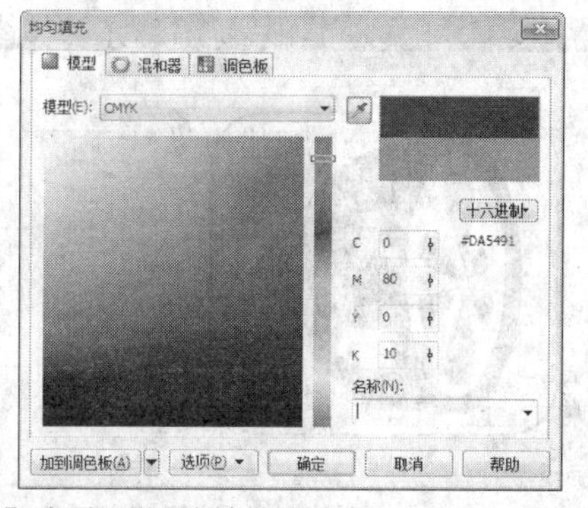

图 4-18　通过【组件】选项区设置颜色

◉ 可以在【名称】下拉列表中，选择系统定义好的一种颜色名称，如图 4-19 所示。

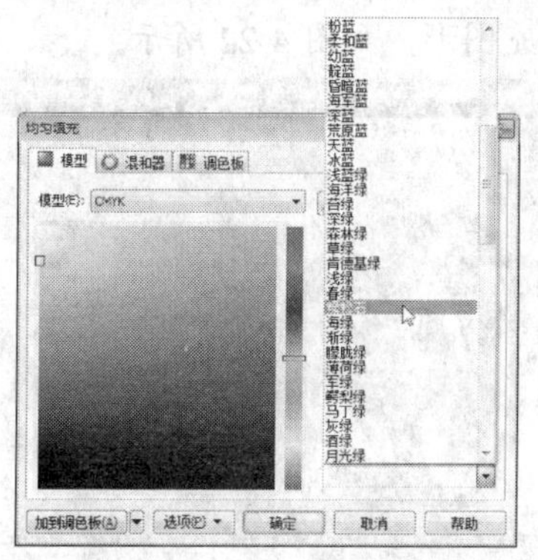

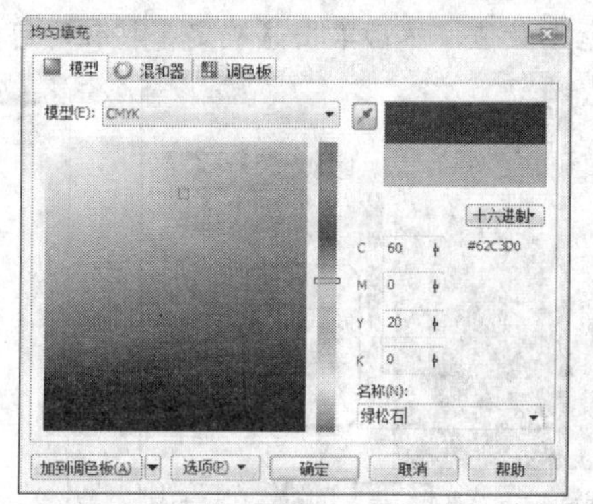

图 4-19　使用【名称】下拉列表快速选择颜色

知识点

【选项】下拉列表可以对【模型】选项卡的显示进行设置。选择【对换颜色】选项可以将新建颜色与原颜色进行互换。选择【颜色查看器】选项可以调整颜色查看器的显示方式，如图 4-20 所示。

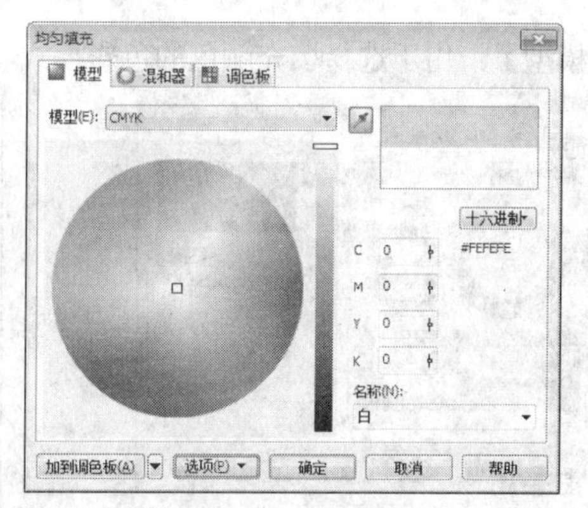

图 4-20　设置【颜色查看器】选项

计算机基础与实训教材系列

【例 4-2】在打开的绘图文件中填充颜色。

(1) 选择要填充的对象，单击工具箱中的【填充】工具，在展开的工具条中选择【均匀填充】选项，打开【均匀填充】对话框，如图 4-21 所示。

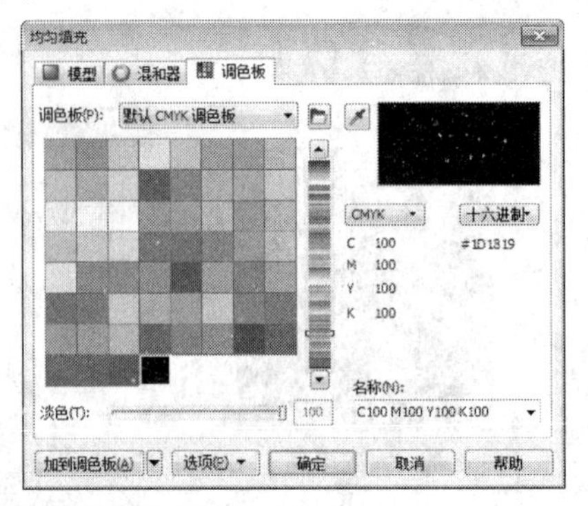

图 4-21　选择填充对象并打开【均匀填充】对话框

(2) 选择【模型】选项卡，在【模型】下拉列表中选择需要的颜色模式，在【组件】中输入所需的颜色参数值，然后单击【确定】按钮即可填充图形，如图 4-22 所示。

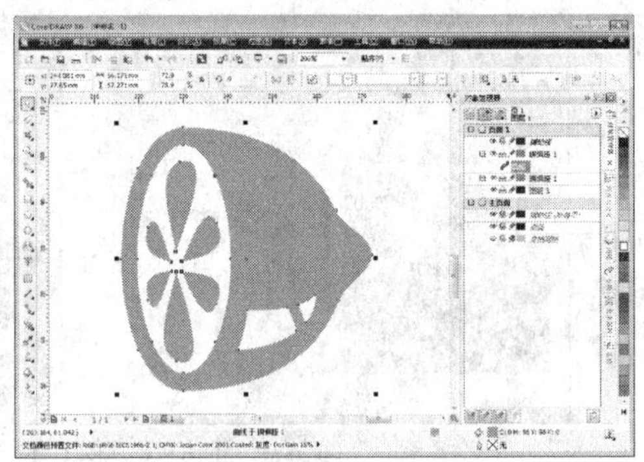

图 4-22　均匀填充图形

2. 使用【混和器】选项卡

在【均匀填充】对话框中，单击【混和器】标签，打开【混和器】选项卡，其选项设置如图 4-23 所示。

◉　【模型】：用于选择填充颜色的色彩模式，如图 4-24 所示。

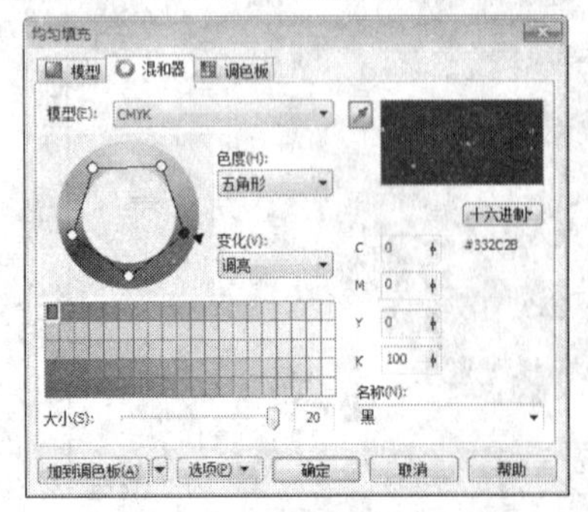

图 4-23　【混和器】选项卡

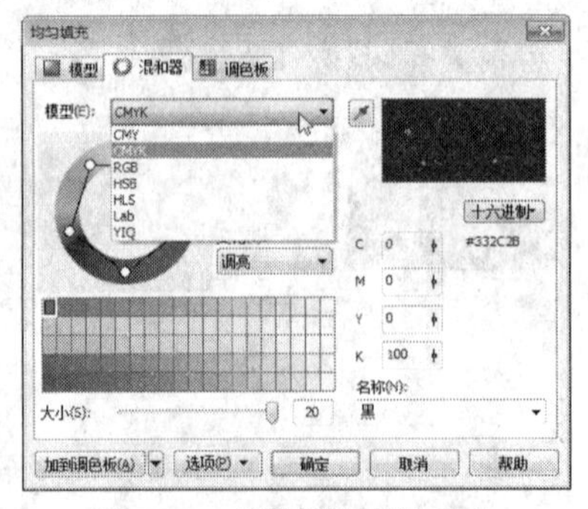

图 4-24　【模型】下拉列表

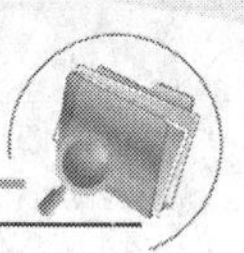

◉ 【色度】：用于决定显示颜色的范围及颜色之间的关系，单击下拉按钮，可以从下拉列表中选择不同的显示方式，如图 4-25 所示。

◉ 【变化】：从下拉列表中可以选择决定颜色表的显示色调，如图 4-26 所示。

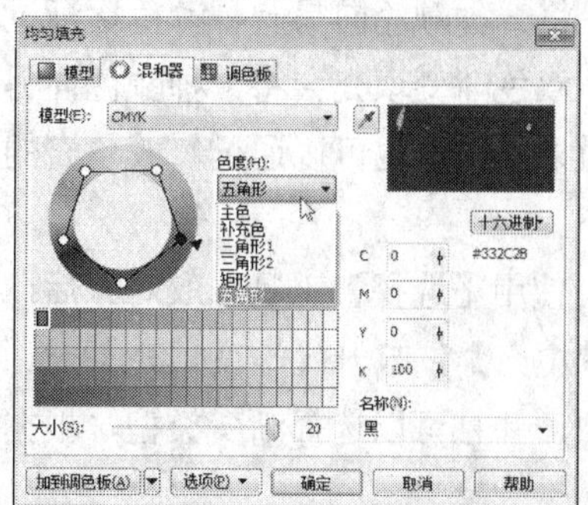

图 4-25　【色度】下拉选项

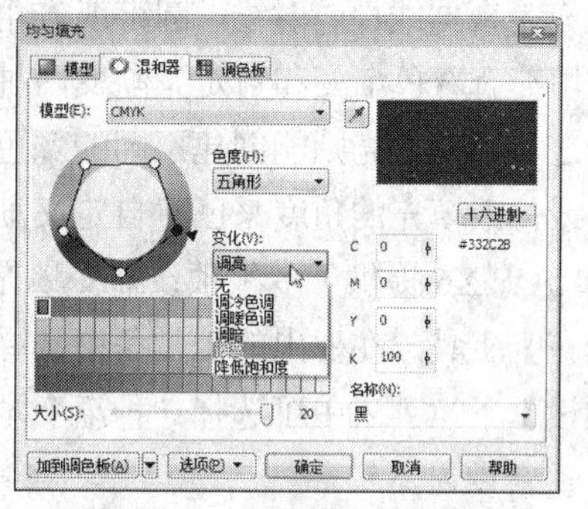

图 4-26　【变化】下拉选项

◉ 【大小】：用于设置颜色表所显示的列数，如图 4-27 所示。

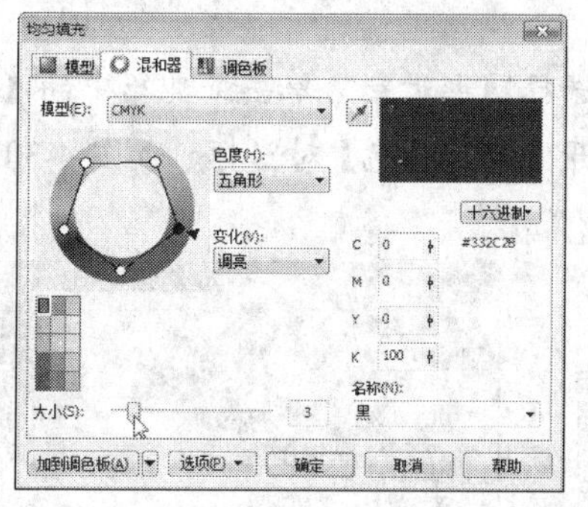

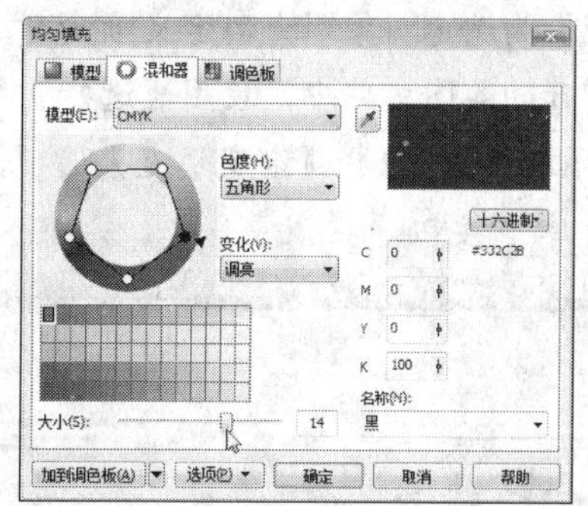

图 4-27　设置【大小】选项后的颜色表显示

3. 使用【调色板】选项卡

在【均匀填充】对话框中，单击【调色板】选项卡，其选项设置如图 4-28 所示。在该对话框的【调色板】下拉列表中，包含了系统提供的固定调色板类型，如图 4-29 所示。拖动纵向颜色条中的矩形滑块，可从中选择一个用户需要的颜色区域，在左边的正方形颜色窗口中将会显示该区域中的色样。

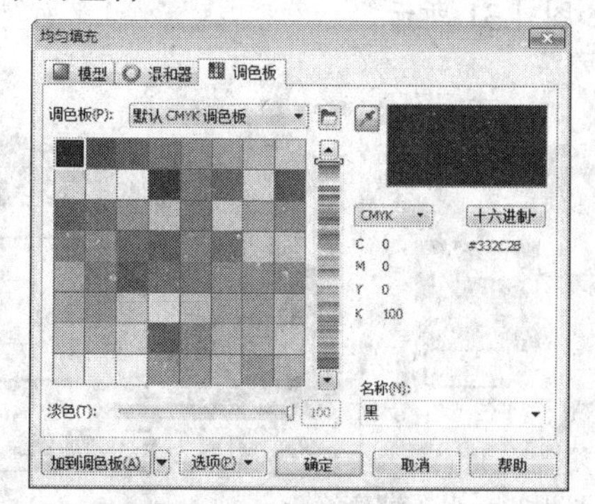

图 4-28　【调色板】选项卡

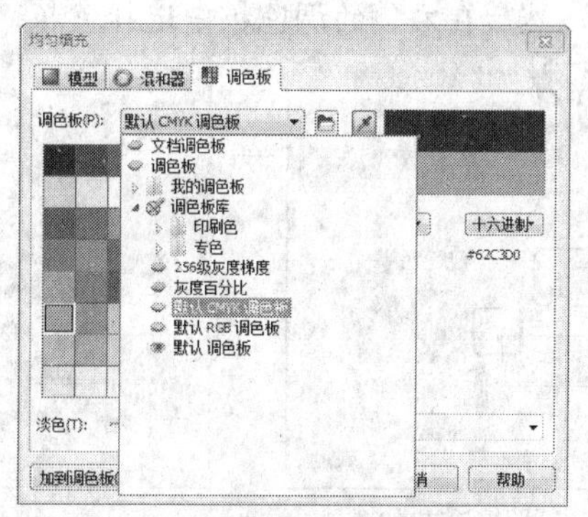

图 4-29　【调色板】下拉列表

4.2.2 渐变填充

渐变填充是根据线性、射线、圆锥或方角的路径将一种颜色向另一种颜色逐渐过渡的填充方式。渐变填充有双色渐变和自定义渐变两种类型。双色渐变填充会将一种颜色向另一种颜色过渡，而自定义渐变填充则能创建不同的颜色重叠效果。用户也可以通过修改填充的方向，新增中间色彩或修改填充的角度来创建自定义渐变填充。

CorelDRAW X6 提供了多种预设渐变填充样式。使用【选择】工具选取对象后，在工具箱中单击【填充】工具，在弹出的工具条中选择【渐变填充】，打开【渐变填充】对话框。在对话框的【预设】下拉列表中可选择一种渐变填充选项，并且可以选择渐变类型，根据用户的需要对其进行重新设置。

用户还可以在【渐变填充】对话框中自定义渐变填充样式。自定义渐变填充能够在起始颜色和终止颜色之间添加多种过渡颜色，使相邻的颜色之间相互融合。

【例 4-3】为选定对象填充自定义渐变。

(1) 在打开的绘图文件中，使用【选择】工具选择图形对象。单击工具箱中的【填充】工具，在展开的工具条中选择【渐变填充】选项，打开【渐变填充】对话框，如图 4-30 所示，选中【自定义】单选按钮。

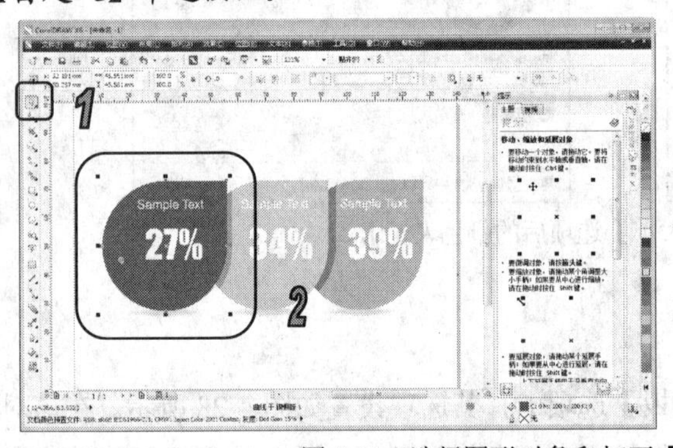

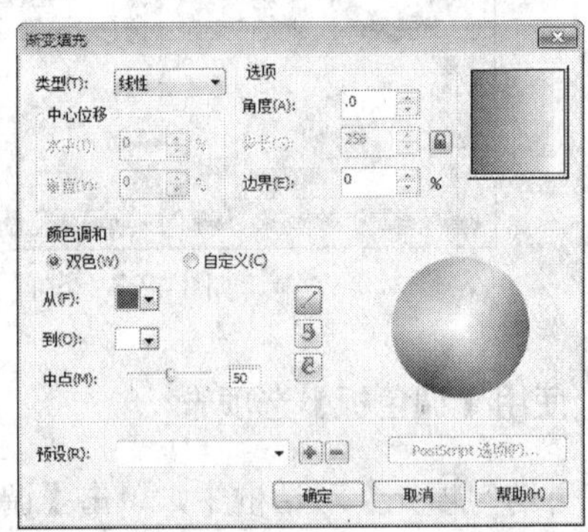

图 4-30　选择图形对象和打开【渐变填充】对话框

(2) 在【类型】下拉列表中选择【线性】选项，选中【自定义】单选按钮，在渐变色条上单击起始点，然后在右侧的调色板中选择色板，如图 4-31 所示。

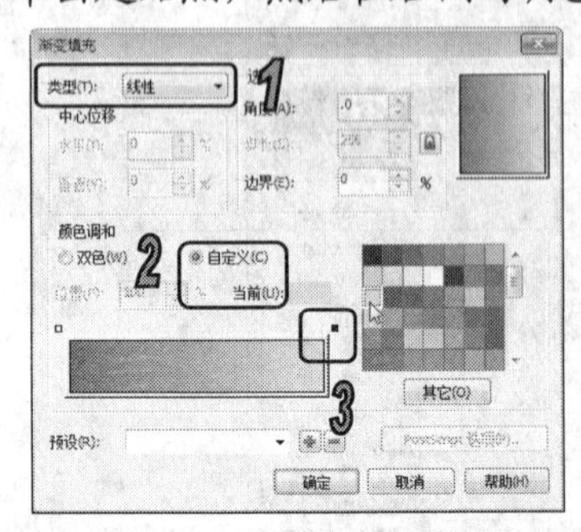

图 4-31　设置渐变起始点

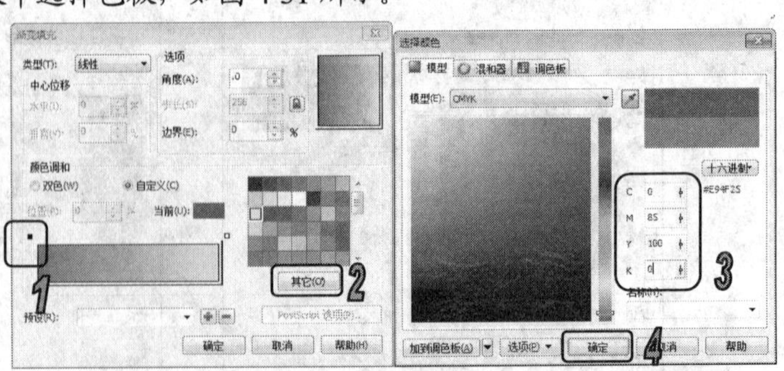

图 4-32　设置渐变终止点

(3) 使用步骤(2)的操作方法，在渐变色条上单击终止点，单击【其他】按钮打开【选择颜色】对话框。在该对话框中，将结束颜色设置为 C:0 M: 85 Y:100 K:0，如图 4-32 所示。

(4) 双击渐变色条添加颜色，并在调色板中选择色板，拖动混和条上滑块的位置调整渐变，然后单击对话框中的【确定】按钮应用自定义渐变，如图 4-33 所示。

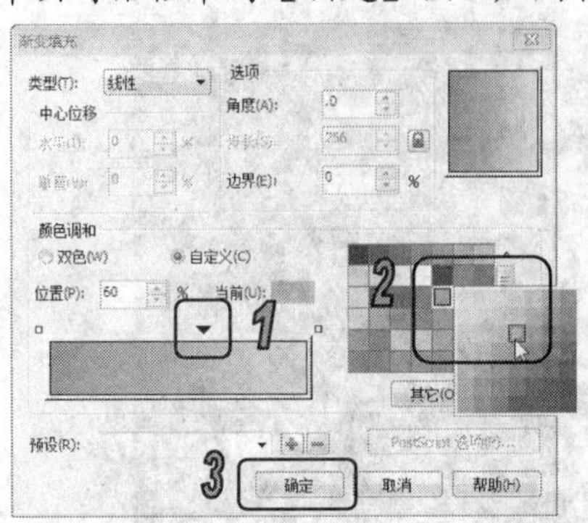

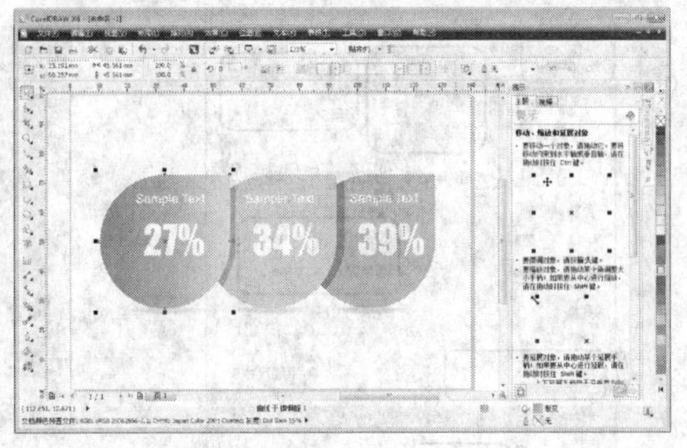

图 4-33　应用自定义渐变

4.2.3　图样填充

【图样填充】是反复应用预设生成的图案进行拼贴来填充对象。CorelDRAW 提供了双色、全色和位图 3 种预设填充样式，每种填充都提供了对图样大小和排列的控制：

- 【双色】图样填充是指为对象填充只有【前部】和【后部】两种颜色的图案样式。
- 【全色】图样填充既可以由矢量图案和线描样式图形生成，也可以通过装入图像的方式填充为位图图案。
- 【位图】图样填充可以选择位图图像进行图样填充。其复杂性取决于图像的大小和图像的分辨率等特性。

【例 4-4】在绘图文件中，应用图样填充。

(1) 在打开的绘图文件中，使用【选择】工具选择图形对象。单击工具箱中的【填充】工具，在展开的工具条中选择【图样填充】选项，打开【图样填充】对话框，如图 4-34 所示。

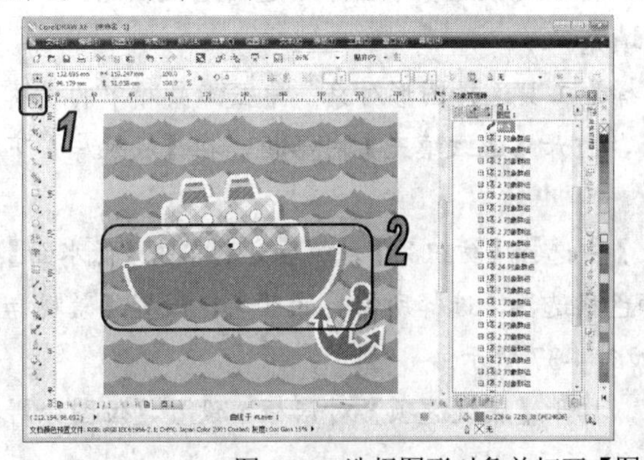

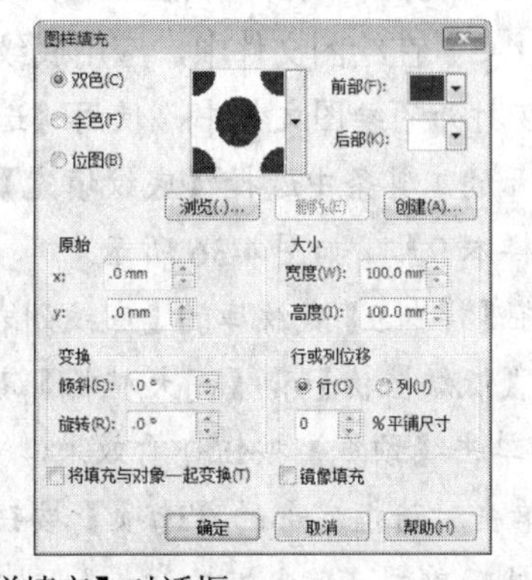

图 4-34　选择图形对象并打开【图样填充】对话框

(2) 在对话框中选中【双色】单选按钮，在图样下拉面板中选择一种图样；单击【前部】颜色挑选器，从中选择色板；然后单击【后部】颜色挑选器，从中选择色板；在【大小】选项组中，设置【宽度】和【高度】数值均为 50mm，【旋转】数值为 45°，然后单击【确定】按钮应用图样填充，如图 4-35 所示。

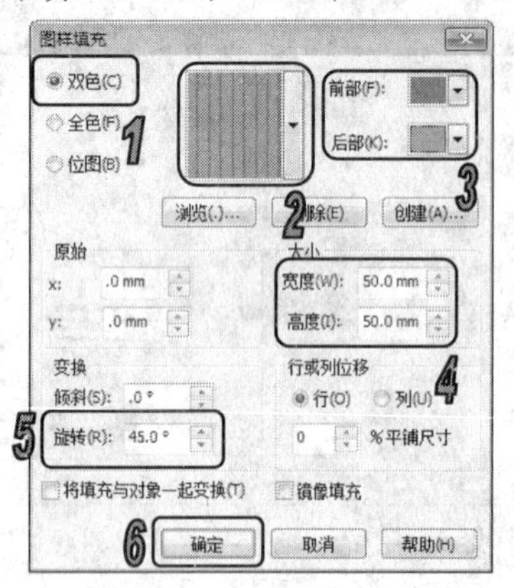

图 4-35　应用图样填充

4.2.4　底纹填充

底纹填充是随机生成的填充，可使对象的外观更加自然。CorelDRAW 提供了预设的底纹，而且每种底纹均有一组可以更改的选项。用户可以使用任一颜色模型或调色板中的颜色来自定义底纹填充。底纹填充只能包含RGB颜色，但可以将其他颜色模型和调色板作为参考来选择颜色。

单击工具箱中的【填充】工具，在展开的工具条中选择【底纹填充】，打开【底纹填充】对话框。在对话框中可以更改底纹填充的平铺大小。增加底纹平铺的分辨率时，会增加填充的精确度。也可以通过设置平铺原点来准确指定填充的起始位置。CorelDRAW 还允许用户偏移填充中的平铺，当调整相对于对象顶部第一个平铺的水平或垂直位置时，会影响其余的填充。此外，还可以旋转、倾斜、调整平铺大小，并且更改底纹中心来创建自定义填充。

【例 4-5】在绘图文件中，应用底纹填充。

(1) 在打开的绘图文件中，使用【选择】工具选择图形对象。单击工具箱中的【填充】工具，在展开的工具条中选择【底纹填充】，打开【底纹填充】对话框，在【底纹库】下拉列表中选择【样本 9】，如图 4-36 所示。

(2) 在【样本 9】底纹库的【底纹列表】中选择【纺织品】，然后分别单击【低水面】、【高水面】、【低矮植物】和【高大植物】颜色挑选器，选择所需要的颜色，设置【景观 #】数值为 6000，单击【预览】按钮查看效果，如图 4-37 所示。

(3) 单击对话框底部的【选项】按钮，打开【底纹选项】对话框。设置【位图分辨率】为 300 dpi，然后单击【确定】按钮，如图 4-38 所示。

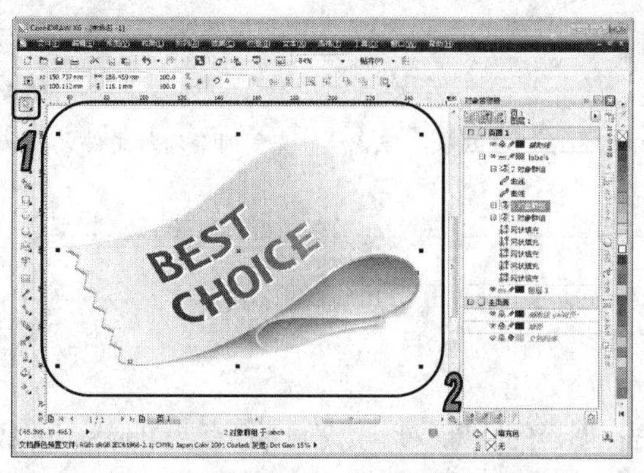

图 4-36　选择图形对象及打开【底纹填充】对话框

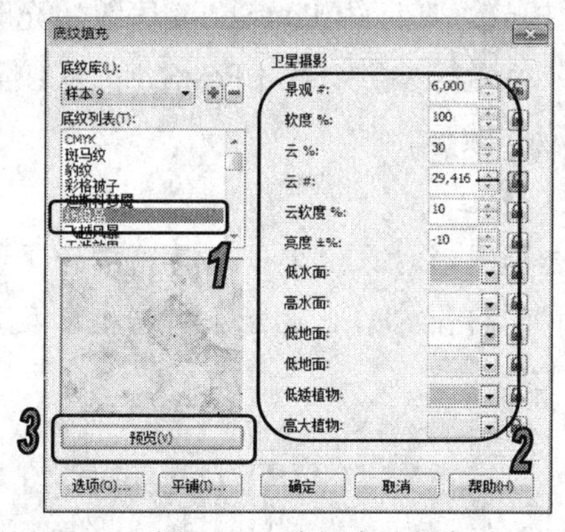

图 4-37　选择底纹颜色　　　　图 4-38　设置底纹位图分辨率

知识点

用户可以将修改的底纹保存到底纹库中。单击【底纹填充】对话框中的![+]按钮，打开【保存底纹为】对话框，在【底纹名称】文本框中输入底纹的名称，并在【库名称】下拉列表中选择保存后的位置，然后单击【确定】按钮即可。

(4) 单击【平铺】按钮，打开【平铺】对话框。设置【宽度】和【高度】数值均为 200 mm，然后单击【确定】按钮，如图 4-39 所示。

(5) 设置完成后，单击【底纹填充】对话框底部的【确定】按钮关闭对话框，并应用底纹填充，如图 4-40 所示。

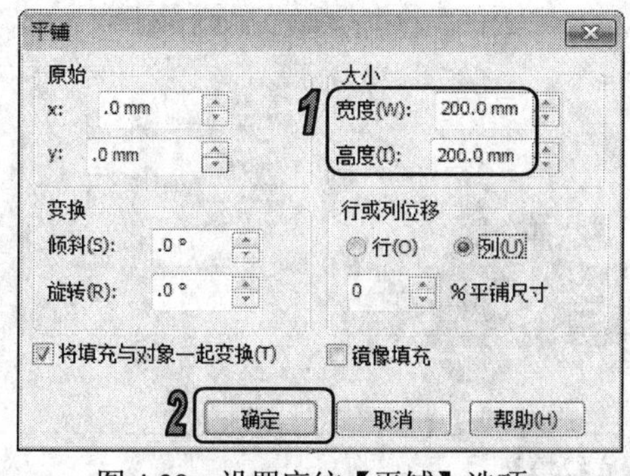

图 4-39　设置底纹【平铺】选项　　　　图 4-40　应用底纹填充

提示

CorelDRAW 的底纹填充功能十分强大，可以增强绘图的效果。但底纹填充同时会增加文件大小以及延长打印时间，因此建议用户要适度使用。

4.2.5 PostScript 填充

PostScript底纹填充是使用 PostScript 语言创建的特殊纹理填充对象。有些 PostScript 底纹填充较为复杂，因此包含 PostScript 底纹填充的对象在打印或屏幕更新时需要较长时间；或填充可能不显示，而显示字母 PS，这取决于使用的视图模式。在应用 PostScript 底纹填充时，可以更改底纹大小、线宽、底纹的前景或背景中出现的灰色量等参数。在【PostScript 底纹】对话框中选择不同的底纹样式时，其参数设置也会发生相应的改变。

【例 4-6】在绘图文件中，应用 PostScript 底纹填充。

(1) 在打开的绘图文件中，使用【选择】工具选择图形对象。单击工具箱中的【填充】工具，在展开的工具条中选择【PostScript 填充】，打开【PostScript 底纹】对话框，在其中选中【预览填充】复选框，如图 4-41 所示。

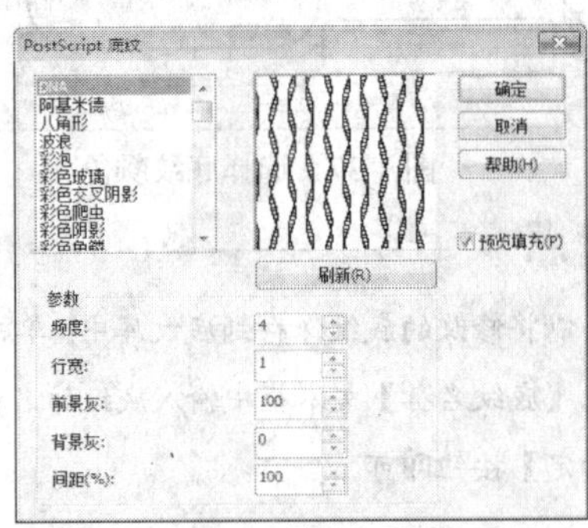

图 4-41　选择图形对象并打开【PostScript 底纹】对话框

(2) 在底纹列表中选择【彩色画】选项，然后设置【数目(每平方英寸)】数值为 25，【最大】数值为 300，【最小】数值为 10，然后单击【刷新】按钮预览效果，设置完成后单击【确定】按钮应用 PostScript 底纹填充，如图 4-42 所示。

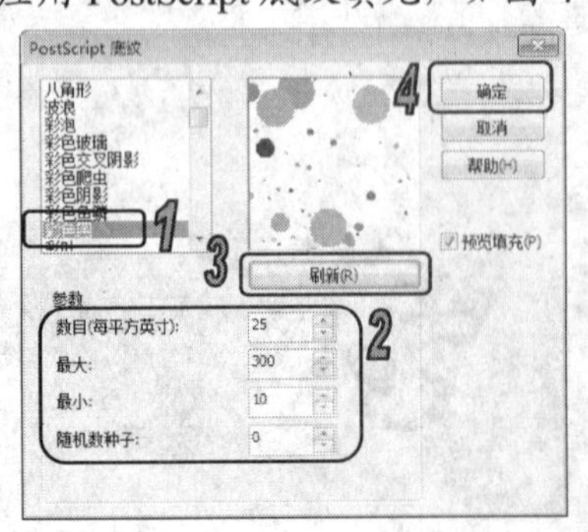

图 4-42　应用 PostScript 底纹填充

4.2.6　无填充

使用【无填充】选项可以去除对象的填充效果，包括颜色、渐变以及图样等。使用【选择】工具选中需要去除填充的对象后，在工具箱中单击【填充】工具，然后在展开的工具条中选择【无填充】选项即可，如图 4-43 所示。

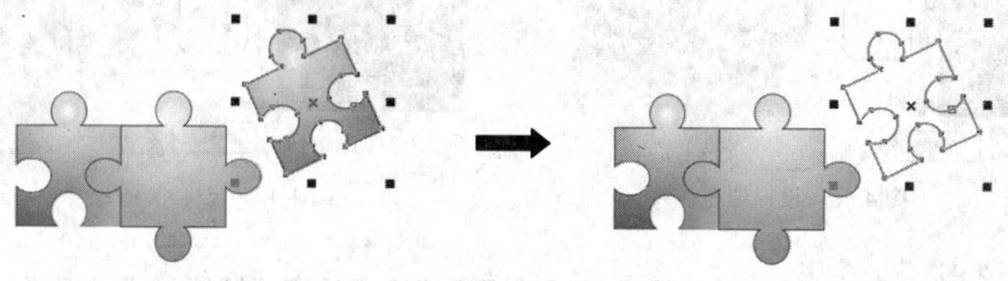

图 4-43　无填充

知识点

在调色板的顶部也设置有【无填充】按钮☒。单击该按钮可以去除对象的内部填充，使用鼠标右键单击该按钮则可以去除对象的轮廓颜色。

4.3　颜色泊坞窗

在工具箱中单击【填充】工具，在展开的工具条中选择【彩色】选项，可以在绘图窗口右边打开【颜色泊坞窗】泊坞窗，如图 4-44 所示。在该泊坞窗中，可以通过对颜色值进行设置，然后将更改颜色填充到对象的内部或轮廓中。

【例 4-7】使用【颜色泊坞窗】泊坞窗设置颜色，填充对象。

(1) 在打开的绘图文档中，使用【选择】工具选中需要填充的对象，如图 4-45 所示。

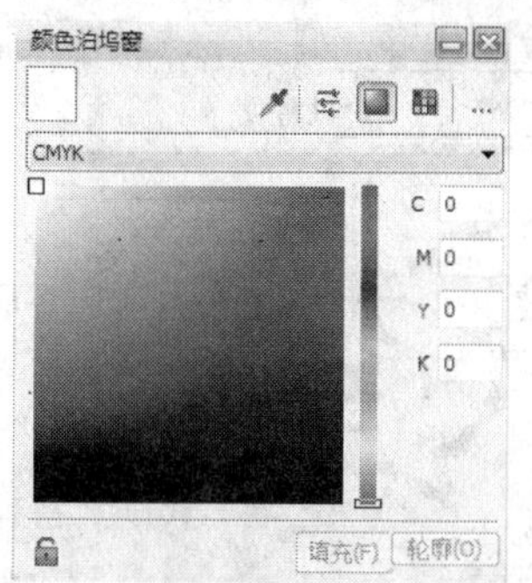

图 4-44　【颜色泊坞窗】泊坞窗

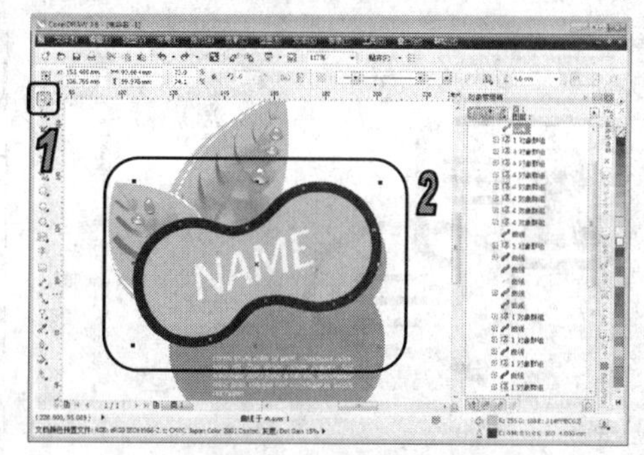

图 4-45　选择填充对象

(2) 在工具箱中单击【填充】工具，在展开的工具条中选择【彩色】选项，可以在绘图窗口右边打开【颜色泊坞窗】泊坞窗。在泊坞窗中，拖拽各个颜色滑块或直接在对应的数值框中输入数值，以设置相应的颜色值，然后单击【填充】按钮，对象即被填充为所设置的颜色，如图 4-46 所示。

(3) 重新设置一个颜色，单击【轮廓】按钮，则对象的轮廓即被填充为该颜色，如图 4-47 所示。

图 4-46　设置填充

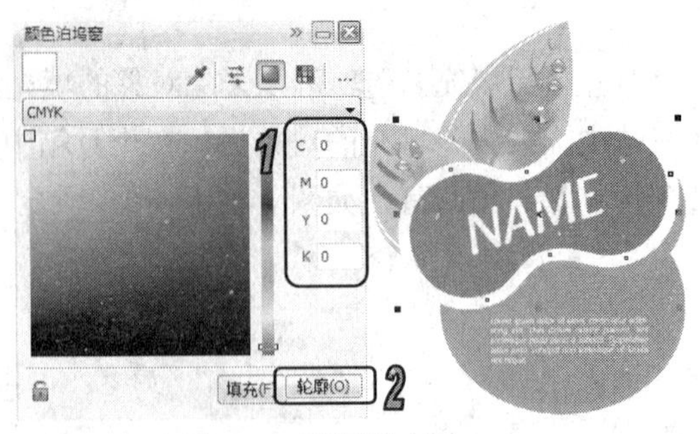

图 4-47　设置轮廓

知识点

选择【窗口】|【泊坞窗】|【彩色】命令，也可以打开【颜色泊坞窗】泊坞窗。

4.4　智能填充

使用【智能填充】工具，除了可以为对象应用普通的标准填充外，还可以自动识别重叠对象的多个交叉区域，并对这些区域应用色彩和轮廓填充。在填充的同时，还能将填色的区域生成新的对象。

【例 4-8】在绘图文件中，使用【智能填充】工具填充图形对象。

(1) 选择【文件】|【打开】命令，打开一幅绘图文档，如图 4-48 所示。

(2) 选择【智能填充】工具，在属性栏【填充选项】下拉列表中选择【指定】选项，设置填充色，【轮廓宽度】为【无】，然后使用【智能填充】工具单击图形区域，如图 4-49 所示。

图 4-48　绘制图形

图 4-49　填充对象

(3) 在属性栏中重新设置填充色，在【填充选项】下拉列表中选择【指定】选项，设置【轮廓宽度】为 3mm，然后使用【智能填充】工具单击图形区域，如图 4-50 所示。

(4) 在属性栏中重新设置填充色和轮廓色，设置【轮廓宽度】为 0.25mm，然后使用【智能填充】工具单击图形区域，如图 4-51 所示。

图 4-50　填充对象

图 4-51　填充对象

4.5　使用【交互式填充】工具

使用【交互式填充】工具可以直接在对象上设置填充参数并进行颜色的调整，其填充方式包括标准填充、渐变填充、图案填充、底纹填充和 PostScript 填充。用户可以通过属性栏可以方便、快捷地修改填充方式。

【例 4-9】使用【交互式填充】工具填充图形对象。

(1) 在打开的绘图文件中，使用【选择】工具选择一个图形对象，如图 4-52 所示。

(2) 选择【交互式填充】工具，在属性栏的【填充类型】下拉列表中选择【辐射】选项，并设置起始颜色为红色，如图 4-53 所示。

图 4-52　选择对象

图 4-53　选择【调色板】选项

(3) 使用【选择】工具选择另一个图形对象，选择【交互式填充】工具，在属性栏的【填充类型】下拉列表中选择【线性】选项，并设置起始颜色和终止颜色，如图 4-54 所示。

图 4-54　选择颜色填充

4.6 使用【网状填充】工具

使用【网状填充】可以为对象应用复杂的独特效果。该填充方式不但可以指定网格的列数和行数，而且可以指定网格的交叉点。创建网状对象之后，还可以通过添加和删除节点或交点来编辑网状填充网格。

【例 4-10】在绘图文件中，使用【网状填充】工具填充图形对象。

(1) 打开绘图文件，使用【选择】工具选择图形对象，然后选择【网状填充】工具，在选中的对象上将出现网格，如图 4-55 所示。

(2) 将光标靠近网格线，当光标变为形状时在网格线上双击，可以添加一条经过该点的网格线，如图 4-56 所示。

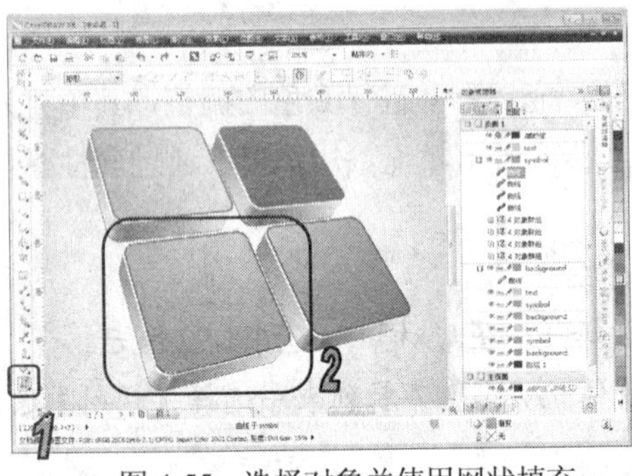

图 4-55 选择对象并使用网状填充

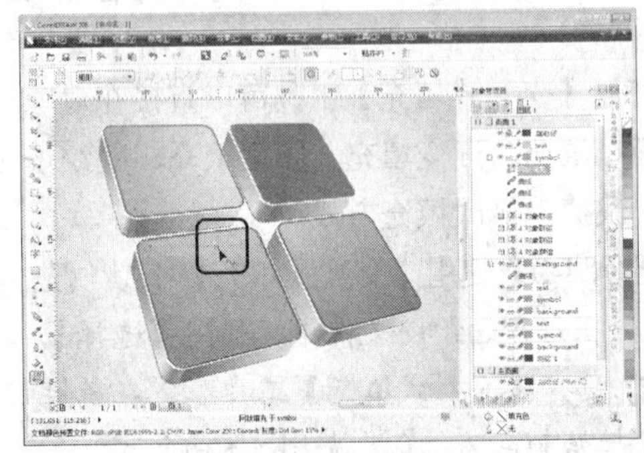

图 4-56 添加网格线

知识点

在 CorelDRAW X6 中，系统默认的框选类型为【矩形】，用户可以在属性栏的【选取范围模式】下拉列表中选取合适的选取方式。

(3) 选择要填充的节点，使用鼠标左键单击调色板中相应的色样即可对该节点处的区域进行填充，如图 4-57 所示。

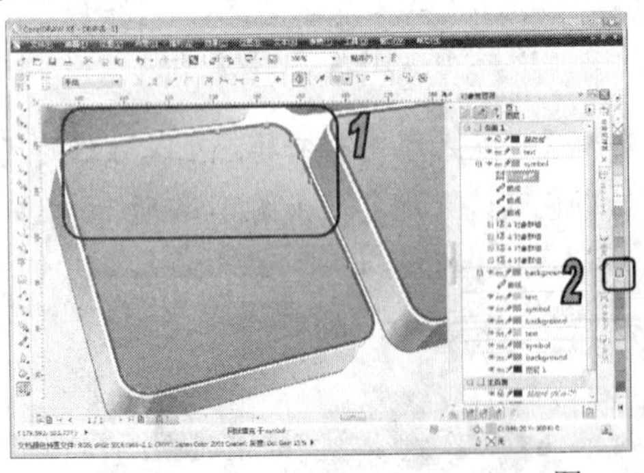

图 4-57 填充颜色

提示

网状填充只能应用于闭合对象或单条路径。如果要在复杂的对象中应用网状填充，首先必须创建网状填充的对象，然后将其与复杂对象组合。

(4) 将光标移动到节点上，按住并拖动节点，即可改变颜色填充的效果。网格上节点的调整方法与路径上节点的调整方法相似，如图 4-58 所示。

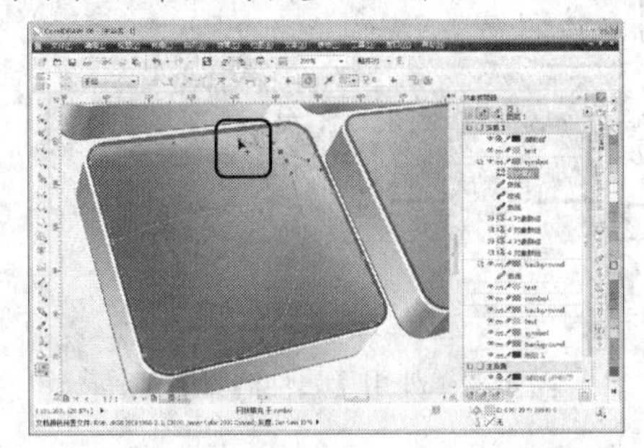

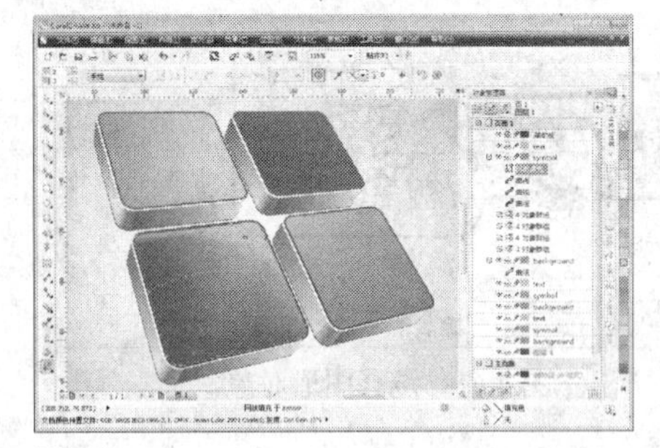

图 4-58　调整颜色

4.7　滴管工具和应用颜色

【滴管】工具和【应用颜色】工具是 CorelDRAW X6 为用户提供的取色和填充的辅助工具。【滴管】工具包括【颜色滴管】工具和【属性滴管】工具，可以选择并复制对象属性，如填充、线条粗细、大小和效果等。使用【滴管】工具吸取对象中的填充、线条粗细、大小和效果等对象属性后，将自动切换到【应用颜色】工具或【应用对象属性】工具，将这些对象属性应用于工作区中的其他对象上。在【颜色滴管】工具和【属性滴管】工具的工具属性栏中，可以对滴管工具的工具属性进行设置，如设置取色方式、要吸取的对象属性等，如图 4-59 所示。

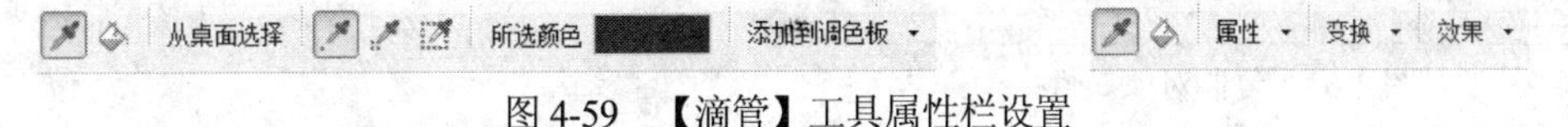

图 4-59　【滴管】工具属性栏设置

在【属性滴管】工具的属性栏中，分别单击【属性】、【变换】和【效果】按钮，展开弹出式面板，如图 4-60 所示。在弹出面板中，被勾选的选项表示【颜色滴管】工具能吸取的信息范围。吸取对象中的各种属性后，就可以使用【应用对象属性】工具将这些属性应用到其他对象上。

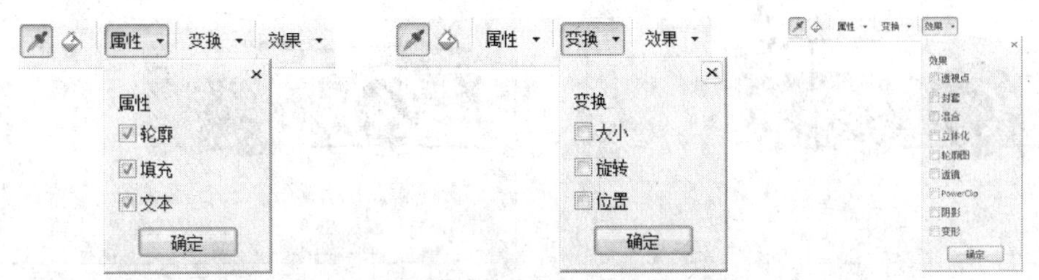

图 4-60　【属性】、【变换】、【效果】选项

【例 4-11】在绘图文件中，使用【属性滴管】工具复制对象属性。

(1) 打开一幅绘图文件，并使用【选择】工具选择其中之一的图形对象，如图 4-61 所示。

(2) 选择【属性滴管】工具，在属性栏的【属性】下拉列表中选择【轮廓】和【填充】选项，然后使用【属性滴管】工具单击对象，如图 4-62 所示。

图 4-61　选择图形对象

图 4-62　使用【属性滴管】工具

(3) 当光标变为油漆桶状时，在属性栏的【属性】下拉列表中选择【轮廓】和【填充】选项，然后使用鼠标单击需要应用对象属性的对象，即可将吸取的源对象信息应用到目标对象中，如图 4-63 所示。

图 4-63　复制对象属性

在属性栏中还可以打开【变换】和【效果】下拉列表，选择需要吸取对象的旋转、缩放、透视以及混合等属性。

(4) 单击属性栏中的【选择对象属性】按钮，使用该工具在要吸取属性的对象上单击，当光标变为油漆桶状时，再使用鼠标单击需要应用所选对象属性的对象，如图 4-64 所示。

图 4-64　复制对象属性

4.8　填充开放路径

默认状态下，CorelDRAW 只能对封闭的曲线填充颜色。如果要对开放的曲线进行颜色填

充，就必须更改工具选项设置。

单击属性栏中的【选项】按钮，打开【选项】对话框，在其中展开【文档】|【常规】选项，如图 4-65 左图所示。在【常规】设置中选中【填充开放式曲线】复选框，然后单击【确定】按钮即可对开放式曲线填充颜色，如图 4-65 右图所示。

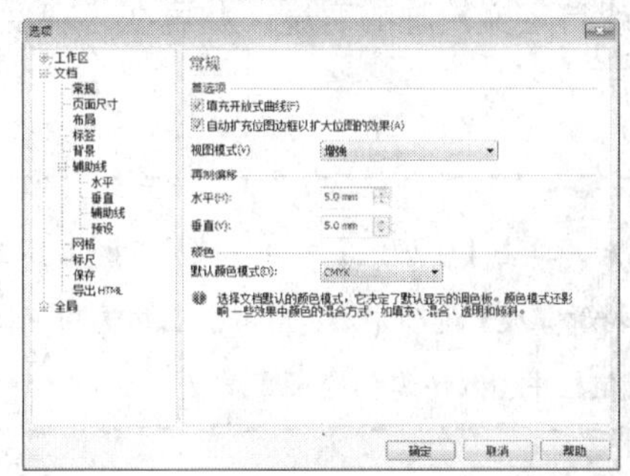

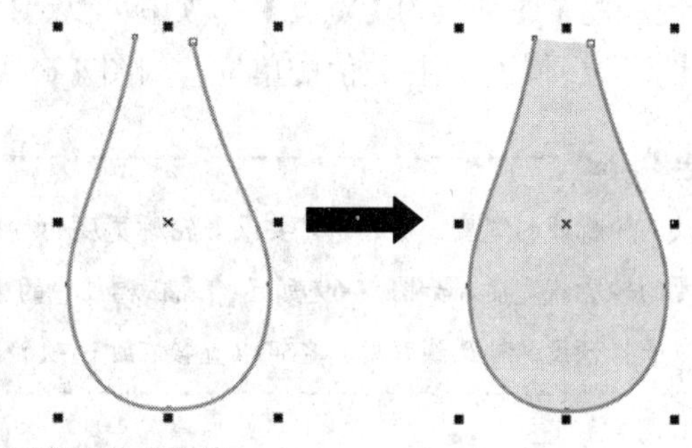

图 4-65　填充开放式曲线

4.9　编辑轮廓线

在绘图过程中，可通过修改对象的轮廓属性来修饰对象。默认状态下，系统为绘制的图形添加颜色为黑色、宽度为 0.2 mm、线条样式为直线的轮廓线样式。

4.9.1　修改轮廓线

在 CorelDRAW 中，用户可以使用【轮廓笔】对话框设置轮廓线的宽度、线条样式、边角形状、线条端头形状、箭头形状以及书法笔尖形状等。选取需要设置轮廓属性的对象，单击工具箱中的【轮廓笔】工具，在展开的工具栏中单击【轮廓笔】选项，或按快捷键 F12，打开【轮廓笔】对话框，如图 4-66 所示。

在该对话框中，可以单击【颜色】下拉按钮，在展开的颜色选取器中选择合适的轮廓颜色；也可以单击【更多】按钮，在弹出的【选择颜色】对话框中自定义轮廓颜色，然后单击【确定】按钮，返回【轮廓笔】对话框，如图 4-67 所示。

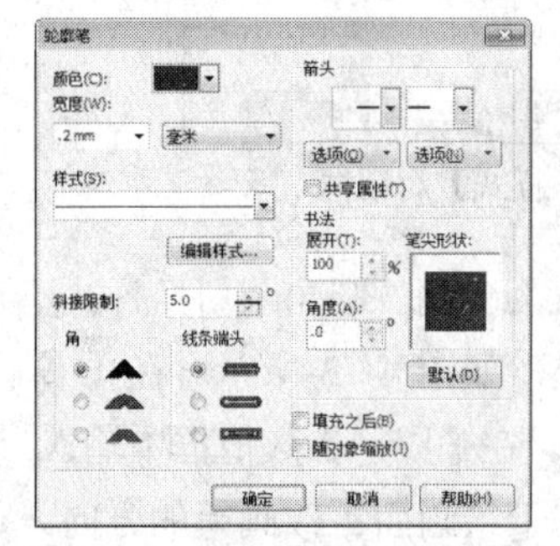

图 4-66　【轮廓笔】对话框

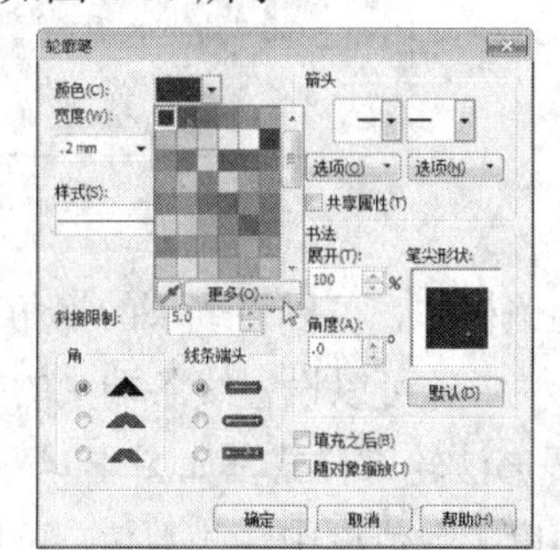

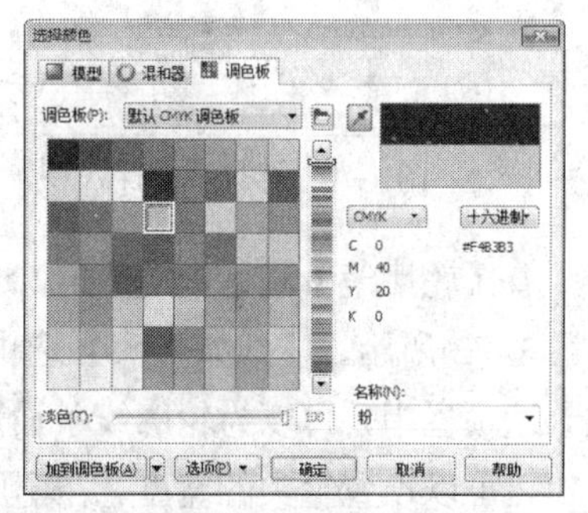

图 4-67　【轮廓笔】对话框和【选取颜色】对话框

提示

如果只需要自定义轮廓颜色，可以在【轮廓】工具展开的工具栏中选择【轮廓色】选项，然后在弹出的【轮廓颜色】对话框中自定义轮廓颜色。

在【轮廓笔】对话框的【宽度】选项中可以选择或自定义轮廓的宽度，并可在【宽度】数值框右边的下拉列表中选择数值的单位，如图 4-68 所示。

知识点

要改变轮廓线的宽度，可选择需要设置轮廓宽度的对象后，单击【轮廓笔】工具，从展开的工具栏中选择需要的轮廓线宽度，如图 4-69 所示。或在属性栏的【轮廓宽度】选项中进行设置。在该选项下拉列表中可以选择预设的轮廓线宽度，也可以直接在该选项的数值框中输入所需的轮廓宽度值。

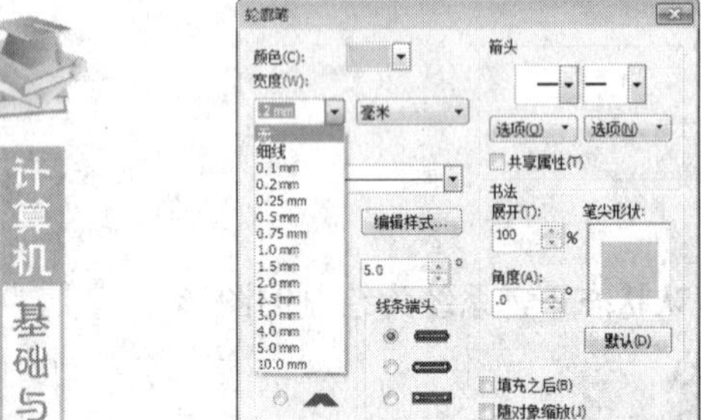

图 4-68　设置轮廓宽度

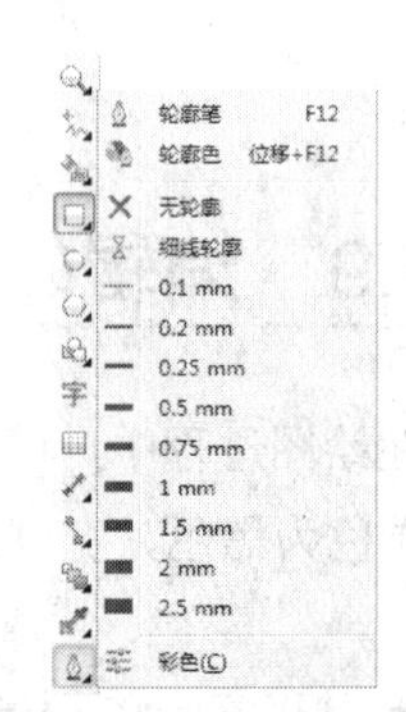

图 4-69　选择轮廓线宽度

在【样式】下拉列表中可以为轮廓线选择一种线条样式，如图 4-70 所示。单击【编辑样式】按钮，在打开的【编辑线条样式】对话框中可以自定义线条样式，如图 4-71 所示。

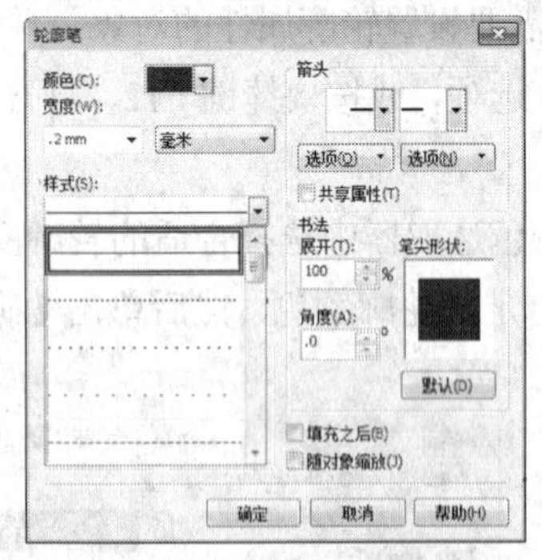

图 4-70　选择线条样式

图 4-71　【编辑线条样式】对话框

在【轮廓笔】对话框的【角】选项栏中，可以将线条的拐角设置为尖角、圆角或斜角样式，如图 4-72 所示。【线条端头】选项栏中，可以设置线条端头的效果，如图 4-73 所示。在【书法】选项栏中，可以为轮廓线条设置书法轮廓样式，如图 4-74 所示。在【展开】数值框中输入数值，可以设置笔尖的宽度。在【角度】数值框中输入数值，可以基于绘画而更改画笔的方向。

用户也可以在【笔尖形状】预览框中单击或拖动，手动调整书法轮廓样式。

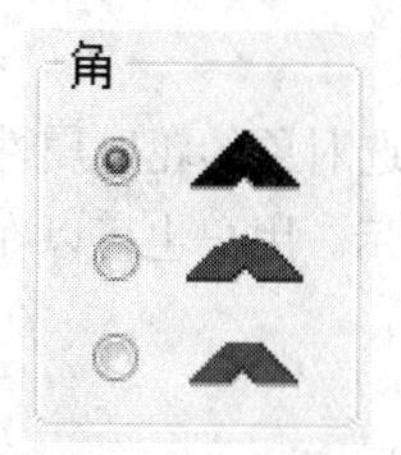

图 4-72　【角】选项栏

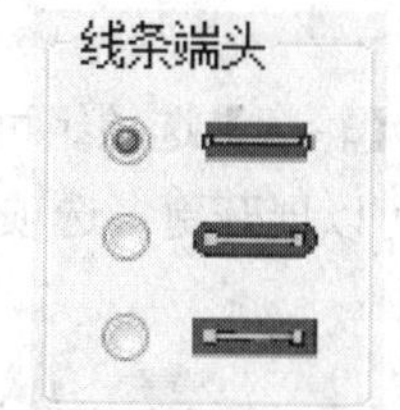

图 4-73　【线条端头】选项

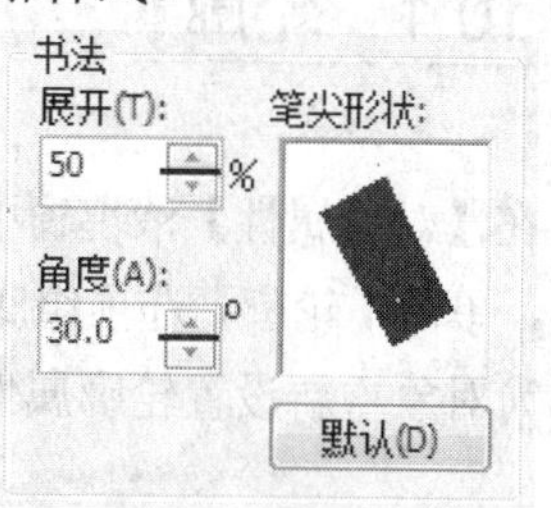

图 4-74　【书法】选项栏

提示

在对话框中，选中【填充之后】复选框可以将轮廓限制在对象填充的区域之外。选中【随对象缩放】复选框，则在对图形进行比例缩放时，其轮廓的宽度会按比例进行相应的缩放。

4.9.2　转换轮廓线

在 CorelDRAW 中，只能对轮廓线进行宽度、颜色和样式的调整。如果要为对象中的轮廓线填充渐变、图样或底纹效果，或要对其进行更多的编辑，可以选择并将轮廓线转换为对象，以便能进行下一步编辑。

选择需要转换轮廓线的对象，选择【排列】|【将轮廓转换为对象】命令可将该对象中的轮廓转换为对象，然后即可为对象轮廓使用渐变、图样或底纹效果填充，如图 4-75 所示。

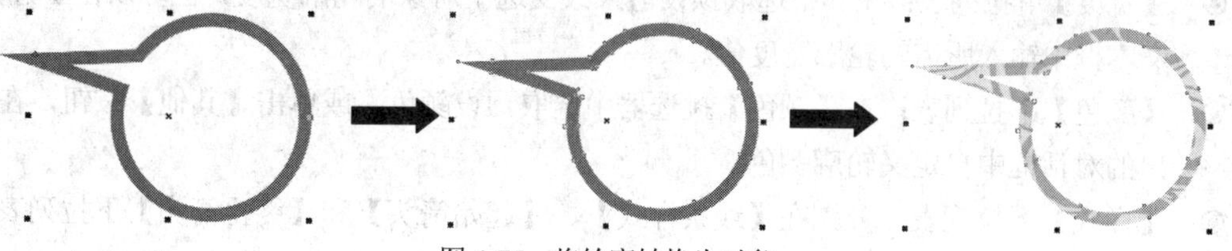

图 4-75　将轮廓转换为对象

提示

要清除对象中的轮廓线，在选择对象后，直接右击调色板中的☒图标，或在工具箱中展开【轮廓笔】工具组，选择【无轮廓】选项即可。

4.10　使用【对象属性】泊坞窗

选择【窗口】|【泊坞窗】|【对象属性】命令，或按 Alt+Enter 键，即可打开【对象属性】泊坞窗。

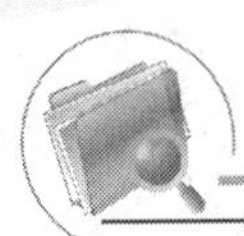

4.10.1 轮廓

在【对象属性】泊坞窗中处于最上方的【轮廓】选项组可以显示当前所选对象的轮廓属性设置，单击【轮廓】选项组底部的▼按钮，可以展开更多选项，如图 4-76 所示。用户也可以在其中为对象重新设置轮廓属性。

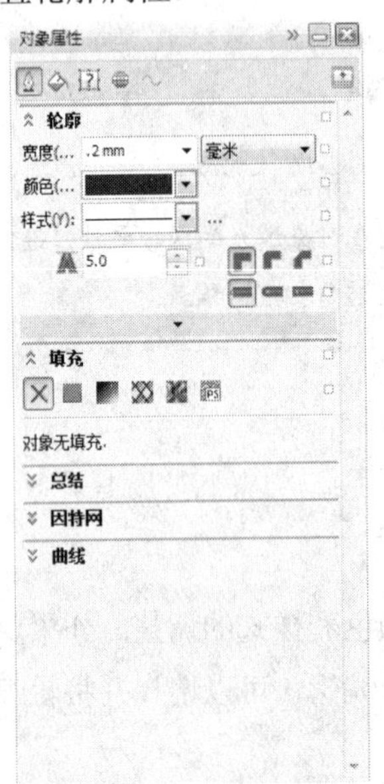

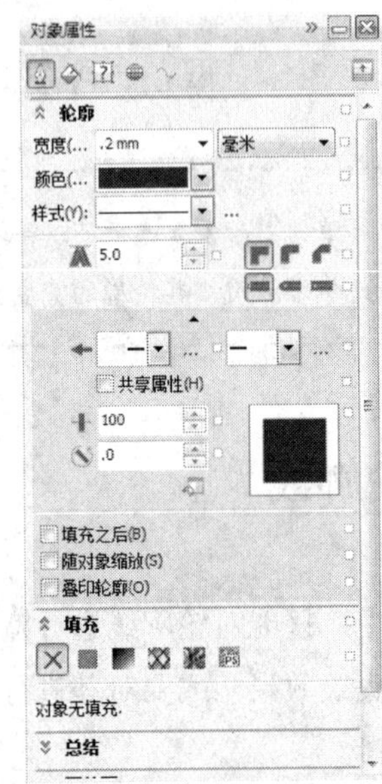

图 4-76 【轮廓】选项组

- 【宽度】下拉列表：在其中选取预设值来改变选中对象的轮廓宽度，也可以在【宽度】文本框中输入所需的轮廓宽度值。
- 【颜色】下拉列表：在【颜色】挑选器中选取预设颜色，或单击【其他】按钮，在弹出的对话框中自定义轮廓颜色。
- 【样式】下拉列表：分别在【线条样式】、【起始箭头】和【终止箭头】下拉列表中可以设置轮廓的线条和两端的箭头样式。
- 【斜接限制】：用于设置曲线中的锐角形状从斜接转换到斜切的临界角度。
- 【共享属性】复选框：选中该复选框，则线条的起始端和终止端将保持相同的样式。
- 【拉伸】：用于设置轮廓线条笔刷的笔尖宽度。
- 【偏移笔尖】：用于设置轮廓线条笔刷的笔尖，相对于绘画面的偏移角度。在后面的预览框中，可以通过鼠标按住并拖动笔尖形状样式图，直接更改笔刷笔尖的拉伸和偏移角度。
- 【填充之后】复选框：选中该复选框，轮廓效果将置于填充效果下方。
- 【随对象缩放】复选框：选中该复选框，将轮廓粗细链接至对象尺寸，随对象大小缩放而改变粗细。
- 【叠印轮廓】复选框：选中该复选框，可以即时预览轮廓的叠印效果。

4.10.2　填充

单击【对象属性】泊坞窗顶端的【填充】按钮，可以快速显示当前所选对象的填充属性，如图 4-77 所示。用户可以在其中为对象重新设置填充参数。

在【填充类型】选项栏中，所选对象当前的填充类型为选取状态；单击其他类型按钮，可以为所选对象更改填充类型。选择了需要的填充类型后，可在下方显示对应的设置选项。选择不同的填充类型，填充设置选项也不同，如图 4-78 所示。

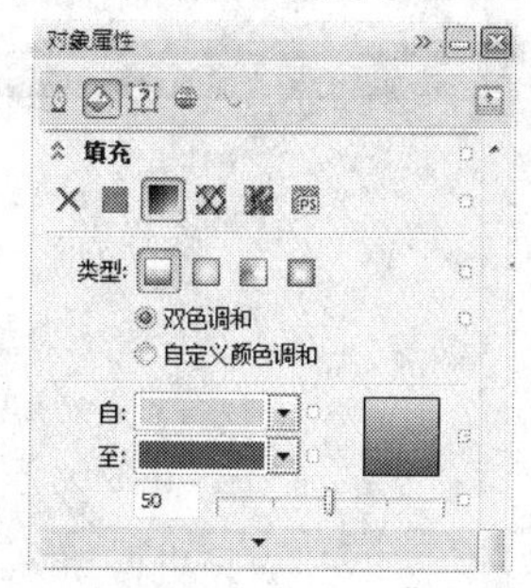

图 4-77　【填充】选项组

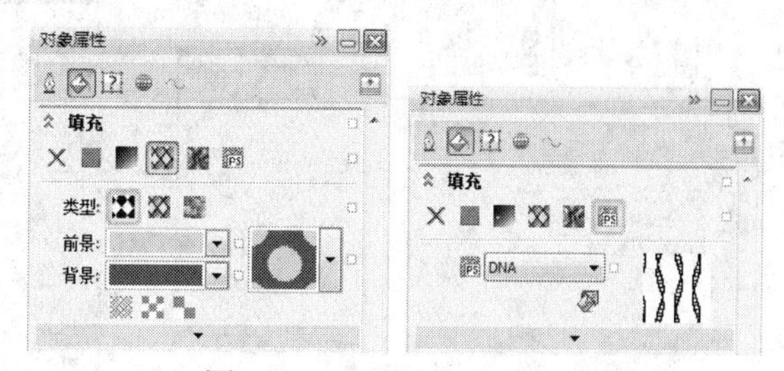

图 4-78　不同填充类型的设置选项

提示

在【对象属性】泊坞窗中各种填充类型的设置选项与【填充】工具中填充效果设置对话框一致。

4.11　上机练习

本章的上机练习通过制作 UI 设计，使用户更好地掌握图形对象的绘制和编辑基本操作方法，以及填充对象的操作方法。

(1) 选择【文件】|【新建】命令，打开【创建新文档】对话框。在对话框的【名称】文本框中输入文档名称“UI设计”，设置【宽度】为 540mm，【高度】为 800mm，在【原色模式】下拉列表中选择 RGB 选项，然后单击【确定】按钮，如图 4-79 所示。

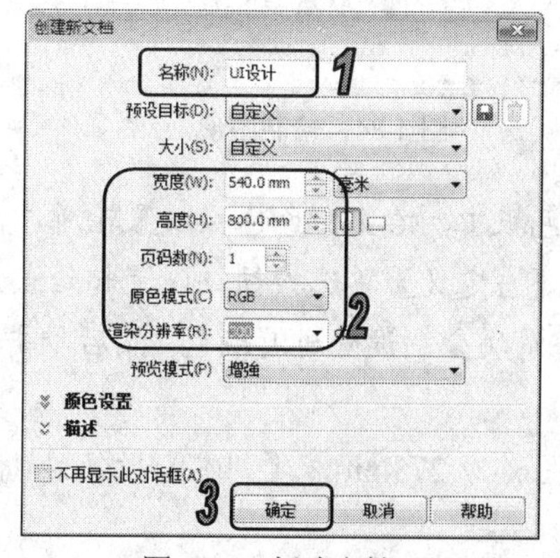

图 4-79　新建文档

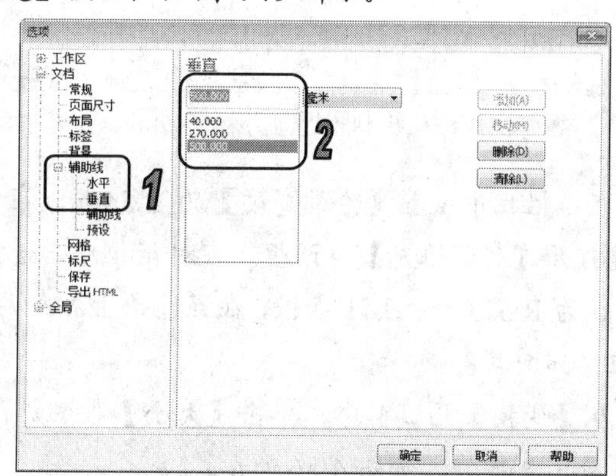

图 4-80　创建辅助线

(2) 选择【工具】|【选项】命令，打开【选项】对话框。在对话框左侧列表中选择【辅助线】|【垂直】选项，在右侧的文本框中分别输入 40、270、500，然后单击【添加】按钮，添加辅助线，如图 4-80 所示。

(3) 在对话框左侧列表中选择【辅助线】|【水平】选项，在右侧的文本框中分别输入 40、280、760，单击【添加】按钮，然后单击【确定】按钮添加辅助线，如图 4-81 所示。

(4) 按住 Shift 键分别选中创建的辅助线，并右击，在弹出的菜单中选择【锁定对象】命令，锁定辅助线，如图 4-82 所示。

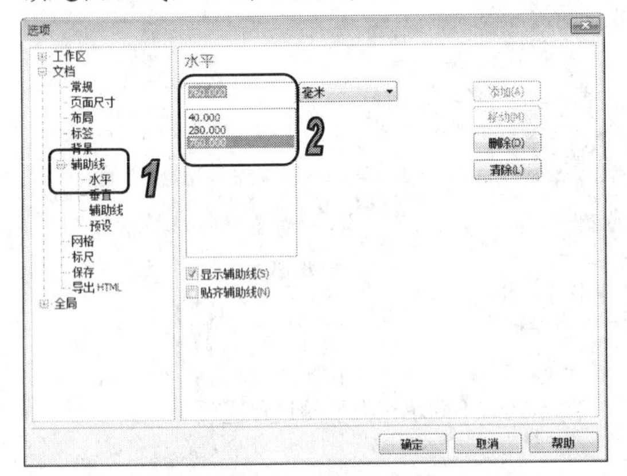

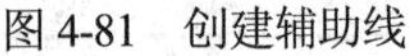
图 4-81　创建辅助线

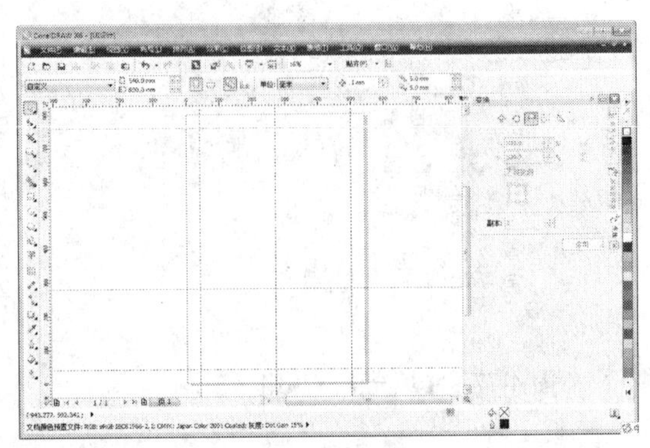

图 4-82　锁定辅助线

(5) 选择【矩形】工具依据辅助线拖动绘制矩形，并在调色板中右击【无】色板取消轮廓色，单击黑色色板填充矩形，如图 4-83 所示。

(6) 选择【椭圆形】工具，按住 Shift+Ctrl 键依据辅助线拖动绘制圆形，如图 4-84 所示。

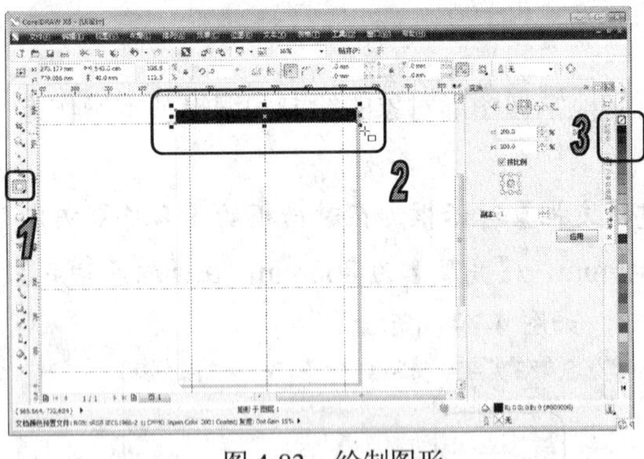

图 4-83　绘制图形

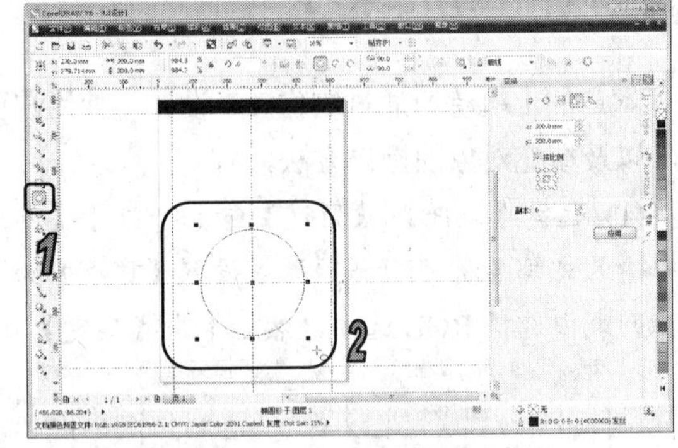

图 4-84　绘制图形

(7) 在属性栏中设置【轮廓宽度】为 2.5mm，在调色板中，右击白色色板设置轮廓色，并按 F11 键打开【渐变填充】对话框。在对话框中，选中【自定义】单选按钮，设置起始点为白色，终止点为 R:51 G:51 B:51 色板，在混色条上添加两个滑块分别设置过渡颜色，然后单击【确定】按钮，如图 4-85 所示。

(8) 在【变换】泊坞窗中，单击【大小】按钮，设置 x 为 275mm，【副本】数值为 1，然后单击【应用】按钮，如图 4-86 所示。

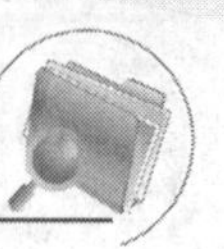

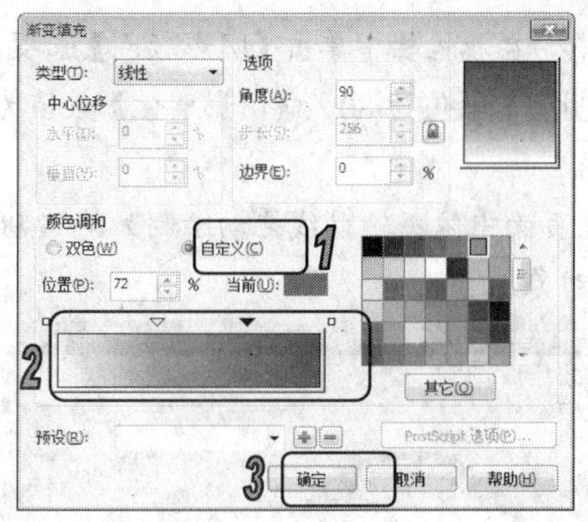

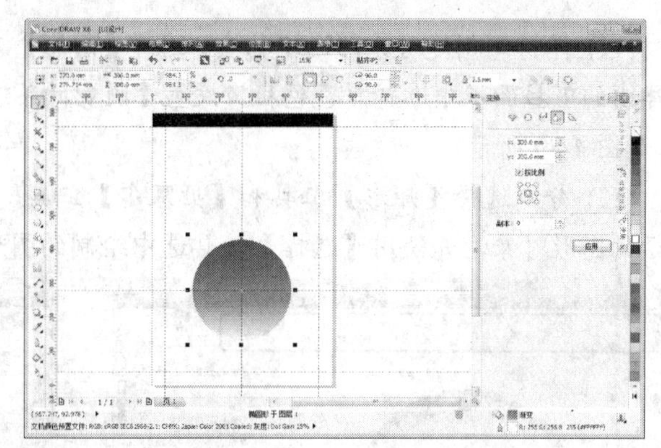

图 4-85　填充对象

(9) 在调色板中取消轮廓色，按 F11 键打开【渐变填充】对话框。在对话框中，选中【自定义】单选按钮，设置渐变色为 R:0 G:51 B:153 至 R:102 G:102 B:255 至 R:0 G:255 B:255，【角度】为 119.7，【边界】为 20%，然后单击【确定】按钮，如图 4-87 所示。

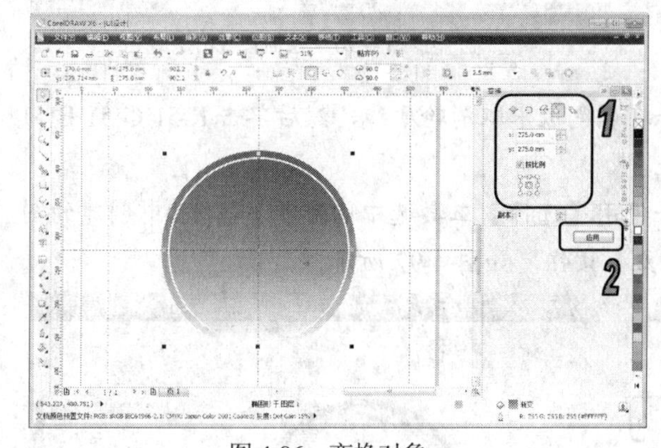

图 4-86　变换对象

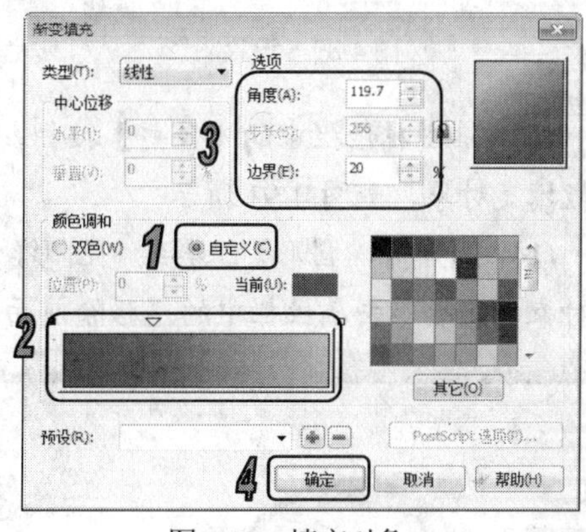

图 4-87　填充对象

(10) 在【变换】泊坞窗中，单击【大小】按钮，设置 x 为 240mm，【副本】数值为 1，然后单击【应用】按钮。在状态栏中双击填充属性，打开【渐变填充】对话框。在对话框中的【类型】下拉列表中选择【辐射】选项，设置【水平】为-22%，【垂直】为 22%，选中【双色】单选按钮，设置渐变从浅灰到白色，然后单击【确定】按钮，如图 4-88 所示。

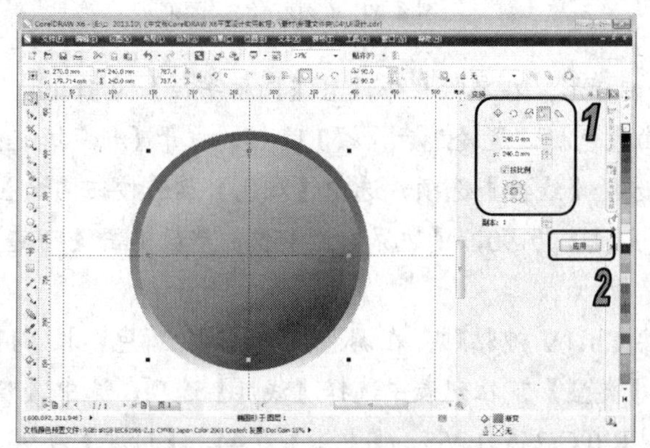

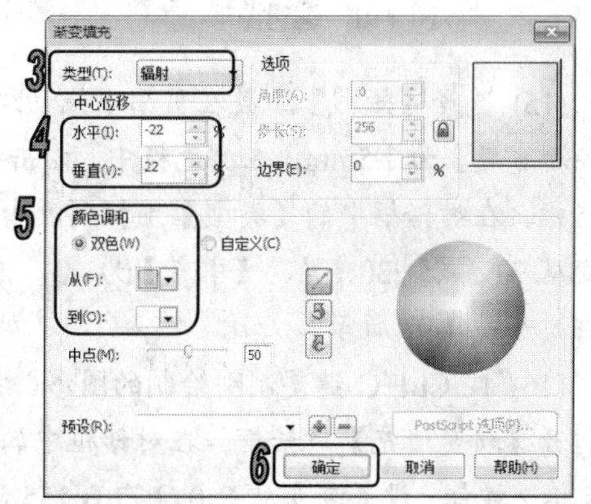

图 4-88　变换对象

(11) 保持刚创建对象的选中状态，选择【阴影】工具，在属性栏中单击【阴影颜色】选项，在弹出的下拉面板中选择黑色色板，设置【阴影的不透明度】数值为 80，【阴影羽化】数值为 8，如图 4-89 所示。

(12) 分别选择【矩形】工具和【贝塞尔】工具，在页面中依据辅助线拖动绘制如图 4-90 所示的图形对象，并使用【选择】工具选中绘制的图形对象。

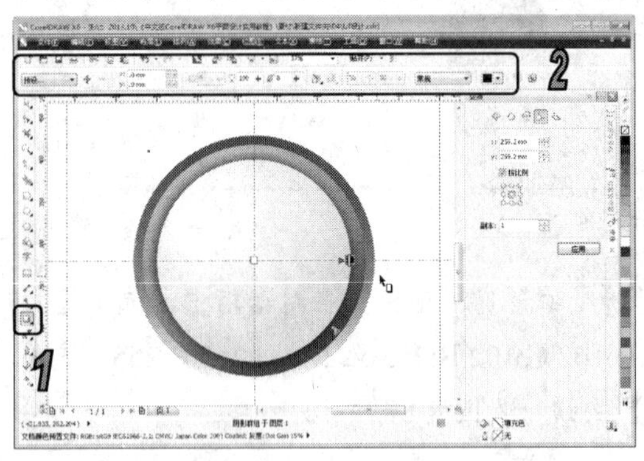

图 4-89　设置阴影

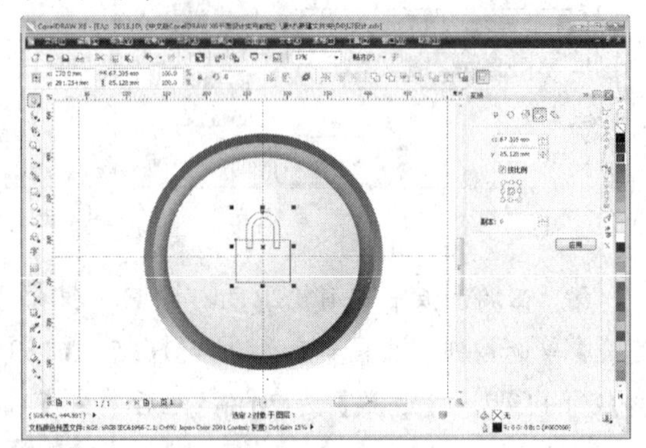

图 4-90　绘制图形

(13) 单击属性栏中的【合并】按钮，并在调色板中取消轮廓线，然后单击 R:51 G:51 B:51 色板填充对象，如图 4-91 所示。

(14) 选择【椭圆形】工具绘制圆形，并使用【选择】工具选中圆形和步骤(13)中创建的图形对象，然后单击属性栏中的【移除前面对象】按钮，如图 4-92 所示。

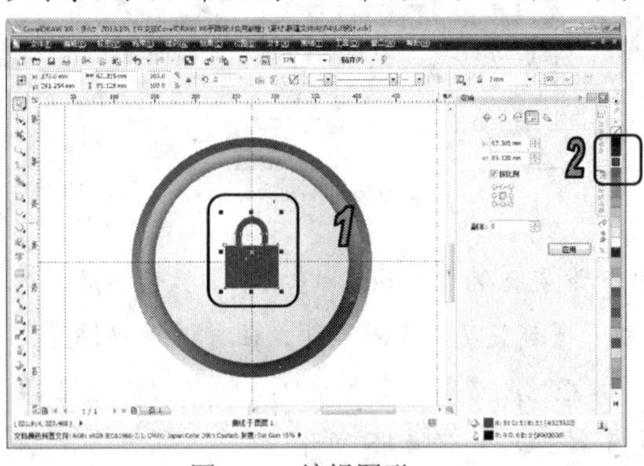

图 4-91　编辑图形

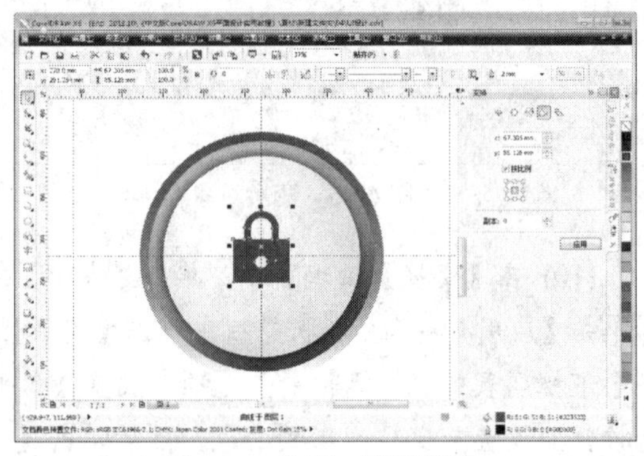

图 4-92　绘制、编辑图形

(15) 选择【矩形】工具在页面中拖动绘制矩形，在属性栏中设置【圆角半径】为 16mm，【轮廓宽度】为 2.5mm。在调色板中，右击白色色板设置轮廓色。按 F11 键，打开【渐变填充】对话框。在对话框中的【类型】下拉列表中选择【线性】选项，选中【双色】单选按钮，设置渐变从 70%黑到 30%黑，【中点】为 40，【角度】为-90，【边界】为 15%，然后单击【确定】按钮，如图 4-93 所示。

(16) 按 Ctrl+C 键复制刚绘制的图形，按 Ctrl+V 键粘贴。在调色板中取消轮廓色，按 F11 键打开【渐变填充】对话框。在对话框中的【类型】下拉列表中选择【线性】选项，选中【双色】单选按钮，设置渐变从 R:0 G:72 B:255 到 R:0 G:255 B:255，【中心】为 44，【角度】为 90，

【边界】为 10%，然后单击【确定】按钮，如图 4-94 所示。

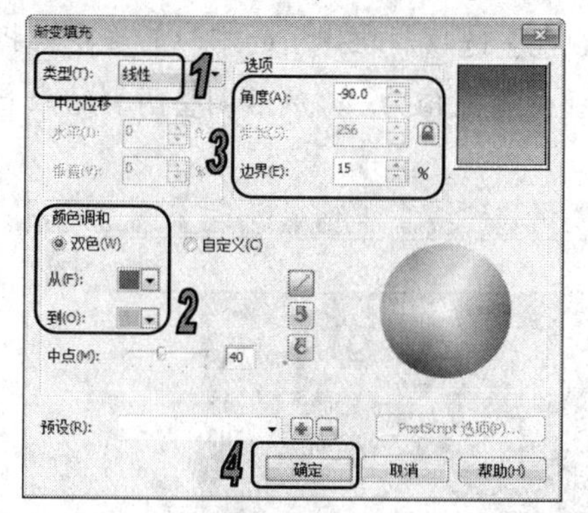

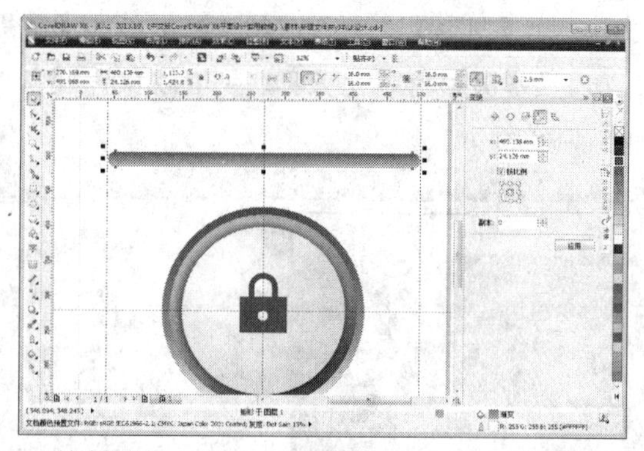

图 4-93　绘制图形

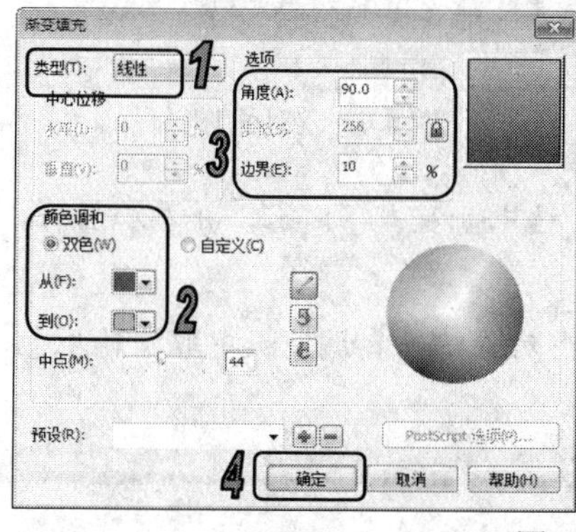

图 4-94　复制、编辑图形

(17) 选择【选择】工具选中刚填充渐变的对象，并调整对象大小，如图 4-95 所示。

(18) 选择【布局】|【页面背景】命令，打开【选项】对话框。在该对话框中，选中【位图】单选按钮，并单击【浏览】按钮，打开【导入】对话框。在【导入】对话框中选择作为背景的图片并单击【导入】按钮。选中【自定义尺寸】单选按钮，取消选中【保持纵横比】复选框，设置【水平】数值为 540，【垂直】数值为 800，然后单击【确定】按钮，如图 4-96 所示。

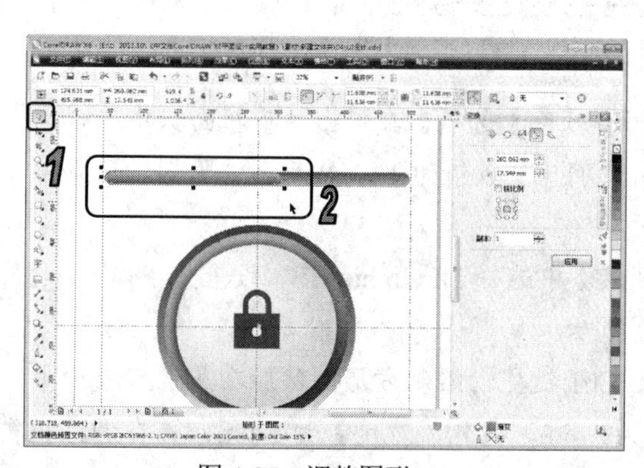

图 4-95　调整图形

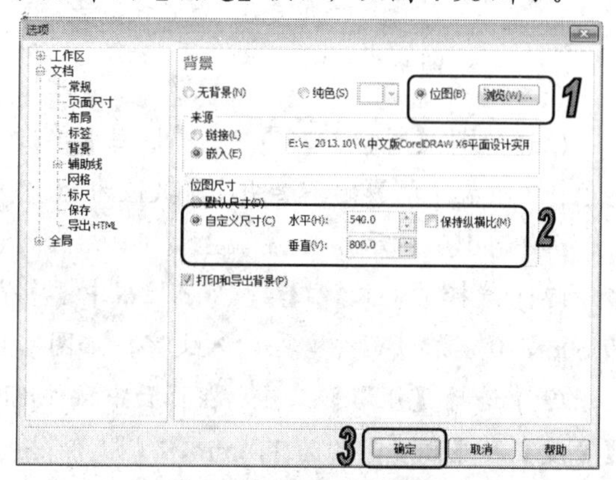

图 4-96　设置页面背景

(19) 选择【文本】工具，在调色板中单击白色色板，在属性栏中【字体列表】中选择方正

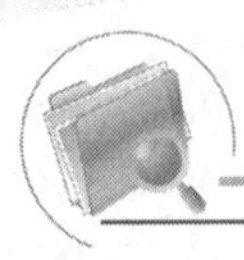

黑体简体，设置【字体大小】为 48pt，然后在页面中输入文字内容，如图 4-97 所示。

(20) 选择【阴影】工具，在属性栏中单击【阴影颜色】选项，在弹出的下拉面板中选择黑色色板，设置【阴影的不透明度】数值为 80，【阴影羽化】数值为 3，然后调整阴影结束点位置，如图 4-98 所示。

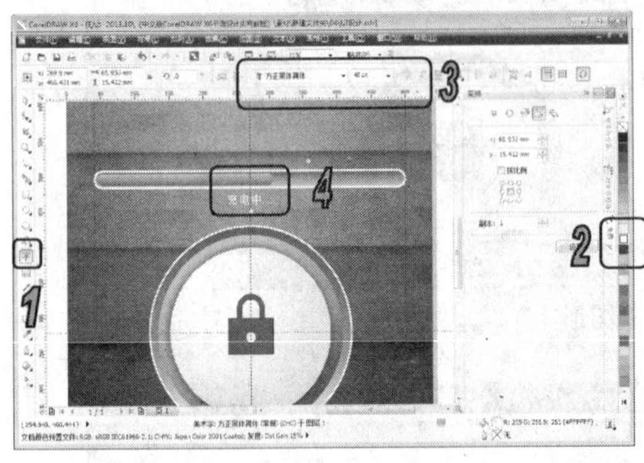

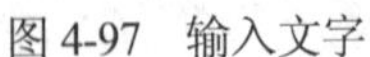

图 4-97　输入文字

图 4-98　添加阴影

(21) 使用步骤(19)至步骤(20)的操作方法，在绘图文档中输入文字内容，并添加阴影效果，如图 4-99 所示。

(22) 选择【贝塞尔】工具绘制如图 4-100 所示的图形对象，并在调色板中取消轮廓色，单击白色填充对象。

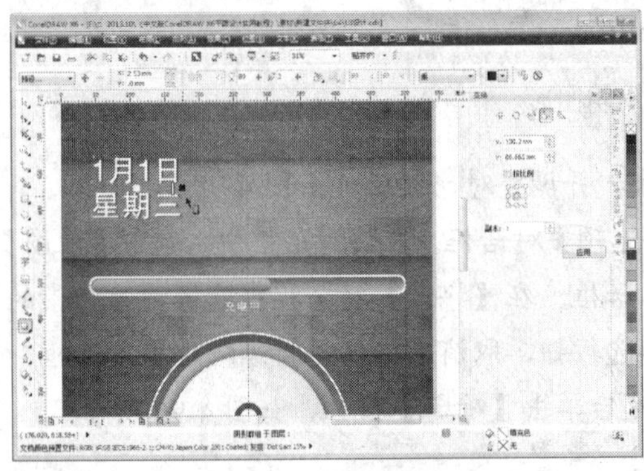

图 4-99　添加文字

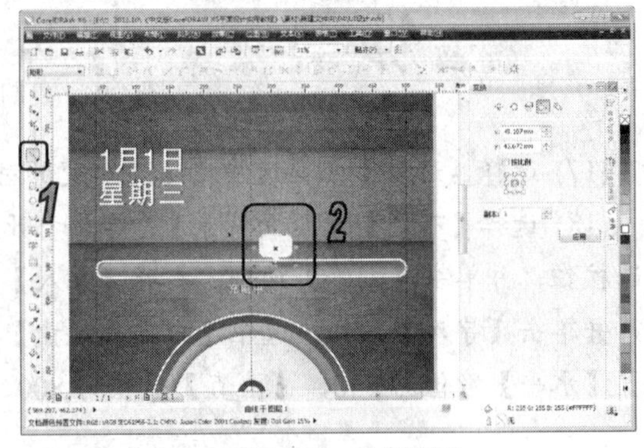

图 4-100　绘制图形

(23) 选择【阴影】工具，在属性栏中单击【阴影颜色】选项，在弹出的下拉面板中选择黑色色板，设置【阴影的不透明度】数值为 80，【阴影羽化】数值为 14，然后调整阴影结束点位置，如图 4-101 所示。

(24) 选择【文本】工具，在属性栏中【字体列表】中选择 DFGothic-EB，设置【字体大小】为 60pt，然后在页面中单击输入文字，如图 4-102 所示。

(25) 选择【矩形】工具，在页面中按住 Shift+Ctrl 键拖动绘制方形，然后在属性栏中设置【宽度】和【高度】均为 116mm，【圆角半径】为 5mm，【轮廓宽度】为 2mm，并在调色板中设置轮廓色为白色，如图 4-103 所示。

(26) 按 Ctrl+C 键复制刚创建的图形，按 Ctrl+V 键粘贴。在属性栏中设置中心点为左侧中

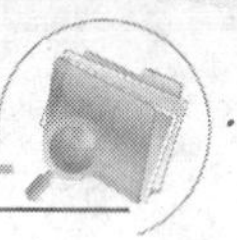

间，设置【宽度】为 58mm，单击按钮，设置右侧圆角半径为 0mm，如图 4-104 所示。

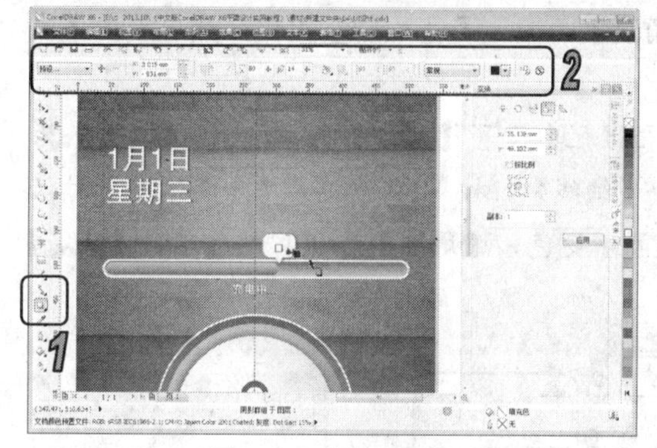

图 4-101　添加阴影

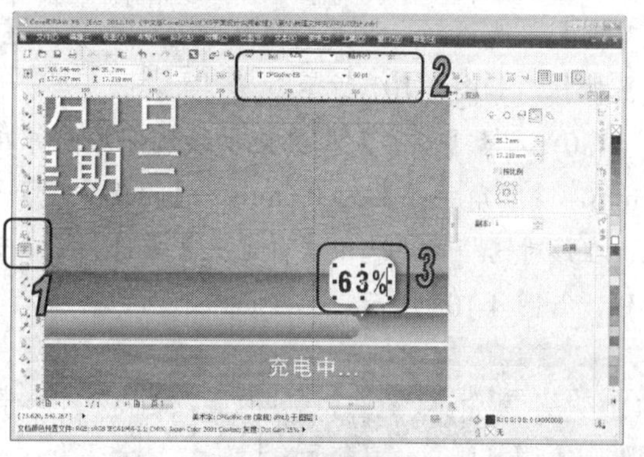

图 4-102　添加文字

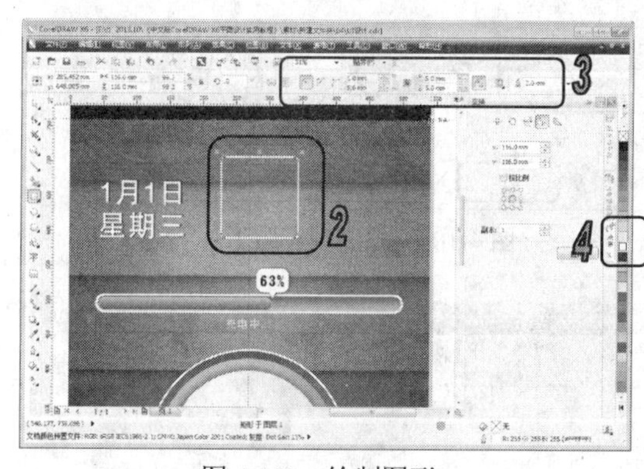

图 4-103　绘制图形

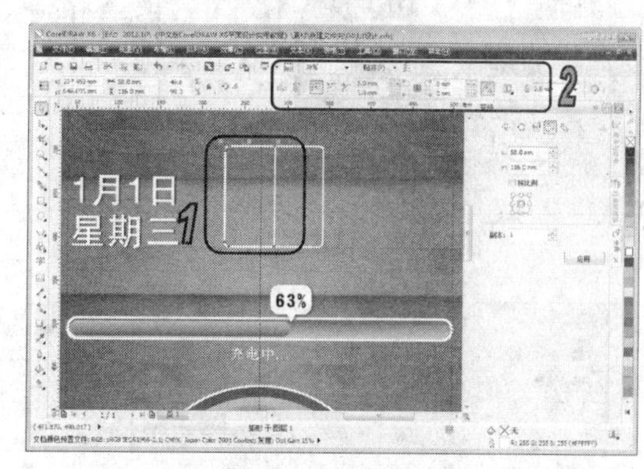

图 4-104　编辑图形

(27) 在调色板中取消轮廓色，并按 F11 键，打开【渐变填充】对话框。在对话框中的【类型】下拉列表中选择【线性】选项，选中【自定义】单选按钮，设置渐变色，【角度】为-90，【边界】为 0%，然后单击【确定】按钮，如图 4-105 所示。

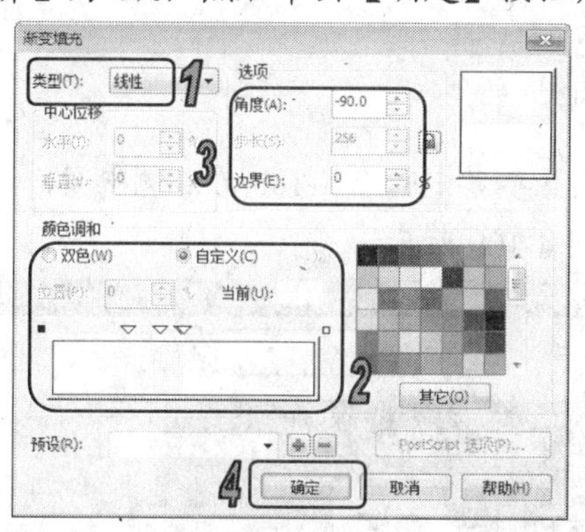

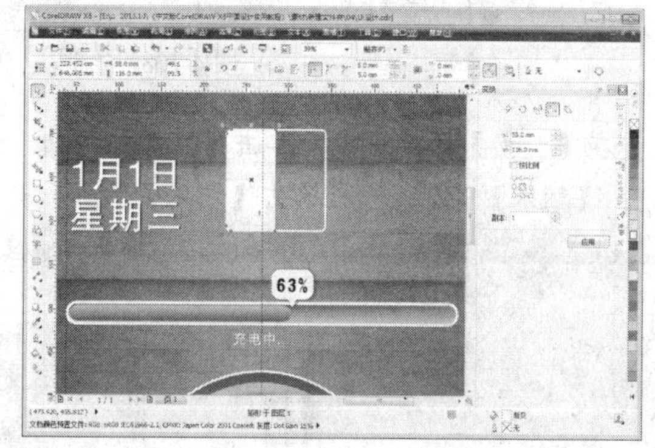

图 4-105　绘制填充图形

(28) 在【变换】泊坞窗中单击【缩放和镜像】按钮，单击【水平镜像】按钮，设置参考中心点为右侧中间，【副本】数值为 1，然后单击【应用】按钮，如图 4-106 所示。

(29) 选择【矩形】工具拖动绘制矩形，并在属性栏中设置【宽度】为 2mm，【高度】为

116mm，在调色板中取消轮廓色，然后按 F11 键打开【渐变填充】对话框。在对话框中，选中【双色】单选按钮，设置渐变从浅灰到白色，【角度】为 0，【边界】为 49%，然后单击【确定】按钮，如图 4-107 所示。

(30) 选择【矩形】工具拖动绘制矩形，并在属性栏中设置【宽度】为 4mm，【高度】为 21mm，【圆角半径】为 0.6mm，【轮廓宽度】为【细线】。按 F11 键打开【渐变填充】对话框。在该对话框中，选中【自定义】单选按钮，设置渐变色，【角度】为 90，然后单击【确定】按钮，如图 4-108 所示。

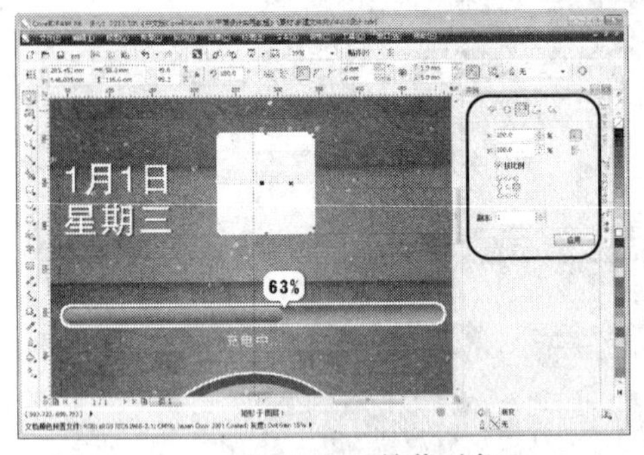

图 4-106　镜像对象

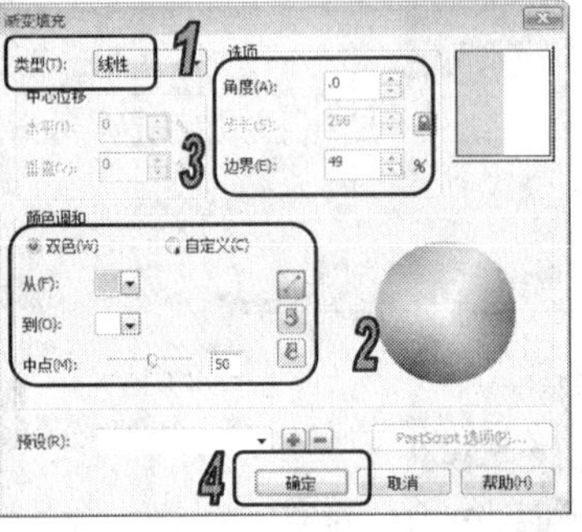

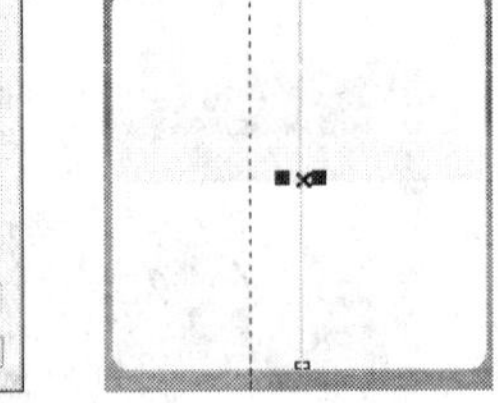

图 4-107　绘制填充图形

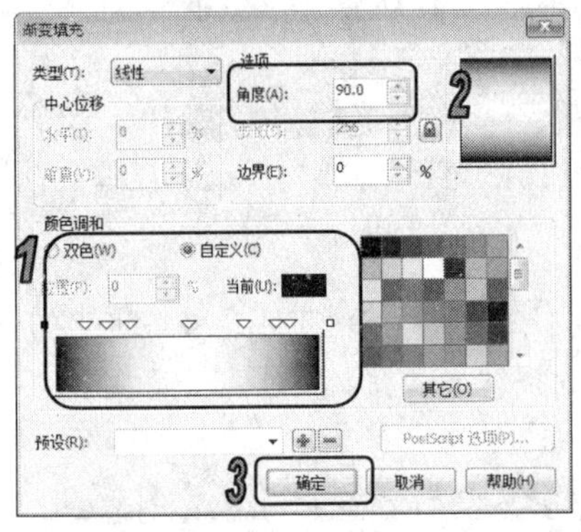

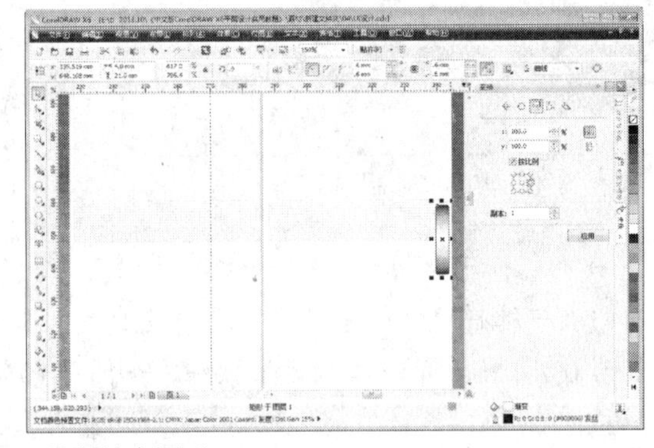

图 4-108　绘制填充图形

(31) 在【变换】泊坞窗中，单击【位置】按钮。设置参考中心点 4-108 为右侧中间，设置 x 为-112，【副本】为 1，然后单击【应用】按钮，如图 4-109 所示。

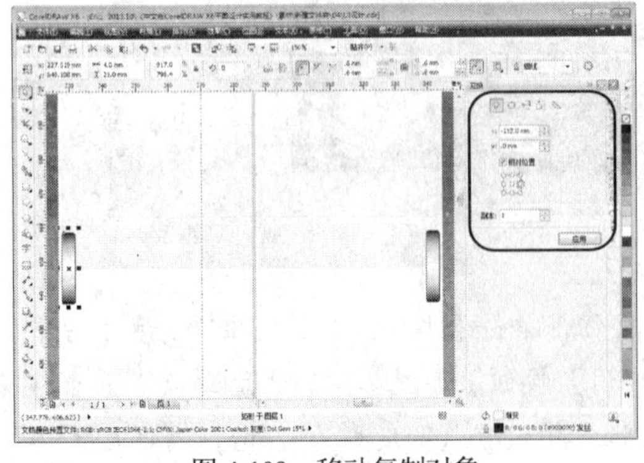

图 4-109　移动复制对象

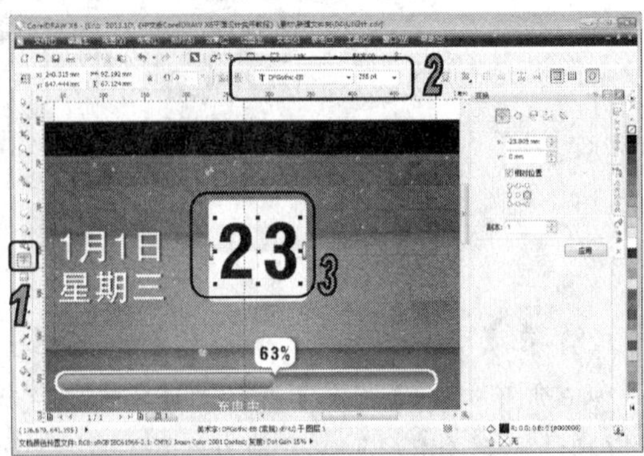

图 4-110　添加文字

(32) 选择【文本】工具，在属性栏中【字体列表】中选择 DFGothic-EB，设置【字体大小】为 255pt，然后在页面中单击输入文字，如图 4-110 所示。

(33) 使用【选择】工具选中步骤(25)中创建的圆角矩形。选择【阴影】工具，在属性栏中单击【阴影颜色】选项，在弹出的下拉面板中选择黑色色板，设置【阴影的不透明度】数值为 80，【阴影羽化】数值为 4，然后调整阴影结束点位置，如图 4-111 所示。

(34) 使用【选择】工具选中步骤(32)中输入的文字，按 F11 键打开【渐变填充】对话框。在对话框中【类型】下拉列表中选择【线性】选项，选中【自定义】单选按钮，设置渐变色效果，【角度】为 90，然后单击【确定】按钮，如图 4-112 所示。

图 4-111　添加阴影

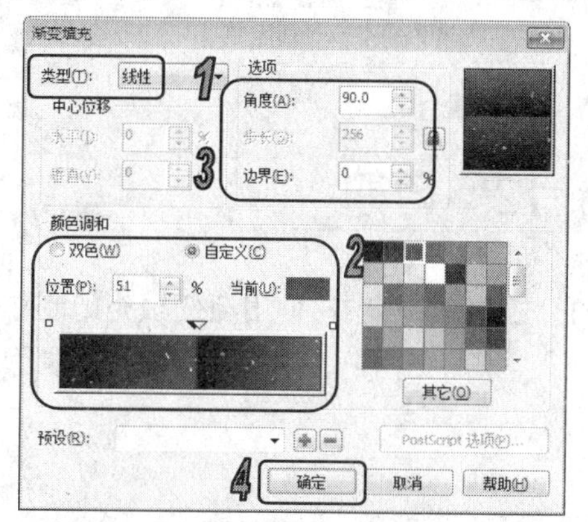

图 4-112　填充渐变

(35) 使用【选择】工具选中步骤(25)至步骤(34)中创建的对象，并按 Ctrl+G 键进行群组。在【变换】泊坞窗中，设置 x 为 150mm，【副本】为 1，然后单击【应用】按钮，如图 4-113 所示。

(36) 使用步骤(19)至步骤(20)的操作方法，输入文字内容，并添加阴影效果，如图 4-114 所示。

图 4-113　移动复制对象

图 4-114　添加文字

(37) 选择【贝塞尔】工具在页面中绘制图形，并在调色板中取消轮廓色，设置填充色为白色，如图 4-115 所示。

(38) 使用步骤(12)至步骤(14)的操作方法，分别创建其他的图形对象，如图 4-116 所示。

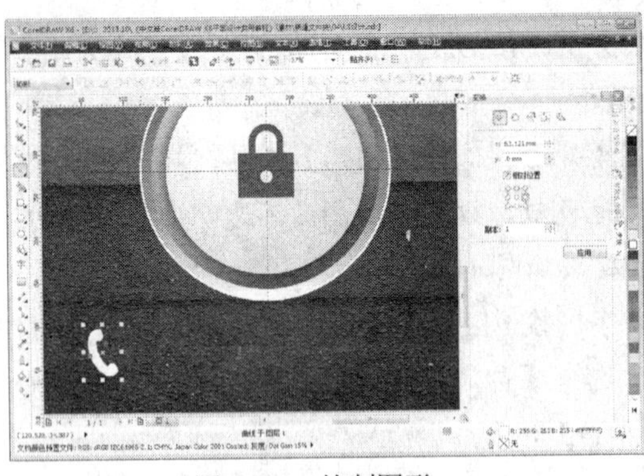

图 4-115　绘制图形

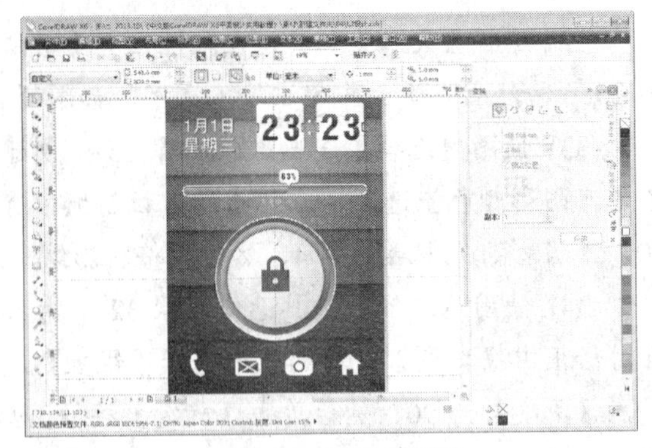

图 4-116　绘制图形

4.12　习题

1. 在绘图文档中，使用渐变填充，制作如图 4-117 所示的图像效果。
2. 在绘图文档中，使用图样填充，制作如图 4-118 所示的图像效果。

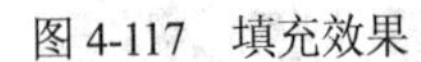

图 4-117　填充效果

图 4-118　填充效果

第5章 对象基本操作

学习目标

CorelDRAW X6 提供了强大的编辑对象功能，用户除了可以进行选择、复制等基本操作外，还可以进行移动、旋转、缩放和镜像等变换操作，从而使对象更加符合设计制作的需要。

本章重点

- 选择对象
- 复制对象
- 变换对象
- 控制对象
- 对齐与分布对象
- 图框精确裁剪对象

5.1 选择对象

对图形对象的选择是编辑图形最基本的操作。对象的选择可以分为选择单个对象、选择多个对象和选择绘图页中所有对象 3 种。在 CorelDRAW X6 中，可以选择可见对象、视图中被其他对象遮挡的对象及群组或嵌套群组中的单个对象。此外，还可以按创建顺序选择对象、一次选择所有对象，以及取消选择对象。当对象被选取时，在对象的四周会出现 8 个控制点，中央则会显示中心点，如图 5-1 所示。选择对象的方法如下。

- 选择一个对象：单击【选择】工具，然后单击一个对象。
- 选择多个对象：选择工具箱中的【选择】工具，然后按住 Shift 键并单击要选择的每个对象。
- 选择所有对象：选择菜单栏中的【编辑】|【全选】|【对象】命令。
- 选择群组中的一个对象：按住 Ctrl 键，单击【选择】工具，然后单击群组中的对象。

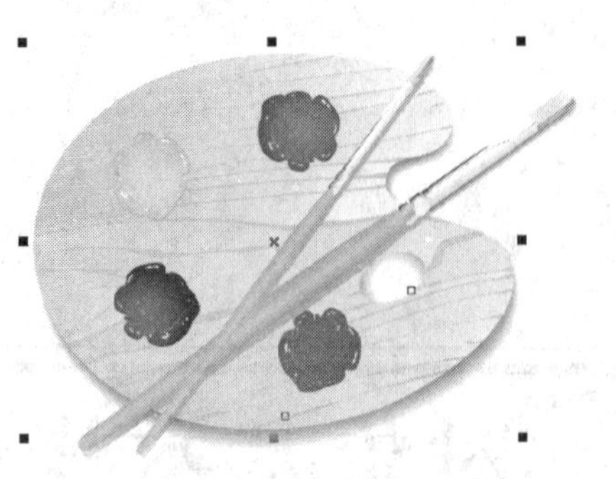
图 5-1　选择对象

提示

可以使用【选择】工具在绘图页中单击并拖动，这时会出现一个虚线框，拖动虚线框将所有要选取的对象全部框选，释放鼠标后可以选取全部被框选对象。在框选时，按住 Alt 键，则可以选择所有接触到虚线框的对象，无论该对象是否被全部包围在虚线框内。

- 选择嵌套群组中的一个对象：按住 Ctrl 键，单击【选择】工具，然后单击对象一次或多次，直到其周围出现选择框。
- 选择视图中被其他对象遮掩的对象：按住 Alt 键，单击【选择】工具，然后单击最顶端的对象一次或多次，直到隐藏对象周围出现选择框。
- 选择多个隐藏对象：按住 Shift + Alt 键，单击【选择】工具，然后单击最顶端的对象一次或多次，直到隐藏对象周围出现选择框。
- 选择群组中的一个隐藏对象：按住 Ctrl + Alt 键，单击【选择】工具，然后单击最顶端的对象一次或多次，直到隐藏对象周围出现选择框。

不对对象进行编辑操作时，可以通过下列操作撤销选取对象。

- 撤销选取所有对象时，使用【选择】工具，在绘图窗口内空白处单击，或按 Esc 键。
- 在多个选取对象内撤销选取某一对象时，按住 Shift 键，并在该对象的填充或外框上的任意处单击。

提示

利用空格键可以快速从当前选定的工具切换到【选择】工具，再按空格键，又可切换回原来的工具，在实际工作中，该快捷切换方式更加便捷。

5.2　复制对象

在 CorelDRAW X6 中，复制对象有多种方法。选取对象后，按下数字键盘上的【+】键，即可快速地复制出一个新对象。

5.2.1　对象基本复制

选择对象后，可以通过复制对象，将其放置到剪贴板上，然后再粘贴到绘图页面或其他应用程序中。

在 CorelDRAW X6 中，可以选择【编辑】|【复制】命令；或右击对象，在弹出的菜单中

选择【复制】命令；或按 Ctrl+C 键；或单击工具栏中的【复制】按钮将对象复制到剪贴板中。再选择【编辑】|【粘贴】命令；或右击，在弹出的菜单中选择【粘贴】命令；或按 Ctrl+V 键；或单击工具栏中的【粘贴】按钮将剪贴板中的对象复制粘贴，如图 5-2 所示。

图 5-2　复制对象

知识点

使用【选择】工具选择对象后，按下鼠标左键将对象拖动到适当的位置，在释放鼠标左键之前按下鼠标右键，即可将对象复制到该位置。

5.2.2　对象再制

对象再制是指将对象按一定的方式复制为多个对象。再制对象时，可以沿着 X 和 Y 轴指定副本和原始对象之间的偏移距离。

在绘图窗口中无任何选取对象的状态下，可以通过属性栏设置来调节默认的再制偏移距离。在属性栏上的【再制距离】数值框中输入 X、Y 方向上的偏移值即可。

【例 5-1】在绘图文件中，再制选中的对象。

(1) 使用【选择】工具选取需要再制的对象，按住鼠标左键拖动一定的距离，在释放鼠标左键之前单击鼠标右键，即可在当前位置复制一个副本对象，如图 5-3 所示。

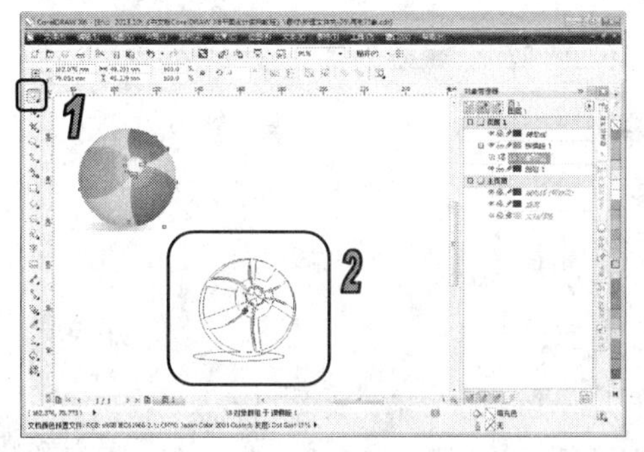

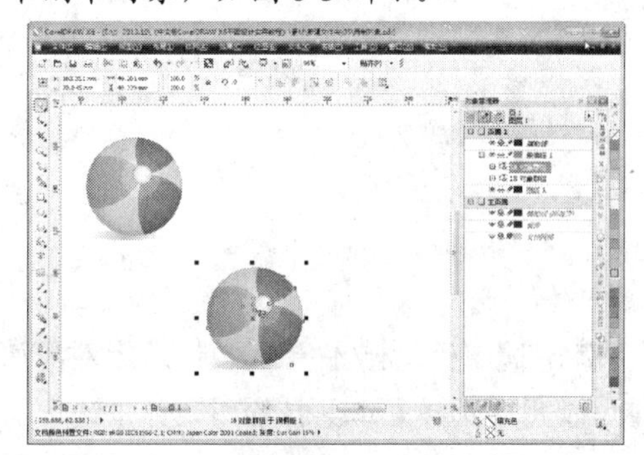

图 5-3　复制对象

(2) 在绘图窗口中取消对象的选取，在工具属性栏上设置【再制距离】的 X 值为 50mm，Y 值为 50mm，然后选中刚复制的对象，选择菜单栏中的【编辑】|【再制】命令，即可按照指

定的距离和角度再制新的对象，如图 5-4 所示。

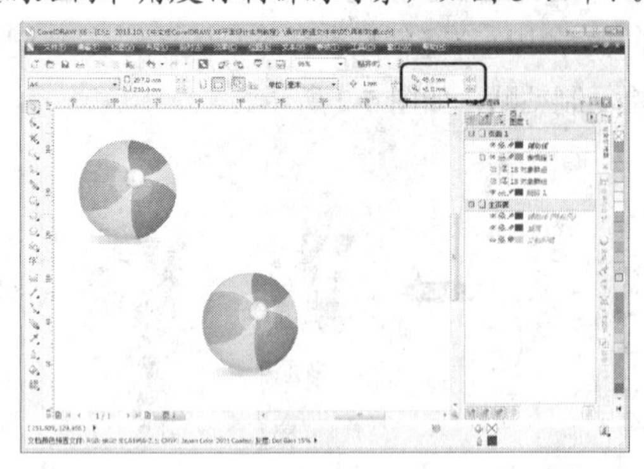

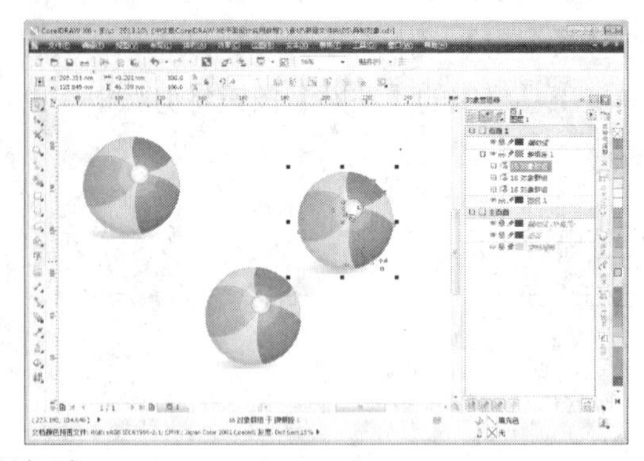

图 5-4　再制对象

5.2.3　复制对象属性

在 CorelDRAW X6 中，复制对象属性是一种比较特殊、重要的复制方法，它可以通过复制的方法方便快捷地将指定对象中的轮廓笔、轮廓色、填充和文本属性应用到所选对象中。

提示

用鼠标右键按住一个对象，将对象拖动至另一对象上后，释放鼠标，在弹出的命令菜单中选择【复制填充】、【复制轮廓】或【复制所有属性】选项，即可将源对象中的填充、轮廓或以及其他所有属性复制到所选对象上，如图 5-5 所示。

图 5-5　复制对象属性

【例 5-2】在绘图文件中，复制选定对象属性。

(1) 使用【选择】工具在绘图文件中选取需要复制属性的对象，如图 5-6 所示。

(2) 选择【编辑】|【复制属性自】命令，打开【复制属性】对话框。在【复制属性】对话框中，选择需要复制的对象属性选项，选中【填充】复选框，如图 5-7 所示。

(3) 单击对话框中的【确定】按钮，当光标变为➡状态后，单击用于复制属性的源对象，即可将该对象的属性按照设置复制到所选择的对象上，如图 5-8 所示。

图 5-6　选择对象

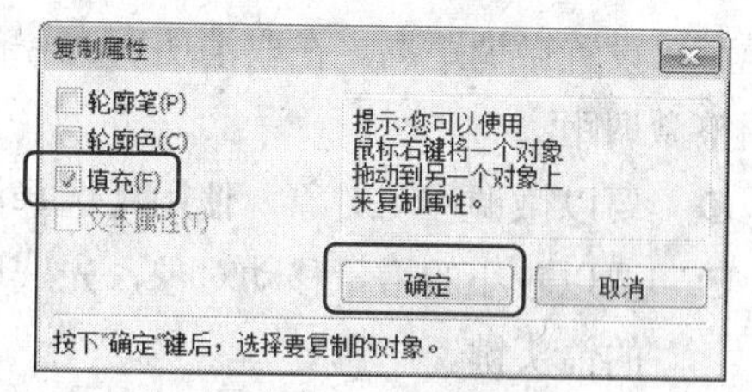

图 5-7　设置复制属性

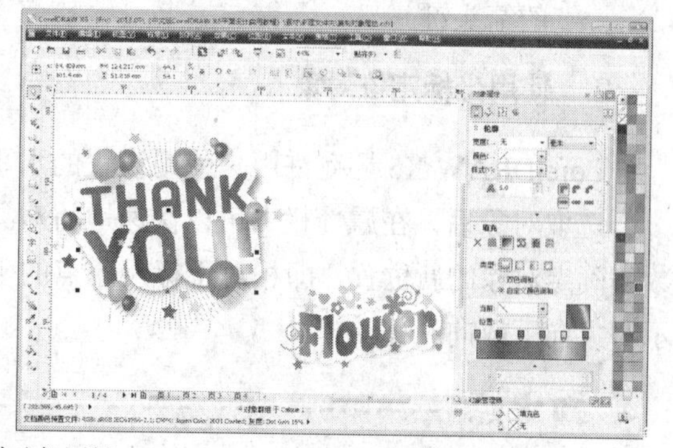

图 5-8　复制对象属性

5.3　变换对象

对图形对象的移动、缩放、比例、倾斜、旋转和镜像等操作是绘图编辑经常需要使用的处理操作。选择【排列】|【变换】命令，在展开的子菜单中选择任一项命令，即可打开【变换】泊坞窗。通过【变换】泊坞窗可以对所选对象进行移动、旋转、缩放以及镜像等精确的变换设置。另外，在【变换】泊坞窗中还可在变换对象的同时，将设置应用于再制的对象，而原对象保持不变。

5.3.1　移动对象

使用【选择】工具选择需要移动的对象，然后在对象上按下鼠标左键并拖动，即可任意移动对象的位置。拖动对象时按住 Ctrl 键，可以使对象只在水平或垂直方向上移动。如果要移动一个对象到其他页面时，可以拖动该对象到文档导航器的页码上，选择所需放置的页数，至将对象放置在该页面的指定位置上后，释放鼠标。

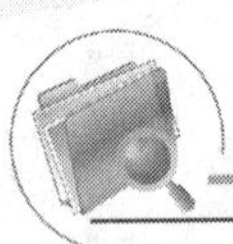

1. 微调对象

使用键盘上的方向箭头可以任意方向微调对象。默认情况下，对象以 0.1 mm 的增量移动。用户也可以通过【选项】对话框中的【文档】列表下的【标尺】选项来修改增量。在属性栏中同样可以设置微调距离。在取消所有对象的选取后，在【微调偏移】数值框中输入一个数值即可调整微调距离。

- 要以微调移动对象，使用【选择】工具选取要微调的对象，按下键盘上的箭头键。
- 要以较小的增量移动对象，先选取要微调的对象，按住 Ctrl 键，并按下所需移动方向的箭头键。
- 要以较大的增量移动对象，先选取要微调的对象，按住 Shift 键，并按下所需移动方向的箭头键。

2. 使用坐标定位对象

CorelDRAW X6 还允许用户使用设置的水平和垂直坐标来按照指定的距离移动对象。

选取对象后，在属性栏中可以快速地将对象移动到指定的位置。在 X 和 Y 数值框中键入数值确定对象的新位置，即相对于标尺原点的坐标。正值表示对象向上或向右移动，负值则表示对象向下或向左移动。

知识点

右击工具栏的空白处，在弹出的菜单中选择【变换】命令，这时【变换】工具栏将显示在绘图窗口中，如图 5-9 所示。使用与设置属性栏相同的方法可以定位对象。但需要注意的是，必须禁用【相对于对象】按钮。

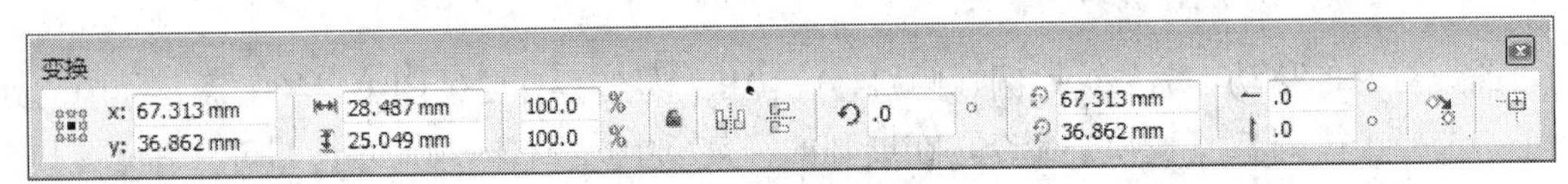

图 5-9 【变换】工具栏

除了上面介绍的方法，还可以选择【窗口】|【泊坞窗】|【变换】|【位置】命令，在【变换】泊坞窗中分别输入新的【水平】和【垂直】值。默认情况下，对象在定位时基于中心点移动，因此对象的中心将移动到指定的标尺坐标处。但用户可以使用【变换】泊坞窗指定新的锚点。锚点与对象的选定控制点相对应。通过改变锚点，可以将对象移动到指定的标尺坐标处。

【例 5-3】在绘图文件中，使用泊坞窗移动并复制对象。

(1) 使用【选择】工具选择需要移动的对象，然后选择【排列】|【变换】|【位置】命令，打开【变换】泊坞窗，此时泊坞窗显示为【位置】选项组，如图 5-10 所示。

(2) 在泊坞窗中选中【相对位置】复选框，并选择对象移动的相对位置，然后设置 x 为 110mm，设置【副本】数值为 1，单击【应用】按钮，可保留原来的对象不变，将设置应用到复制的对象上，如图 5-11 所示。

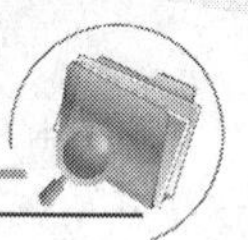

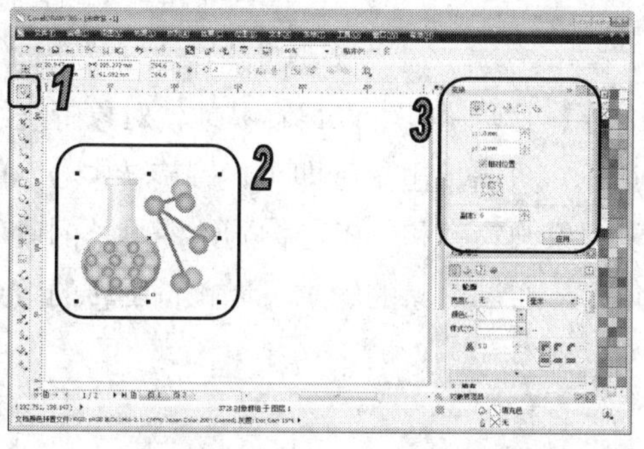

图 5-10　选择对象并打开泊坞窗

提示

【相对位置】选项是指将对象或对象副本，以原对象的锚点作为相对的坐标原点，沿某一方向移动到相对于原位置指定距离的新位置上。

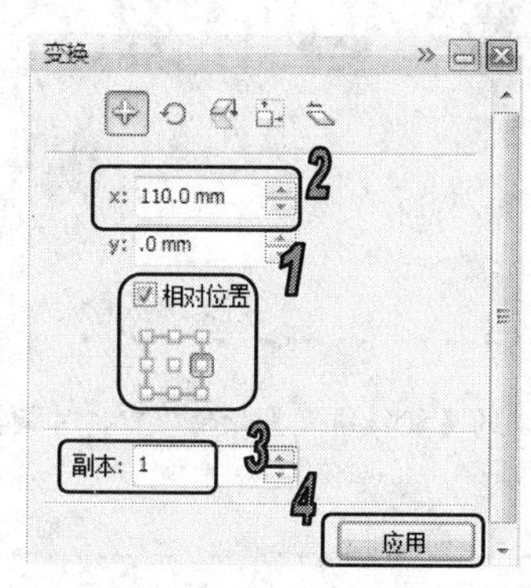

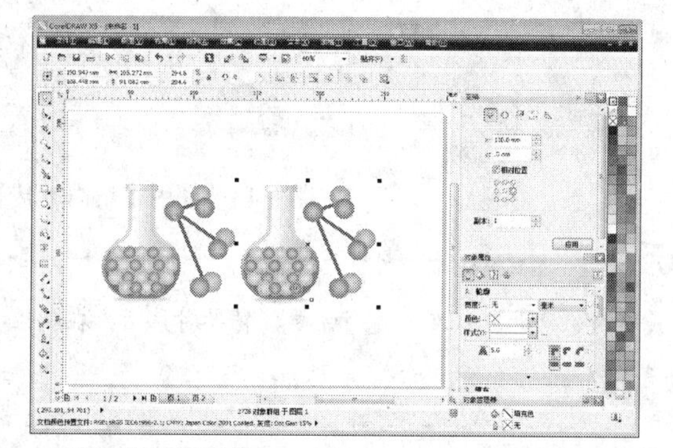

图 5-11　移动并复制对象

5.3.2　旋转对象

在 CorelDRAW 中，可以自由旋转对象角度，也可以通过设置让对象按照指定的角度进行旋转。

1. 使用【选择】工具旋转对象

使用【选择】工具，可以通过拖动旋转控制柄交互式旋转对象。使用【选择】工具双击对象，会显示对象的旋转和倾斜控制柄。选取框的中心出现一个旋转中心标记。拖动任意一个旋转控制柄以顺时针或逆时针方向旋转对象，在旋转时分别按住 Alt 或 Shift 键可以同时使对象倾斜或调整对象大小，如图 5-12 所示。

图 5-12　旋转对象

2. 使用【自由旋转】工具

使用【自由变换】工具属性栏上的【自由旋转】工具，可以很容易地使对象围绕绘图窗口中的其他对象或任意点进行旋转，如图 5-13 所示。只需单击鼠标即可设置旋转中心，单击的位置将成为旋转中心。开始拖动鼠标时，会出现对象的轮廓和一条延伸到绘图页外的蓝色旋转线。旋转线指出从旋转中心旋转对象时基于的角度，通过对象的轮廓可以预览旋转的效果。

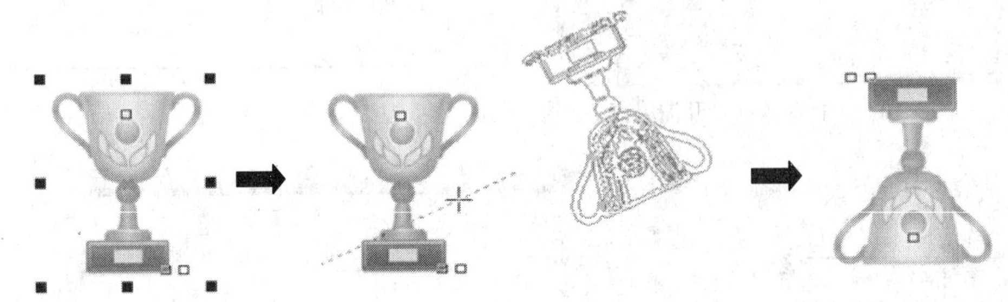

图 5-13　使用【自由旋转】工具

提示

要旋转对象，也可以在选择所需要旋转的对象后，在属性栏中的【旋转角度】数值框中，对旋转的角度进行设置。

3. 精确旋转对象

在【变换】工具属性栏或【变换】泊坞窗中可以按照指定的数值快速旋转对象。要使对象绕着任意的选定控制柄旋转，可以使用【变换】泊坞窗修改旋转中心。旋转对象时，正值可以使对象从当前位置逆时针旋转，负值则顺时针旋转。

【例 5-4】在绘图文件中，使用泊坞窗旋转对象。

(1) 选择【选择】工具选定对象。选择【排列】|【变换】|【旋转】命令，打开【变换】泊坞窗。在打开的【变换】泊坞窗中，单击【旋转】按钮，将泊坞窗切换到【旋转】选项组，如图 5-14 所示。

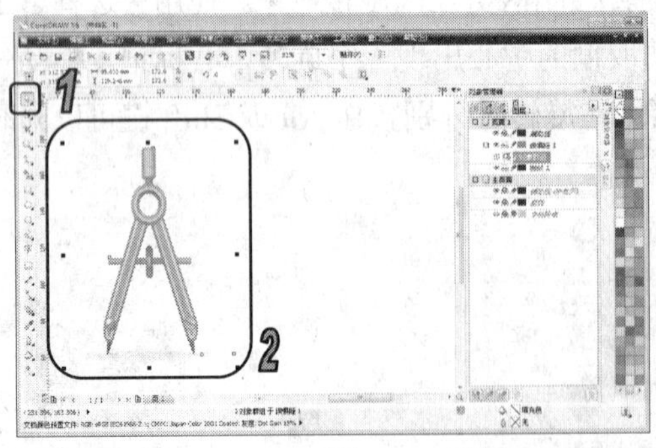

图 5-14　选择对象并打开泊坞窗

(2) 设置旋转角度-45°，设置 x 为 200mm，y 为 0mm，设置【副本】数值为 1，然后单击

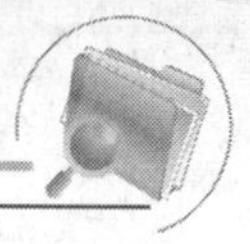

【应用】按钮，即可按照所设置的参数完成对象的旋转操作，如图5-15所示。

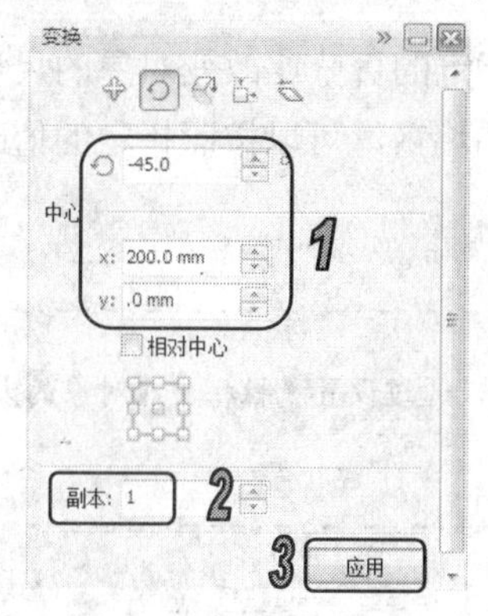

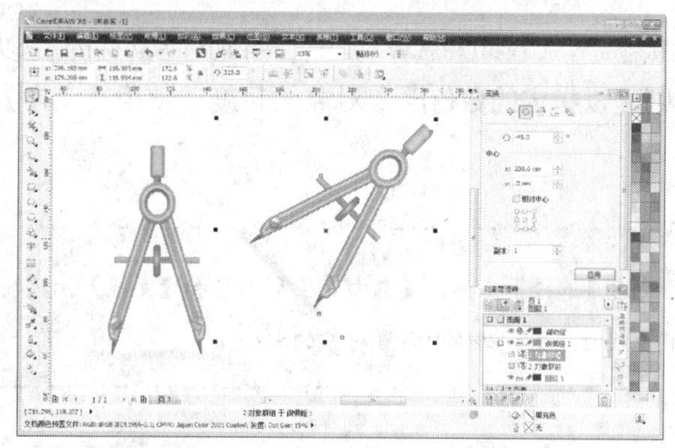

图 5-15 旋转对象

5.3.3 缩放对象

在 CorelDRAW 中，可以缩放对象，调整对象的大小。用户可以通过保持对象的纵横比来按比例改变对象的尺寸，也可以通过指定值或直接更改对象来调整对象的尺寸，还可以通过改变对象的控制点位置缩放对象。

1. 使用【选择】工具缩放对象

使用【选择】工具选中对象后，可以通过调整对象控制点调整对象大小和缩放对象。

- 按住 Shift 键，同时拖动一个角控制点，可以从对象的中心调整选定对象的大小。
- 按住 Ctrl 键，同时拖动一个角控制点，可以将选定对象调整为原始大小的几倍。
- 按住 Alt 键，同时拖动一个角控制点，可以延展选定对象并同时调整其大小。

2. 使用【自由调节】工具

在选中对象后，选择工具箱中的【自由变换】工具，然后单击属性栏中的【自由缩放】工具，可以沿水平和垂直坐标轴缩放对象。另外，利用该工具放大和缩小对象时是相对于对象的参考点进行缩放的，只要在页面中单击即可设置参考点。在对象内部单击，可从中心缩放对象。在对象外部单击，可根据拖动鼠标的距离和方向来缩放和定位对象，如图5-16所示。

图 5-16 改变对象大小

3. 精确修改对象大小

默认状态下，CorelDRAW 以中心缩放对象。缩放是以指定的百分比改变对象的尺寸，而调整大小则是以指定的数值改变对象的尺度。使用【变换】泊坞窗，可以按照指定的值改变对象的尺寸。

提示

除了使用【选择】工具、【自由变换】工具和【变换】泊坞窗外，通过设置属性栏中【对象的大小】数值框中的数值，也可以精确设置对象的大小。

【例 5-5】在绘图文件中，使用泊坞窗改变对象大小。

(1) 选择需要调整大小的对象，单击【变换】泊坞窗中的【大小】按钮，切换至【大小】选项组，如图 5-17 所示。

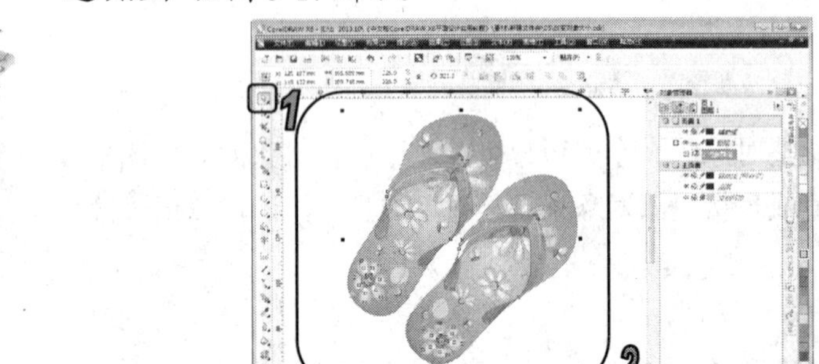

图 5-17 选择对象并打开泊坞窗

提示

使用【选择】工具选取对象后，在按住 Shift 键的同时拖动对象四角的控制点，可使对象按中心点位置等比例缩放；按住 Ctrl 键的同时拖动四角的控制点，可按原始大小的倍数来等比例缩放对象；按住 Alt 键的同时拖动四角的控制点，可按任意长宽比例缩放对象。

(2) 在 x 数值框中设置为 40mm，并选择对象缩放的相对位置，设置【副本】数值为 1，完成后单击【应用】按钮，即可调整对象的大小，如图 5-18 所示。

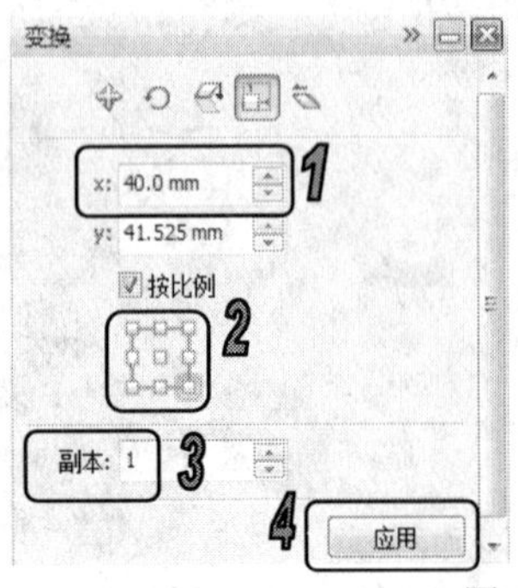

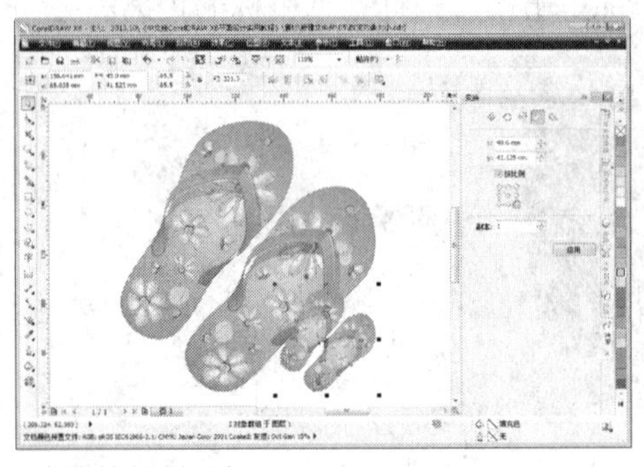

图 5-18 缩放并复制对象

5.3.4　镜像对象

利用 CorelDRAW 中的镜像选项可以水平或垂直镜像对象。水平镜像对象会将对象由左向右或由右向左翻转；垂直镜像对象则会将对象由上向下或由下向上翻转。

1. 使用【选择】工具镜像对象

使用【选择】工具选定对象后，将光标移动到对象左边或右边居中的控制点上，按下鼠标左键并向对应的另一边拖动鼠标，当拖出对象范围后释放鼠标，可使对象按不同的宽度比例进行水平镜像；如拖动上方或下方居中的控制点到对应的另一边，当拖出对象范围后释放鼠标，可使对象按不同的高度比例垂直镜像。

提示

使用【选择】工具镜像对象时，在拖动鼠标并按住 Ctrl 键，可以使对象保持长宽比例不变的情况下水平或垂直镜像对象。在释放鼠标前单击鼠标右键，可以在镜像对象的同时复制对象。

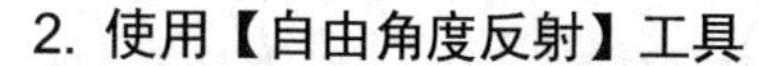

2. 使用【自由角度反射】工具

使用【自由变换】工具属性栏上的【自由角度反射】工具可以按照指定的角度镜像绘图窗口中的对象，可以通过单击鼠标设置参考点。开始拖动鼠标时，会出现对象的轮廓和一条镜像线延伸到绘图窗口外。设置参考点的位置决定对象与镜像线之间的距离。镜像线指示了从参考点镜像对象时所基于的角度，拖动镜像线可设置镜像角度，如图 5-19 所示。

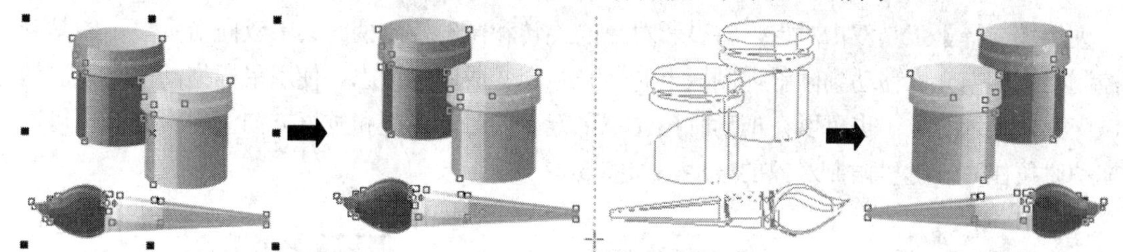

图 5-19　水平镜像对象

3. 精确镜像对象

在 CorelDRAW 中，通过属性栏和【变换】泊坞窗都可以精确地镜像对象。默认状态下，镜像的中心点是对象的中心点，用户可以通过【变换】泊坞窗修改中心点以指定对象的镜像方向。在【变换】泊坞窗中单击【缩放和镜像】按钮，切换到【缩放和镜像】选项设置，用户可以调整对象的缩放比例并使对象在水平或垂直方向上镜像。在【变换】泊坞窗中单击【缩放和镜像】按钮，切换到【缩放和镜像】选项设置。在该选项区域中，用户可以调整对象的缩放比例并使对象在水平或垂直方向上镜像，如图 5-20 所示。

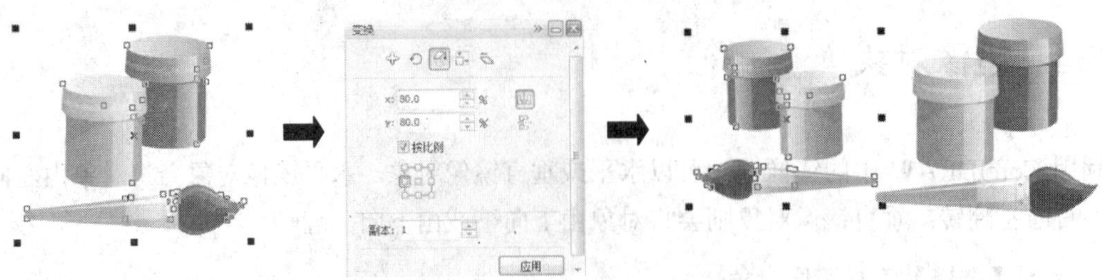

图 5-20　缩放和镜像对象

- 【缩放】：用于调整对象在宽度和高度上的缩放比例。
- 【镜像】：使对象在水平或垂直方向上翻转。
- 【按比例】：选中该复选框，在调整对象的比例时，对象将按长宽比例缩放。

提示

用户还可以通过调整属性栏中的【缩放因子】的数值来调整对象的缩放比例。单击属性栏中的【水平镜像】按钮和【垂直镜像】按钮，也可以使对象水平或垂直镜像。

5.3.5　倾斜对象

在 CorelDRAW 中，可以沿水平和垂直方向倾斜对象。用户不仅可以使用工具倾斜对象，还可以指定度数来精确倾斜对象。

1. 使用【选择】工具倾斜对象

使用【选择】工具双击对象，将显示对象的旋转和倾斜控制柄。其中双向箭头显示的是倾斜控制手柄。当光标移动到倾斜控制柄上时，光标会变成倾斜标志。使用鼠标拖动倾斜控制柄可以交互地倾斜对象；也可以在拖动时按住 Alt 键，同时沿水平和垂直方向倾斜对象；也可以在拖动时按住 Ctrl 键以限制对象的移动，如图 5-21 所示。

图 5-21　倾斜对象

2. 使用【自由扭曲】工具

使用【自由变换】工具属性栏上的【自由倾斜】工具可以使对象基于一个参考点同时进行水平和垂直倾斜。单击绘图窗口中的任意位置可以快速设置倾斜操作基于的参考点，如图 5-22

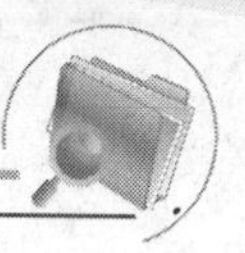

所示。

图 5-22　使用【自由倾斜】工具

3. 精确倾斜对象

用户也可以使用【变换】泊坞窗中的【倾斜】选项，精确地对图形的倾斜度进行设置。倾斜对象的操作方法与旋转对象基本相似。

5.4　控制对象

在绘图过程中，经常需要对对象进行相应的控制操作，如使对象群组或结合、解散对象的群组或打散对象、调整对象的叠放顺序等。另外，有时还需要锁定编辑好的对象，使其不受其他编辑操作的影响。掌握这些控制对象的方法，可以帮助用户更好、更高效地完成绘图操作。

5.4.1　锁定、解锁对象

锁定对象可以防止在绘图过程中无意中移动、调整大小、变换、填充或以其他方式更改对象。在 CorelDRAW 中，可以锁定单个、多个或分组的对象。如果要修改锁定的对象，需要先解除锁定状态。用户可以一次解除一个锁定对象的锁定，或者同时解除对所有锁定对象的锁定。

如果需要锁定对象，先使用【选择】工具选择对象，然后选择【排列】|【锁定对象】命令。也可以在选定对象上右击，在弹出的菜单中选择【锁定对象】命令，把选定的对象固定在特定的位置上，以确保对象的属性不被更改，如图 5-23 所示。

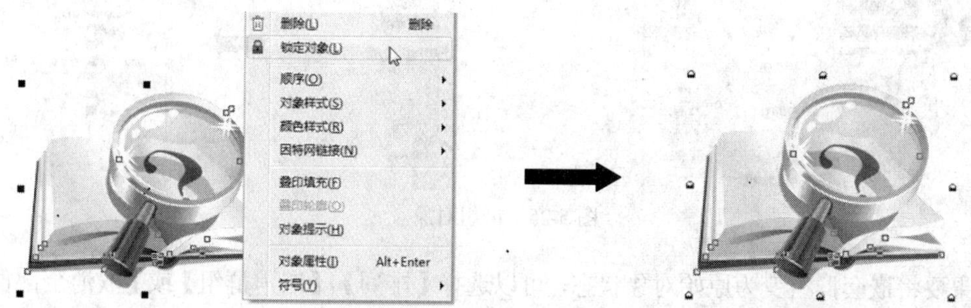

图 5-23　锁定对象

当对象被锁定在绘图页中后，无法进行对象的移动、调整大小、变换、克隆、填充或修改。锁定对象不适用于控制某些对象，如混合对象、嵌合于某个路径的文本和对象、含立体模型的对象、含轮廓线效果的对象，以及含阴影效果的对象等。

用户不能对锁定对象进行任何的编辑。如果要继续编辑对象，必须先解除对象的锁定。如果要解锁对象，使用【选择】工具选择锁定的对象，然后选择【排列】|【解锁对象】命令即可。也可以在选定对象上右击，在弹出的菜单中选择【解锁对象】命令，如图 5-24 所示。如果要解锁多个对象或对象群组，则使用【选择】工具选择锁定的对象，然后选择【排列】|【对所有对象解锁】命令即可。

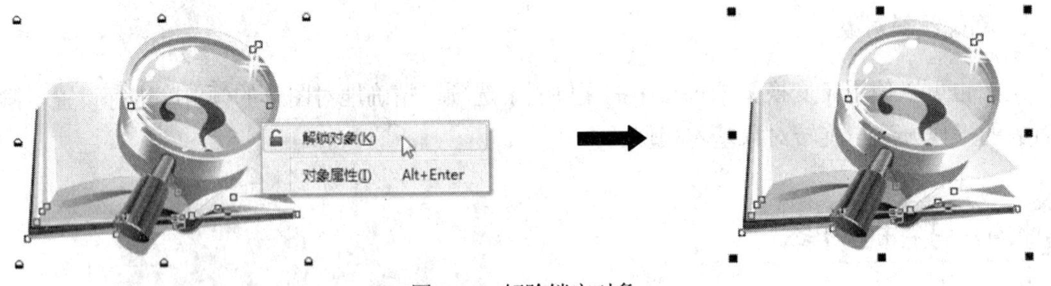

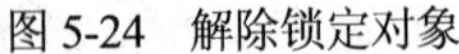

图 5-24　解除锁定对象

5.4.2　群组对象和取消群组

在进行较为复杂的绘图编辑时，可以对一些对象进行群组，以便操作。群组以后的多个对象，将被作为一个单独的对象进行处理。

如果要群组对象，首先使用【选择】工具选取对象，然后选择【排列】|【群组】命令；或在工具属性栏上单击【群组】按钮；或在选定对象上右击，在弹出的菜单中选择【群组】命令。用户还可以从不同的图层中选择对象，并群组对象。群组后，选择的对象将位于同一图层中，如图 5-25 所示。

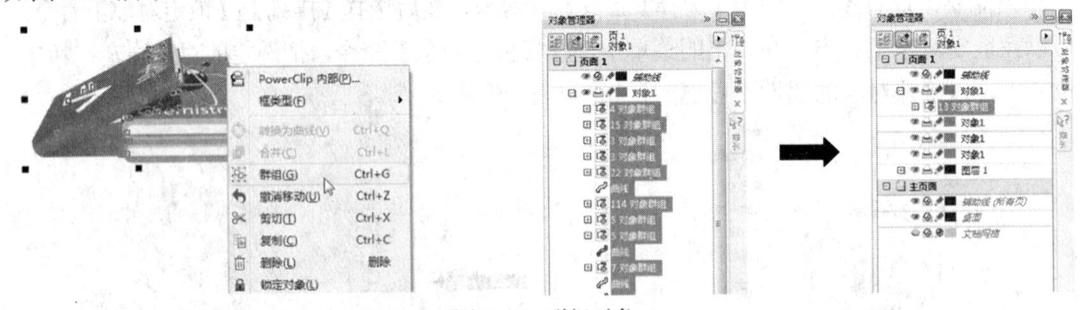

图 5-25　群组对象

如果要将嵌套群组变为原始对象状态，可以选择【排列】|【取消群组】或【取消全部群组】命令；或在工具属性栏上单击【取消群组】或【取消全部群组】按钮；或在选定对象上右击，在弹出的菜单中选择【取消群组】或【取消全部群组】命令。

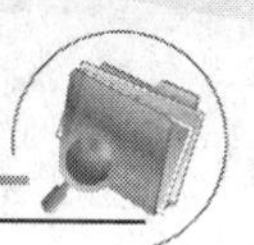

5.4.3　合并、拆分对象

合并对象与群组对象不同，使用【合并】命令可以将选定的多个对象合并为一个对象。群组时，选定的对象保持它们群组前各自的属性；而使用合并命令后，各对象将合并为一个对象，并具有相同的填充和轮廓。当应用【合并】命令后，对象重叠的区域会变为透明状态，其下的对象可见。

如果要合并对象，先使用【选择】工具选取对象，然后选择菜单栏中的【排列】|【合并】命令；或单击工具属性栏中【合并】按钮；或在选定对象上右击，在弹出的菜单中选择【合并】命令，如图 5-26 所示。

图 5-26　合并

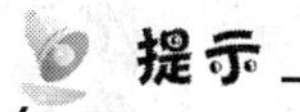

提示

合并后的对象属性与选取对象的先后顺序有关，如果采用点选的方式选择所要结合的对象，则结合后的对象属性与后选择的对象属性保持一致。如果采用框选的方式选取所要结合的对象，则结合后的对象属性会与位于最下层的对象属性保持一致。

结合对象后，可以通过【拆分曲线】命令，取消合并，将合并的对象分离成结合前的各个独立对象。在选中合并对象后，选择菜单栏中的【排列】|【拆分曲线】命令；或在选定对象上右击，在弹出的菜单中选择【拆分曲线】命令；或按 Ctrl+K 快捷键；或单击属性栏中的【拆分】按钮均可完成曲线拆分操作。

5.4.4　排列对象顺序

在 CorelDRAW 中，新创建的对象会被排列在原对象前，即最上层。绘图页中对象的前后排列顺序是由用户绘制图形对象的先后所决定的。用户可以通过菜单栏中的【排列】|【顺序】命令中的相关命令，调整所选对象的前后排列顺序；也可以在选定对象上右击，在弹出的菜单中选择【顺序】命令。

- 【到页面前面】：将选定对象移到页面上所有其他对象的前面。
- 【到页面后面】：将选定对象移到页面上所有其他对象的后面。
- 【到图层前面】：将选定对象移到活动图层上所有其他对象的前面。
- 【到图层后面】：将选定对象移到活动图层上所有其他对象的后面。

◉ 【向前一层】：将选定对象向前移动一个位置。如果选定对象位于活动图层上所有其他对象的前面，则将移到图层的上方。
◉ 【向后一层】：将选定对象向后移动一个位置。如果选定对象位于所选图层上所有其他对象的后面，则将移到图层的下方。
◉ 【置于此对象前】：将选定对象移到绘图窗口中选定对象的前面。
◉ 【置于此对象后】：将选定对象移到绘图窗口中选定对象的后面。
◉ 【逆序】：将选定对象进行反向排序。

【例 5-6】在绘图文件中，改变图形对象顺序。

(1) 在打开的绘图文件中，选择【选择】工具选定需要排列顺序的对象。

(2) 在选定对象上单击右键，在弹出的菜单中选择【顺序】|【向后一层】命令，即可重新排列对象顺序，如图 5-27 所示。

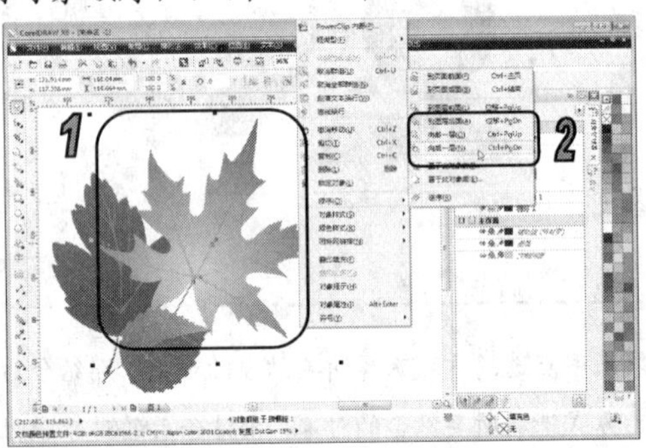

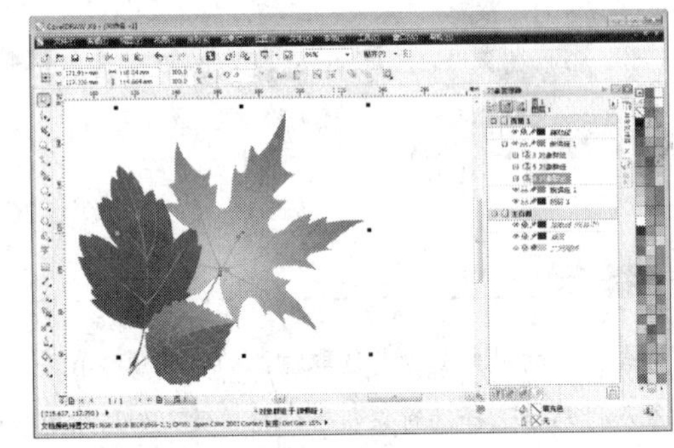

图 5-27 排列对象

5.4.5 删除对象

在选取对象后，选择【编辑】|【删除】命令或按 Delete 键，可以从绘图中删除被选取的对象。要查看被删除的对象，可以选择【编辑】|【撤销】命令。

5.5 对齐与分布对象

CorelDRAW X6 允许用户在绘图中准确地对齐和分布对象。可以使对象互相对齐，也可以使对象与绘图页面的各个部分对齐，如中心、边缘和网格；互相对齐对象时，可以按对象的中心或边缘对齐。

5.5.1 对齐对象

使用【选择】工具在工作区中选择要对齐的对象后，最先创建的对象将成为对齐其他对象

的基准，再选择【排列】|【对齐和分布】命令子菜单中的相应命令即可对齐对象，如图 5-28 所示。

- 左对齐：选择该命令，选中的对象以最先创建的对象为基准进行左对齐。
- 右对齐：选择该命令，选中的对象以最先创建的对象为基准进行右对齐。
- 顶端对齐：选择该命令，选中的对象将按最先创建的对象为基准进行顶端对齐。

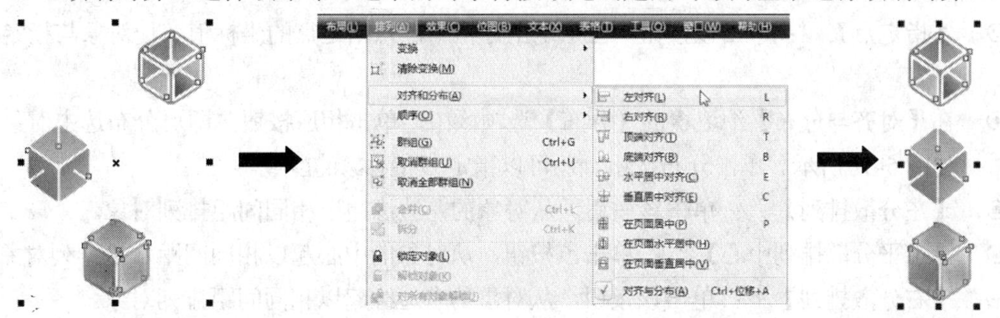

图 5-28　对齐对象

- 底端对齐：选择该命令，选中对象将按最先创建的对象为基准进行底端对齐。
- 水平居中对齐：选择该命令，选中对象将按最后选定的对象为基准进行水平居中对齐。
- 垂直居中对齐：选择该命令，选中对象将按最后选定的对象为基准进行垂直居中对齐。
- 在页面居中：选择该命令，选中对象即可以页面为基准居中对齐。
- 在页面水平居中：选择该命令，选中对象即可以页面为基准水平居中对齐。
- 在页面垂直居中：选择该命令，选中对象即可以页面为基准垂直居中对齐。

5.5.2　使用【对齐与分布】泊坞窗

使用【选择】工具选中两个或两个以上对象后，选择【排列】|【对齐和分布】|【对齐与分布】命令，或在属性栏中单击【对齐与分布】按钮，打开如图 5-29 所示的【对齐与分布】泊坞窗。在选中对象后，单击【对齐】选项区中相应的按钮，即可对齐对象。当单击对齐按钮后，单击泊坞窗中按钮，可以展开更多选项，在【对齐对象到】选项区中可以指定对齐对象的区域，如图 5-30 所示。

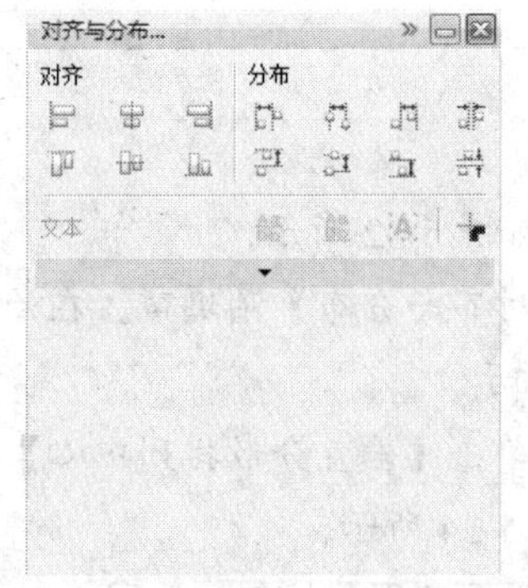

图 5-29　【对齐与分布】泊坞窗

图 5-30　对齐选项

- 【活动对象】：单击该按钮，最后选定的对象将成为对齐其他对象的参照点；如果框选对象，则使用位于选定内容左上角的对象作为参照点进行对齐。
- 【页面边缘】：单击该按钮，使对象与页面边缘对齐。
- 【页面中心】：单击该按钮，使对象与页面中心对齐。
- 【网格】：单击该按钮，使对象与最接近的网格线对齐。
- 【指定点】：单击该按钮，在指定坐标框中键入指定点的坐标值，使对象与指定点对齐。
- 在【对齐与分布】泊坞窗的【分布】选项区中，单击相应按钮，即可分布选中对象，如图 5-31 所示。单击分布按钮，还可以指定分布对象的区域。
- 【左分散排列】：单击该按钮，从对象的左边缘起以相同间距排列对象。
- 【水平分散排列中心】：单击该按钮，从对象的中心起以相同间距水平排列对象。
- 【右分散排列】：单击该按钮，从对象的右边缘起以相同间距排列对象。
- 【水平分散排列间距】：单击该按钮，在对象之间水平设置相同的间距。
- 【顶部分散排列】：单击该按钮，从对象的顶边起以相同间距排列对象。
- 【垂直分散排列中心】：单击该按钮，从对象的中心起以相同间距垂直排列对象。
- 【底部分散排列】：单击该按钮，从对象的底边起以相同间距排列对象。
- 【垂直分散排列间距】：单击该按钮，在对象之间垂直设置相同的间距。

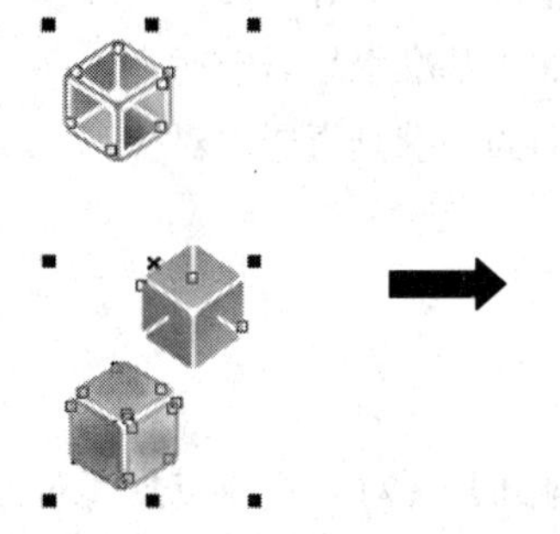

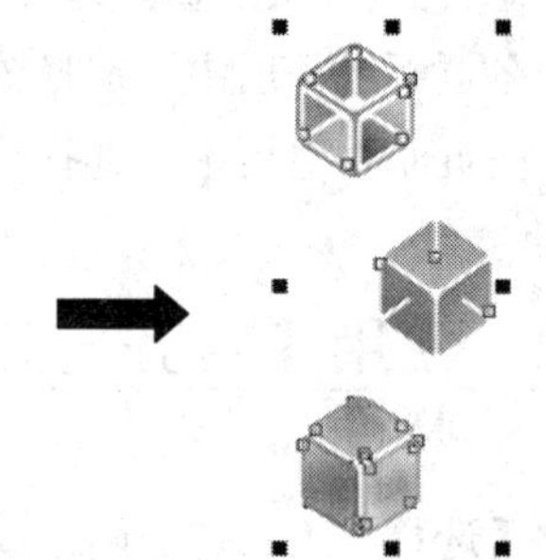

图 5-31　分布对象

知识点

单击【将对象分布到】选项区中的【选定的范围】按钮可以在环绕对象的边框区域上分布对象；单击【页面范围】按钮可以在绘图页面上分布对象。

【例 5-7】在绘图文件中，对齐分布对象。

(1) 使用【选择】工具选择需要对齐的所有对象，如图 5-32 所示。

(2) 单击属性栏中的【对齐与分布】按钮，打开【对齐与分布】泊坞窗。在泊坞窗的【对齐】选项区中单击【水平居中对齐】按钮，如图 5-33 所示。

(3) 在【对齐与分布】泊坞窗的【分布】选项区中单击【垂直分散排列中心】按钮，并在【对齐对象到】选项区中单击【页面边缘】按钮，如图 5-34 所示。

(4) 在泊坞窗的【将对象分布到】选项区中单击【页面范围】按钮，如图 5-35 所示，此时

完成对齐分布操作。

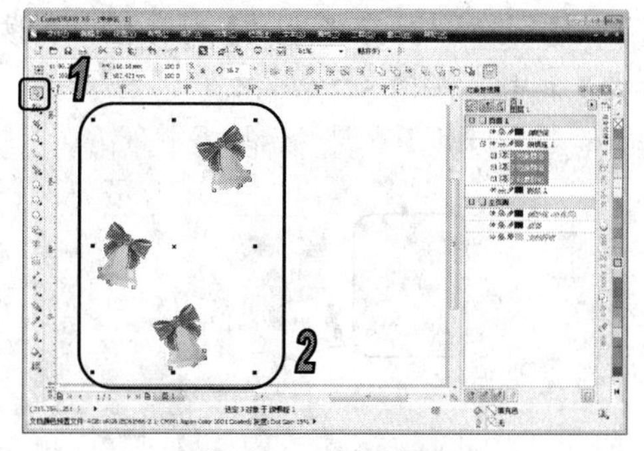

图 5-32　选择对象

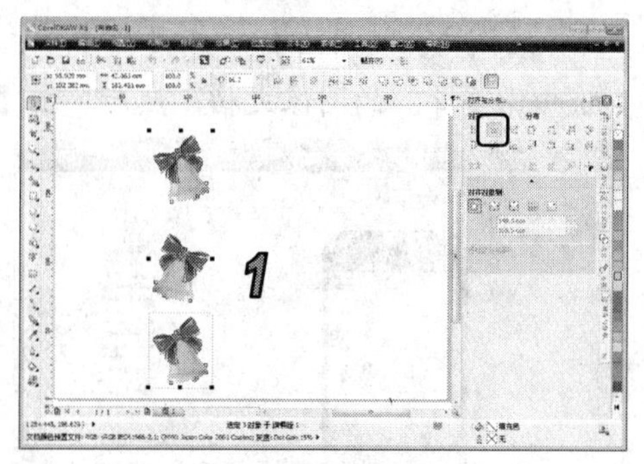

图 5-33　对齐对象

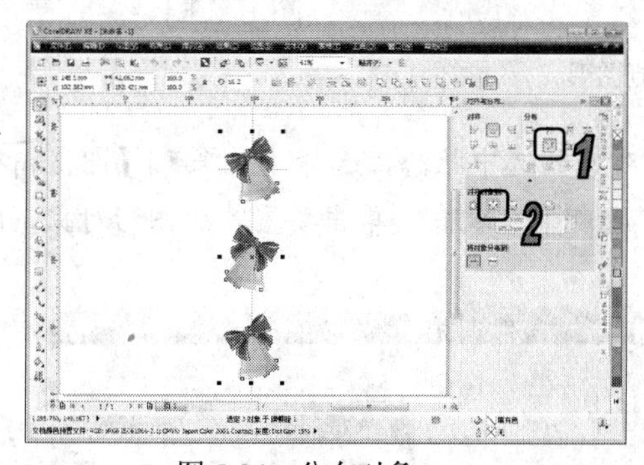

图 5-34　分布对象

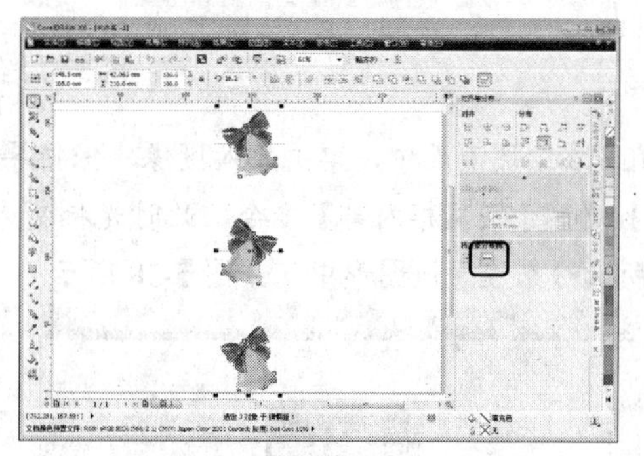

图 5-35　将对象分布到

5.6　图框精确裁剪对象

【图框精确剪裁】命令可以将对象置入到目标对象的内部，使对象按目标对象的外形进行精确的剪裁。在 CorelDRAW 中进行图形编辑以及版式编排等操作时，【图框精确剪裁】命令是常用的一项重要功能。

5.6.1　创建图框精确裁剪

要用图框精确剪裁对象，先使用【选择】工具选中需要置入容器中的对象，然后选择【效果】|【图框精确剪裁】|【置于图文框内部】命令，当光标变为黑色粗箭头时单击作为容器的图形，即可将所选对象置于该图形中，如图 5-36 所示。

图 5-36　创建图框精确裁剪

【例 5-8】使用【图框精确剪裁】命令编辑图形对象。

(1) 选择绘图文档，并在标准工具栏中单击【导入】按钮，打开【导入】对话框。在该对话框中，选中需要导入的图像文档，然后单击【导入】按钮，如图 5-37 所示。

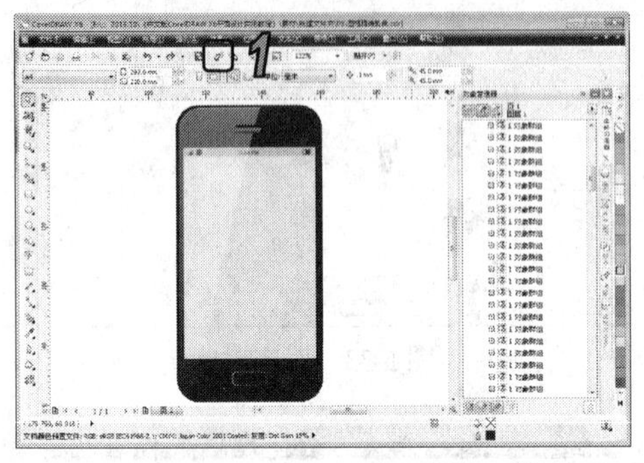
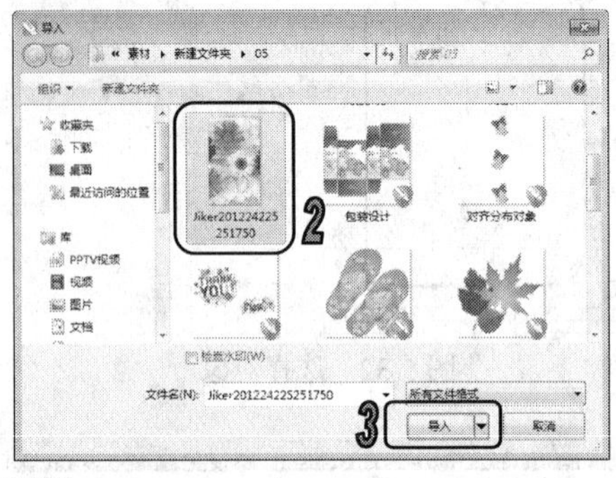

图 5-37　绘制图形

(2) 在绘图页面中，单击导入图像，保持导入对象的选中状态，选择【效果】|【图框精确剪裁】|【置于图文框内部】命令，此时光标变为黑色粗箭头状态，单击要置入的图形对象，即可将所选对象置于该图形中，如图 5-38 所示。

图 5-38　将所选对象放置在容器中

知识点

要使用图框精确剪裁对象，还可以使用【选择】工具选择需要置入容器中的对象，然后在按住鼠标右键的同时将该对象拖动到目标对象上，释放鼠标后弹出命令菜单，选择【图框精确剪裁内部】命令，所选对象即被置入到目标对象中，如图 5-39 所示。

图 5-39　使用【图框精确剪裁内部】命令

(3) 选择【效果】|【图框精确剪裁】|【编辑 PowerClip】命令，进入容器内部，根据需要

对导入的图像进行缩放，如图5-40所示。

(4) 选择【效果】|【图框精确剪裁】|【结束编辑】命令，最终编辑结果如图5-41所示。

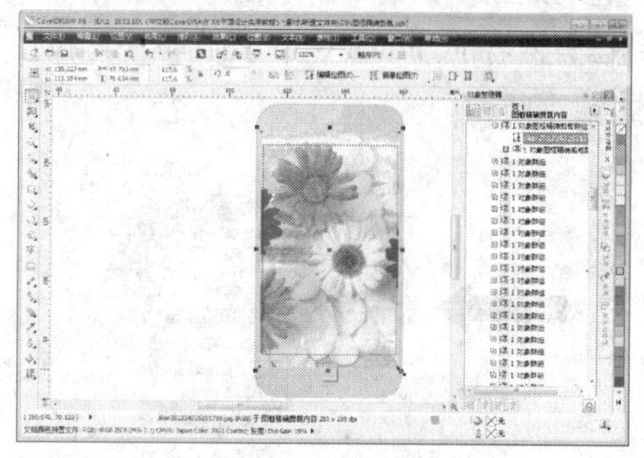

图5-40 编辑内容

图5-41 结束编辑

5.6.2 创建PowerClip对象

CorelDRAW中可以使用图文框内放置矢量对象和位图。图文框可以是任何对象，如美术字或矩形。当内容对象大于图文框时，将对内容对象进行裁剪以匹配图文框形状。这样即可创建图框精确剪裁对象。

1. 创建空PowerClip图文框

在CorelDRAW中选中要作为图文框的对象，然后选择【效果】|【图框精确裁剪对象】|【创建空PowerClip图文框】命令即可，如图5-42所示。

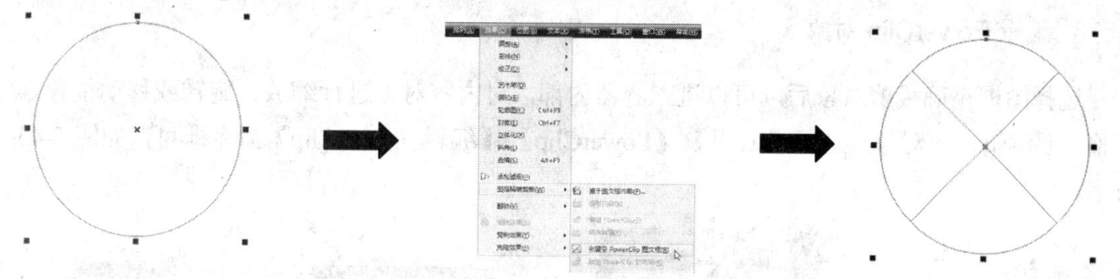

图5-42 创建空PowerClip图文框

用户也可以右击对象，在弹出的快捷菜单中选择【框类型】|【创建空PowerClip图文框】命令。还可以选择【窗口】|【工具栏】|【布局】命令，打开【布局】工具栏，在【布局】工具栏上单击【PowerClip图文框】按钮⊠。

知识点

创建PowerClip图文框后，还可以将其还原为对象。选中PowerClip图文框后，右击，在弹出的快捷菜单中选择【框类型】|【无】命令，或单击【布局】工具栏中的【无框】按钮⊠即可。

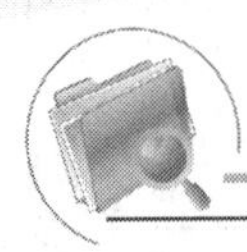

2. 向 PowerClip 图文框添加内容

要将对象或位图置入到 PowerClip 图文框中，可以按住鼠标将其拖动至 PowerClip 图文框中释放鼠标即可，如图 5-43 所示。要将对象添加到已有内容的 PowerClip 图文框中，按住 W 键同时，拖动对象至 PowerClip 图文框中释放鼠标。

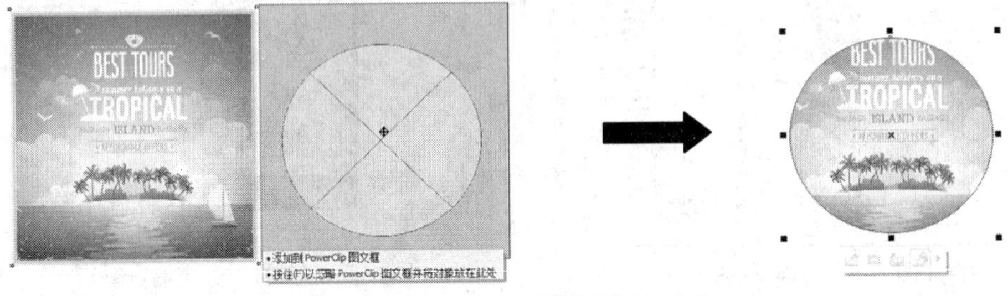

图 5-43 向 PowerClip 图文框添加内容

知识点

如果内容位于图文框以外，则置入图文框中会自动居中对齐以使其可见。要更改此设置，选择【工具】|【选项】命令，打开【选项】对话框。在对话框左侧的【工作区】类别列表中选择【PowerClip 图文框】选项，然后在右侧区域中设置需要的选项，如图 5-44 所示。

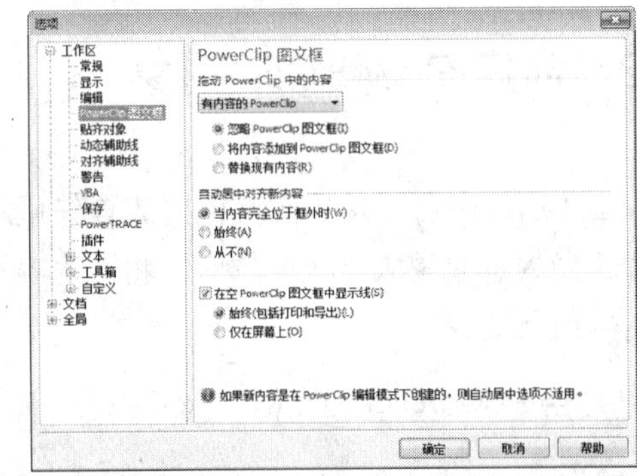

图 5-44 【PowerClip 图文框】选项

3. 编辑 PowerClip 对象

选择图框精确裁剪对象后，可以进入容器内部，对内容对象进行缩放、旋转或移动位置等调整。要编辑内容对象，选择【效果】|【PowerClip】|【编辑 PowerClip】命令即可，如图 5-45 所示。

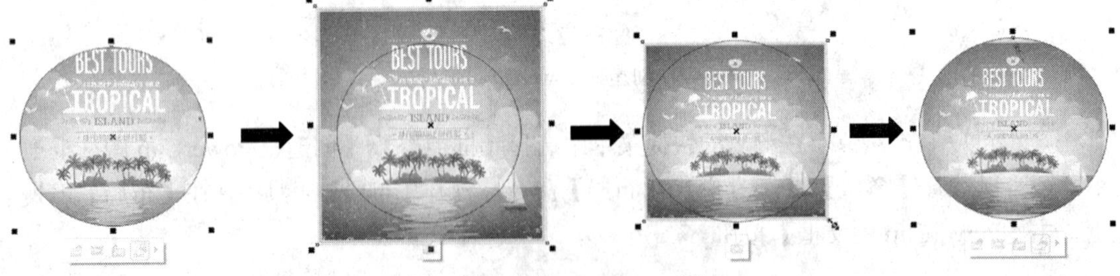

图 5-45 编辑 PowerClip 对象

在完成对图框精确剪裁内容的编辑后，选择【效果】|【图框精确剪裁】|【结束编辑】命令；或在图框精确剪裁对象上右击，从弹出的快捷菜单中选择【结束编辑】命令，即可结束编辑。

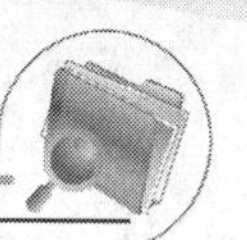

知识点

每当选中 PowerClip 对象时，系统都将在对象底部显示一个浮动工具栏，如图 5-45 所示。使用 PowerClip 浮动工具栏可以在图文框内编辑、选择、提取、锁定或重新定位内容。

4. 定位内容

选择图框精确裁剪对象后，可以选择【效果】|【图框精确裁剪】命令子菜单中的【内容居中】、【按比例调整内容】、【按比例填充框】或【延展内容以填充框】命令定位内容对象。

- 【内容居中】命令：将 PowerClip 图文框中内容对象设为居中。如图 5-47 所示.
- 【按比例调整内容】命令：在 PowerClip 图文框中，使内容对象最长一侧适合框的大小，内容对象比例不变，如图 5-48 所示。

图 5-46 PowerClip 浮动工具栏

图 5-47 【内容居中】命令

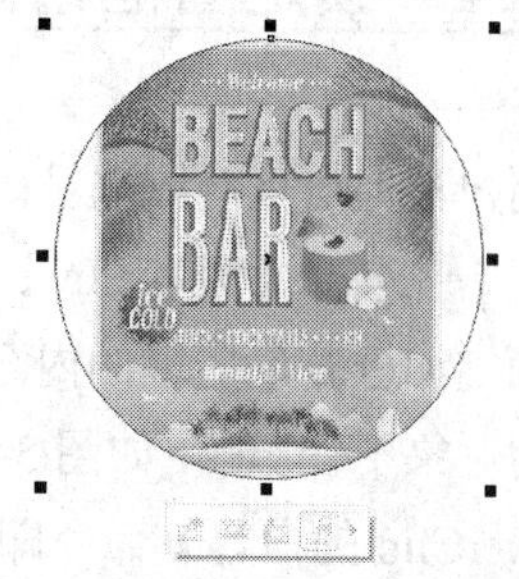

图 5-48 【按比例调整内容】命令

- 【按比例填充框】命令：在 PowerClip 图文框中，缩放内容对象以填充框，并保持内容对象比例不变。如图 5-49 所示。
- 【延展内容以填充框】命令：在 PowerClip 图文框中，调整内容对象大小并进行变形，以使其填充框。如图 5-50 所示

图 5-49 使用【按比例填充框】命令

图 5-50 使用【延展内容以填充框】命令

5.6.3 提取内容

【提取内容】命令用于提取嵌套图框精确裁剪中每一级的内容。选择【效果】|【图框精确

剪裁】|【提取内容】命令；或在图框精确剪裁对象上单击鼠标右键，从弹出的快捷菜单中选择【提取内容】命令，即可将置入到容器中的对象从容器中提取出来，如图 5-51 所示。

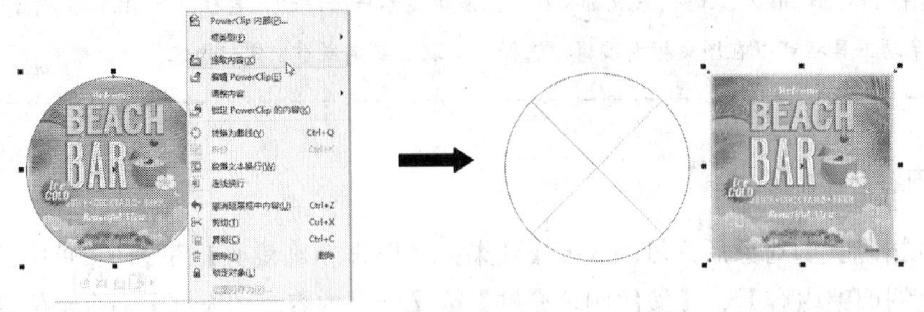

图 5-51　提取内容

5.6.4　锁定图框精确裁剪的内容

用户不但可以对图框精确剪裁对象的内容进行编辑，还可以通过单击鼠标右键，在弹出的快捷菜单中选择【锁定 PowerClip 的内容】命令，将容器内的对象锁定。

锁定图框精确剪裁的内容后，在变换图框精确剪裁对象时，只对容器对象进行变换，而容器内的对象不受影响，如图 5-52 所示。要解除图框精确剪裁内容的锁定状态，只需再次选择【锁定 PowerClip 的内容】命令即可。

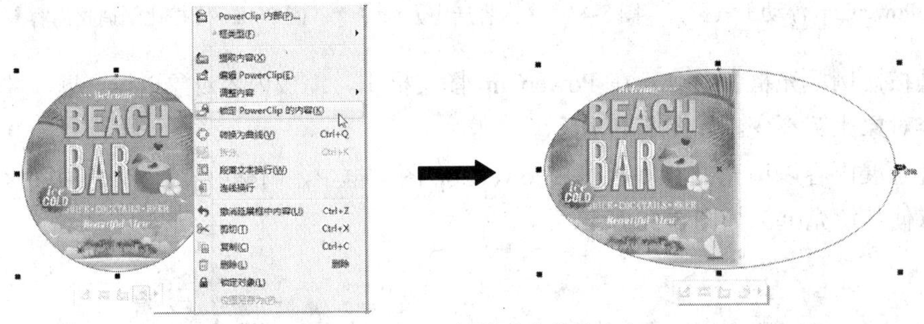

图 5-52　锁定图框精确剪裁的内容

5.7　撤销、恢复、重做与重复操作

在绘制过程中，经常需要对图形对象进行反复调整与修改。因此，CorelDRAW 提供了一组撤销、恢复、重做与重复命令。

5.7.1　撤销、恢复与重做操作

在编辑文件时，如果用户要撤销上一步操作，可以选择【编辑】|【撤销】命令或单击标准

工具栏中的【撤销】按钮，撤销该操作。如果连续选择【撤销】命令，则可以连续撤销前面所进行的多步操作。用户也可以单击标准工具栏中【撤销】按钮旁的按钮，在弹出如图 5-53 所示的下拉列表框中选择要撤销的操作，从而一次撤销该步操作以及该步操作之前的操作。

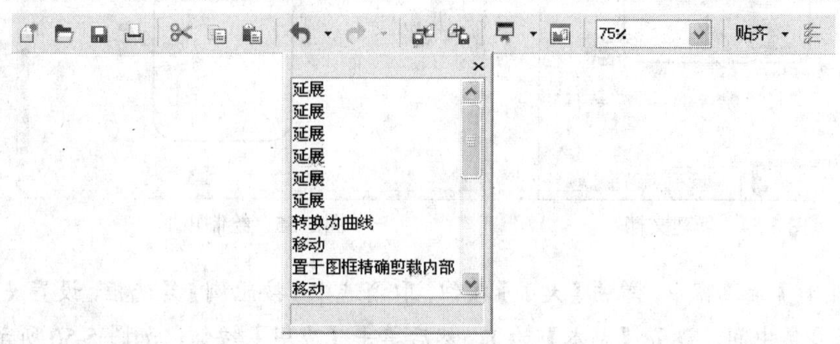

图 5-53　撤销操作

另外，用户也可以选择【文件】|【还原】菜单命令来取消操作，执行该命令后补充会弹出一个警告对话框。单击【确定】按钮，CorelDRAW 将撤销存储文件后执行的全部操作，即把文件恢复到最后一次存储的状态。

如果需要将已撤销的操作再次执行，使被操作对象回到撤销前的位置或特征，可选择【编辑】|【重做】命令，或单击标准工具栏中的【重做】按钮。该命令只有在执行过【撤销】命令后才起作用。如连续多次选择该命令，可连续重做多步被撤销的操作。也可以通过单击【重做】按钮旁的按钮，在弹出的下拉列表中选择一次重做多步被撤销的操作。

5.7.2　重复操作

选择【编辑】|【重复】命令，或按 Ctrl+R 键，可以重复执行上一次对对象所使用的命令，如移动、缩放以及复制等操作命令。此外，使用该命令，还可以将对某一对象执行的操作应用于其他对象。只需将源对象进行变化后，选中要应用此操作的其他对象，然后选择【编辑】|【重复】操作命令即可。

5.8　上机练习

本章的上机练习通过制作包装设计，使用户更好地掌握对图形对象的基本操作方法和技巧。

(1) 选择【文件】|【新建】命令，打开【创建新文档】对话框。在对话框的【名称】文本框中输入“包装设计”，设置【宽度】为 420mm，【高度】为 320 mm，单击【横向】按钮，在【原色模式】下拉列表中选择 CMYK 选项，然后单击【确定】按钮，如图 5-54 所示。

(2) 选择【矩形】工具在页面中拖动绘制矩形，并在属性栏中设置【宽度】为 125mm，【高度】为 165mm，如图 5-55 所示。

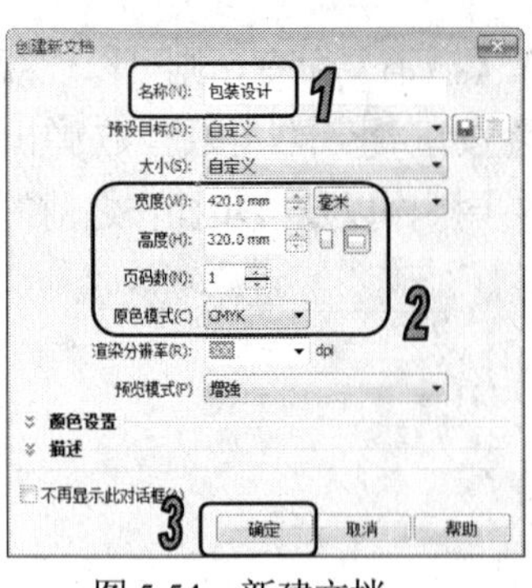

图 5-54　新建文档

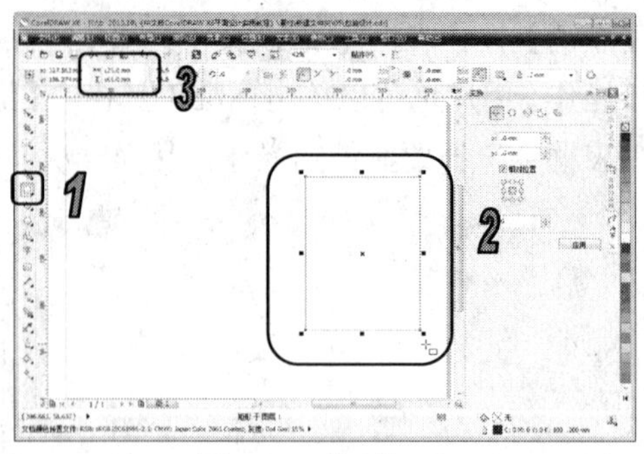

图 5-55　绘制矩形

(3) 在【变换】泊坞窗中，单击【大小】按钮，取消选中【按比例】复选框，设置 x 为 60mm，参考中心点为左侧中间，设置【副本】为 1，然后单击【应用】按钮，如图 5-56 所示。

(4) 在【变换】泊坞窗中，单击【位置】按钮，设置参考中心点为右侧中间，x 为-60mm，设置【副本】为 0，然后单击【应用】按钮，如图 5-57 所示。

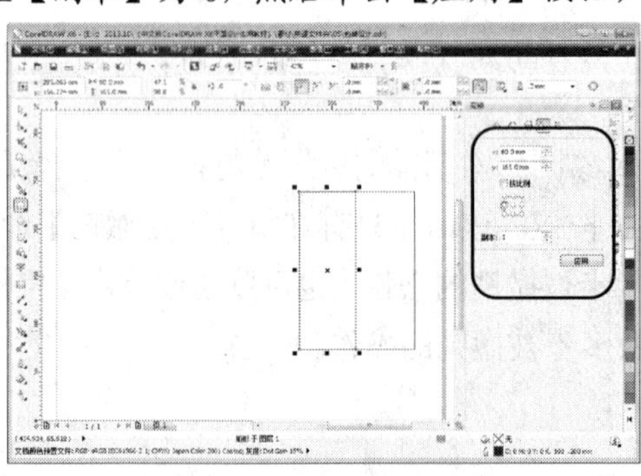

图 5-56　缩放对象

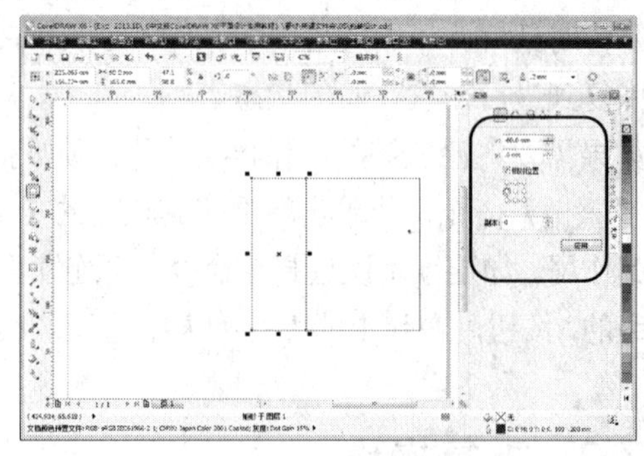

图 5-57　移动对象

(5) 单击标准工具栏中的【导入】按钮，打开【导入】对话框。在对话框中选中图像，单击【导入】按钮，然后在绘图页面中单击导入图形，并调整导入图像大小，如图 5-58 所示。

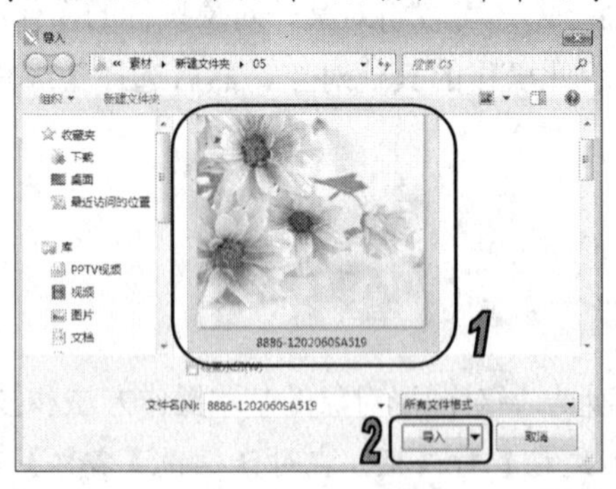

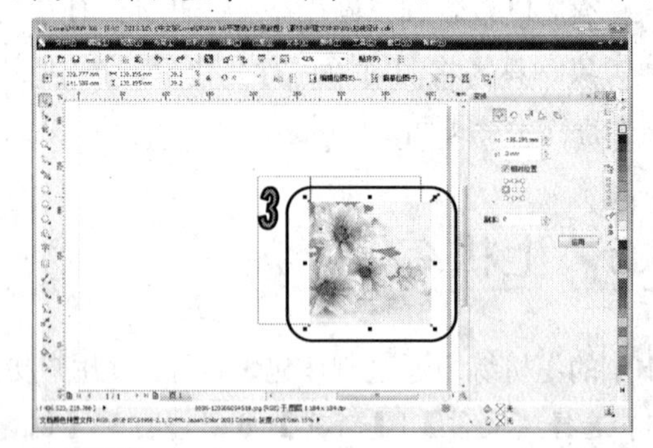

图 5-58　导入图像

(6) 选择【透明度】工具，在属性栏中的【透明度类型】下拉列表中选择【线性】选项，设置【角度】为 89，【边界】为 14，如图 5-59 所示。

(7) 选择【效果】|【图框精确剪裁】|【置于图文框内部】命令，当光标变为黑色箭头后，单击步骤(2)中创建的矩形，如图 5-60 所示。

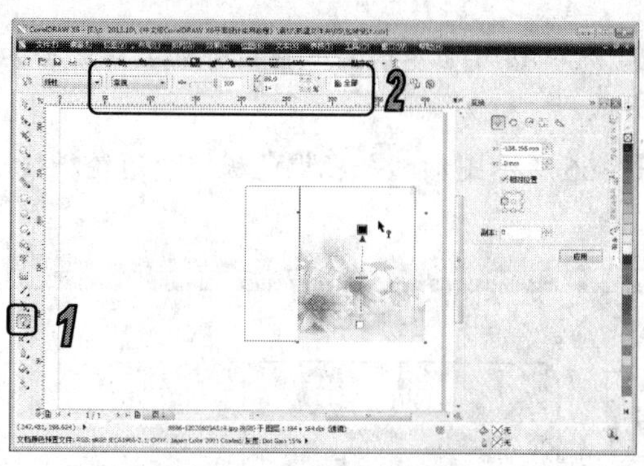

图 5-59　设置透明度

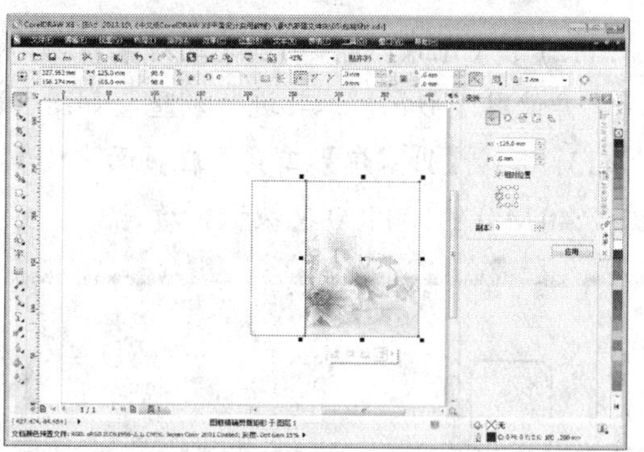

图 5-60　图框精确裁剪

(8) 使用步骤(5)至步骤(7)的操作方法，将图像导入到步骤(3)中创建的矩形中，如图 5-61 所示。

(9) 选择【矩形】工具在页面中拖动绘制矩形，并在属性栏中设置对象原点为左下角，【宽度】为 125mm，【高度】为 60mm，如图 5-62 所示。

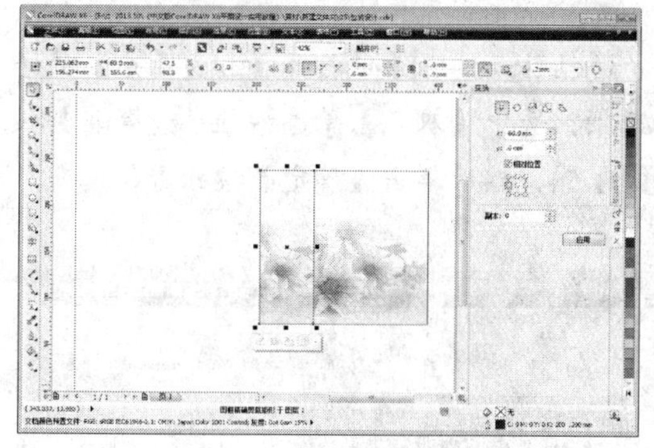

图 5-61　创建对象

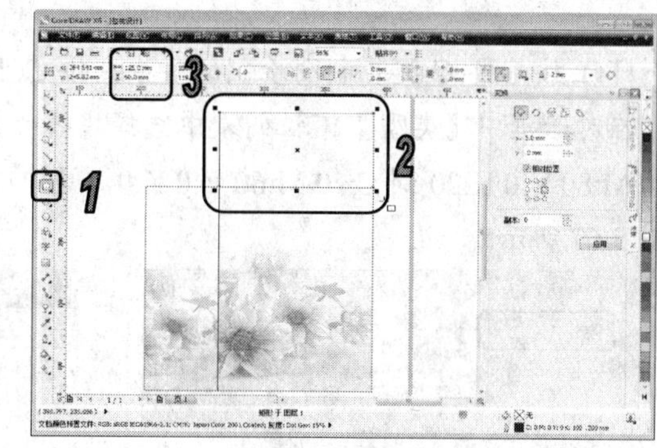

图 5-62　绘制图形

(10) 继续使用【矩形】工具在页面中拖动绘制矩形，并在属性栏中设置【宽度】为 125mm，【高度】为 10mm，单击按钮，设置左上和右上的【圆角半径】为 5mm，如图 5-63 所示。

(11) 继续使用【矩形】工具在页面中拖动绘制矩形，并在属性栏中设置【宽度】为 60mm，【高度】为 60mm，单击按钮，设置左上和右上的【圆角半径】为 3mm，如图 5-64 所示。

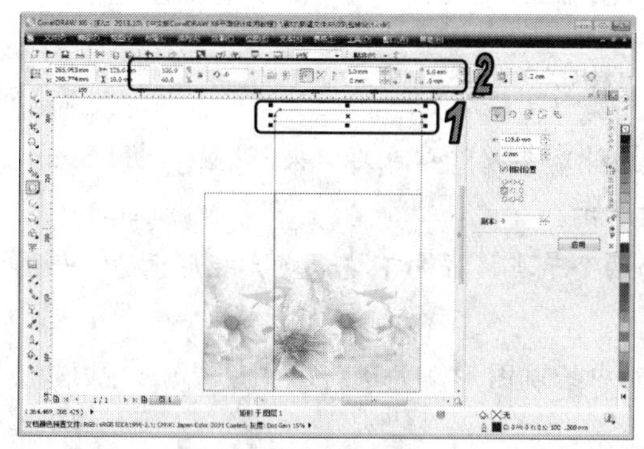

图 5-63　绘制图形

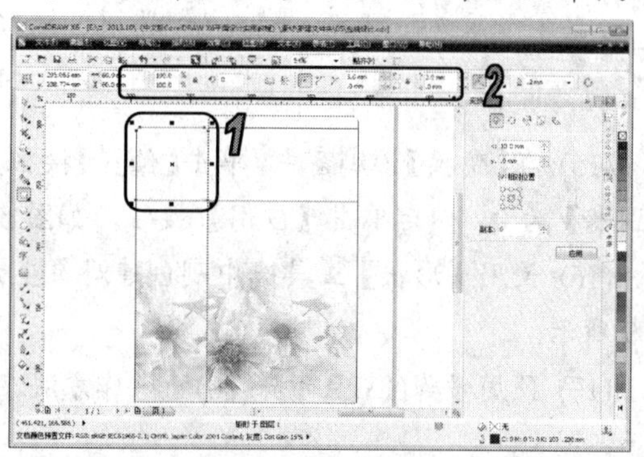

图 5-64　绘制图形

(12) 按 Ctrl+Q 键将刚创建的对象转换为曲线，然后利用【形状】工具在对象上双击添加节点，并使用【形状】工具进行调整，如图 5-65 所示。

(13) 选择【贝塞尔】工具，在页面中绘制如图 5-66 所示图形，并在调色板中取消轮廓线，单击 C:40 M:0 Y:100 K:0 色板进行填充。

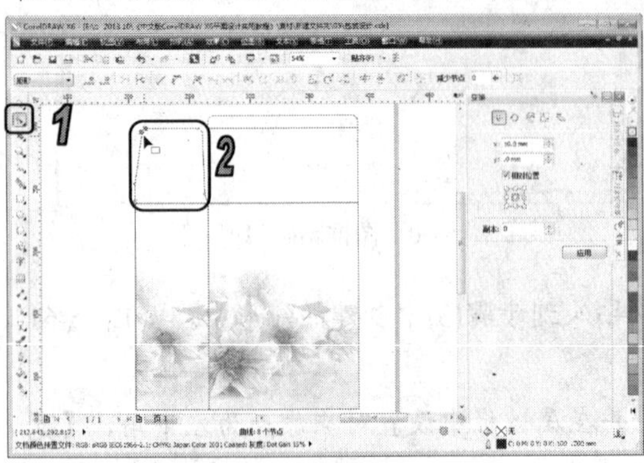

图 5-65　调整图形　　图 5-66　绘制图形

(14) 按 Ctrl+C 键复制刚绘制的对象，按 Ctrl+V 键粘贴。按 F11 键打开【渐变填充】对话框。在对话框中【类型】下拉列表中选择【线性】选项，选中【双色】单选按钮，设置渐变从 C:40 M:80 Y:0 K:20 到 C:20 M:60 Y:0 K:0，【中心】为 54，然后单击【确定】按钮进行填充，如图 5-67 所示。

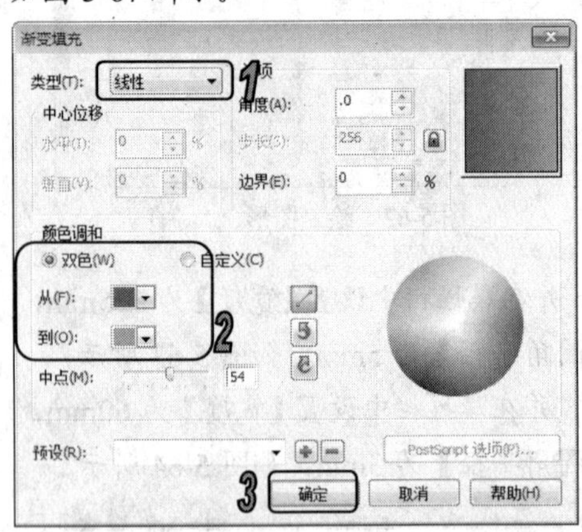

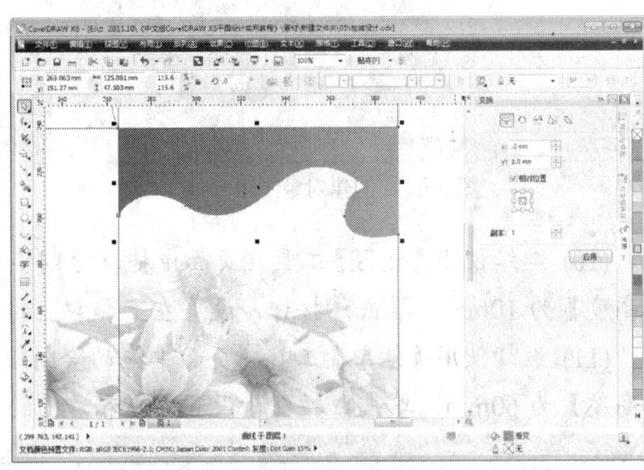

图 5-67　复制、调整图形

(15) 在【变换】泊坞窗中，单击【位置】按钮，设置对象参考中心点为中央，设置 y 为 1.5mm，【副本】为 0，然后单击【应用】按钮，如图 5-68 所示。

(16) 使用【形状】工具选中刚创建对象上方的两个节点，并向下拖动对齐矩形顶边，如图 5-69 所示。

(17) 使用步骤(13)至步骤(16)的操作方法在页面中绘制图形，并进行填充设置，如图 5-70 所示。

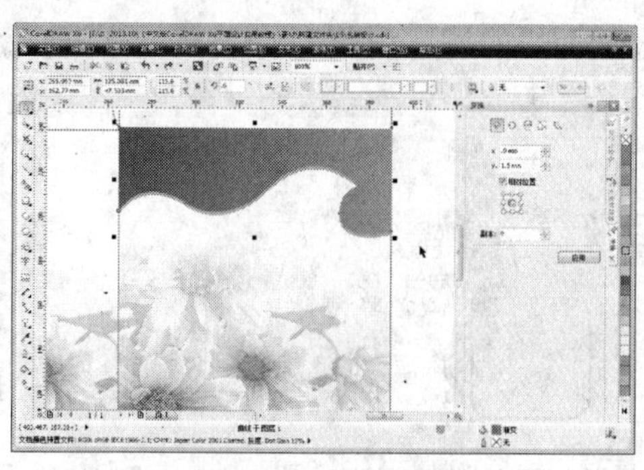

图 5-68　变换对象

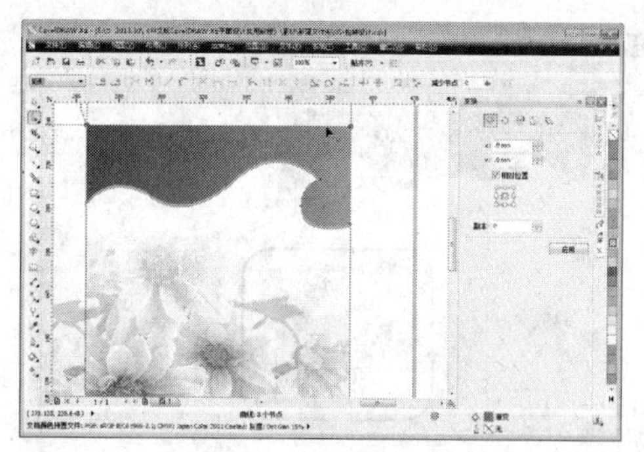

图 5-69　调整图形

(18) 选择【属性】滴管工具在步骤(14)中填充的对象上单击，当光标变为填充工具时分别单击步骤(9)至步骤(12)中绘制的对象，进行填充如图 5-71 所示。

图 5-70　绘制图形

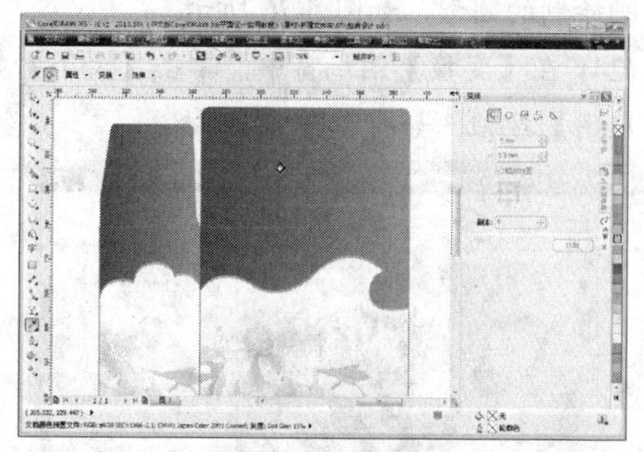

图 5-71　填充对象

(19) 使用【选择】工具选中步骤(12)中创建的对象，双击状态栏中的填充属性，打开【渐变填充】对话框。在对话框中设置【角度】为 90，然后单击【确定】按钮，如图 5-72 所示。

(20) 单击标准工具栏中的【导入】按钮，打开【导入】对话框。在对话框中，选中需要导入的图形文档，然后单击【导入】按钮，如图 5-73 所示，并在绘图页面中单击。

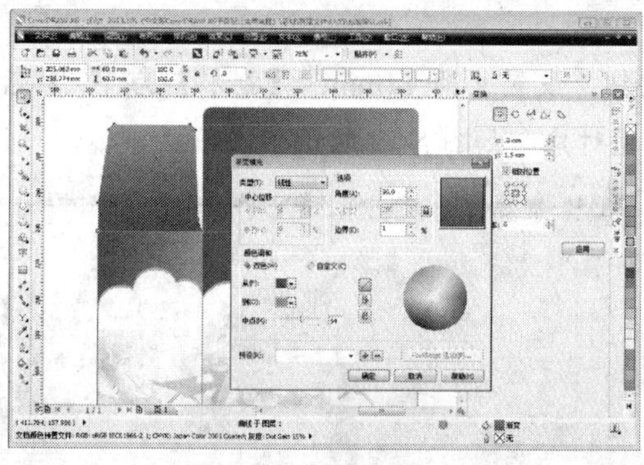

图 5-72　调整对象

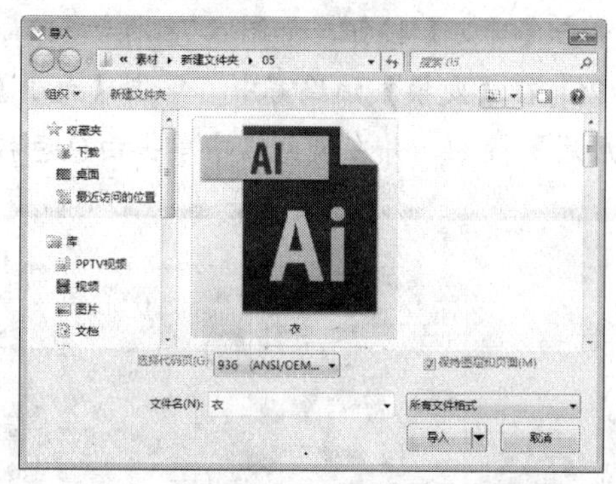

图 5-73　导入图像

(21) 使用【选择】工具，在绘图页面中选中导入的图形，并调整图形的形状大小和角度，如图 5-74 所示。

(22) 选择【椭圆形】工具，按 Shift+Ctrl 键拖动绘制圆形，如图 5-75 所示。

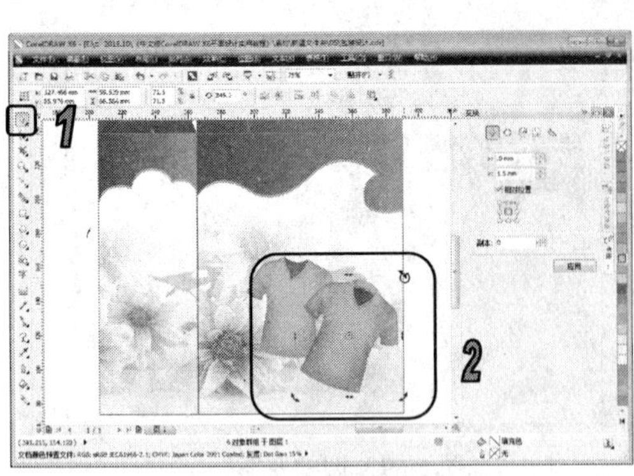

图 5-74　调整图形

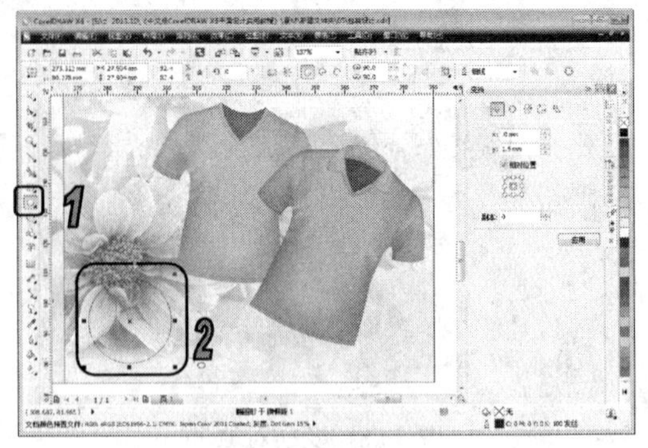

图 5-75　绘制图形

(23) 选择【属性】滴管工具在步骤(14)中填充的对象上单击，当光标变为填充工具时分别单击刚绘制的圆形，如图 5-76 所示。

(24) 在【变换】泊坞窗中，单击【大小】按钮，设置 x 为 17mm，【副本】为 1，然后单击【应用】按钮，如图 5-77 所示。

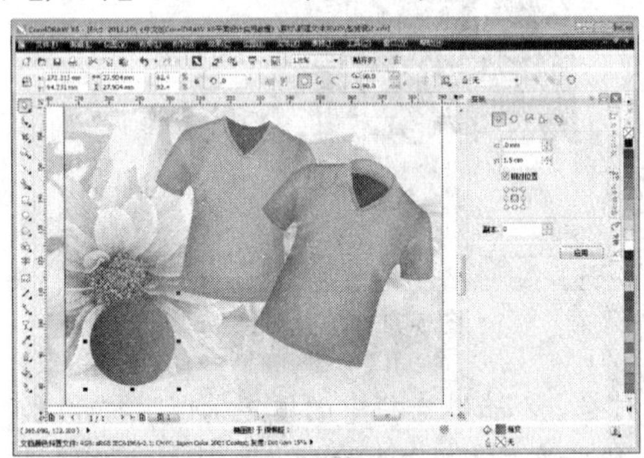

图 5-76　填充对象

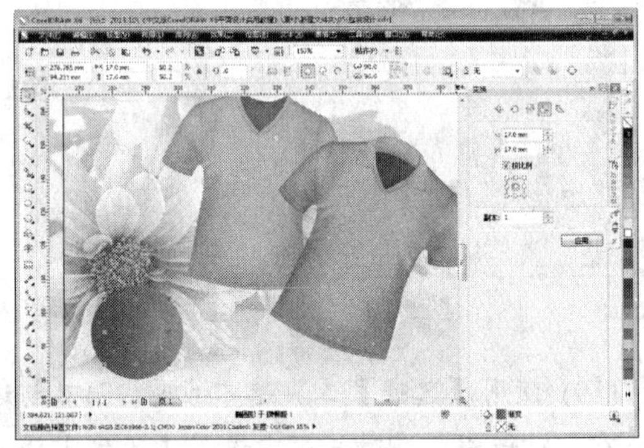

图 5-77　变换对象

(25) 双击状态栏中的填充属性，打开【渐变填充】对话框。在对话框中设置【角度】为 180，然后单击【确定】按钮，如图 5-78 所示。

(26) 在【变换】泊坞窗中，单击【大小】按钮，设置 x 为 14mm，【副本】为 1，然后单击【应用】按钮，并在调色板中单击白色色板填充对象，如图 5-79 所示。

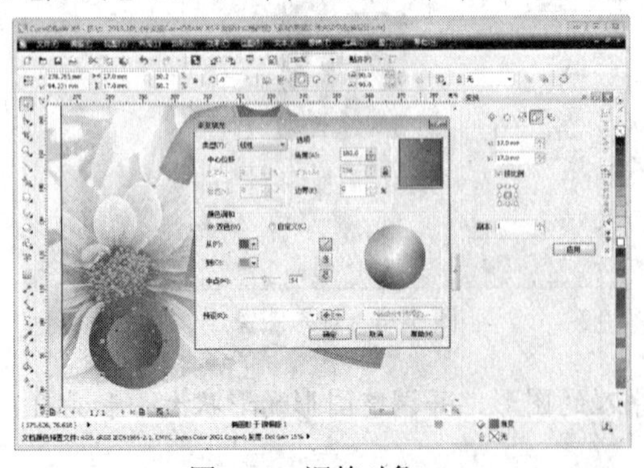

图 5-78　调整对象

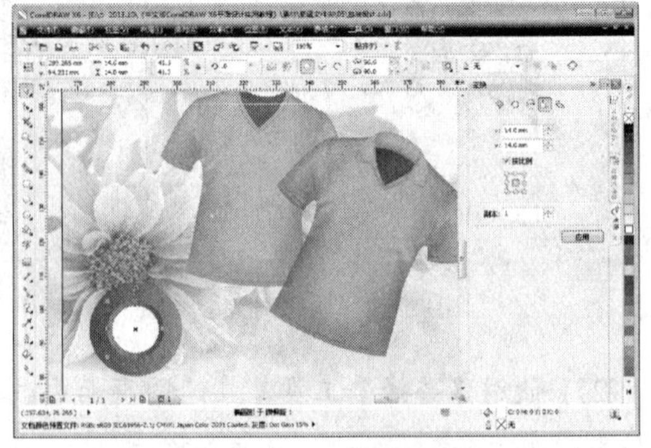

图 5-79　调整对象

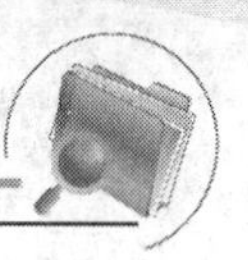

(27) 选择【文本】工具在页面中单击，在属性栏【字体列表】下拉列表中选择 Arial，设置【字体大小】为 20pt，双击状态栏中的填充按钮，打开【均匀填充】对话框。在对话框中设置颜色为 C:61 M:93 Y:28 K:0，然后单击【确定】按钮，再输入如图 5-80 所示文字内容。

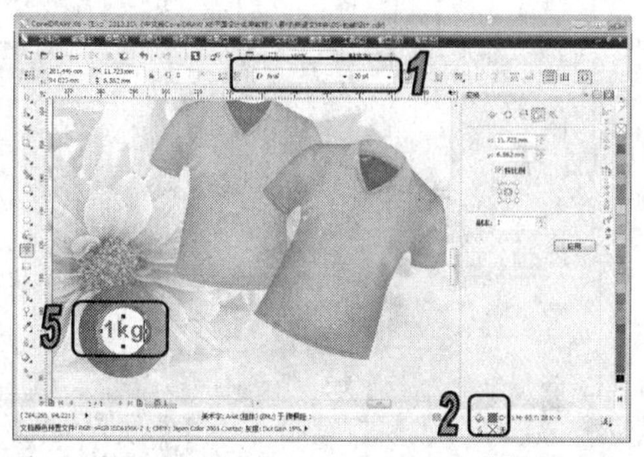

图 5-80　添加文字

(28) 继续使用【文本】工具在步骤(24)中创建的对象轮廓上单击，并输入文字内容，然后选中输入内容，在属性栏【字体列表】中选择方正黑体简体，设置【字体大小】为 11pt，并在调色板中单击白色色板填充字体，如图 5-81 所示。

(29) 使用【文本】工具在页面中单击，在属性栏【字体列表】下拉列表中选择汉仪粗圆简，设置【字体大小】为 56pt，然后输入文字内容，如图 5-82 所示。

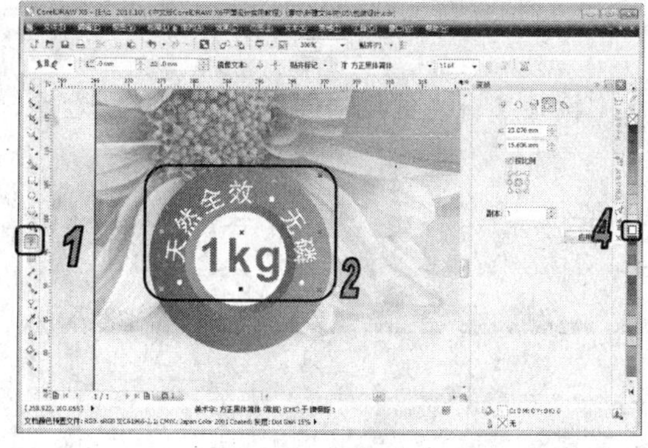

图 5-81　添加文字

图 5-82　添加文字

(30) 使用步骤(29)的操作方法分别输入文字内容，并设置【字体大小】分别为 24pt 和 28pt，如图 5-83 所示。

(31) 选择【属性】滴管工具在步骤(14)中填充的对象上单击，当光标变为填充工具时分别单击创建的文字，如图 5-84 所示。

(32) 选择【文本】工具在页面中单击，在属性栏【字体列表】下拉列表中选择 Aharoni，设置【字体大小】为 15pt，在调色板中单击白色色板，然后输入文字内容，如图 5-85 所示。

(33) 选择【文本】工具在页面中单击，在属性栏【字体列表】下拉列表中选择方正黑体简体，设置【字体大小】为 18pt，在调色板中单击白色色板，然后输入文字内容，如图 5-86 所示。

图 5-83　添加文字

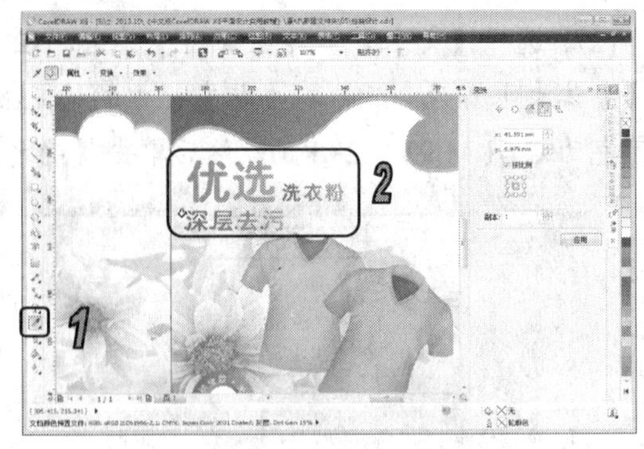

图 5-84　填充文字

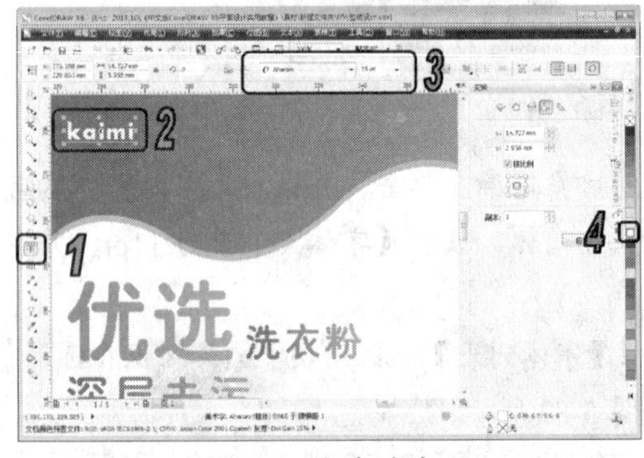

图 5-85　添加文字

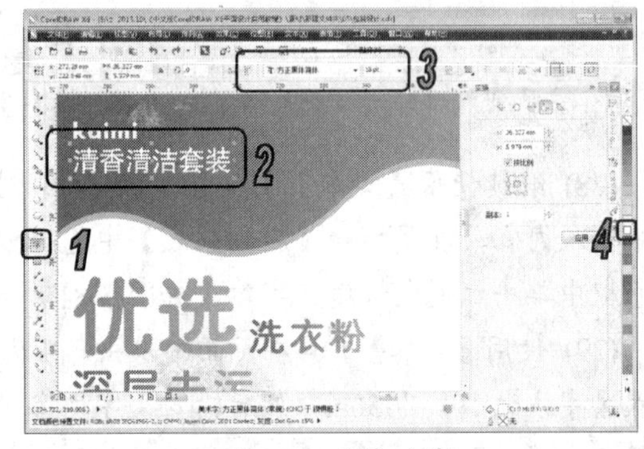

图 5-86　添加文字

(34) 选中步骤(32)至步骤(33)中创建的文字对象，按住鼠标左键拖动到目标位置，按右键释放鼠标，移动并复制文字对象，如图 5-87 所示。

(35) 在【变换】泊坞窗中，单击【缩放和镜像】按钮，单击【垂直镜像】按钮，设置【副本】为 0，然后单击【应用】按钮，如图 5-88 所示。

图 5-87　移动复制对象

图 5-88　变换对象

(36) 使用【选择】工具选中矩形和文字对象，在【对齐与分布】泊坞窗中单击【水平居中对齐】按钮和【活动对象】按钮，如图 5-89 所示。

(37) 选中步骤(29)至步骤(31)中创建的文字对象，按住鼠标左键拖动到要放置的位置，按右键释放鼠标，移动并复制文字对象。在【变换】泊坞窗中，单击【大小】按钮，设置 x 为 45mm，

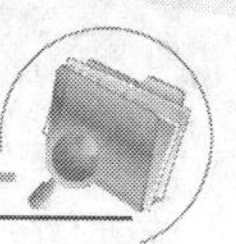

【副本】为 0，然后单击【应用】按钮，如图 5-90 所示。

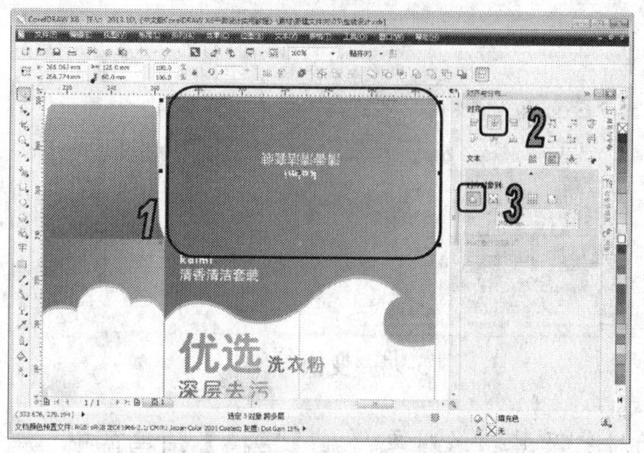

图 5-89　单击【活动对象】按钮

图 5-90　单击【应用】按钮

(38) 使用【文本】工具在页面中拖动创建文本框，在属性栏【字体列表】中选择方正大黑简体，设置【字体大小】为 10pt，双击状态栏中的填充属性，打开【均匀填充】对话框。在对话框中，设置填充颜色为 C:60 M:90 Y:26 K:0，然后单击【确定】按钮，输入文字内容如图 5-91 所示。

(39) 选择【选择】工具，选择【文本】|【项目符号】命令，打开【项目符号】对话框。在该对话框中，选中【使用符号项目】复选框，设置【大小】为 13.5pt，【基线位移】为-1pt，【到文本的项目符号】为 1mm，然后单击【确定】按钮添加项目符号，如图 5-92 所示。

图 5-91　添加文本

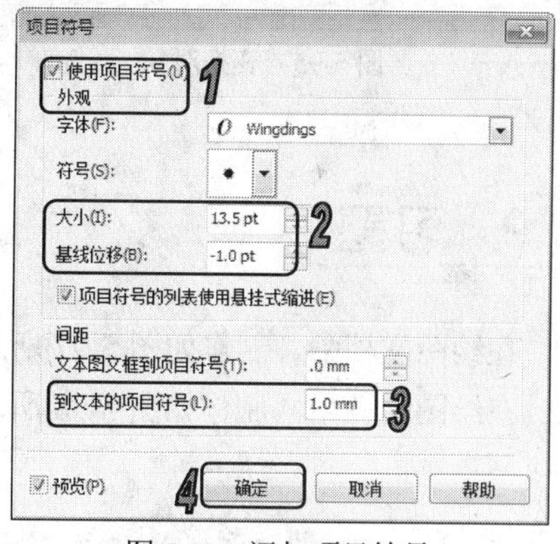

图 5-92　添加项目符号

(40) 使用【选择】工具框选包装盒正面和侧面所有对象，按 Ctrl+G 键进行群组，然后在【变换】泊坞窗中，单击【位置】按钮，设置参考点为左侧中间，x 为-185mm，【副本】为 1，然后单击【应用】按钮，如图 5-93 所示。

(41) 使用【选择】工具框选顶部对象，在【变换】泊坞窗中，设置参考点为中间下方，x 为-185mm，y 为-235mm，【副本】为 1，然后单击【应用】按钮，如图 5-94 所示。

(42) 在【变换】泊坞窗中，单击【缩放和镜像】按钮，单击【垂直镜像】按钮，设置参考点为中央，x 为 100%，【副本】为 0，然后单击【应用】按钮，如图 5-95 所示。

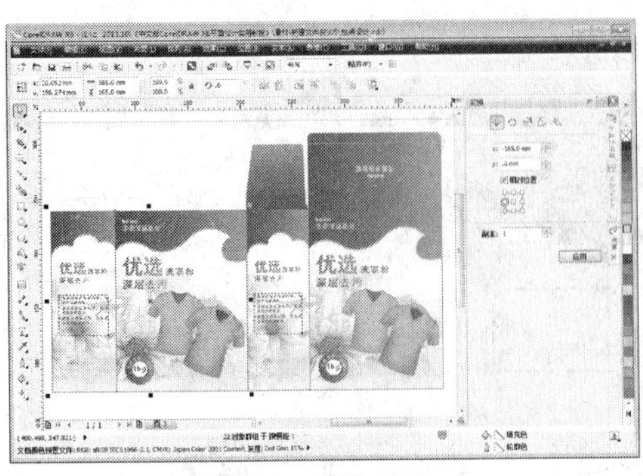

图 5-93 变换对象

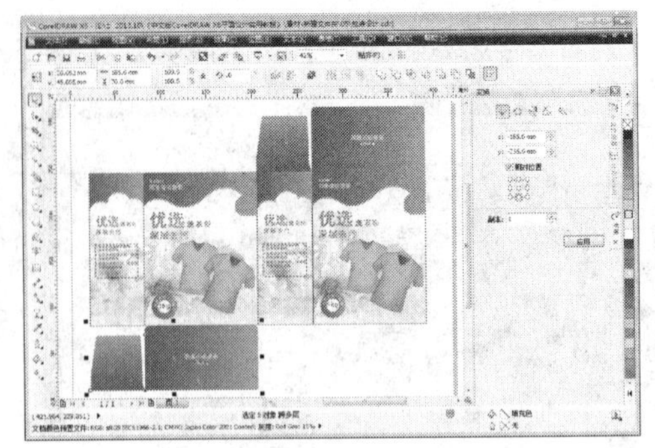

图 5-94 变换对象

(43) 使用【选择】工具选中步骤(12)中创建的对象及其镜像对象，在【变换】泊坞窗中，单击【水平镜像】按钮，设置【副本】为 0，然后单击【应用】按钮，如图 5-96 所示。

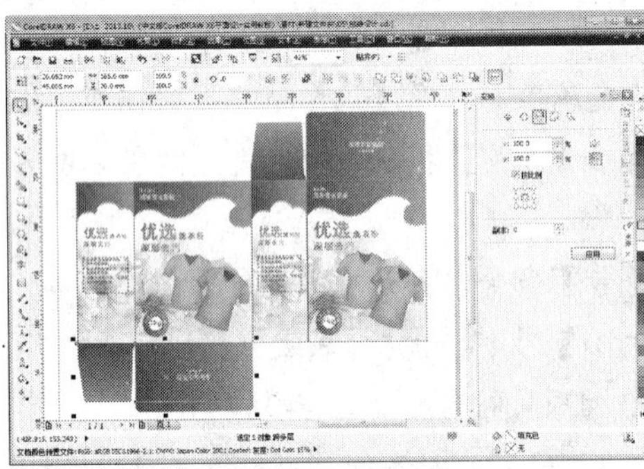

图 5-95 变换对象

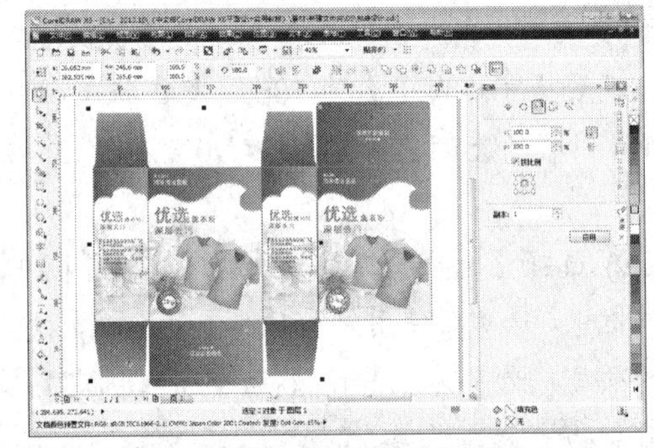

图 5-96 变换对象

5.9 习题

1. 在绘图文档中，制作如图 5-97 所示的图形对象。
2. 在绘图文档中，制作如图 5-98 所示的图形对象。

图 5-97 图形对象

图 5-98 图形对象

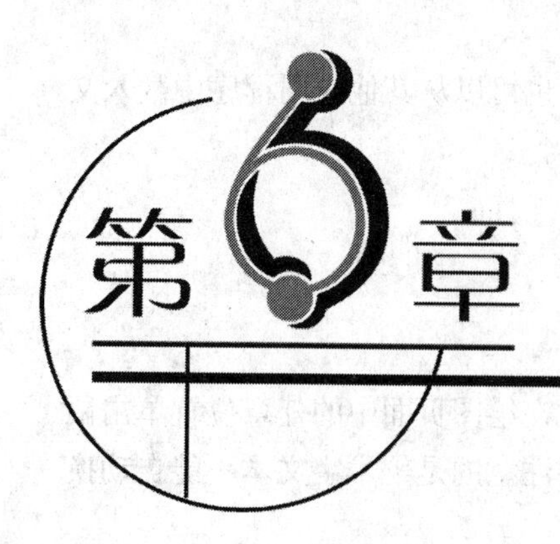

应用文本

学习目标

CorelDRAW X6 提供了创建文本、设置文本格式及设置段落文本等多种文本功能，用户可以根据设置需要方便地创建各种类型文字和设置文本属性。掌握这些文本对象的操作方法，可以使用户更好地在版面设计中合理地应用文本对象。

本章重点

- 添加文本
- 选择文本对象
- 设置文本格式
- 文本的链接
- 图文混排

6.1 添加文本

在 CorelDRAW X6 中使用的文本类型，包括美术字文本和段落文本，如图 6-1 所示。美术字文本用于添加少量文字，可将其作为一个单独的图形对象来处理。段落文本用于添加大篇幅的文本，可对其进行多样的文本编排。美术字文本是一种特殊的图形对象，用户既可以进行图形对象方面的处理操作，也可以进行文本对象方面的处理操作；而段落文本只能进行文本对象的处理操作。

图 6-1　美术字文本和段落文本

在进行文字处理时，可直接使用【文本】工具输入文字，也可以从其他应用程序中载入文字，用户可根据具体情况选择不同的文字输入方式。

6.1.1 添加美术字文本

要输入美术字文本，只要选择工具箱中的【文本】工具，在绘图页面中的任意位置单击鼠标左键，出现输入文字的光标后，可直接输入文字即可。需要注意的是美术字文本不能自动换行，如需要换行按 Enter 键即可实现，如图 6-2 所示。

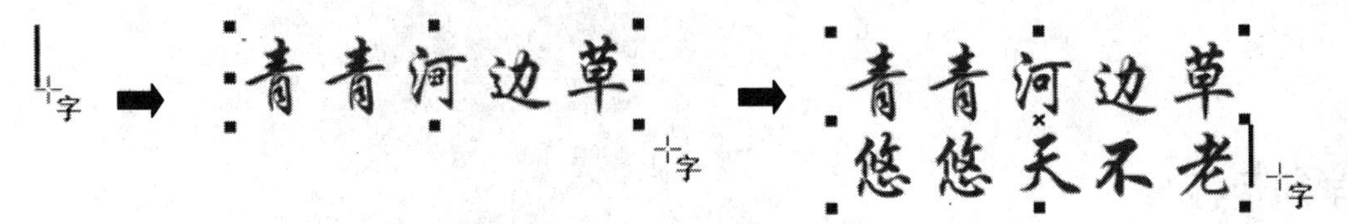

图 6-2 输入美术字文本

添加美术字文本后，用户可以通过属性栏设置修改文本属性。选取输入的文本后，文本属性栏选项设置如图 6-3 所示。

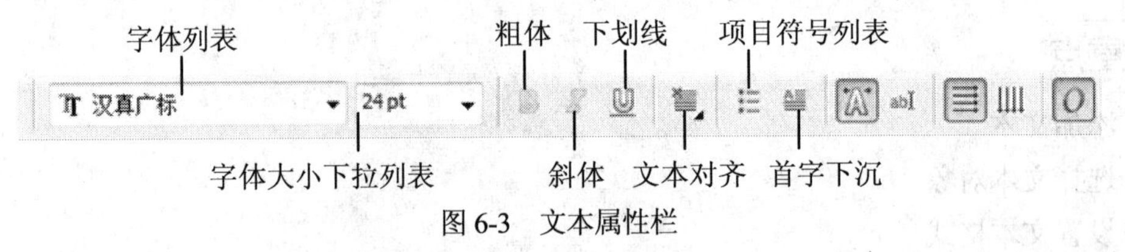

图 6-3 文本属性栏

文本属性栏中的【字体列表】用于为输入的文字设置字体。【字体大小】下拉列表用于为输入的文字设置字体大小。单击属性栏中对应的字符效果按钮，可以为选择的文字设置粗体、斜体和下划线等效果。

知识点

使用【文本】工具输入文字后，可直接拖动文本四周的控制点来改变文本大小。如果要通过属性栏精确改变文字的字体和大小，必须先使用【选择】工具选择文本后才能执行。

6.1.2 添加段落文本

段落文本与美术字文本有本质区别。如果要创建段落文本必须先使用【文本】工具在页面中拖动创建一个段落文本框，才能进行文本内容的输入，并且所输入的文本会根据文本框自动换行。段落文本框是一个大小固定的矩形，文本中的文字内容受到文本框的限制。如果输入的文本超过了文本框的大小，超出的部分将会被隐藏。用户可以通过调整文本框的范围显示隐藏

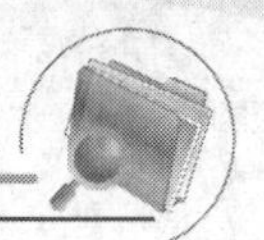

的文本。

【例 6-1】在绘图文件中，使用【文本】工具输入段落文本。

(1) 选择【文本】工具，在绘图窗口中按下鼠标左键不放，拖曳设置一个矩形的段落文本框，如图 6-4 所示。

(2) 释放鼠标后，在文本框中将出现输入文字的光标，此时即可在文本框中输入段落文本。默认情况下，无论输入的文字多少，文本框的大小都会保持不变，超出文本框容纳范围的文字都将被自动隐藏。要显示全部文字，可移动光标至下方的控制点，然后按下鼠标左键并拖动，直至文字全部出现释放鼠标，如图 6-5 所示。

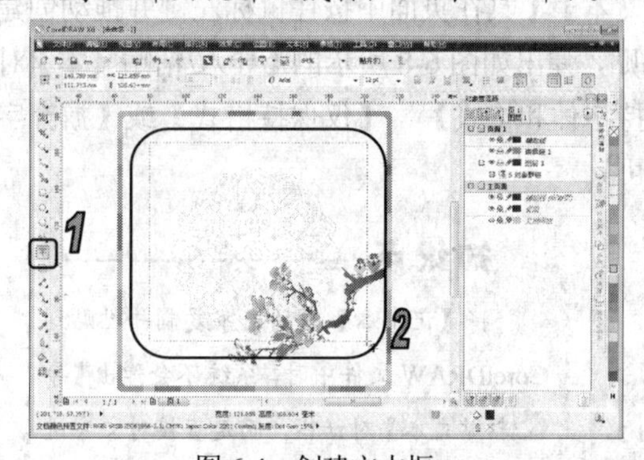

图 6-4　创建文本框

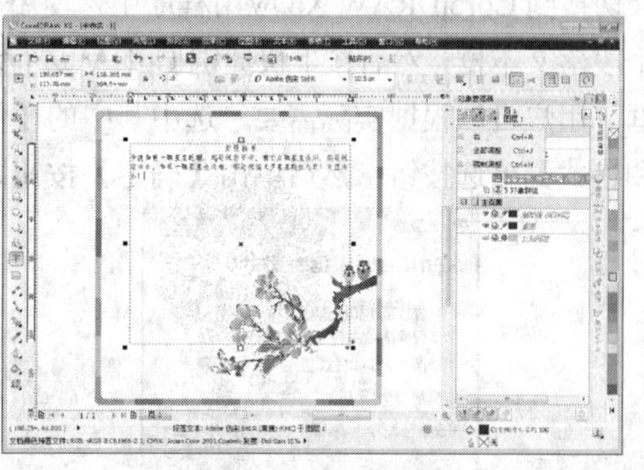

图 6-5　输入文字

(3) 按 Ctrl+A 键将选择全部文字，并在属性栏【字体列表】中选择华文行楷，设置【字体大小】为 24pt，如图 6-6 所示。

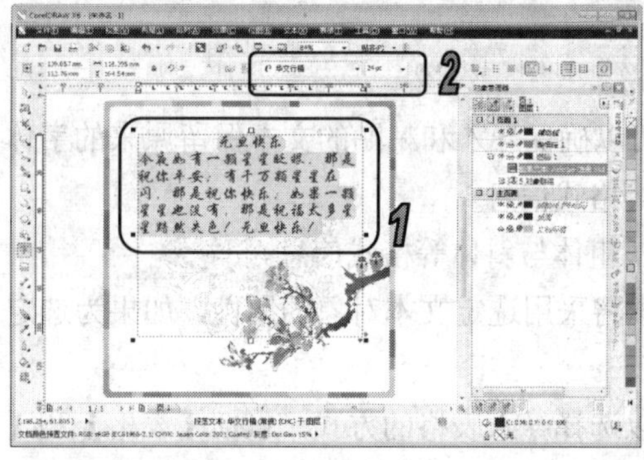

图 6-6　设置字体大小

知识点

在选择文本框后，也可以选择【文本】|【段落文本框】|【使文本适合框架】命令，可以设置文本框根据文字大小自动调整，使文字在文本框中完全显示出来，如图 6-7 所示。

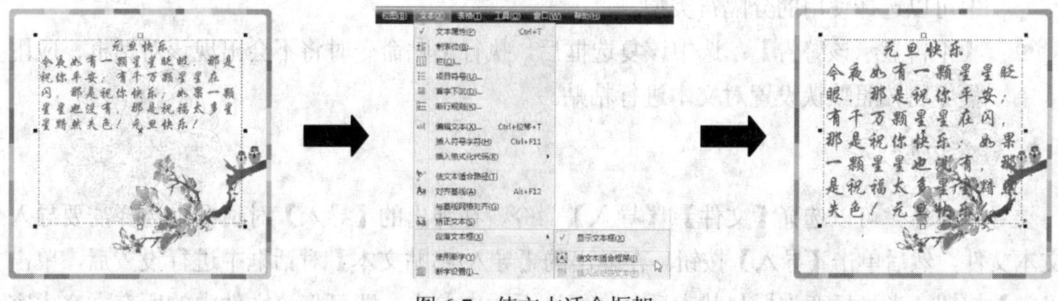

图 6-7　使文本适合框架

6.1.3 贴入、导入外部文本

如果需要在 CorelDRAW 中添加其他文字处理程序中的文本，如 Word 或写字板等中的文字，可以使用贴入或导入的方式来完成。

1. 贴入文本

要贴入文字，先要在其他文字处理程序中选取需要的文字，然后按下快捷键 Ctrl+C 进行复制。切换到 CorelDRAW X6 应用程序中，使用【文本】工具在页面中按住鼠标左键并拖动创建一个段落文本框，然后按下快捷键 Ctrl+V 进行粘贴，弹出如图 6-8 所示的【导入/粘贴文本】对话框。用户可以根据实际需要，选中其中的【保持字体和格式】、【仅保持格式】或【摒弃字体和格式】单选按钮，然后单击【确定】按钮即可。

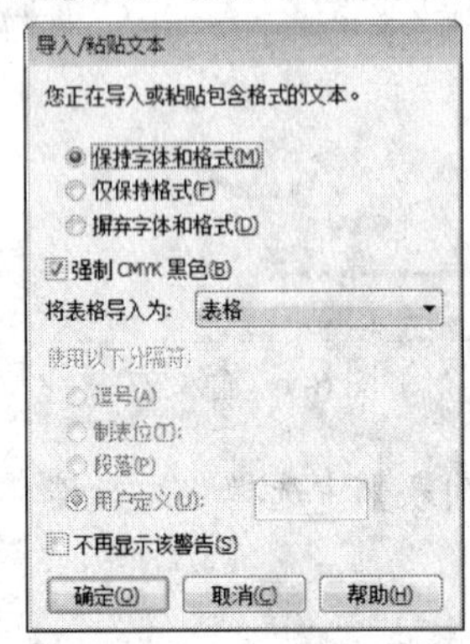

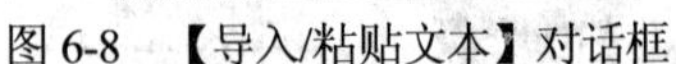
图 6-8 【导入/粘贴文本】对话框

> **知识点**
>
> 将【记事本】中的文字复制并粘贴到 CorelDRAW 文件中时，系统不会弹出【导入/粘贴文本】对话框，而是直接对文字进行粘贴。

- 【保持字体和格式】：保持字体和格式可以确保导入和粘贴的文本保留原来的字体类型，并保留项目符号、栏、粗体与斜体等格式信息。
- 【仅保持格式】：只保留项目符号、栏、粗体与斜体等格式信息。
- 【摒弃字体和格式】：导入或粘贴的文本将采用选定文本对象的属性，如果为选定对象，则采用默认的字体与格式属性。
- 【将表格导入为】：在其下拉列表中可以选择导入表格的方式，包括【表格】和【文本】选项。选择【文本】选项后，其下方的【使用以下分割符】选项将被激活，在其中可以选择使用的分隔符类型。
- 【不再显示该警告】：选中该复选框后，执行粘贴命令时将不会出现该对话框，应用程序将按照默认设置对文本进行粘贴。

2. 导入文本

要导入文本，可以选择【文件】|【导入】命令，在弹出的【导入】对话框中选择需要导入的文本文件，然后单击【导入】按钮。在弹出的【导入/粘贴文本】对话框中进行设置后，单击【确定】按钮。当光标变为标尺状态后，在绘图页面中单击，即可将该文件中的所有文字内容

以段落文本的形式导入到当前页面中。

【例 6-2】在绘图文档中，导入文本。

(1) 选择【文件】|【导入】命令，在打开的【导入】对话框中选择需要导入的文本文件，然后单击【导入】按钮，如图 6-9 所示。

(2) 在打开的【导入/粘贴文本】对话框中，选中【保持字体和格式】单选按钮，然后单击【确定】按钮，如图 6-10 所示。

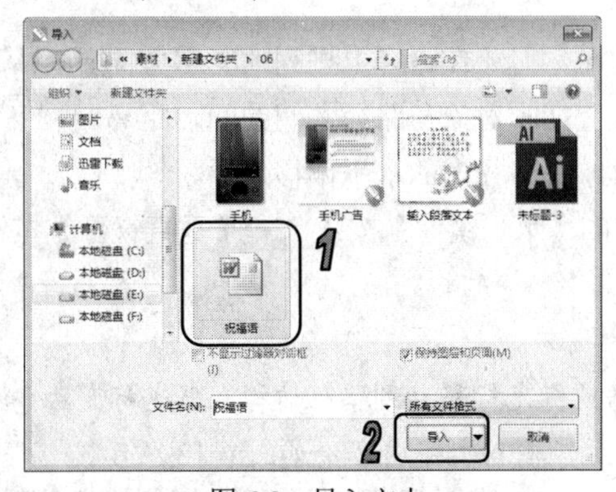

图 6-9　导入文本

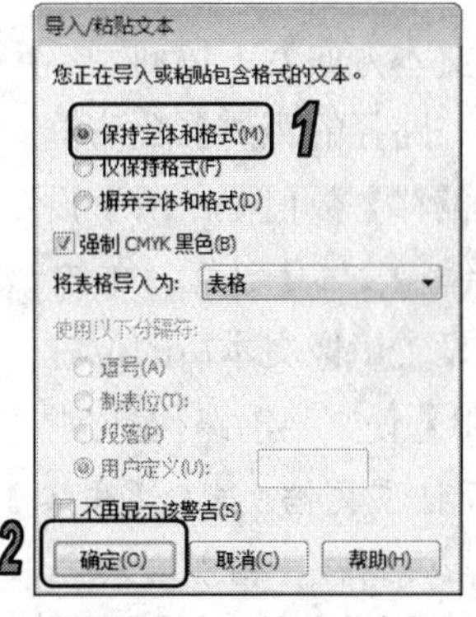

图 6-10　设置【导入/粘贴文本】对话框

(3) 当光标变为标尺状态时，在绘图窗口中单击，即可将该文件中所有的文字内容以段落文本的形式导入到当前绘图窗口中，如图 6-11 所示。

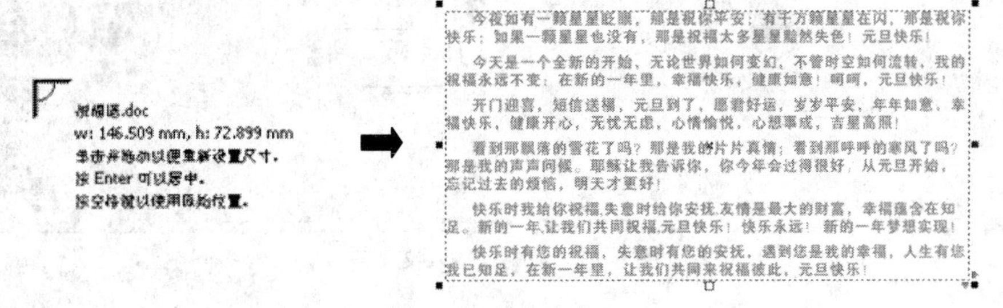

图 6-11　导入文本

6.1.4　沿路径输入文本

在 CorelDRAW X6 中，将文本对象沿路径进行编排是文本对象一种特殊的编排方式。默认状态下，所输入的文本都是沿水平方向排列的，虽然可以使用【形状】工具将文本对象进行旋转或偏移，但这种方法只能用于简单的文本对象编辑，而且操作比较繁琐。使用 CorelDRAW X6 中的沿路径编排文本的功能，可以将文本对象嵌入到不同类型的路径中，使其具有更多变化的外观，并且用户通过相关的编辑操作还可以更加精确地调整文本对象与路径的嵌合。

1. 创建路径文本

在 CorelDRAW 中，用户如果需要沿图形对象的轮廓线放置文本对象，最简单的方法就是直接在轮廓线路径上输入文本，文本对象将自动沿路径进行排列。

如果要将已输入的文本沿路径排列，可以选择菜单栏中的【文本】|【使文本适合路径】命令进行操作。如果结合工具属性栏还可以更加精确地设置文本对象在指定路径上的位置、放置方式以及文本对象与路径的距离等参数属性，如图 6-12 所示。

图 6-12　工具属性栏

- 【文本方向】下拉列表：用于设置文本对象在路径上排列的文字方向。
- 【与路径的距离】数值框：用于设置文本对象与路径之间的间隔距离。
- 【偏移】数值框：用于设置文本对象在路径上的水平偏移尺寸。
- 【镜像文本】选项：单击该选项中的【水平镜像】按钮和【垂直镜像】按钮，可以设置镜像文本后的位置。

【例 6-3】使文字沿路径排列。

(1) 打开绘图文档，选择【文本】工具将鼠标光标移动到路径边缘，当光标变为形状时，单击绘制的曲线路径，出现输入文本的光标后，输入文字内容，如图 6-13 所示。

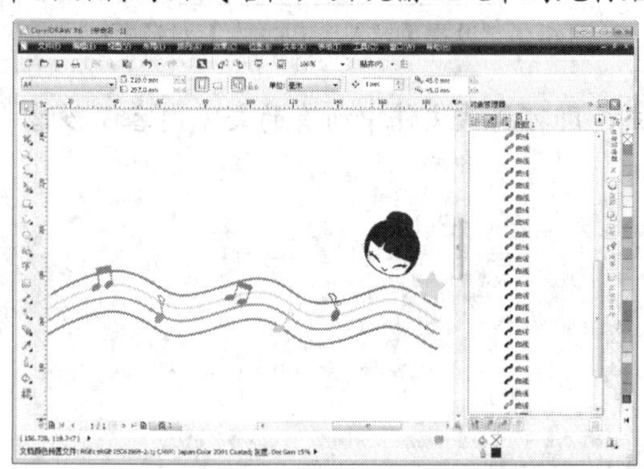

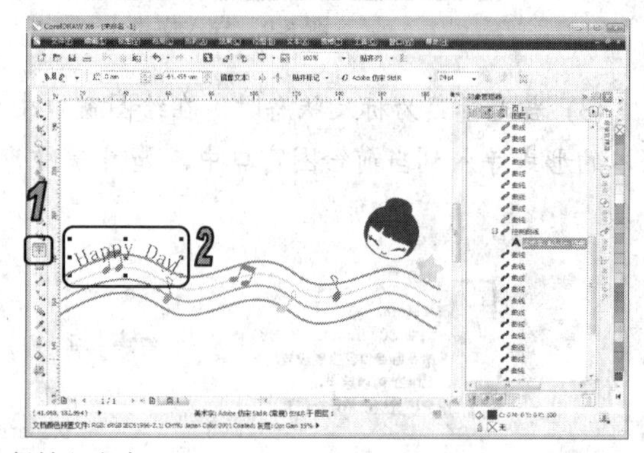

图 6-13　沿路径输入文字

(2) 使用【文本】工具选中输入的文字，在属性栏中设置【与路径的距离】为 15mm，【偏移】为-25mm，在【字体列表】中选择 Arial Black 选项，【字体大小】为 50pt，并在调色板中单击 C:0 M:60 Y:100 K:0 色板填充字体，如图 6-14 所示。

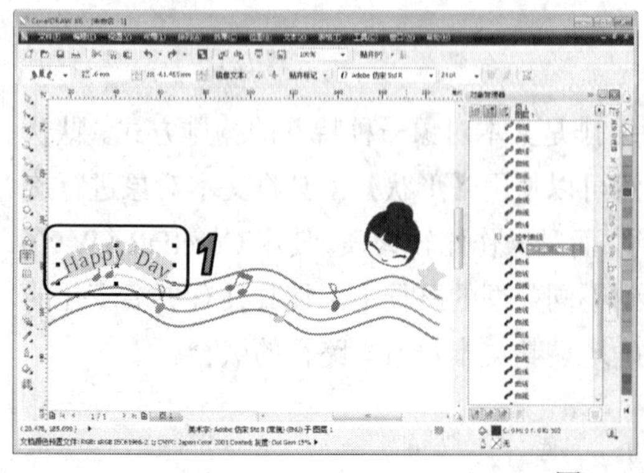

图 6-14　设置文字

2. 在图形内输入文本

在 CorelDraw 中除了可以沿路径输入文本，还可以在图形对象内输入文本。使用该功能可以创建更加多变、活泼的文本框样式。

【例 6-4】打开绘图文件，在其中的图形内输入文本。

(1) 在 CorelDRAW 应用程序中，选择打开一幅绘图文件，如图 6-15 所示。

(2) 选择【文本】工具，将光标移动到对象的轮廓线内，当光标变为 形状时单击，此时在图形内将出现段落文本框。在属性栏的【字体列表】中选择 Freestyle Script 选项，设置【字体大小】为 36pt，然后在文本框中输入所需的文字内容，如图 6-16 所示。

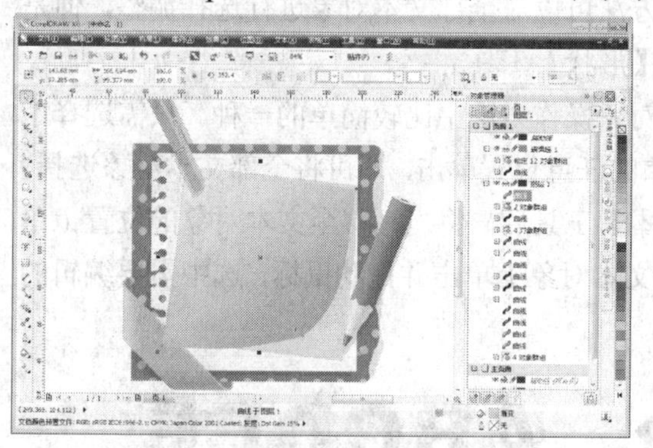

图 6-15　打开图形文件

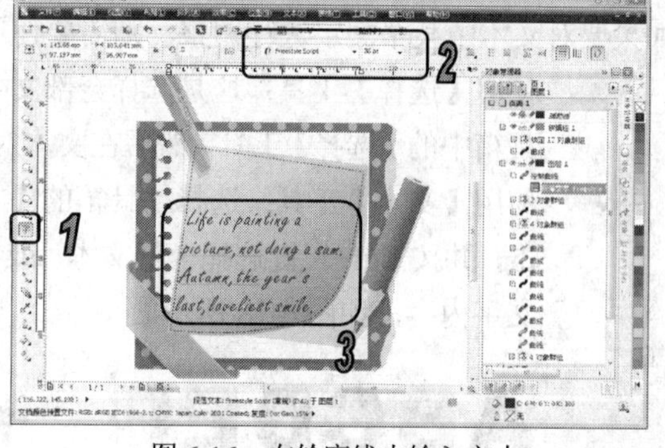

图 6-16　在轮廓线内输入文本

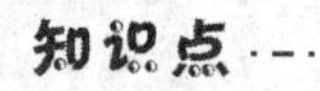

知识点

选择文本后，在属性栏上单击【贴齐标记】按钮，启用【打开贴齐记号】选项，然后在【记号间距】框中键入一个值。当在路径上移动文本时，文本将按照用户在【记号间距】数值框中指定的增量进行移动。移动文本时，文本与路径间的距离在原始文本的下方显示。

3. 拆分沿路径文本

将文本对象沿路径排列后，CorelDRAW 会将文本对象和路径作为一个对象。如果需要分别对文本对象或路径进行处理，可以将文本对象从图形对象中分离出来。分离后的文本对象会保持它在路径上的形状。

用户要将文本对象与路径分离，只需使用【选择】工具选择沿路径排列的文本对象，然后选择菜单栏中的【排列】|【拆分在一条路径上的文本】命令即可。拆分后，文本对象和图形对象将变为两个独立的对象，可以分别对它们进行编辑处理，如图 6-17 所示。

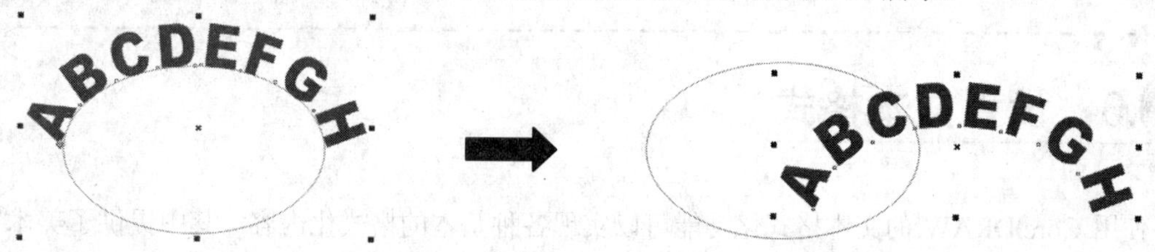

图 6-17　拆分沿路径文本

6.2 选择文本对象

在 CorelDRAW 中对文本对象和图形对象进行编辑处理前，首先要选中文本。用户如果要选择绘图页中的文本对象，可以使用工具箱中的【选择】工具，也可以使用【文本】工具和【形状】工具。

用户使用【选择】或【文本】工具选择对象时，在文本框或美术字文本周围将显示 8 个控制柄，使用这些控制柄，可以调整文本框或美术字文本的大小；用户还可以通过文本对象中心显示的 × 标记，调整文本对象的位置。上述两种方法可以对全部文本对象进行选择调整，但是如果要对文本中某个文字进行调整，则需要使用【形状】工具。

- 使用【选择】工具：这是选择全部文本对象操作方法中比较简单的一种。只需选择工具箱中的【选择】工具，然后在文本对象的任意位置单击，即可将全部文本对象选择。
- 使用【文本】工具：选择工具箱的【文本】工具后，将光标移至文本对象的位置上单击，并按 Ctrl+A 键选择全部文本。或在文本对象上单击并拖动鼠标，选中需要编辑的文字内容，如图 6-18 所示。

图 6-18 使用【文本】工具选择文本

- 使用【形状】工具：选择工具箱中的【形状】工具，在文本对象上单击，这时会显示文本对象的节点，再在文本对象外单击并拖动，框选文本对象，即可将文本全部选择。用户也可以单击某一文字的节点，将该文字选择，所选择文字的节点将变为黑色。如要选择多个文字，可以按住 Shift 键同时使用【形状】工具进行选择，如图 6-19 所示。

图 6-19 使用【形状】工具选择文本

知识点

选择【编辑】|【全选】|【文本】命令，可以选择当前绘图窗口中所有的文本对象。使用【选择】工具时，在文本对象上双击，可以快速地切换到【文本】工具以选择文本对象。

6.3 设置文本格式

使用 CorelDRAW 的文本格式化功能可以实现各种基本的格式化内容。其中提供了美术字文本和段落文本都可以共用的基本格式化方法，如改变字体、字号，增加字符效果等基本格式

化；另外，还有一些段落文本所特有的格式化方法。

6.3.1 【文本属性】泊坞窗

选择【文本】|【文本属性】命令，或按Ctrl+T键，或在属性栏中单击【文本属性】按钮，即可打开【文本属性】泊坞窗。在CorelDRAW中，将字符、段落以及图文框的设置选项，全部集成在了【文本属性】泊坞窗中，通过展开需要的选项组即可为所选的文本或段落进行相应的编辑设置。

- 【字符】选项组中的选项主要用于文本中字符的格式设置，如设置字体、字符样式、字体大小及字距等效果，如图6-20所示。如果输入的是英文，还可以更改其大小写。
- 【段落】选项组中的选项主要用于文本段落的格式设置，如文本对齐方式、首行缩进、段落缩进、行距以及字符间距等效果，如图6-21所示。
- 【图文框】选项组中的选项主要用于文本框内容格式的设置，如文本框中文本的背景样式、文本方向以及分栏等效果，如图6-22所示。

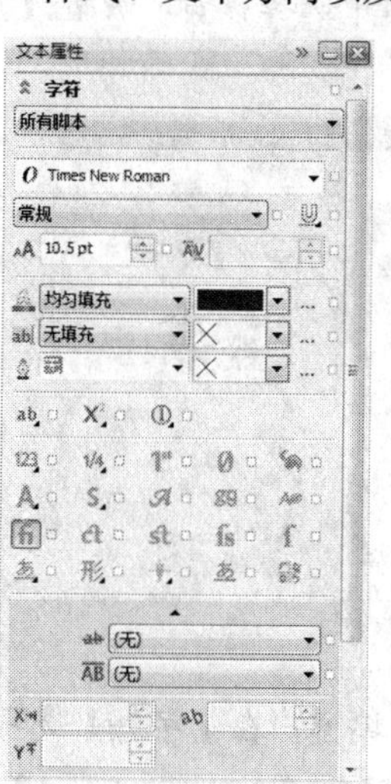

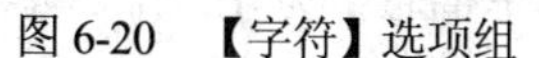

图6-20 【字符】选项组

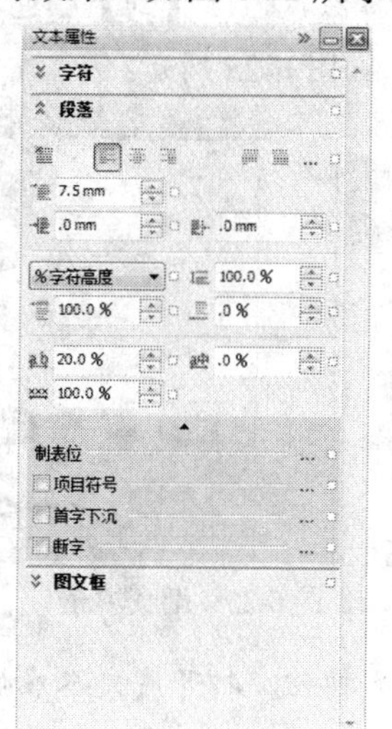

图6-21 【段落】选项组

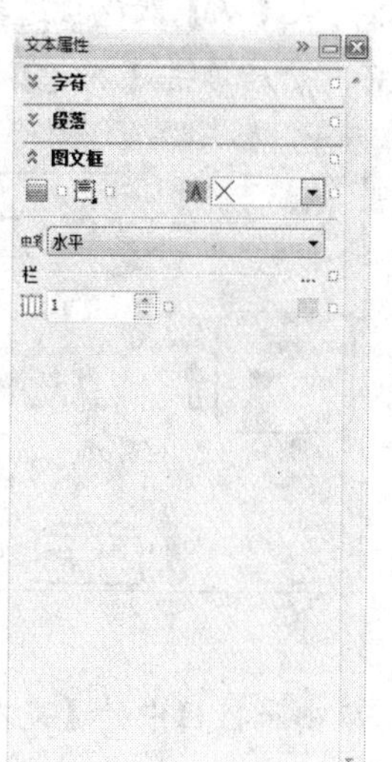

图6-22 【图文框】选项组

6.3.2 设置字体和字号

字体、字号和颜色是文本格式化中最重要和最基本的内容，它直接决定着用户输入的文本大小和显示状态，影响着文本的视觉效果。在CorelDRAW中，段落文本和美术字文本的字体和字号的设置方法基本相同，用户可以先在【文本】工具属性栏或【文本属性】泊坞窗中设置字体和字号，然后再进行文本输入；也可以先输入文本，然后在【文本属性】泊坞窗中根据绘图的需要进行格式化。

【例 6-5】在绘图文档中输入文字，并调整文字效果。

(1) 打开绘图文档，选择【文本】工具在页面中单击，输入文字内容，如图 6-23 所示。

(2) 使用【文本】工具选中输入的文本对象，在工具属性栏的【字体列表】中选择 Adobe Gothic Std B 选项，设置【字体大小】为 36pt，如图 6-24 所示。

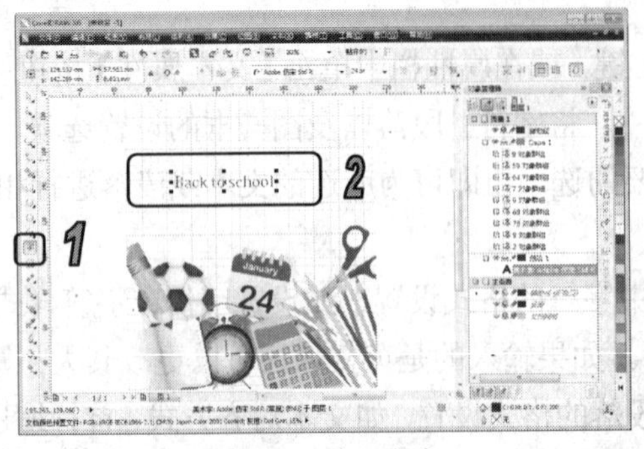

图 6-23　输入文字

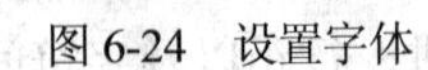

图 6-24　设置字体

(3) 选择【填充】工具中的【渐变填充】选项，打开【渐变填充】对话框。选中【双色】单选按钮，从【从】颜色挑选器中选择红色，在【到】颜色挑选器中选择橘黄，设置【角度】数值为 30，然后单击【确定】按钮，如图 6-25 所示。

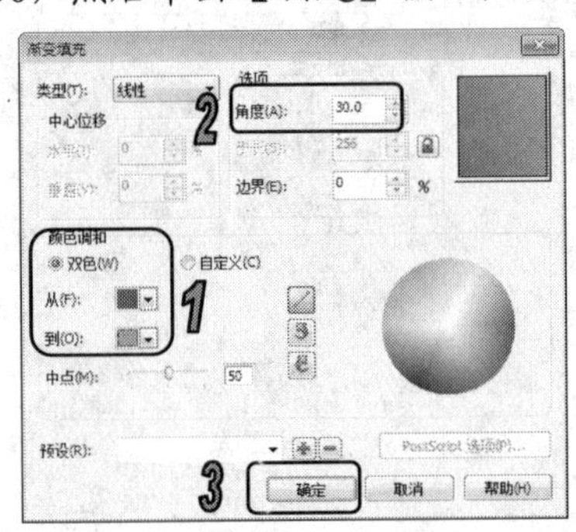

图 6-25　渐变填充

(4) 单击属性栏中的【文本属性】按钮，打开【文本属性】泊坞窗，在【字符】选项组中，设置【字体大小】为 50pt，【字距调整范围】为-15%，【字符水平偏移】为-108%，【字符角度】为-5°，如图 6-26 所示。

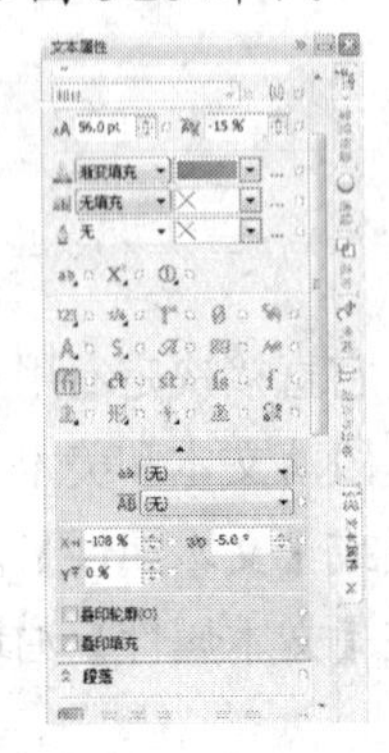

图 6-26　设置字体格式

6.3.3 更改文本颜色

在 CorelDRAW X6 中可以快速更改文本的填充色、轮廓颜色和背景色。也可以更改单个字符、文本块或文本对象中的所有字符的颜色。

【例 6-6】在绘图文档中，调整文字颜色。

(1) 打开绘图文档，选择【文本】工具在页面中单击，在属性栏的【字体列表】中选择 Adobe Gothic Sth B 选项，设置【字体大小】为 86pt，输入文字内容，如图 6-27 所示。

(2) 使用【选择】工具选中第一行文字，在属性栏中单击【文本属性】按钮，打开【文本属性】泊坞窗。在泊坞窗【字符】选项组的【填充类型】下拉列表中选择【渐变填充】选项，单击【填充设置】按钮…，打开【渐变填充】对话框。在该对话框中，设置渐变色为黑色到 60%黑，设置【角度】为 35，然后单击【确定】按钮应用填充，如图 6-28 所示。

图 6-27 添加文本

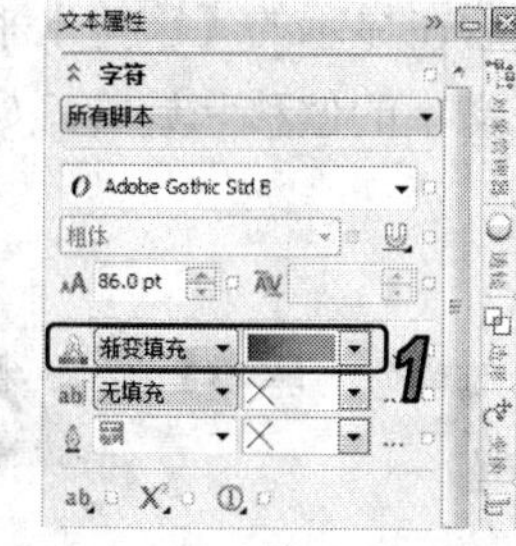

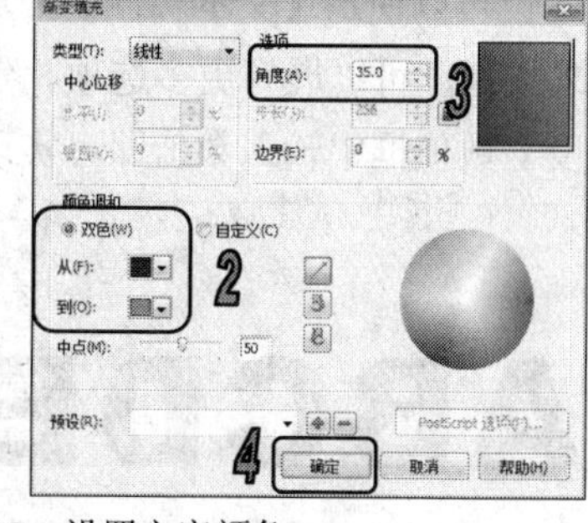

图 6-28 设置文字颜色

(3) 使用【选择】工具选中文字，在【文本属性】泊坞窗的【字符】选项组中，单击【填充类型】下拉列表，选择【渐变填充】选项；在【文本颜色】下拉面板中选择一种预设渐变效果。单击【背景填充类型】下拉列表，选择【均匀填充】选项，在【文本背景颜色】下拉面板中选择黄色色板。在【轮廓宽度】下拉列表中选择【1.0mm】，在【轮廓颜色】下拉面板中选择洋红色板，如图 6-29 所示。

图 6-29 设置文字颜色

6.3.4 偏移、旋转字符

用户可以使用【形状】工具移动或旋转字符。选择一个或多个字符节点，然后在属性栏的【字符水平偏移】数值框、【字符垂直偏移】数值框或【字符角度】数值框中输入数值即可偏移和旋转文字，如图 6-30 所示。

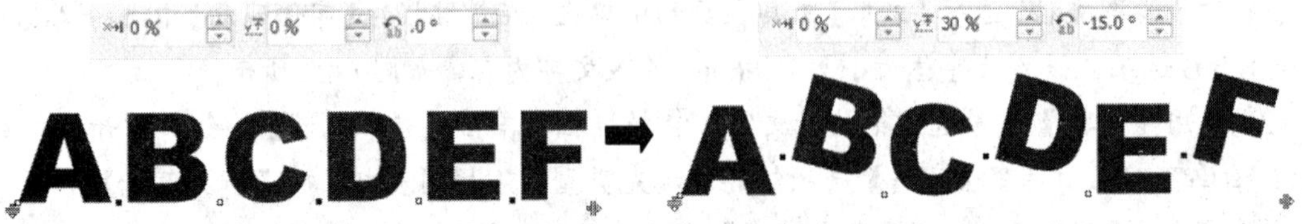

图 6-30　偏动、旋转字符

也可以使用【文本属性】泊坞窗调整文本对象的偏移和旋转。单击【文本属性】泊坞窗中的▼按钮，可以展开更多选项，然后在显示的【字符水平偏移】、【字符垂直偏移】或【字符角度】数值框中输入数值即可实现文字的偏移和旋转，如图 6-31 所示。

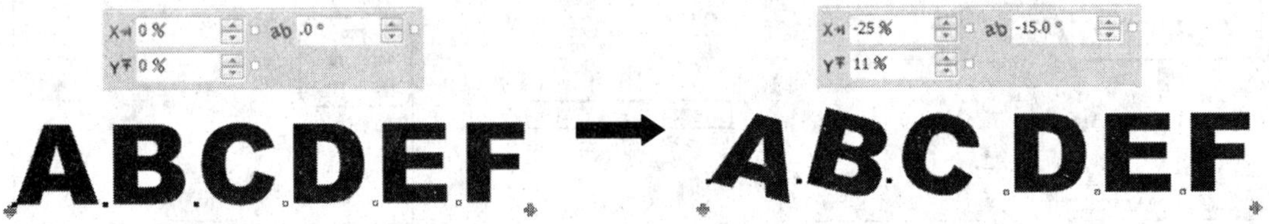

图 6-31　字符偏移

6.3.5 设置字符效果

在编辑文本过程中，有时需要根据文字内容，为文字添加相应的字符效果，以达到区分、突出文字内容的目的。设置字符效果可以通过【文本属性】泊坞窗来完成。

1. 添加划线

在处理文本时，为了强调一些文本的重要性或编排某些特殊的文本格式，经常需要在文本中添加一些划线，如上划线、下划线和删除线。

选择【文本】|【文本属性】命令或单击属性栏中的【文本属性】按钮，打开【文本属性】泊坞窗，展开其中的【字符】选项。

- 下划线：用于为文本添加下划线效果。该选项的下拉列表中向用户提供了 6 种预设的下划线样式。单击【下划线】按钮，在弹出的下拉列表中可以选择预设效果，如图 6-32 所示。

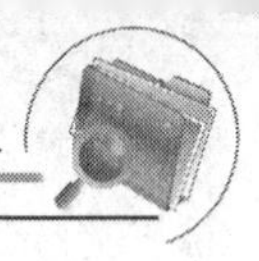

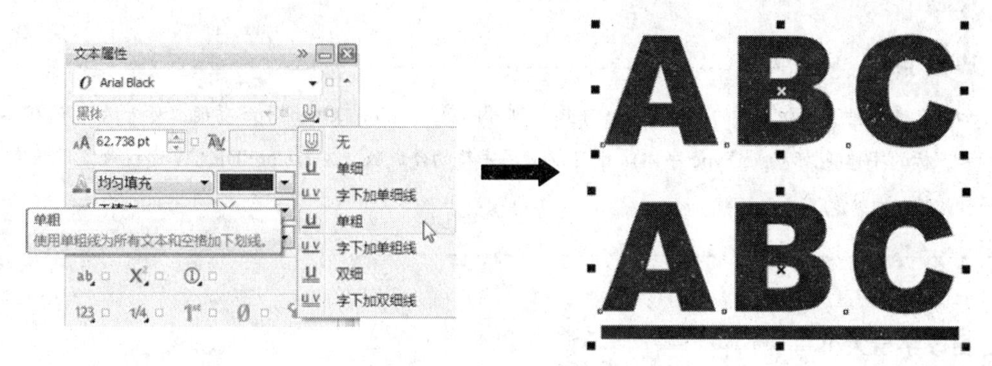

图 6-32　添加下划线

- 删除线：用于为文本添加删除线效果。该选项的下拉列表选项与添加删除线效果如图 6-33 所示。
- 上划线：用于为文本添加上划线效果，该选项的下拉列表选项与添加上划线效果如图 6-34 所示。

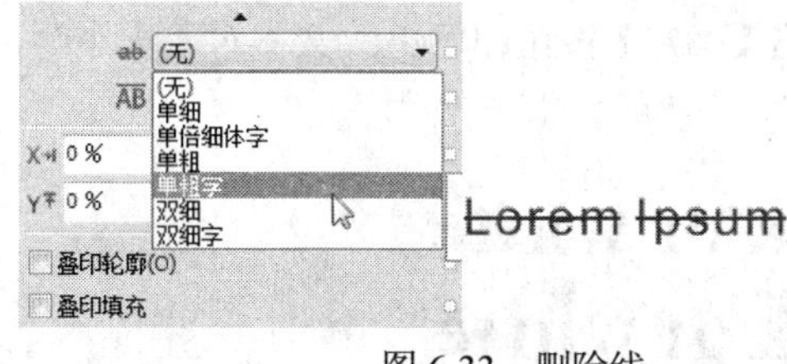

图 6-33　删除线

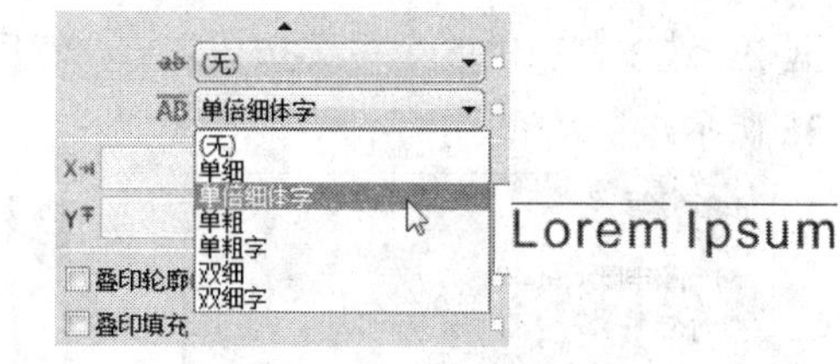

图 6-34　上划线

2. 设置上标和下标

在输入一些数学或其他自然科学方面的文本时，经常需要对文本中的某一字符使用上标或下标。在 CorelDRAW 中，用户可以方便地将文本改为上标或下标。

要将字符更改为上标或下标，首先要使用【文本】工具选中文本对象中的字符，然后在【文本属性】泊坞窗中，单击【位置】按钮 。在弹出的下拉列表中，选择【下标】选项可以将选定的字符更改为其他字符的下标；选择【上标】选项可以将选定的字符更改为其他字符的上标，如图 6-35 所示。

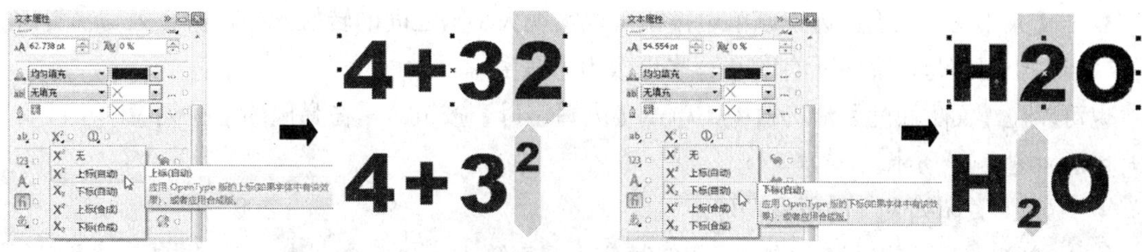

图 6-35　上标和下标

要取消上标或下标设置，先使用【文本】工具选中上标或下标字符，然后在【文本属性】泊坞窗的【位置】下拉列表中，选择【(无)】选项。

知识点

如果选择支持下标和上标的 OpenType 字体，则可以应用相应的 OpenType 功能。如果选择不支持上标和下标的字体(包括 OpenType 字体)，则可以应用字符的合成版，这是 CorelDRAW 通过改变默认字体字符的特性生成的。

3. 更改字母大小写

在 CorelDRAW 中，对于输入的英文文本，可以根据需要选择句首字母大写、全部小写或全部大写等形式。通过 CorelDRAW 提供的更改大小写功能，还可以进行大小写字母之间的转换。所有这些功能仅对英文文本适用，因为对于中文文本不存在大小写的问题。要实现大小写的转换，可以通过【更改大小写】命令，或【文本属性】泊坞窗来实现。

在选择文本对象后，选择【文本】|【更改大小写】命令，打开【更改大小写】对话框。在该对话框中，选中其中的 5 个单选按钮之一，然后单击【确定】按钮即可更改文本对象大小写，如图 6-36 所示。

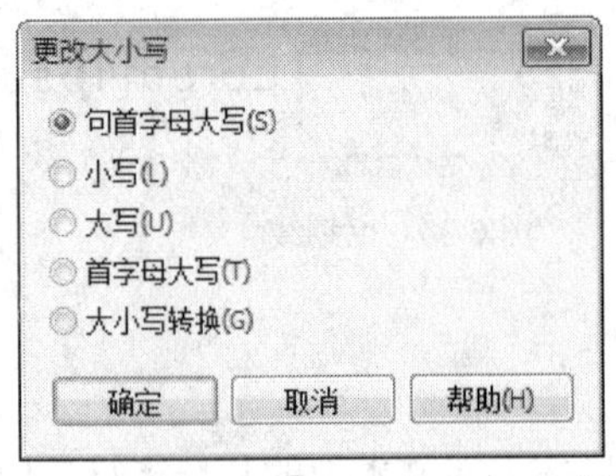

图 6-36　更改大小写

- 【句首字母大写】：选中该单选按钮使选定文本中每个句子的第一个字母大写。
- 【小写】：选中该单选按钮将把选定文本中的所有英文字母转换为小写。
- 【大写】：选中该单选按钮将把选定文本中的所有英文字母转换为大写。
- 【首字母大写】：选中该单选按钮使选定文本中的每一个单词的首字母大写。
- 【大小写转换】：选中该单选按钮可以实现大小写之间的转换，即将所有大写字母改为小写字母，而将所有的小写字母改为大写字母。

也可以在【文本属性】泊坞窗中，单击【大写字母】按钮ab，在弹出的下拉列表中更改文本大写，如图 6-37 所示。

- 无：关闭列表中的所有功能。
- 全部大写：使用相应的大写字符替代小写字符。
- 标题大写字母：如果字体支持，则应用该功能的 OpenType 版。
- 小型大写字母(自动)：如果字体支持，则应用该功能的 OpenType 版。
- 全部小型大写字母：使用缩小版的大写字符替代原来的字符。

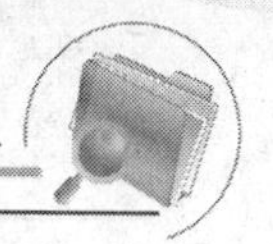

◉ 从大写字母更改为小型大写字母：如果字体支持，则应用该功能的 OpenType 版。

◉ 小型大写字母(合成)：应用合成版的小型大写字母，字体效果与在旧版本 CorelDRAW 中相同。

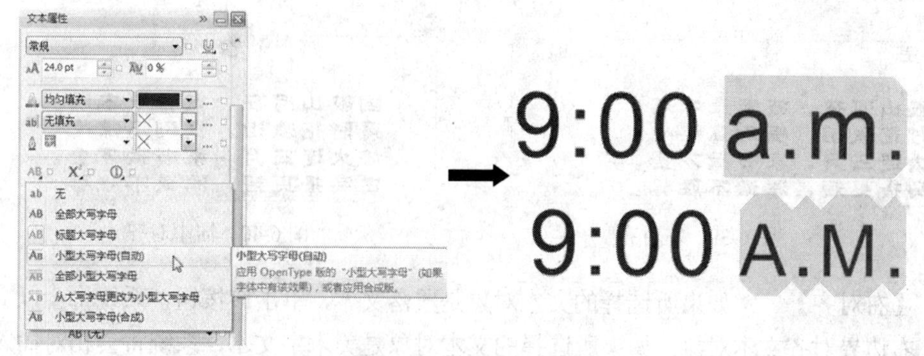

图 6-37 设置大写字母

6.3.6 设置文本的对齐方式

在 CorelDRAW 中，用户可以对创建的文本对象进行多种对齐方式的编排，以满足不同版面编排的需要。段落文本的对齐方式是基于段落文本框的边框进行的，而美术字文本的对齐方式是基于输入文本时的插入点位置进行对齐的。

要实现段落文本与美术文本的对齐，可以通过使用【文本】工具属性栏、【文本属性】泊坞窗来进行。用户可以根据需要和习惯，选择合适的方法进行编排操作。

要使用【文本】工具属性栏对齐段落文本，先使用【文本】工具选择所需对齐的文本对象，然后单击属性栏中的【文本对齐】按钮，或单击【文本属性】泊坞窗中【段落】选项组中的文本对齐按钮即可，如图 6-38 所示。

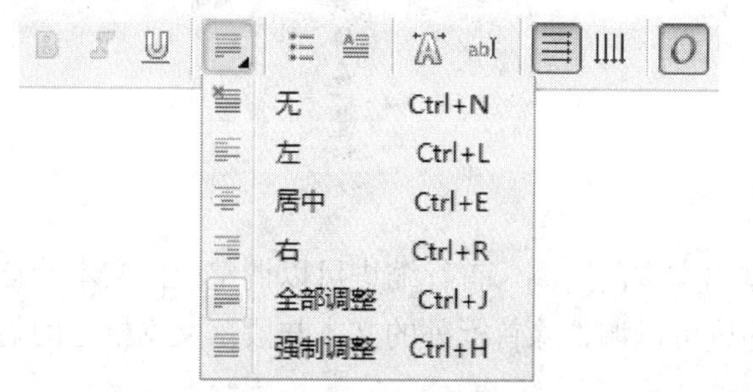

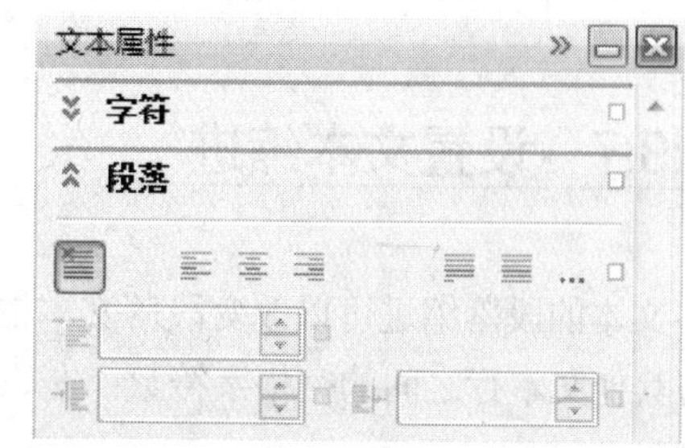

图 6-38 文本对齐

◉ 【无水平对齐】：单击该按钮，所选择的文本对象将不应用任何对齐方式。

◉ 【左对齐】：如果所选择的文本对象是段落文本，单击该按钮，系统将会以文本框左边界对齐文本对象；如果所选择的文本对象是美术字文本，系统将会相对插入点左对齐文本对象，如图 6-39 所示。

- 【居中】：如果所选择的文本对象是段落文本，单击该按钮，系统将会以文本框中心点对齐文本对象；如果所选择的文本对象是美术字文本，系统将会相对插入点中心对齐文本对象，如图 6-40 所示。

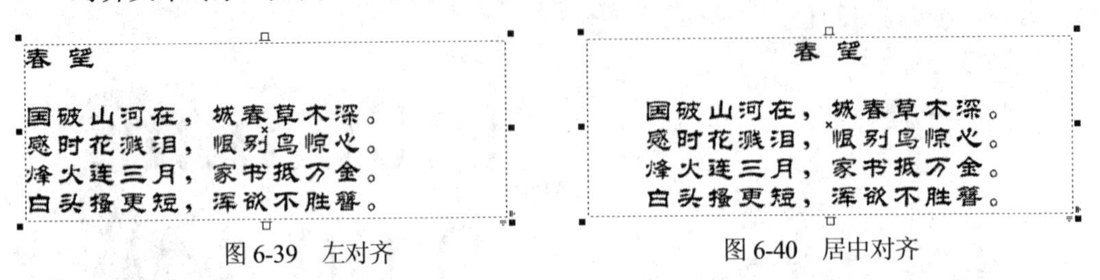

图 6-39 左对齐　　　　图 6-40 居中对齐

- 【右对齐】：如果所选择的文本对象是段落文本，单击该按钮，系统将会以文本框右边界对齐文本对象；如果所选择的文本对象是美术字文本，系统将会相对插入点右对齐文本对象，如图 6-41 所示。
- 【两端对齐】：如果所选择的文本对象是段落文本，单击该按钮，系统将会以文本框两端边界分散对齐文本对象，但不分散对齐末行文本对象；如果所选择的文本对象是美术字文本，系统将会以文本对象最长行的宽度分散对齐文本对象。
- 【强制两端对齐】：如果所选择的文本是段落文本，单击该按钮，系统将会以文本框两端边界分散对齐文本对象，并且末行文本对象也进行强制分散对齐；如果所选择的文本对象是美术字文本，系统将会相对插入点两端对齐文本对象，如图 6-42 所示。

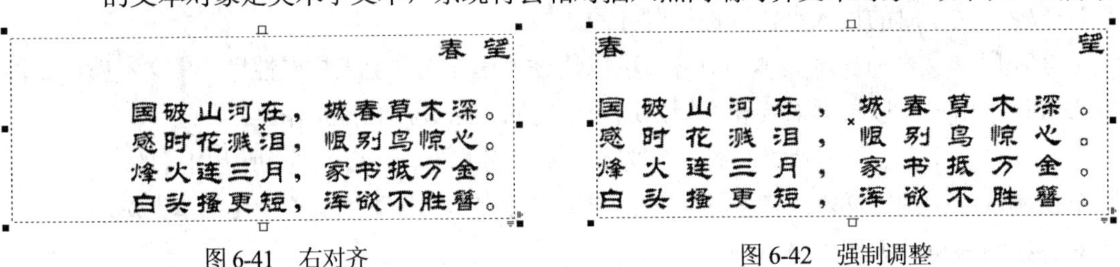

图 6-41 右对齐　　　　图 6-42 强制调整

6.3.7 设置文本缩进

文本的段落缩进可以改变段落文本框与框内文本的距离。首行缩进可以调整段落文本的首行与其他文本行之间的空格字符数；左、右缩进可以调整除首行外的文本与段落文本框之间的距离。

【例 6-7】在绘图文件中，设置段落文本缩进。

(1) 选择段落文本后，单击属性栏中的【文本属性】按钮，打开【文本属性】泊坞窗，并在泊坞窗中，展开【段落】选项组，如图 6-43 所示。

(2) 设置【首行缩进】为 10mm，然后按下 Enter 键设置段落文本首行缩进，如图 6-44 所示。

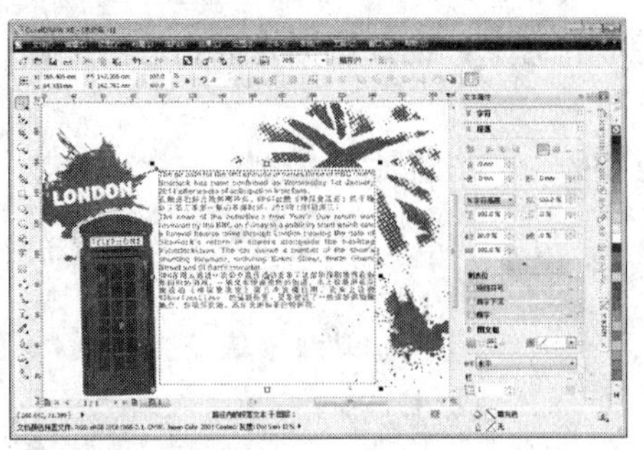

图 6-43　选择文本

图 6-44　设置首行缩进

(3) 分别设置【左行缩进】和【右行缩进】均为 8mm，然后按下 Enter 键设置左右缩进，如图 6-45 所示。

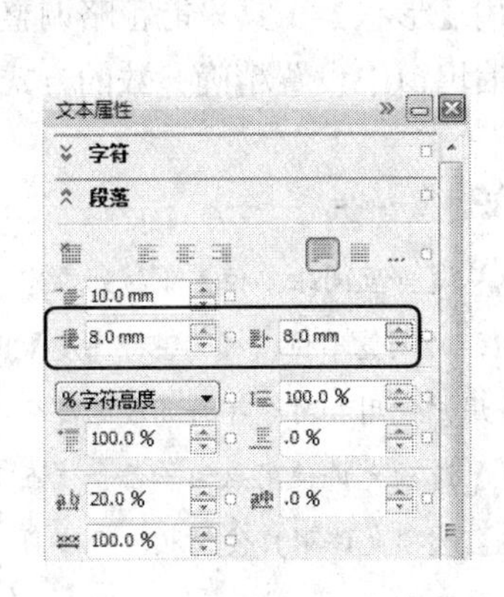

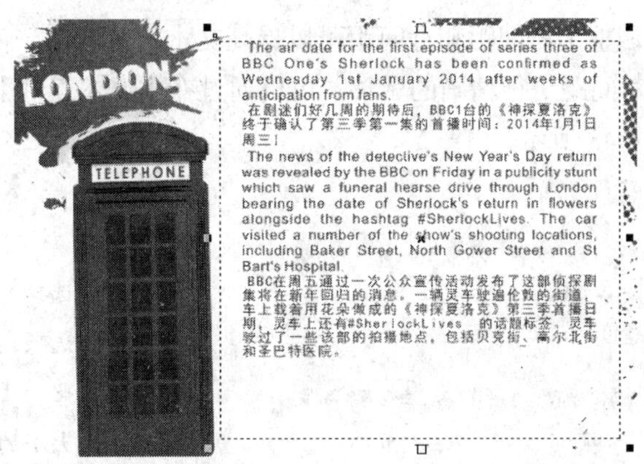

图 6-45　设置左右缩进

6.3.8　设置文本间距

调整文本间距可以使文本易于阅读。在 CorelDRAW 中，不论是美术字文本还是段落文本，都可以精确设置字符间距和行距。

1. 使用【形状】工具调整间距

在 CorelDraw 中，可以使用【形状】工具调整文本间距。选中文本后，选择【形状】工具将光标置于文本框右边的控制符号⫸上，按住鼠标左键拖拽鼠标光标到适当位置后释放鼠标，即可调整文本的字间距，如图 6-46 所示。

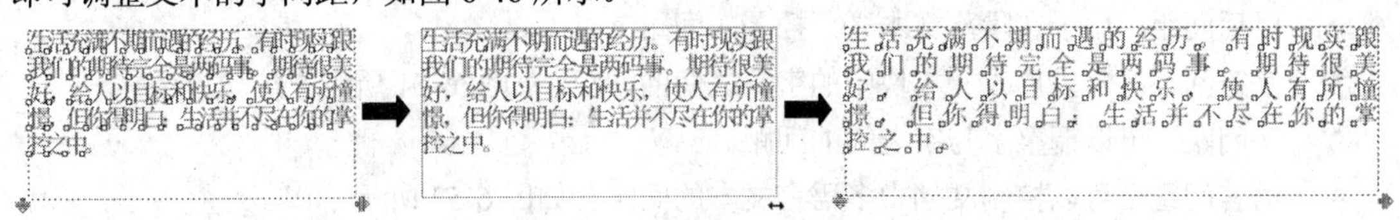

图 6-46　调整文本字间距

要调整行间距，可按住鼠标左键拖动文本框下面的控制符号⇣，拖拽鼠标光标到适当位置后释放鼠标，即可调整文本行距，如图 6-47 所示。

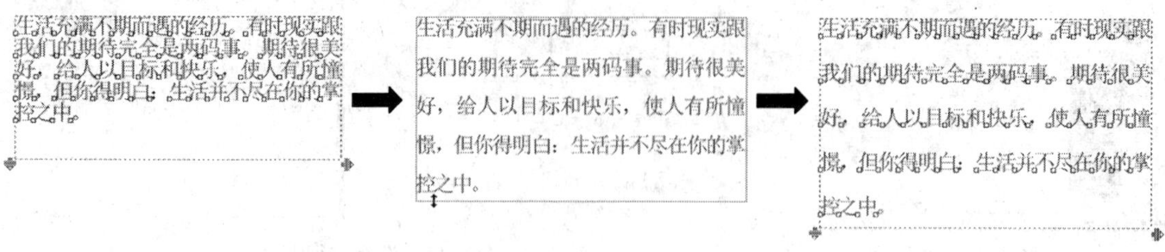

图 6-47　调整文本行距

2. 精确调整文本间距

通过调整字符间距和行间距可以提高文本的可读性。使用【形状】工具只能粗略调整文本间距，要对间距进行精确的调整，可以通过在【文本属性】泊坞窗中设置精确参数的方式来完成，如图 6-48 所示。

图 6-48　间距选项

知识点

可以从【垂直间距单位】下拉列表中选择行间距的测量单位。【%字符高度】选项允许用户使用相对于字符高度的百分比。【点】选项允许使用点为单位。【点大小的%】选项允许用户使用相对于字符点大小的百分比。

- 行距：用于设置行与行之间的间距，如图 6-49 所示。
- 段前间距：用于在段落文本之前插入的间距，如图 6-50 所示。

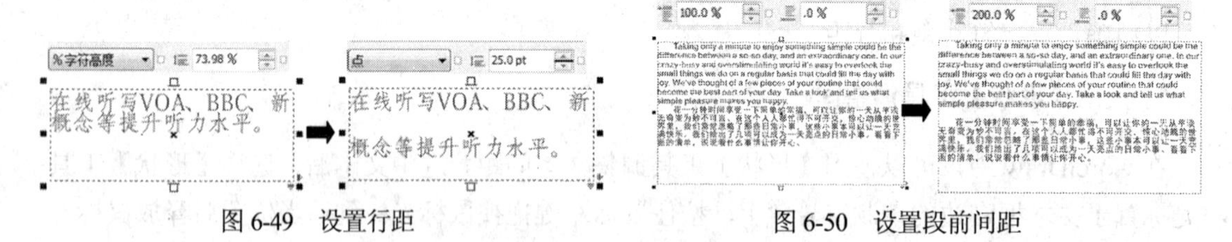

图 6-49　设置行距　　　　图 6-50　设置段前间距

- 段后间距：用于在段落文本之后插入的间距。
- 字符间距：可以更改文本块中的字符之间的间距，如图 6-51 所示。
- 字间距：可以调整字与字之间的间距。
- 语言间距：可以控制文档中多语言文本的间距，如图 6-52 所示。

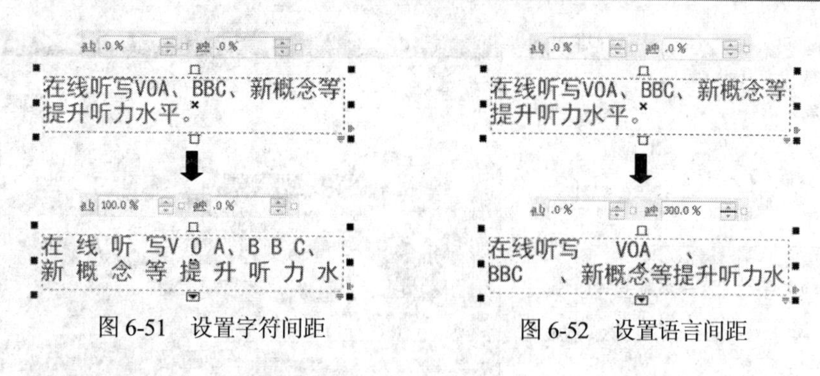

图 6-51　设置字符间距　　　　图 6-52　设置语言间距

【例 6-8】在绘图文件中，调整段落文本间距。

(1) 打开一幅绘图文档，并使用【选择】工具选中文档中的段落文本，如图 6-53 所示。

(2) 选择【形状】工具，在文本框右边的控制符号上按下鼠标左键，拖动鼠标至适当的位置后释放鼠标，即可调整文本的字间距，如图 6-54 所示。

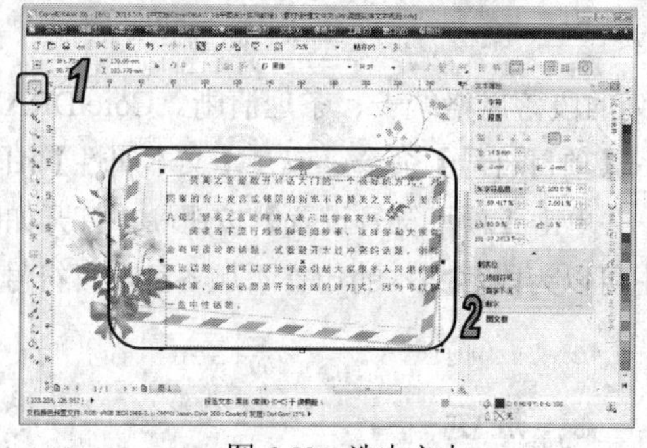

图 6-53　选中文本

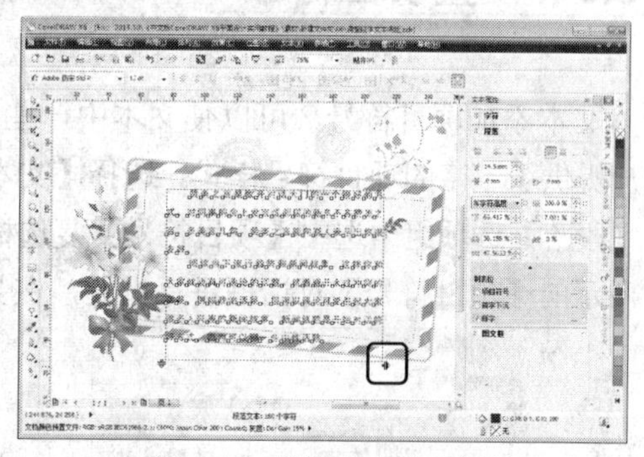

图 6-54　调整文本的字间距

(3) 按下鼠标左键拖拽文本框下面的控制符号至适当的位置，然后释放鼠标，即可调整文本行距，如图 6-55 所示。

(4) 单击属性栏中的【文本属性】按钮，打开【文本属性】泊坞窗，。在【段落】选项组中，设置【行距】为 110%，即可调整文本的行间距。如图 6-56 所示。

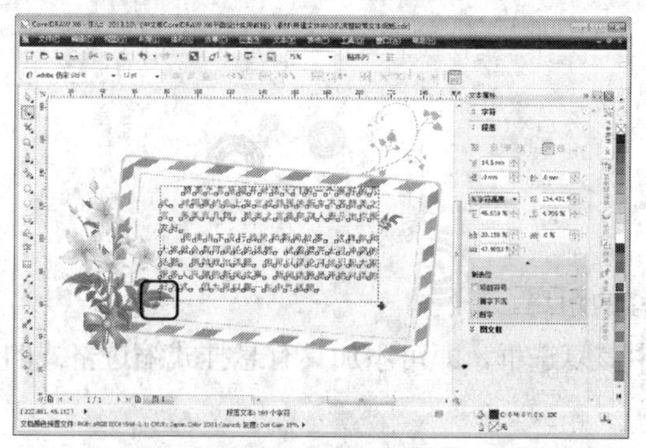

图 6-55　调整文本行距

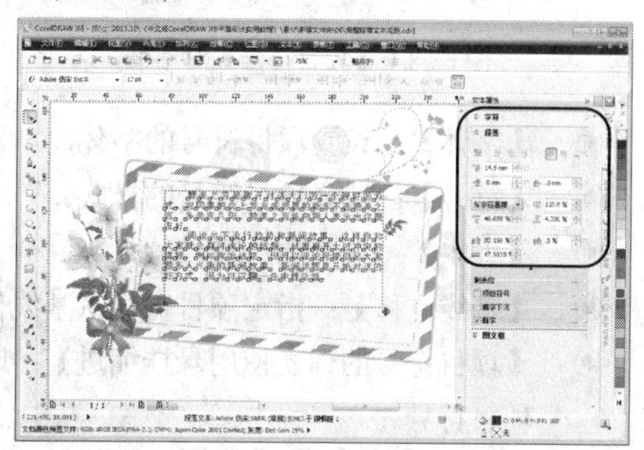

图 6-56　设置行间距

(5) 在【段落】选项组中，设置【段前间距】为 115%，【字符间距】为 13%，如图 6-57 所示。

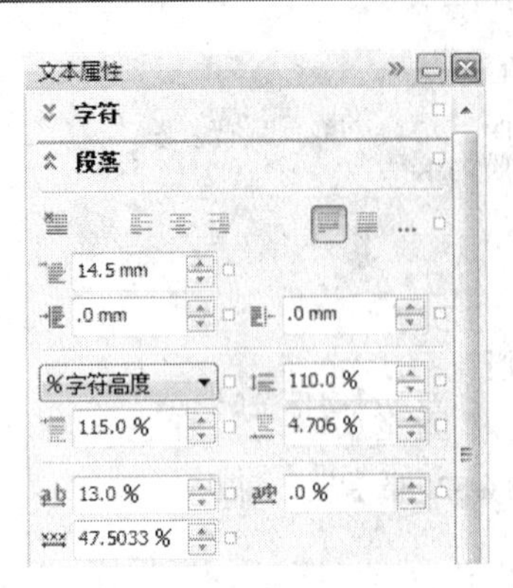

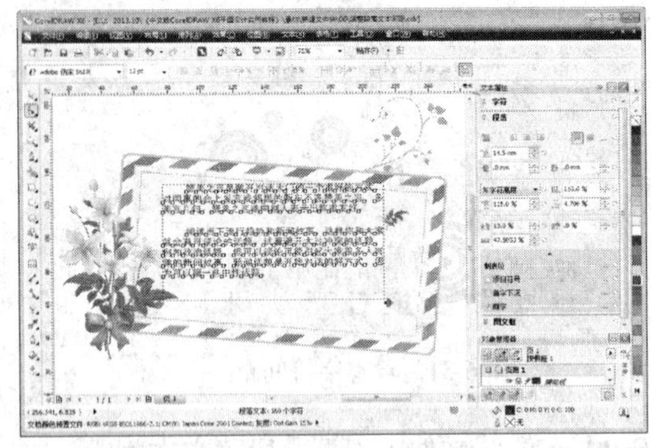

图 6-57　设置字间距

6.3.9　设置项目符号

为文本添加项目符号，可以使文本中一些并列的段落风格统一、条理清晰。CorelDRAW 为用户提供了丰富的项目符号样式。选择【文本】|【项目符号】命令，或在【文本属性】泊坞窗的【段落】选项组中选中【项目符号】复选框，并单击【项目符号设置】按钮…，打开如图 6-58 所示的【项目符号】对话框进行设置，在其中可以为段落文本的句首添加各种项目符号。

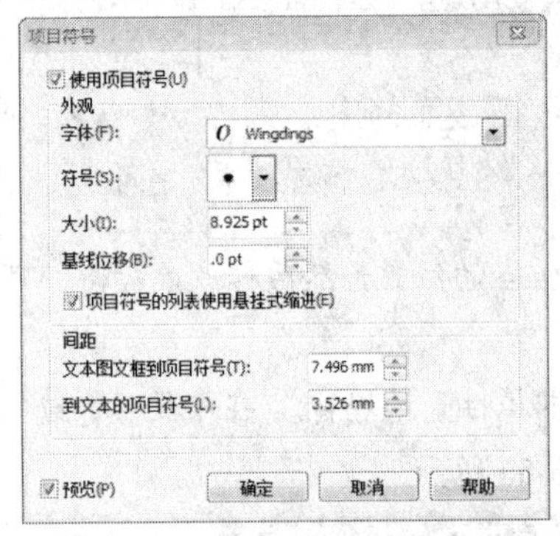

图 6-58　【项目符号】对话框

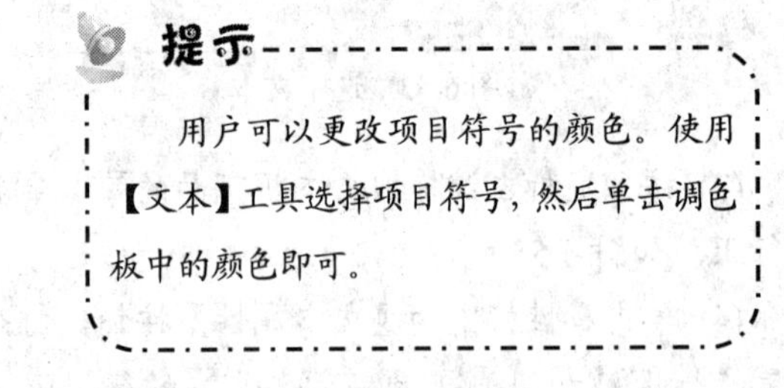

- 【字体】：设置项目符号的字体。
- 【符号】：选择项目符号的样式。
- 【大小】：设置项目符号的大小。
- 【基线位移】：指定项目符号从基线位移的距离。
- 【项目符号的列表使用悬挂缩进】：选中该复选框，即可添加具有悬挂式缩进格式的项目符号。
- 【文本图文框到项目符号】：指定项目符号从段落文本框缩进的距离。
- 【到文本的项目符号】：指定项目符号和文本之间的距离。

【例 6-9】在绘图文件中，设置段落文本的项目符号。

(1) 在打开的绘图文档中，使用【选择】工具选中需要添加项目符号的段落文本，如图 6-59

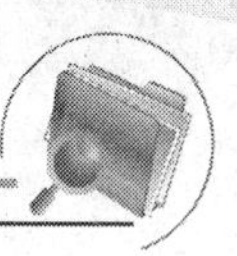

所示。

(2) 在【文本属性】泊坞窗中的【段落】选项组中，选中【项目符号】复选框，如图 6-60 所示。

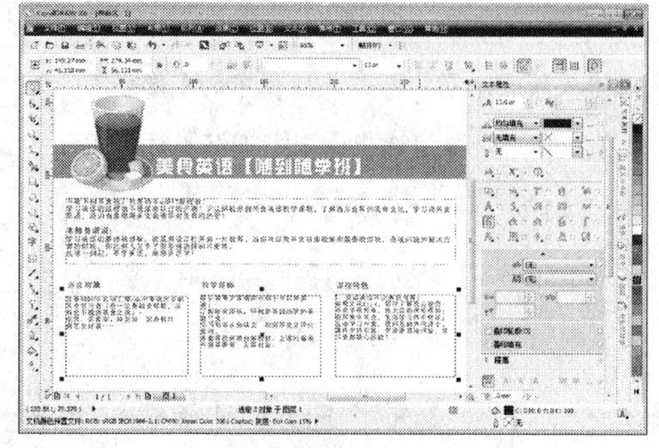

图 6-59　选择文本

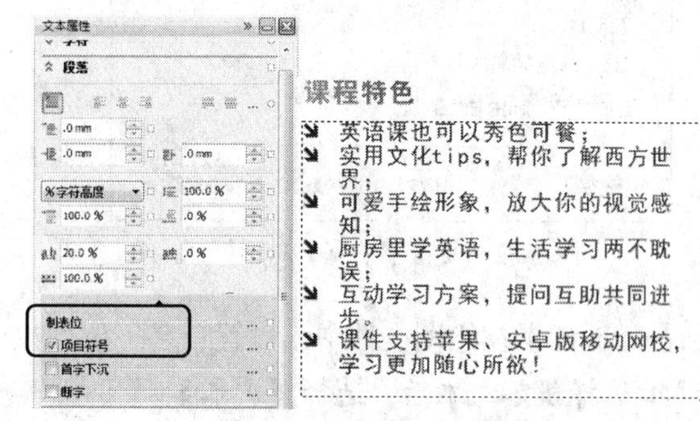

图 6-60　使用项目符号

(3) 单击【项目符号设置】按钮，打开【项目符号】对话框。在对话框的【符号】下拉列表中选择系统提供的符号样式；在【大小】数值框中输入适当的符号大小值 9pt，并设置【基线位移】为 1pt，【到文本的项目符号】为 2mm，然后单击【确定】按钮应用设置，如图 6-61 所示。

图 6-61　设置项目符号

6.3.10　设置首字下沉

要设置首字下沉效果，可以在【文本】工具属性栏上单击【首字下沉】按钮，或选择【文本】|【首字下沉】命令，或在【文本属性】泊坞窗的【段落】选项组中选中【首字下沉】复选框，并单击【首字下沉设置】按钮，打开如图 6-62 所示的【首字下沉】对话框。在该对话框中，选中【使用首字下沉】复选框。

- 【下沉行数】数值框：可以指定字符下沉的行数。
- 【首字下沉后的空格】数值框：可以指定下沉字符与正文间的距离。

- 【首字下沉使用悬挂式缩进】复选框：可以使首字符悬挂在正文左侧。

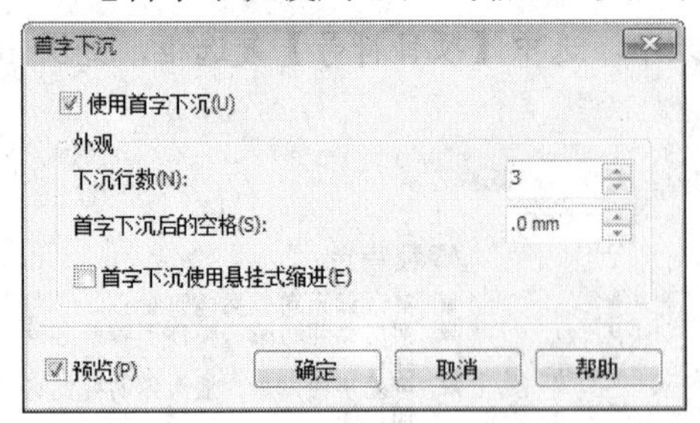

图 6-62　【首字下沉】对话框

> **提示**
>
> 要取消段落文本的首字下沉效果，可在选择段落文本后，单击属性栏中的【首字下沉】按钮，或取消选中【首字下沉】对话框中的【使用首字下沉】复选框。

【例 6-10】在绘图文件中，设置首字下沉效果。

(1) 选择段落文本后，选择【文本】|【首字下沉】命令，打开【首字下沉】对话框，选中【使用首字下沉】复选框，如图 6-63 所示。

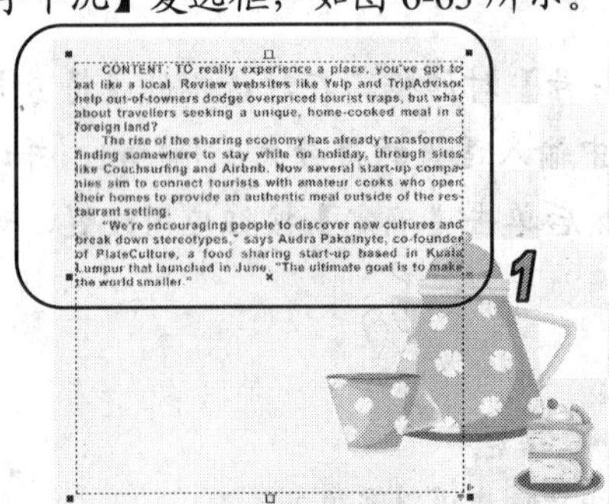

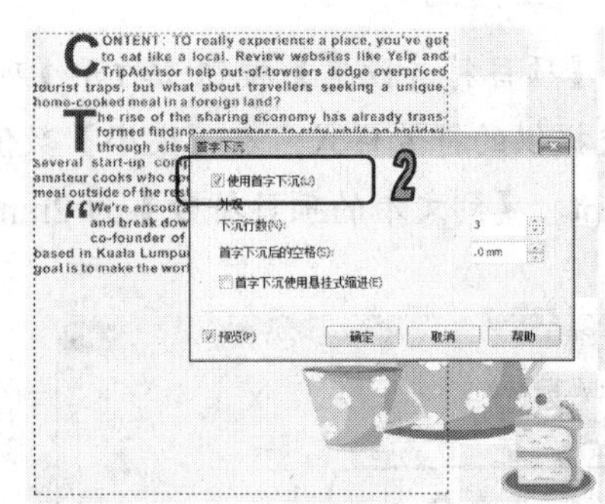

图 6-63　使用首字下沉

(2) 在【下沉行数】数值框中设置下沉的行数为 2，选中【首字下沉使用悬挂式缩进】复选框，然后单击【确定】按钮，如图 6-64 所示。

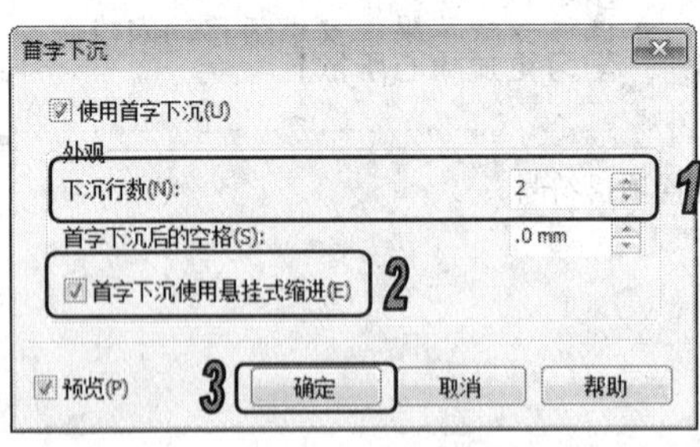

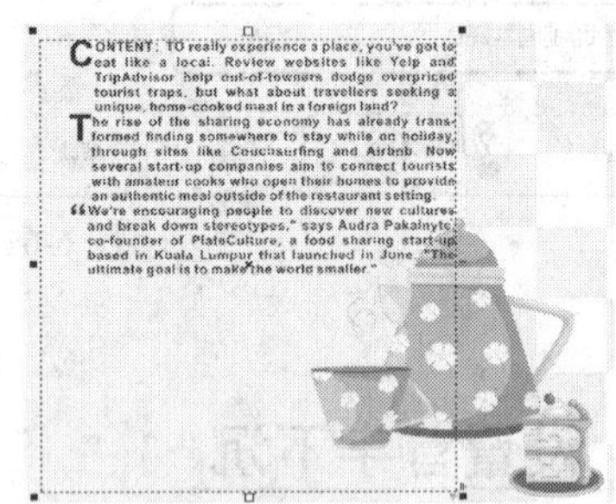

图 6-64　设置首字下沉

6.3.11　设置分栏

对文本对象进行分栏操作是一种非常实用的编排方式。CorelDRAW 提供了等宽和不等宽两种分栏格式。用户可以为选择的段落文本对象添加一定的数量栏，还可以为分栏设置栏间距。

用户在添加、编辑或删除栏时，可以为保持段落文本框的长度而重新调整栏的宽度，也可以为保持栏的宽度而调整文本框的长度。在选中段落文本对象后，选择【文本】|【栏】命令，打开如图 6-65 所示的【栏设置】对话框，在其中可以为段落文本分栏。

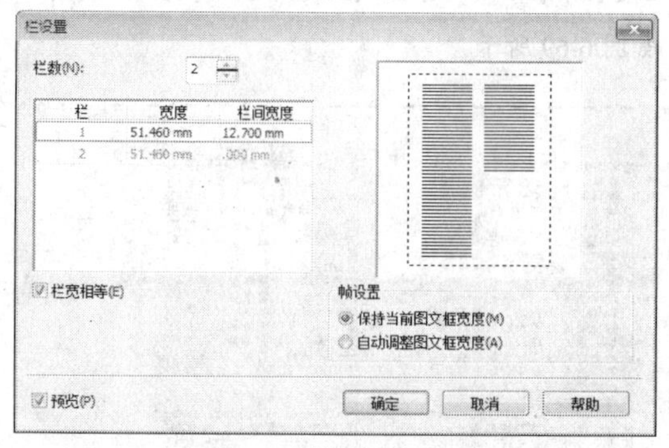

图 6-65　【栏设置】对话框

提示

在【栏设置】对话框中，如果选中【保持当前图文框宽度】单选按钮，可以在增加或删除分栏的情况下，仍保持文本框的宽度不变；如果选中【自动调整图文框宽度】单选按钮，那么当增加或删除分栏时，文本框会自动调整而栏的宽度将保持不变。

【例 6-11】在绘图文件中，设置分栏效果。

(1) 在打开的绘图文件中，选择【选择】工具选中段落文本对象，如图 6-66 所示。

(2) 单击属性栏中的【文本属性】按钮，打开【文本属性】泊坞窗。在泊坞窗的【图文框】选项区中，设置【栏数】为 2，如图 6-67 所示，

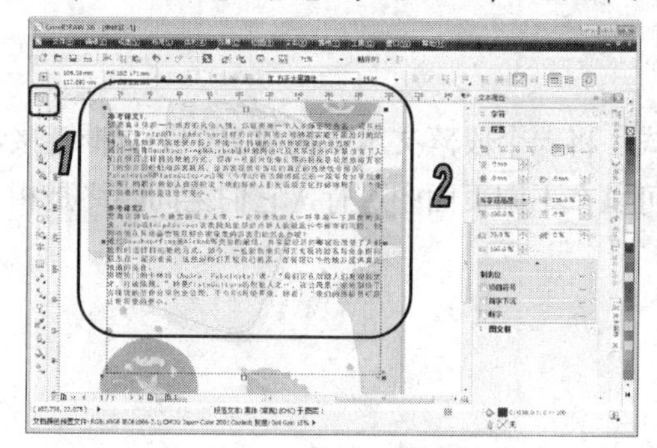

图 6-66　选择文本

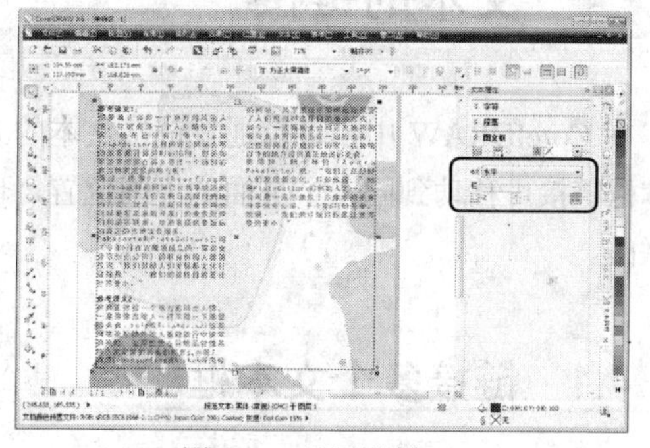

图 6-67　设置分栏

(3) 单击 按钮，打开【栏设置】对话框。在该对话框中，设置栏间宽度为 0.300in，然后单击【确定】按钮应用，如图 6-68 所示。

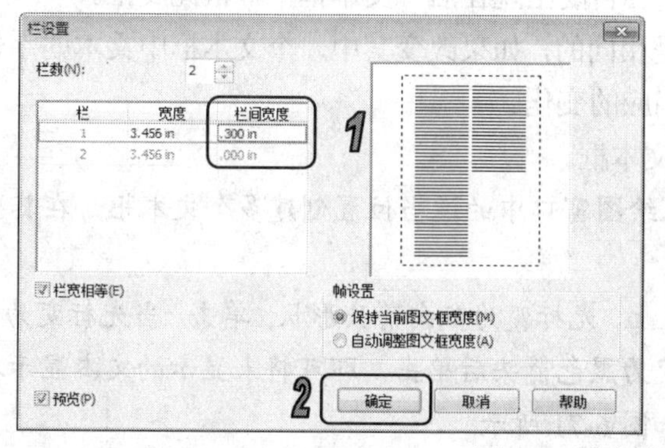

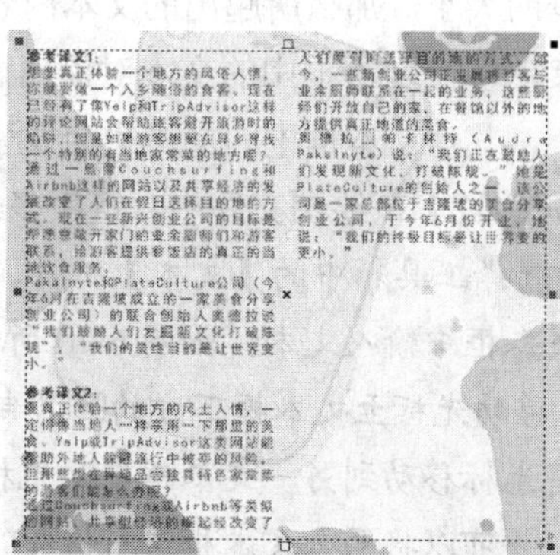

图 6-68　应用分栏

知识点

对于已经添加了等宽栏的文本，还可以改变栏的宽度和栏间距。使用【文本】工具选择所需要操作的文本对象，这时文本对象将会显示分栏线，将光标移至文本对象中间的分栏线上时，光标将变为双向箭头，按住鼠标左键并拖动分界线，可调整栏宽和栏间距，如图 6-69 所示。

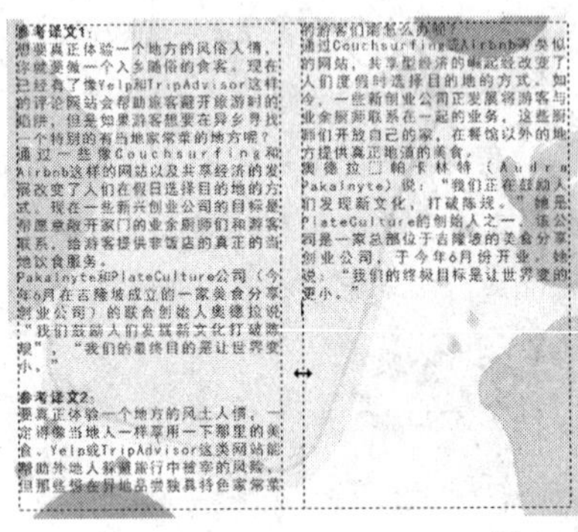
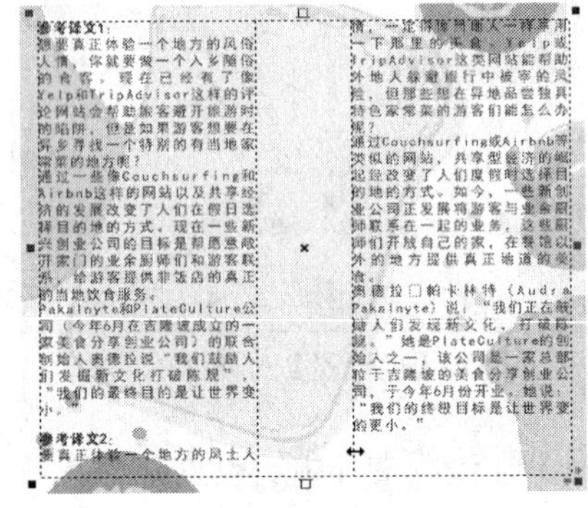

图 6-69　调整栏宽

6.4　文本的链接

在 CorelDRAW 中，可以通过链接文本的方式，将一个段落文本分离成多个文本框链接，文本框链接可移动到同一个页面的不同位置，也可以在不同页面中进行，它们之间始终是相互关联的。

6.4.1　链接多个文本框

如果所创建的绘图文件中有多个段落文本，那么可以将它们链接在一起，并显示文本内容的链接方向。链接后的文本框中的文本内容将相互关联，如果前一文本框中的文本内容超出所在文本框的大小，那么所超出的文本内容将会自动出现在后一文本框中，依此类推。

链接的多个文本框中的文本对象属性是相同的，如果改变其中一个文本框中文本的字体或文字大小，其他文本框中的文本也会发生相应的变化。

【例 6-12】在绘图文件中，链接多个文本框。

(1) 选择工具箱中的【文本】工具，在绘图窗口中的适当位置创建多个文本框。在其中一个段落文本框中输入文本，如图 6-70 所示。

(2) 移动光标至文本框下方的控制点上，光标变为双向箭头形状。单击，当光标变为形状后，将光标移动到另一文本框中，光标变为黑色箭头后单击，即可将未显示的文本显示在文本框中，并可以将两个文本框进行链接，如图 6-71 所示。

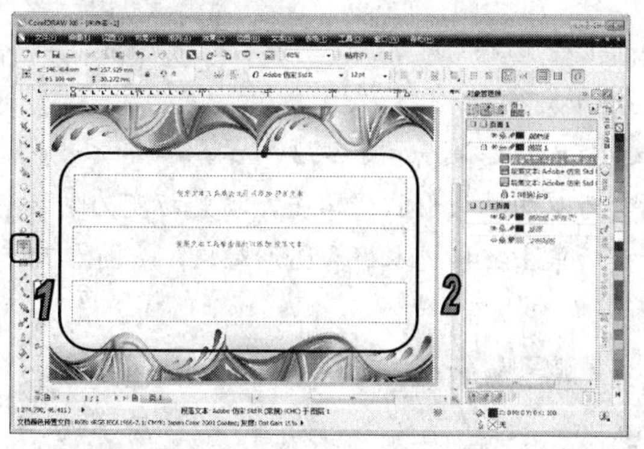

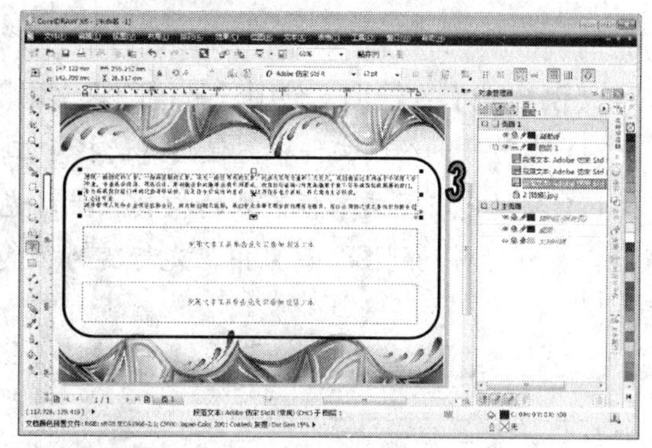

图 6-70 输入文本

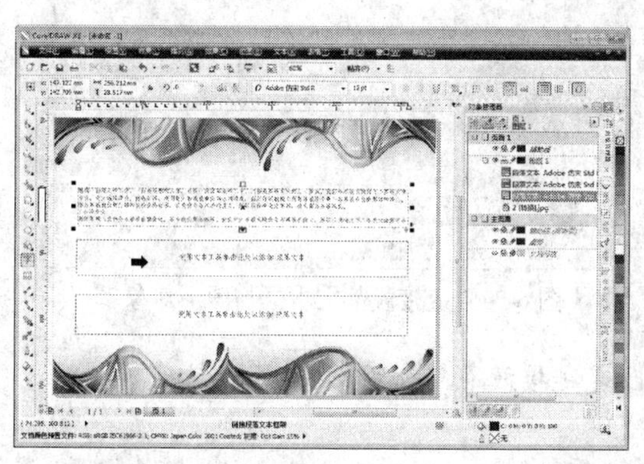

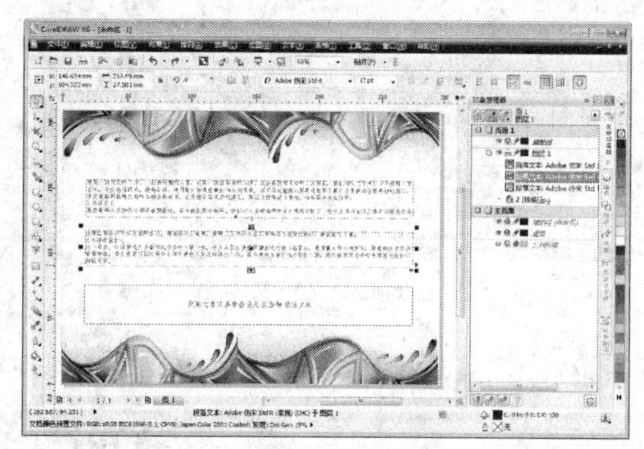

图 6-71 链接文本框

提示

使用【选择】工具选择文本对象，移动光标至文本框下方的▣控制点上，光标变为双向箭头形状；单击，光标变为▤形状后，在页面上的其他位置按下鼠标左键拖拽出一个段落文本框；此时未显示的文本部分将自动转移到新创建的链接文本框中，如图 6-72 所示。

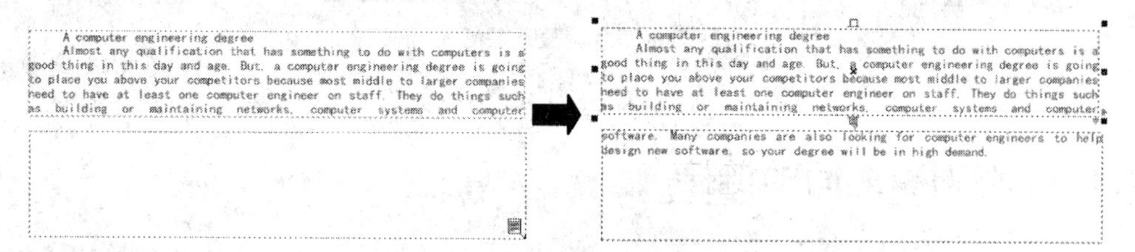

图 6-72 链接文本框

6.4.2 链接段落文本框与图形对象

文本对象的链接不仅仅限于段落文本框之间，也可以应用于段落文本框与图形对象之间。当段落文本框中的文本内容与未闭合路径的图形对象链接时，文本对象将会沿路径进行链接；当段落文本框中的文本内容与闭合路径的图形对象链接时，会将图形对象作为文本框进行文本对象的链接。

【例 6-13】在绘图文件中，链接段落文本框与图形对象。

(1) 在打开的绘图文件中，使用【选择】工具选择段落文本，如图 6-73 所示。

(2) 移动光标至文本框下方的控制点上，光标变为双向箭头形状。单击，当光标变为▤形状后，将光标移动到图形对象中，光标变为黑色箭头后单击链接文本框和图形对象，如图 6-74 所示。

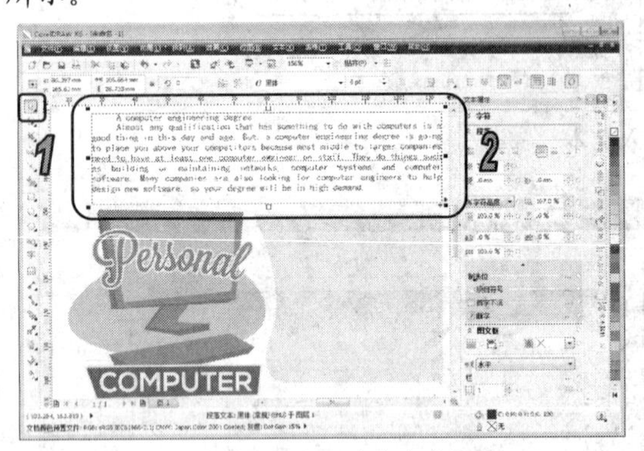

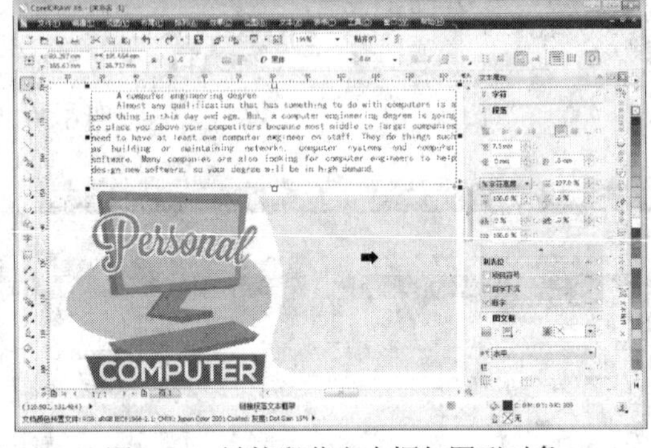

图 6-73　选中文本框

图 6-74　链接段落文本框与图形对象

(3) 使用【选择】工具调整文本框大小，即可改变链接效果，如图 6-75 所示。

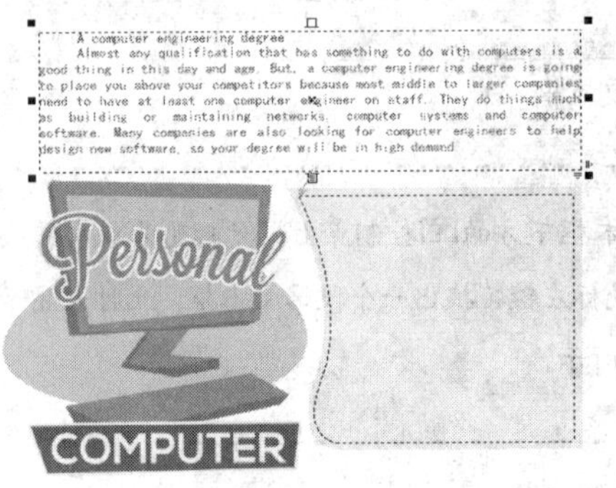

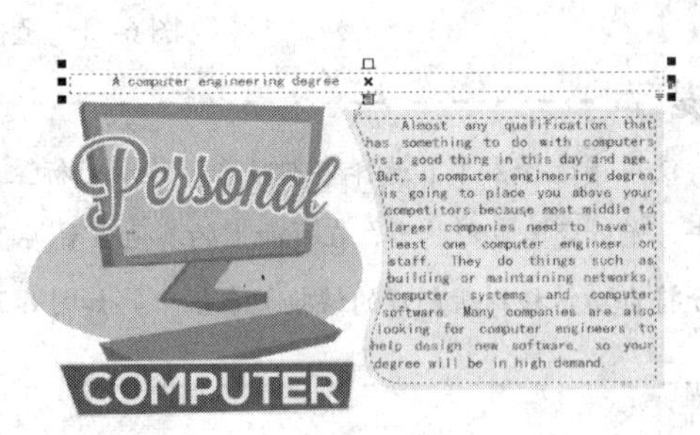

图 6-75　调整链接

6.4.3　解除对象之间的链接

要解除文本链接，可以在选取链接的文本对象后，按 Delete 键删除。删除链接后，剩余的文本框仍保持原来的状态。另外，在选取所有的链接对象后，可以选择【文本】|【段落文本框】|【断开链接】命令，将链接断开。断开链接后，文本框各自独立。

6.5　编辑和转换文本

在处理文字的过程中，除了可以直接在绘图窗口中设置文字属性，还可以通过【编辑文本】

对话框来完成。在编辑文本时，可以根据版面需要，将美术字文本转换为段落文本，以便编排文字；或为了在文字中应用各种填充或特殊效果，将段落文本转换为美术字文本。除此之外，用户也可以将文本转换为曲线，以方便对字形进行编辑。

6.5.1　编辑文本

在选择文本对象后，选择【文本】|【编辑文本】命令，即可打开如图 6-76 所示的【编辑文本】对话框，用户可以在其中进行更改文本的内容，设置文字的字体、字号、字符效果、对齐方式，更改英文大小写以及导入外部文本等操作。

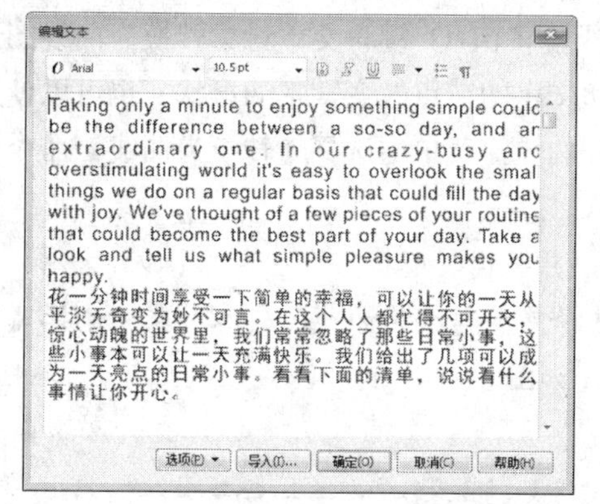

图 6-76　【编辑文本】对话框

提示

用户还可以按 Ctrl+Shift+T 键，或单击属性栏中的【编辑文本】按钮 abl，打开【编辑文本】对话框。

6.5.2　美术字和段落文本的转换

美术字文本与段落文本具有不同的属性，各有自独特的编辑方式。如果用户需要将美术字文本转换为段落文本，首先使用【选择】工具选择需要进行转换的美术字文本，然后选择菜单栏中的【文本】|【转换到段落文本】命令，即可将所选择的美术字文本转换为段落文本，如图 6-77 所示。转换后的美术字文本周围会显示段落文本框，可以对其应用段落文本的编辑操作。

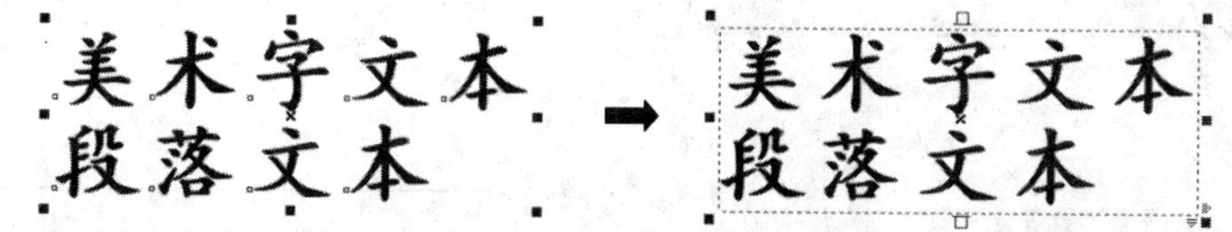

图 6-77　美术字文本与段落文本的转换

知识点

用户也可以通过在要进行转换的文本对象上右击，在弹出的快捷菜单中选择相应的转换命令，或按 Ctrl+F8 快捷键，实现美术字文本与段落文本之间的相互转换。

如果使用【选择】工具选择所要转换的段落文本，选择【文本】|【转换到美术字】命令，即可将所选择的段落文本转换为美术字文本。

6.5.3 文本转换为曲线

虽然文本对象之间可以通过相互转换进行各种编辑，但如要将文本作为特殊图形对象应用图形对象的编辑操作，那么就需要将文本对象改变为具有图形对象属性的曲线以适应编辑调整的操作。

用户如果要将文本对象转换为曲线图形对象，可以在绘图页中选择需要操作的文本对象，再选择菜单栏中的【排列】|【转换为曲线】命令、或按 Ctrl+Q 键将文本对象转换为曲线图形对象，然后使用【形状】工具通过添加、删除或移动文字的节点改变文本的形状。也可以使用【选择】工具选择文本对象后，单击鼠标右键在打开的快捷菜单中选择【转换为曲线】命令，实现文本对象转换为曲线图形对象的操作。

【例 6-14】在绘图文件中，将文本转换为曲线，并编辑其形状。

(1) 在打开的绘图文件中，使用【选择】工具选择需要转换为曲线的文本对象。选择【排列】|【转换为曲线】命令，将文本对象转换为曲线，如图 6-78 所示。

图 6-78 转换为曲线

提示

文本对象一旦转换为曲线图形对象，将不再具有原有的文本属性，即不能再对其进行与文本对象相关的各种编辑处理。

(2) 选择【形状】工具选中文字路径上的节点，并调整路径形状，如图 6-79 所示。

图 6-79 调整绘制文字曲线

6.6　图文混排

在排版设计过程中，经常需要对图形图像和文字进行编排。在 CorelDRAW 中，可以使文本沿图形外部边缘形状进行排列。需要注意的是，文本绕图的功能不能应用于美术字文本。如果需要使用该功能，必须先将美术字文本转换为段落文本。

如果要实现输入文本对象的绕图编排效果，可以在所选图形对象上单击鼠标右键，从弹出的快捷菜单中选择【段落文本换行】命令，然后将图形对象拖动到段落文本上释放鼠标，这时段落文本将会自动环绕在图形对象的周围。

【例 6-15】在绘图文件中，将图文进行混排。

(1) 在打开的绘图文件中，使用【选择】工具选择要在其周围环绕文本的对象，如图 6-80 所示。

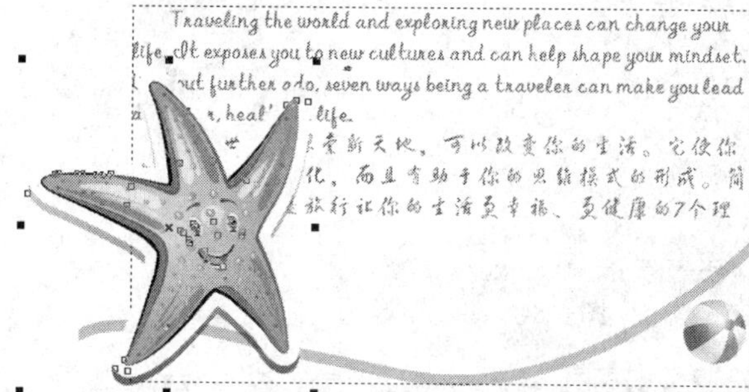

图 6-80　选择对象

提示

选择图形对象后，也可以单击属性栏中的【文本换行】按钮，在弹出的下拉面板中选择换行方式，设置换行偏移数值，如图 6-81 所示。

(2) 选择【窗口】|【泊坞窗】|【对象属性】命令，打开【对象属性】泊坞窗。在【对象属性】泊坞窗的【总结】选项组中，单击【段落文本换行】下拉列表，选择【正方形-跨式文本】选项；设置【文本换行偏移】为 2.5mm，如图 6-82 所示。

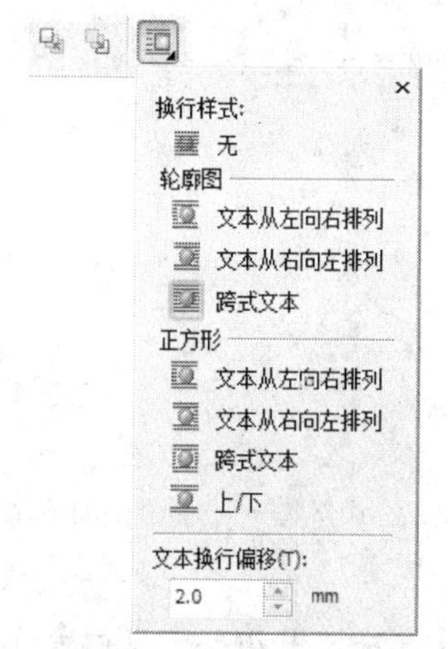

图 6-81　设置文本换行

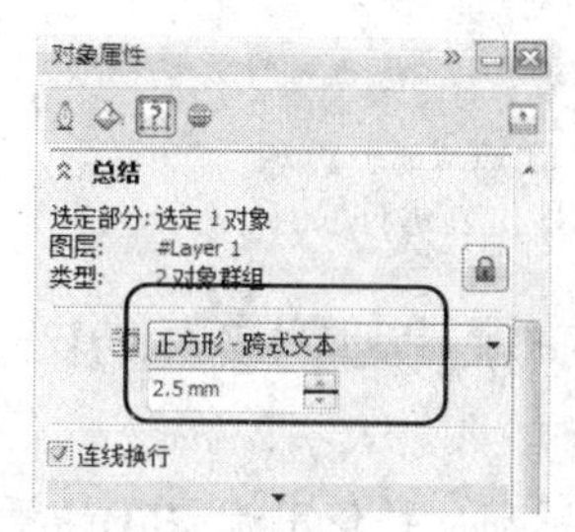

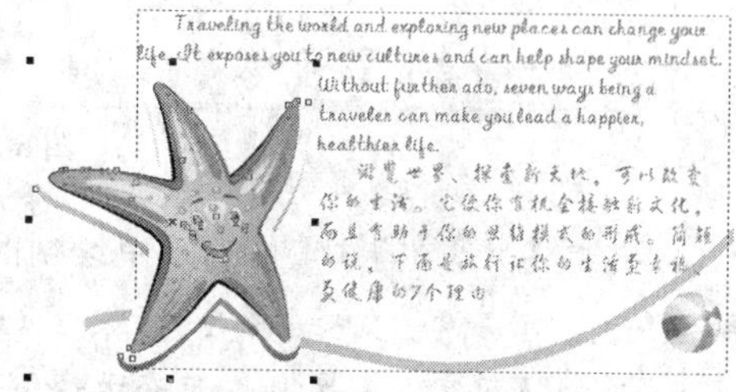

图 6-82　图文混排

6.7 上机练习

本章的上机练习通过制作手机广告，使用户更好地掌握文本的输入、编辑基本操作方法和技巧，以及段落文本的设置方法。

(1) 选择【文件】|【新建】命令，打开【创建新文档】对话框。在对话框中的【名称】文本框中输入“手机广告”，在【大小】下拉列表中选择 A4，单击【横向】按钮，在【原色模式】下拉列表中选择 CMYK，然后单击【确定】按钮，如图 6-83 所示。

(2) 选择【矩形】工具，在页面中拖动绘制矩形与页面同宽的矩形，如图 6-84 所示。

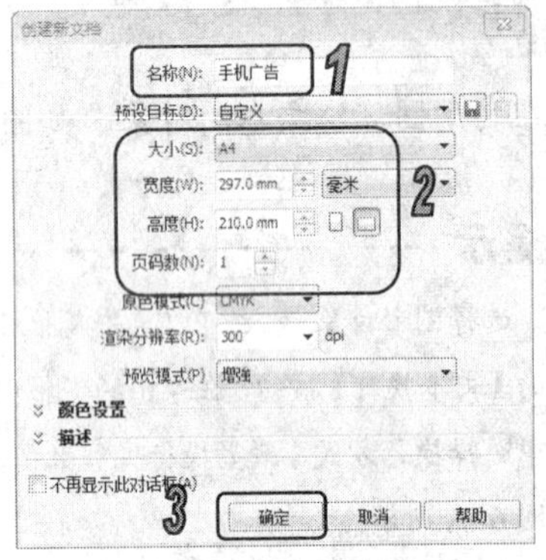

图 6-83　新建文档

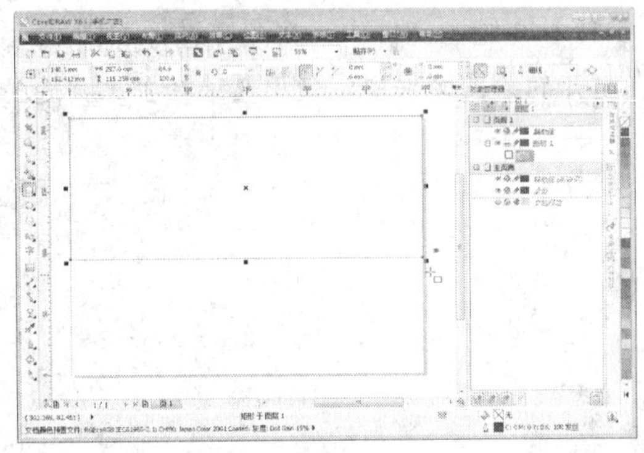

图 6-84　绘制矩形

(3) 在调色板中取消轮廓线，并按 F11 键打开【渐变填充】对话框。在对话框的【类型】下拉列表中选择【线性】，【角度】为-90，选中【双色】单选按钮，设置渐变从 20%黑到白色，然后单击【确定】按钮，如图 6-85 所示。

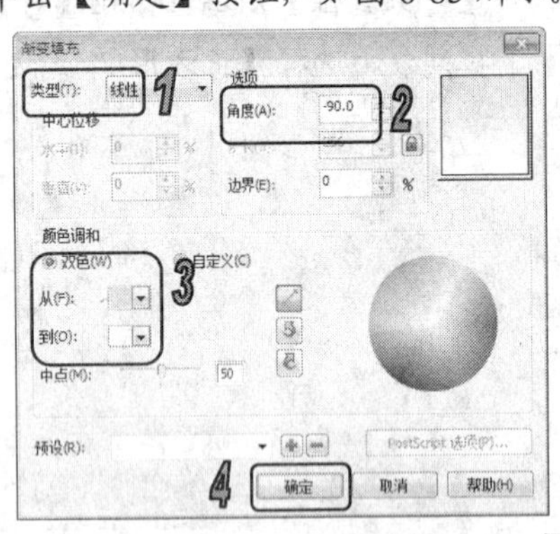

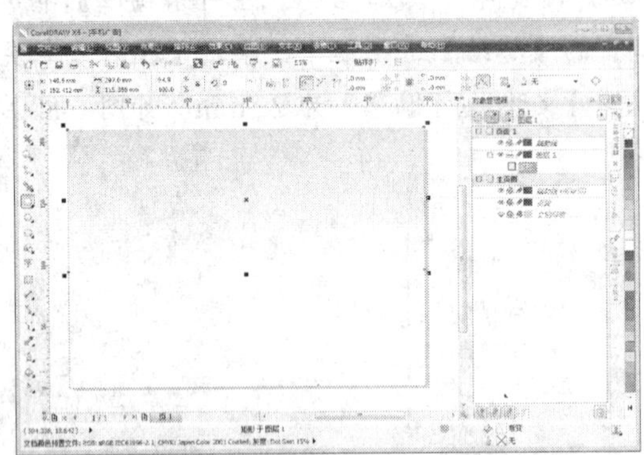

图 6-85　填充对象

(4) 选择【贝塞尔】工具在页面中绘制图形，并使用步骤(3)的操作方法填充图形，如图 6-86 所示。

(5) 选择【贝塞尔】工具在页面中绘制图形，并使用步骤(3)的操作方法使用 40%黑到白色渐变填充图形，如图 6-87 所示。

(6) 选择【透明度】工具，在属性栏的【透明度类型】下拉列表中选择【标准】选项，如图 6-88 所示。

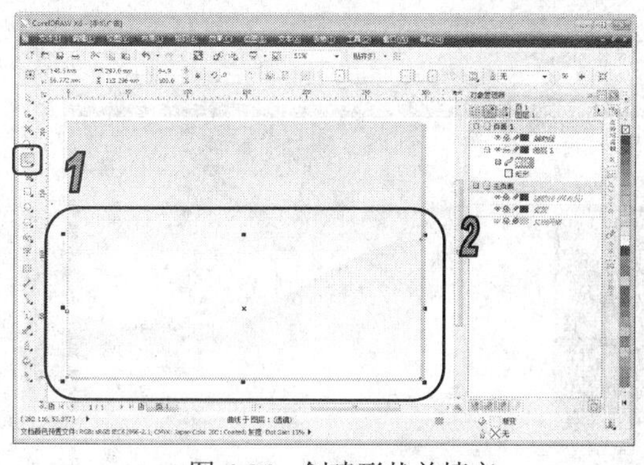

图 6-86　创建形状并填充

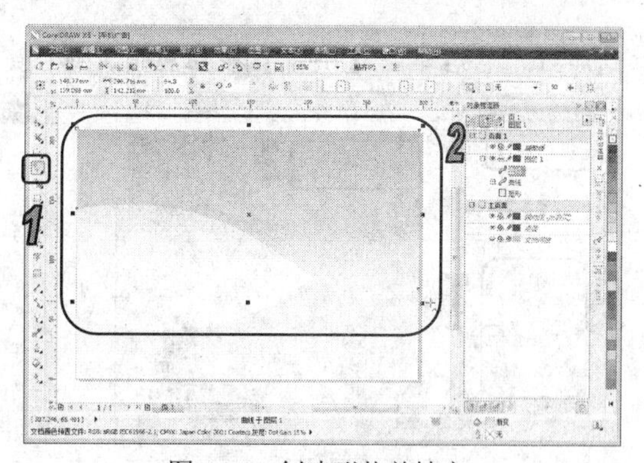

图 6-87　创建形状并填充

(7) 在标准工具栏中单击【导入】按钮，打开【导入】对话框。在对话框中，选择需要导入的图像，单击【导入】按钮将图像导入到绘图页面中，如图 6-89 所示。

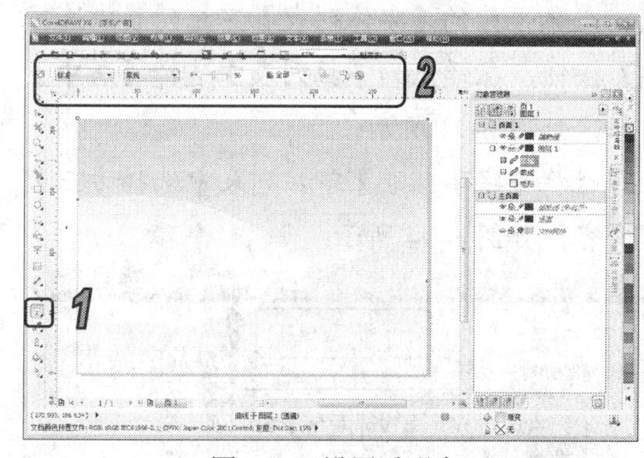

图 6-88　设置透明度

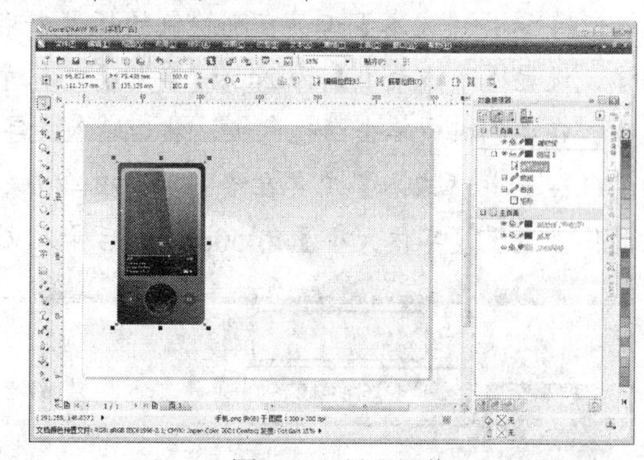

图 6-89　导入图像

(8) 保持导入图像的选中状态，按 Ctrl+C 键复制对象，然后按 Ctrl+V 键粘贴。单击属性栏中的【垂直镜像】按钮，并调整复制对象的位置，如图 6-90 所示。

(9) 选择【透明度】工具，在图像上拖动创建透明效果，如图 6-91 所示。

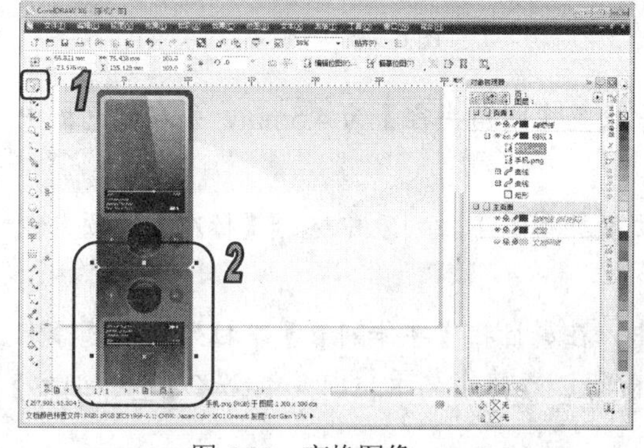

图 6-90　变换图像

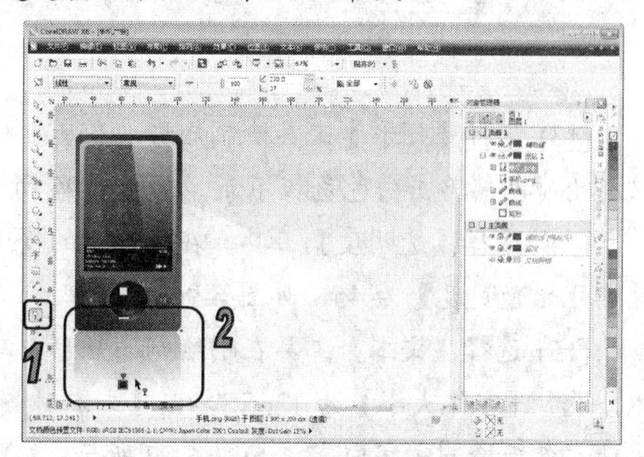

图 6-91　设置透明度

(10) 选择【矩形】工具在绘图页面中拖动绘制矩形，并在属性栏中设置【圆角半径】为 1.8mm。在调色板中取消轮廓线，按 F11 键打开【渐变填充】对话框。在对话框中的【类型】下拉列表中选择【线性】选项，设置【角度】为 90，选中【双色】单选按钮，设置渐变色从橘

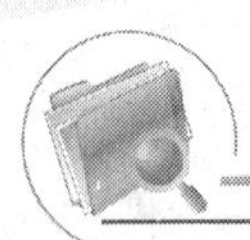

红到洋红，然后单击【确定】按钮应用，如图 6-92 所示。

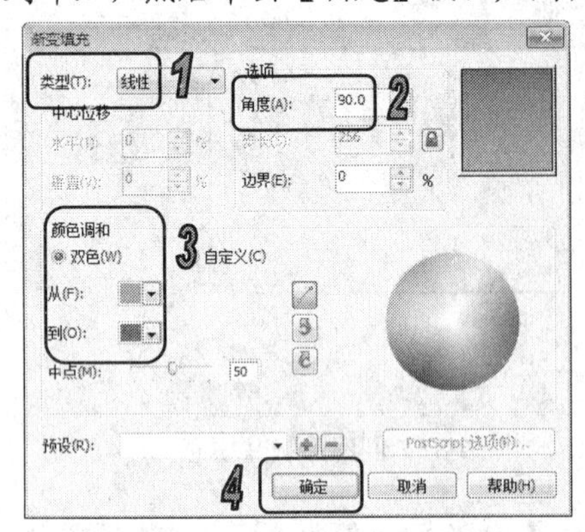

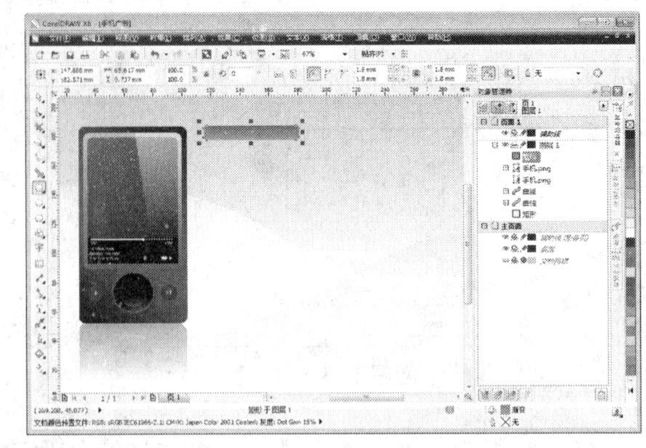

图 6-92　创建形状

(11) 选择【文本】工具在刚绘制的矩形中单击，在属性栏的【字体列表】下拉列表中选择黑体，设置【字体大小】为 24pt，单击【文本对齐】按钮，在弹出的下拉列表中选择【居中】选项，在调色板中单击白色色板，然后输入文字内容，如图 6-93 所示。

(12) 选择【文本】工具在绘图页面中单击，在属性栏【字体列表】下拉列表中选择方正大黑简体，设置【字体大小】为 50pt，然后输入文字内容，如图 6-94 所示。

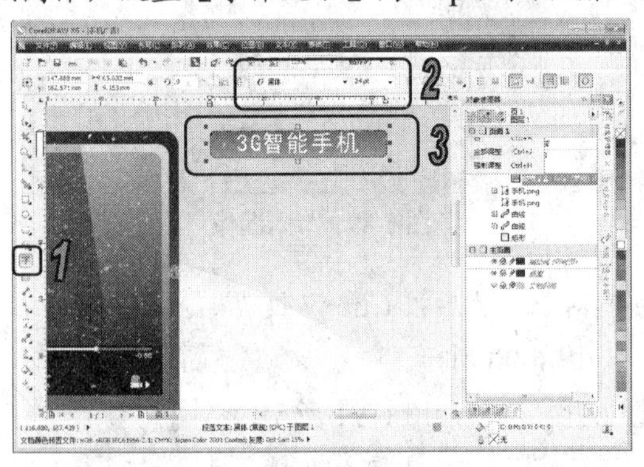

图 6-93　添加文字

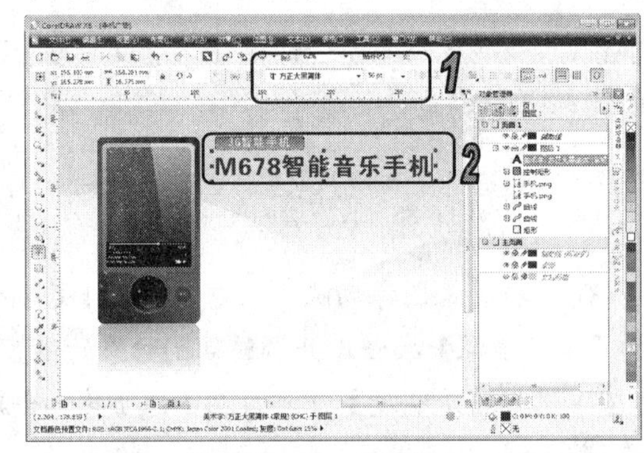

图 6-94　添加文字

(13) 选择【矩形】工具绘制矩形，在属性栏中设置【圆角半径】为 4.5mm，并在调色板中取消轮廓色，单击白色色板填充，如图 6-95 所示。

(14) 选择【透明度】工具，在属性栏的【透明度类型】下拉列表中选择【标准】选项，设置【开始透明度】为 45，如图 6-96 所示。

(15) 选择【文本】工具在刚绘制的矩形中单击，在属性栏【字体列表】下拉列表中选择宋体，设置【字体大小】为 12pt，单击【文本对齐】按钮，在弹出的下拉列表中选择【全部调整】选项，然后输入文字内容，如图 6-97 所示。

(16) 按 Ctrl+A 键全选文本框内文字内容，单击属性栏中的【文本属性】按钮，打开【文本属性】泊坞窗。在泊坞窗的【段落】选项组中，设置【首行缩进】为 8mm，【段前间距】为 13%，【段后间距】为 180%，如图 6-98 所示。

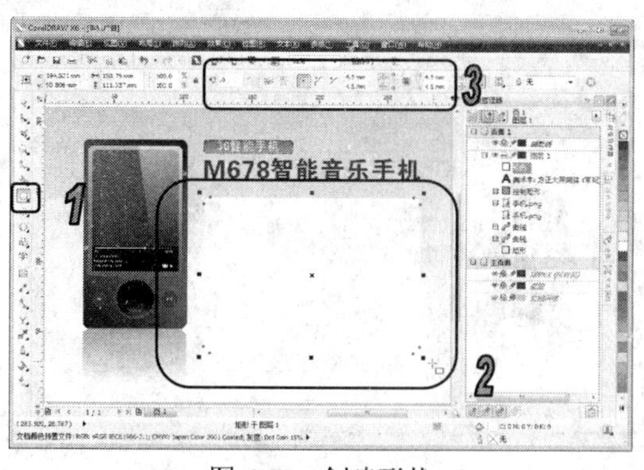

图 6-95　创建形状

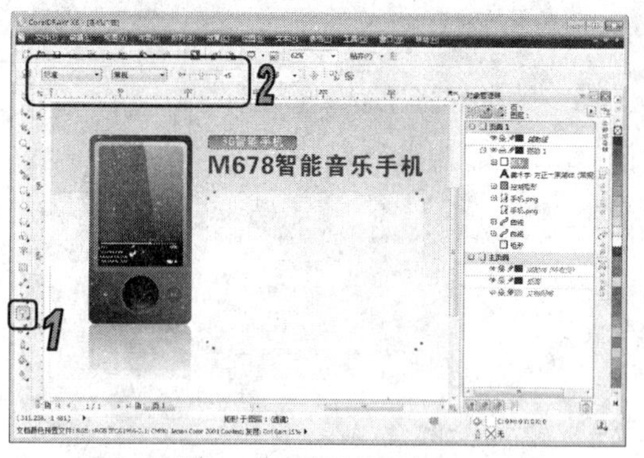

图 6-96　设置透明度

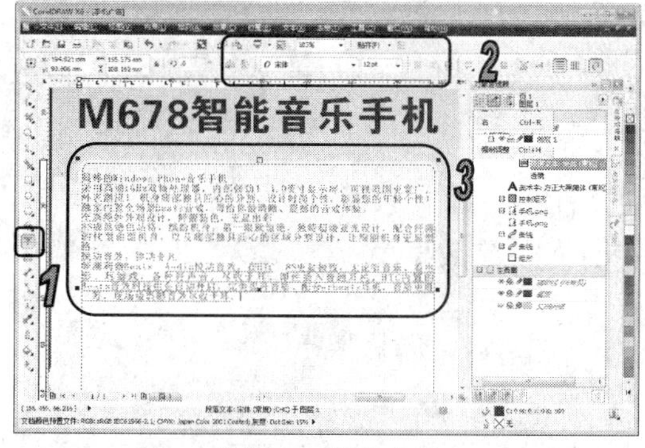

图 6-97　添加文本

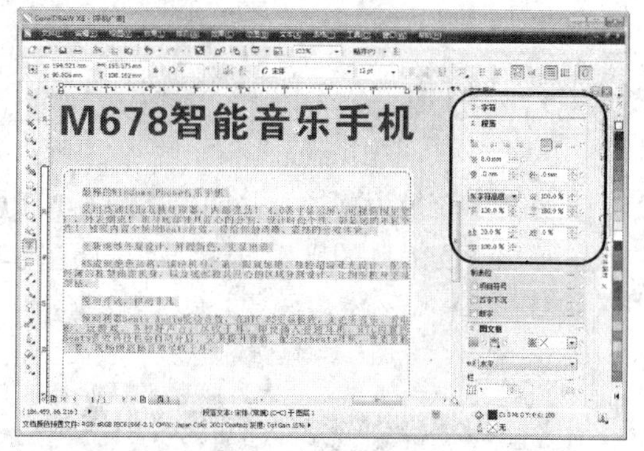

图 6-98　设置文本

(17) 使用【文本】工具选中第一行标题文字，在属性栏的【字体列表】下拉列表中选择方正大黑简体，设置【字体大小】为 14pt，如图 6-99 所示。

(18) 保持第一行标题文字的选中状态，选择【文本】|【项目符号】命令，打开【项目符号】对话框。在对话框中，选中【使用项目符号】复选框，设置【大小】为 22pt，【基线位移】为 -3pt，然后单击【确定】按钮，如图 6-100 所示。

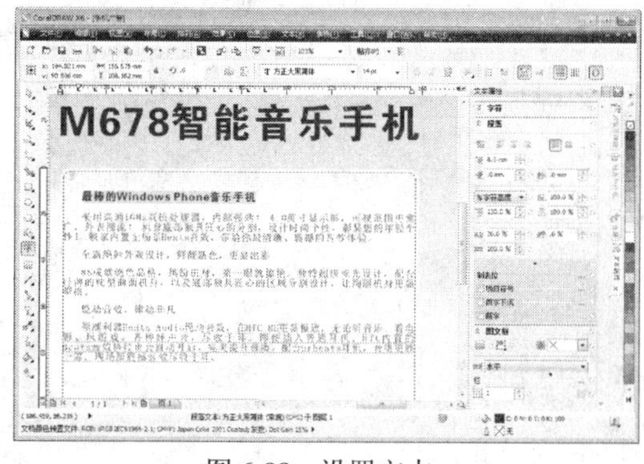

图 6-99　设置文本

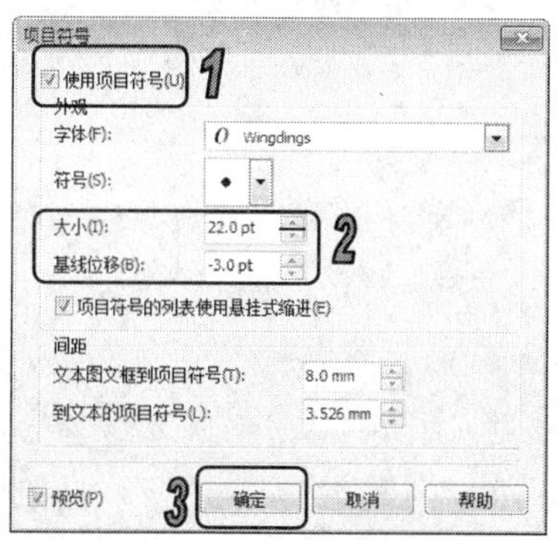

图 6-100　设置项目符号

(19) 使用步骤(17)至步骤(18)的操作方法分别选中另外两行标题文字，在属性栏中设置字体和字号，并添加项目符号，完成后的效果如图 6-101 所示。

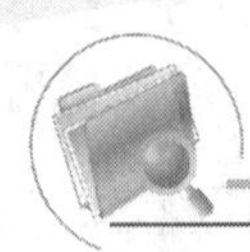

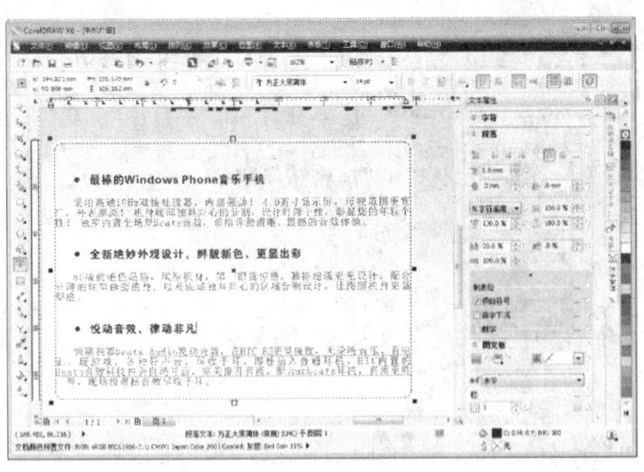

图 6-101　设置文本

6.8　习题

1. 将文字转换为路径，并创建如图 6-102 所示的路径文字编排效果。
2. 使用图文混排的操作方法，编排如图 6-103 所示的文字效果。

图 6-102　文字效果

图 6-103　文字效果

特殊效果

学习目标

通过使用 CorelDRAW X6 提供的多种特殊效果工具，用户可以创建出调和、轮廓图、变形、封套、立体化、阴影以及透明效果等。掌握这些特殊效果工具的使用方法，可以创建出更多造型，从而丰富版面的视觉效果。

本章重点

- 调和效果
- 轮廓图效果
- 立体化效果
- 阴影效果
- 封套效果

7.1 调和效果

【调和】工具是 CorelDRAW 中用途最广泛的工具之一。利用该工具可以定义对象形状和阴影的混合、增加文字图片效果等。【调和】工具应用于两个对象之间，经过中间形状和颜色的渐变合并两个对象，创建混合效果。当两个对象进行混合时，是沿着两个对象间的路径，以一连串连接图形，在两个对象之间创建渐变进行变化的。这些中间生成的对象会在两个原始对象的形状和颜色之间产生平滑渐变的效果。

7.1.1 创建调和效果

在 CorelDRAW 中，可以创建两个或多个对象之间形状和颜色的调和效果。在应用调和效果时，对象的填充方式、排列顺序和外形轮廓等属性都会直接影响调和效果。要创建调和效果，先在工具箱中选择【调和】工具，然后单击第一个对象，并按住鼠标拖动到第二个对象上后，释放鼠标即可创建调和效果。

【例 7-1】使用【交互式调和】工具，在对象之间创建调和效果。

(1) 选择工具箱中的【贝塞尔】工具绘制曲线，并使用【选择】工具选中曲线，设置其轮廓颜色，宽度为 1.5mm，如图 7-1 所示。

(2) 在工具箱中选择【调和】工具，并设置属性栏的【调和对象】20。然后在起始对象上按下鼠标左键，向另一个对象拖动鼠标，释放鼠标即可创建调和，如图 7-2 所示。

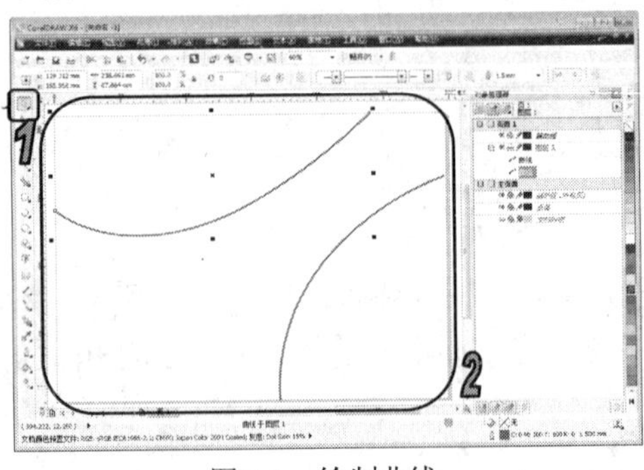

图 7-1　绘制曲线

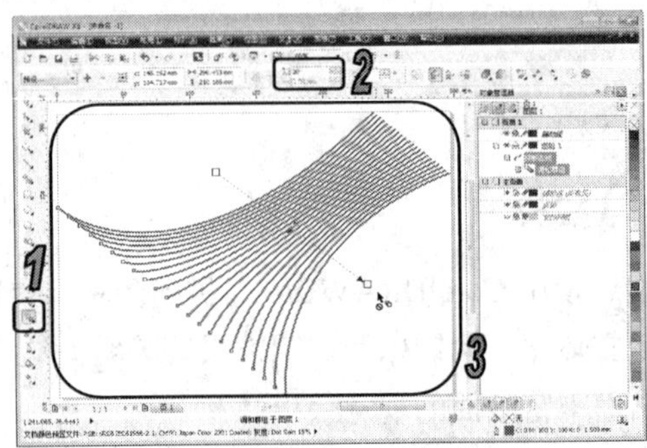

图 7-2　创建调和

提示

使用【调和】工具，从一个对象拖动到另一调和对象的起始对象或结束对象上，即可创建复合调和。

7.1.2　控制调和效果

创建对象之间的调和效果后，除了可以通过光标调整调和效果的控件操作外，也可以通过设置【调和】工具属性栏中相关参数选项来实现，如图 7-3 所示。在该工具属性栏中，各主要参数选项的作用如下。

图 7-3　【交互式调和】工具属性栏

- 【预设列表】：该选项下拉列表提供了调和预设样式，如图 7-4 所示。
- 【调和对象】：用于设置调和效果的调和步数或形状之间的偏移距离，如图 7-5 所示。
- 【调和方向】：用于设置调和效果的角度，如图 7-6 所示。
- 【环绕调和】：按调和方向在对象之间产生环绕式的调和效果，该按钮只有在为调和对象设置了调和方向后才能使用，如图 7-7 所示。

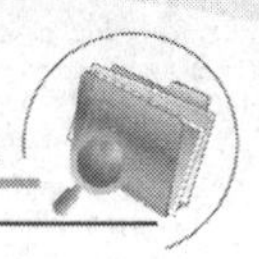

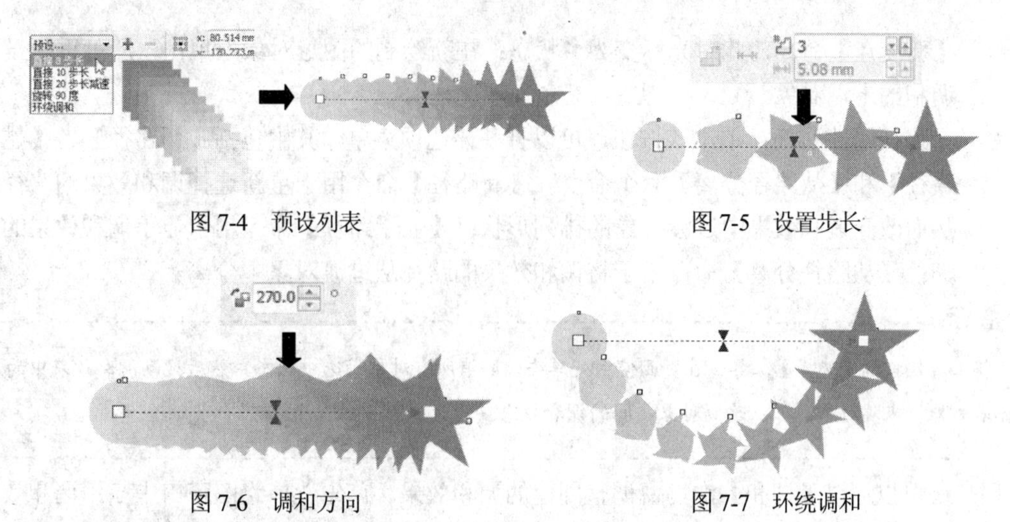

图 7-4　预设列表　　图 7-5　设置步长

图 7-6　调和方向　　图 7-7　环绕调和

- 【直接调和】：直接在所选对象的填充颜色之间进行颜色过渡。
- 【顺时针调和】：使对象上的填充颜色按色轮盘中顺时针方向进行颜色过渡，如图 7-8 所示。
- 【逆时针调和】：使对象上的填充颜色按色轮盘中逆时针方向进行颜色过渡，如图 7-9 所示。

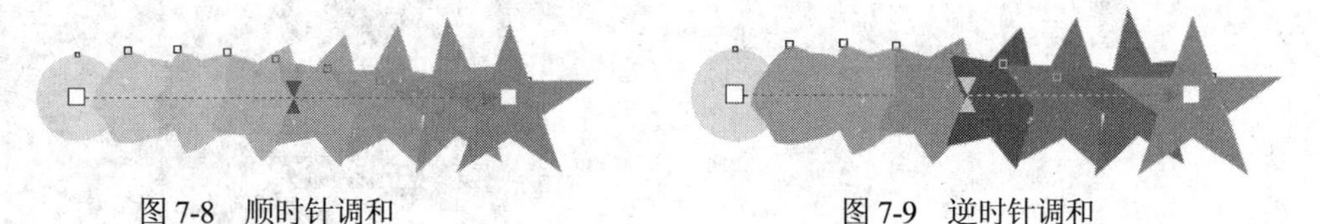

图 7-8　顺时针调和　　图 7-9　逆时针调和

- 【对象和颜色加速】：单击该按钮，弹出【加速】选项，拖动【对象】和【颜色】滑块可调整形状和颜色上的加速效果，如图 7-10 所示。

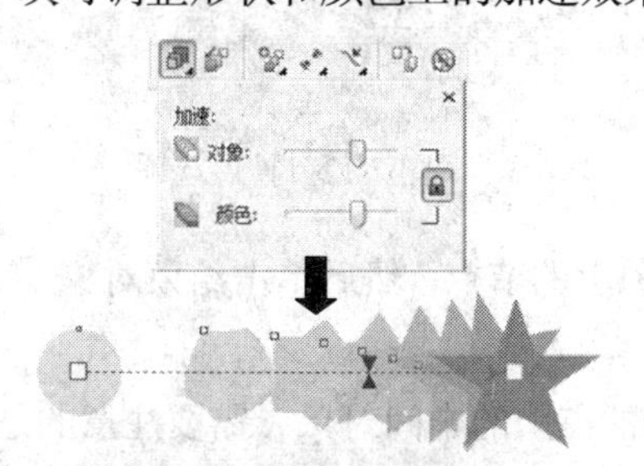

图 7-10　对象和颜色加速

知识点

单击【加速】选项中的，使其呈锁定状态时，表示【对象】和【颜色】同时加速。再次单击该按钮，将其解锁后，可以分别对【对象】和【颜色】进行设置。

- 【调整加速大小】：单击该按钮，可按照均匀递增式改变加速设置效果。
- 【起始和结束对象属性】：用于重新设置应用调和效果的起始端和末端对象。在绘图窗口中重新绘制一个用于应用调和效果的图形，将其填充为所需要的颜色并取消外部轮廓；选择调和对象后，单击【起始和结束对象属性】按钮，在弹出式选项中选择

【新终点】命令，此时光标变为◀状态；在新绘制的图形对象上单击，即可重新设置调和的末端对象。

◉ 【路径属性】：单击该按钮，可以打开该选项菜单，其中包括【新路径】、【显示路径】和【从路径分离】3 个命令。【新路径】命令用于重新选择调和效果的路径，从而改变调和效果中过渡对象的排列形状；【显示路径】命令用于显示调和效果的路径；【从路径分离】命令用于将调和效果的路径从过渡对象中分离。

提示

将工具切换到【选择】工具，在页面空白处单击，取消所有对象的选中状态，然后拖动调和效果中的起始端对象或末端对象，可以改变对象之间的调和效果。

用户还可以通过【调和】泊坞窗调整创建的调和效果。首先选择绘图窗口中应用调和效果的对象，然后选择菜单栏中的【窗口】|【泊坞窗】|【调和】命令，打开如图 7-11 所示的【调和】泊坞窗。在该泊坞窗中，通过设置调和的步长值和旋转角度后，单击【应用】按钮即可。单击在【调和】泊坞窗底部的▼按钮，打开如图 7-12 所示的扩展选项。

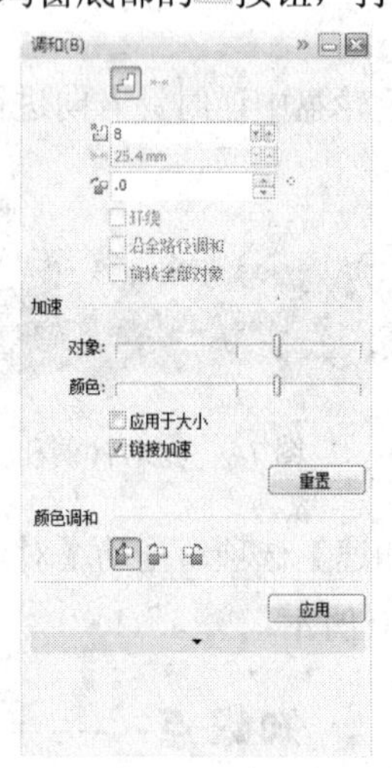

图 7-11 【调和】泊坞窗

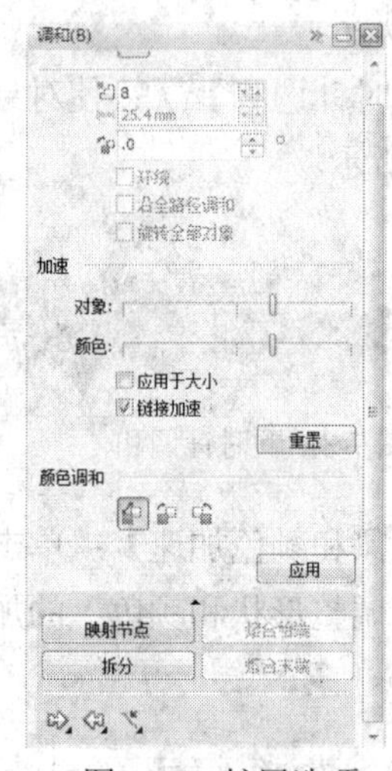

图 7-12 扩展选项

◉ 【映射节点】：单击该按钮后，单击起始对象上的节点，然后单击结束对象上的节点，即可映射调和的节点。

◉ 【拆分】：单击该按钮后，单击要拆分调和的点上的中间对象。需要注意的是，不能在紧临起始对象或结束对象的中间对象处拆分调和。

◉ 【熔合始端】：单击该按钮熔合拆分或复合调和中的起始对象。

◉ 【熔合末端】：单击该按钮熔合拆分或复合调和中的结束对象。

◉ 【始端对象】：单击该按钮更改调和的起始对象。

◉ 【末端对象】：单击该按钮更改调和的结束对象。

◉ 【路径属性】：单击该按钮设置对象的调和路径。

7.1.3　沿路径调和

在对象之间创建调和效果后，可以通过【路径属性】功能，使调和对象按指定路径进行调和。使用【调和】工具在两个对象间创建调和后，单击属性栏上的【路径属性】按钮，在弹出的下拉列表中选择【新路径】选项。当光标变为黑色曲线箭头后，使用曲线箭头单击要调和的曲线路径，即可将调和对象按照指定的路径进行调和，如图 7-13 所示。

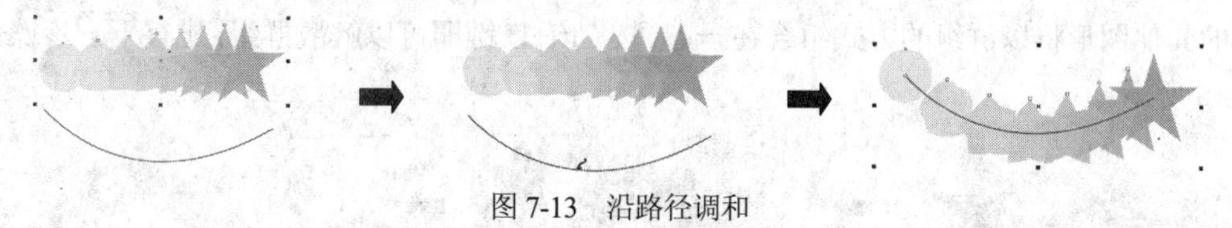

图 7-13　沿路径调和

在工具箱中选择【调和】工具，并使用工具选择第一个对象；然后按住 Alt 键，拖动鼠标以绘制连接第二个对象的线条；在第二个对象上释放鼠标，即可沿手绘路径调和对象，如图 7-14 所示。

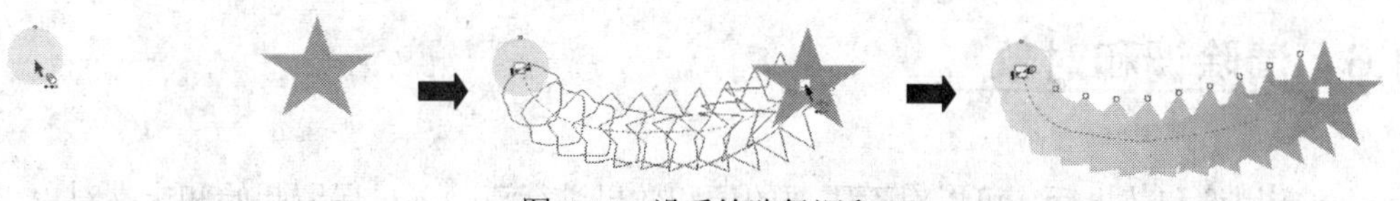

图 7-14　沿手绘路径调和

知识点

选择调和对象后，选择【排列】|【顺序】|【反转顺序】命令，可以反转对象的调和顺序。

7.1.4　复制调和属性

当绘图窗口中有两个或两个以上调和对象时，使用【复制调和属性】功能，可以将其中一个调和对象的属性复制到另一个调和对象中，得到具有相同属性的调和效果。

选择需要修改调和属性的目标对象，然后单击属性栏中的【复制调和属性】按钮，当光标变为黑色箭头形状时单击用于复制调和属性的源对象，即可将源对象中的调和属性复制到目标对象中，如图 7-15 所示。

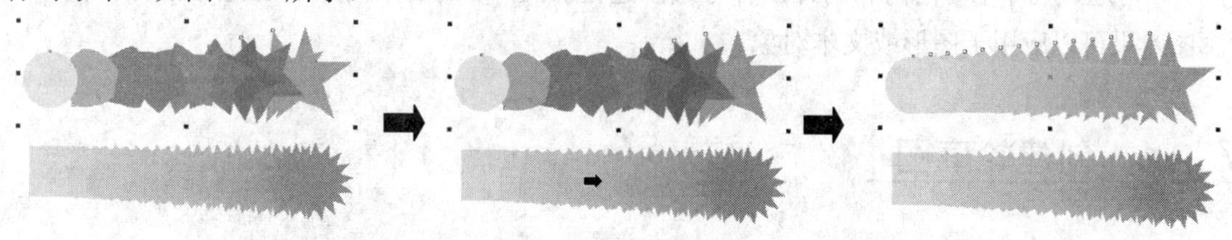

图 7-15　复制调和属性

7.1.5 拆分调和对象

应用调和效果后的对象，可以通过菜单命令将其分离为相互独立的个体。要分离调和对象，可以在选择调和对象后，选择【排列】|【拆分调和群组】命令或按 Ctrl+K 键拆分群组对象。分离后的各个独立对象仍保持分离前的状态。

调和对象被分离后，之前用于创建调和效果的起始和末端对象均可被单独选取，而位于两者之间的其他图形将以群组的方式组合在一起，按 Ctrl+U 键即可以解散群组，进行下一步操作，如图 7-16 所示。

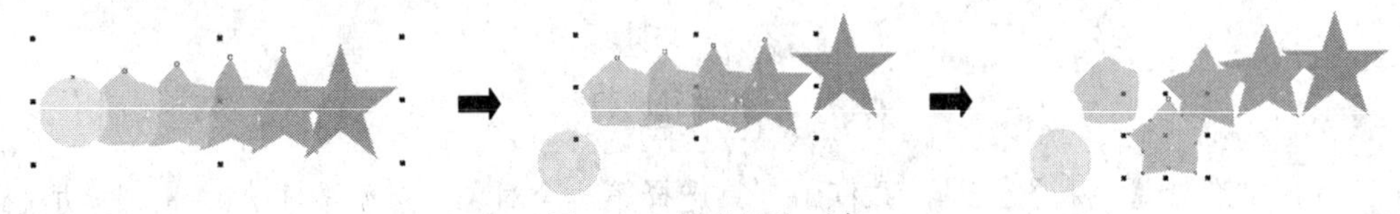

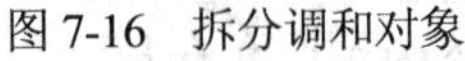

图 7-16 拆分调和对象

7.1.6 清除调和对象

为对象应用调和效果后，可以对不需要的调和效果进行清除，只保留起始和末端对象。选择调和对象后，要清除调和效果只需选择【效果】|【清除调和】命令，或单击【清除调和】按钮即可，如图 7-17 所示。

图 7-17 清除调和效果

7.2 轮廓图效果

轮廓图效果是由对象的轮廓向内或向外放射而形成的同心图形效果。在 CorelDRAW X6 中，用户可通过向中心、向内和向外 3 种方式创建轮廓图，不同的方向产生的轮廓图效果不同。轮廓图效果可以应用于图形或文本对象。

7.2.1 创建轮廓图

与创建调和效果不同，轮廓图效果只需在一个图形对象上即可完成。使用【轮廓图】工具可以在选择对象的内外边框中添加等距轮廓线，轮廓线与原来对象的轮廓形状保持一致。创建

对象的轮廓图效果后，除了可以通过光标调整轮廓图效果的控件操作外，还可以通过设置如图 7-18 所示的【轮廓图】工具属性栏中的相关参数选项实现。

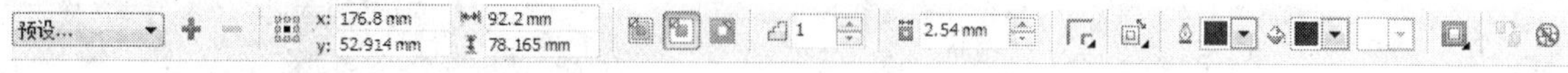

图 7-18　【轮廓图】工具属性栏

- 【预设列表】：在其下拉列表中可以选择预设的轮廓图样式，如图 7-19 所示。
- 【到中心】：单击该按钮，调整为由图形边缘向中心放射的轮廓图效果。将轮廓图设置为该方向后，将不能设置轮廓图步数，轮廓图步数将根据所设置的轮廓图偏移量自动进行调整。
- 【内部轮廓】：单击该按钮，调整为向对象内部放射的轮廓图效果。选择该轮廓图方向后，可以在后面的【轮廓图步长】数值框中设置轮廓图的发射数量。
- 【外部轮廓】：单击该按钮，调整为向对象外部放射的轮廓图效果。用户同样也可以对其设置轮廓图的步数。
- 【轮廓图步长】：在其数值框中输入数值可决定轮廓图的发射数量，如图 7-20 所示。

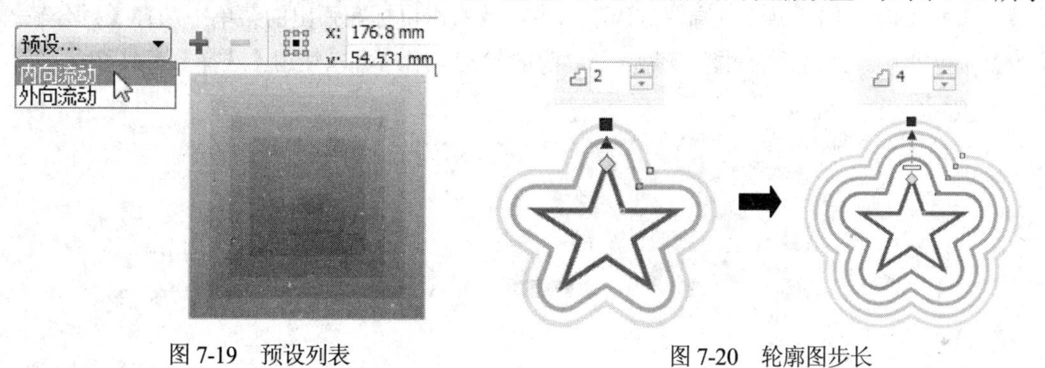

图 7-19　预设列表　　　　图 7-20　轮廓图步长

- 【轮廓图偏移】：用于设置轮廓图效果中各步数之间的距离。
- 【轮廓图角】：用于设置轮廓图的角类型，如图 7-21 所示。
- 【轮廓色】：用于设置轮廓色的颜色渐变序列，如图 7-22 所示。

图 7-21　轮廓图角　　　　图 7-22　轮廓色

- 【对象和颜色加速】：用于调整轮廓中对象大小和颜色变化的速率，如图 7-23 所示。

用户还可以通过【轮廓图】泊坞窗调整创建的调和效果。选中对象后，选择【窗口】|【泊坞窗】|【轮廓图】命令，或按 Ctrl+F9 键，打开如图 7-24 所示的【轮廓图】泊坞窗。

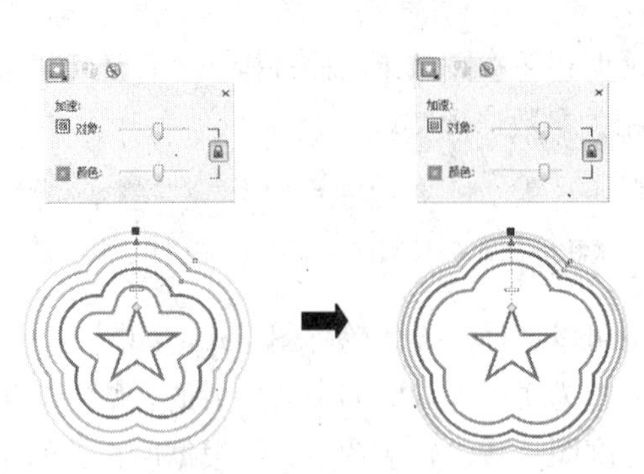

图 7-23 对象和颜色加速

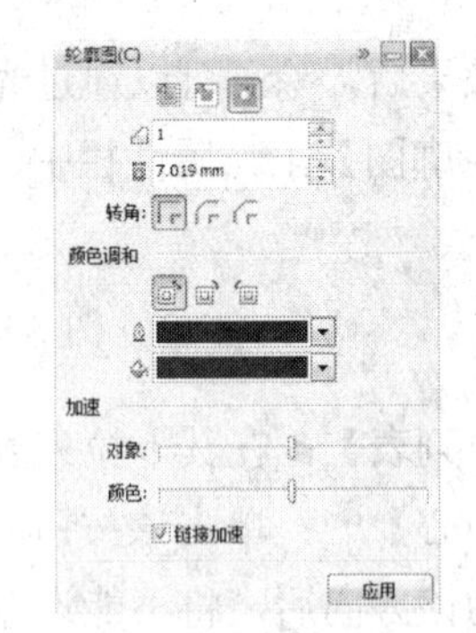

图 7-24 【轮廓图】泊坞窗

7.2.2 分离与清除轮廓图

分离和清除轮廓图的操作方法与分离和清除调和效果相同。要分离轮廓图，在选择轮廓图对象后，选择【排列】|【拆分轮廓图群组】命令，或右击鼠标在弹出的菜单中选择【拆分轮廓图群组】命令即可。分离后的对象仍保持分离前的状态，用户可以使用【选择】工具移动对象，如图 7-25 所示。

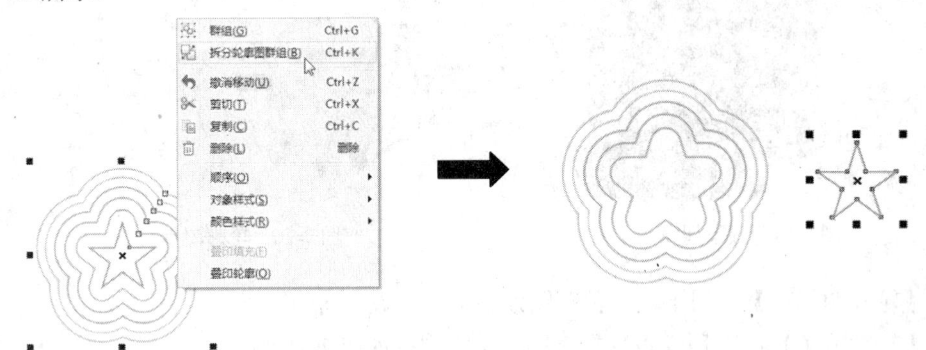

图 7-25 拆分轮廓图

要清除轮廓图效果，在选择应用轮廓图效果的对象后，选择【效果】|【清除轮廓】命令，或单击属性栏中的【清除轮廓】按钮即可。

7.2.3 设置轮廓图的填充色

在应用轮廓图效果时，可以设置不同的轮廓颜色和内部填充颜色，不同的颜色设置可产生不同的轮廓图效果。

【例 7-2】在绘图页面中，创建、调整轮廓图效果。

(1) 选择工具箱中的【星形】工具，在属性栏中设置【轮廓宽度】为 1.5pt，在页面中绘制形状，然后在调色板中设置形状的填充和轮廓颜色，如图 7-26 所示。

(2) 选择【轮廓图】工具，在属性栏中单击【外部轮廓】按钮，设置【轮廓图步长】数值为 4，【轮廓图偏移】为 10mm，如图 7-27 所示。

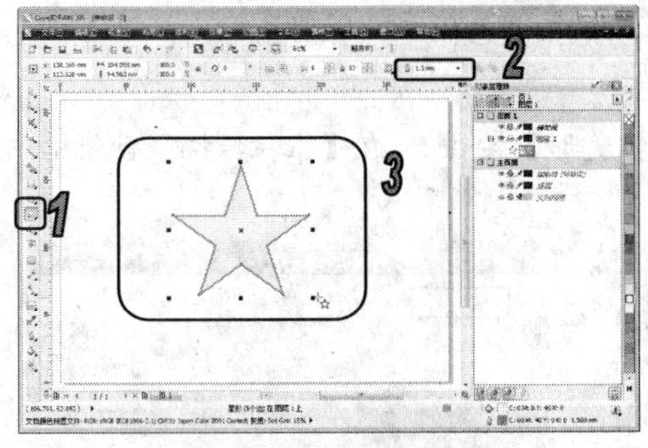

图 7-26　绘制图形

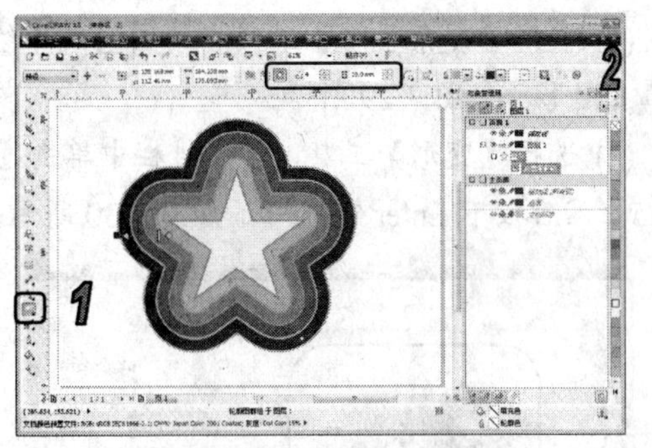

图 7-27　创建轮廓图

(3) 在属性栏中单击【填充色】按钮，在弹出的颜色选取器中选择所需的颜色；单击【对象和颜色加速】按钮，在弹出的下拉面板中拖动滑块，调整对象大小和颜色变化的速率，如图 7-28 所示。

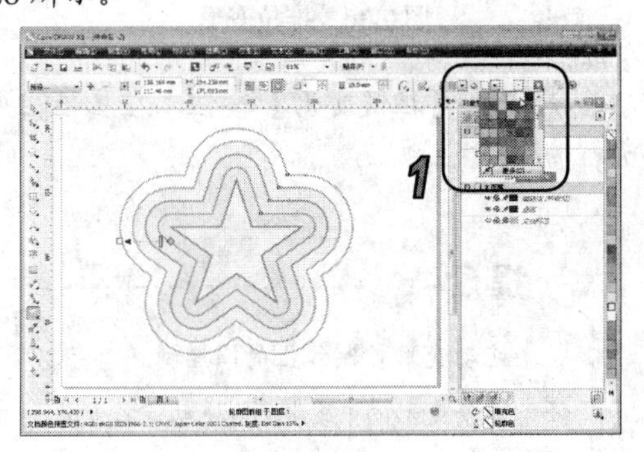

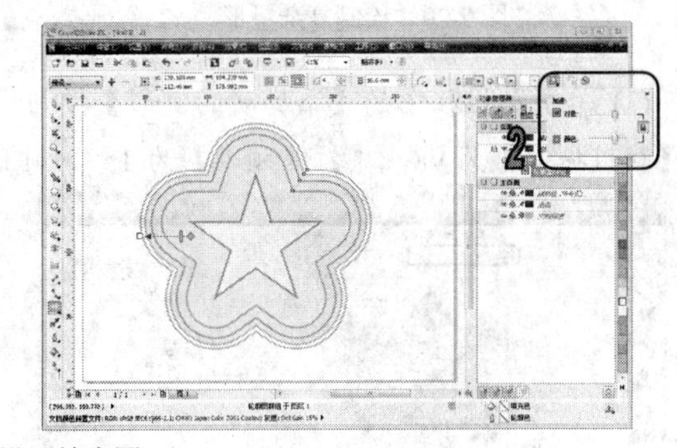

图 7-28　设置轮廓图

7.3　变形效果

使用【变形】工具可以对所选对象进行各种不同效果的变形。在 CorelDRAW X6 中，用户可以为对象应用推拉变形、拉链变形和扭曲变形 3 种不同类型的变形效果。

7.3.1　应用变形效果

使用工具箱中的【变形】工具可以改变对象的形状。用户可以先使用【变形】工具进行对象的基本变形，然后通过【变形】工具属性栏进行相应编辑和设置调整变形效果。在该工具属性栏中，通过单击【推拉变形】按钮、【拉链变形】按钮或【扭曲变形】按钮，用户可以在绘图窗口中进行相应的变形效果操作。单击不同的变形效果按钮，【变形】工具属性栏将显示不同的参数选项。

【例 7-3】使用【变形】工具变形图形对象。

(1) 使用【复杂星形】工具在绘图窗口中绘制，并在调色板中，取消轮廓色，单击橘色色板填充图形，如图 7-29 所示。

(2) 选择【变形】工具，在属性栏中单击【推拉变形】按钮，在【推拉振幅】数值框中输入 15，然后按下 Enter 键应用，如图 7-30 所示。

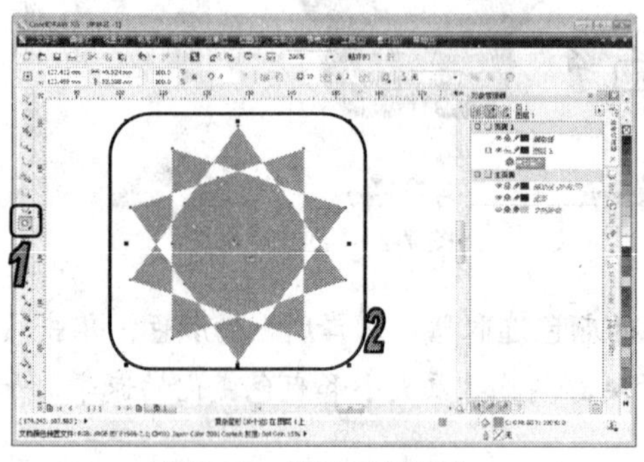

图 7-29 绘制复杂星形

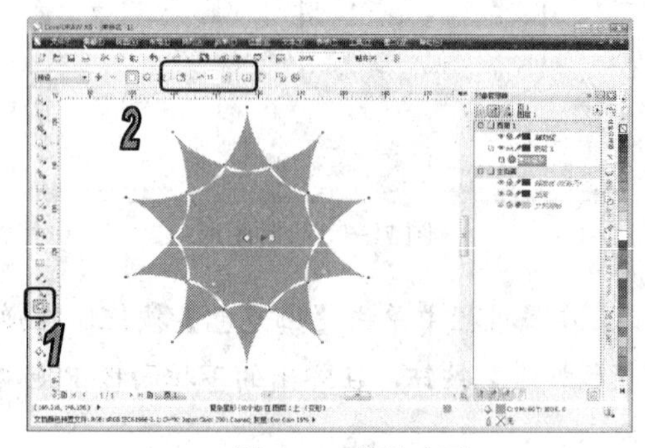

图 7-30 推拉变形

(3) 单击属性栏中的【添加新的变形】按钮，然后单击【拉链变形】按钮，在属性栏设置【拉链振幅】为 98，【拉链频率】为 15，如图 7-31 所示。

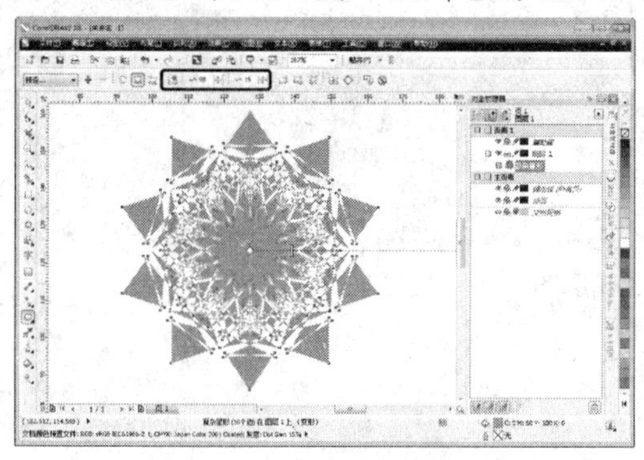

图 7-31 拉链变形

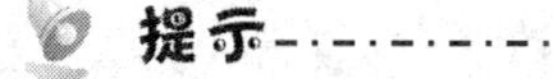

提示

拖动变形控制线上的□控制点，可以任意调整变形的失真振幅；拖动◇控制点，可调整对象的变形角度，如图 7-32 所示。

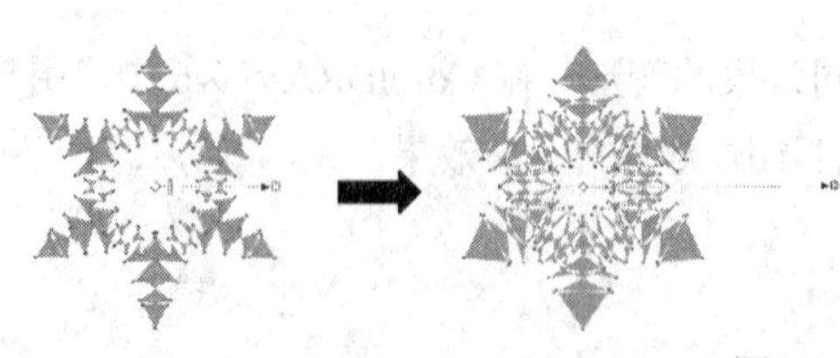

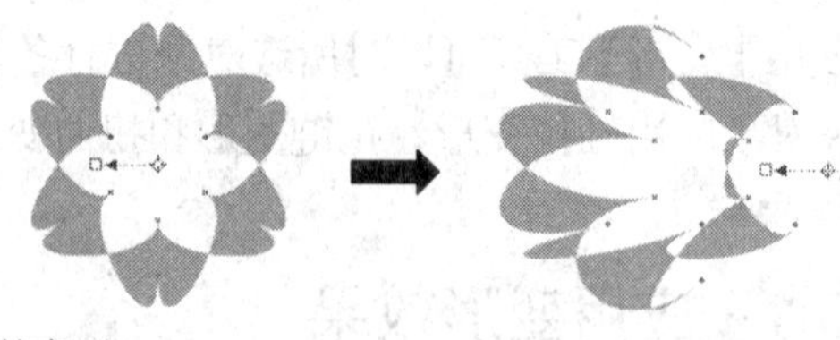

图 7-32 调整变形

7.3.2 清除变形效果

清除对象上应用的变形效果，可使对象恢复为变形前的状态。使用【扭曲】工具单击需要

清除变形效果的对象，然后选择【效果】|【清除变形】命令或单击属性栏中的【清除变形】按钮即可。

7.4　阴影效果

使用【阴影】工具可以非常方便地为图像、图形以及美术字文本等对象添加交互式阴影效果，使其更加具有视觉层次和纵深感。但不是所有对象都能添加交互式阴影效果，如应用调和效果的对象、应用立体化效果的对象等。

7.4.1　创建阴影效果

创建阴影效果的操作方法十分简单，只需选择工作区中要进行操作的对象，然后选择工具箱中的【阴影】工具，在该对象上按下鼠标并拖动，即可拖动出阴影。拖动至合适的位置时释放鼠标，即可创建阴影效果。

创建阴影效果后，通过拖动阴影效果开始点和阴影结束点，可设置阴影效果的形状、大小及角度；通过拖动控制柄中阴影效果的不透明度滑块，可设置阴影效果的不透明度。另外，还可以通过设置【阴影】工具属性栏中的参数选项对阴影效果进行调整，如图 7-33 所示。

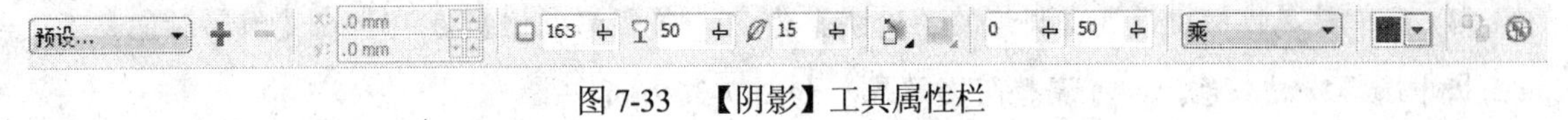

图 7-33　【阴影】工具属性栏

- 【阴影角度】：用于设置阴影效果起始点与结束点之间构成的水平角度的大小。
- 【阴影的不透明】：用于设置阴影效果的不透明度，其数值越大，不透明度越高，阴影效果越强。
- 【阴影羽化】：用于设置阴影效果的羽化程度，其取值范围为 0~100。
- 【羽化方向】：用于设置阴影羽化的方向。单击该按钮，可以打开【羽化方向】对话框。在该对话框中，有【向内】、【中间】、【向外】和【平均】4 个选项按钮，用户可以根据需要进行选择。
- 【羽化边缘】：用于设置羽化边缘的效果类型。单击该按钮，可以打开【羽化边缘】对话框。在该对话框中，有【线性】、【方形的】、【反白方形】和【平面】4 个选项按钮，用户可以根据需要单击选择。
- 【阴影淡出】：用于设置阴影效果的淡化程度。用户可以直接在数值框中输入数值，也可以单击其选项按钮通过移动滑块进行调整。滑块向右移动，阴影效果的淡化程度越大；滑块向左移动，阴影效果的淡化程度越小。

- 【阴影延展】：用于设置阴影效果向外延伸的程度。用户可以直接在数值框中输入数值，也可以单击其选项按钮通过移动滑块进行调整。滑块向右移动，阴影效果的向外延伸越远。
- 【阴影颜色】：用于设置阴影的颜色。

【例 7-4】使用【阴影】工具为选定对象添加阴影。

(1) 选择【选择】工具选取需要创建阴影效果的对象，如图 7-34 所示。

(2) 选择【阴影】工具，在图形对象上按住鼠标左键，拖动鼠标到合适的位置，释放鼠标，即可为对象创建阴影效果，如图 7-35 所示。

图 7-34　选取对象

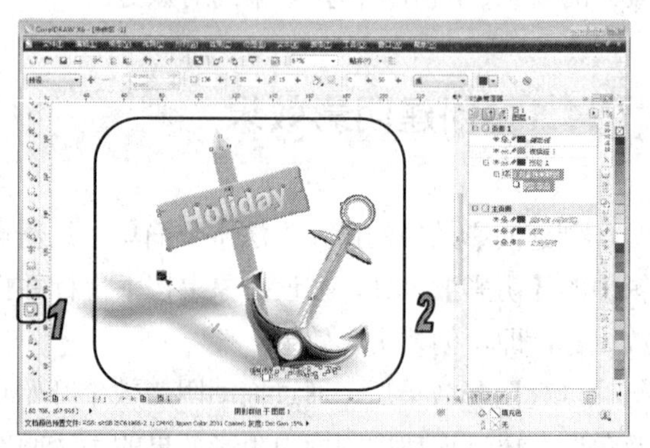

图 7-35　阴影效果

(3) 在工具属性栏中设置【阴影的不透明】为 70，【阴影羽化】为 10，在【阴影颜色】下拉面板中选择一种颜色，即可调整阴影效果，如图 7-36 所示。

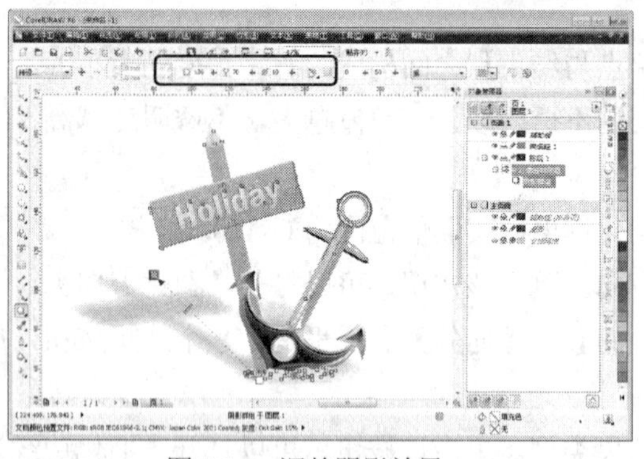

图 7-36　调整阴影效果

知识点

在对象的中心按下鼠标左键并拖动鼠标，可创建出与对象相同形状的阴影效果。在对象的边缘线上按下鼠标左键并拖动鼠标，可创建具有透视的阴影效果。

7.4.2　分离与清除阴影

用户可以将对象和阴影分离成两个相互独立的对象，分离后的对象仍保持原有的颜色和状态。要将对象与阴影分离，在选择整个阴影对象后，按 Ctrl+K 键即可。分离阴影后，使用【选择】工具移动图形或阴影对象，可以查看对象与阴影分离后的效果。要清除阴影效果，只需选

中阴影对象，然后选择【效果】|【清除阴影】命令或单击属性栏中的【清除阴影】按钮即可。

7.5　封套效果

【封套】工具为对象提供了一系列简单的变形效果，为对象添加封套后，通过调整封套上的节点可以使对象产生各种形状的变形效果。

7.5.1　创建封套效果

使用【封套】工具，可以使对象整体形状随封套外形的调整而改变。该工具主要针对图形对象和文本对象进行操作。另外，用户可以使用预设的封套效果，也可以编辑已创建的封套效果创建自定义封套效果。

选择图形对象后，选择【窗口】|【泊坞窗】|【封套】命令，或按Ctrl+F键，打开【封套】泊坞窗，单击其中的【添加预设】按钮，在下面的样式列表框中选择一种预设的封套样式，单击【应用】按钮，即可将该封套样式应用到图形对象中，如图7-37所示。

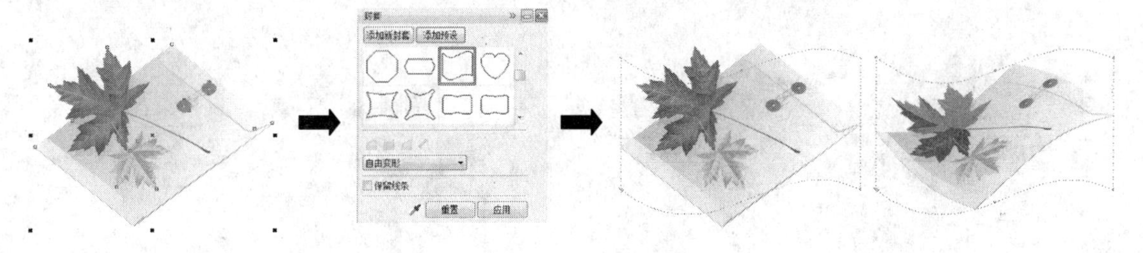

图7-37　使用封套

7.5.2　编辑封套效果

在对象四周出现封套编辑框后，可以结合【封套】工具属性栏对封套形状进行编辑，如图7-38所示。

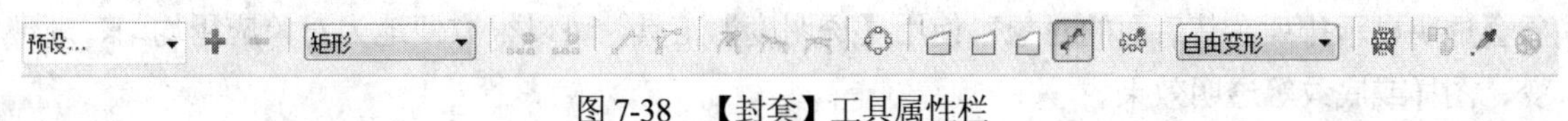

图7-38　【封套】工具属性栏

- 【直线模式】按钮：单击该按钮后，移动封套的控制点时，可以保持封套边线为直线段，如图7-39所示。
- 【单弧模式】按钮：单击该按钮后，移动封套的控制点时，封套边线将变为单弧线，如图7-40所示。

图 7-39　直线模式

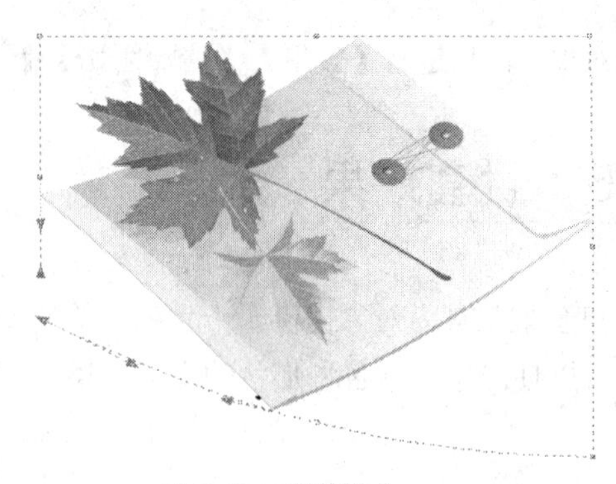

图 7-40　单弧模式

- 【双弧模式】按钮：单击该按钮，移动封套的控制点时，封套边线将变为 S 形弧线，如图 7-41 所示。
- 【非强制模式】按钮：单击该按钮后，可任意编辑封套形状，更改封套边线的类型和节点类型，还可以进行增加或删除封套的控制点等操作，如图 7-42 所示。
- 【添加新封套】按钮：单击该按钮后，封套形状恢复为未进行任何编辑时的状态，而封套对象仍保持变形后的效果。

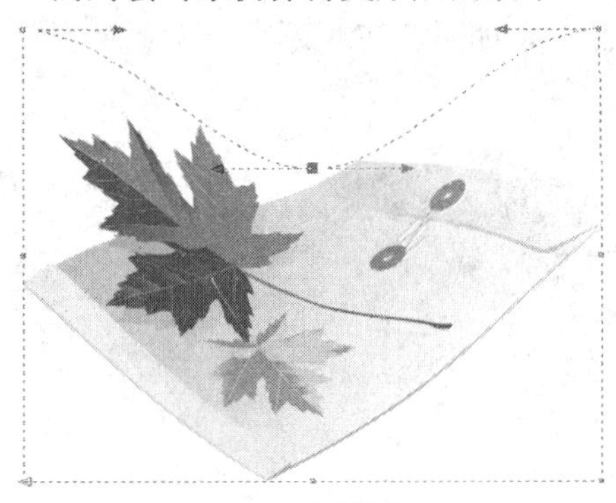

图 7-41　双弧模式

图 7-42　非强制模式

7.6　透明效果

透明效果是在对象当前的填充上应用类似于填充的灰阶遮罩。应用透明效果后，选择的对象会透明显示排列在其后面的对象。使用【透明度】工具，可以很方便地为对象应用均匀、渐变、图样或底纹等透明效果。

使用【透明度】工具后可以通过手动调节和工具属性栏两种方式调整对象的透明效果。使用【透明度】工具单击要应用透明度的对象，然后从工具属性栏的【透明度类型】下拉列表中选择透明度类型。

【例 7-5】在绘图文件中，使用【透明度】工具改变图像效果。

(1) 打开绘图文件，使用【选择】工具选取对象，如图 7-43 所示。

(2) 选择【透明度】工具，在属性栏的【透明度类型】下拉列表中选择【线性】选项，设置【透明度中心】为 70，然后使用【透明度】工具在对象上拖动，如图 7-44 所示。

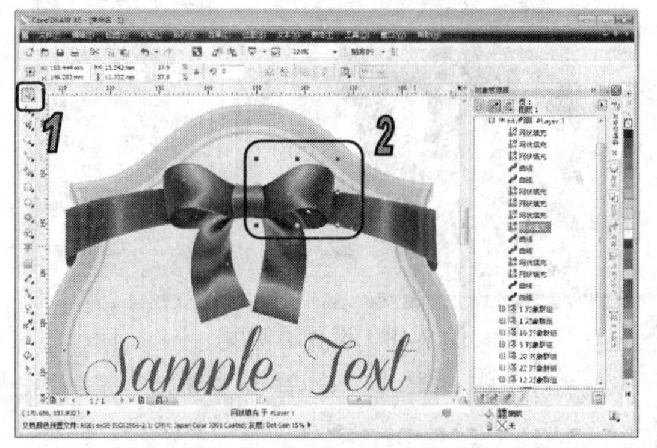

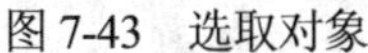

图 7-43 选取对象

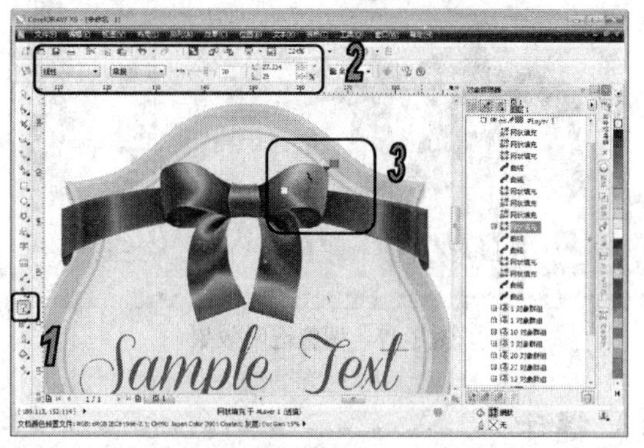

图 7-44 设置透明度

(3) 使用【选择】工具选取对象，选择【透明度】工具，在属性栏的【透明度类型】下拉列表中选择【辐射】选项，在【透明度操作】下拉列表中选择【减少】选项，然后使用【透明度】工具在对象上拖动，如图 7-45 所示。

(4) 使用【选择】工具选取对象，选择【透明度】工具，在属性栏的【透明度类型】下拉列表中选择【线性】选项，在【透明度操作】下拉列表中选择【减少】选项，设置【透明度中心】为 70，【角度】为-90°，如图 7-46 所示。

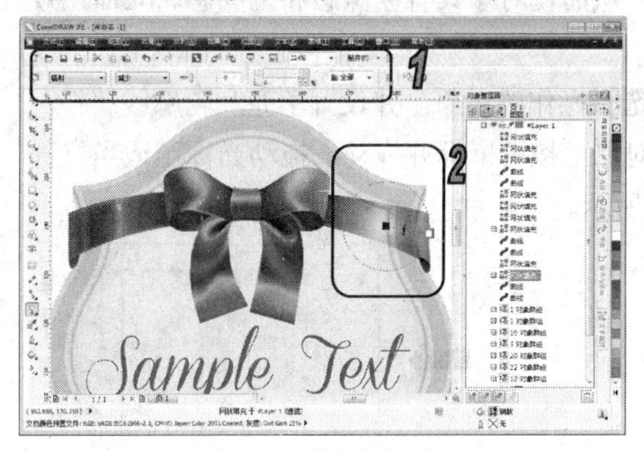

图 7-45 设置透明度

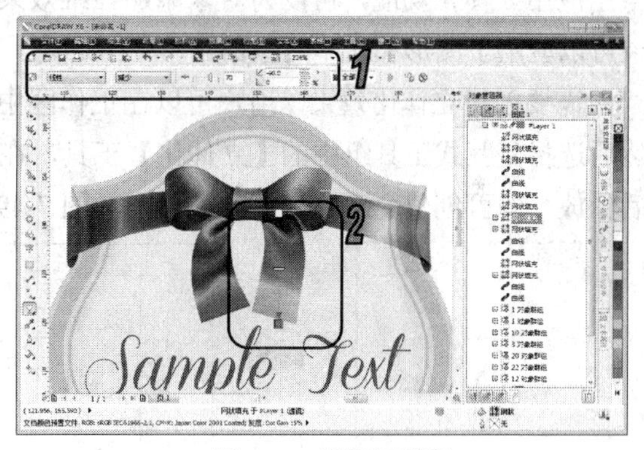

图 7-46 设置透明度

知识点

在使用渐变透明度后，单击属性栏中的【编辑透明度】按钮，可以打开【渐变透明度】对话框。使用黑色填充的部分，透明度为完全透明；使用白色填充的部分，为完全不透明。

(5) 使用鼠标拖动调整线性透明的起始点和结束点位置，如图 7-47 所示。

(6) 使用步骤(1)至步骤(5)的操作方法，为其他图形对象添加透明效果，最终效果如图 7-48 所示。

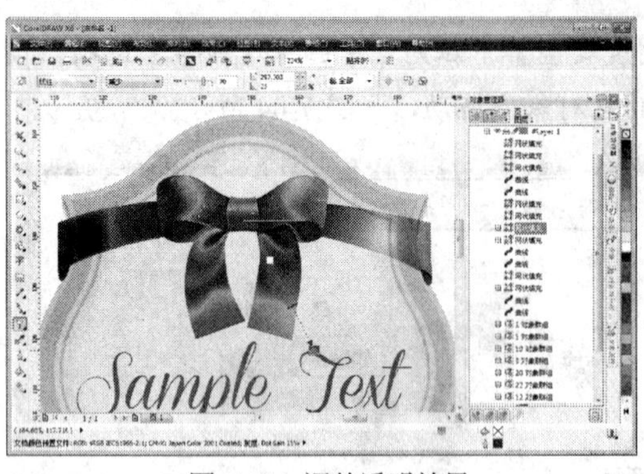

图 7-47　调整透明效果

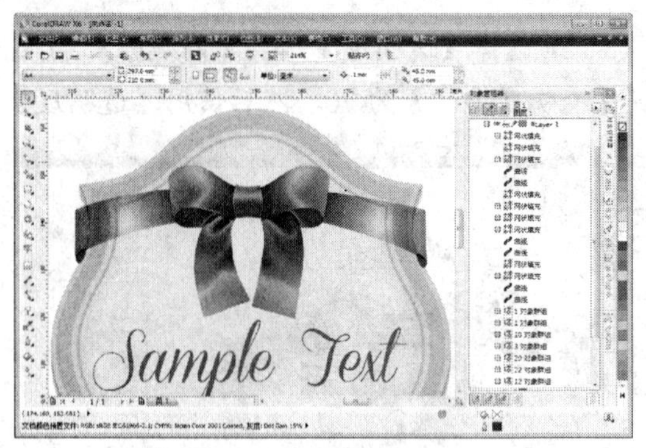

图 7-48　设置透明度

 **提示**

如果使用的是图样或底纹透明度，单击属性栏中的【编辑透明度】按钮，可以打开【图样透明度】对话框和【底纹透明度】对话框，在其中可以对图案或底纹进行设置。设置方法与填充设置相同。

7.7　立体化效果

应用立体化功能，可以为对象添加三维效果，从而使对象具有纵深感和空间感。立体化效果可以应用于图形和文本对象。

需要创建立体化效果，用户可以在工作区中选择操作的对象，并设置填充和轮廓线属性。然后选择交互式工具组中的【立体化】工具，在对象上按下鼠标并拖动，拖动光标至适当位置后释放，即可创建交互式立体化效果，如图 7-49 所示。

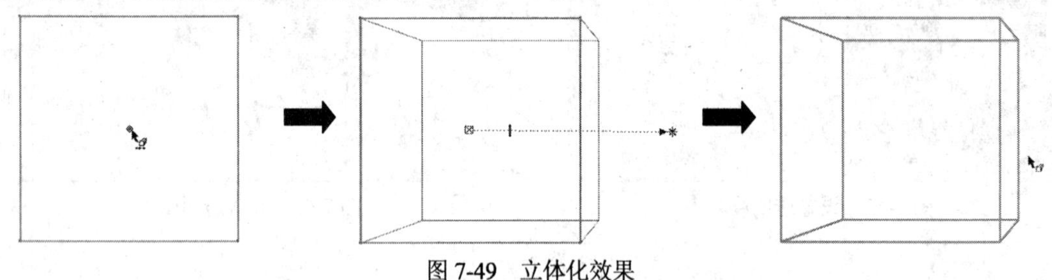

图 7-49　立体化效果

创建立体化效果后，用户还可以通过【立体化】工具属性栏进行颜色模式、斜角边、三维灯光以及灭点模式等参数选项的设置。选择工具箱中的【立体化】工具后，工具属性栏如图 7-50 所示。

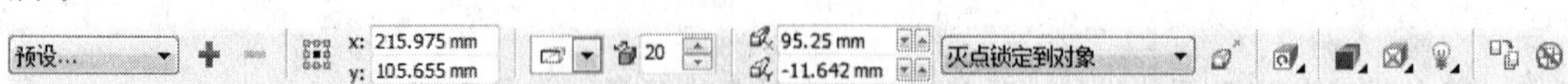

图 7-50　【立体化】工具属性栏

在该工具属性栏中，各主要参数选项的作用如下。

- 【立体化类型】：在该选项下拉列表框中有 6 种预设的立体化效果，如图 7-51 所示。用户可以根据需要进行选择。
- 【深度】：用于设置对象的立体化效果深度。
- 【灭点坐标】：用于设置灭点的水平坐标和垂直坐标。
- 【灭点属性】：在该选项下拉列表中，可以选择【锁到对象上的灭点】、【锁到页上的灭点】、【复制灭点，自...】和【共享灭点】4 种立体化效果的灭点属性。
- 【立体的方向】：单击该按钮，可以打开【立体的方向】对话框。在该对话框中，使用光标拖动旋转显示的数字，即可更改对象立体化效果的方向。如果单击【切换方式】按钮，可以切换至【旋转值】对话框，以数值设置方式调整立体化效果的方向，对话框中的 x、y、z 三个坐标旋转值设置文本框，用于设置对象在 3 个轴向上的旋转坐标数值，如图 7-52 所示。
- 【立体化颜色】：单击该按钮，可以打开【颜色】对话框。该对话框中提供了【使用对象填充】、【使用纯色】和【使用递减的颜色】3 种颜色填充模式。选择不同的颜色填充模式时，其选项有所不同，如图 7-53 所示。

图 7-51　立体化类型　　图 7-52　立体的方向

- 【立体化倾斜】：单击该按钮，打开【斜角修饰边】对话框。该对话框用于设置立体化效果斜角修饰边的参数选项，如设置斜角修饰边的深度、角度等，如图 7-54 所示。
- 【立体化照明】：单击该按钮，可以打开灯光设置对话框。在该对话框中，可以为对象设置 3 盏立体照明灯，并设置灯的位置和强度。如果选中【使用全色范围】复选框，可以确保为立体化效果添加光源时获得最佳效果，如图 7-55 所示。

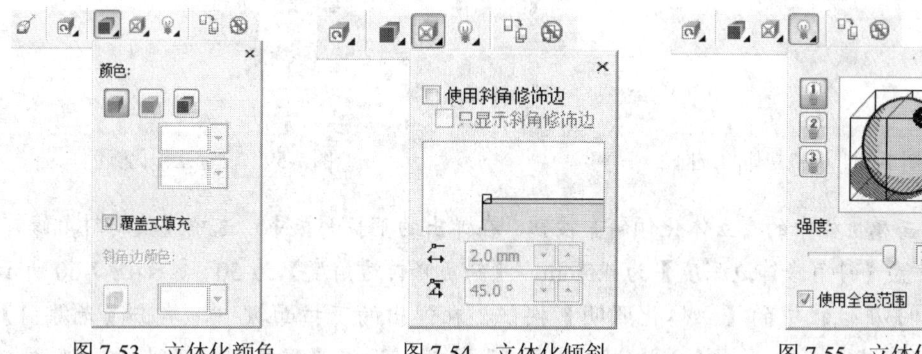

图 7-53　立体化颜色　　图 7-54　立体化倾斜　　图 7-55　立体化照明

【例 7-6】在绘图文件中，创建并编辑立体化效果。

(1) 选择【基本形状】工具，在工具属性栏中单击【完美形状】选取器选择一种形状工具，设置【轮廓宽度】为 0.25mm，在页面中绘制形状。在调色板中取消轮廓色，按 F11 键打开【渐变填充】对话框，在对话框中的【预设】下拉列表中选择【02-婴儿】选项，单击【确定】按钮应用，如图 7-56 所示。

(2) 选择【立体化】工具，由左至右拖动鼠标，为图形创建交互式立体化效果，释放鼠标，效果如图 7-57 所示。

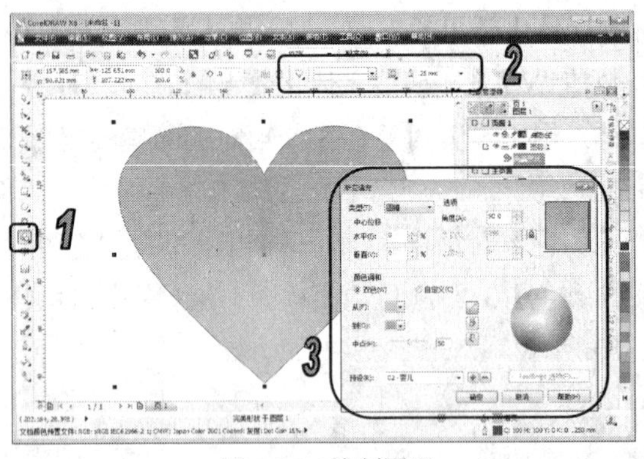

图 7-56　绘制图形

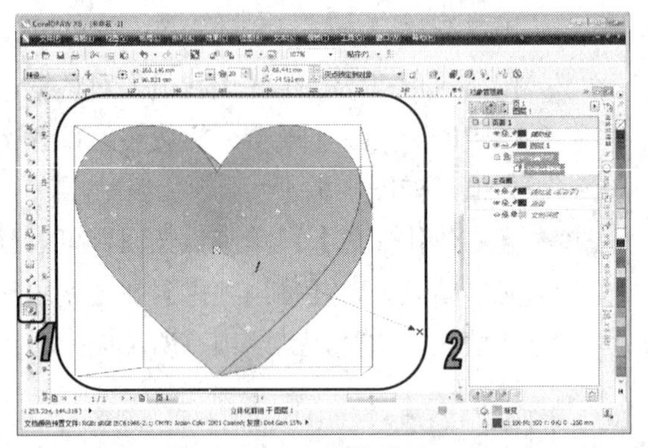

图 7-57　立体化效果

(3) 单击属性栏中的【立体的方向】按钮，在弹出的下拉面板中拖动预览，调整立体效果的方向，如图 7-58 所示。

(4) 单击属性栏中的【立体化颜色】按钮，在弹出的下拉面板中选择【使用递减的颜色】按钮，然后在下方的【到】颜色挑选器中选择【朦胧绿】色板，如图 7-59 所示。

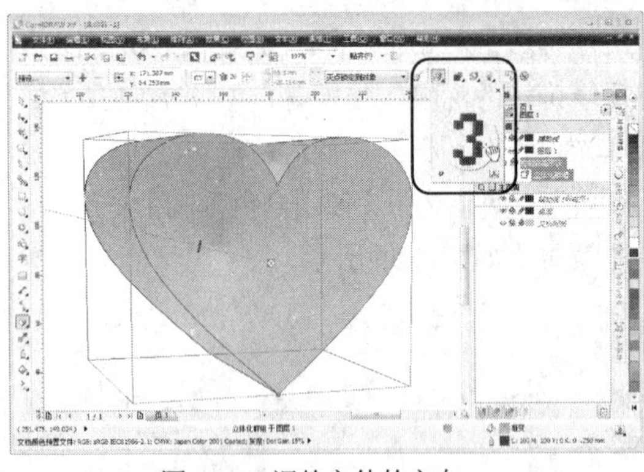

图 7-58　调整立体的方向

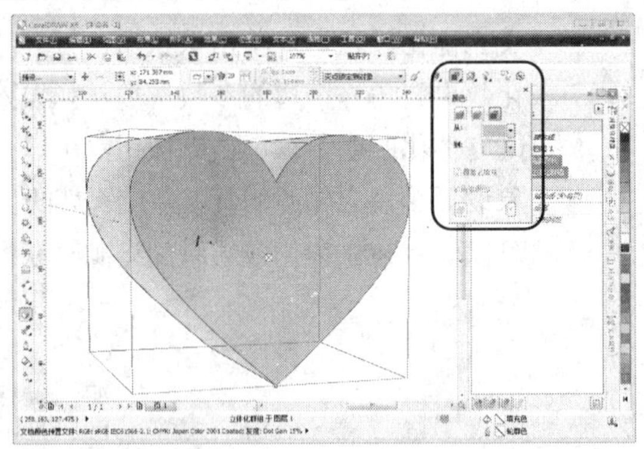

图 7-59　设置立体化颜色

(5) 单击属性栏中的【立体化倾斜】按钮，在弹出的下拉面板中，选中【使用斜角修饰边】复选框，设置【斜角修饰边深度】为 4.5mm、【斜角修饰边角度】为 50°，如图 7-60 所示。

(6) 单击属性栏中的【立体化照明】按钮，在弹出的下拉面板中，单击【光源 1】按钮，设置【强度】数值为 100；单击【光源 2】按钮，设置【强度】数值为 80，如图 7-61 所示。

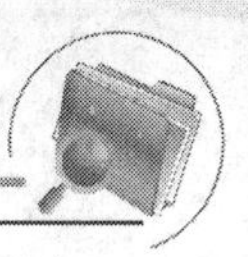

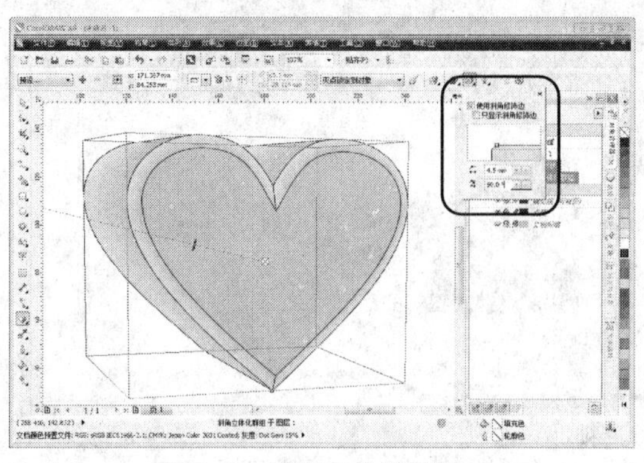

图7-60　设置立体化倾斜

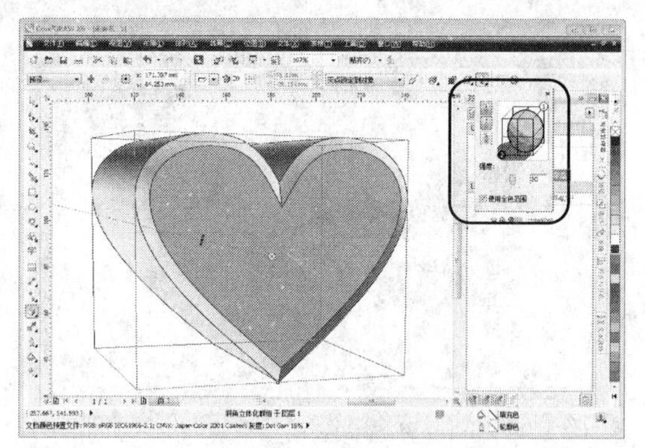

图7-61　设置立体化照明

7.8　透视效果

使用【添加透视】命令，可以对对象进行倾斜和拉伸等变换操作，使对象产生空间透视效果。透视功能只能用于矢量图形和文本对象，而不能用于位图图像。同时，在为群组对象应用透视点功能时，如果对象中包含交互式阴影效果、网格填充效果、位图或沿路径排列的文字时，都不能应用此项。要删除对象中的透视效果，选择【效果】|【清除透视点】命令即可。

【例7-7】在绘图文件中，使用【添加透视】命令调整图形对象。

(1) 使用【选择】工具选取图形对象，如图7-62所示。

(2) 选择【效果】|【添加透视】命令，在对象上出现网格状的红色虚线框，同时在对象的四角出现黑色的控制点，如图7-63所示。

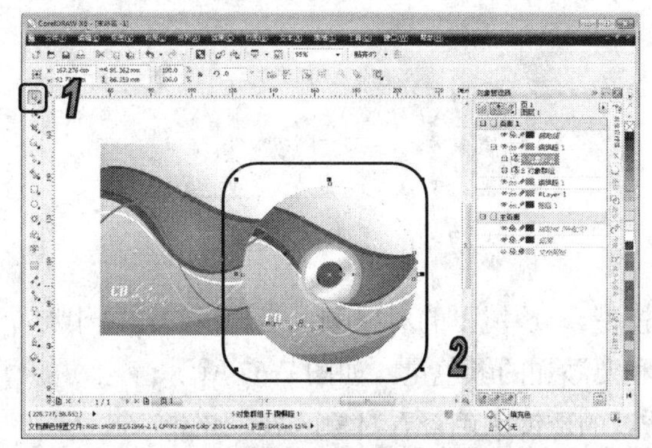

图7-62　选择对象

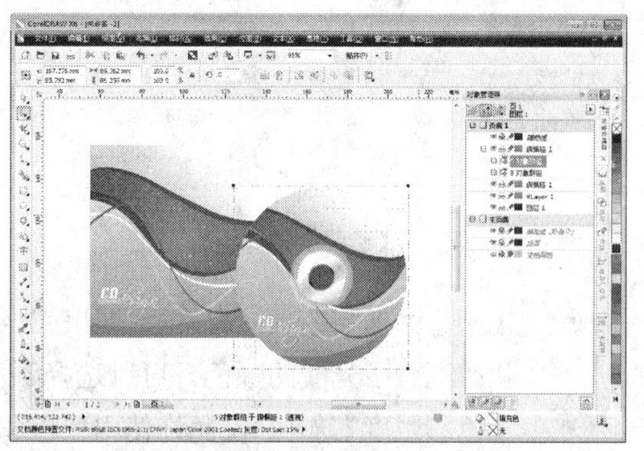

图7-63　使用【添加透视】命令

(3) 拖动其中任意一个控制点，可使对象产生透视的变换效果。此时，在绘图窗口中将会出现透视的消失点，拖动该消失点可调整对象的透视效果，如图7-64所示。

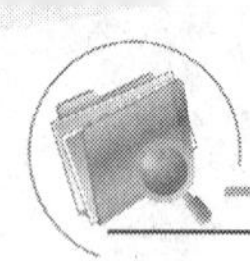

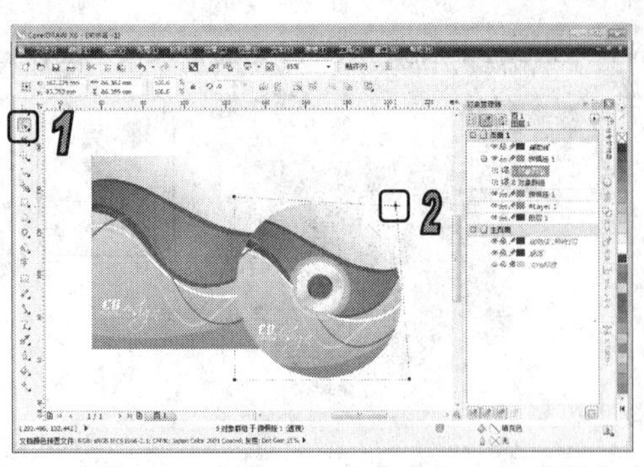

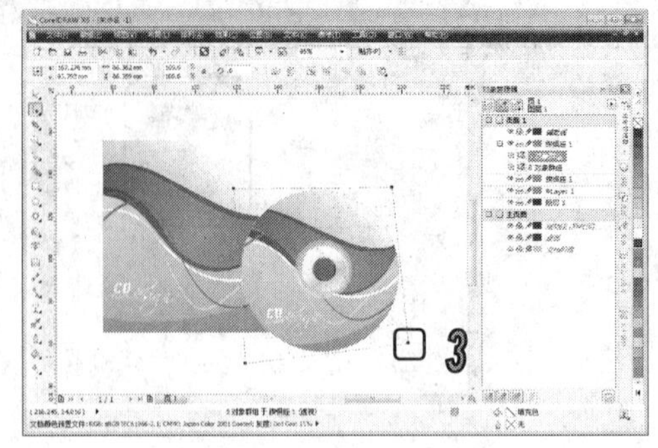

图 7-64　调整透视

7.9　透镜效果

使用透镜功能可以改变透镜下方对象区域的外观，而不改变对象的实际特性和属性。在 CorelDRAW 中可以对任意矢量对象、美术字文本和位图的外观应用透镜。选择【窗口】|【泊坞窗】|【透镜】命令，或按 Alt+F3 键将显示【透镜】泊坞窗，用户可以在泊坞窗的透镜类型下拉列表中选择所需要的透镜类型，如图 7-65 所示。需要注意的是，不能将透镜效果直接应用于链接群组，如勾划轮廓线的对象、斜角修饰边对象、立体化对象、阴影、段落文本或使用【艺术笔】工具创建的对象。

- 【变亮】选项：允许使对象区域变亮或变暗，并可设置亮度和暗度的比率，如图 7-66 所示。

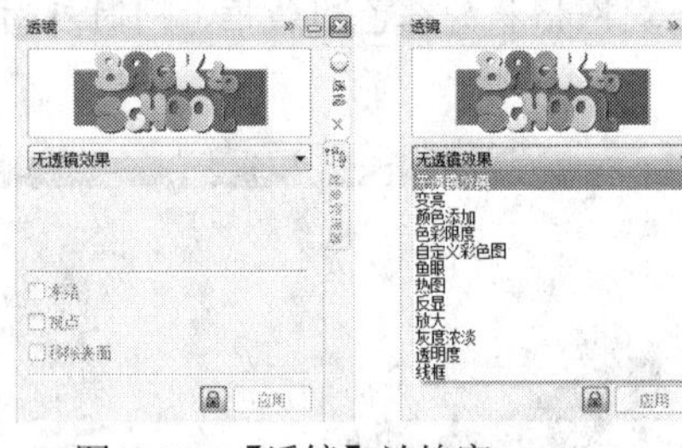

图 7-65　【透镜】泊坞窗

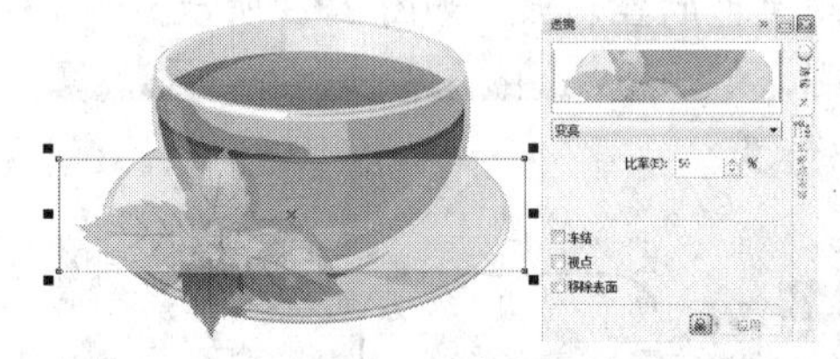

图 7-66　【变亮】选项

- 【颜色添加】选项：允许模拟加色光线模型。 透镜下的对象颜色与透镜的颜色相加，就像混合了光线的颜色。可以选择颜色和要添加的颜色量，如图 7-67 所示。
- 【色彩限度】选项：仅允许使用黑色和透过的透镜颜色查看对象区域，如图 7-68 所示。

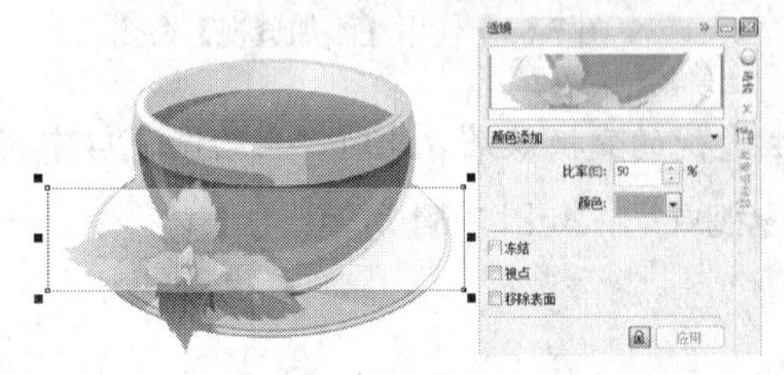

图 7-67　【颜色添加】选项

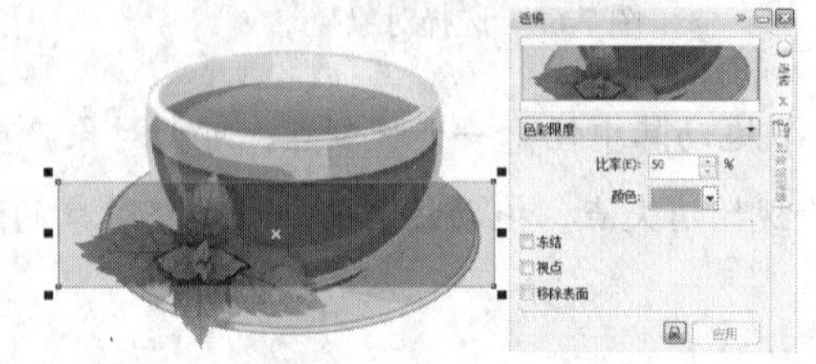

图 7-68　【色彩限度】选项

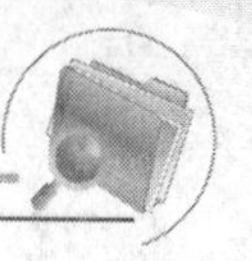

◉ 【自定义彩色图】选项：允许将透镜下方对象区域的所有颜色更改为介于指定的两种颜色之间的一种颜色，如图 7-69 所示。可以选择该颜色范围的起始色和结束色，以及这两种颜色的渐进。渐变在色谱中的路径可以是直线、向前或向后。

◉ 【鱼眼】选项：允许根据指定的百分比扭曲、放大或缩小透镜下方的对象，如图 7-70 所示。

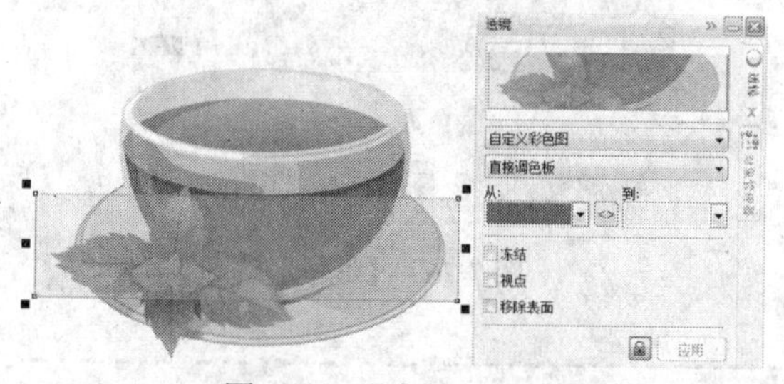

图 7-69　【自定义彩色图】选项

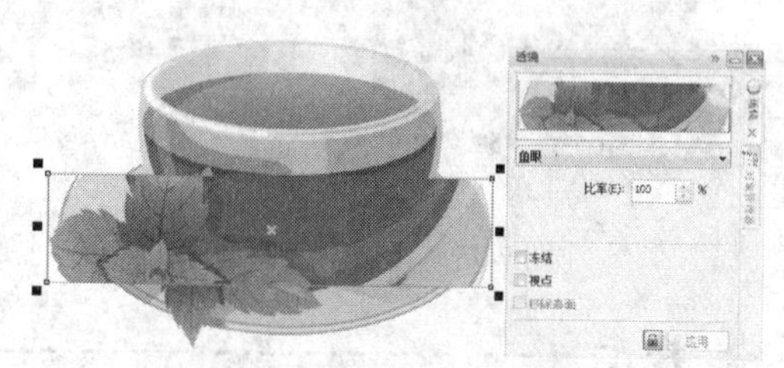

图 7-70　【鱼眼】选项

◉ 【热图】选项：允许通过在透镜下方的对象区域中模仿颜色的冷暖度等级，来创建红外图像的效果，如图 7-71 所示。

◉ 【反显】选项：允许将透镜下方的颜色变为其 CMYK 互补色。互补色是色轮上互为相对的颜色，如图 7-72 所示。

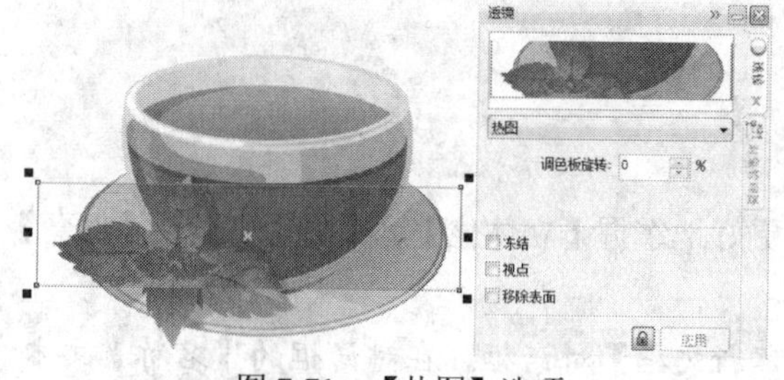

图 7-71　【热图】选项

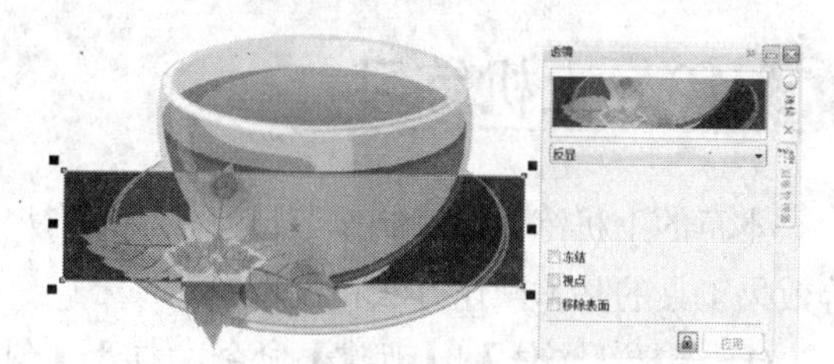

图 7-72　【反显】选项

◉ 【放大】选项：允许按指定的量放大对象上的某个区域，如图 7-73 所示。

◉ 【灰度浓淡】选项：选择该选项，允许将透镜下方对象区域的颜色变为其等值的灰度，如图 7-74 所示。

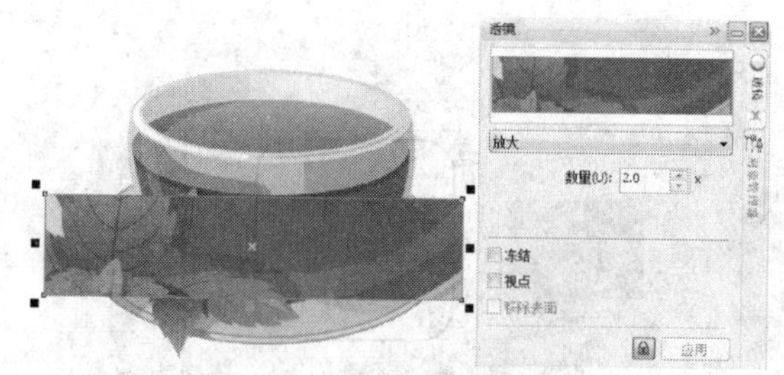

图 7-73　【放大】选项

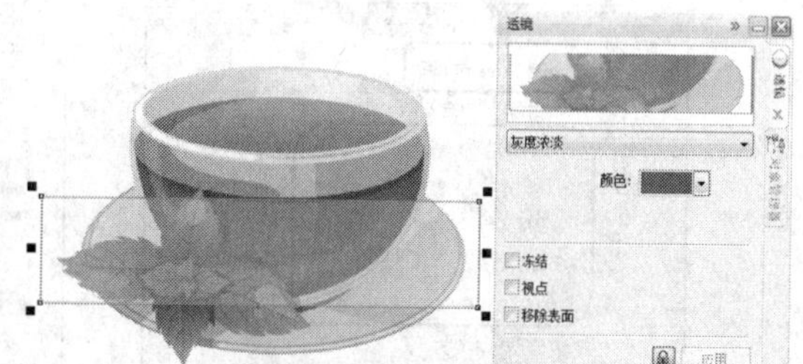

图 7-74　【灰度浓淡】选项

◉ 【透明度】选项：使对象看起来像着色胶片或彩色玻璃，如图 7-75 所示。

- 【线框】选项：允许使用所选的轮廓或填充色显示透镜下方的对象区域，如图 7-76 所示。例如，如果将轮廓设为红色，将填充设为蓝色，则透镜下方的所有区域看上去都具有红色轮廓和蓝色填充。

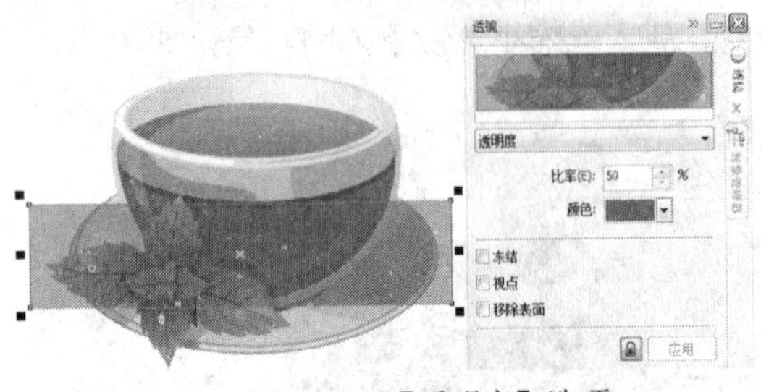

图 7-75 【透明度】选项

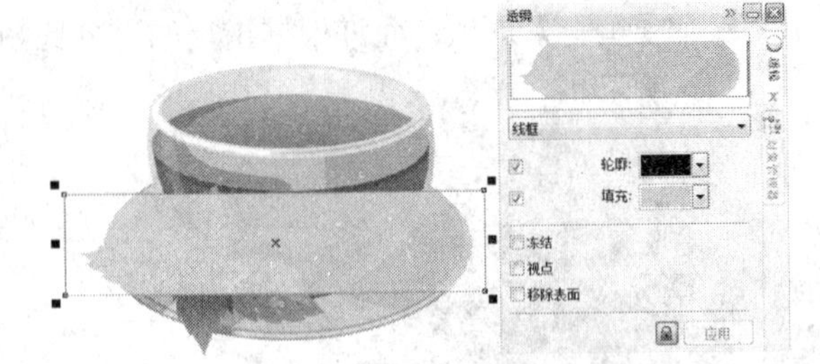

图 7-76 【线框】选项

提示

选中泊坞窗中的【冻结】复选框，可以将应用透镜效果对象下面的其他对象所产生的效果添加成透镜效果的一部分，不会因为透镜或对象的移动而改变该透镜效果。选中【视点】复选框，在不移动透镜的情况下，只显示透镜下面对象的部分。选中【移除表面】复选框，透镜效果只显示该对象与其他对象重合的区域，而被透镜覆盖的其他区域不可见。

7.10 上机练习

本章的上机练习通过制作节日海报，使用户更好地掌握【立体化】、【阴影】以及【封套】等效果工具的基本操作方法和技巧。

(1) 选择【文件】|【新建】命令，打开【创建新文档】对话框。在对话框的【名称】文本框中输入文本"节日促销"，在【大小】下拉列表中选择 A4，单击【纵向】按钮，在【原色模式】下拉列表中选择 CMYK，然后单击【确定】按钮，如图 7-77 所示。

(2) 单击工作界面中标准工具栏上的【导入】按钮，打开【导入】对话框。在该对话框中，选中需要导入的图像，然后单击【导入】按钮，如图 7-78 所示，在页面中单击导入图像。

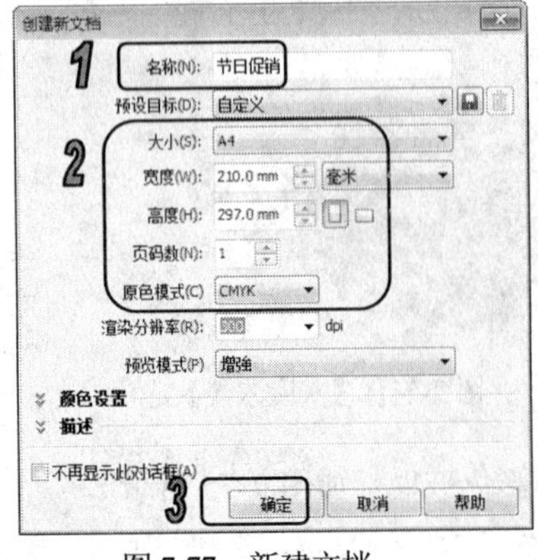

图 7-77 新建文档

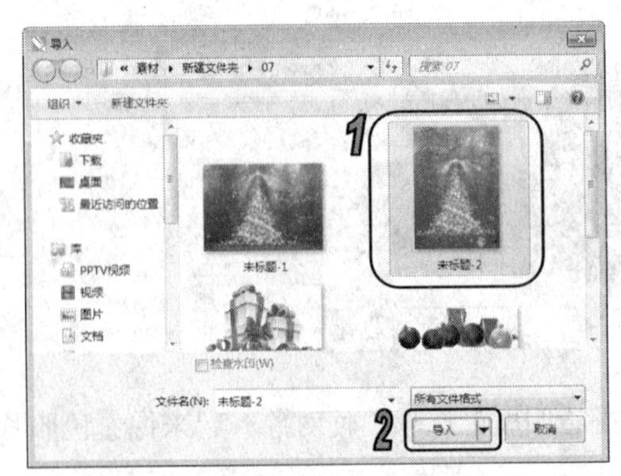

图 7-78 导入图像

(3) 在导入的图像上右击，在弹出的菜单中选择【锁定对象】命令。选择【文本】工具，在绘图页面中单击，在属性栏【字体列表】下拉列表中选择方正综艺简体，设置【字体大小】为 200pt，然后输入文字内容，如图 7-79 所示。

(4) 选择【选择】工具，按 F11 键打开【渐变填充】对话框。在该对话框的【类型】下拉列表中选择【线性】选项，设置【角度】为-54，单击【自定义】单选按钮，设置渐变色从左到右为 C:45 M:90 Y:100 K:15 到 C:40 M:80 Y:100 K:4 到 C:0 M:30 Y:95 K:0，然后单击【确定】按钮，如图 7-80 所示。

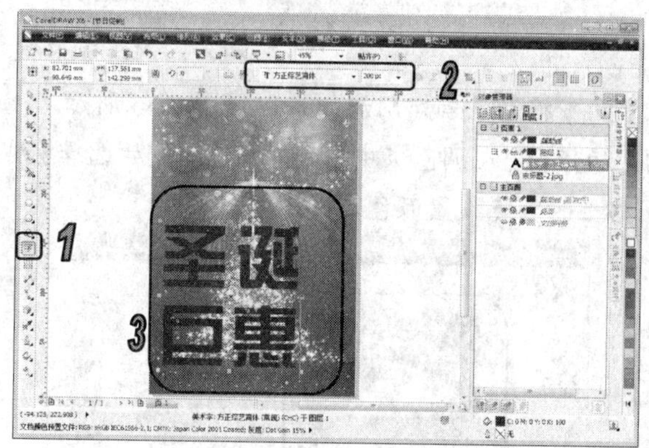

图 7-79　添加文字

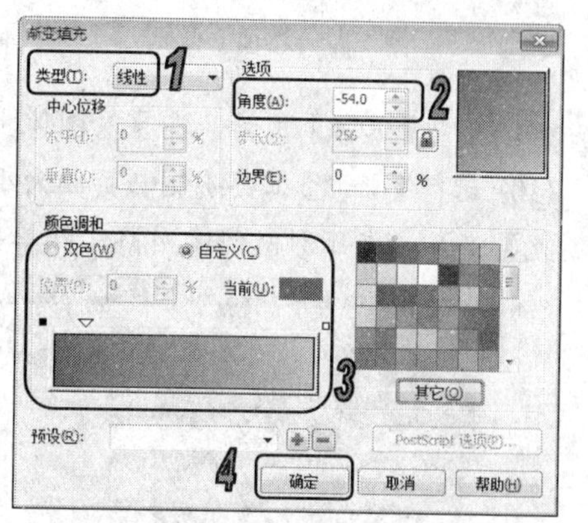

图 7-80　填充文字

(5) 选择【形状】工具，调整文字行距和间距，如图 7-81 所示。

(6) 选择【效果】|【添加透视】命令，然后使用【形状】工具调整控制点，改变文字透视效果，如图 7-82 所示。

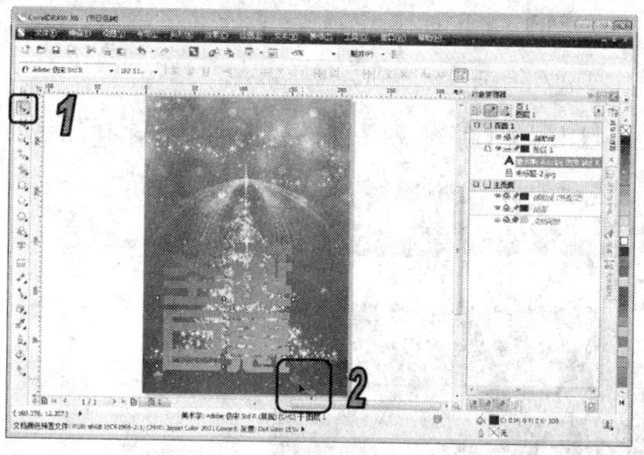

图 7-81　调整文字

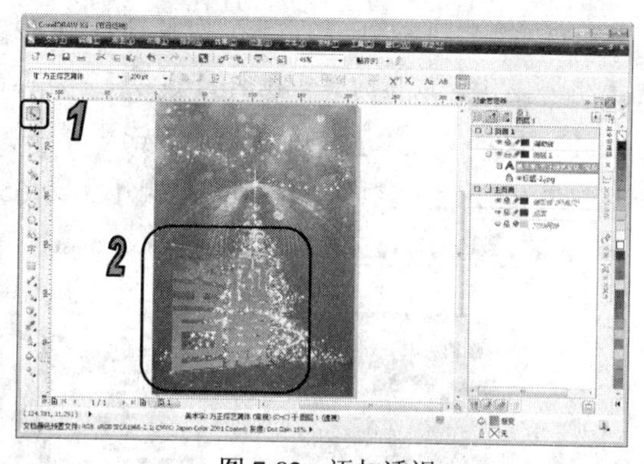

图 7-82　添加透视

(7) 选择【立体化】工具，从右向左拖动鼠标，为图形建立立体化效果。在属性栏中单击【立体化倾斜】按钮，在弹出的下拉面板中选中【使用斜角修饰边】复选框，设置【斜角修饰边深度】为 2，【斜角修饰边角度】为 24°，如图 7-83 所示。

(8) 单击标准工具栏中的【导入】按钮，打开【导入】对话框。在该对话框中，选中需要导入的图像，然后单击【导入】按钮导入图像，如图 7-84 所示。

图 7-83 添加立体化

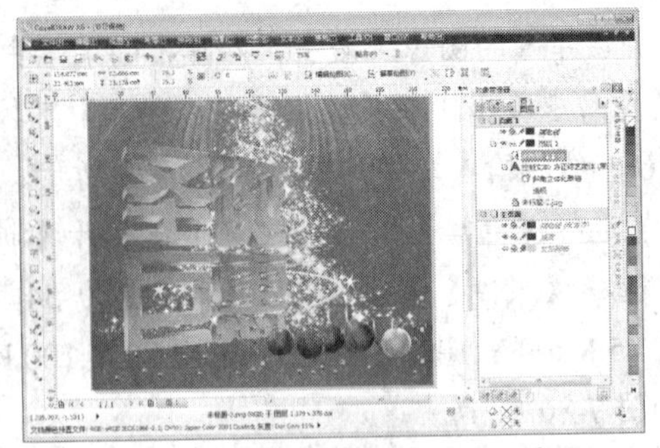

图 7-84 导入图像

(9) 选择【阴影】工具，在导入图像上从上向下拖动，创建阴影效果，如图 7-85 所示。

(10) 选择【矩形】工具绘制与页面大小相同的矩形，在调色板中取消轮廓色，然后选择【网状填充】工具，在矩形内创建网格，并单击网格上的节点设置颜色，如图 7-86 所示。

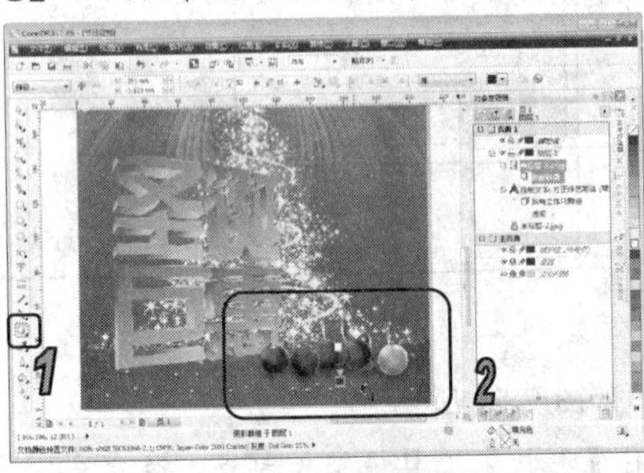

图 7-85 创建阴影效果

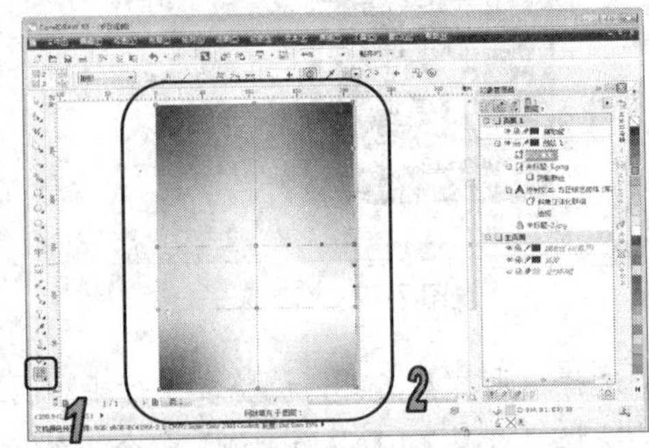

图 7-86 设置颜色

(11) 选择【透明度】工具，在属性栏的【透明度类型】下拉列表中选择【标准】选项，在【透明度操作】下拉列表中选择【减少】选项，如图 7-87 所示。

(12) 选择【文本】工具在绘图页面中单击，在属性栏的【字体列表】下拉列表中选择【方正超粗黑_GBK】选项，设置【字体大小】为 55pt，然后输入文字内容，如图 7-88 所示。

图 7-87 设置透明度

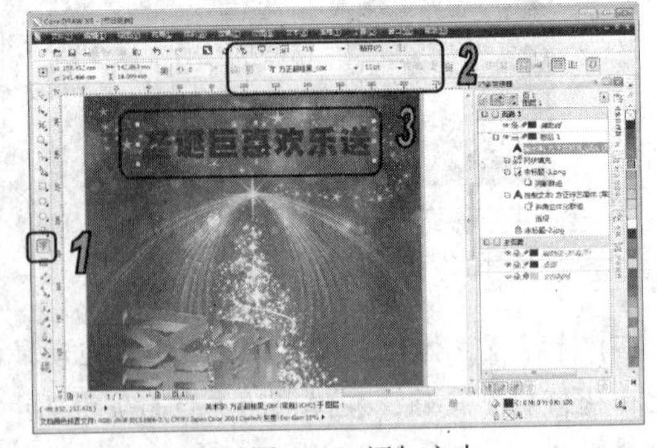

图 7-88 添加文本

(13) 选择【选择】工具，按 F11 键打开【渐变填充】对话框。在该对话框中，选中【自定义】单选按钮，设置渐变色，设置【角度】为 80，【边界】为 22%，然后单击【确定】按钮，如图 7-89 所示。

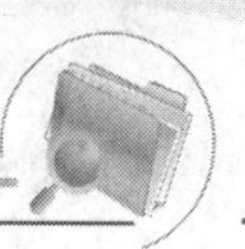

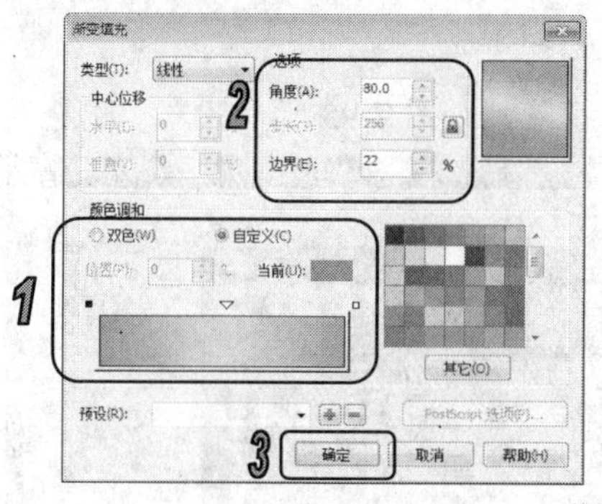

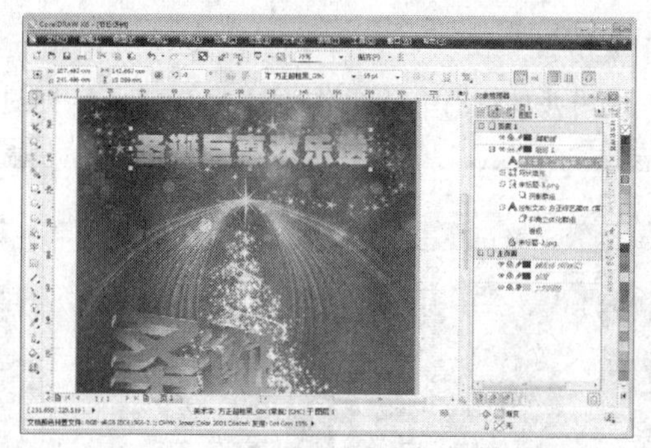

图 7-89　填充文字

(14) 选择【封套】工具，调整节点改变文字封套效果，如图 7-90 所示。

(15) 选择【阴影】工具，在属性栏的【预设列表】下拉列表中选择【小型辉光】选项，设置【阴影颜色】为黑色，【阴影羽化】为 15，如图 7-91 所示。

(16) 使用步骤(12)至步骤(15)中的操作方法，输入并调整文字，如图 7-92 所示。

(17) 选择【文本】工具在页面中拖动创建文本框，在属性栏中单击【将文本更改为垂直方向】按钮，在【字体列表】下拉列表中选择【方正大黑简体】选项，设置字体大小为 16pt，在调色板中单击白色色板，然后输入文字内容，如图 7-93 所示。

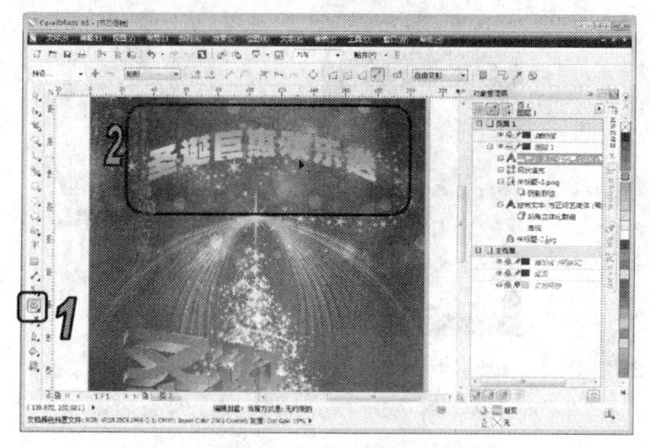

图 7-90　创建封套效果

图 7-91　添加阴影

图 7-92　添加文本

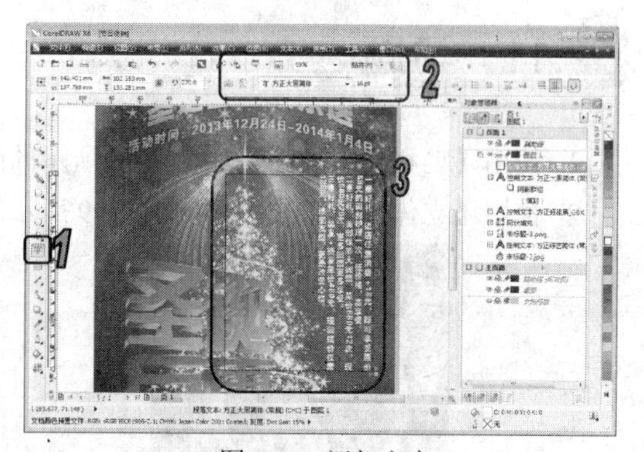

图 7-93　添加文本

(18) 将【文本】工具在第二列中单击，在属性栏中单击【文本属性】按钮，打开【文本属性】泊坞窗。在【文本属性】泊坞窗中的【段落】选项组中，设置【左行缩进】为 31.6mm，如图 7-94 所示。

(19) 使用步骤(18)中的操作方法对其他文字列进行设置，如图 7-95 所示。

图 7-94 设置文本

图 7-95 设置文本

(20) 选择【阴影】工具，在属性栏【预设列表】下拉列表中选择【小型辉光】选项，设置【阴影羽化】为 2，设置【阴影颜色】为黑色，如图 7-96 所示。

(21) 选择【选择】工具，选中步骤(10)中创建的对象，按 Ctrl+PageDown 键调整图层，完成后效果如图 7-97 所示。

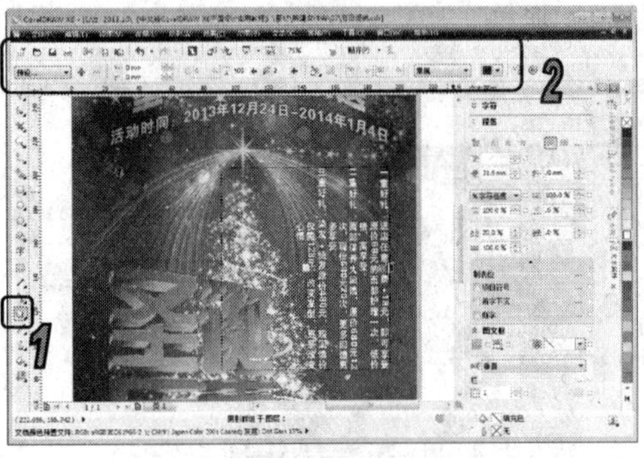
图 7-96 添加阴影

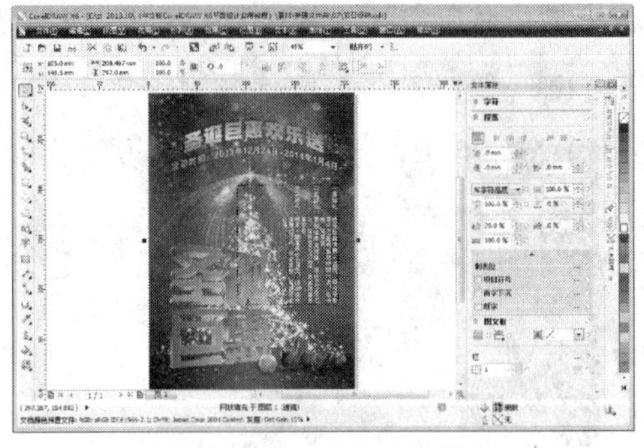
图 7-97 完成效果

7.11 习题

1. 使用【调和】工具创建如图 7-98 所示的图形对象。
2. 使用【立体化】工具创建如图 7-99 所示的图形对象。

图 7-98 图形对象

图 7-99 图形对象

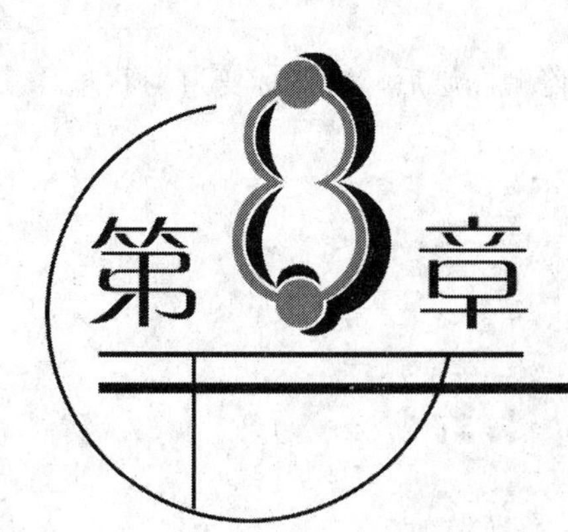

第8章 图层、样式和模板

学习目标

在 CorelDRAW X6 中，用户可以通过对图层的控制，灵活地组织图层中的对象。还可以利用图形样式、文本样式和颜色样式控制对象的外观属性。CorelDRAW 还为用户提供了预设模板。

本章重点

- 使用图层控制对象
- 图形和文本样式
- 颜色样式
- 模板

8.1 使用图层控制对象

在 CorelDRAW X6 中，控制和管理图层的操作都是通过【对象管理器】泊坞窗完成的。默认状态下，每个新创建的文件都是由页面 1 和主页面构成。页面 1 包含辅助线图层和图层 1。辅助线图层用于存储页面上特定的辅助线。图层 1 是默认的局部图层，在未选择其他图层时，在工作区中绘制的对象都会添加到图层 1 上。

主页面包含应用于当前文档中所有的页面信息。默认状态下，主页面可包含辅助线图层、桌面图层和网格图层。

- 辅助线图层：包含用于文档中所有页面的辅助线。
- 桌面图层：包含绘图页面边框外部的对象，该图层可以创建以后可能要使用的绘图。
- 网格图层：包含用于文档中所有页面的网格，该图层始终位于图层的底部。

选择【窗口】|【泊坞窗】|【对象管理器】命令，打开如图 8-1 所示的【对象管理器】泊坞窗。单击【对象管理器】泊坞窗右上角的▸按钮，可以弹出如图 8-2 所示的菜单。

- 显示或隐藏图层：单击图标，可以隐藏图层。在隐藏图层后，图标变为状态，单击图标可重新显示图层。

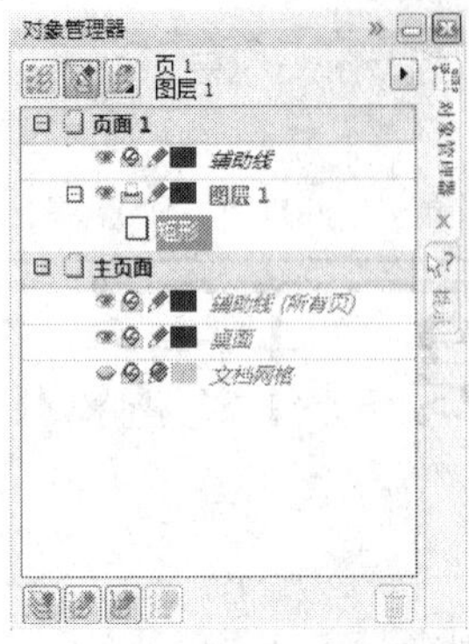

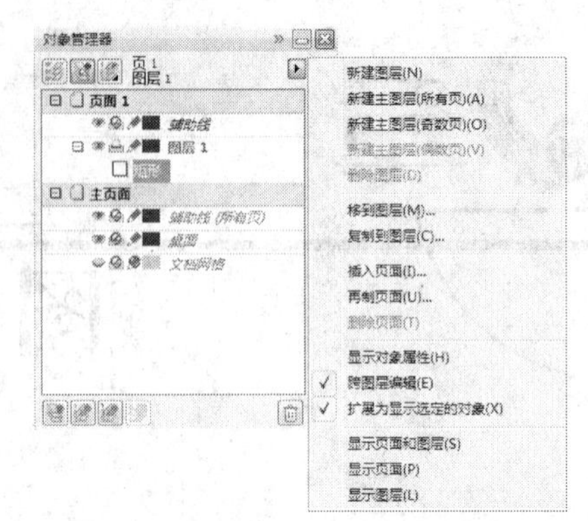

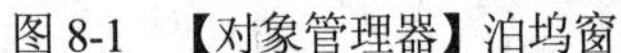

图 8-1 【对象管理器】泊坞窗　　图 8-2 泊坞窗菜单

- 启用或禁用图层的打印和导出：单击图标，可以禁用图层的打印和导出，此时图标将变为状态。禁用打印和导出图层后，可以防止该图层中的内容被打印或导出到绘图中，也防止在全屏预览中显示。单击图标可重新启用图层的打印和导出。
- 使图层可编辑或将其锁定防止更改：单击图标，可锁定图层，此时图标将变为状态。单击图标，可解除图层的锁定，使图层处于可编辑状态。

8.1.1 新建和删除图层

要新建图层，在【对象管理器】泊坞窗中单击【新建图层】按钮即可，同时在出现的文字编辑框中可以修改图层的名称，如图 8-3 所示。默认状态下，新建的图层以【图层 2】命令。

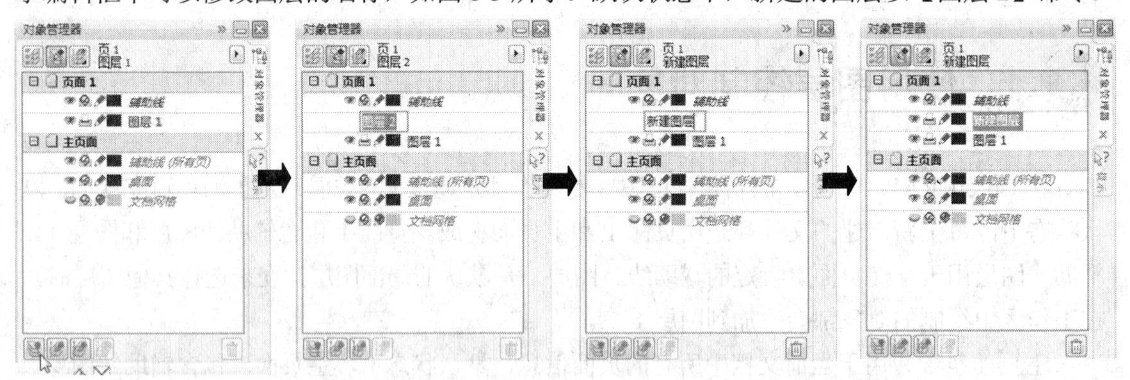

图 8-3 新建图层

要在主页面中创建新的图层，单击【对象管理器】泊坞窗左下角的【新建主图层(所有页)】按钮即可，如图 8-4 所示。在进行多页内容编辑时，还可以根据需要，单击【新建主图层(奇数页)】按钮或【新建主图层(偶数页)】按钮在奇数页或偶数页创建主图层。

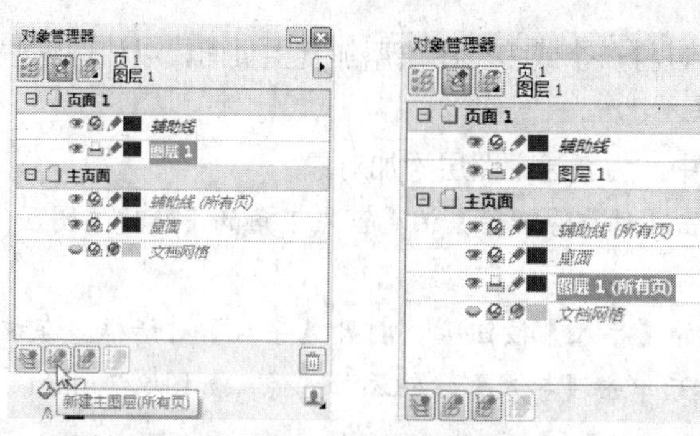

图 8-4　新建主图层

在绘图过程中，要删除不需要的图层，可以在【对象管理器】泊坞窗中单击需要删除的图层名称，此时被选中的图层名称将以红色粗体显示，表示该图层为活动图层，然后单击该泊坞窗中的【删除】按钮，或按 Delete 键即可。

知识点

需要注意的是【页面 1】和【主页面】不能被删除或复制。在删除图层的同时，将删除该图层上的所有对象，如果要保留该图层上的对象，可以先将对象移动到另一图层上，然后再删除当前图层。

8.1.2　在图层中添加对象

要在指定的图层中添加对象，首先需要选中该图层。如果图层为锁定状态，可以在【对象管理器】泊坞窗中单击该图层名称前的图标，将其解锁，然后在图层名称上单击使该图层为活动图层。接下来在 CorelDRAW 中绘制、导入或粘贴的对象都会被置于在该图层，如图 8-5 所示。

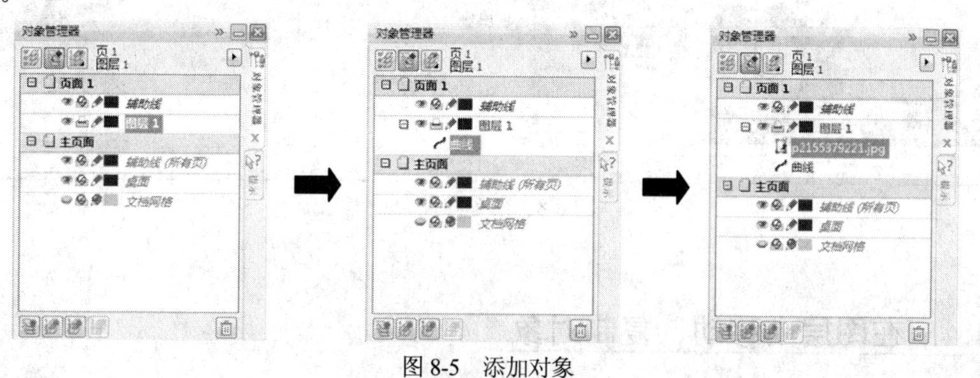

图 8-5　添加对象

8.1.3　在主图层中添加对象

在新建主图层时，主图层始终都将添加到主页面中，并且添加到主图层上的内容在文档的

所有页面上都可见。用户可以将一个或多个图层添加到主页面，以保留这些页面具有相同的页眉、页脚或静态背景等内容。

【例 8-1】在绘图文件中，为新建主图层添加对象。

(1) 在绘图文件中，单击【对象管理器】泊坞窗左下角的【新建主图层(奇数页)】按钮，新建一个主图层，如图 8-6 所示。

(2) 单击标准工具栏中的【导入】按钮，打开【导入】对话框。在该对话框中，选中一张作为页面背景的图像，然后单击【导入】按钮添加图像，如图 8-7 所示。

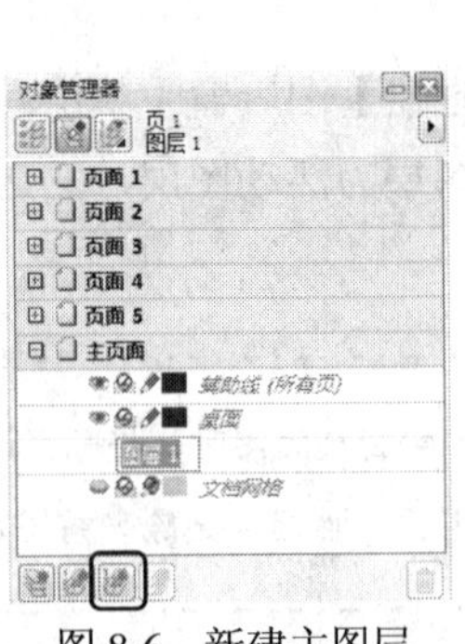

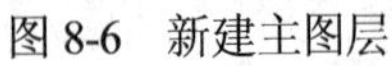

图 8-6　新建主图层

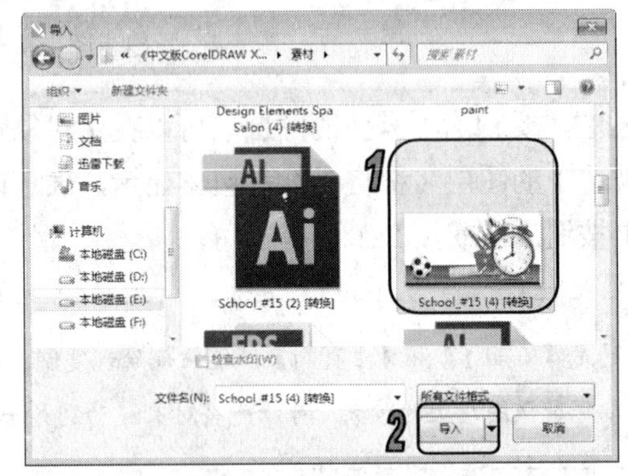

图 8-7　添加图像

(3) 图像被添加到【图层 1(奇数页)】主图层中，选择【视图】|【页面排序器视图】命令，察看奇数页的内容，如图 8-8 所示。

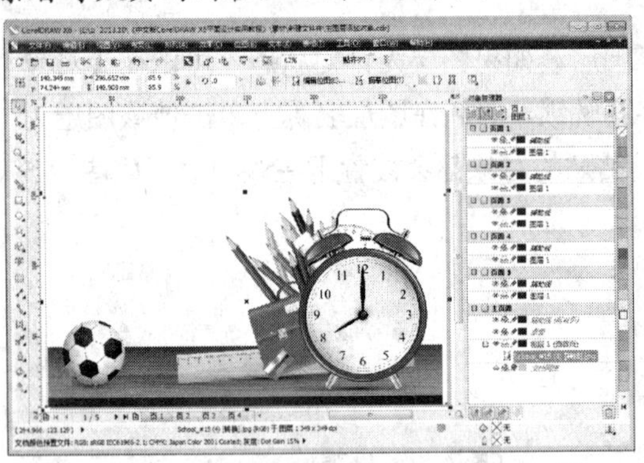

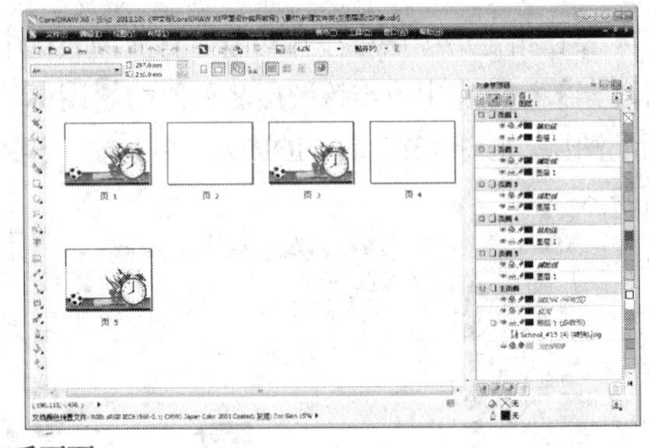

图 8-8　察看页面

8.1.4　在图层中移动、复制对象

在【对象管理器】泊坞窗中，可以移动图层的位置或将对象移动到不同的图层中，也可以将选取的对象复制到新的图层中。在图层中移动和复制对象的操作方法如下。

- 要移动图层，可在图层名称上单击，选择需要移动的图层，然后将该图层移动到新的位置即可，如图 8-9 所示。

- 要移动对象到新的图层，可在选择对象所在的图层后，单击图层名称左边的⊞图标，展开该图层的所有子图层，然后选择所要移动的对象所在的子图层，将其拖动到新的图层，当光标显示为➔▮状态时释放鼠标，即可将该对象移动到指定的图层中，如图 8-10 所示。

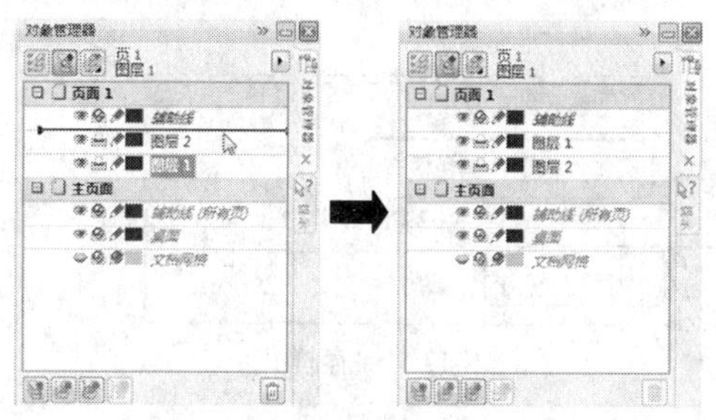

图 8-9　移动图层

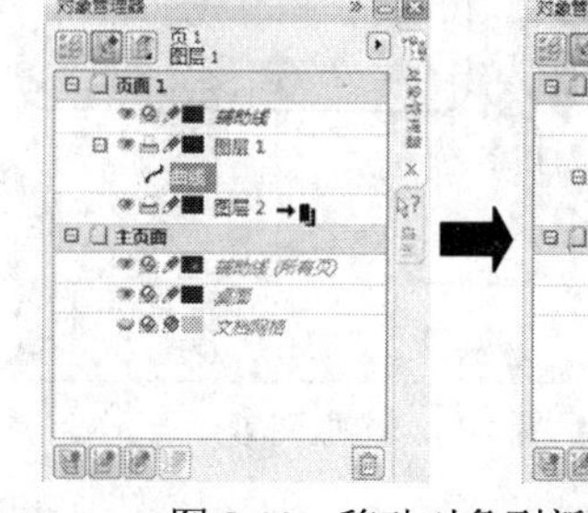

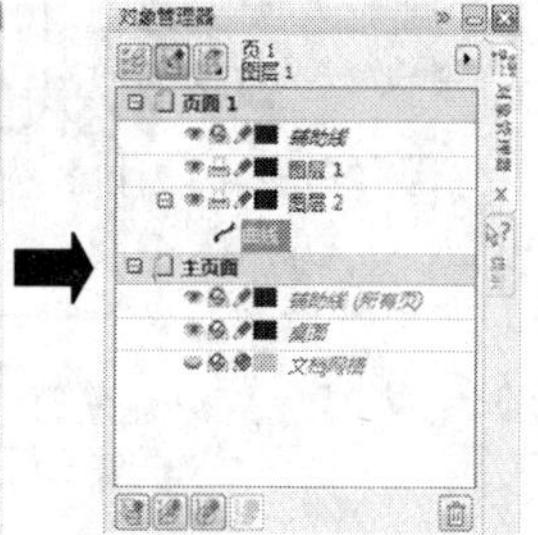

图 8-10　移动对象到新的图层

要在不同图层之间复制对象，可以在【对象管理器】泊坞窗中单击需要复制的对象所在的子图层，然后按 Ctrl+C 键进行复制，再选择目标图层，按 Ctrl+V 键进行粘贴，即可将选取的对象复制到新的图层中。

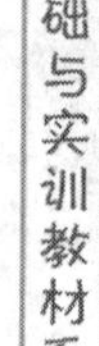

8.2　图形和文本样式

将创建好的图形或文本样式应用到其他的图形或文本对象中，可以节省大量的工作时间，避免重复操作。

图形样式包括填充和轮廓设置，可应用于矩形、椭圆或曲线等图形对象。如当一个群组对象中使用了同一种图形样式，就可以通过编辑该图形样式同时更改该群组对象中各个对象的填充或轮廓属性。

文本样式包括文本的字体、大小、填充属性和轮廓属性等设置，它分为美术字文本和段落文本两类。通过文本样式，可以更改默认美术字和段落文本的属性。应用同一种文本样式，可以使创建的文本对象具有一致的格式。

8.2.1　创建样式或样式集

在 CorelDRAW 中，可以根据现有对象的属性创建图形或文本样式，也可以重新创建图形或文本样式，通过这两种方式创建的样式都可以被保存下来。

【例 8-2】创建图形样式。

(1) 在绘图页面中，使用【选择】工具选择需要从中创建图形样式的对象。在对象上右击，从弹出的菜单中选择【对象样式】|【从以下项新建样式】|【填充】命令，如图 8-11 所示。

(2) 打开【从以下项新建样式】对话框，在该对话框中的【新样式名称】文本框中输入"紫色填充"，然后单击【确定】按钮，即可按该对象中的填充创建新的图形样式，如图 8-12 所示。

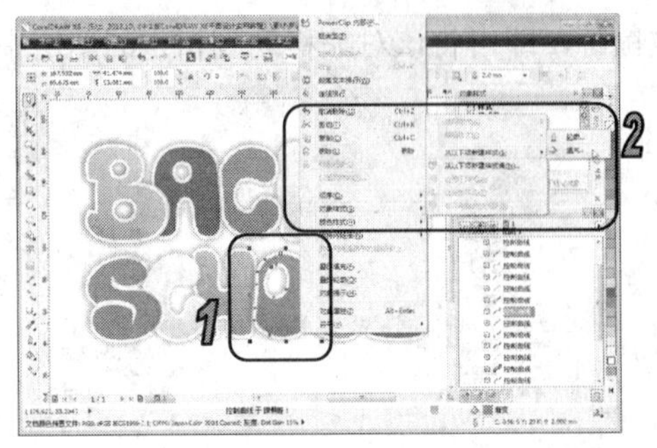
图 8-11　选取对象

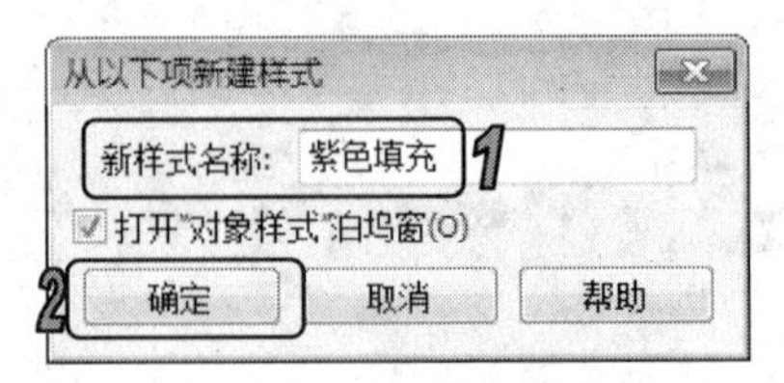

图 8-12　保存样式

(3) 选择【工具】|【对象样式】命令，打开【对象样式】泊坞窗，即可查看保存的图形样式。在泊坞窗中，选中刚创建的样式，还可以在泊坞窗下方显示其色彩填充的具体设置，如图 8-13 所示。

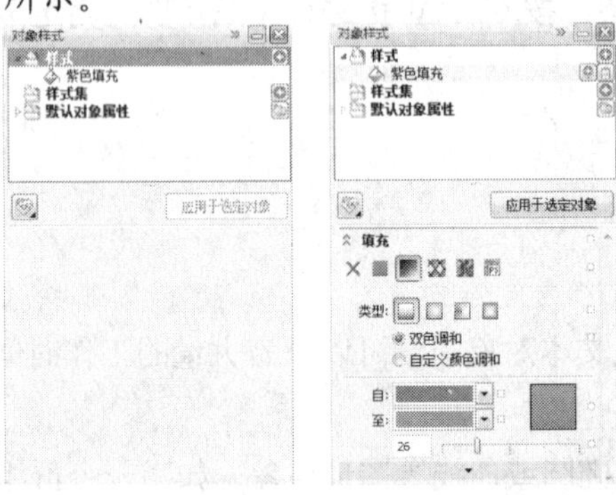

图 8-13　查看样式

知识点

如果在选取对象后右击，在弹出的快捷菜单中选择【对象样式】|【从以下项新建样式】|【轮廓】命令，则可以创建一个只包含对象轮廓线设置的轮廓样式。

如果选取的对象是文本对象，在单击鼠标右键弹出的菜单如图 8-14 所示。根据需要选择要创建的样式内容，在弹出的新建样式对话框中为样式命名并确认，即可在【对象样式】泊坞窗中查看新建文本样式的具体设置。

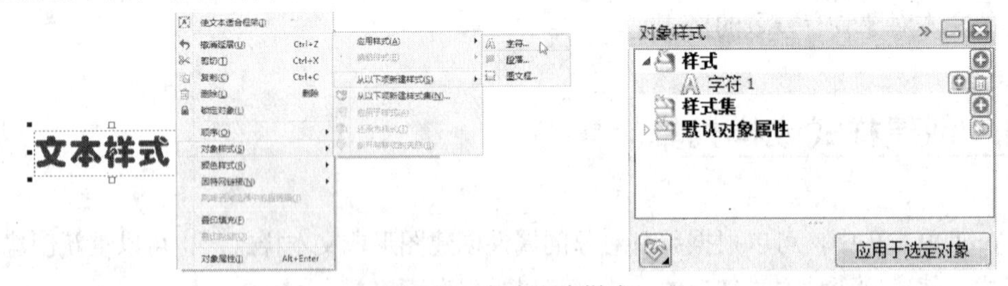

图 8-14　保存文本样式

样式集是 CorelDRAW X6 中新增的功能，可以在一个样式设置中同时保存所选对象的填充、轮廓、字符、段落及图文框等属性，也同样可以将设置好的样式导出为外部样式文件，方便以后或发送给其他人使用，以及将所选样式设置为默认的文档属性，为进行大型编辑内容的设计工具提供更多的编辑帮助。

选择需要创建样式集的对象后，右击，在弹出的快捷菜单中选择【对象样式】|【从以下项新建样式集】命令，即可创建出一个样式集项目；单击样式设置项目后面的【添加或删除样式】按钮，可以添加或删除要在该样式集中包含的项目内容，如图8-15所示。

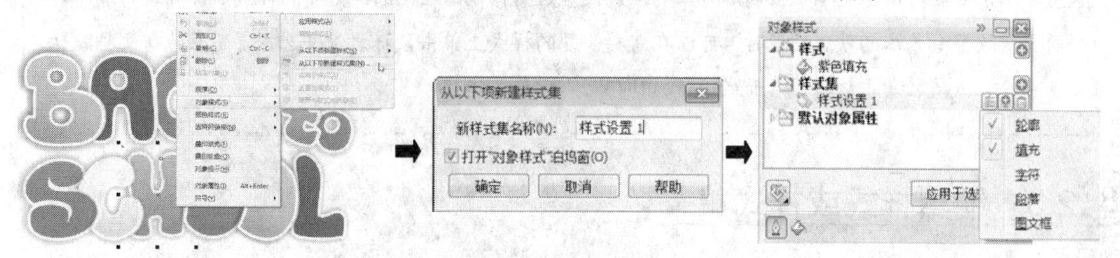

图8-15　创建样式集

知识点

在绘图页面中选取需要创建样式集的对象后，按住鼠标并将其拖动到【对象样式】泊坞窗中的【样式集】选项上，释放鼠标即可将所选对象的设置创建为一个样式集，如图8-16所示。另外在样式集内还可以单击【新建子样式集】按钮创建子样式集，方便编辑出更细致对象设置效果，如图8-17所示。

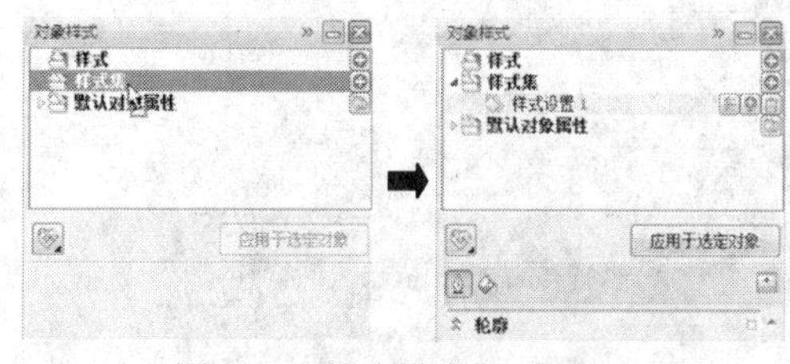

图8-16　创建样式集

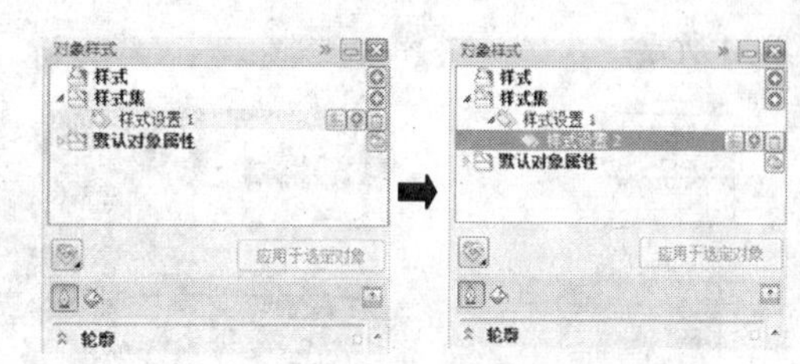

图8-17　创建子样式集

8.2.2　应用图形或文本样式

在创建新的图形或文本样式后，新绘制的对象不会自动应用该样式。要应用新建的图形样式，可以在需要应用图形样式的对象上右击，从弹出的命令菜单中选择【对象样式】|【应用样式】命令，并在展开的下一级子菜单中选择所需要的样式即可，如图8-18所示。

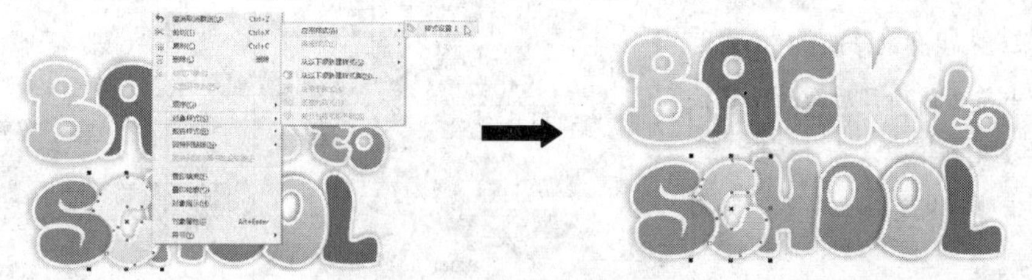

图8-18　应用样式

用户也可以在选择需要应用图形或文本样式的对象后，在【对象样式】泊坞窗中直接双击需要应用的图形或文本样式名称，或单击【应用于选定对象】按钮，可快速将指定的样式应用到选取的对象上。

提示

【对象样式】泊坞窗中的【默认对象属性】所包含的样式项目，是对文档中各种类型的对象默认的样式设置，如果需要对新建文档中所创建对象的默认设置进行修改，在此选择需要的样式项目并进行编辑即可。再需要恢复到基本的默认设置时，可以在需要恢复的样式上单击鼠标右键并选择【还原为新文档默认属性】命令，或直接单击该样式后面的按钮即可。

8.2.3 编辑样式或样式集

在创建图形或文本样式后，可以对保存的图形或文本样式的外观属性进行编辑和修改。

【例 8-3】在绘图文件中，编辑文本样式。

(1) 选择【窗口】|【泊坞窗】|【对象样式】命令，打开【对象样式】泊坞窗。单击选择泊坞窗中需要编辑的样式集，查看所选样式的具体设置，如图 8-19 所示。

(2) 在泊坞窗下部的样式具体设置区中，对所选样式进行修改，即可更新应用该样式的对象，如图 8-20 所示。

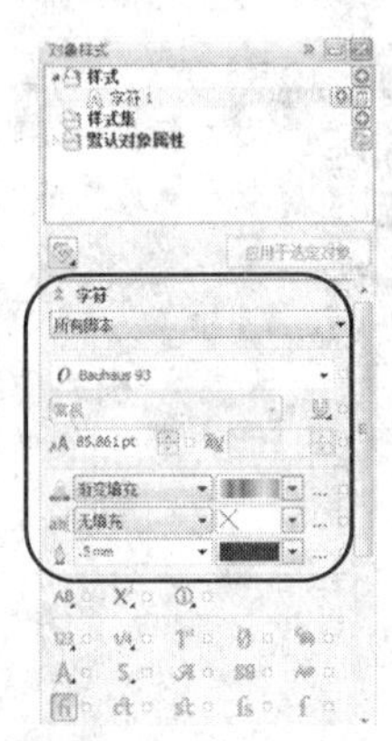

图 8-19　选择样式　　图 8-20　修改样式

提示

如果需要对所选样式或样式集的填充、轮廓效果进行具体的修改，可以在内容项目列表中单击该项目后面的设置按钮…，打开填充或轮廓设置对话框，修改完成后单击【确定】按钮即可，如图 8-21 所示。

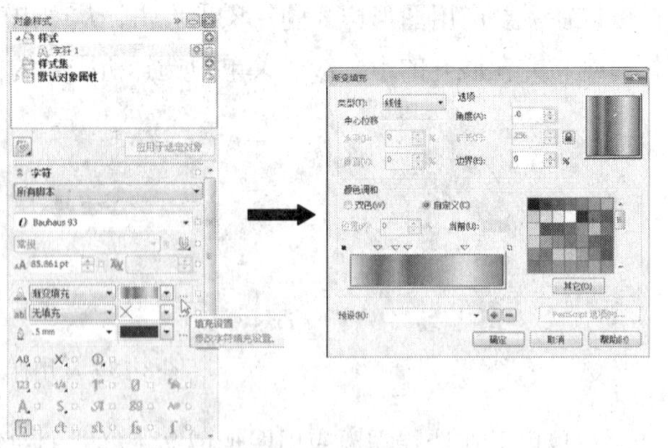

图 8-21　修改样式

8.2.4　断开与样式的关联

默认情况下，在修改了【对象样式】泊坞窗中的样式后，文档中所有应用了该样式的对象会自动更新为新的样式设置。如果需要取消它们之间的联系，可以在选择对象后，右击鼠标，在弹出的菜单中选择【对象样式】|【断开与样式的关联】命令，即可使所选对象不再随该样式的修改而更新。

8.2.5　删除样式或样式集

要删除不需要的图形或文本样式，可以在【对象样式】泊坞窗中选择需要删除的样式，然后单击该样式后的按钮，或直接按下 Delete 键即可。

8.3　颜色样式

颜色样式是指应用于绘图中的对象的颜色集。将应用在对象上的颜色保存为颜色样式，可以方便、快捷地为其他对象应用所需要的颜色。其功能和用法与对象样式基本相同。

8.3.1　创建颜色样式

选择【窗口】|【泊坞窗】|【颜色样式】命令，或选择【工具】|【颜色样式】命令，或按 Ctrl+F6 键，打开【颜色样式】泊坞窗。与创建对象样式相似，创建颜色样式时，新样式将被保存到活动绘图中，同时可将它应用于绘图中的对象。

要创建颜色样式最简单的方法是选中设置了颜色效果的对象后，将其按住并拖入【颜色样式】泊坞窗的颜色样式列表中，即可将对象中包含的所有颜色分别添加到颜色样式列表中，如图 8-22 所示。

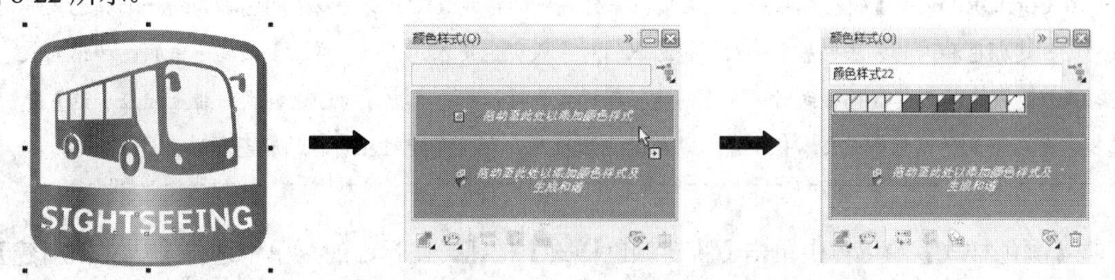

图 8-22　添加颜色样式

在【颜色样式】泊坞窗中单击【新建颜色样式】按钮，在弹出的菜单中选择【新建颜色样式】命令，即可在颜色样式列表中新建一种默认为红色的颜色样式，在下面的颜色编辑器中

输入需要的颜色值，即可改变新建颜色色相，如图 8-23 所示。

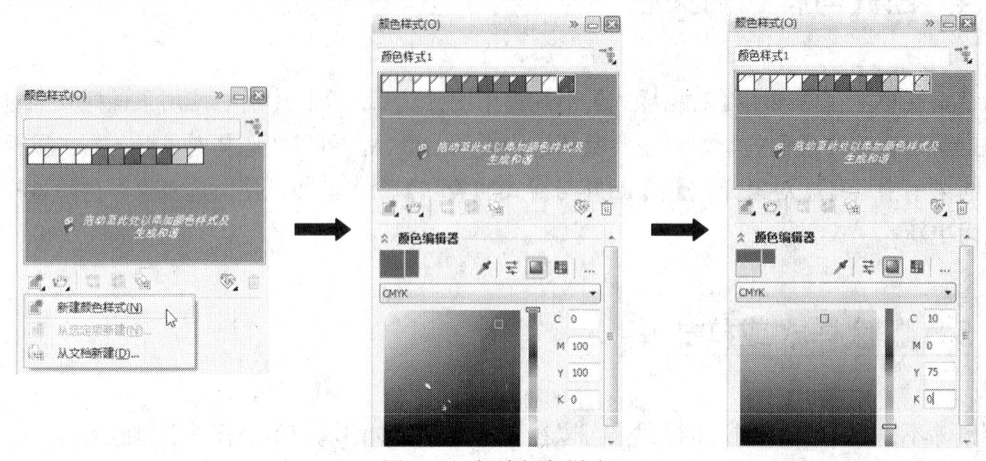

图 8-23　新建颜色样式

在绘图页面中的对象上右击，在弹出的菜单中选择【颜色样式】|【从选定项新建】命令，打开如图 8-24 所示的【创建颜色样式】对话框。在该对话框中，选择是以对象填充、轮廓还是填充和轮廓颜色来创建，然后根据需要选择是否将所选颜色创建为颜色和谐，然后单击【确定】按钮，即可将所选对象中包含的所有颜色分别添加到颜色样式列表中。

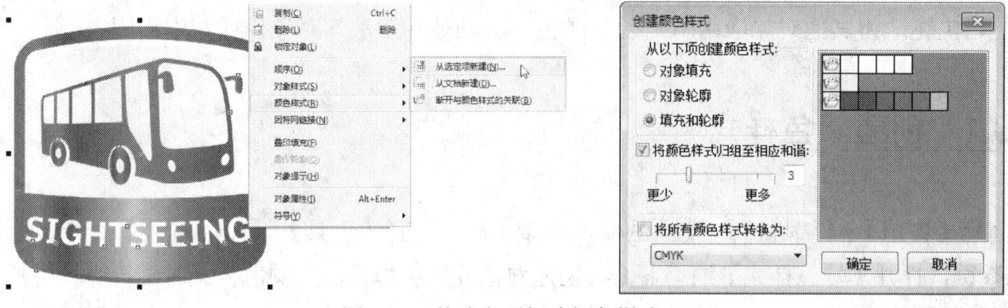

图 8-24　从选定项新建颜色样式

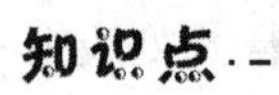

知识点

在 CorelDRAW 中【颜色和谐】功能类似对象样式中的样式集，可以将多个颜色添加到一个颜色文件夹中。创建颜色和谐的方法也基本一致，将选取的对象或颜色拖入到【颜色样式】泊坞窗中颜色和谐列表框，或在选择文档创建颜色样式时，在【创建颜色样式】对话框中选中【将颜色样式归组至相应和谐】复选框，并在下面的调整条或文本框中输入需要的分组数目，即可创建对应内容的颜色和谐。

在【颜色样式】泊坞窗中单击【新建颜色样式】按钮，在弹出的菜单中选择【从文档新建】命令，或在绘图页面中的对象上右击，在弹出的菜单中选择【颜色样式】|【从文档新建】命令，然后在打开的【创建颜色样式】对话框中选择需要的设置并单击【确定】按钮，即可将当前文档中的颜色添加到【颜色样式】泊坞窗中，如图 8-25 所示。

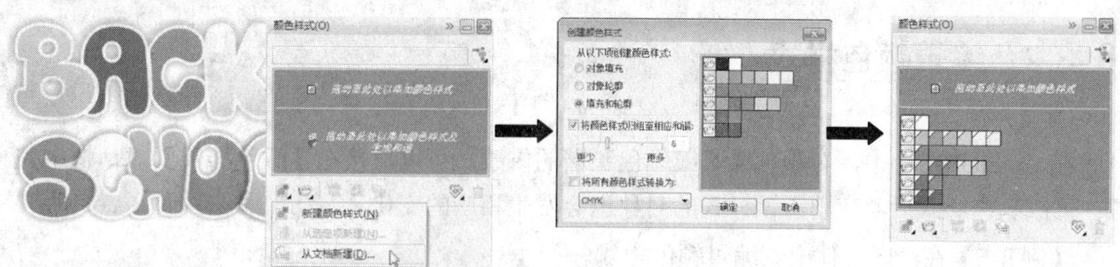

图 8-25　从文档创建颜色样式

【例 8-4】在绘图文件中，根据选定的对象创建颜色样式。

(1) 在打开的绘图文件中，使用【选择】工具选择需要从中创建颜色样式的对象，如图 8-26 所示。

(2) 选择【窗口】|【泊坞窗】|【颜色样式】命令，打开【颜色样式】泊坞窗。在【颜色样式】泊坞窗中，单击【新建颜色样式】按钮，在弹出的菜单中选择【从选定项新建】命令，如图 8-27 所示。

图 8-26　选择对象

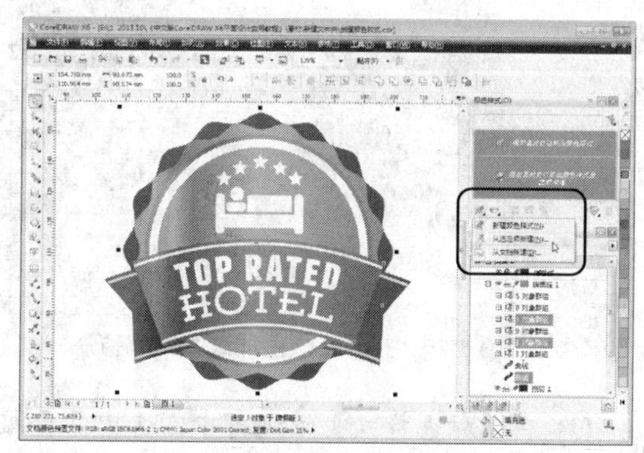

图 8-27　【从选定项新建】命令

(3) 在打开的【创建颜色样式】对话框中，分别选中【填充和轮廓】单选按钮和【将颜色样式归组至相应和谐】复选框，并在下面的文本框中输入 3，然后单击【确定】和按钮，创建颜色样式，如图 8-28 所示。

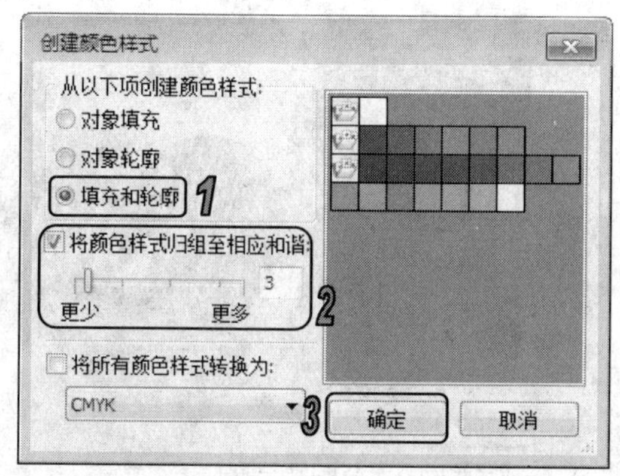

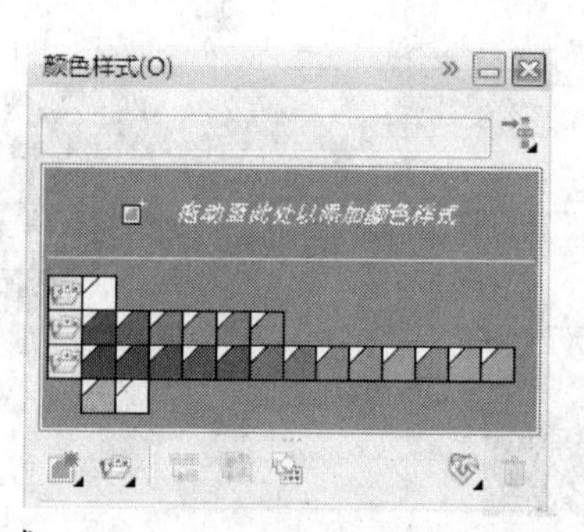

图 8-28　创建颜色样式

8.3.2 编辑颜色样式

在 CorelDRAW 中，对颜色样式或颜色和谐的修改，可以直接在【颜色样式】对话框中完成；修改颜色样式后，应用了该样式的对象也会发生相应的变化。

【例 8-5】在绘图文件中，编辑颜色样式。

(1) 打开绘图文件，并选择【窗口】|【泊坞窗】|【颜色样式】命令，打开【颜色样式】泊坞窗，如图 8-29 所示。

(2) 在【颜色样式】泊坞窗中，单击【新建颜色样式】按钮，在弹出的菜单中选择【从文档新建】命令，打开【创建颜色样式】对话框。在该对话框中，选中【将颜色样式归组至相应和谐】复选框，然后单击【确定】按钮，如图 8-30 所示。

图 8-29 打开【颜色样式】泊坞窗

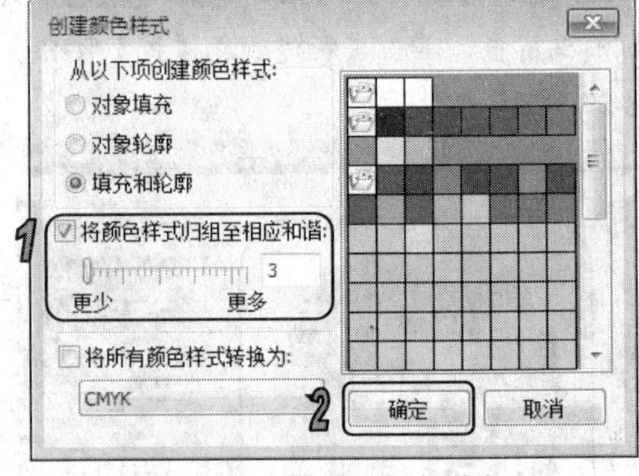

图 8-30 新建颜色样式

(3) 在【颜色样式】泊坞窗中，选中需要编辑的颜色样式，然后在泊坞窗下面的【颜色编辑器】选项组中设置需要的数值，即可改变所选颜色样式的色相，如图 8-31 所示。

(4) 在【颜色样式】泊坞窗中单击一个颜色和谐图标 ，选中该颜色和谐中的所有颜色，然后在下面的【和谐编辑器】选项组中，按住并拖动色谱环上的颜色环，即可整体改变全部颜色样式的色相，如图 8-32 所示。

图 8-31 编辑颜色样式

图 8-32 修改颜色和谐

8.3.3　删除颜色样式

用户可以删除【颜色样式】泊坞窗中不需要的颜色样式。要删除颜色样式，只需选择需要删除的颜色样式后，单击泊坞窗中的 按钮，或按 Delete 键即可。删除应用在对象上的颜色样式后，对象的外观效果不会受到影响。

8.4　模板

CorelDRAW X6 中的模板是一组可以控制绘图布局、页面布局和外观样式的设置，用户可以从 CorelDRAW 提供的多种预设模板中选择一种可用的模板。在模板的基础上进行绘图制作，可以减少设置页面布局和页面格式等样式的时间。

8.4.1　创建模板

如果预设模板不符合要求，用户可以根据创建的样式或采用其他模板的样式创建模板。在保存模板时，可以添加模板参考信息，如页码、折叠、类别、行业和其他重要注释，从而便于对模板进行分类或查找。

【例 8-6】将当前绘图文件保存为模板。

(1) 为当前文件设置好页面属性，并在页面中绘制出模板中的基本图形或添加所需的文本对象，如图 8-33 所示。

(2) 选择【文件】|【另存为模板】命令，打开【保存绘图】对话框，在【保存在】下拉列表中选择模板文本的保存位置 ，在【文件名】文本框中输入模板文件的名称，保持【保存类型】选项中的模板文件格式不变，然后单击【保存】按钮，如图 8-34 所示。

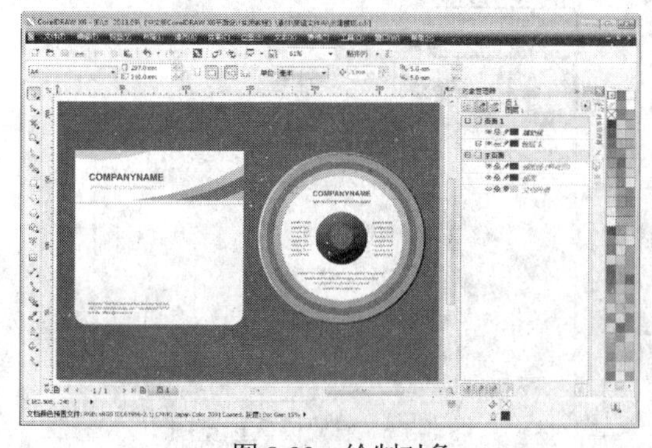

图 8-33　绘制对象

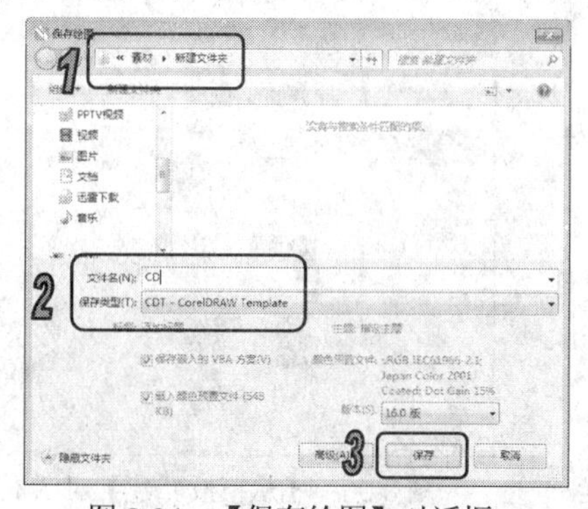

图 8-34　【保存绘图】对话框

(3) 此时，将打开【模板属性】对话框，在其中添加相应的模板参考信息后，单击【确定】按钮，即可将当前文件保存为模板，如图 8-35 所示。

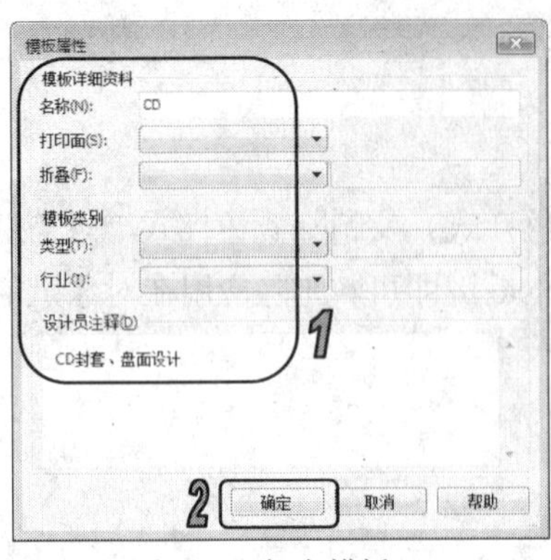

图 8-35　保存模板

知识点

【模板属性】对话框中的【打印面】选项可以设置打印页码选项；【折叠】选项可以选择一种折叠方式；【类型】选项可以选择一种模板类型；【行业】选项可以选择模板应用的行业。

8.4.2　应用模板

CorelDRAW 预设了多种类型的模板，用户可以在这些模板中创建新的绘图页面，也可以从中选择一种适合的模板载入到绘制的图形文件中。

选择【文件】|【从模板新建】命令，或在欢迎屏幕窗口中单击【从模板新建】选项，打开【从模板新建】对话框。在对话框左边单击【全部】选项，可以显示系统预设的全部模板文件。在【模板】下拉列表中选择所需要的模板文件，然后单击【打开】按钮，即可在 CorelDRAW X6 中新建一个以模板为基础的图形文件，用户可以在该模板的基础上进行修改或新建。

【例 8-7】从模板新建绘图文件。

(1) 在启动 CorelDRAW X6 应用程序后，单击欢迎屏幕中的【从模板新建】选项，或选择【文件】|【从模板新建】命令，打开【从模板新建】对话框，如图 8-36 所示。

(2) 在该对话框左侧的【查看方式】下拉列表中可以选择模板过滤方式，在下面的列表中可以选择模板选项，并可以拖动对话框底部的缩放滑块放大模板预览图，如图 8-37 所示。

图 8-36　【从模板新建】对话框

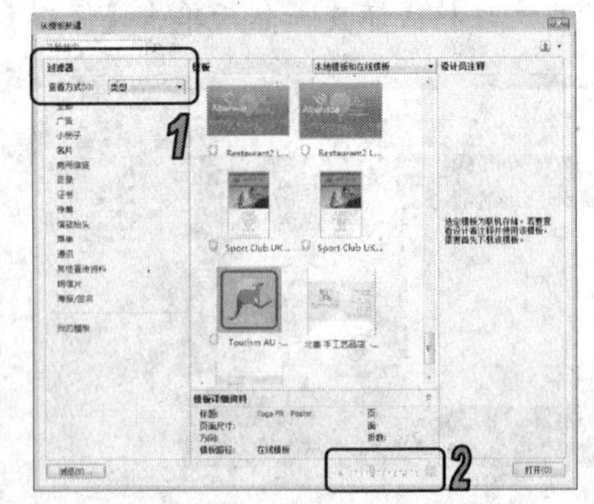

图 8-37　缩放模板预览图

(3) 单击【从模板新建】对话框底部的【浏览】按钮，打开【选择模板】对话框。在【选择模板】对话框中选择上一实例中存储的模板，然后单击【打开】按钮，打开选中的模板工作区，如图 8-38 所示。

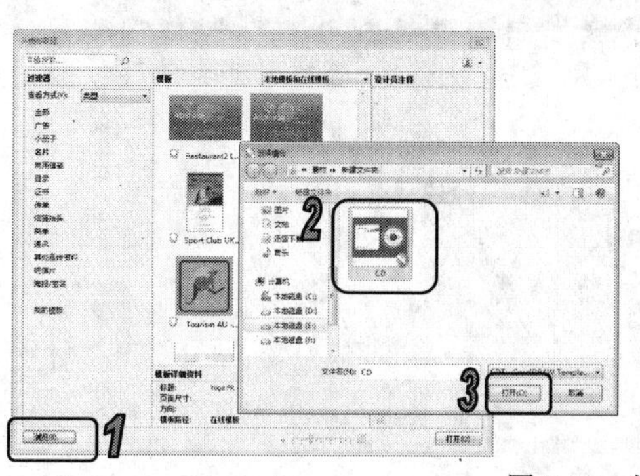

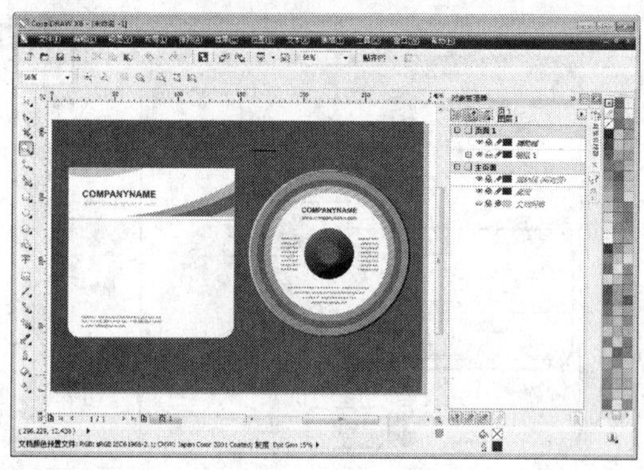

图 8-38　从模板新建文件

8.5　上机练习

本章的上机练习通过制作 VIP 卡，使用户更好地掌握图形的绘制、编辑、图层和模板的创建等基本操作方法和技巧。

(1) 选择【文件】|【新建】命令，打开【创建新文档】对话框。在对话框【名称】文本框中输入“VIP 卡”，在【大小】下拉列表中选择 A5 选项，单击【横向】按钮，然后单击【确定】按钮，如图 8-39 所示。

(2) 在【对象管理器】泊坞窗中，右击【图层 1】名称，在弹出的菜单中选择【重命名】命令，然后在文本框中输入“卡-正面”，如图 8-40 所示。

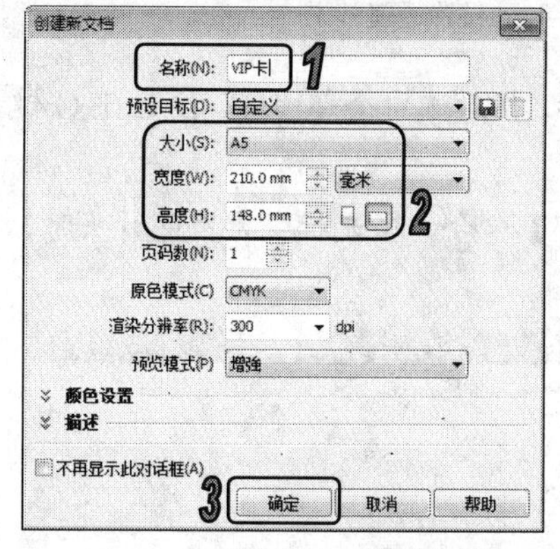

图 8-39　新建文档

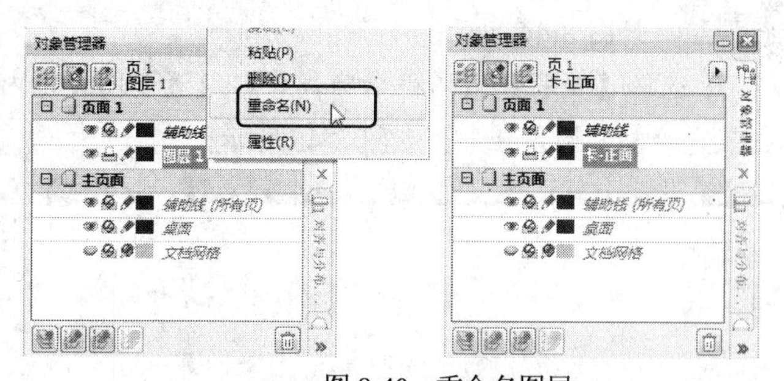

图 8-40　重命名图层

(3) 选择【矩形】工具在页面中拖动绘制矩形，再在属性栏中设置对象【宽度】为 90mm，【高度】为 55mm，【圆角半径】为 5mm。按 F11 键打开【渐变填充】对话框。在该对话框中，单击【自定义】单选按钮，设置渐变色 C:5 M:0 Y:75 K:0 到 C:0 M:17 Y:99 K:0 到 C:2 M:47 Y:98 K:0，设置【角度】为 47.6，【边界】为 6%，然后单击【确定】按钮，如图 8-41 所示。

(4) 选择【椭圆形】工具，按 Shift+Ctrl 键在页面中单击拖动绘制圆形，并在调色板中取消轮廓色，单击白色色板填充，如图 8-42 所示。

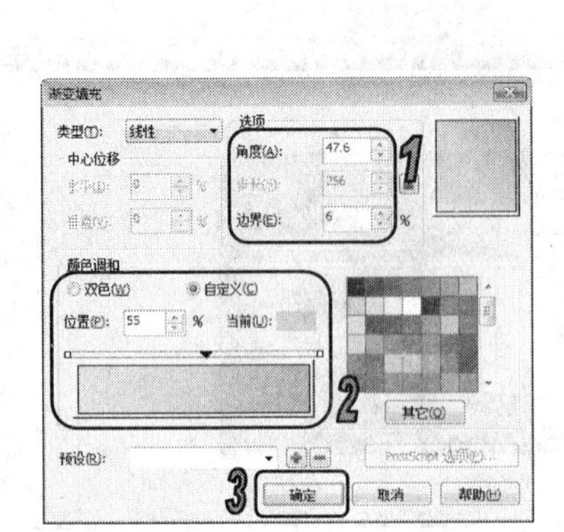
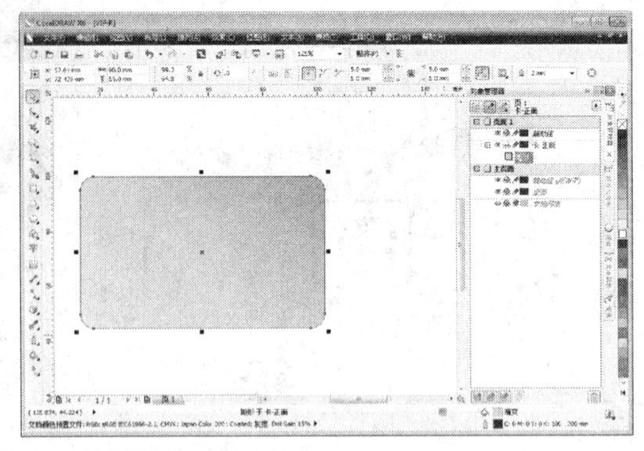

图 8-41　绘制图形

(5) 选择【窗口】|【泊坞窗】|【透镜】命令，打开【透镜】泊坞窗。在泊坞窗中透镜类型下拉列表中选择【变亮】选项，设置【比率】为 20%，如图 8-43 所示。

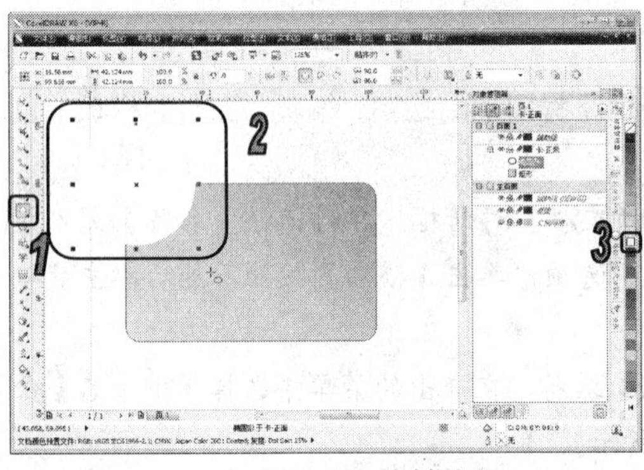

图 8-42　绘制图形

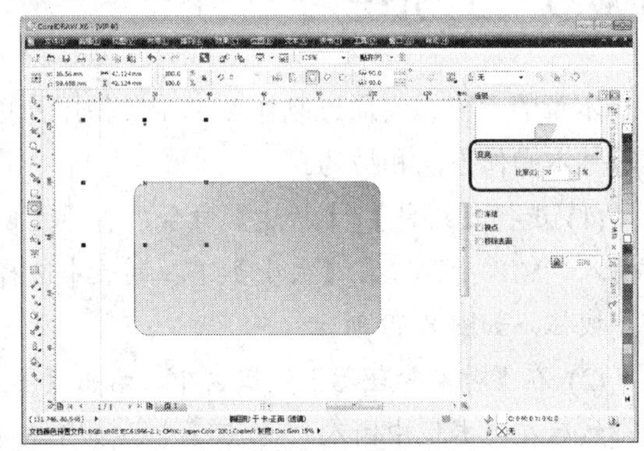

图 8-43　设置透镜效果

(6) 使用步骤(4)至步骤(5)中的操作方法绘制并调整圆形，然后选中全部圆形，按 Ctrl+G 键进行群组，如图 8-44 所示。

(7) 选择【效果】|【图框精确裁剪】|【置于图文框内部】命令，当光标变为黑色箭头时，单击最先绘制的圆角矩形，如图 8-45 所示。

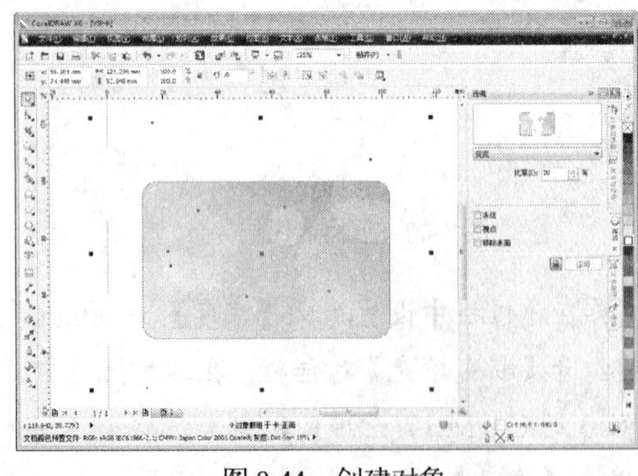

图 8-44　创建对象

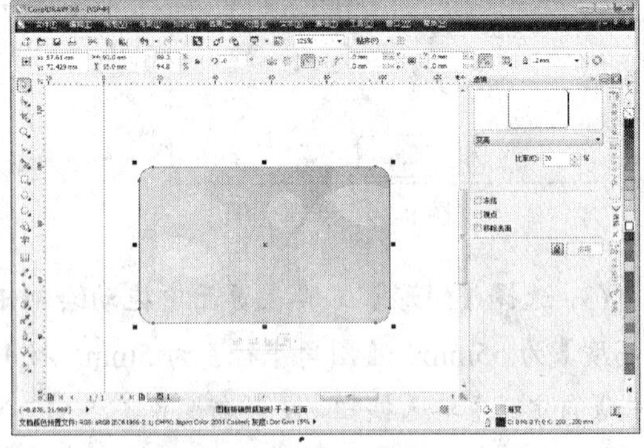

图 8-45　图框精确裁剪

(8) 单击标准工具栏中的【导入】按钮，打开【导入】对话框。在该对话框中，选中需要导入的图形文档，单击【导入】按钮。在文档中单击，导入图形对象，如图 8-46 所示。

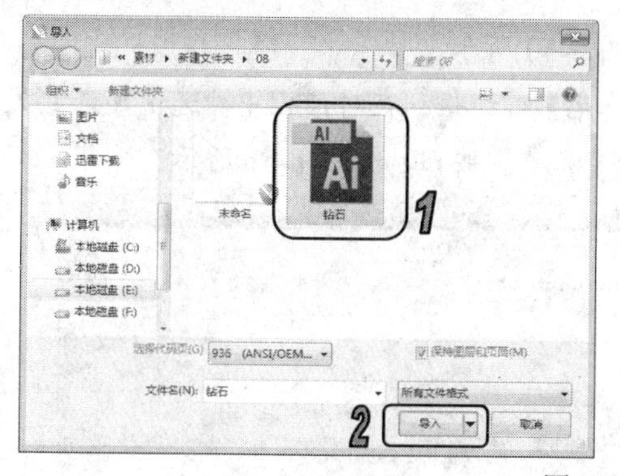

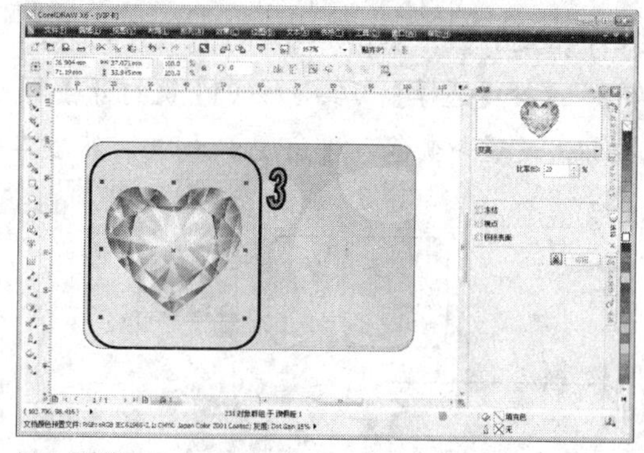

图 8-46　导入图像

(9) 保持导入图像的选中状态，在属性栏中单击【锁定比率】按钮，设置对象宽度为 25mm，如图 8-47 所示。

(10) 选择【文本】工具在页面中单击，在属性栏的【字体列表】中选择 Arial Black 选项，设置【字体大小】为 22pt，然后输入文字内容，如图 8-48 所示。

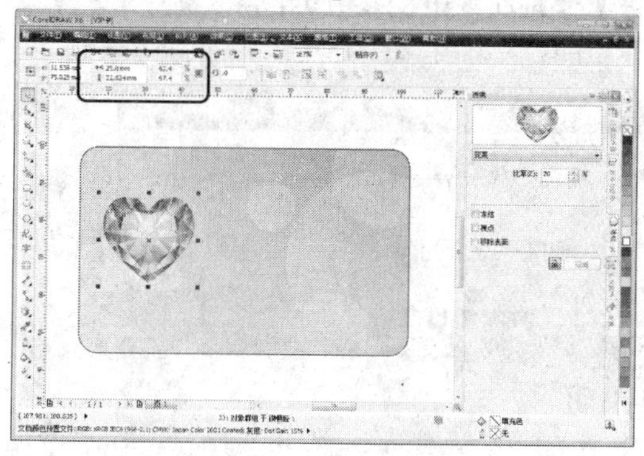

图 8-47　调整图像

图 8-48　添加文字

(11) 使用【选择】工具选中导入图像和输入文字，然后选择【窗口】|【泊坞窗】|【对齐与分布】命令，打开【对象与分布】泊坞窗。在泊坞窗中，单击【水平居中对齐】按钮。然后按 Ctrl+G 键进行群组，如图 8-49 所示。

图 8-49　对齐对象

图 8-50　添加文字

(12) 选择【文本】工具在页面中单击，在属性栏的【字体列表】中选择 Clarendon BLK BT，设置【字体大小】为 57pt，然后输入文字内容，如图 8-50 所示。

(13) 选择【选择】工具，按 F11 键打开【渐变填充】对话框。在对话框中，选中【自定义】单选按钮，设置渐变色，【角度】为 90，然后单击【确定】按钮，如图 8-51 所示。

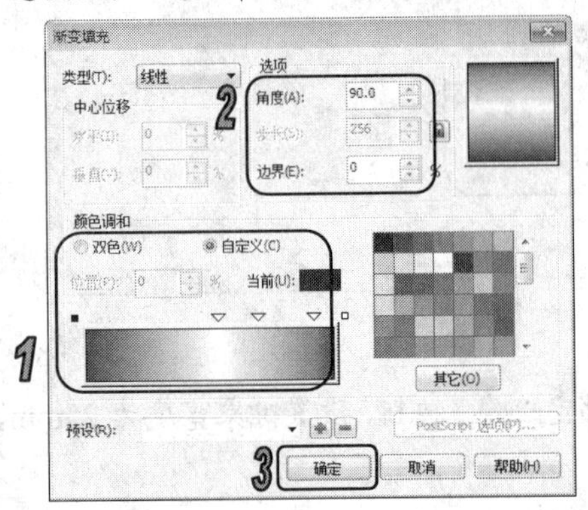

图 8-51　填充文字

(14) 按 F12 键打开【轮廓笔】对话框，在【宽度】下拉列表中选择 0.25mm，然后单击【确定】按钮，如图 8-52 所示。

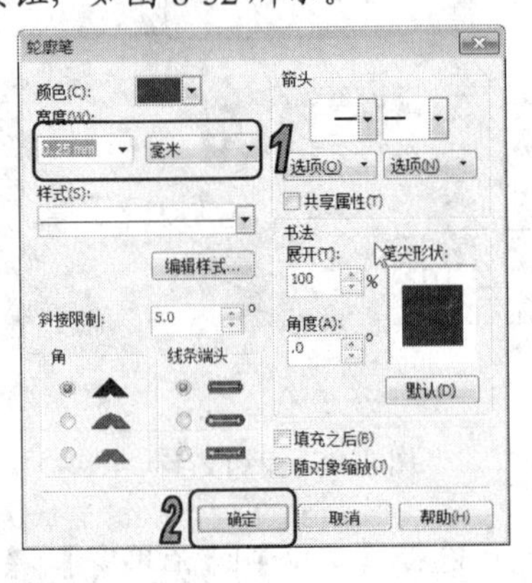

图 8-52　设置轮廓

(15) 选择【文本】工具在页面中单击，在属性栏【字体列表】中选择方正大黑简体，设置【字体大小】为 12pt，单击【文本属性】按钮，在打开【文本属性】泊坞窗的【段落属性】选项组中设置【字符间距】为 40%，然后输入文本内容，如图 8-53 所示。

图 8-53　添加文本

图 8-54　添加文本

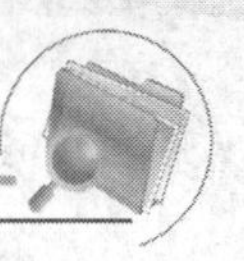

(16) 选择【文本】工具在页面中单击，在属性栏【字体列表】中选择 Arial，设置【字体大小】为 12pt，然后输入文字内容，如图 8-54 所示。

(17) 选择【阴影】工具，在输入的文字上从左向右拖动，并在属性栏中设置【阴影的不透明度】为 100，【阴影羽化】为 2，【阴影颜色】为白色，如图 8-55 所示。

(18) 在【对象管理器】泊坞窗中选择“卡-正面”图层名称，单击【新建图层】按钮，新建图层并输入图层名称“卡-背面”，如图 8-56 所示。

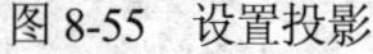

图 8-55 设置投影

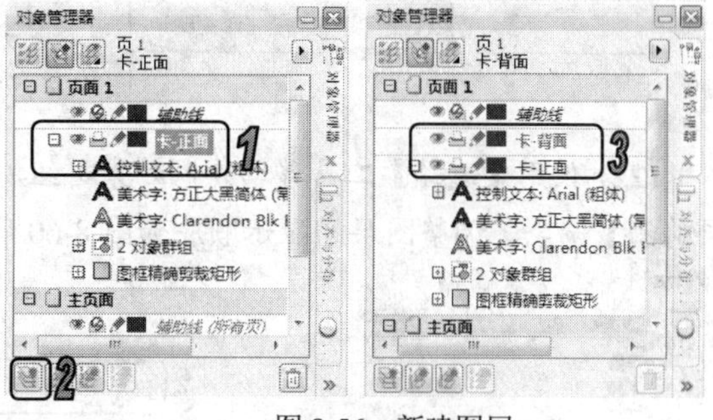

图 8-56 新建图层

(19) 选择【矩形】工具在页面中拖动绘制矩形，然后在属性栏中设置对象宽度为 90mm，高度为 55mm，【圆角半径】为 5mm。按 F11 键打开【渐变填充】对话框。在该对话框中，选中【自定义】单选按钮，设置渐变色 C:0 M:16 Y:94 K:0 到 C:2 M:4 Y:93 K:0 到 C:5 M:31 Y:96 K:0，设置【角度】为-51.6，【边界】为 7%，然后单击【确定】按钮，如图 8-57 所示。

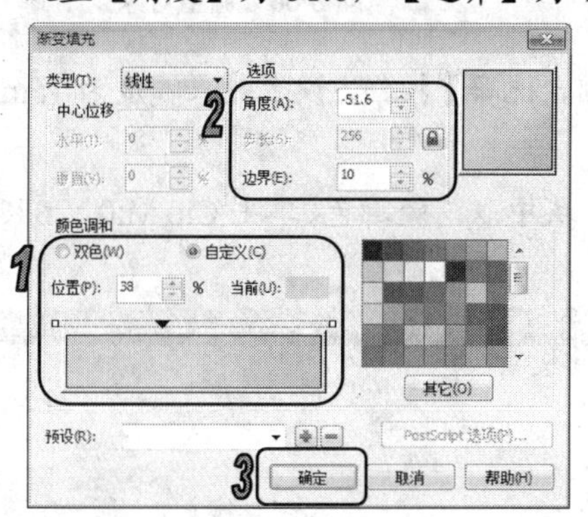

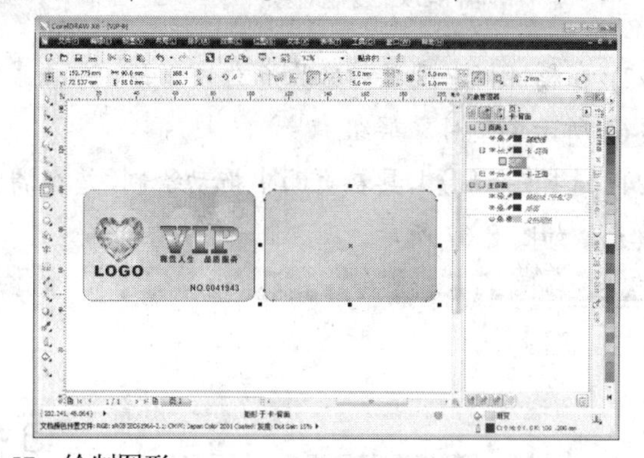

图 8-57 绘制图形

(20) 选择【矩形】工具在页面中拖动绘制矩形，然后在属性栏中设置对象宽度为 90mm，高度为 12mm。按 F11 键打开【渐变填充】对话框。在该对话框中，选中【自定义】单选按钮，设置渐变色，然后单击【确定】按钮，如图 8-58 所示。

(21) 在【对象管理器】泊坞窗中，展开“卡-正面”图层，并选中“2 对象群组”。单击泊坞窗右上角【对象管理器选项】按钮，在弹出的菜单中选择【复制到图层】命令。当光标变为➜▮状态时单击“卡-背面”图层名称，如图 8-59 所示。

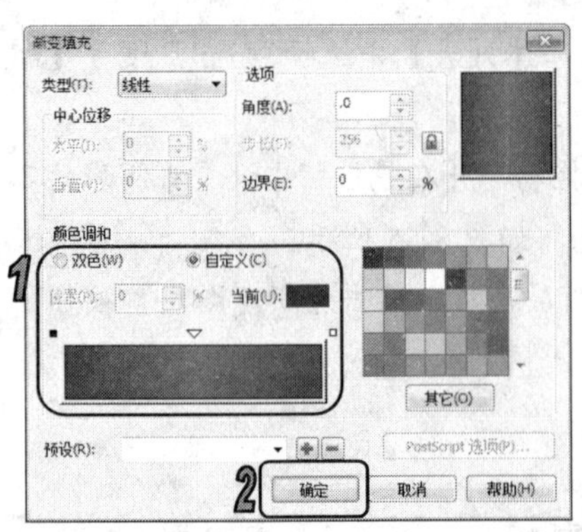

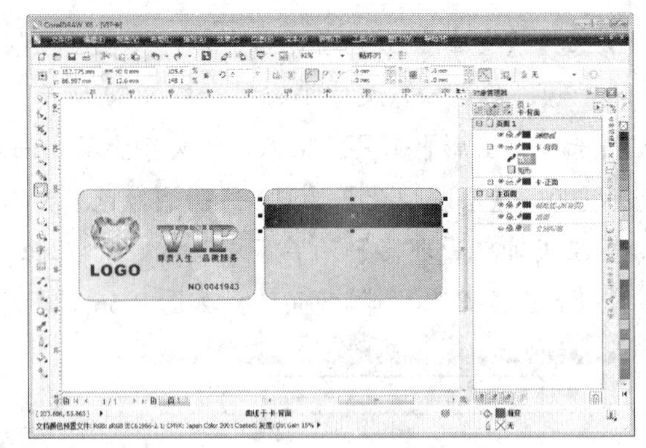

图 8-58　绘制图形

(22) 使用【选择】工具移动复制对象群组，并右击，在弹出的菜单中选择【顺序】|【到图层前面】命令，调整图层的显示顺序如图 8-60 所示。

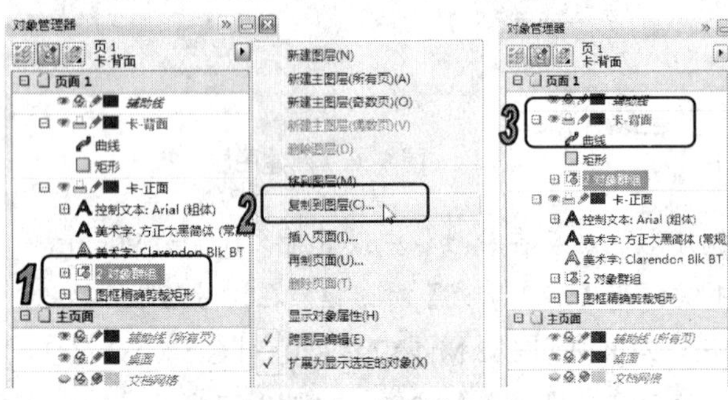

图 8-59　复制对象

图 8-60　调整对象

(23) 在属性栏中设置对象原点为左下角，单击【锁定比率】按钮，设置对象宽度为 15mm，如图 8-61 所示调整对象群组。

(24) 选择【矩形】工具在页面中拖动绘制，并在调色板中取消轮廓色，单击 C:0 M:0 Y:0 K:10 色板填充，如图 8-62 所示。

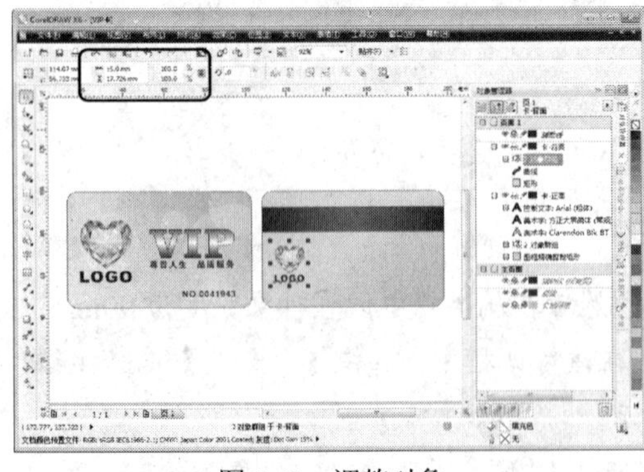

图 8-61　调整对象

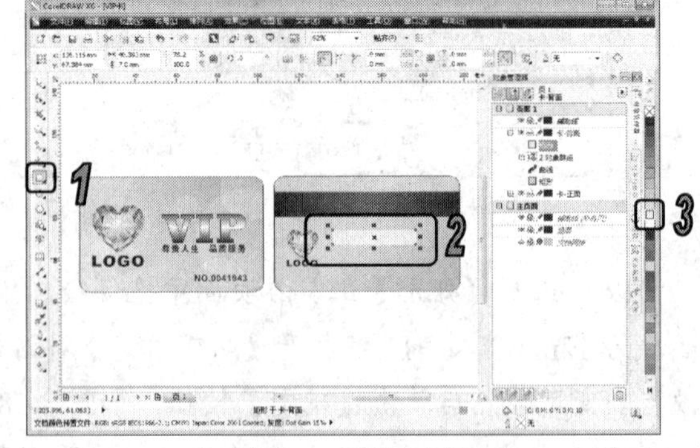

图 8-62　绘制图形

(25) 选择【文本】工具在页面中单击，在属性栏【字体列表】中选择方正大黑简体，设置【字体大小】为 9pt，单击【文本属性】按钮，在打开的【文本属性】泊坞窗【段落属性】选

项组中设置【字符间距】为 0%，然后输入文字内容，如图 8-63 所示。

(26) 选择【文本】工具在页面中单击，在属性栏【字体列表】中选择 Arial 选项，设置【字体大小】为 24pt，然后输入文字内容，如图 8-64 所示。

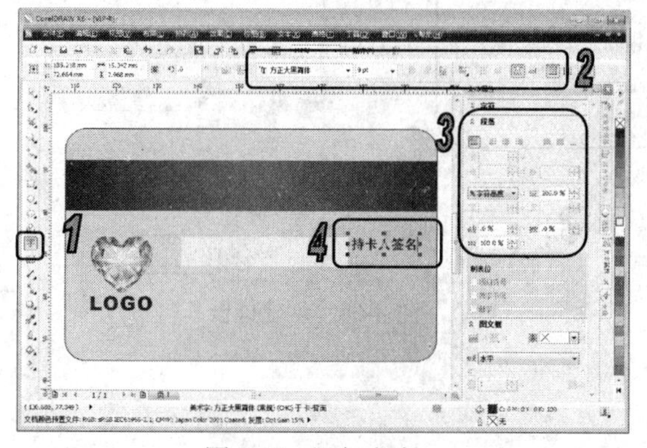

图 8-63　添加文字

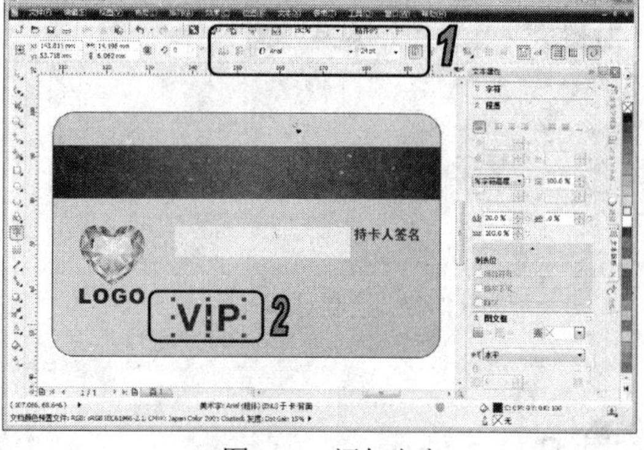

图 8-64　添加文字

(27) 选择【文本】工具，在页面中单击，在属性栏【字体列表】中选择方正大黑简体，设置【字体大小】为 10pt，然后输入文字内容，如图 8-65 所示。

(28) 选择【文本】工具在页面中单击，在属性栏的【字体列表】中选择黑体，设置【字体大小】为 6pt，单击【文本属性】按钮，在打开的【文本属性】泊坞窗的【段落属性】选项组中设置【字符间距】为 0%，然后输入文字内容，如图 8-66 所示。

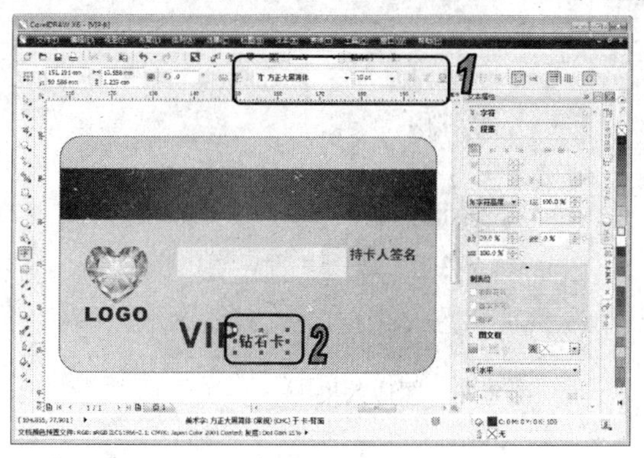

图 8-65　添加文字

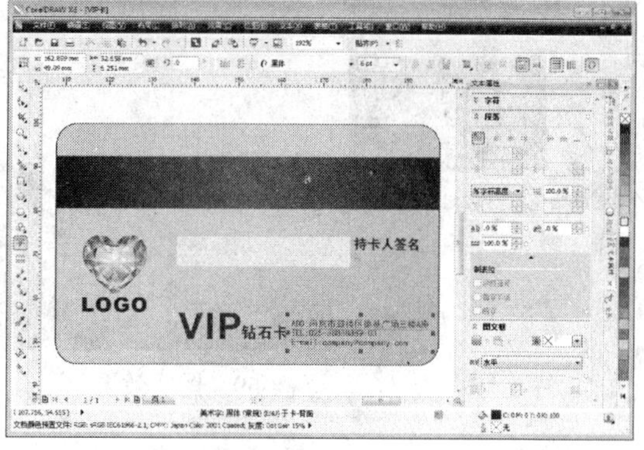

图 8-66　添加文字

(29) 使用【选择】工具调整输入文字的位置，选择【2 点线】工具，按 Shift 键绘制直线，并在属性栏中设置【轮廓宽度】为 0.5mm，如图 8-67 所示。

(30) 选择【文件】|【另存为模板】命令，打开【保存绘图】对话框。在对话框中，单击【保存】按钮打开【模板属性】对话框。在【模板属性】对话框的【名称】文本框中输入“VIP 卡”，在【类型】下拉列表中选择【其他宣传资料】选项，【行业】下拉列表中选择【零售】选项，在【设计员注释】文本框中输入“钻石卡设计、黄色版”，然后单击【确定】按钮将文档保存为模板，如图 8-68 所示。

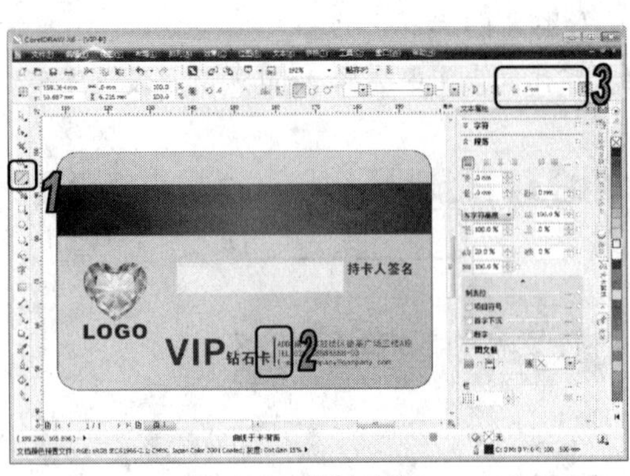

图 8-67　绘制对象

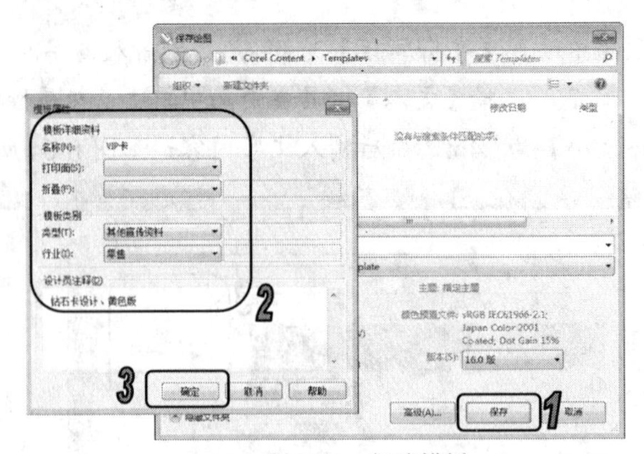

图 8-68　创建模板

8.6　习题

1. 使用新建图层，向图层中添加对象，以及创建、应用样式的操作，制作如图 8-69 所示的图像效果。

2. 制作如图 8-70 所示的图像效果，并将其保存为模板。

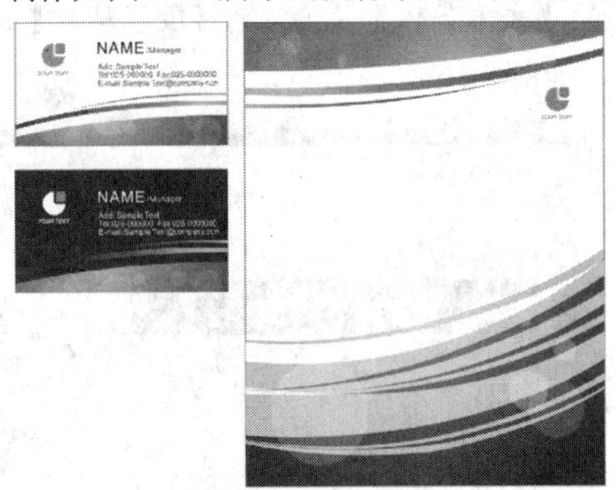

图 8-69　图像效果

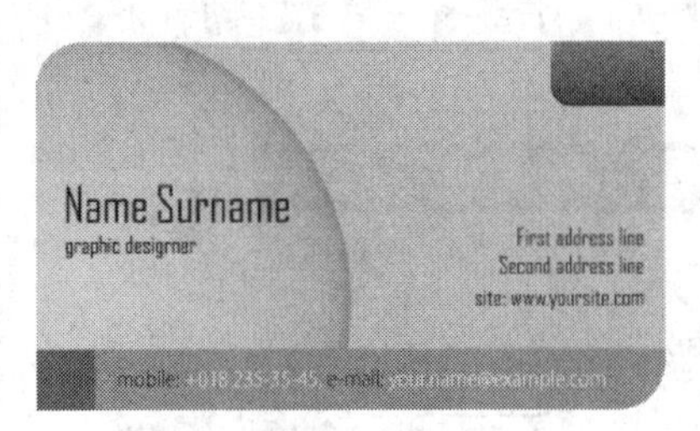

图 8-70　图像效果

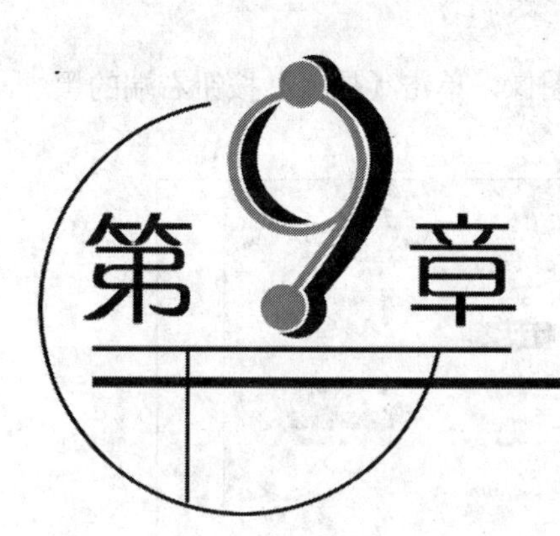

编辑位图

学习目标

在 CorelDRAW X6 中，除了创建编辑矢量图形外，还可以对位图图像进行处理。它提供了多种针对位图图像色彩的编辑处理命令和功能。了解和掌握这些命令和功能的使用方法，有利于用户方便、快捷地处理位图图像。

本章重点

- 使用位图
- 调整位图
- 更改位图的颜色模式
- 描摹位图

9.1 使用位图

在 CorelDRAW X6 中，不仅可以绘制各种效果的矢量图形，还可以通过导入位图，并对位图进行编辑处理，制作出更加完美的画面效果。

9.1.1 导入位图

选择【文档】|【导入】命令，或按 Ctrl+I 组合键；或在标准工具栏单击【导入】按钮，或在绘图窗口中的空白位置上右击，在弹出的命令菜单中选择【导入】命令，打开如图 9-1 所示的【导入】对话框。

在【导入】对话框中，选择需要导入的文件。将鼠标光标移动到文件名上放置片刻后，在光标下方会显示该图片的尺寸、类型和大小等信息。选中【检查水印】复选框可以检查水印的图像及其包含的任何信息。单击【导入】按钮可以直接导入图像，单击【导入】按钮右端的黑色三角，可以打开【导入】选项，如图 9-2 所示。

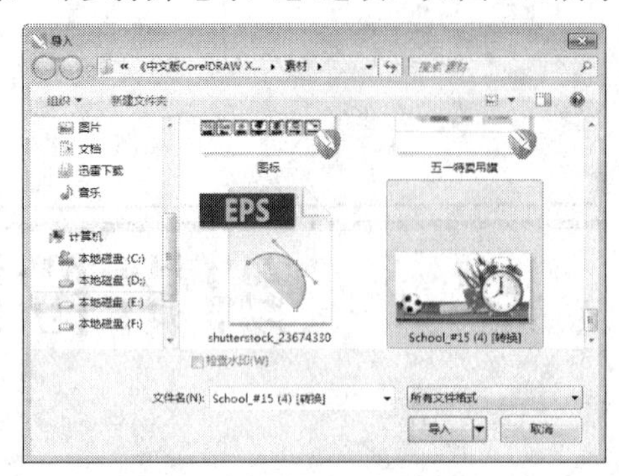

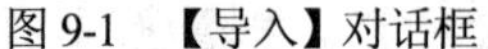

图 9-1 【导入】对话框

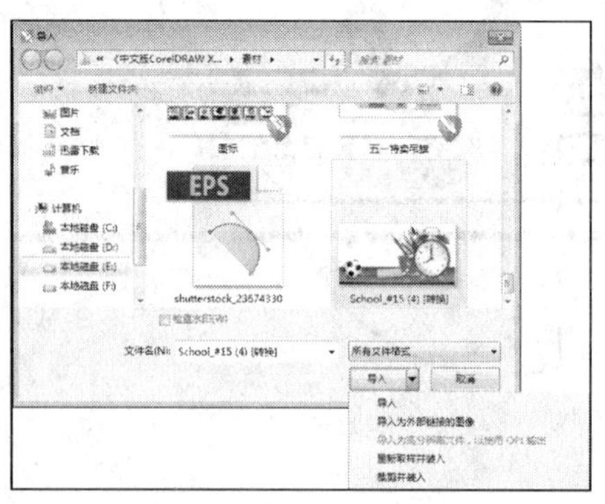

图 9-2 【导入】选项

【例 9-1】在 CorelDRAW 中，导入位图图像。

(1) 选择【文件】|【导入】命令，或单击属性栏中的【导入】按钮，打开【导入】对话框，如图 9-3 所示。

(2) 在【查找范围】下拉列表中选择需要导入的文件路径，在文件列表框中单击选择需要导入的文件名称，如图 9-4 所示。

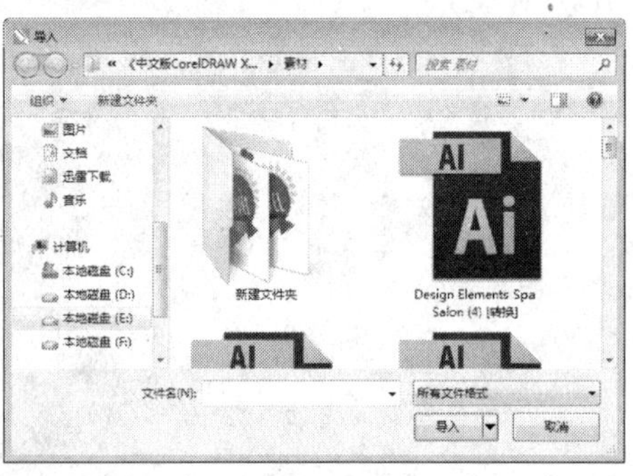

图 9-3 打开【导入】对话框

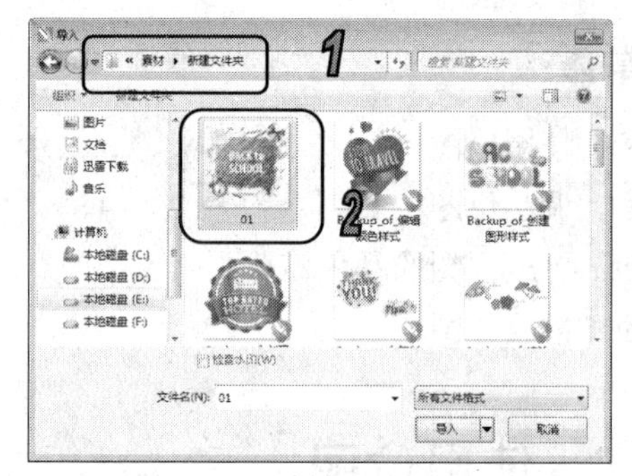

图 9-4 选择导入文件

(3) 单击【导入】按钮，此时光标变为如图 9-5 左图所示状态，同时在光标后面会显示该文件的大小和导入时的操作说明。在页面上按住鼠标左键拖出一个红色虚线框，释放鼠标后，位图将以虚线框的大小被导入，如图 9-5 右图所示。

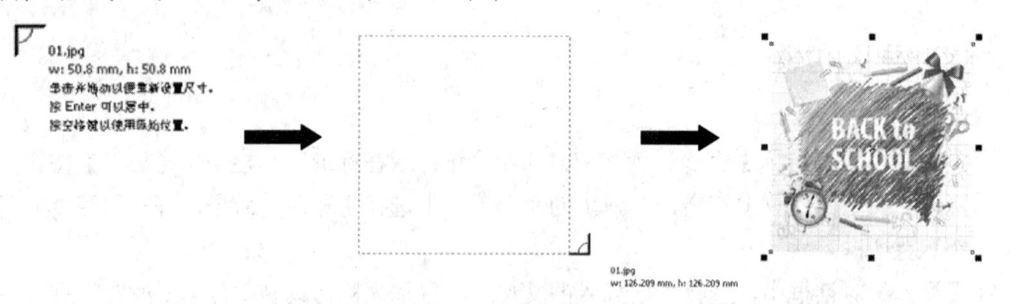

图 9-5 导入位图

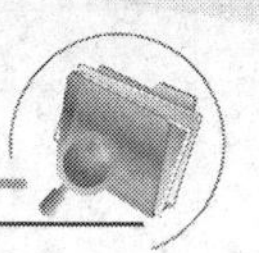

9.1.2　链接、嵌入位图

CorelDRAW 可以将 CorelDRAW 文件作为链接或嵌入的对象插入到其他应用程序中，也可以在其中插入链接或嵌入的对象。链接的对象与其源文件之间始终保持链接；而嵌入的对象与其源文件之间没有链接关系，它是集成到当前文档中的。

1. 链接位图

链接位图与导入位图不同，导入的位图可以在 CorelDRAW 中进行修改和编辑，而不能对链接到 CorelDRAW 中的位图进行修改。要修改链接的位图，就必须在创建原文件的应用程序中进行。

要在 CorelDRAW 中插入链接的位图，可选择【文件】|【导入】命令，在打开的【导入】对话框中选择需要链接到 CorelDRAW 中的位图，并单击【导入】按钮右侧的箭头，在弹出的菜单中选择【导入为外部链接的图像】选项即可，如图 9-6 所示。

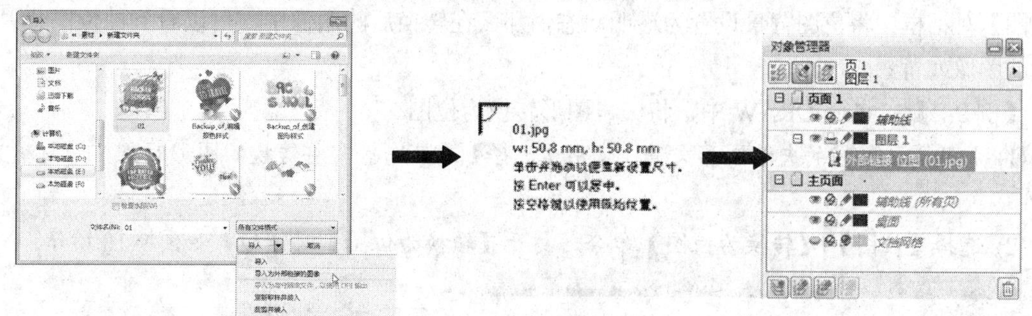

图 9-6　链接位图

2. 嵌入位图

要在 CorelDRAW 中嵌入位图，可选择【编辑】|【插入新对象】命令，打开如图 9-7 所示的【插入新对象】对话框。在该对话框中，选中【由文件创建】单选按钮，此时对话框的设置如图 9-8 所示。在其中选中【链接】复选框，然后单击【浏览】按钮，在弹出的【浏览】对话框中选择需要嵌入在 CorelDRAW 中的图像文件，最后单击【确定】按钮即可。

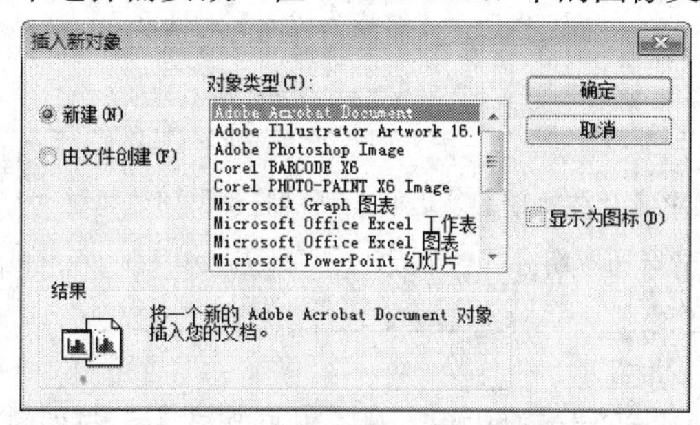

图 9-7　【插入新对象】对话框

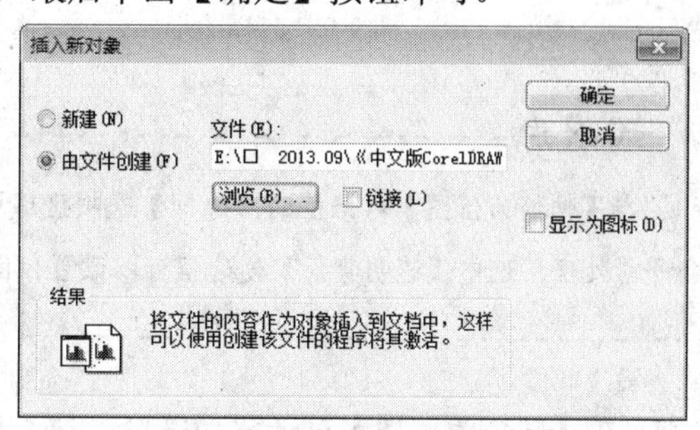

图 9-8　由文件创建

9.2 调整位图

在 CorelDRAW X6 的绘图页面中添加了位图图像后，用户可以对位图进行剪切、重新取样或编辑等操作。

9.2.1 转换为位图

在 CorelDRAW 中，选择菜单栏中的【位图】|【转换为位图】命令，可以将矢量图形转换为位图。在转换过程中，用户还可以设置转换后的位图属性，如颜色模式、分辨率、背景透明度和光滑处理等参数。

为保证转换后的位图效果，必须将【颜色】选择在 24 位以上，【分辨率】选择在 200dpi 以上。颜色模式决定构成位图的颜色数量和种类，因此文件大小也会受到影响。如果在【转换为位图】对话框中将位图背景设置为透明状态，那么在转换后的图像中，可以看到被位图背景遮盖的图像或背景。

【例 9-2】在 CorelDRAW 中，将矢量图形转换为位图。

(1) 打开需要转换的矢量图形文件，使用【选择】工具选择需要转换的图形对象，如图 9-9 所示。

(2) 选择【位图】|【转换为位图】命令，打开【转换为位图】对话框，如图 9-10 所示。

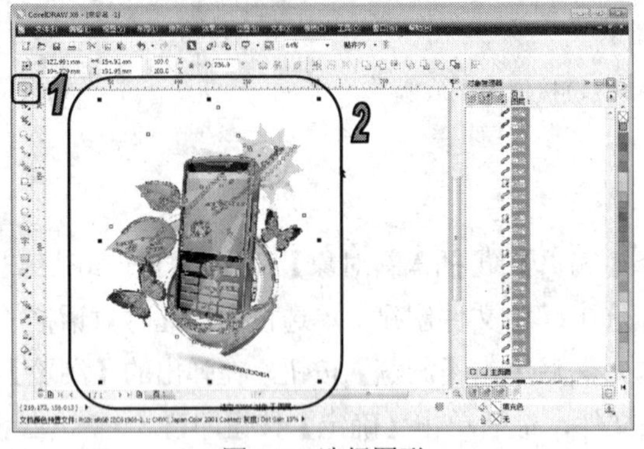

图 9-9 选择图形

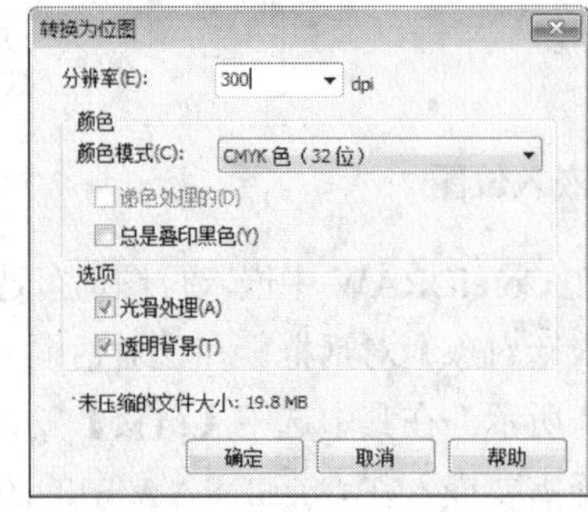

图 9-10 【转换为位图】对话框

知识点

在【转换为位图】对话框的【选项】选项区域中选中【光滑处理】复选框，可以将位图的边缘进行平滑处理；选中【透明背景】复选框可以设置位图的背景为透明。

(3) 在【转换为位图】对话框的【分辨率】数值框中输入 150dpi，在【颜色模式】下拉列表中选择【RGB 色(24 位)】，然后单击【确定】按钮，即可将矢量图转换为位图，如图 9-11 所示。

图 9-11　转换为位图

9.2.2　裁剪位图

CorelDRAW 提供了两种剪切位图的方式，一种是在输入前对位图进行剪切，另一种是在输入后对位图进行剪切。

1. 导入时剪切

在导入位图的【导入】对话框中，选择【导入】下拉列表中的【裁剪并装入】选项，可以打开【裁剪图像】对话框。

【例 9-3】在 CorelDRAW X6 中，导入并裁剪位图。

(1) 选择【文件】|【导入】命令，在【导入】对话框中，选择需要导入的位图文件，并在【全图像】下拉列表中选择【裁剪】选项，然后单击【导入】按钮右侧的箭头，在弹出的菜单中选择【裁剪并装入】选项，打开【裁剪图像】对话框。如图 9-12 所示。

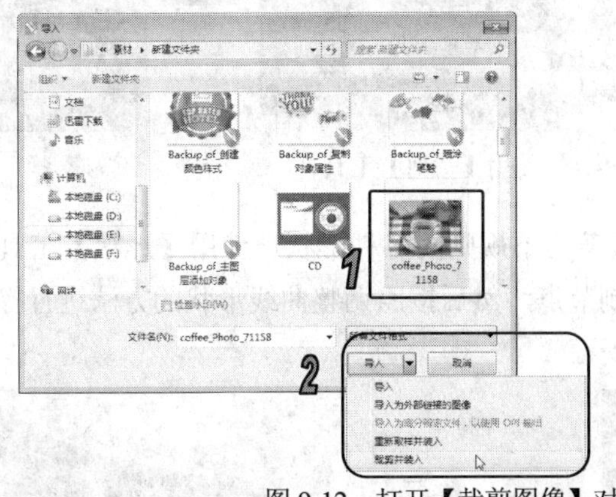

图 9-12　打开【裁剪图像】对话框

(2) 在【裁剪图像】对话框的预览窗口中，可以通过拖动裁剪框四周的控制点，控制图像的裁剪范围。在控制框内按下鼠标左键并拖动，可调整控制框的位置，被框选的图像将被导入到文件中，其余部分将被裁掉。也可以在【选择要裁剪的区域】选项栏中，输入精确的数值调整裁剪框的大小，设置【宽度】数值为 739，【高度】数值为 553，然后在预览窗口中调整控制

框的位置，最后单击【确定】按钮即可导入并裁剪图像，如图 9-13 所示。

图 9-13　导入并裁剪图像

2. 导入后剪切

将位图导入到当前绘图文件后，可以使用【裁剪】工具和【形状】工具对位图进行裁剪。使用【裁剪】工具可以将位图裁剪为矩形。选择【裁剪】工具，在位图上按下鼠标左键并拖动，创建一个裁剪控制框。拖动控制框上的控制点，调整裁剪控制框的大小和位置，使其框选需要保留的图像区域，然后在裁剪控制框内双击，即可将位于裁剪控制框外的图像裁剪掉，如图 9-14 所示。

图 9-14　使用【裁剪】工具

使用【形状】工具可以将位图裁剪为不规则的各种形状。使用【形状】工具单击位图图像，此时在图像边角上将出现 4 个控制节点，然后按照调整曲线形状的方法进行操作，即可将位图裁剪为指定的形状，如图 9-15 所示。

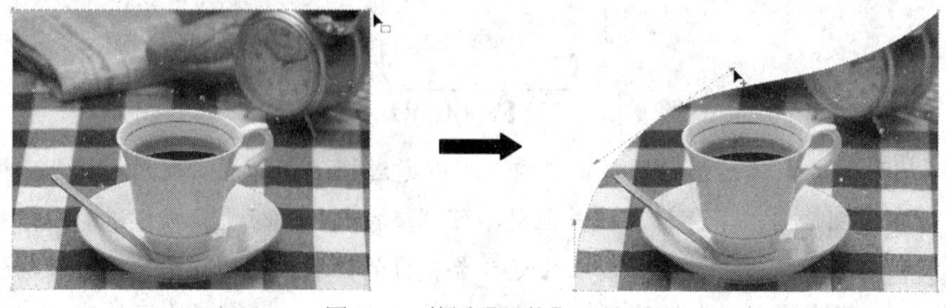

图 9-15　使用【形状】工具

9.2.3　重新取样位图

通过重新取样，可以增加像素以保留原始图像的更多细节。在进行重新取样的时候，用户可以使用绝对值或百分比修改位图的大小；修改位图的水平或垂直分辨率；选择重新取样后的位图的处理质量等。

按 Ctrl+I 快捷键打开【导入】对话框，选择需要导入的图像后，在【导入】选项下拉列表中选择【重新取样并装入】选项，打开【重新取样图像】对话框，如图 9-16 所示。在【重新取样图像】对话框中，可更改对象的尺寸大小、解析度以及消除缩放对象后产生的锯齿现象等，从而达到控制文件大小和图像质量的目的。

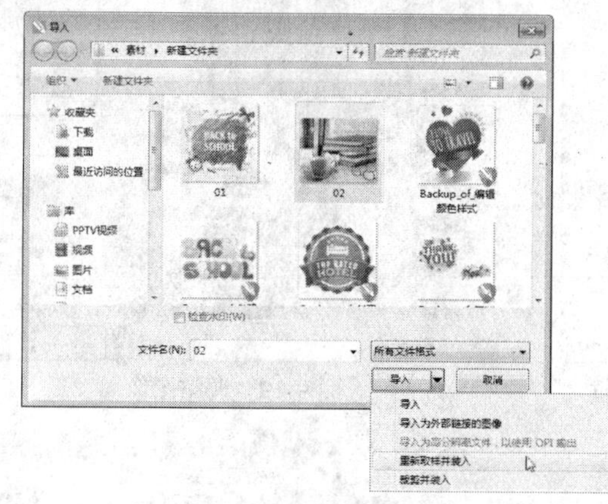

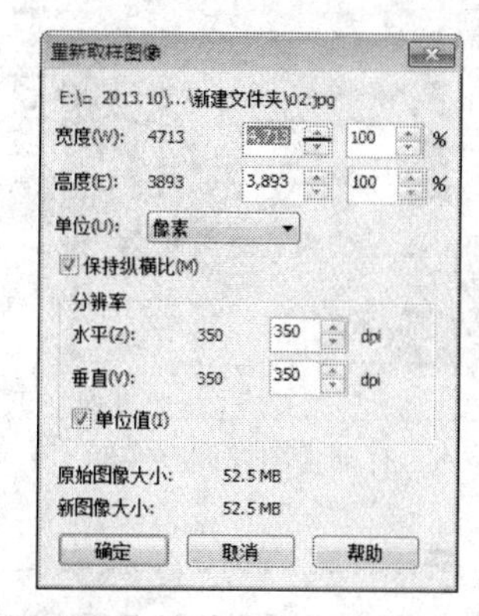

图 9-16　打开【重新取样图像】对话框

用户也可以将图像导入到当前文件后，再对位图进行重新取样。选中导入位图后，选择【位图】|【重新取样】命令或单击属性栏上的【重新取样位图】按钮，打开【重新取样】对话框，如图 9-17 所示。

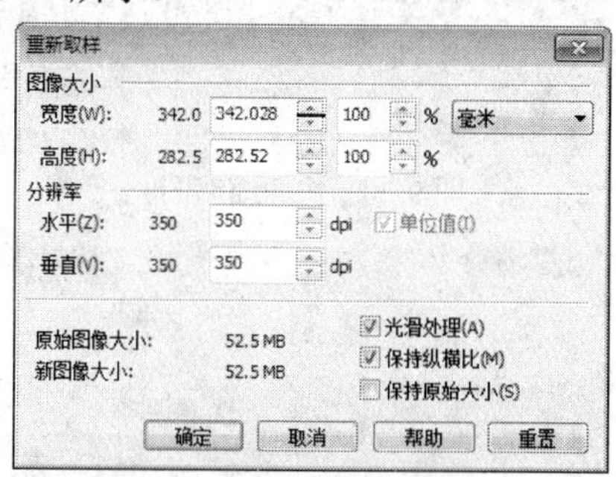

图 9-17　【重新取样】对话框

知识点

选中【光滑处理】复选框后，可以最大限度地避免曲线外观参差不齐。选中【保持纵横比】复选框，并在【宽度】或【高度】数值框中输入适当的数值，可以保持位图的比例。也可以在【图像大小】的数值框中，根据位图原始大小输入百分比，对位图重新取样。

9.2.4　使用【图像调整实验室】

使用【图像调整实验室】命令可以快速、轻松地校正大多数照片的颜色和色调问题。【图

像调整实验室】对话框由自动和手动控件组成，这些控件按图像校正的逻辑顺序进行组织。用户不仅可以选择校正特定于图像的问题所需的控件，还可以在编辑前对图像的所有区域进行裁剪或润饰。

【例 9-4】在 CorelDRAW X6 应用程序中，使用【图像调整实验室】命令调整图像。

(1) 在打开的绘图文件中，使用【选择】工具选中位图，然后选择【位图】|【图像调整实验室】命令，打开【图像调整实验室】对话框，如图 9-18 所示。

(2) 在对话框中，单击顶部的【全屏预览之前和之后】按钮，设置【温度】数值为 7650、【饱和度】数值为-15，查看设置前后的调整效果。设置完成后，单击【确定】按钮应用，如图 9-19 所示。

图 9-18 打开【图像调整实验室】对话框

图 9-19 调整图像

提示

单击【创建快照】按钮可以捕获对图像所做的调整。用户可以通过对预览窗口下面的快照缩略图的比较，选择图像的最优版本，如图 9-20 所示。要删除快照，可以直接单击快照标题栏右上角的【关闭】按钮。单击【重置为原始值】按钮，可将各项设置的参数值恢复为系统默认值。

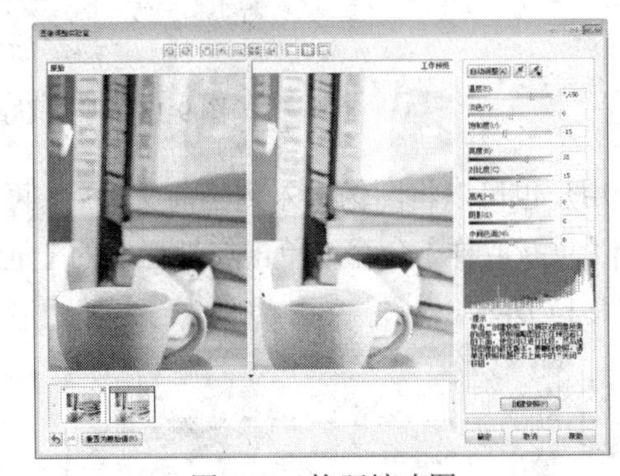

图 9-20 快照缩略图

9.2.5 矫正图像

使用【矫正图像】对话框可以快速矫正位图图像。在【矫正图像】对话框中，可以通过移动滑块、键入旋转角度或使用箭头键来旋转图像，并且可以使用预览窗口动态预览所做的调整。默认情况下，矫正后的图像将被裁剪到预览窗口中显示的裁剪区域中。最终图像与原始图像具有相同的纵横比，但是尺寸较小。用户也可以通过对图像进行裁剪和重新取样保留该图像的原始宽度和高度；或通过禁用裁剪，然后使用【裁剪】工具在图像窗口中裁剪该图像以某个角度

生成图像。选中位图后，选择【位图】|【矫正图像】命令，即可打开如图 9-21 所示的【矫正图像】窗口。

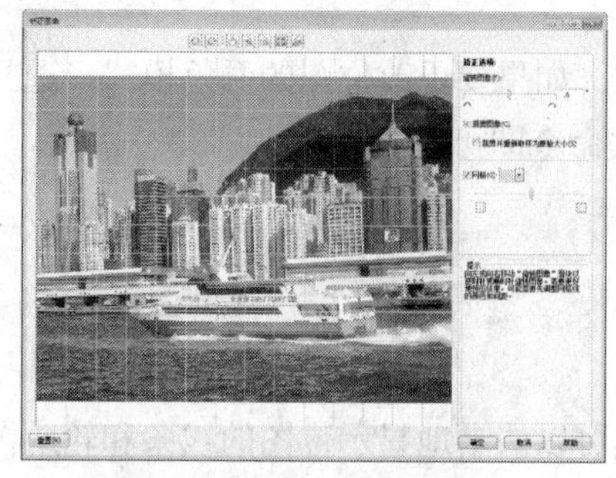

图 9-21　【矫正图像】窗口

知识点

只有用户选中【裁剪图像】复选框后，才能在单击【确定】按钮后对图像执行裁切；否则只能对图像进行旋转。

- 【旋转图像】选项：拖动滑块或输入数值，可以顺时针或逆时针对图像进行旋转。预览窗口中将自动显示旋转后得到的最大裁切范围图，如图 9-22 所示。
- 【裁剪并重新取样为原始大小】复选框：选中该复选框，可以使图像在被裁切内容后，自动放大到与原图像相同的尺寸。不选中该选项，则被裁切后的图像大小不变，如图 9-23 所示。

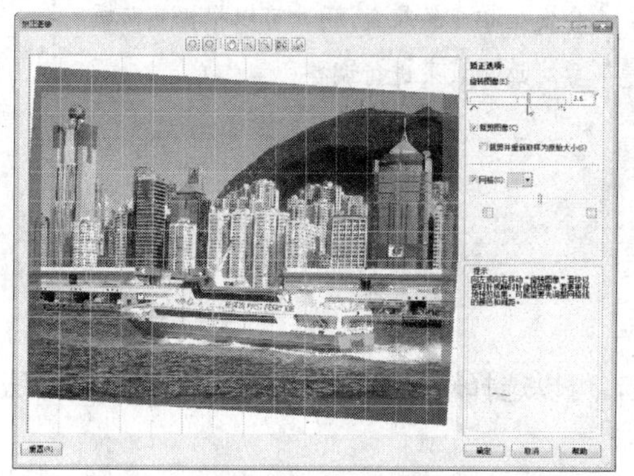

图 9-22　旋转图像

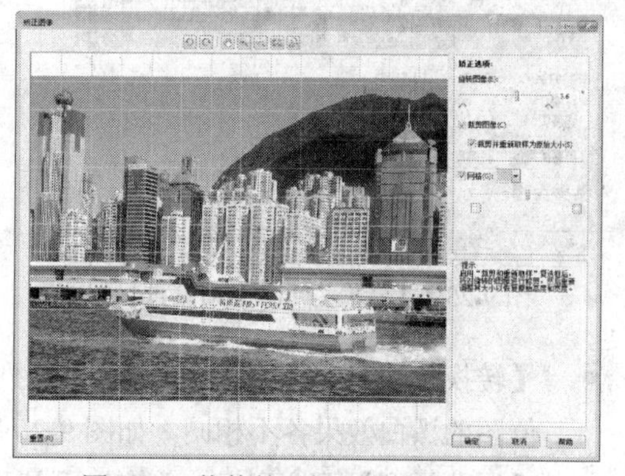

图 9-23　裁剪并重新取样为原始大小

- 【网格】选项：在颜色面板中可以设置参考网格的颜色。移动【网格】下面的滑块，可以放大或缩小网格的疏密，如图 9-24 所示。

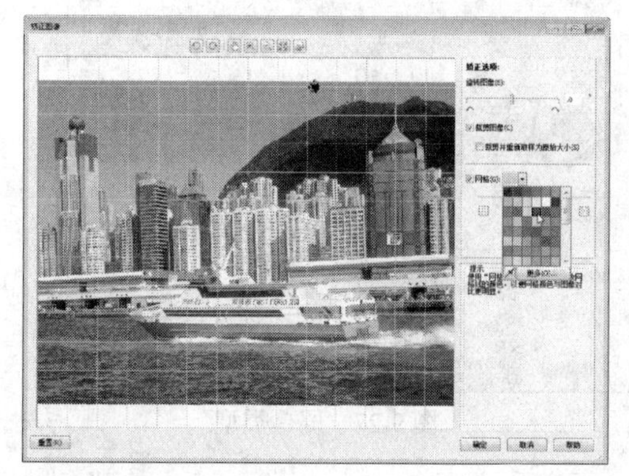

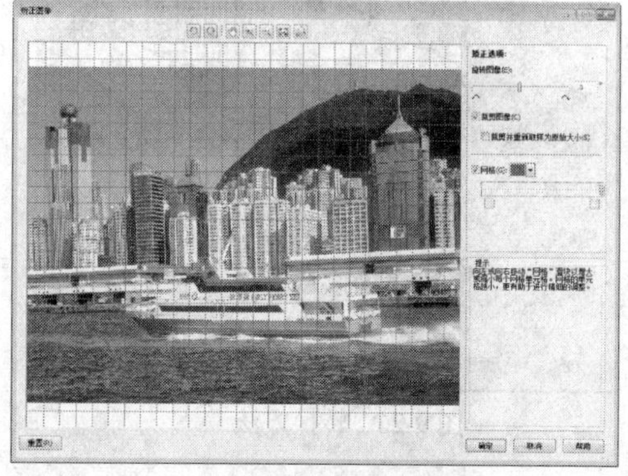

图 9-24　设置网格

9.3 更改位图的颜色模式

颜色模式指图像在显示与打印时定义颜色的方式。如果要更改位图的颜色模式，选择【位图】|【模式】菜单命令，在打开的子菜单中选择相关命令即可。

9.3.1 黑白

应用黑白模式，位图只显示为黑白色。这种模式可以清晰地显示位图的线条和轮廓图，适用于一些简单的图形图像。选择【位图】|【模式】|【黑白(1 位)】命令，打开【转换为 1 位】对话框，如图 9-25 所示。

图 9-25 【转换为 1 位】对话框

> **提示**
>
> 在【转换为 1 位】对话框中选择不同的转换方法，所出现在对话框中的选项也会发生相应的改变。用户可以根据实际需要对画面效果进行调整。

- 【转换方法】下拉列表：单击该下拉列表，可以选择转换方法。选择不同的转换方法，位图的黑白效果各不相同，如图 9-26 所示。
- 【屏幕类型】下拉列表：单击该下拉列表，可以选择屏幕类型，如图 9-27 所示。

图 9-26 转换方法

图 9-27 屏幕类型

9.3.2　灰度

灰度色彩模式使用亮度(L)来定义颜色，颜色值的定义范围为 0～255。灰度模式没有彩色信息，可应用于作品的黑白印刷。应用灰度模式后，可以去掉图像中的色彩信息，只保留 0~255 的不同级别的灰度颜色，因此图像中只有黑、白、灰的颜色显示。

使用【选择】工具选中对象，然后选择【位图】|【模式】|【灰度(8 位)】命令，即可将图像转换为灰度效果。

9.3.3　双色

双色模式包括单色调、双色调、三色调和四色调 4 种类型，可以使用 1~4 种色调构成图像色彩。选择【位图】|【模式】|【双色(8 位)】命令，打开如图 9-28 所示的【双色调】对话框，在该对话框的【类型】下拉列表中，可以选择双色模式的类型，如图 9-28 左图所示。

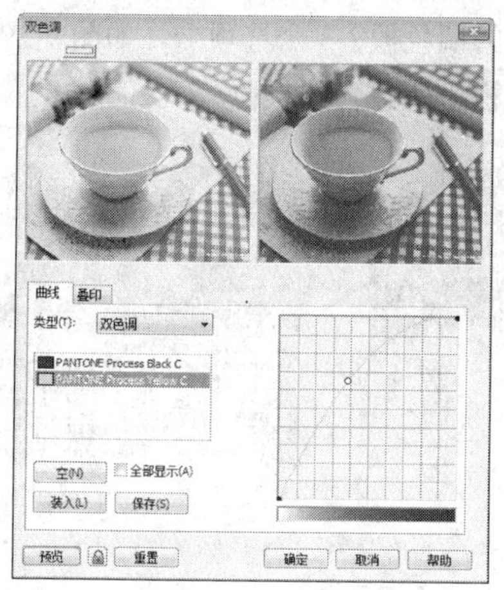

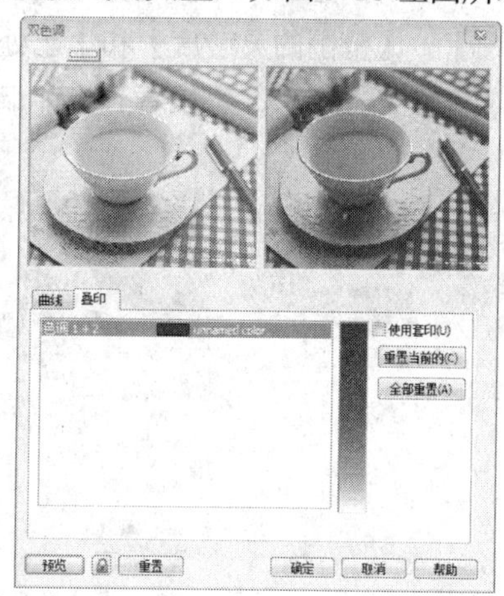

图 9-28　【双色调】对话框

【双色调】对话框包括【曲线】和【叠印】选项卡。在【曲线】选项卡下，如图 9-28 右图所示，可以设置灰度级别的色调类型和色调曲线弧度，其中主要包括以下几个选项。

- 【类型】下拉列表：选择色调的类型，有单色调、双色调、三色调和四色调 4 个选项。
- 【颜色列表】：显示了目前色调类型中的颜色。单击选择其中一种颜色，在右侧窗口中可以看到该颜色的色调曲线。在色调曲线上单击，可以添加一个调节节点，通过拖动该节点可改变曲线上这一点的颜色百分比。将节点拖动到色调曲线编辑窗口之外，即可将该节点删除。双击【颜色列表】中的颜色块或颜色名称，可以在弹出的【选择颜色】对话框中选择其他颜色。
- 【空】按钮：单击该按钮，可以使色调曲线编辑窗口中保持默认的未调节状态。
- 【全部显示】复选框：选中该复选框，可显示目前色调类型中所有的色调曲线。

- 【装入】按钮：单击该按钮，在弹出的【加载双色调文件】对话框中，可以选择软件为用户提供的双色调样本设置。
- 【保存】按钮：单击该按钮，可以保存目前的双色调设置。
- 【预览】按钮：单击该按钮，可以显示图像的双色调效果。
- 【重置】按钮：单击该按钮，可以恢复对话框的默认状态。
- 【曲线框】：在曲线框中，可通过设置曲线形状来调节图像的颜色。

9.3.4 调色板色

调色板模式最多能够使用 256 种颜色来保存和显示图像。位图转换为调色板模式后，可以减小文件的大小。系统提供了不同的调色板类型，用户也可以根据位图中的颜色来创建自定义调色板。如果要精确地控制调色板所包含的颜色，还可以在转换时指定使用颜色的数量和灵敏度范围。

选择【位图】|【模式】|【调色板色(8 位)】命令，打开【转换至调色板色】对话框，该对话框包括【选项】、【范围的灵敏度】和【已处理的调色板】3 个选项卡，如图 9-29 所示。打开【已处理的调色板】选项卡，可以看到当前调色板中所包含的颜色。

图 9-29 【转换至调色板色】对话框

在【选项】选项卡中，各选项的功能如下。

- 【平滑】滑块：设置颜色过渡的平滑程度。
- 【调色板】下拉列表：选择调色板的类型。
- 【递色处理的】下拉列表：选择图像抖动的处理方式。
- 【颜色】文本框：在【调色板】中选择【适应性】和【优化】两种调色板类型后，可以在【颜色】文本框中设置位图的颜色数量。

在【范围的灵敏度】选项卡中，可以设置转换颜色过程中某种颜色的灵敏程度。

- 【所选颜色】选项组：首先在【选项】选项卡的【调色板】下拉列表中选择【优化】类型，然后选中【颜色范围灵敏度】复选框，单击其右边的颜色下拉按钮，在弹出的

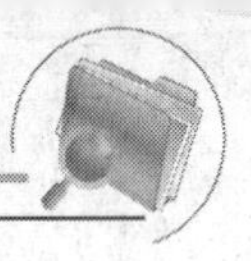

颜色列表中选择一种颜色或单击按钮，吸取图片上的颜色，此时在【范围的灵敏度】选项卡内的【所选颜色】中即可将吸取的颜色显示出来。

- 【重要性】滑块：用于设置所选颜色的灵敏度范围。
- 【亮度】滑块：该选项用于设置颜色转换时，亮度、绿红轴和蓝黄轴的灵敏度。

9.3.5 RGB 颜色

RGB 色彩模式中的 R、G、B 分别代表红色、绿色和蓝色的相应值，3 种色彩叠加形成其他的色彩，即真色彩，RGB 颜色模式的数值设置范围为 0～255。在 RGB 颜色模式中，当 R、G、B 值均为 255 时，显示为白色；当 R、G、B 值均为 0 时，显示为纯黑色，因此也称之为加色模式。选择【位图】|【模式】|【RGB 颜色(24 位)】命令，即可将图像转换为 RGB 颜色模式。

9.3.6 Lab 色

Lab 色彩模式是国际色彩标准模式，它能产生与各种设备匹配的颜色，还可以作为中间色实现各种设备颜色之间的转换。选择【位图】|【模式】|【Lab 色(24 位)】命令，即可将所选图像转换为 Lab 颜色模式。

提示

在理论上说，Lab 色彩模式包括了人眼可见的所有色彩，它所能表现的色彩范围比任何色彩模式都更广泛。当 RGB 和 CMYK 两种模式互相转换时，最好先转换为 Lab 色彩模式，这样可以减少转换过程中颜色的损耗。

9.3.7 CMYK 色

CMYK 色彩模式中的 C、M、Y、K 分别代表青色、品红、黄色和黑色的相应值，各色彩的设置范围均为 0%～100%，四色色彩混合能够产生各种颜色。在 CMYK 颜色模式中，当 C、M、Y、K 值均为 100 时，结果为黑色；当 C、M、Y、K 值均为 0 时，结果为白色。选中位图后，选择【位图】|【模式】|【CMYK 色(32 位)】命令，即可将图像转换为 CMYK 模式。

9.4 描摹位图

CorelDRAW 中除了具备矢量图转换为位图的功能外，同时还具备位图转换为矢量图的功能。通过描摹位图命令，即可将位图按不同的方式转换为矢量图形。在实际工作中，应用描摹位图功能，可以帮助用户提高编辑图形的工作效率，如在处理扫描的线条图案、徽标、艺术形体字或剪贴画时，可以先将这些图像转换为矢量图，然后在转换后的矢量图基础上进行相应的调整和处理，即可省去重新绘制的时间，以最快的速度将其应用到设计中。

9.4.1 快速描摹位图

使用【快速描摹】命令，可以一步完成位图转换为矢量图的操作。选择需要描摹的位图，然后选择【位图】|【快速描摹】命令，或单击属性栏中的【描摹位图】按钮，从弹出的下拉列表中选择【快速描摹】命令，即可将选择的位图转换为矢量图，如图 9-30 所示。

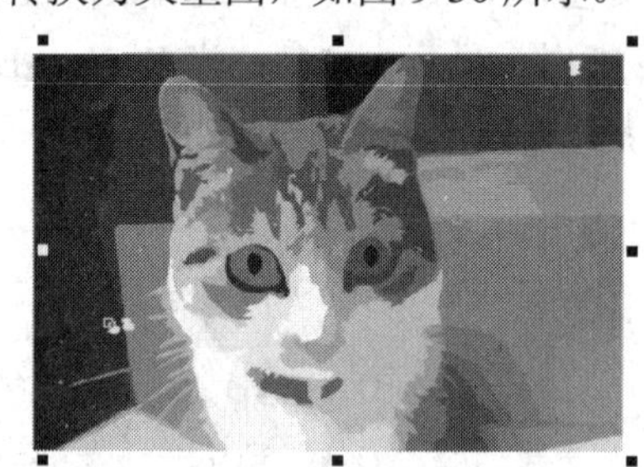

图 9-30 快速描摹

9.4.2 中心线描摹位图

【中心线描摹】又称【笔触描摹】，它使用未填充的封闭和开放曲线(如笔触)来描摹图像。该方式适用于描摹线条图纸、施工图、线条画和拼版等。【中心线描摹】方式提供了【技术图解】和【线条画】两种预设样式，用户可以根据所要描摹的图像内容选择合适的描摹样式。选择【技术图解】样式，可以使用很细很淡的线条描摹黑白图解；选择【线条画】样式，可以使用很粗且很突出的线条描摹黑白草图。

知识点

选中需要描摹的位图后，选择【位图】|【中心线描摹】|【技术图解】或【线条画】命令，均可打开如图 9-31 所示的 PowerTRACE 对话框。在其中调整跟踪控件的细节、线条平滑度和拐角平滑度，得到满意的描摹效果后，单击【确定】按钮，即可将选择的位图按指定的样式转换为矢量图。

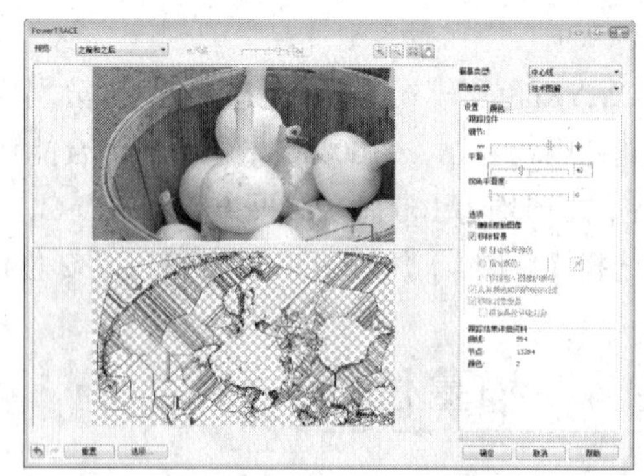

图 9-31 PowerTRACE 对话框

9.4.3 轮廓描摹位图

【轮廓描摹】又称【填充描摹】，使用无轮廓的曲线对象来描摹图像，它适用于描摹剪贴画、徽标、照片图像、低质量和高质量图像。【轮廓描摹】方式提供了 6 种预设样式，包括线条画、徽标、详细徽标、剪贴画、低质量图像和高质量图像。

- 线条画：描摹黑白草图和图解。
- 徽标：描摹细节和颜色都较少的简单徽标。
- 详细徽标：描摹包含精细细节和多种颜色的徽标。
- 剪贴画：描摹根据细节量和颜色数不同的现成图形。
- 低质量图像：描摹细节不足(或包括要忽略的精细细节)的照片。
- 高质量图像：描摹高质量、超精细的照片。

选择需要描摹的位图，然后选择【位图】|【轮廓描摹】命令，在展开的下一级子菜单中选择所需的预设样式，然后在打开的 PowerTRACE 控件窗口中调整描摹结果。调整完成后，单击【确定】按钮即可。

【例 9-5】在 CorelDRAW X6 应用程序中，使用【中心线描摹】命令描摹位图。

(1) 在打开的绘图文件中，选择需要描摹的位图，单击属性栏中的【描摹位图】按钮，从弹出的下拉列表中选择【轮廓描摹】|【高质量图像】命令，打开 PowerTRACE 对话框，如图 9-32 所示。

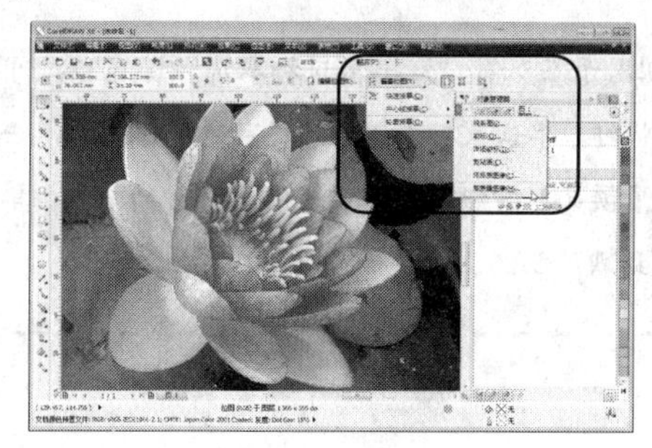

图 9-32 打开 PowerTRACE 对话框

(2) 在 PowerTRACE 对话框中，拖动【细节】滑块，设置【平滑】数值为 100，然后单击【确定】按钮描摹位图，如图 9-33 所示。

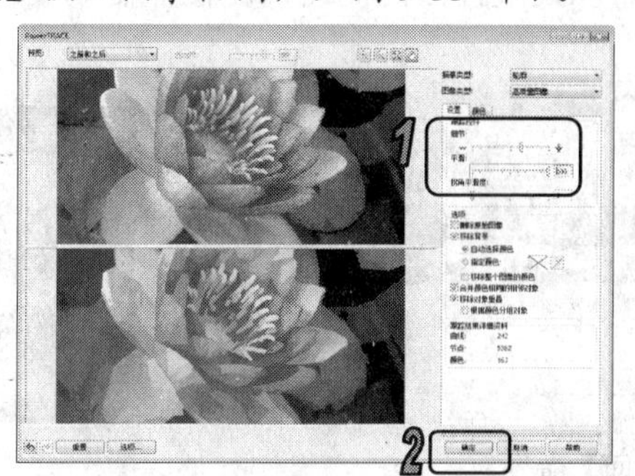

图 9-33 描摹位图

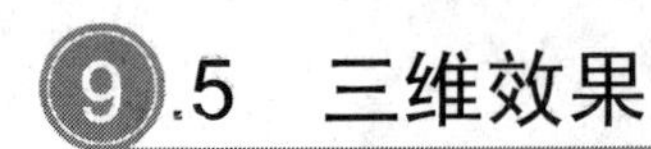

9.5 三维效果

在 CorelDRAW X6 中，使用【三维效果】滤镜组可以为位图添加各种模拟的 3D 立体效果。【三维效果】滤镜组包含了【三维旋转】、【柱面】、【浮雕】、【卷页】、【透视】、【挤远/挤近】和【球面】7 种滤镜命令。

1. 三维旋转

【三维旋转】命令用于将指定的图形对象沿水平和垂直方向进行旋转。在菜单栏中选择【位图】|【三维效果】|【三维旋转】命令，可以打开【三维旋转】对话框。在其中的【垂直】文本框和【水平】文本框中，可以分别设置垂直与水平方向旋转的角度；选中【最合适】复选框可以使经过变形后的位图适应于图框，如图 9-34 所示。

图 9-34　使用【三维旋转】命令

知识点

在所有滤镜效果对话框中，左上角的▣和□按钮用于在双窗口、单窗口和取消预览窗口之间进行切换。将鼠标光标移动到预览窗口中，当光标变为手形状时，单击鼠标左键拖曳，可平移视图；单击鼠标左键，可放大视图；单击鼠标右键，可缩小视图。单击【预览】按钮，可预览应用滤镜后的效果；单击【重置】按钮，可取消对话框中各选项参数的修改，返回到默认状态。

2. 柱面

【柱面】命令用于产生将图片对象缠绕在一个柱面内侧或外侧拉伸的效果。在菜单栏中选择【位图】|【三维效果】|【柱面】命令，可以打开【柱面】对话框。在【柱面模式】选项区域中，可以选择柱面的方向；拖动【百分比】滑块，可以设置柱面内侧或外侧拉伸的效果，如图 9-35 所示。

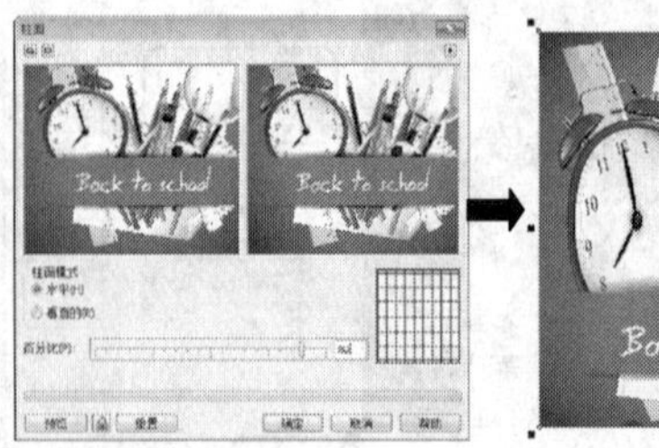

图 9-35　使用【柱面】命令

3. 浮雕

【浮雕】命令用于设置图片对象产生类似浮雕的效果。在菜单栏中选择【位图】|【三维效果】|【浮雕】命令，可以打开【浮雕】对话框，如图 9-36 所示。

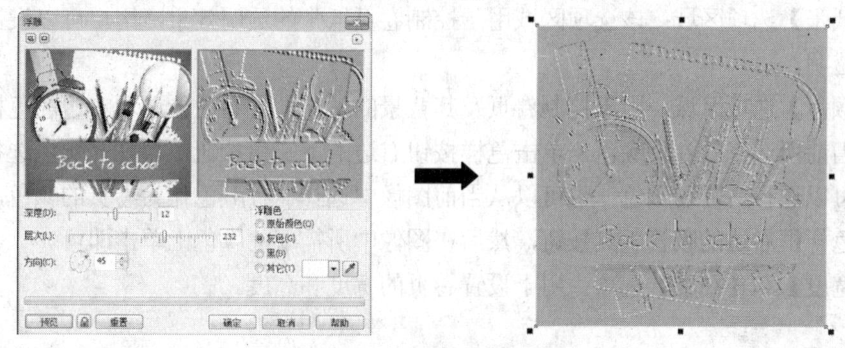

图 9-36　使用【浮雕】命令

【浮雕】对话框中各主要参数选项的功能如下。

- 【深度】选项：拖动滑块可以调整浮雕效果的深度。
- 【层次】选项：拖动滑块可以控制浮雕的效果，越往右拖动浮雕效果越明显。
- 【方向】文本框：用于设置浮雕效果的方向。
- 【浮雕色】选项区域：在该选项区域中可以选择转换成浮雕效果后的颜色样式。

4. 卷页

【卷页】命令用于为图片对象创建类似于纸张翻卷的视觉效果，该效果常用于对照片的修饰。在菜单栏中选择【位图】|【三维效果】|【卷页】命令，可以打开【卷页】对话框，如图 9-37 所示。

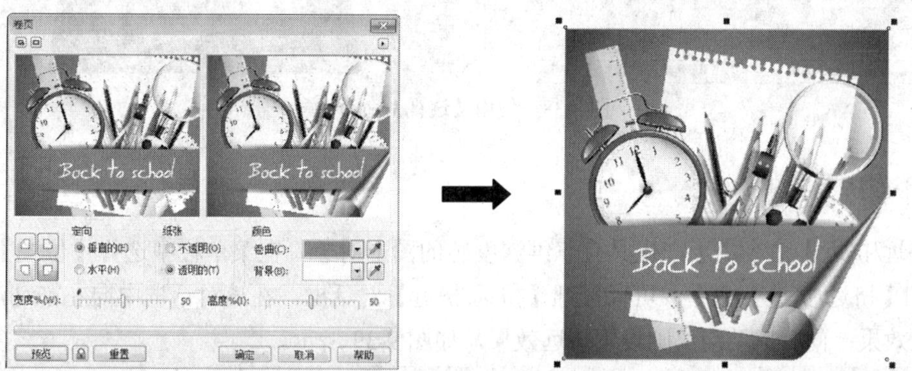

图 9-37　使用【卷页】

【卷页】对话框中各主要参数选项的功能如下。

- 【卷页类型】按钮：系统提供了 4 种卷页类型，分别为【左上角】按钮、【右上角】按钮、【左下角】按钮和【右下角】按钮。打开【卷页】对话框时系统默认的是选择【右上角】卷页类型。

- 【定向】选项区域：该选项区域用于控制卷页的方向，可以设置卷页方向为水平或垂直。当选中【垂直的】单选按钮时，将会沿垂直方向创建卷页效果；当选中【水平】单选按钮时，将会沿水平方向创建卷页效果。
- 【纸张】选项区域：该选项区域用于控制卷页纸张的透明效果，用户可以设置不透明或透明。
- 【颜色】选项区域：用于控制卷页及其背景的颜色。【卷曲】选项右边的色样框显示为当前所选择的卷页颜色，单击色样按钮右边的下三角按钮，将打开颜色选择器，从中可以选择所需的颜色；也可以从当前图像中选择一种颜色作为卷页的颜色，只需单击色样框右边的吸管工具按钮，然后在图像中所需要的颜色上单击即可。
- 【宽度】和【高度】选项：用于设置卷页的宽度和高度。

5. 透视

【透视】命令用于产生具有三维深度感的图形对象。在菜单栏中选择【位图】|【三维效果】|【透视】命令，可以打开【透视】对话框。在【类型】选项区域中选中【透视】单选按钮，则可以通过拖动节点来改变图片对象的三维效果；选中【切变】单选按钮，则会保持图形对象的原始大小和形状，然后拖动节点来移动或改变透视效果，如图 9-38 所示。

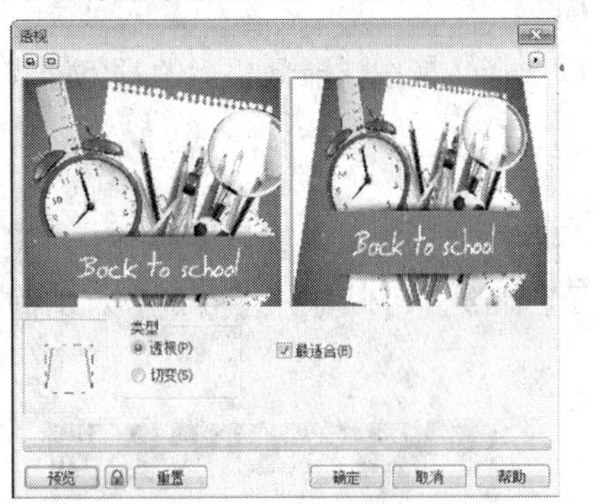

图 9-38　使用【透视】命令

6. 挤远/挤近

【挤远/挤近】命令用于产生具有三维深度感的图形对象。在菜单栏中选择【位图】|【三维效果】|【挤远/挤近】命令，可以打开【挤远/挤近】对话框。在该对话框中向左拖动滑块则设置挤近效果；向右拖动滑块则设置挤远效果，如图 9-39 所示。

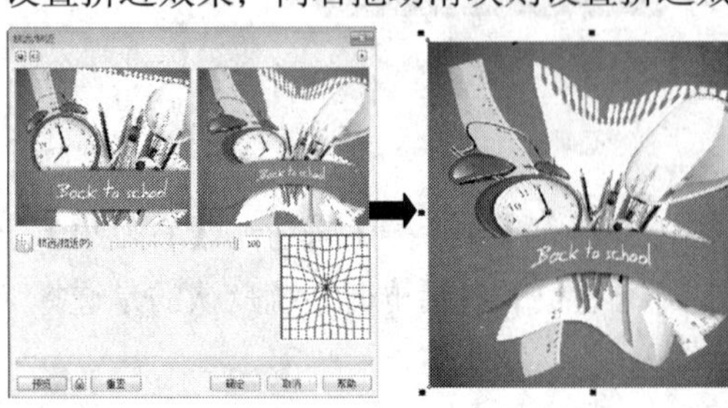

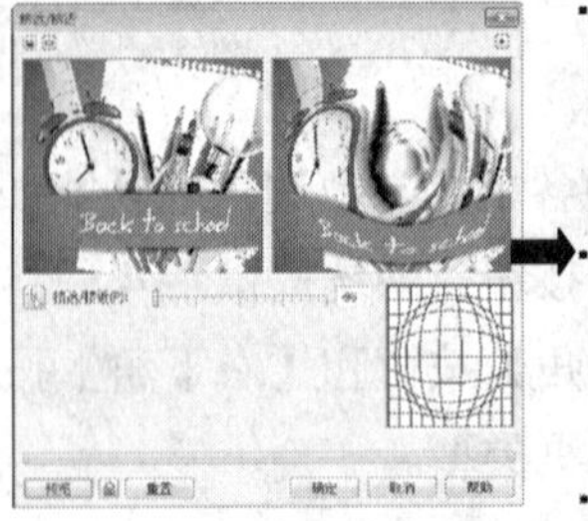

图 9-39　使用【挤远/挤近】命令

7. 球面

【球面】命令用于产生具有三维深度感的球面效果的图形对象。在菜单栏中选择【位图】|【三维效果】|【球面】命令，可以打开【球面】对话框。在对话框中调节滑块可以改变变形效果，向左拖动滑块，将使变形中心周围的像素缩小，产生包围在球面内侧的效果；向右拖动滑块时，将使变形中心周围的像素放大，产生包围在球面外侧的效果，如图 9-40 所示。

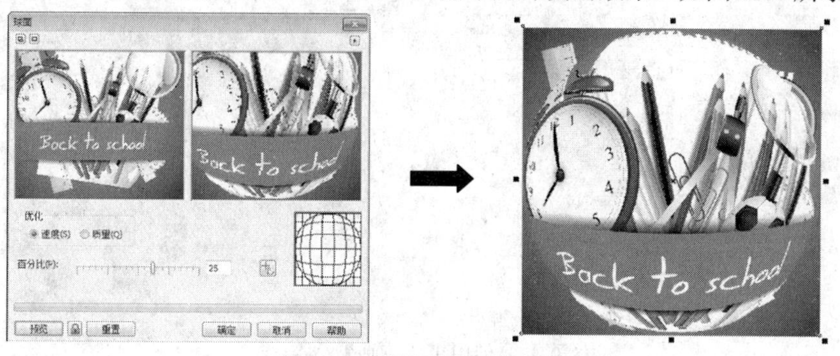

图 9-40　使用【球面】命令

9.6　艺术笔触

在【艺术笔触】滤镜组中，用户可以模拟各种笔触，设置图像为蜡笔画、木炭画、立体派、印象派、钢笔画、点彩派、水彩画以及水印画等画面效果。它们主要用于将位图转换为传统手工绘画的效果。

1. 炭笔画

使用【炭笔画】命令可以制作图像如木炭绘制的画面效果。用户在绘图页面中选择图像后，选择【位图】|【艺术笔触】|【炭笔画】命令，可以打开【炭笔画】对话框，如图 9-41 所示。

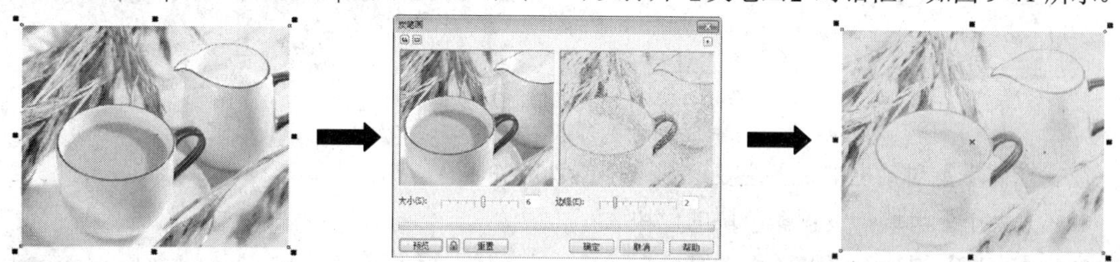

图 9-41　使用【炭笔画】命令

在【炭笔画】对话框中，各主要参数选项的功能如下。

- 【大小】选项：用于控制炭粒的大小，其取值范围为 1～10。当取值较大时，添加到图像上的炭粒较大；取值较小时，炭粒较小。用户可以通过拖动该选项标尺上的滑块来调整炭粒的大小；也可以直接在右边的文本框中输入需要的数值。
- 【边缘】选项：用于控制勾边的层次，取值范围为 0～10。

2. 蜡笔画

使用【蜡笔画】命令可以将图片对象中的像素分散，从而产生蜡笔绘画的效果。用户在绘图页面中选择图像后，在菜单栏中选择【位图】|【艺术笔触】|【蜡笔画】命令，打开【蜡笔画】对话框。在对话框中通过拖动【大小】滑块可以设置像素分散的稠密程度；拖动【轮廓】滑块可以设置图片对象轮廓显示的轻重程度，如图 9-42 所示。

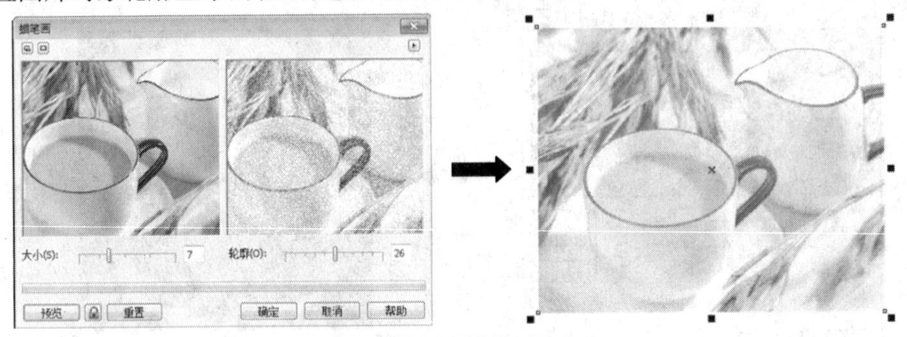

图 9-42　使用【蜡笔画】命令

3. 立体派

使用【立体派】命令可以将图像中相同颜色的像素组合成颜色块，形成类似立体派的绘画风格。选择位图对象后，选择【位图】|【艺术笔触】|【立体派】命令，打开如图 9-43 所示的【立体派】对话框，完成各项参数的设置后，单击【确定】按钮。

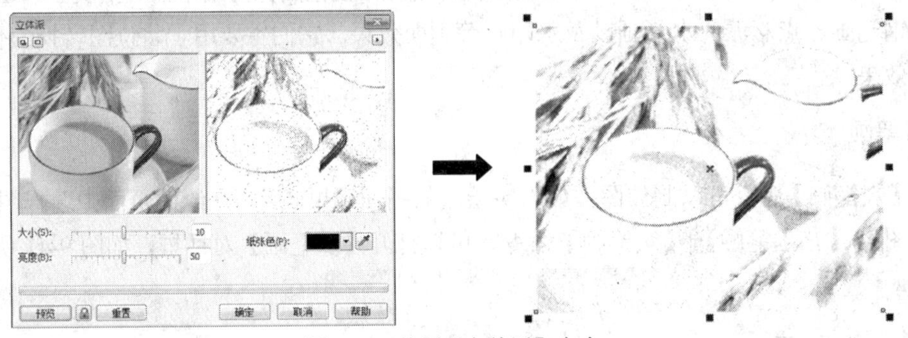

图 9-43　使用【立体派】命令

在【立体派】对话框中，各主要参数选项的功能如下。

- 【大小】滑块：设置颜色块的色块大小。
- 【亮度】滑块：调节画面的亮度。
- 【纸张色】选项：设置背景纸张的颜色。

4. 印象派

使用【印象派】命令可以将图像制作成类似印象派的绘画风格。选取位图对象后，选择【位图】|【艺术效果】|【印象派】命令，打开如图 9-44 所示的【印象派】对话框，完成各项参数设置后，单击【确定】按钮。

在【印象派】对话框中，各主要参数选项的功能如下。

- 【样式】选项组：可以设置【笔触】或【色块】样式作为构成画面的元素。
- 【技术】选项组：可以通过对【笔触】、【着色】和【亮度】3 个滑块的调整，获得最佳的画面效果。

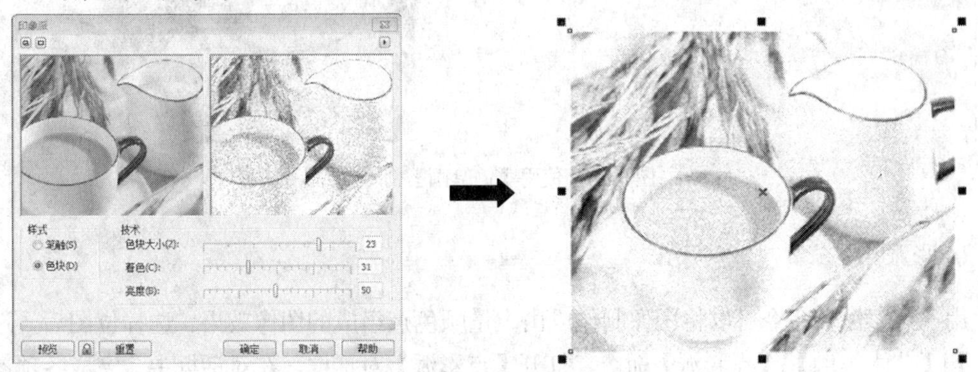

图 9-44　使用【印象派】命令

5. 调色刀

使用【调色刀】命令可以将图像制作成类似调色刀绘制的绘画效果。选择位图对象后，选择【位图】|【艺术笔触】|【调色刀】命令，打开如图 9-45 所示的【调色刀】对话框，完成各项参数设置后，单击【确定】按钮。

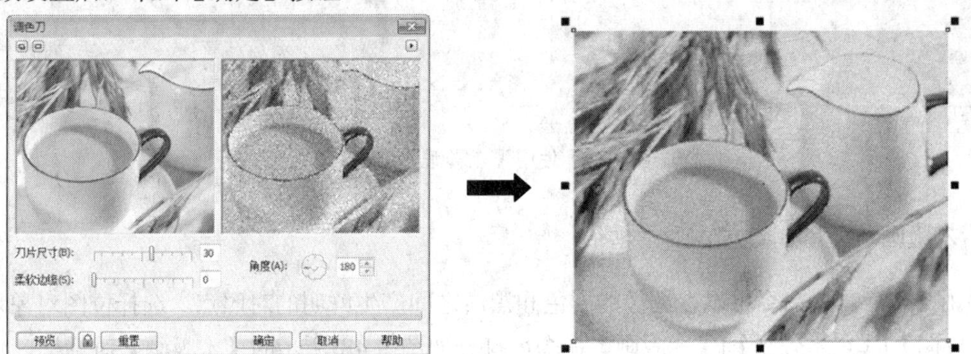

图 9-45　使用【调色刀】命令

6. 钢笔画

使用【钢笔画】命令可以使图像产生使用钢笔和墨水绘画的效果。选择位图对象后，选择【位图】|【艺术笔触】|【钢笔画】命令，打开如图 9-46 所示的【钢笔画】对话框。

在【钢笔画】对话框中，各主要参数选项的功能如下。

- 【样式】选项组：可以选择【交叉阴影】或【点画】两种绘画样式。
- 【密度】滑块：可以通过滑块设置笔触的密度。
- 【墨水】滑块：可以通过滑块设置画面颜色的深浅。

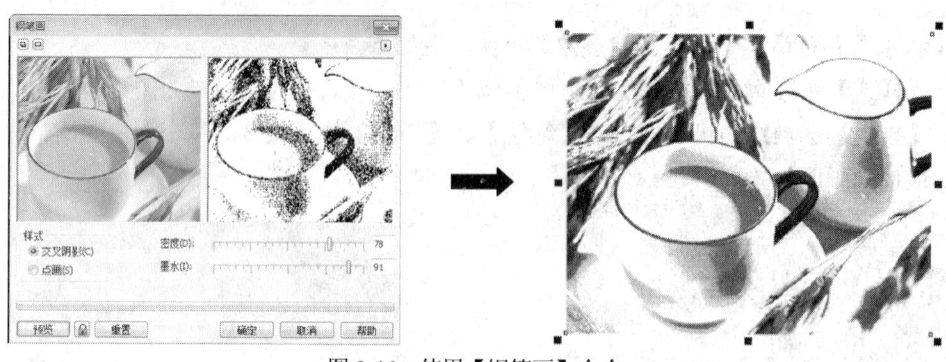

图 9-46　使用【钢笔画】命令

7. 点彩派

使用【点彩派】命令可以将图像制作成由大量颜色点组成的图像效果。选择位图后，选择【位图】|【艺术笔触】|【点彩派】命令，打开【点彩派】对话框。在对话框中，完成各项参数设置后，单击【确定】按钮即可，如图 9-47 所示。

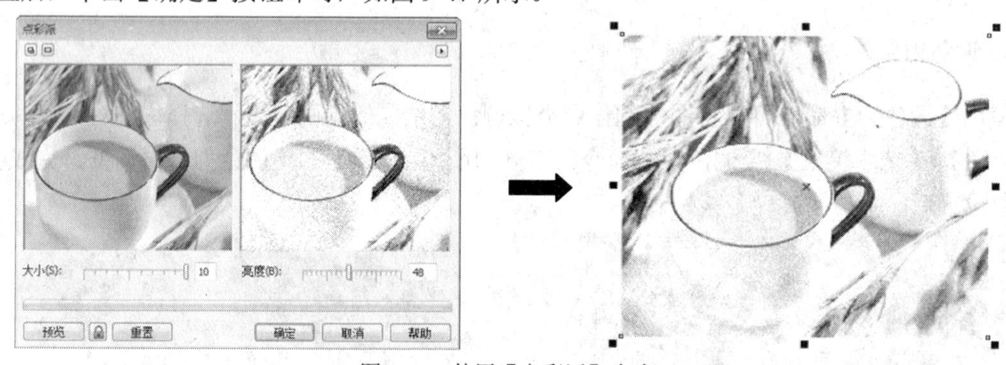

图 9-47　使用【点彩派】命令

8. 木版画

使用【木版画】命令可以在图像的彩色和黑白之间产生鲜明的对照点。选择位图对象后，选择【位图】|【艺术效果】|【木版画】命令，打开如图 9-48 所示的【木版画】对话框。使用【颜色】选项可以制作彩色木版画效果，使用【白色】选项可以制作成黑白版画效果。

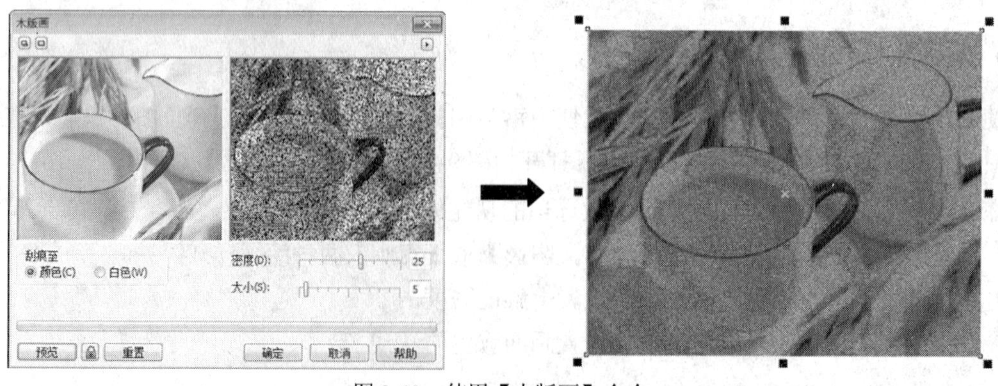

图 9-48　使用【木版画】命令

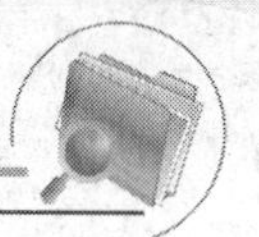

9. 素描

使用【素描】命令可以使图像产生如素描、速写等手工绘画的效果。用户在绘图页面中选择图像，然后在菜单栏中选择【位图】|【艺术笔触】|【素描】命令，打开【素描】对话框，如图 9-49 所示。

在【素描】对话框中，各主要参数选项的功能如下。

- 【铅笔类型】选项区域：选中【碳色】单选按钮可以创建黑白图片对象；选中【颜色】单选按钮可以创建彩色图片对象。
- 【样式】选项：用于调整素描对象的平滑度，数值越大，画面越光滑。
- 【压力】选项：用于调节笔触的软硬程度，数值越大，笔触越软，画面越精细。
- 【轮廓】选项：用于调节素描对象的轮廓线宽度，数值越大，轮廓线越明显。

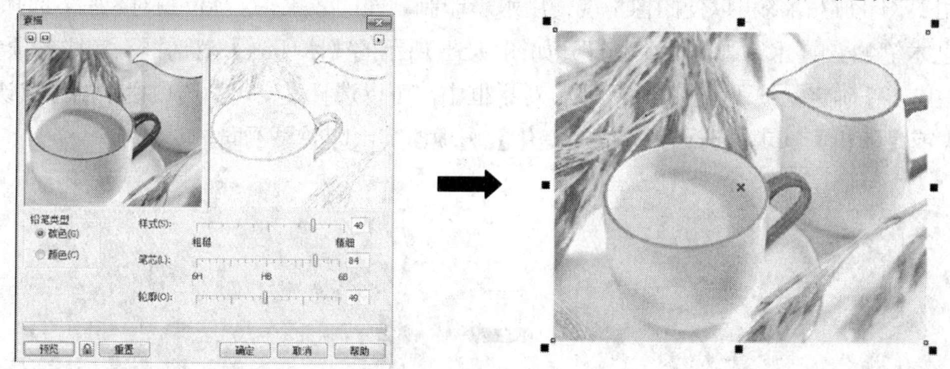

图 9-49　使用【素描】命令

10. 水彩画

使用【水彩画】命令可以使图像产生水彩画效果。用户选中位图后，选择【位图】|【艺术笔触】|【水彩画】命令，打开如图 9-50 所示的【水彩画】对话框。

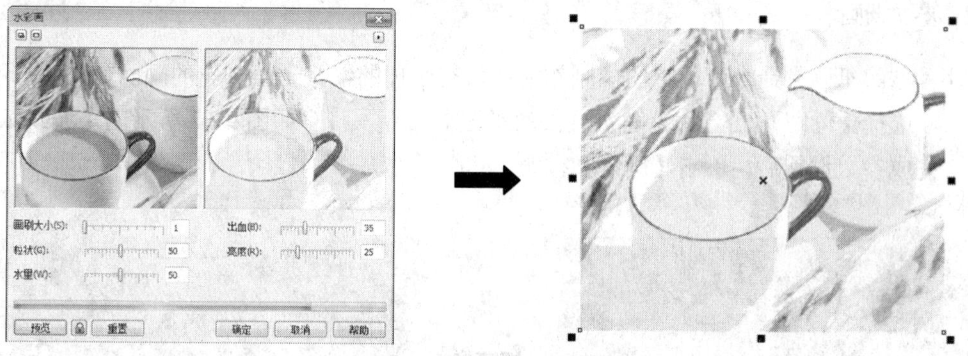

图 9-50　使用【水彩画】命令

在【水彩画】对话框中，各主要参数选项的功能如下。

- 【画刷大小】选项：用于设置画面中的笔触效果。其取值范围为 1～10，数值越小，笔触越细腻，可以更好地表现图像中更多细节。

- 【粒状】选项：用于设置笔触的间隔。其取值范围为 1～100，数值越大，笔触颗粒间隔越大，画面越粗糙。
- 【水量】选项：用于设置画刷中的含水量。其取值范围为 1～100，数值越大含水量越高，画面越柔和。
- 【出血】选项：用于设置画刷的速率。其取值范围为 1～100，数值越大，画刷速率越大，笔画间的融合程度也就越高，画面的层次也就越不明显。
- 【亮度】选项：用于设置图像中的光照强度。其取值范围为 1～100，数值越大，光照越强。

11. 水印画

使用【水印画】命令可以使图像呈现使用水彩印制画面的效果。选择位图对象后，选择【位图】|【艺术笔触】|【水印画】命令，打开如图 9-51 所示的【水印画】对话框，完成各项参数设置后，单击【确定】按钮。在【水印画】对话框中，可以选择【变化】选项栏中的【默认】、【顺序】或【随机】选项。选择不同的【变化】选项，其水印效果不同。

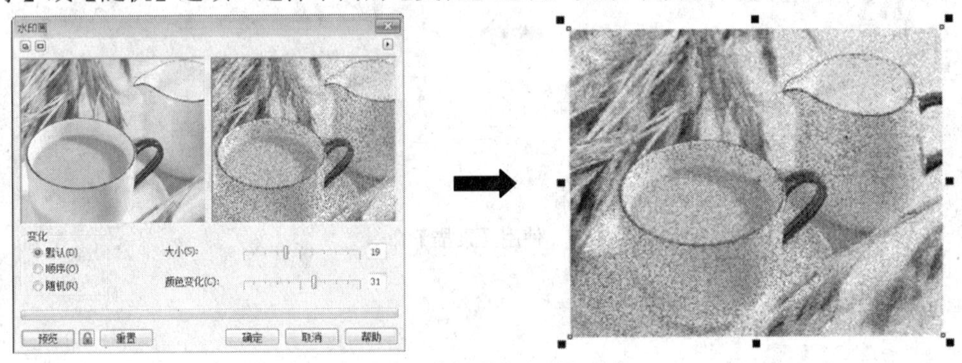

图 9-51　使用【水印画】命令

12. 波纹纸画

使用【波纹纸画】命令可以将图像制作成在带有纹理的纸张上绘制出的画面效果。选取位图对象后，选择【位图】|【艺术笔触】|【波纹纸画】命令，打开如图 9-52 所示的【波纹纸画】对话框，完成参数设置后，单击【确定】按钮。

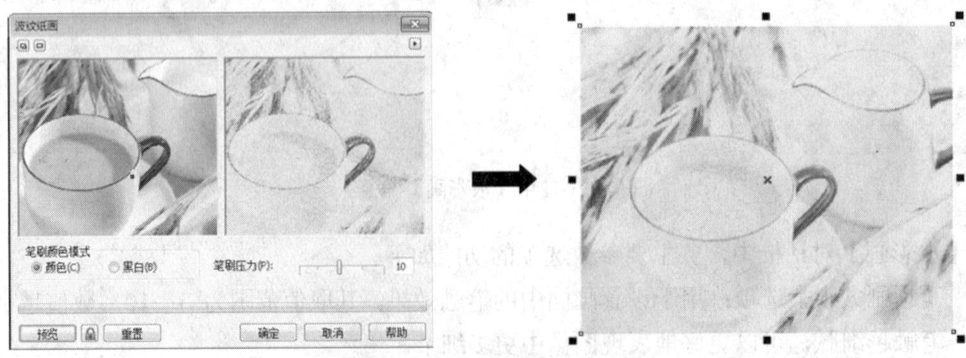

图 9-52　使用【波纹纸画】命令

9.7 模糊

使用模糊效果，可以使图像画面柔化、边缘平滑、颜色调和。其中，效果比较明显的是高斯式模糊、动态模糊和平滑模糊。

1. 高斯式模糊

使用【高斯式模糊】命令可以使图像按照高斯分布曲线产生一种朦胧的效果。该滤镜按照高斯钟形曲线来调节像素的色值，可以改变边缘比较锐利的图像的品质，提高边缘参差不齐的位图的图像质量。

在选中位图后，选择【位图】|【模糊】|【高斯式模糊】命令，打开如图 9-53 所示的【高斯式模糊】对话框。该对话框中的【半径】选项用于调节和控制模糊的范围和强度。用户可以通过直接拖动滑块或在文本框中输入数值设置模糊范围。该选项的取值范围为 0.1～250.0。数值越大，模糊效果越明显。

图 9-53 使用【高斯式模糊】命令

2. 动态模糊

使用【动态模糊】命令可以将图像沿一定方向创建镜头运动所产生的动态模糊效果。选取位图后，选择【位图】|【模糊】|【动态模糊】命令，打开如图 9-54 所示的【动态模糊】对话框，在其中设置好各项参数后，单击【确定】按钮即可。

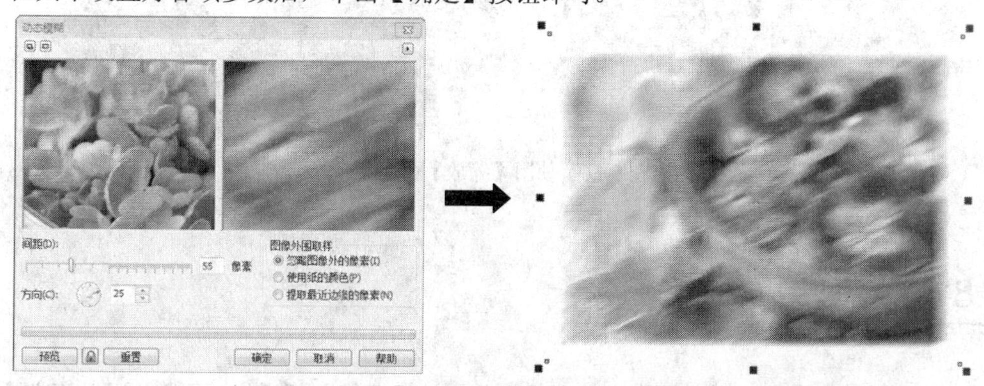

图 9-54 使用【动态模糊】命令

3. 放射状模糊

【放射状模糊】命令可以使位图图像从指定的圆心处产生同心旋转的模糊效果。选取位图对象后，选择【位图】|【模糊】|【放射状模糊】命令，打开如图 9-55 所示的【放射状模糊】对话框，在其中拖动【数量】滑块可以调整模糊效果的强度，然后单击【确定】按钮即可。

知识点

单击按钮，在原始图像预览框中选择放射状模糊的圆心位置，单击该点后将在预览框中留下十字标记。

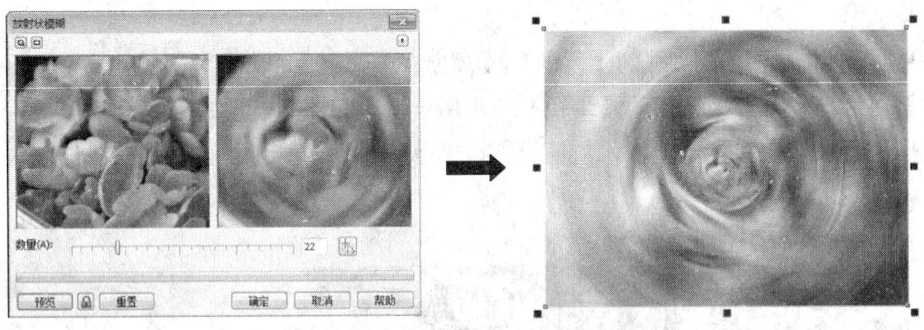

图 9-55 使用【放射状模糊】命令

4. 缩放

使用【缩放】命令可以从图像的某个点向外扩散，产生爆炸的视觉冲击效果。选取位图，然后选择【位图】|【模糊】|【缩放】命令，打开如图 9-56 所示的【缩放】对话框，在其中设置【数量】值，然后单击【确定】按钮即可。

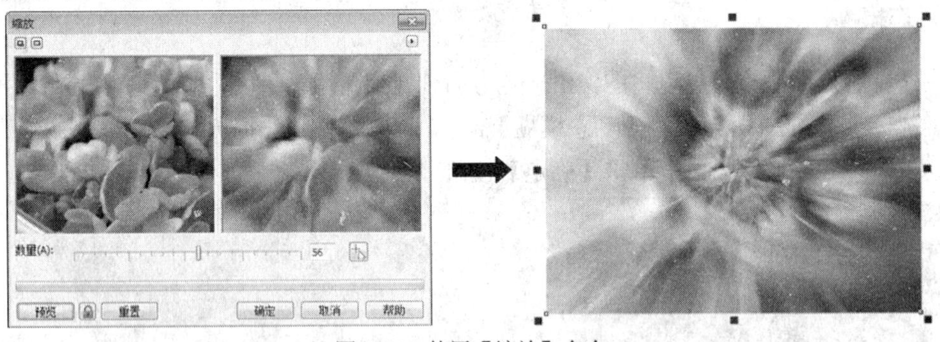

图 9-56 使用【缩放】命令

9.8 颜色转换

【颜色转换】命令主要用于转换位图中的颜色。该组滤镜包括【位平面】、【半色调】、【梦幻色调】和【曝光】4 种命令。下面将介绍最常用的【半色调】与【曝光】滤镜。

1. 半色调

使用【半色调】滤镜可以使图像产生彩色网点的效果。在选取位图后，选择【位图】|【颜色变换】|【半色调】命令，打开如图 9-57 所示的【半色调】对话框。在其中完成各项设置后，单击【确定】按钮即可。

在【半色调】对话框中，各主要参数选项的功能如下。

- 分别拖动【青】、【品红】、【黄】滑块，可设置青、品红、黄 3 种颜色在色块平面中的比例。
- 【最大点半径】滑块用于设置构成半色调图像中最大点的半径，数值越大，半径越大。

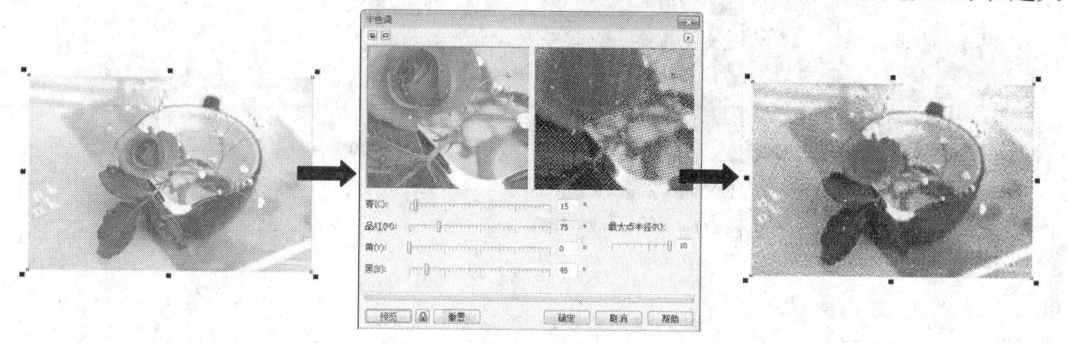

图 9-57　使用【半色调】命令

2. 曝光

使用【曝光】滤镜可以转换位图的颜色为照片底片的颜色，并且可以控制曝光的强度以产生不同的曝光效果。

要应用【曝光】滤镜效果，首先在绘图页面中选择图像，然后选择【位图】|【颜色变换】|【曝光】命令，打开【曝光】对话框。在该对话框中，可以通过拖动【层次】滑块设置图像曝光效果的强度。其数值越大，曝光强度越大，如图 9-58 所示。

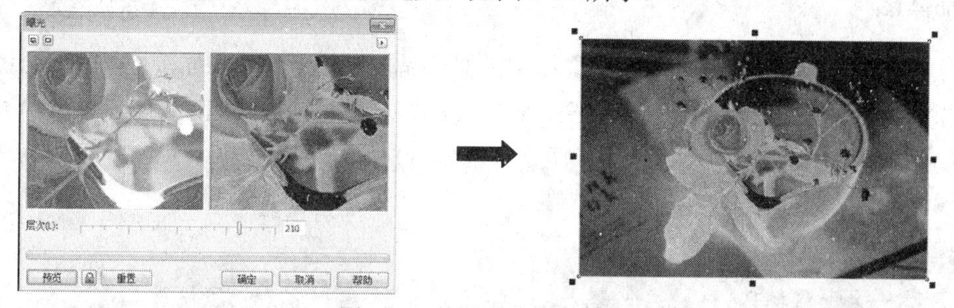

图 9-58　使用【曝光】滤镜

9.9　轮廓图

应用【轮廓图】效果命令可以根据图像的对比度，使对象的轮廓变为特殊的线条效果。该

命令中包含了【边缘检测】、【查找边缘】及【描摹轮廓】命令。下面以【边缘检测】命令为例进行说明。要应用【边缘检测】滤镜效果，可在选中位图后，选择【位图】|【轮廓图】|【边缘检测】命令，打开如图 9-59 所示的【边缘检测】对话框。

在【边缘检测】对话框中，可以设置背景的颜色，选择白色或黑色，也可以打开【其他】选项的样色下拉列表框进行选择；如果默认提供的颜色不符合要求，可以单击颜色下拉列表框中的【其他】按钮，打开【选择颜色】对话框选择或编辑颜色；用户还可以通过使用吸管工具在图像中选取颜色。另外，用户可以通过设置【灵敏度】选项的数值来确定检测的灵敏度，灵敏度数值越高，检测边缘效果越精确。

图 9-59　使用【边缘检测】命令

9.10　创造性

应用【创造性】命令可以为图像添加各种具有创意的画面效果。该滤镜组包含了【工艺】、【晶体化】、【织物】、【框架】、【玻璃砖】、【儿童游戏】、【马赛克】、【粒子】、【散开】、【茶色玻璃】、【彩色玻璃】、【虚光】、【漩涡】及【天气】命令。

1. 晶体化

使用【晶体化】命令可以使位图图像产生类似于晶体块状组合的画面效果。选取位图后，选择【位图】|【创造性】|【晶体化】命令，打开【晶体化】对话框，拖动【大小】滑块设置晶体化的大小参数后，单击【确定】按钮即可，如图 9-60 所示。

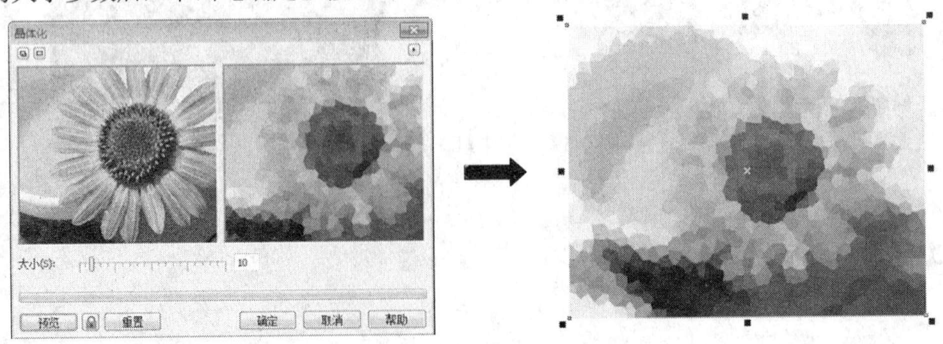

图 9-60　使用【晶体化】命令

2. 框架

使用【框架】命令可以使图像边缘产生艺术的抹刷效果。选取位图，然后选择【位图】|【创造性】|【框架】命令，打开【框架】对话框，如图 9-61 所示。

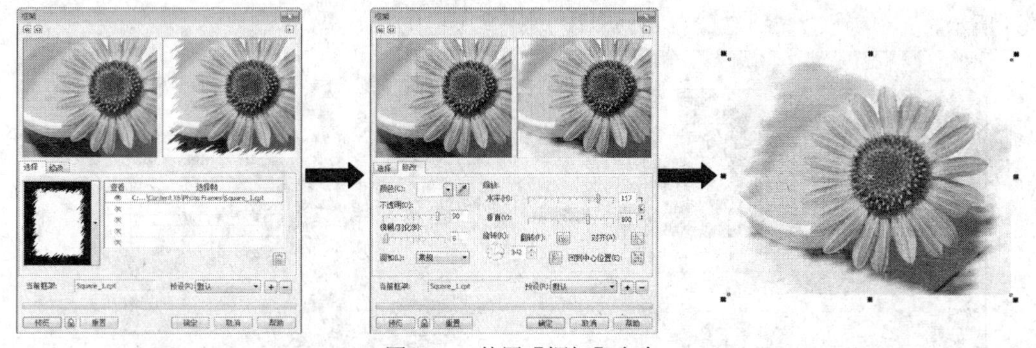

图 9-61　使用【框架】命令

使用【选择】选项卡可以选择不同的框架样式，如图 9-62 所示。利用【修改】选项卡可以对选择的框架样式进行修改，如图 9-63 所示。

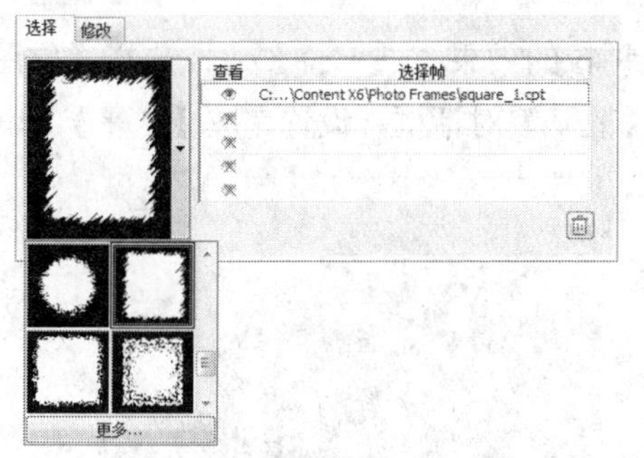

图 9-62　【选择】选项卡

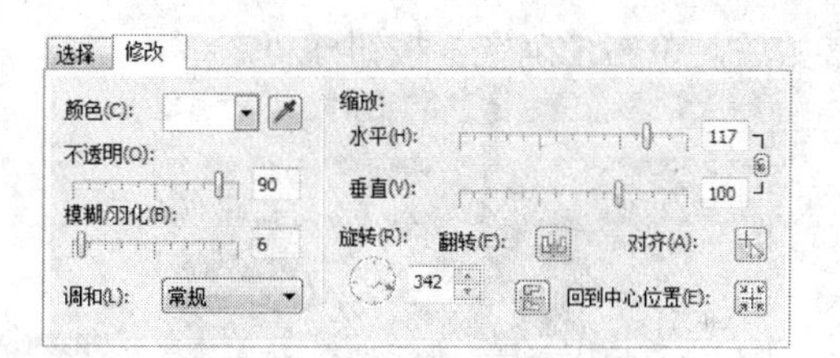

图 9-63　【修改】选项卡

3. 马赛克

使用【马赛克】命令可以使位图图像产生类似于马赛克拼接而成的画面效果。选取位图后，选择【位图】|【创造性】|【马赛克】命令，打开【马赛克】对话框，在其中设置【大小】参数、背景色，并选中【虚光】复选框后，单击【确定】按钮即可，如图 9-64 所示。

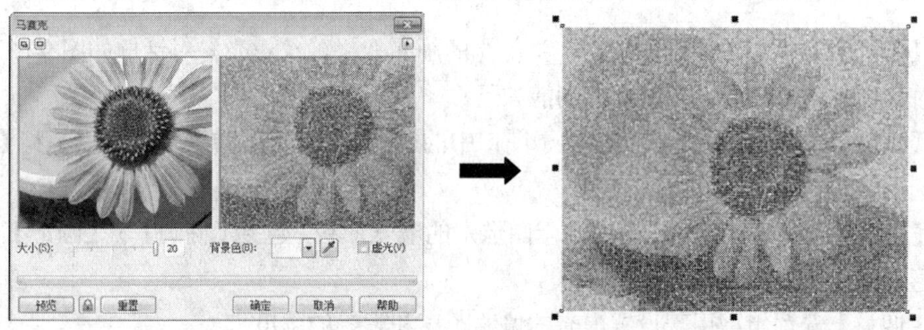

图 9-64　使用【马赛克】命令

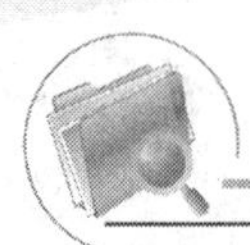

4. 粒子

使用【粒子】命令可以在图像上添加星点或气泡的效果。选取位图后，选择【位图】|【创造性】|【粒子】命令，打开【粒子】对话框，完成各参数设置后，单击【确定】按钮即可，如图 9-65 所示。

图 9-65　使用【粒子】命令

5. 散开

使用【散开】命令可以使位图对象散开成颜色颗粒的效果。选取位图后，选择【位图】|【创造性】|【散光】命令，打开如图 9-66 所示的【散开】对话框，设置完成【水平】和【垂直】参数后，单击【确定】按钮即可。

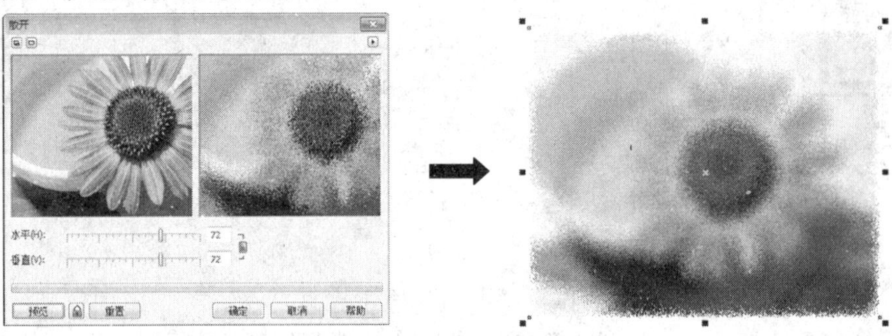

图 9-66　使用【散开】命令

6. 虚光

使用【虚光】命令可以使图像周围产生虚光的画面效果，【虚光】对话框如图 9-67 所示。【虚光】对话框中，各主要参数选项的功能如下。

- 【颜色】选项组：用于设置应用于图像中的虚光颜色，包括【黑】、【白】和【其他】选项。
- 【形状】选项组：用于设置应用于图像中的虚光形状，包括【椭圆】、【圆形】、【矩形】和【正方形】选项。
- 【调整】选项组：用于设置虚光的偏移距离和虚光的强度。

图 9-67　使用【虚光】

7. 天气

使用【天气】命令可以在位图图像内部模拟雨、雪、雾的天气效果。【天气】对话框如图 9-68 所示。在【天气】对话框中，各主要参数选项的功能如下。

- 【预报】选项组：可以设置添加的天气类型。
- 【浓度】滑块：用于设置天气效果的浓度。
- 【大小】滑块：用于设置雨点或雪花的大小。
- 【随机化】按钮：单击该按钮，在旁边的文本框中会出现相应的随机数，图像中的效果元素将根据这个数值进行随机分布，用户也可以对该文本框进行手动设置。

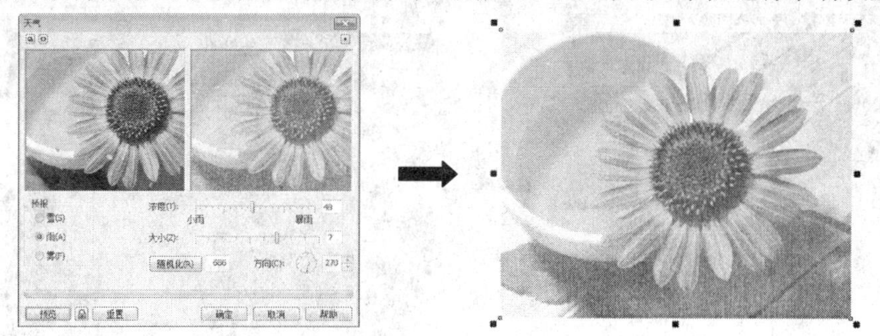

图 9-68　使用【天气】

9.11　扭曲

使用【扭曲】命令可以对图像创建扭曲变形的效果。该命令中包含了【块状】、【置换】、【偏移】、【像素】、【龟纹】、【旋涡】、【平铺】、【湿笔画】、【涡流】以及【风吹】命令。

1. 置换

使用【置换】命令可以使图像被预置的波浪、星形或方格等图形置换出来，产生特殊的效果。选取位图后，选择【位图】|【扭曲】|【置换】命令，打开如图 9-69 所示的【置换】对话框。

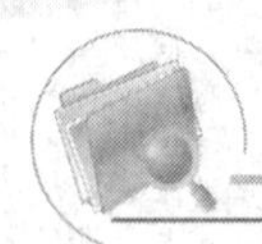

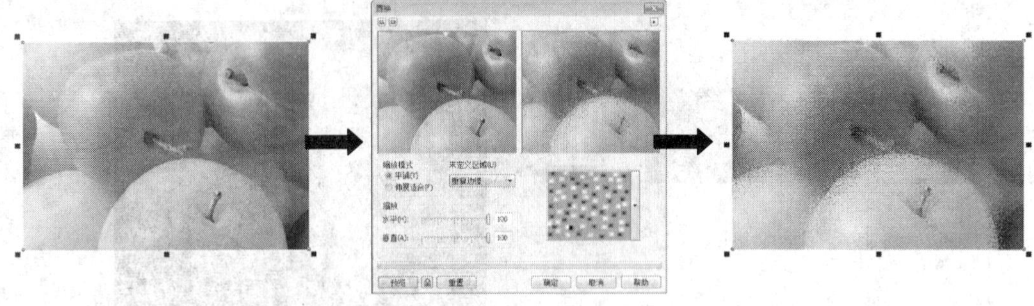

图 9-69　使用【置换】命令

在【置换】对话框中，各主要参数选项的功能如下。

- 【缩放模式】选项组：可选择【平铺】或【伸展适合】的缩放模式。
- 【未定义区域】下拉列表：可选择【重复边缘】或【环绕】选项。
- 【缩放】选项组：拖动【水平】或【垂直】滑块可调整置换的大小密度。
- 【置换样式】列表框：可选择程序提供的置换样式。

2. 偏移

使用【偏移】命令可以使图像产生画面对象的位置偏移效果。选取位图后，选择【位图】|【扭曲】|【偏移】命令，打开【偏移】对话框，在其中完成参数设置后，单击【确定】按钮即可，如图 9-70 所示。

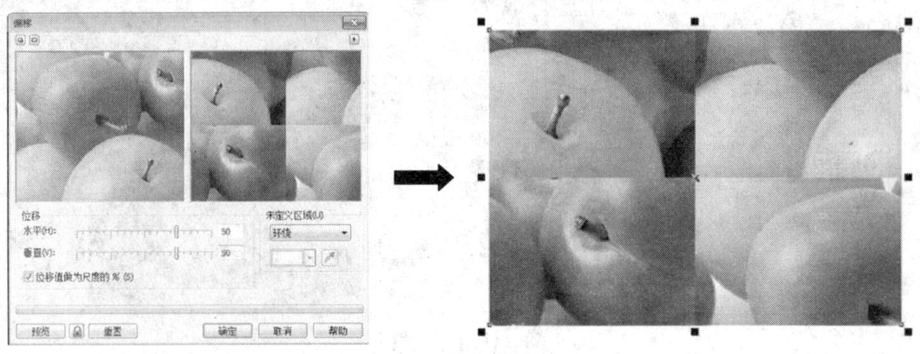

图 9-70　使用【偏移】命令

3. 龟纹

使用【龟纹】命令可以使图像按照设置，对位图中的像素进行颜色混合，产生畸变的波浪效果，如图 9-71 所示。在【龟纹】对话框中，各主要参数选项的功能如下。

- 【主波纹】选项组：拖动【周期】和【振幅】滑块，可调整纵向波动的周期及振幅。
- 【优化】选项组：包括【速度】或【质量】单选按钮。
- 【垂直波纹】复选框：选中该复选框，可以为图像添加正交的波纹，拖动【振幅】滑块，可以调整正交波纹的振动幅度。
- 【扭曲龟纹】复选框：选中该复选框，可以使位图中的波纹发生变形，形成干扰波。

◉　【角度】拨盘：可以设置波纹的角度。

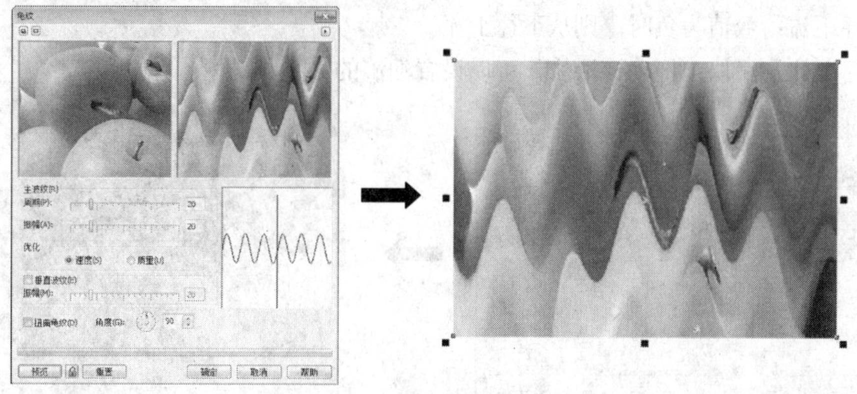

图 9-71　使用【龟纹】命令

4. 旋涡

使用【旋涡】命令可以使图像产生顺时针或逆时针的旋涡变形效果。选取位图后，选择【位图】|【扭曲】|【旋涡】命令，打开【旋涡】对话框，在该对话框中设置好各项参数后，单击【确定】按钮即可，如图 9-72 所示。

在【旋涡】对话框中，各主要参数选项的功能如下。

◉　【定向】选项组：该选项组中，可以选择【顺时针】选项或【逆时针】选项作为旋涡效果的旋转方向。

◉　【优化】选项组：可以选择【速度】选项和【质量】选项。

◉　【角度】选项组：可以通过滑动【整体旋转】滑块和【附加度】滑块来设置旋涡效果。

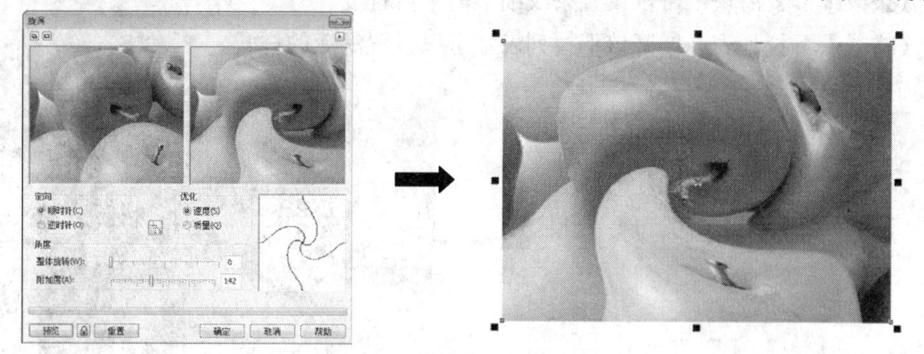

图 9-72　使用【旋涡】命令

5. 湿画笔

使用【湿画笔】命令可以使图像产生类似于油漆未干时，往下流淌的画面效果。选取位图后，选择【位图】|【扭曲】|【湿画笔】命令，打开如图 9-73 所示的【湿画笔】对话框，在对话框中设置好各项参数后，单击【确定】按钮即可。

在【湿画笔】对话框中，各主要参数选项的功能如下。

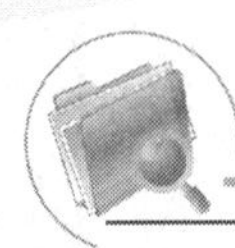

- 【润湿】滑块：拖动其滑块，可以设置图像中各个对象的油滴数目。数值为正时，从上往下流；数值为负时，则从下往上流。
- 【百分比】滑块：拖动该滑块，可以设置油滴的大小。

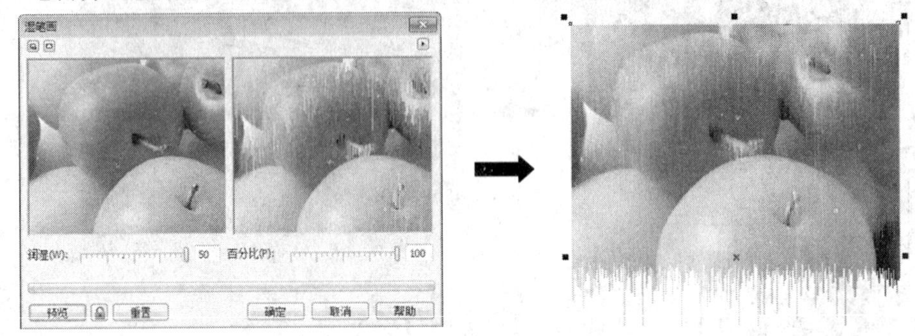

图 9-73　使用【湿画笔】命令

6. 涡流

使用【涡流】命令可以使图像产生无规则的条纹流动效果。选取位图对象后，选择【位图】|【扭曲】|【涡流】命令，打开如图 9-74 所示的【涡流】对话框，在对话框中设置好各项参数后，单击【确定】按钮即可。

在【涡流】对话框中，各主要参数选项的功能如下。

- 【间距】滑块：可以设置各个涡流之间的间距。
- 【擦拭长度】滑块：可以设置涡流擦拭的长度。
- 【扭曲】滑块：可以设置涡流扭曲的程度。
- 【条纹细节】滑块：可以设置条纹细节的丰富程度。
- 【样式】下拉列表：展开该下拉列表，可以设置涡流的样式。

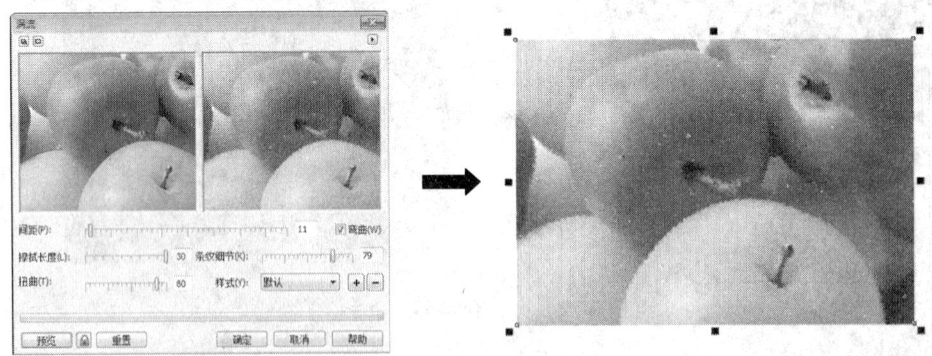

图 9-74　使用【涡流】命令

7. 风吹效果

使用【风吹效果】命令可以使图像产生类似于被风吹过的画面效果。用户可在选取位图后，选择【位图】|【扭曲】|【风吹效果】命令，打开【风吹效果】对话框。在该对话框中，设置【浓度】选项数值确定风吹的强度效果；设置【不透明】选项数值确定不透明度效果；设置【角度】

选项数值确定风吹的方向。设置完成后，单击【确定】按钮即可，如图 9-75 所示。

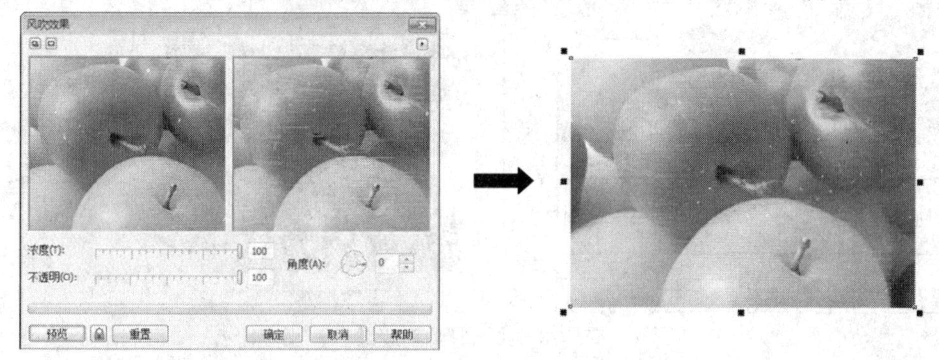

图 9-75　使用【风吹效果】

9.12　上机练习

本章的上机练习通过制作节日海报，使用户更好地掌握位图的导入、编辑等基本操作方法和技巧。

(1) 选择【文件】|【新建】命令，打开【创建新文档】对话框。在该对话框的【名称】文本框中输入“圣诞节海报”，在【大小】下拉列表中选择 A4，单击【横向】按钮，然后单击【确定】按钮，如图 9-76 所示。

(2) 单击标准工具栏中的【导入】按钮，打开【导入】对话框。在对话框中选中需要导入的图像文档，单击【导入】按钮，如图 9-77 所示。

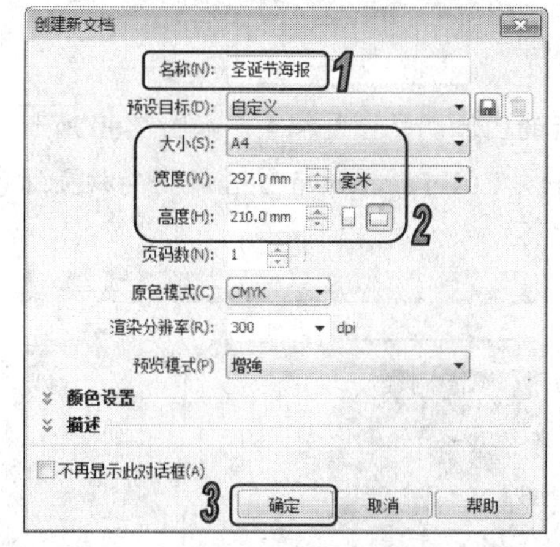

图 9-76　新建文档

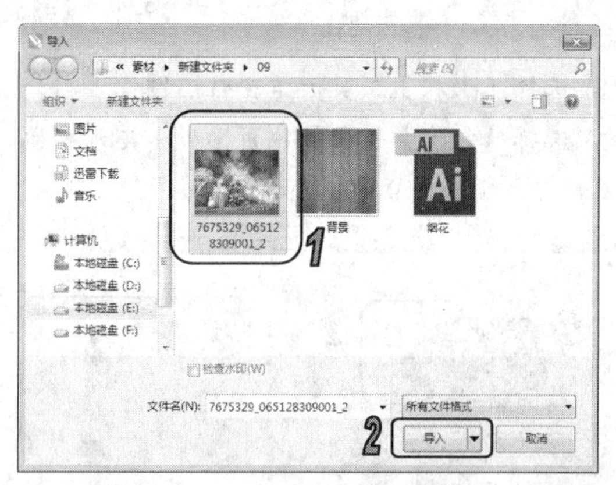

图 9-77　导入图像

(3) 在页面中单击导入图像，在属性栏中设置对象宽度为 297mm，高度为 210mm。选择【位图】|【艺术效果】|【水彩画】命令，打开【水彩画】对话框。在对话框中，设置【画刷大小】为 1，【粒状】为 28，【水量】为 25，【出血】和【亮度】均为 30，然后单击【确定】按钮，如图 9-78 所示。

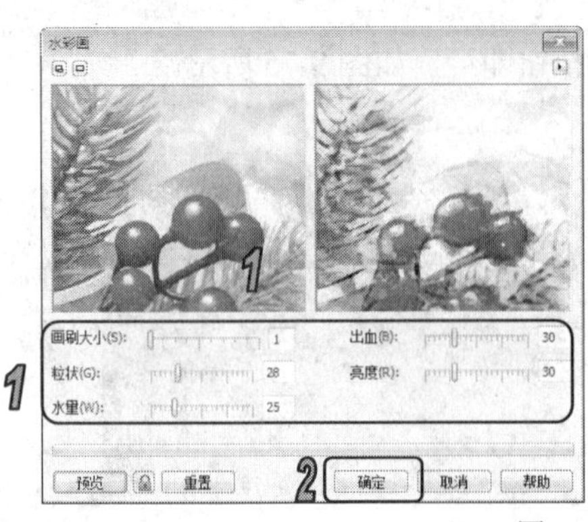

图 9-78　【水彩画】效果

(4) 选择【位图】|【三维效果】|【卷页】命令，打开【卷页】对话框。在该对话框中，单击按钮，设置【宽度%】和【高度%】均为 100，在【颜色】选项区中的【卷曲】下拉面板中单击橘黄色板，然后单击【确定】按钮，如图 9-79 所示。

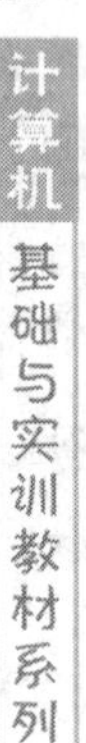

图 9-79　【卷页】效果

(5) 选择【形状】工具，单击位图图像，按处理后的图像调整控制节点，如图 9-80 所示。

(6) 选择【矩形】工具按照页面大小拖动绘制，并按 Ctrl+PageDown 组合键将其放置到导入图像的下方，如图 9-81 所示。

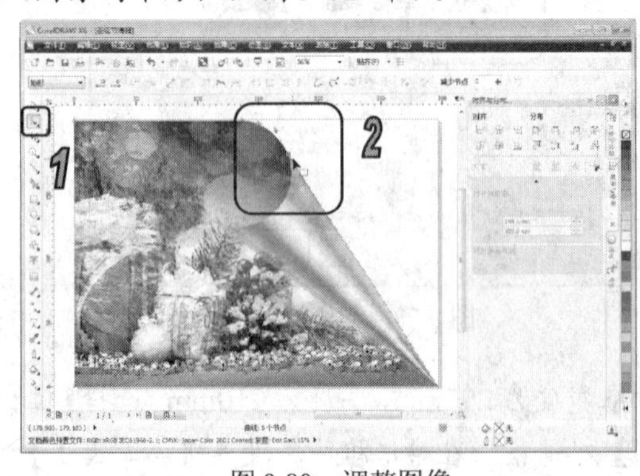

图 9-80　调整图像

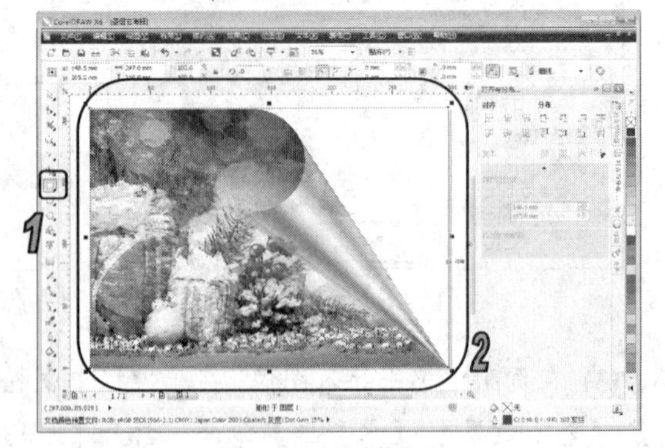

图 9-81　绘制图形

(7) 在调色板中取消轮廓色，按 F11 键打开【渐变填充】对话框。在该对话框中，选中【自

定义】单选按钮，设置渐变色 C:58 M:100 Y:100 K:53 到 C:53 M:100 Y:100 K:41 到 C:45 M:100 Y:100 K:21 到 C:0 M:100 Y:100 K:0，设置【角度】为 30，【边界】为 2%，然后单击【确定】按钮，如图 9-82 所示。

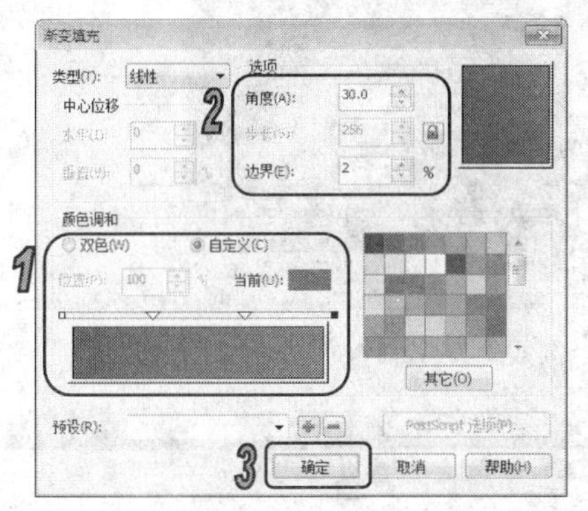

图 9-82　填充对象

(8) 选择【文本】工具在页面中拖动绘制文本框，在属性栏【字体列表】中选择 Brush Script MT，设置【字体大小】为 26pt，单击【文本对齐】按钮，在弹出的列表中选择【全部调整】选项；单击【文本属性】按钮，打开【文本属性】泊坞窗，在泊坞窗中设置【首行缩进】为 10mm，【行距】为 75%，【字符间距】为 0%；在调色板中单击白色色板，然后输入文字内容，如图 9-83 所示。

(9) 选择【矩形】工具在页面中拖动绘制矩形，在调色板中取消轮廓色；按 F11 键打开【渐变填充】对话框设置渐变色为 C:45 M:100 Y:100 K:21 到 C:0 M:100 Y:100 K:0，如图 9-84 所示。

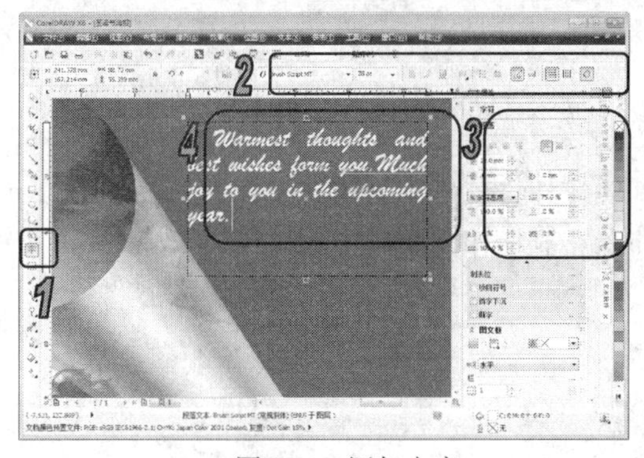

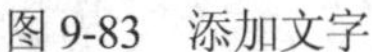

图 9-83　添加文字

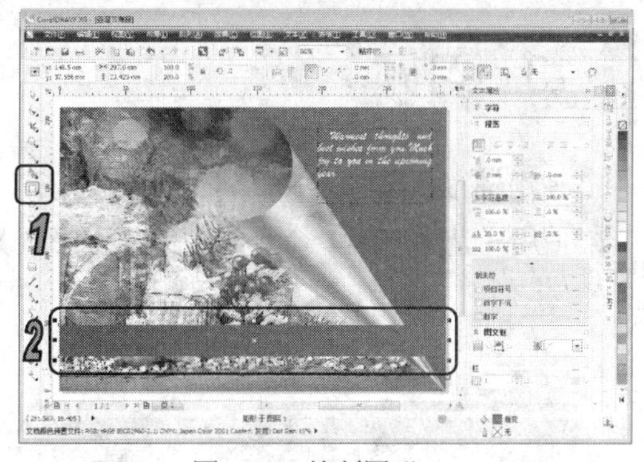

图 9-84　绘制图形

(10) 选择【阴影】工具在刚绘制的矩形上，从下往上拖动创建阴影，设置【阴影的不透明度】为 50%，【阴影羽化】为 15，如图 9-85 所示。

(11) 选择【文本】工具在页面中单击，在属性栏【字体列表】中选择 Brush Script MT，设置【字体大小】为 65pt，在调色板中单击白色色板，然后输入文字内容，如图 9-86 所示。

(12) 在标准工具栏中单击【导入】按钮，打开【导入】对话框。在对话框中，选中需要导入的文档，单击【导入】按钮。在页面中单击，导入图像，并使用【选择】工具调整导入图形的大小位置，如图 9-87 所示。

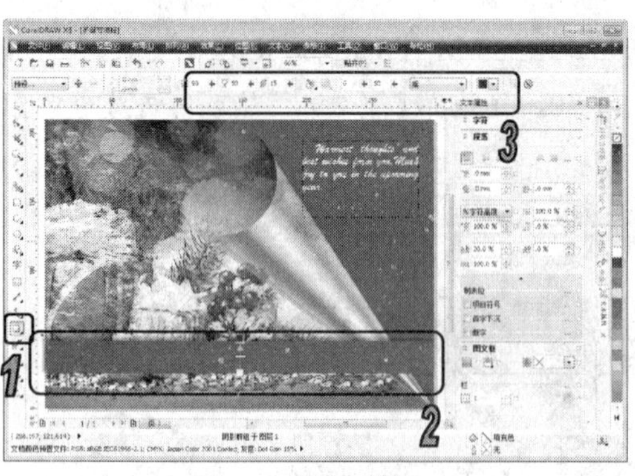

图 9-85　添加阴影

图 9-86　添加文字

图 9-87　导入图像

9.13　习题

1. 使用描摹位图的方式，将如图 9-88 所示的位图图像转换为矢量图。
2. 使用【艺术笔触】命令组中的【水彩画】命令，制作如图 9-89 所示的贺卡效果。

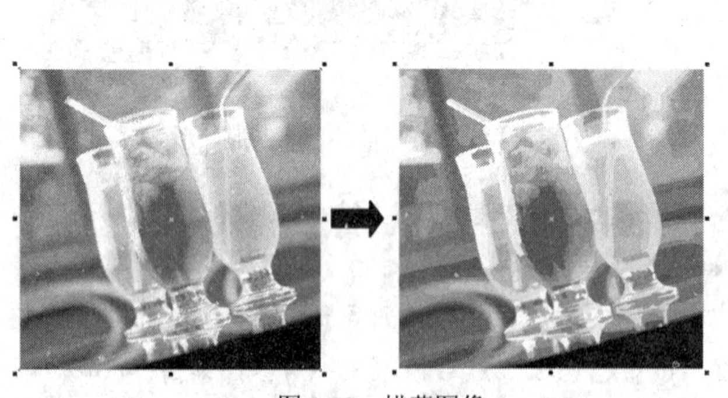

图 9-88　描摹图像

图 9-89　贺卡效果

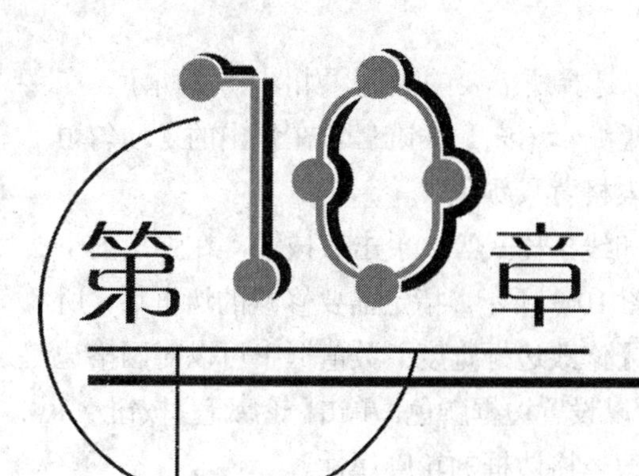

处理表格

学习目标

在 CorelDRAW X6 中，用户可以根据需要导入或创建表格，并且可以编辑表格的样式。使用表格有利于用户方便地规划设计版面布局，添加图像和文字。

本章重点

- 添加表格
- 编辑表格
- 文本与表格的转换
- 向表格添加图形、图像

10.1 添加表格

【表格】工具是 CorelDRAW X6 中非常实用的工具之一，其使用方法与 Word 中的表格工具类似。使用该工具不仅可以绘制一般的数据表格，也可以用于设计绘图版面。创建表格后，用户还可以对其进行各种编辑、添加背景和文字等。

要在绘图文件中添加表格，先选择工具箱中的【表格】工具，然后在绘图窗口中按下鼠标左键，并沿对角线方向拖动鼠标，即可绘制表格。

在选择【表格】工具后，可以通过属性栏设置表格属性。用户也可以在绘制表格后，选中表格或部分单元格，通过【表格】工具属性栏，修改整个表格或部分单元格的属性，如图 10-1 所示。

x: 144.223 mm y: 100.438 mm 236.094 mm 134.015 mm 3 4 背景: 边框: .2 mm 选项

图 10-1 【表格】工具属性

- 【行数和列数】数值框：可以设置表格的行数和列数。

- 【背景】下拉列表：在弹出的下拉列表中可以选择所需要的颜色，如图 10-2 所示。在完成表格背景颜色设置后，单击属性栏中的【编辑填充】按钮，在弹出的【均匀填充】对话框中，可以编辑和自定义所需要的表格背景颜色。
- 【边框】选项：用于修改边框的宽度、颜色和线条样式等。单击该按钮，在弹出的下拉列表中，可以选择所需要修改的边框，如图 10-3 所示。指定需要修改的边框后，所设置的边框属性只对指定的边框起作用。在【修改边框宽度】数值框中可以对网格边框的宽度进行设置。单击边框颜色选取器，可以设置边框颜色。单击【轮廓笔】按钮，可以打开【轮廓笔】对话框，在其中可以修改表格边框的轮廓属性。

图 10-2 【背景】选项

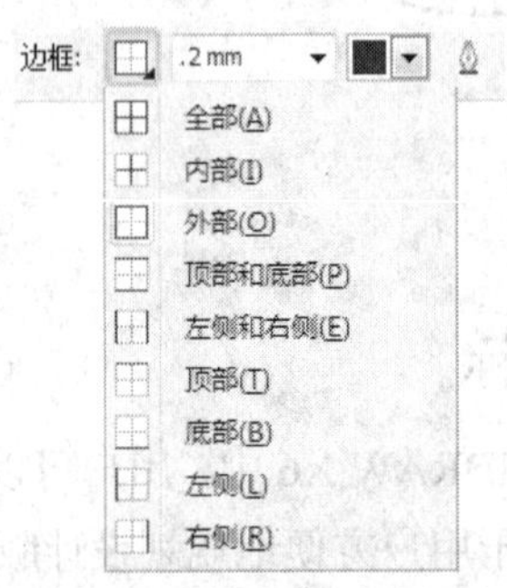

图 10-3 【边框】选项

- 【选项】按钮：单击该按钮，可以打开下拉面板，如图 10-4 所示。选中【在键入时自动调整单元格大小】复选框，系统将根据输入文字的多少自动调整单元格的大小，以显示全部文字。选中【单独的单元格边框】复选框，然后在【水平单元格间距】数值框中输入数值，可以修改表格中的单元格边框间距。默认状态下，垂直单元格间距与水平单元格间距相等。如果要单独设置水平和垂直单元格间距，单击【锁定】按钮，解除【水平单元格间距】和【垂直单元格间距】间的锁定状态，然后在【水平单元格间距】和【垂直单元格间距】数值框中输入所需的间距值即可。

知识点

另外，用户也可以通过选择菜单栏中的【表格】|【创建新表格】命令，然后在【创建新表格】对话框中的【行数】、【列数】、【高度】以及【宽度】数值框中键入相关数值来创建表格，如图 10-5 所示。

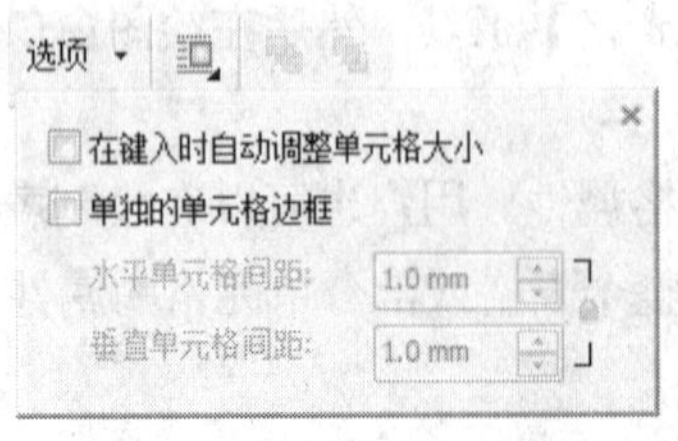

图 10-4 【选项】选项

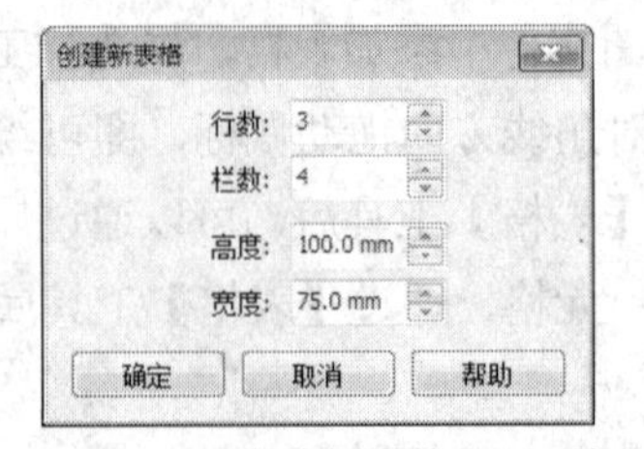

图 10-5 【创建新表格】对话框

【例 10-1】在绘图文档中，创建所需表格。

(1) 选择菜单栏中的【表格】|【创建新表格】命令，打开【创建新表格】对话框。在对话

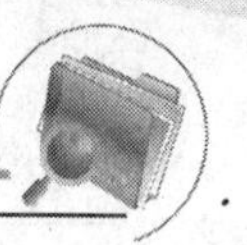

框中，设置【行数】为 10、【栏数】为 3、【高度】为 80mm、【宽度】为 200mm，然后单击【确定】按钮创建表格，如图 10-6 所示。

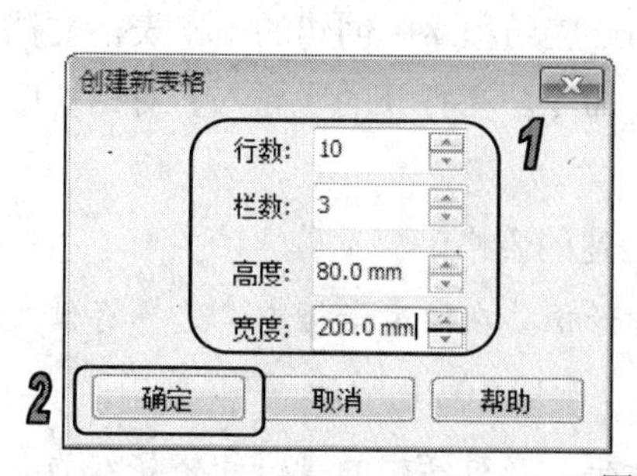

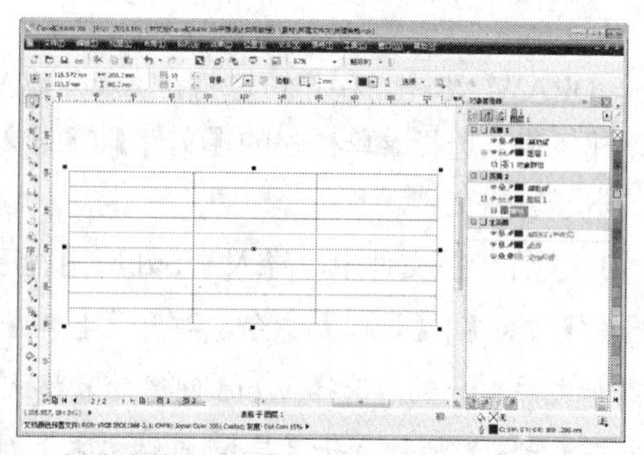

图 10-6　创建表格

(2) 在属性栏中，单击【边框】下拉列表，选择【外部】选项。设置【轮廓宽度】为 1.0mm，单击【轮廓颜色】下拉面板设置颜色为红色，如图 10-7 所示。

(3) 在属性栏中，单击【边框】下拉列表，选中【内部】选项，并单击【轮廓笔】按钮，打开【轮廓笔】对话框。在该对话框的【颜色】下拉列表中设置颜色为深粉，在【宽度】下拉列表中选择【细线】选项，然后单击【确定】按钮应用，如图 10-8 所示。

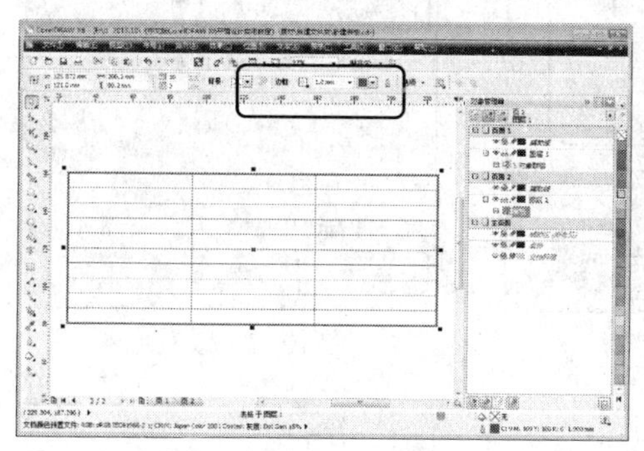

图 10-7　设置外部轮廓

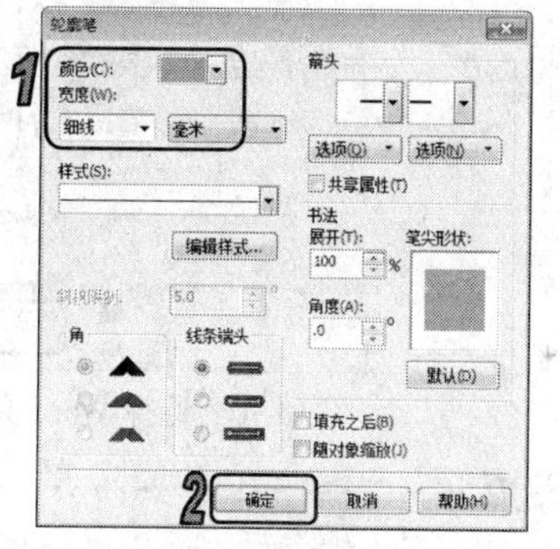

图 10-8　设置内部轮廓

(4) 在属性栏中，单击【背景】下拉面板，设置背景样色为浅黄色，填充表格背景，如图 10-9 所示。

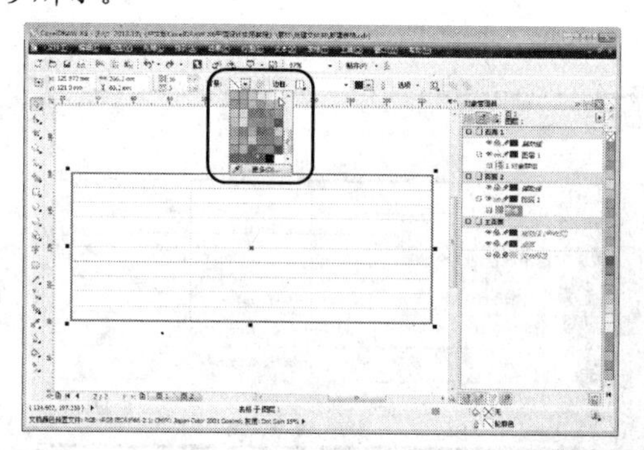

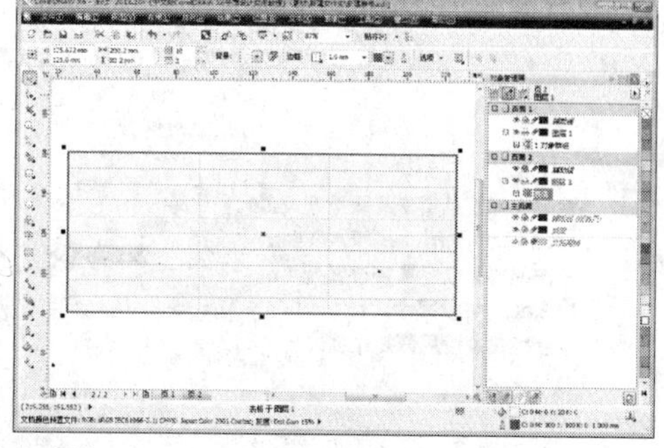

图 10-9　填充表格

10.2 导入表格

在 CorelDRAW X6 中，用户可以将在 Excel 或 Word 应用程序中创建的电子表格文档导入到绘图中创建表格。选择菜单栏中的【文件】|【导入】命令，在打开的【导入】对话框中选择需要导入的电子表格文档。

【例 10-2】在绘图文件中，导入 Word 应用程序创建的表格。

(1) 选择【文件】|【导入】命令，打开【导入】对话框。在该对话框中，选择存储文本文件的驱动器和文件夹，然后选择 Word 创建的表格文件，如图 10-10 所示。

(2) 单击【导入】按钮打开【导入/粘贴文本】对话框。在对话框的【将表格导入为】下拉列表框中选择【表格】选项，并选中【保持字体和格式】单选按钮，如图 10-11 所示。

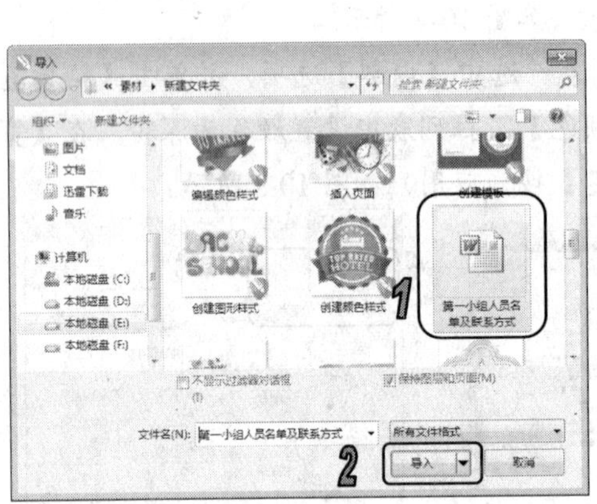

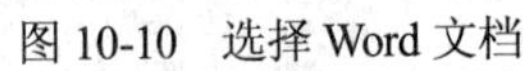

图 10-10　选择 Word 文档

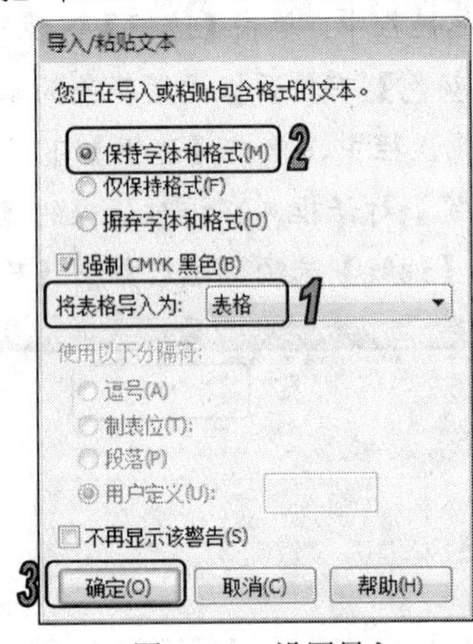

图 10-11　设置导入

知识点

【保持字体和格式】单选按钮用于导入应用于文本的所有字体和格式。【仅保持格式】单选按钮用于导入应用于文本的所有格式。【摒弃字体和格式】单选按钮用于忽略应用于文本的所有字体和格式。

(3) 设置完成后，单击【确定】按钮，即可将表格导入到绘图文件中，如图 10-12 所示。

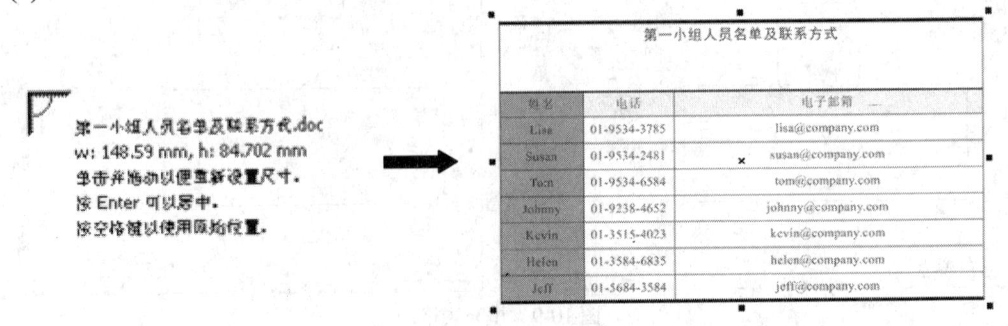

图 10-12　导入表格

10.3 编辑表格

使用【表格】工具创建表格后，用户可以更改表格的属性和格式、合并和拆分单元格、在表格中插入行或列等，轻松创建所需要的表格类型。

10.3.1 选择、移动和浏览表格组件

要对表格进行编辑首先必须选择表格、表格行、表格列或表格单元格，然后才能进行插入行或列、更改表格边框属性、添加背景填充颜色或编辑其他表格属性等操作。用户可以将选定的行和列移至表格中的新位置；也可以从一个表格中复制或剪切一行或列，然后将其粘贴到另一个表格中。

1. 选择表格组件

在处理表格的过程中，都需要对要处理的表格、单元格、行或列进行选择。可以通过下列方法在 CorelDRAW 中选择表格内容。

- 选择表格：选择【表格】|【选择】|【表格】命令；或将【表格】工具指针置于表格的左上角，直到出现对角箭头为止，然后单击鼠标，如图 10-13 所示。
- 选择行：在行中单击，然后选择【表格】|【选择】|【行】命令；或将【表格】工具指针置于要选择的行左侧的表格边框上，当水平箭头出现后，单击该边框选择此行，如图 10-14 所示。

手机报价表

SGH-i900 8GB	手机制式：GSM	¥2500.00
S8300	手机制式：3G(WCDMA)	¥2250.00
I8510	手机制式：3G(WCDMA)	¥2600.00
M8800	手机制式：3G(WCDMA)	¥2190.00
S5230C(Star)	手机制式：GSM	¥1950.00
SGH-F480	手机制式：3G(WCDMA)	¥1650.00
SCH-W699	手机制式：双模双待	¥6598.00
S5233	手机制式：3G(WCDMA)	¥1300.00
SGH-G800	手机制式：3G(WCDMA)	¥1480.00
SGH-F488E	手机制式：GSM	¥2496.00

图 10-13 选择表格

手机报价表

SGH-i900 8GB	手机制式：GSM	¥2500.00
S8300	手机制式：3G(WCDMA)	¥2250.00
I8510	手机制式：3G(WCDMA)	¥2600.00
M8800	手机制式：3G(WCDMA)	¥2190.00
S5230C(Star)	手机制式：GSM	¥1950.00
SGH-F480	手机制式：3G(WCDMA)	¥1650.00
SCH-W699	手机制式：双模双待	¥6598.00
S5233	手机制式：3G(WCDMA)	¥1300.00
SGH-G800	手机制式：3G(WCDMA)	¥1480.00
SGH-F488E	手机制式：GSM	¥2496.00

图 10-14 选择行

- 选择列：在列中单击，然后选择【表格】|【选择】|【列】命令；或将【表格】工具指针置于要选择的列的顶部边框上，当垂直箭头出现后，单击该边框选择此列，如图 10-15 所示。
- 选择单元格：使用【表格】工具在单元格中单击，然后选择【表格】|【选择】|【单元格】命令；或将【表格】工具在单元格中单击然后按 Ctrl+A 键，来选择单元格，如图 10-16 所示。

手机报价表

SGH-i900 8GB	手机制式：GSM	￥2500.00
S8300	手机制式：3G(WCDMA)	￥2250.00
i8510	手机制式：3G(WCDMA)	￥2600.00
M8800	手机制式：3G(WCDMA)	￥2100.00
S5230C(Star)	手机制式：GSM	￥1950.00
SGH-F480	手机制式：3G(WCDMA)	￥1650.00
SCH-W699	手机制式：双模双待	￥6598.00
S5233	手机制式：3G(WCDMA)	￥1300.00
SGH-G800	手机制式：3G(WCDMA)	￥1480.00
SGH-F488E	手机制式：GSM	￥2498.00

图 10-15　选择列

手机报价表

SGH-i900 8GB	手机制式：GSM	￥2500.00
S8300	手机制式：3G(WCDMA)	￥2250.00
i8510	手机制式：3G(WCDMA)	￥2600.00
M8800	手机制式：3G(WCDMA)	￥2100.00
S5230C(Star)	手机制式：GSM	￥1950.00
SGH-F480	手机制式：3G(WCDMA)	￥1650.00
SCH-W699	手机制式：双模双待	￥6598.00
S5233	手机制式：3G(WCDMA)	￥1300.00
SGH-G800	手机制式：3G(WCDMA)	￥1480.00
SGH-F488E	手机制式：GSM	￥2498.00

图 10-16　选择单元格

2. 移动表格组件

在创建表格后，可以将表格的行或列移动到该表格的其他位置，或其他表格中。选择要移动的行或列，将行或列拖动到表格中的其他位置即可，如图 10-17 所示。

手机报价表		
SGH-i900 8GB	手机制式：GSM	￥2500.00
S8300	手机制式：3G(WCDMA)	￥2250.00
i8510	手机制式：3G(WCDMA)	￥2600.00
M8800	手机制式：3G(WCDMA)	￥2100.00
S5230C(Star)	手机制式：GSM	￥1950.00
SGH-F480	手机制式：3G(WCDMA)	￥1650.00
SCH-W699	手机制式：双模双待	￥6598.00
S5233	手机制式：3G(WCDMA)	￥1300.00
SGH-G800	手机制式：3G(WCDMA)	￥1480.00
SGH-F488E	手机制式：GSM	￥2498.00

SGH-i900 8GB	手机制式：GSM	￥2500.00
S8300	手机制式：3G(WCDMA)	￥2250.00
i8510	手机制式：3G(WCDMA)	￥2600.00
M8800	手机制式：3G(WCDMA)	￥2100.00
S5230C(Star)	手机制式：GSM	￥1950.00
手机报价表		
SGH-F480	手机制式：3G(WCDMA)	￥1650.00
SCH-W699	手机制式：双模双待	￥6598.00
S5233	手机制式：3G(WCDMA)	￥1300.00
SGH-G800	手机制式：3G(WCDMA)	￥1480.00
SGH-F488E	手机制式：GSM	￥2498.00

图 10-17　移动表格组件

要将表格组件移动到另一表格中，可以选择要移动的表格行或列，然后选择【编辑】|【剪切】命令，并在另一表格中选择要插入的位置，再选择【编辑】|【粘贴】命令，在打开的【粘贴行】或【粘贴列】对话框中选择所需的选项，然后单击【确定】按钮，如图 10-18 所示。

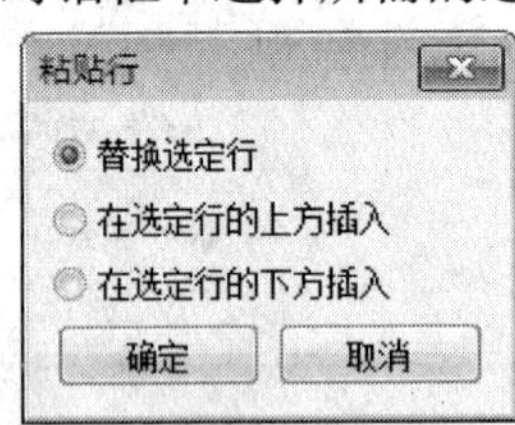

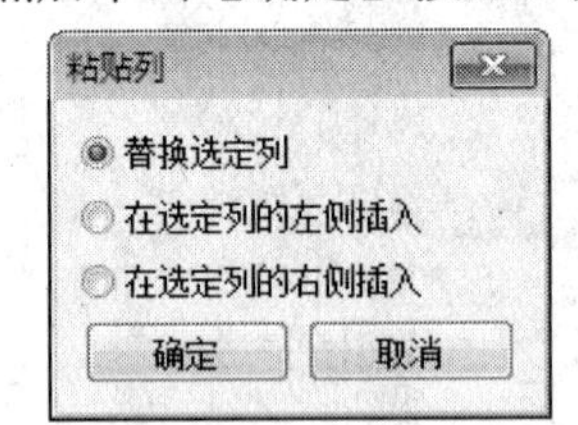

图 10-18　【粘贴行】和【粘贴列】对话框

3. 浏览表格组件

将【表格】工具插入到单元格中，然后按 Tab 键。如果是第一次在表格中按 Tab 键，则从【Tab 键顺序】列表框中选择 Tab 键顺序选项。用户也可以选择【工具】|【选项】命令，打开【选项】对话框，在【工作区】中的【工具箱】类别列表中，单击【表格】工具；选择【移至下一个单元格】选项；从【Tab 键顺序】列表框中，选择【从左到右、从上到下】或【从右到左、从上到下】选项。

10.3.2　插入和删除表格行、列

在绘图过程中，用户可以根据图形或文字编排的需要，在绘制的表格中插入或删除行和列。

1. 插入表格行、列

在表格中选择一行或列后，选择【表格】|【插入】命令可以为现有的表格添加行和列，并且可以指定添加的行、列数。

- 要在选定行的上方插入一行，可以选择【表格】|【插入】|【行上方】命令，或右击鼠标，在弹出的快捷菜单中选择【插入】|【行上方】命令，如图 10-19 所示。

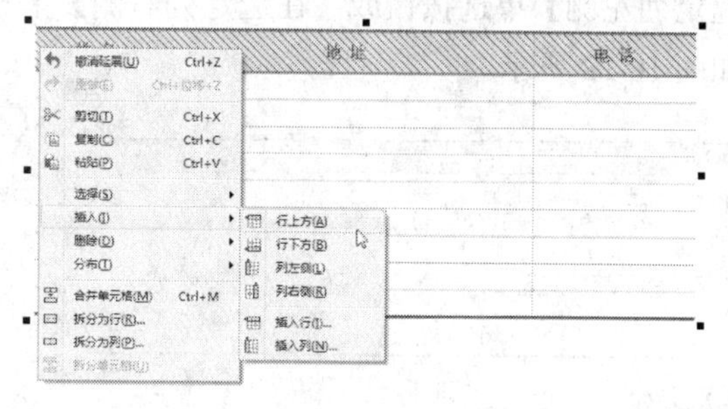

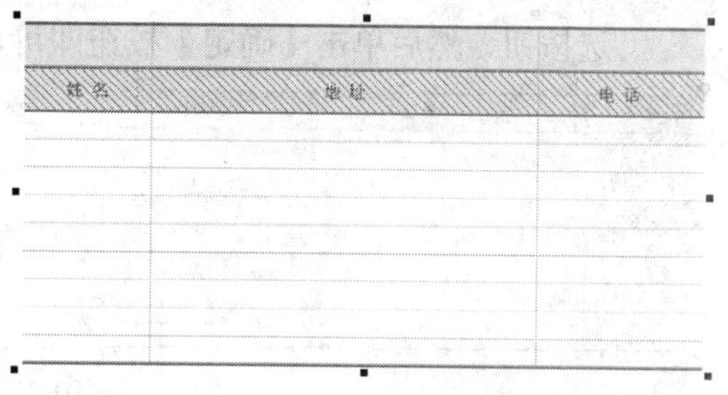

图 10-19　插入行

- 要在选定行的下方插入一行，可以选择【表格】|【插入】|【行下方】命令，或右击鼠标，在弹出的快捷菜单中选择【插入】|【行下方】命令。
- 要在选定列的左侧插入一列，可以选择【表格】|【插入】|【列左侧】命令，或右击鼠标，在弹出的快捷菜单中选择【插入】|【列左侧】命令，如图 10-20 所示。

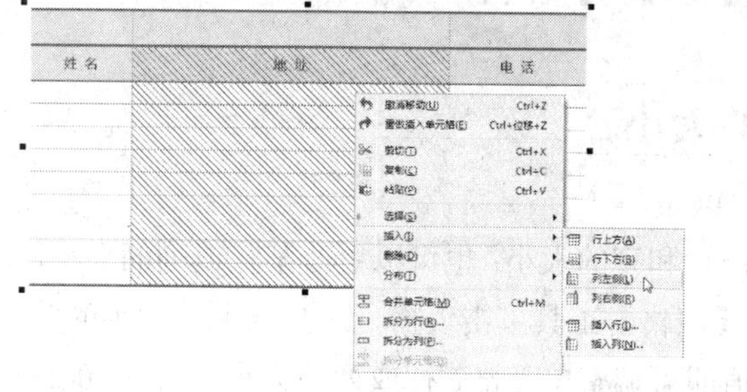

图 10-20　插入列

- 要在选定列的右侧插入一列，可以选择【表格】|【插入】|【列右侧】命令，或右击鼠标，在弹出的快捷菜单中选择【插入】|【列右侧】命令。
- 要在选定行的上方或下方插入多个行，可以选择【表格】|【插入】|【插入行】命令，或右击鼠标，在弹出的快捷菜单中选择【插入】|【插入行】命令，在打开的【插入行】对话框的【行数】数值框中键入一个值，再选中【在选定行上方】单选按钮或【在选定行下方】单选按钮，然后单击【确定】按钮即可，如图 10-21 所示。

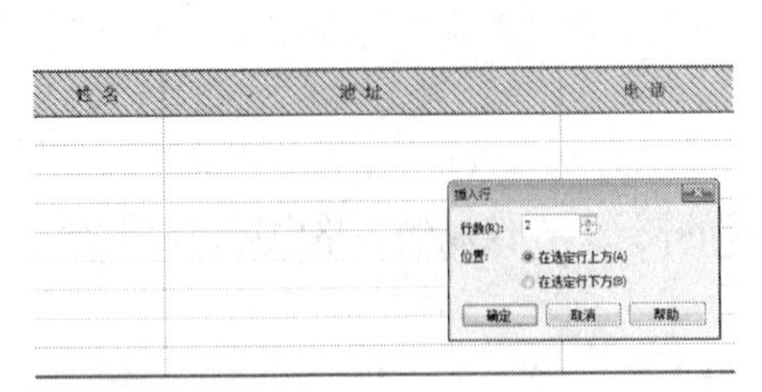

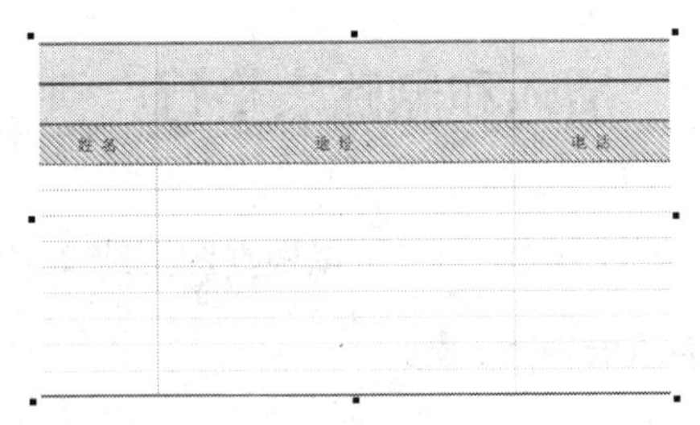

图 10-21　插入多行

◉ 要在选定列的左右插入多个列，选择【表格】|【插入】|【插入列】命令，或右击鼠标，在弹出的快捷菜单中选择【插入】|【插入列】命令，在打开的【插入列】对话框的【列数】数值框中键入一个值，再选中【在选定列左侧】单选按钮或【在选定列右侧】单选按钮，然后单击【确定】按钮即可，如图 10-22 所示。

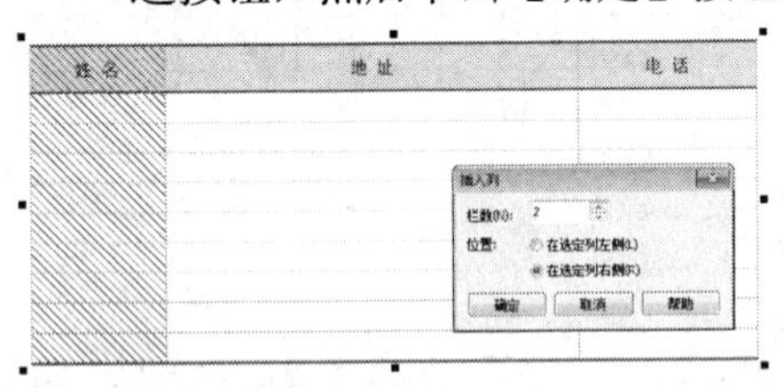

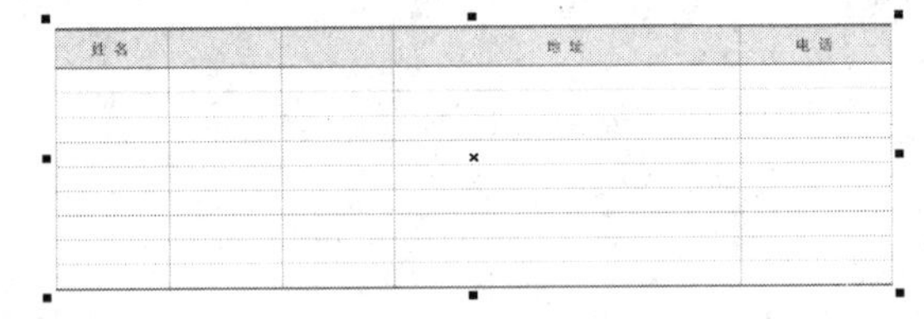

图 10-22　插入多列

2. 删除表格行、列

绘制表格后，可以根据需要删除不需要的单元格、行或列。使用【形状】工具选择要删除的行或列，选择菜单栏中的【表格】|【删除】|【行】命令或【表格】|【删除】|【列】命令，或右击鼠标，在弹出的菜单中选择【删除】|【行】或【列】命令即可。

10.3.3　调整表格单元格、行和列的大小

在 CorelDRAW X6 中，可以调整表格单元格、行和列的大小；也可以更改某行或列的大小，并对其进行分布以使所有行或列大小相同。使用【表格】工具单击表格，选择要调整大小的单元格、行或列，然后在属性栏的数值框中输入数值即可调整单元格、行或列的大小，如图 10-23 所示。

154.976 mm
76.421 mm

姓名	电子邮箱	电话
Lisa	lisa@company.com	01-9534-3785
Susan	susan@company.com	01-9534-2481
Tom	tom@company.com	01-9534-6584
Johnny	johnny@company.com	01-9238-4652
Kevin	kevin@company.com	01-3515-4023
Helen	helen@company.com	01-3584-6835
Jeff	jeff@company.com	01-5684-3584

216.468 mm
76.421 mm

姓名	电子邮箱	电话
Lisa	lisa@company.com	01-9534-3785
Susan	susan@company.com	01-9534-2481
Tom	tom@company.com	01-9534-6584
Johnny	johnny@company.com	01-9238-4652
Kevin	kevin@company.com	01-3515-4023
Helen	helen@company.com	01-3584-6835
Jeff	jeff@company.com	01-5684-3584

图 10-23　调整单元格大小

另外，选择【表格】|【分布】|【行均分】命令，可以使所有选定的行高度相同。选择【表格】|【分布】|【列均分】命令，使所有选定的列宽度相同，如图 10-24 所示。

姓 名	电子邮箱	电 话
Lisa	lisa@company.com	01-9534-3785
Susan	susan@company.com	
Tom	tom@company.com	
Johnny	johnny@company.com	
Kevin	kevin@company.com	
Helen	helen@company.com	
Jeff	jeff@company.com	

撤消编辑表格(U) Ctrl+Z
重做(E) Ctrl+Shift+Z
剪切(T) Ctrl+X
复制(C) Ctrl+C
粘贴(P) Ctrl+V
选择(S)
插入(I)
删除(D)
分布(T)
合并单元格(M) Ctrl+M
行均分(R)
列均分(C)

姓 名	电子邮箱	电 话
Lisa	lisa@company.com	01-9534-3785
Susan	susan@company.com	01-9534-2481
Tom	tom@company.com	01-9534-6584
Johnny	johnny@company.com	01-9238-4652
Kevin	kevin@company.com	01-3515-4023
Helen	helen@company.com	01-3584-6835
Jeff	jeff@company.com	01-5684-3584

图 10-24 列均分

10.3.4 合并、拆分表格和单元格

在绘制表格时，可以通过合并相邻单元格、行和列，或拆分单元格来更改表格的配置方式。如果合并表格单元格，则左上角单元格的格式将应用于所有合并的单元格。

合并单元格的操作非常简单，选择多个单元格后，选择菜单栏中的【表格】|【合并单元格】命令，或直接单击属性栏中的【合并单元格】按钮，即可将其合并为一个单元格，如图 10-25 所示。

姓 名	电子邮箱	电 话
Lisa	lisa@company.com	01-9534-3785
Susan	susan@company.com	01-9534-2481
Tom	tom@company.com	01-9534-6584
Johnny	johnny@company.com	01-9238-4652
Kevin	kevin@company.com	01-3515-4023
Helen	helen@company.com	01-3584-6835
Jeff	jeff@company.com	01-5684-3584

姓 名	电子邮箱	电 话
Lisa	lisa@company.com	01-9534-3785
Susan	susan@company.com	01-9534-2481
Tom	tom@company.com	01-9534-6584
Johnny	johnny@company.com	01-9238-4652
Kevin	kevin@company.com	01-3515-4023
Helen	helen@company.com	01-3584-6835
Jeff	jeff@company.com	01-5684-3584

图 10-25 合并单元格

选择合并后的单元格，选择【表格】|【拆分单元格】命令，或单击属性栏中的【撤销合并】按钮，即可将其拆分。拆分后的每个单元格格式与拆分前相同，如图 10-26 所示。

星期一	星期二	星期三	星期四	星期五
午休				

星期一	星期二	星期三	星期四	星期五
午休				

图 10-26 拆分单元格

选择需要拆分的单元格，然后选择【表格】|【拆分为行】或【拆分为列】命令，打开如图 10-27 所示或如图 10-28 所示的【拆分单元格】对话框，在其中设置拆分的行数或栏数后，单击【确定】按钮即可。用户也可以通过单击属性栏中的【水平拆分单元格】按钮或【垂直拆分

单元格】按钮▭打开【拆分单元格】对话框。

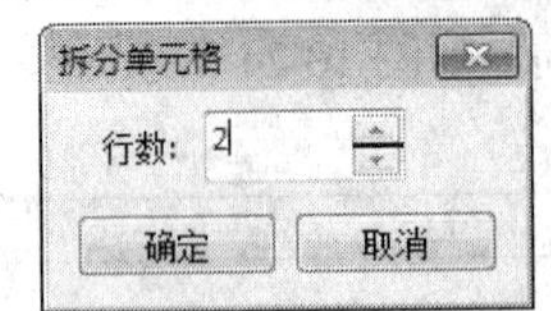

图 10-27 设置行数

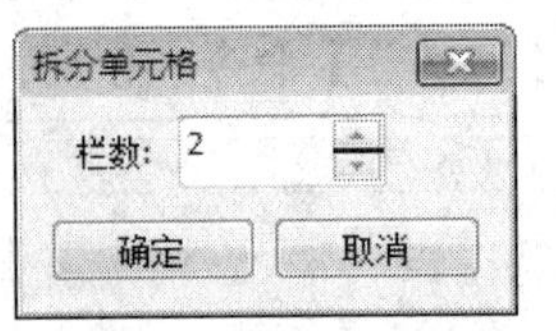

图 10-28 设置栏数

10.3.5 格式化表格和单元格

在 CorelDRAW X6 中，可以通过修改表格和单元格边框更改表格的外观，如可以更改表格边框的宽度或颜色。此外，还可以更改表格单元格页边距和单元格边框间距。单元格页边距用于增加单元格边框和单元格中的文本之间的间距。默认情况下，表格单元格边框会重叠从而形成网格，但可以增加单元格边框间距以移动边框使之相互分离。

1. 为表格、单元格填充颜色

可以对绘制的表格进行颜色填充。使用【形状】工具选中表格或单元格后，在调色板中单击需要的颜色样本即可。

2. 处理表格中的文本

在 CorelDRAW X6 中，可以轻松地向表格单元格中添加文本。表格单元格中的文本被视为段落文本。用户可以像修改其他段落文本那样修改表格文本，如更改字体、添加项目符号或缩进。在新表格中键入文本时，用户还可以选择自动调整表格单元格的大小。

【例 10-3】在绘图文档中，格式化表格。

(1) 选择【文件】|【打开】命令，打开绘图文档，并选中文档中的表格，如图 10-29 所示。

(2) 选择【表格】工具，使用【表格】工具选中表格最上行，然后单击属性栏中的【合并单元格】按钮▭，如图 10-30 所示。

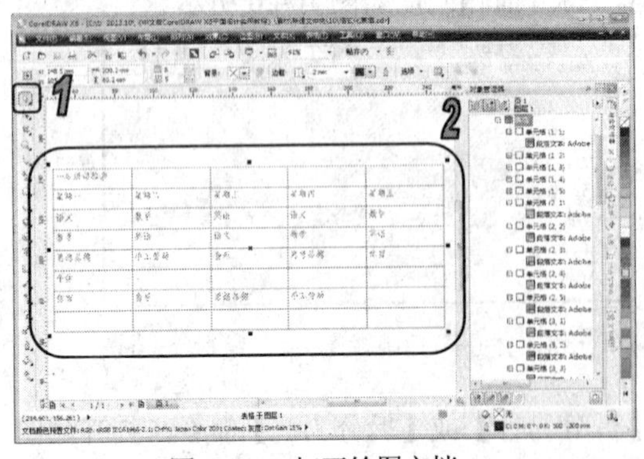

图 10-29 打开绘图文档

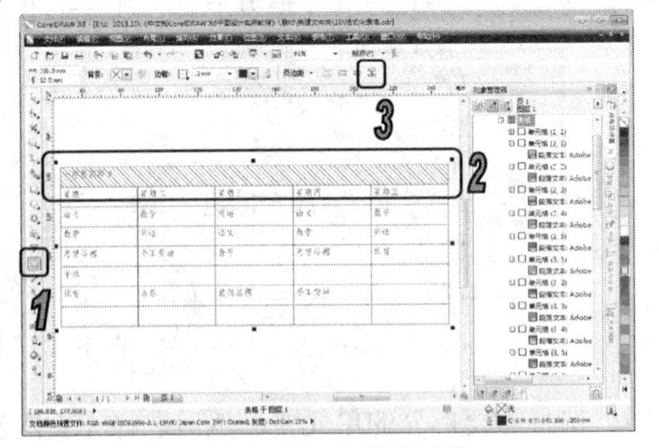

图 10-30 合并单元格

(3) 使用【表格】工具在单元格中单击，并按 Ctrl+A 键全选，然后在属性栏的【字体列表】

下拉列表中选择【方正大黑简体】选项，设置【字体大小】为 16pt；单击【文本对齐】按钮，在下拉列表中选择【居中】；单击【垂直对齐】按钮，在下拉列表中选择【居中垂直对齐】，如图 10-31 所示。

(4) 使用步骤(2)至步骤(3)中的操作方法合并单元格，并设置字体为方正大标宋简体，【字体大小】为 14pt，如图 10-32 所示。

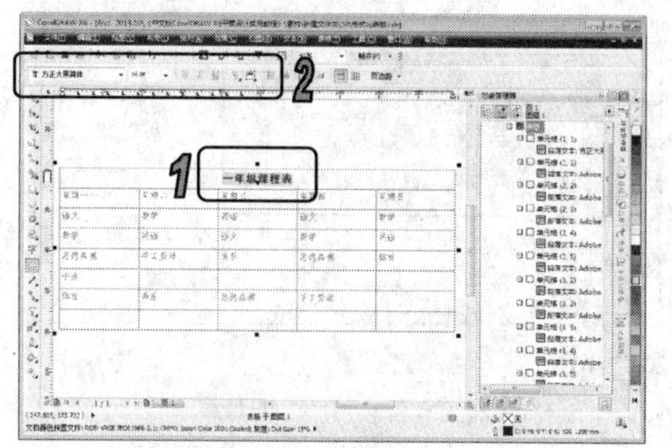

图 10-31　设置文本

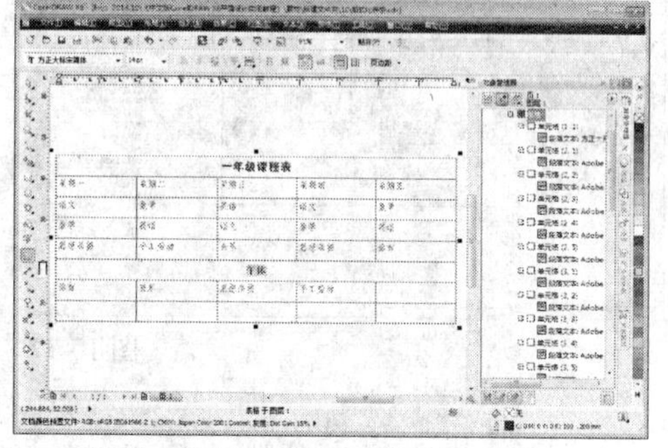

图 10-32　设置文本

(5) 使用【表格】工具选中全部单元格，设置【轮廓宽度】为 1.0mm，并在边框颜色下拉面板中将边框设置为红色，如图 10-33 所示。

(6) 在属性栏中单击【边框】下拉列表，选择【内部】选项，设置【轮廓宽度】为 0.25mm，并在【轮廓色】下拉面板中将边框设置为红色，如图 10-34 所示。

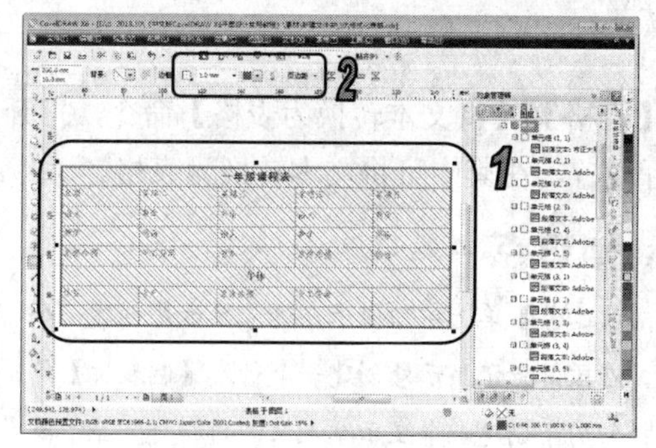

图 10-33　设置轮廓

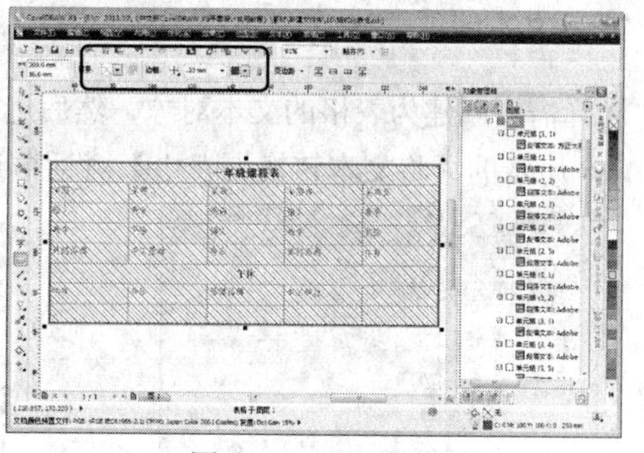

图 10-34　设置轮廓

(7) 使用【表格】工具选中第一行单元格，在属性栏中单击【填充色】下拉面板，单击色板为单元格填充颜色，如图 10-35 所示。

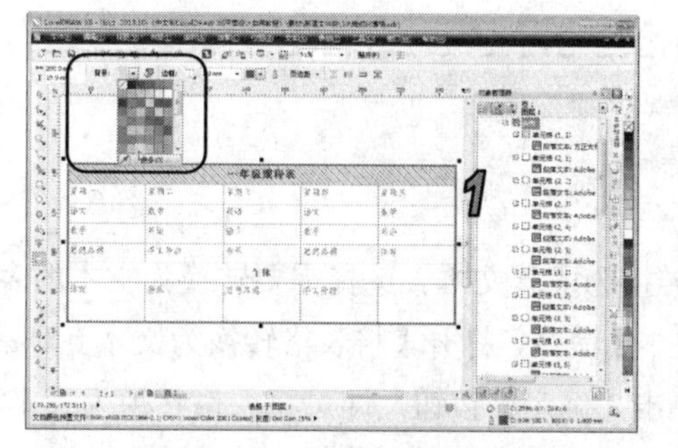

图 10-35　填充单元格

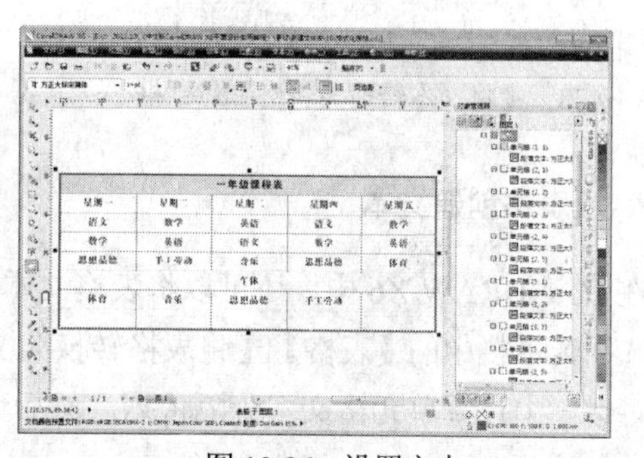

图 10-36　设置文本

(8) 使用步骤(4)的操作方法，设置表格中其他文字的格式，如图 10-36 所示。

(9) 按 Ctrl 键使用【表格】工具选中需要填充的单元格，然后在调色板中单击填充颜色，如图 10-37 所示。

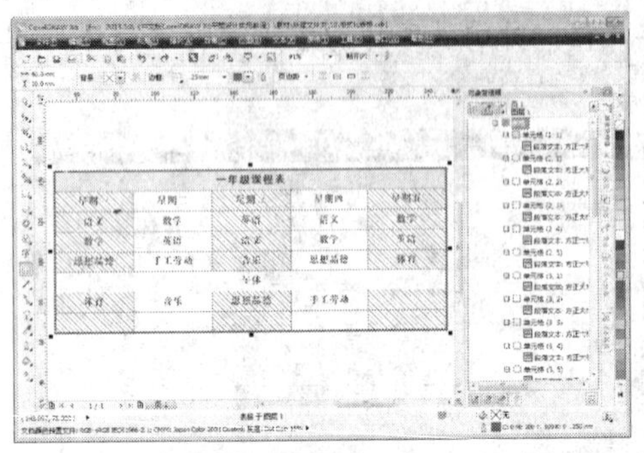

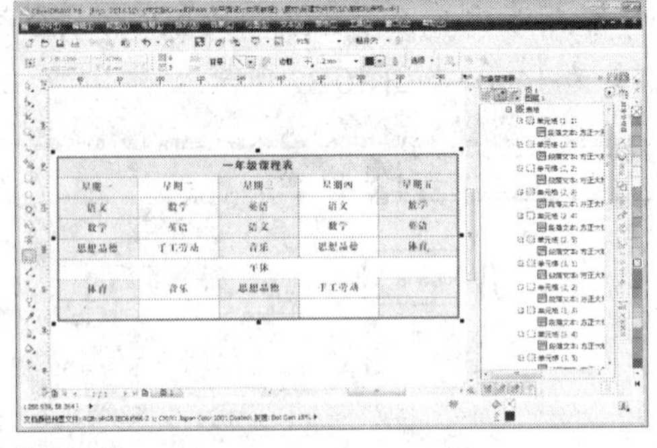

图 10-37　填充单元格

10.4　文本与表格的转换

在 CorelDRAW X6 中，除了可以使用【表格】工具绘制表格外，还可以将选定的文本对象创建为表格。另外，用户也可以将绘制好的表格转换为相应的段落文本。

1. 从文本创建表格

选择需要创建为表格的文本对象，然后选择【表格】|【将文本转换为表格】命令，打开如图 10-38 所示的【将文本转换为表格】对话框进行设置，在其中可将文本转换为表格。

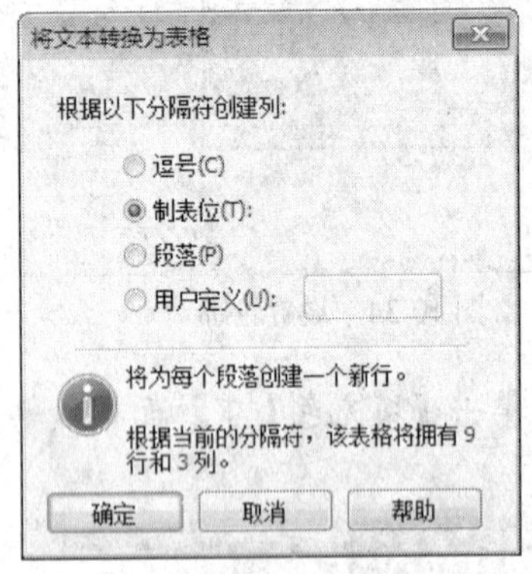

图 10-38　【将文本转换为表格】对话框

知识点

【逗号】单选按钮用于在逗号显示处创建一个列，在段落标记显示处创建一个行。【制表位】单选按钮用于创建一个显示制表位的列和一个显示段落标记的行。【段落】单选按钮用于创建一个显示段落标记的列。【用户定义】单选按钮用于创建一个显示指定标记的列和一个显示段落标记的行。

2. 从表格创建文本

在 CorelDRAW X6 中，还可以将表格文本转换为段落文本。选择需要转换为文本的表格，然后选择菜单栏中的【表格】|【将表格转换为文本】命令，打开【将表格转换为文本】对话框。在该对话框中设置单元格文本分隔依据，然后单击【确定】按钮，即可将表格转换为文本，如图 10-39 所示。

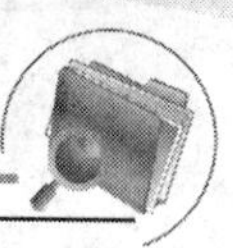

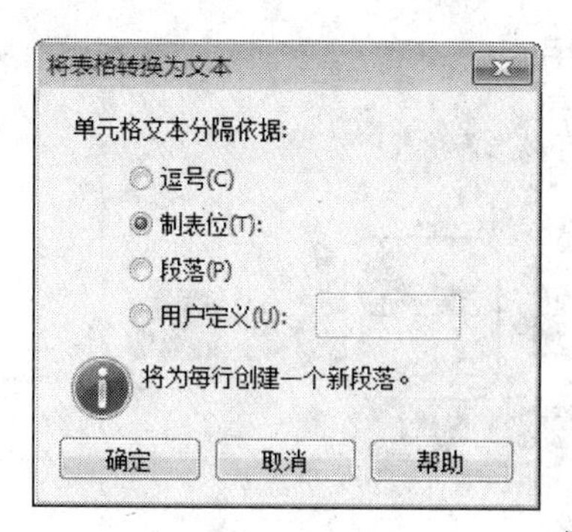

图 10-39 将表格转换为文本

10.5 向表格添加图形、图像

绘制好表格后，用户可以在一个或多个单元格中添加图形或图像等元素。其操作方法非常简单，打开需要添加的图形或图像后，选择【编辑】|【复制】或【剪切】命令，然后选中表格中的单元格，再选择【编辑】|【粘贴】命令在单元格中添加图形、图像即可，如图 10-40 所示。

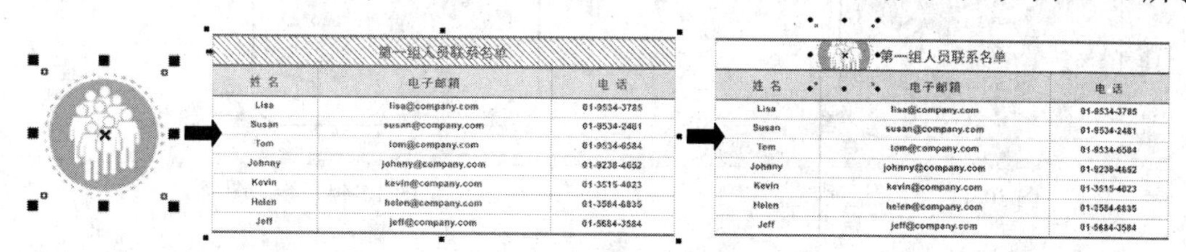

图 10-40 添加图像

10.6 上机练习

本章的上机练习通过制作宣传单页，使用户更好地掌握表格的创建、编辑以及添加图像等基本操作方法和技巧。

(1) 选择【文件】|【新建】命令，打开【创建新文档】对话框。在对话框的【名称】文本框中输入“宣传单页”，在【大小】下拉列表中选择 A4，单击【横向】按钮，在【原色模式】下拉列表中选择 CMYK 选项，然后单击【确定】按钮，如图 10-41 所示。

(2) 单击标准工具栏中的【导入】按钮，打开【导入】对话框。在该对话框中，选中需要导入的图像文件，然后单击【导入】按钮，如图 10-42 所示。

(3) 选择【透明度】工具，在导入的图像上单击，并从上向下拖动创建透明度效果，如图 10-43 所示。

(4) 选择【矩形】工具，在页面中拖动绘制矩形。在属性栏中设置对象宽度为 297mm，高度为 210mm，如图 10-44 所示。

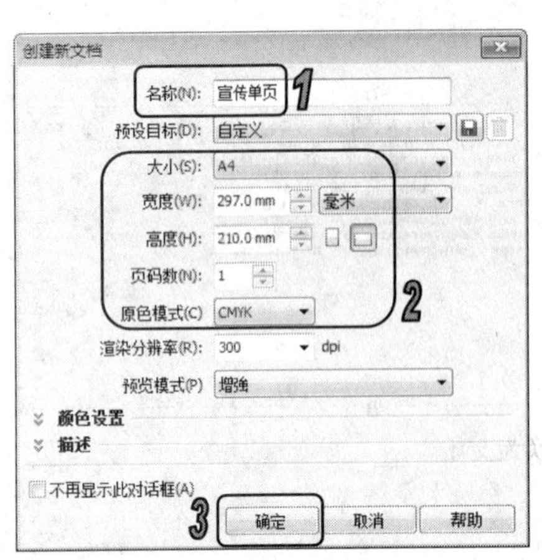

图 10-41　新建文档

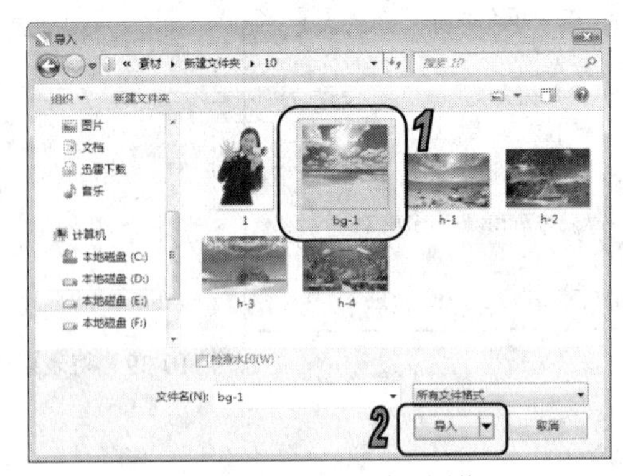

图 10-42　导入图像

图 10-43　设置透明度

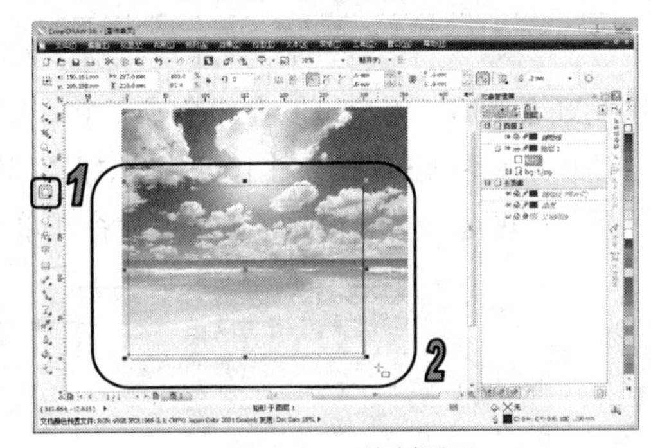

图 10-44　绘制图形

(5) 保持刚绘制矩形的选中状态，选择【窗口】|【泊坞窗】|【对齐与分布】命令，打开【对齐与分布】泊坞窗。在泊坞窗中，单击【对齐】选项区中的【水平居中对齐】和【垂直居中对齐】按钮，在【对齐对象到】选项区中单击【页面边缘】按钮，如图 10-45 所示。

(6) 选择【选择】工具调整导入图像的位置，然后选择【效果】|【图框精确裁剪】|【置于图文框内部】命令，当光标变为黑色箭头时，单击绘制的矩形将图像置入矩形内，并在调色板中取消轮廓色，如图 10-46 所示。

图 10-45　对齐对象

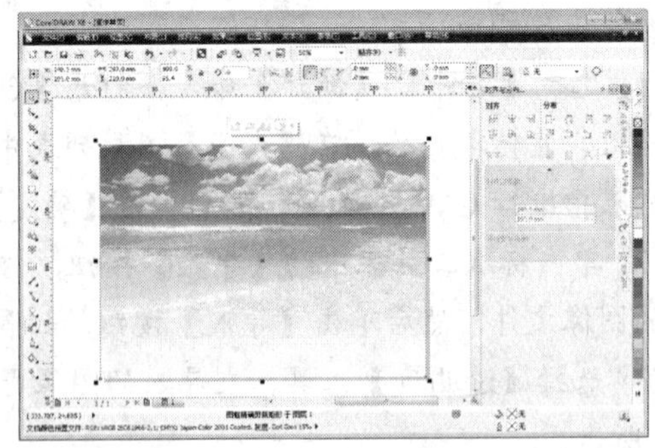
图 10-46　图框精确裁剪

(7) 单击标准工具栏中的【导入】按钮，打开【导入】对话框。在该对话框中，选中需要导入的图像文件，然后单击【导入】按钮。在绘图页面中单击导入图像，并调整图像的大小，

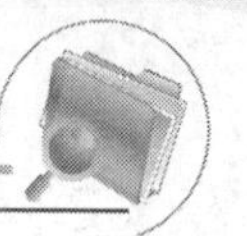

如图 10-47 所示。

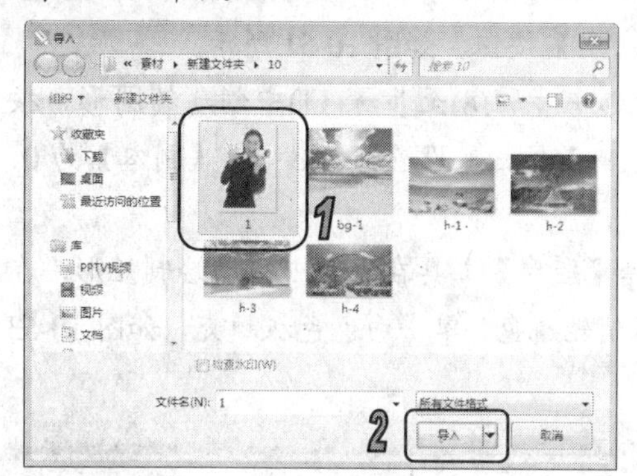

图 10-47　导入图像

(8) 选择【矩形】工具，在页面中拖动绘制矩形，并在调色板中取消轮廓色，单击 C:0 M:60 Y:80 K:0 色板填充矩形，如图 10-48 所示。

(9) 继续使用【矩形】工具，在页面中拖动绘制矩形，在属性栏中将对象原点设置在左下角，设置对象宽度和高度为均 3mm，并在调色板中取消轮廓色，单击 C:11 M:91 Y:100 K:0 色板填充矩形，如图 10-49 所示。

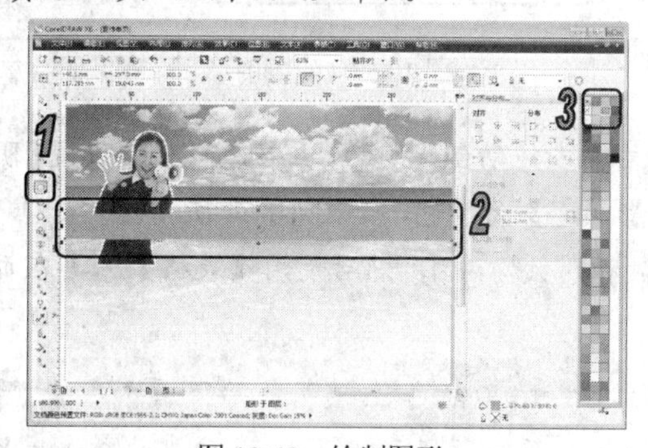

图 10-48　绘制图形

图 10-49　绘制图形

(10) 选择【窗口】|【泊坞窗】|【变换】|【位置】命令，打开【变换】泊坞窗。在泊坞窗中设置 x、y 均为 3mm，【副本】为 1，然后单击【应用】按钮，如图 10-50 所示。

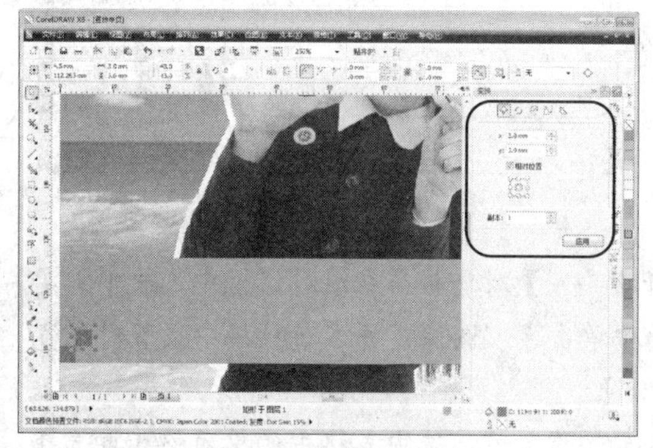

图 10-50　变换对象

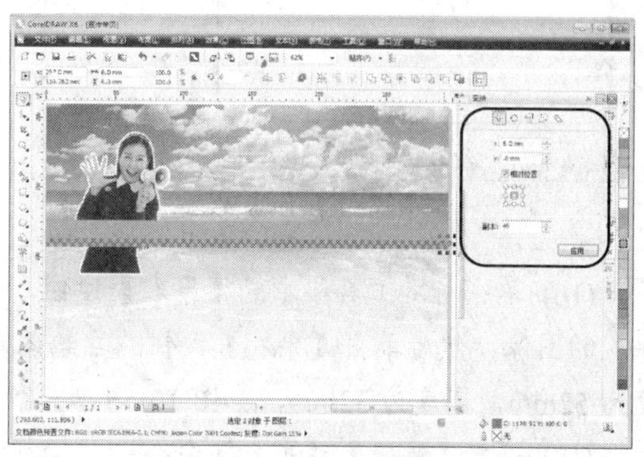

图 10-51　变换对象

(11) 使用【选择】工具选中，步骤(9)至步骤(10)中创建的矩形，在【变换】泊坞窗中设置x为6mm，y为0mm，【副本】为49，然后单击【应用】按钮，如图10-51所示。

(12) 使用【选择】工具删除多余的矩形，然后选中步骤(8)至步骤(11)中创建的图形，按Ctrl+G键进行群组。在【变换】泊坞窗中，单击【倾斜】按钮，设置y为3°，【副本】为0，然后单击【应用】按钮，如图10-52所示。

(13) 使用【选择】工具调整对象位置，然后选择【矩形】工具在页面中拖动绘制矩形，在属性栏中设置【圆角半径】为4mm，并在调色板中取消轮廓色，单击白色色板填充，如图10-53所示。

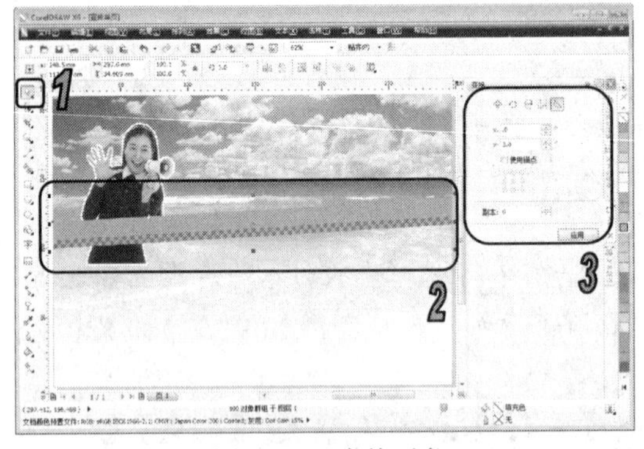

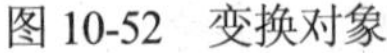

图10-52　变换对象

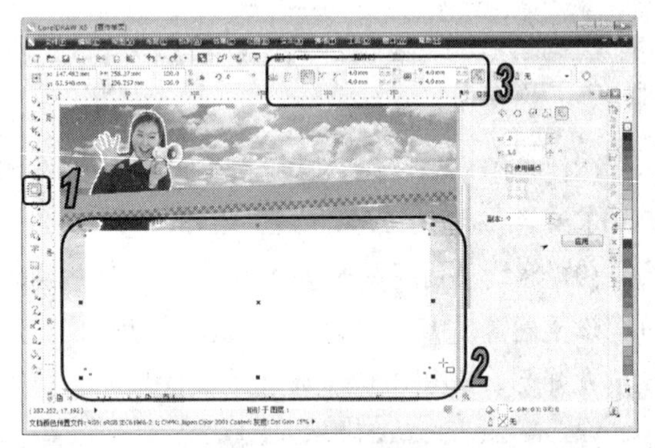

图10-53　绘制图形

(14) 选择【阴影】工具在刚绘制圆角矩形上从右向左拖动创建阴影，并在属性栏中设置【阴影的不透明度】为50，【阴影羽化】为10，【阴影颜色】为黑色，如图10-54所示。

(15) 选择【表格】工具，在属性栏中设置行数和列数均为4，然后使用【表格】工具在页面中拖动创建表格，如图10-55所示。

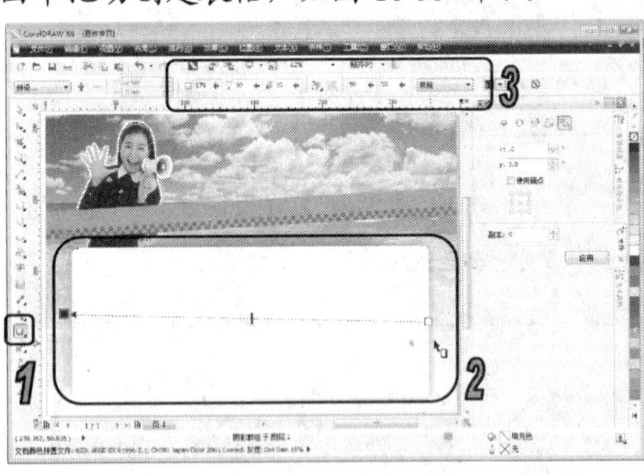

图10-54　添加投影

图10-55　创建表格

(16) 单击标准工具栏中的【导入】按钮，打开【导入】对话框。在该对话框中，选中需要导入的图像，然后单击【导入】按钮。在绘图页面中单击导入图像，并在属性栏中设置对象宽度为52mm，高度为32mm，如图10-56所示。

(17) 选择【编辑】|【剪切】命令，剪切刚导入的图像，然后选中表格中的单元格，再选择【编辑】|【粘贴】命令在单元格中添加图形、图像，如图10-57所示。

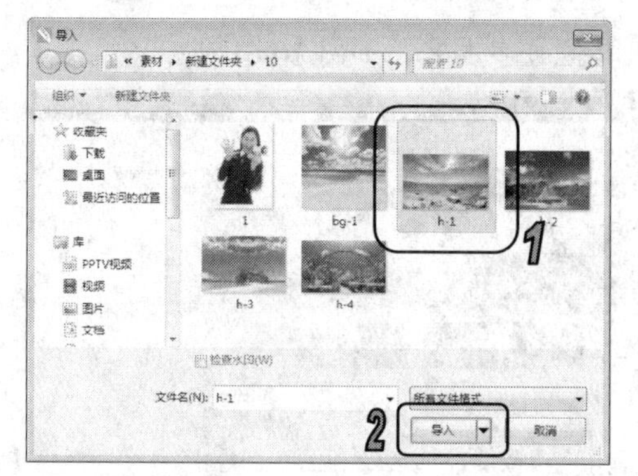

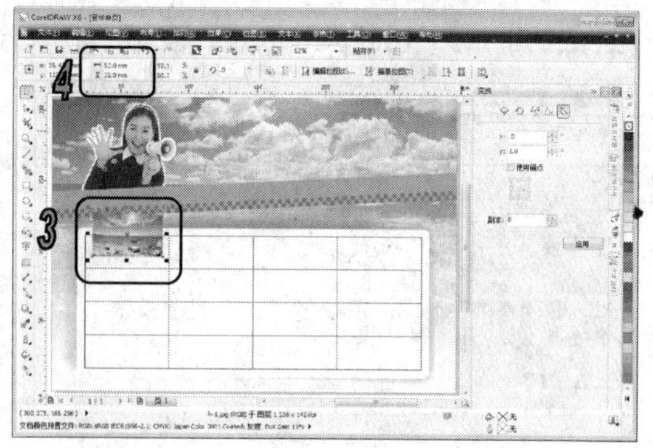

图 10-56　导入图像

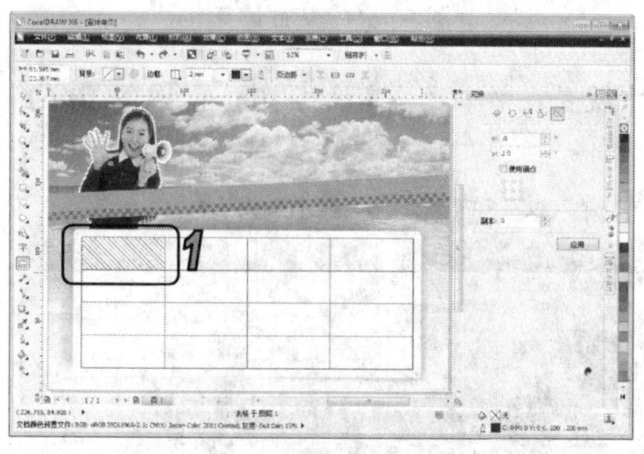

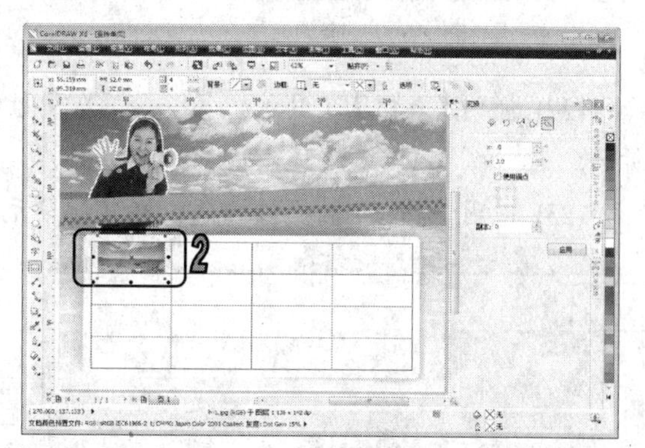

图 10-57　将图像置入表格

(18) 使用步骤(16)至步骤(17)中的操作方法，导入其他图像并置入到表格中，如图 10-58 所示。

(19) 使用【表格】工具选中第一行，在属性栏中设置表格单元格高度为 32mm，如图 10-59 所示。

图 10-58　将图像置入表格

图 10-59　设置单元格

(20) 使用【表格】工具在单元格中单击，在属性栏中的【字体列表】中选择方正大黑简体，设置【字体大小】为 14pt，单击【文本对齐】按钮，在弹出的下拉列表中选择【居中】选项，单击【垂直对齐】按钮，在弹出的下拉列表中选择【居中垂直对齐】选项，在调色板中单击 C:93 M:62 Y:0 K:0 色板，然后输入文字内容，如图 10-60 所示。

(21) 使用步骤(20)的操作方法，在第二行中输入其他文字内容，如图 10-61 所示。

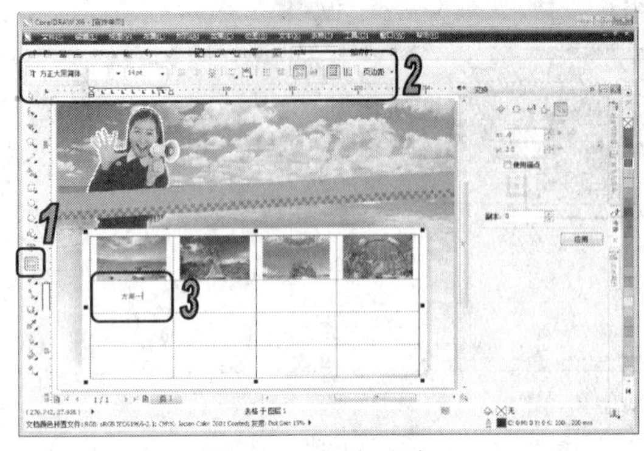

图 10-60　添加文字

图 10-61　添加文字

(22) 使用【表格】工具选中第一行，在属性栏中设置表格单元格高度为 10mm，如图 10-62 所示。

(23) 使用步骤(20)的操作方法，在其他单元格中输入文字内容，如图 10-63 所示。

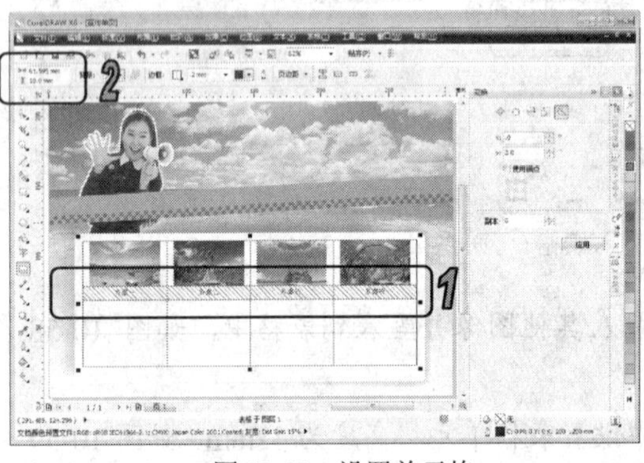

图 10-62　设置单元格

图 10-63　添加文字

(24) 使用【表格】工具选中第一和第二行，在属性栏【边框】下拉列表中选择【全部】选项，在【轮廓宽度】下拉列表中选择【无】选项，如图 10-64 所示。

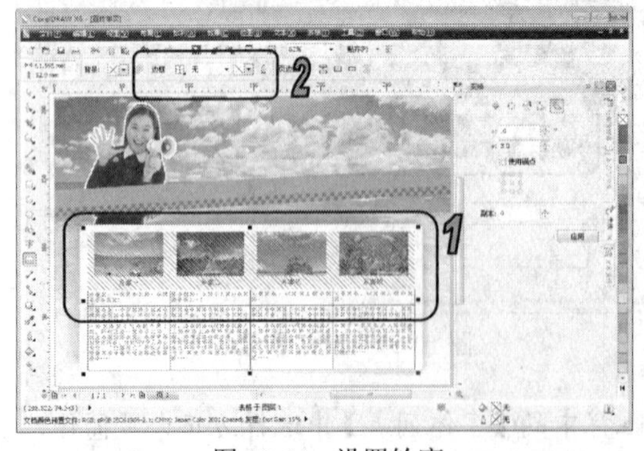

图 10-64　设置轮廓

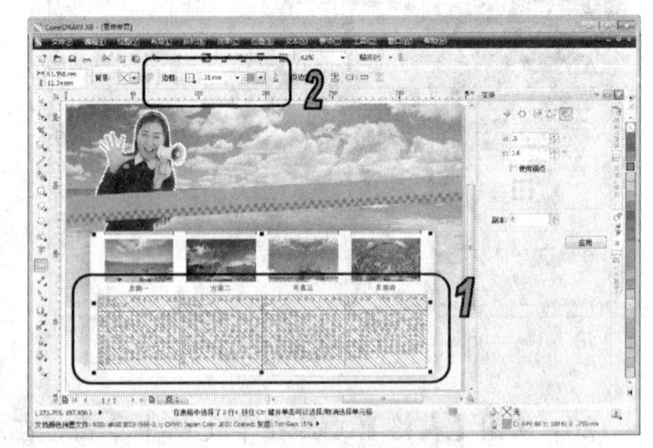

图 10-65　设置轮廓

(25) 使用【表格】工具选中第三和第四行，在属性栏【边框】下拉列表中选择【外部】选项，在【轮廓宽度】下拉列表中选择 0.75mm，在【轮廓颜色】下拉面板中单击 C:0 M:60 Y:100

K:0 色板，如图 10-65 所示。

(26) 继续在属性栏【边框】下拉列表中选择【内部】选项，【轮廓宽度】下拉列表中选择【细线】选项，如图 10-66 所示。

(27) 使用【表格】工具选中第一和第二行，双击状态栏中的填充属性，打开【均匀填充】对话框，并在对话框中设置为 C:3 M:24 Y:60 K:0，然后单击【确定】按钮填充单元格，如图 10-67 所示。

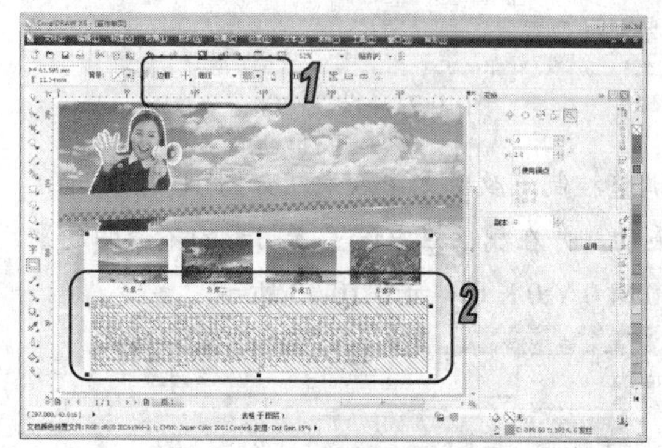

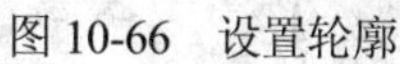

图 10-66 设置轮廓

图 10-67 填充单元格

计算机基础与实训教材系列

(28) 使用【表格】工具选中第四行，双击状态栏中的填充属性，打开【均匀填充】对话框，并在对话框中设置为 C: 3 M: 24 Y: 60 K: 0，然后单击【确定】按钮填充单元格，如图 10-68 所示。

(29) 选择【文本】工具在绘图页面中单击，在属性栏【字体列表】下拉列表中选择【汉仪菱心体简】选项，设置【字体大小】为 65pt，然后输入文字内容，如图 10-69 所示。

图 10-68 填充单元格

图 10-69 添加文字

(30) 选择【选择】工具，按 Ctrl+Q 键将文字转换为曲线，双击状态栏中填充属性，打开【均匀填充】对话框，并在对话框中设置为 C:80 M:50 Y:0 K:0，然后单击【确定】按钮，如图 10-70 所示。

(31) 在调色板中，右击 C:0 M:60 Y:100 K:0 色板设置轮廓色，并在属性栏中设置【轮廓宽度】为 0.75mm，如图 10-71 所示。

图 10-70　设置颜色

图 10-71　设置轮廓

(32) 选择【效果】|【添加透视】命令，然后调整控制点改变文字效果，如图 10-72 所示。

(33) 选择【阴影】工具在文字上从上向右下拖动，并在属性栏中设置【阴影的不透明度】为 75，【阴影羽化】为 15，【阴影颜色】为 C:100 M:0 Y:0 K:0，如图 10-73 所示。

图 10-72　添加透视

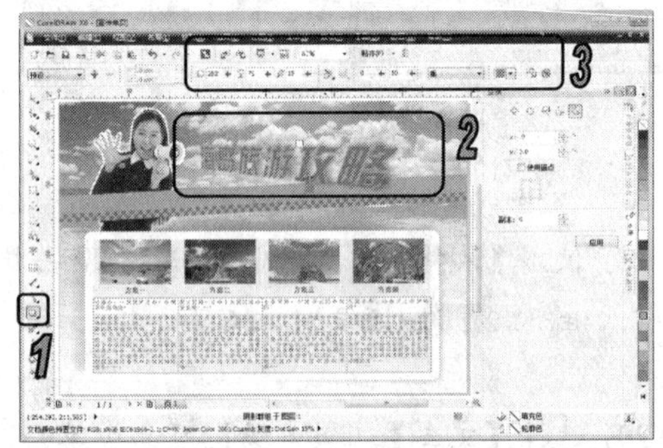

图 10-73　添加阴影

10.7　习题

1. 在绘图文档中，制作如图 10-74 所示的表格效果。
2. 在绘图文档中，制作如图 10-75 所示的表格效果。

设计组工作人员联系单		
姓名	电话	电子邮箱
Lisa	01-9534-3785	lisa@company.com
Susan	01-9534-2481	susan@company.com
Tom	01-9534-6584	tom@company.com
Johnny	01-9238-4652	johnny@company.com
Kevin	01-3515-4023	kevin@company.com
Helen	01-3584-6835	helen@company.com
Jeff	01-5684-3584	jeff@company.com

图 10-74　表格效果

图 10-75　表格效果